中国科学院大学研究生教材系列

景观生态学

张　娜　著

科学出版社
北　京

内 容 简 介

本书结合国内外最新研究动态和成果，系统地介绍现代景观生态学的概念、理论、研究方法及其应用。核心概念主要包括景观格局、生态过程、尺度和景观异质性等；理论主要包括等级理论、岛屿生物地理学理论、复合种群理论、渗透理论和景观连接度。在原理及其应用方面，对景观斑块、廊道、网络和基质、景观镶嵌体的空间格局及其与生态过程的关系、景观干扰过程及其与空间格局的关系做重点阐述。在方法及其应用方面，对景观空间格局分析方法做重点阐述，包括尺度分析、景观指数、分形分析、空间统计学方法（如空隙度分析、空间自相关分析、半方差分析、尺度方差分析和小波分析），其他还包括景观模型。

本书可供高等院校和科研院所生态学、地理学、地球科学、环境科学、土壤学、农林科学等专业及相关应用学科的研究和教学人员学习参考，也可作为本科生和研究生的教科书或参考书。

图书在版编目（CIP）数据

景观生态学/张娜著. —北京：科学出版社，2014.5
（中国科学院大学研究生教材系列）
ISBN 978-7-03-040623-1

Ⅰ.①景… Ⅱ.①张… Ⅲ.①景观学-生态学-研究生-教材
Ⅳ.①Q149

中国版本图书馆 CIP 数据核字（2014）第 098909 号

责任编辑：朱海燕 李秋艳/责任校对：郭瑞芝
责任印制：赵 博/封面设计：铭轩堂

科学出版社 出版
北京东黄城根北街 16 号
邮政编码：100717
http://www.sciencep.com
北京凌奇印刷有限责任公司印刷
科学出版社发行 各地新华书店经销
*
2014 年 5 月第 一 版 开本：787×1092 1/16
2025 年 1 月第四次印刷 印张：25
字数：590 000

定价：99.00 元

（如有印装质量问题，我社负责调换）

序

中国的景观生态学研究已走过了四分之一个世纪的历程，从学习引进、消化吸收到发展创新，艰难跋涉，但成绩喜人，可谓是由少年期进入到壮年期。最近在长沙召开的第七届全国景观生态学大会，全面展示了近年来的研究成果，并在组织上实现了研究队伍的大团结。在这样一个金桂飘香的丰收季节，张娜老师精心编著的《景观生态学》教材问世，不失为献给热爱景观生态学的广大同行学者和学生们的一份厚重礼物。

我认识作者多年，了解她是景观生态学界的一位后起之秀，活跃在科研和教学两条战线。在中国科学院研究生院（现为中国科学院大学）主讲景观生态学及相关课程十余年的教学实践，以及主持和参与多项国家科研项目的经历，使她对学科前沿的把握和专业培训的需求有深入独到的认知，并积累了丰富的教学经验。这是编写高质量教材的成功基础，也是作者在学术园地辛勤耕耘的丰硕之果。

我曾应邀到中国科学院大学夏季小学期做过数次讲座，深深感受到同学们的学习热情：他们渴望更多了解景观生态学的前沿热点和应用途径，而我们的现有教材在这些方面多有不足，跟不上发展的需求。因而鼓励她将教材更新的重担挑起来，早日编写出一部更加系统和深入的景观生态学教科书。功夫不负有心人，经过三年多的努力，这本内容充实、条理分明的新教材终于呈现在广大读者的面前。

这本书融合了众多中外学者关于景观生态学主要理论、核心概念及发展前沿的论述，系统全面地展现了作为生态学和地学交叉学科的景观生态学理论构架及丰富内涵，深入浅出地讨论了该应用基础学科的广阔发展空间。特别是对景观空间格局研究方法，如尺度分析、分形分析、空间统计方法等以及景观模型的构建做了详细的介绍，为本领域的研究者提供了十分有用的研究思路和方法，其意义和作用显然超出了一般为初学者所用的教科书。

还应该指出的是，作者在准备本书的写作过程中，曾到美国多所著名学府进行了半年多的访问，广泛收集了解国外的同类著作，博采众长；与多位知名学者面对面交流，深入理解学科发展的脉络。她还参加了 2007 年与 2011 年分别在荷兰和北京举行的两届国际景观生态学大会，紧密跟踪本学科领域的发展动态，从而使本书的写作立足于一个更高的起点。

简而言之，本书在内容的系统性、理论的深入性和文字的严谨性等方面均较国内已出版的同类著作有显著的提升，可称得上是与时俱进的佳作。如果说还有所不足，个人以为国内的研究案例介绍较少；在章节文本的表述上还可以更加生动，区分出基本知识体系和内容扩充、工具附录等不同部分，以方便不同程度读者循序渐进地使用。

最后，祝愿本书的作者和读者们携手共进，为实现美丽中国、无限景观的美好愿景而继续进行不懈的努力。

肖笃宁

2013 年 10 月 12 日

前 言

景观生态学作为一门蓬勃发展的新兴生态学分支学科，对现代生态学的影响是极其深远的。一方面，它的许多概念、原理、思想和方法已开始影响一些传统生态学领域；另一方面，它在生物保护、景观规划、生态修复和资源管理等方面已显现出其潜在价值。我们完全相信，景观生态学围绕着“格局-过程-尺度”这一主线，在概念和理论体系上一定会更加科学，在应用上会更加广泛。

撰写本书是我多年以来的最大心愿，是对我自己过去12年教学工作和17年科研工作的一个交代。本书的内容涉及景观生态学的理论和方法及其应用，书中没有单独介绍应用部分，而是将其融合在对理论和方法的阐述中。所有的内容都是基于我过去12年来的教学经历和经验。书中没有一处是对已有观点的照搬照抄，全部是在理解、思考、反复咀嚼和消化基础上的提炼、汇总、再加工，有些地方提出了自己的观点和见解，包括对一些概念、原理和方法进行了辨析和更正。鉴于国内已有几本景观生态学方面的教材和专著，撰写本书的困难之处在于，既要写出景观生态学的主要内容，又要写出与他人不一样的内容。前者是基本成型的骨架和主线，后者则包含了笔者自己的理解、经验和积累。本书力求在保证主线一致的情况下的个性化。

本书的参考资料包括多本已出版的中英文教材和专著、中英文文献，以及一些专家的报告。其中，已出版的中英文教材和专著是本书结构和内容的最重要依据，而中英文文献和专家报告虽缺乏系统性，但却提供了某方面研究的生动实例。对英文文章（尤其是*Landscape Ecology*期刊中的文章）的引用更新到2013年7月。因此，本书在介绍相对较为成熟的原理和方法的同时，也向读者尽可能地展示了最新的研究成果。尽管如此，由于时间、精力和能力所限，笔者对最新文献的总结尚很不完全，有待在本书的再版中进一步地阐述。另外，在此也提醒读者，当直接引用或参考本书所涉及的内容时，在“参考文献”中除了包括相关的文献之外，还应包括本书。此为基本的学术道德规范，望大家严格遵循。

2001年博士研究生毕业之后，我来到中国科学院研究生院（现中国科学院大学）地球科学学院，并于2002年春季第一次讲授“景观生态学”课程。12年后的今天，如果说我在景观生态学方面取得了一点成绩，那么这也是与很多老师的支持和鼓励分不开的。博士研究生毕业前夕，是赵英时教授的认可使我能够进入研究生院工作，并与“景观生态学”真正地正式结缘。早在若干年前，肖笃宁先生就不断鼓励我撰写一本适合于研究生使用的教材，既包含景观生态学的基本概念、原理、方法及其应用，又能写出自己的特色。与此同时，肖先生向我毫无保留地提供了景观生态学方面的大量资料。最近的一次是肖先生临上飞机前约我见面，拷贝给我一些写书可能会用到的国内学者的研究成果，甚为感动。本书最初是打算与肖先生合写的，希望他能够将更多的国内应用实例（特别是中国科学院沈阳应用生态研究所的研究成果）融入其中。但可惜的是，肖先生由于身体原因，无法参加撰写工作。这也是本书的最大缺憾。在这12年的教学和科研生涯中，我也得到了邬建国和武昕源教授的大力支持和悉心指点，包括教学资料和文献的提供，以及在一些学术问题上的探讨。我还要感谢受邀来研究生院授课的国内外教授，包括来自国内科研院所和高校的肖笃宁、赵士洞、傅伯杰、胡远满、陈利顶、马克明、刘世梁、李晓文、李俊祥、高晓路、刘世荣等，来自北美的邬建国、武昕源、陈吉泉、潘愉德、彭长辉、李百炼、董学军、伍业钢等，以及来自北京顺天绿色边坡科技有限公司的骆祥君博士等。与他们的交流使我受益匪浅，对我的教学和研究都有非常重要的影响。

最应该感谢的是我的硕士生导师梁一民研究员和博士生导师赵士洞研究员，是他们将我带入了生态学这片广阔而深邃的天地，使我深深痴迷于生态学系统的复杂性，并为揭开这复杂系统的冰山一角而一直保持着好奇心和不懈努力的动力。同时，也要感谢我在大学时期生态学的启蒙老师——西北林学院的雷瑞德教授，以及硕士研究生期间在中国科学院研究生院讲授生态学相关课程的各研究所老师。是他们的博学和见识为我打开了一扇新奇之门，并立志将生态学研究作为我一生的事业。另外，还要感谢几位已毕业和在读的研究生，他们是王媛、李婉、张红艳、吴芳芳、陈晓燕、刘程昱、沈静、郑潇柔、李尧、王紫琦和王鲜鲜，我们一起从事了相关的研究，部分结果在书中有所体现。特别感谢在读研究生李尧帮我修改本书参考文献的格式。

感谢《中国科学院大学研究生教材系列》项目对本书出版的大力支持及对作者的鼓励。对科学出版社朱海燕和李秋艳编辑在出版期间所提供的帮助深表谢意。特别感谢肖笃宁先生为本书欣然作序。特别感谢我先生对我因全身心投入工作而忽视家庭生活的毫无怨言的支持，没有他的支持，这本书的问世不知要推迟到何时。

书中所有的文字、图表、公式和参考文献等都由本人亲自撰写或绘制，并做了一一核实和校对。尽管如此，其中仍不免会有欠妥（甚至错误）之处，在此恳请读者们不吝斧正。先谢过！

这是我独立撰写的第一本书，其中的每一个字、每一幅图都凝结着我的心血。它就像我的孩子，马上就要呱呱落地了，此时的我，既充满兴奋和期待，又异常紧张。我对这个孩子格外珍爱。希望大家也有那么一刻，能够在这个浮躁的、充满各种诱惑的、急功近利的社会里，在某个角落里，静下心来捧它、品它、爱它。

张　娜

2013年10月7日凌晨

于北京

目　录

第1章　景观与景观生态学概述

1.1　景观与景观生态学

1.1.1　景观的定义

我们中的大多数人对“景观”一词有一个直观的理解。说到景观，我们会想到在远处或高处观察到的较大空间幅度上地面或水域的延伸；能容易地识别自然和人工景观，以及城市、森林和农田景观等；能列出构成景观的不同组分，如农场、田野、森林、湿地、高山和湖泊等。在所有的情况下，我们直觉上的景观包括各种不同的要素，它们构成异质的景观，本身随时间变化，并且影响景观的动态（Turner et al.，2001）。这种景观反映的是内陆地形、地貌或景色，或是反映某一地理区域的综合地形特征。实际上是“风景”、“景致”和“景象”等对景观的视觉美学理解，同英文中的“scenery”（傅伯杰等，2001）。

1. 景观的地理空间概念和生态过程思想

景观生态学中的景观概念比风景和地形地貌意义上的景观概念有更深和更广的内涵和外延，并有其特殊的意义（Forman and Godron，1986；Naveh and Lieberman，1994），即具有地理空间概念和生态过程思想。

景观的地理空间概念来源于地理学，实际上又直接来源于对景观的直观理解。从19世纪初期德国著名地理学家 von Humboldt A. 最早提出将景观作为地理学的中心问题开始，地理学家即将景观作为“自然地域综合体”（肖笃宁等，2010）。根据“自然地域综合体”的含义，景观是由各种具有空间位置的地理要素（geofactor）组成的，包括地貌、土壤、气候、水文、植物群系、动物群系、人类及其创造物。然而，景观并不是这些要素的简单加合，而是它们的综合，以构成地理复杂体（或称地理系统geosystem）。因此，景观的形成来源于不同的圈层：无机圈层、生物圈层和社会圈层，以及不同圈层之间的相互作用（Bastian，2001）。

既然景观学早已成为地理学中的一个分支学科，那么为什么在生态学中还要提出“景观生态学”呢？从以上论述可见，地理学中的景观概念更多地强调空间格局，包括景观要素的组成和构型，而对景观中发生的生态过程、景观要素之间的相互作用、景观镶嵌体的功能强调不够。实际上，这也是地理学本身的缺陷。德国区域地理学家 Carl Troll 于1939年将景观的概念引入生态学，就是希望将生态学家采用的表示功能的“垂直”分析方法与地理学家采用的表示空间的“水平”分析方法结合起来。其后，景观对于生态学研究的作用被越来越多的研究者所认识和强调（Risser et al.，1984；Forman and Godron，1986；Turner，1989；Farina，1998；Forman，2006；肖笃宁等，2010）。

几个有代表性的景观定义就是地理学中的“地理空间概念”与生态学中的“生态过

程思想”的综合。例如，Forman 和 Godron（1986）指出，“Landscape as a heterogeneous land area composed of a cluster of interacting ecosystems that is repeated in similar form throughout”（景观是由相互作用的、具有重复性格局的生态系统镶嵌组成的异质区域）。Naveh（1987）指出，“Landscapes dealt with in their totality as physical，ecological and geographical entities，integrating all natural and human（caused）patterns and processes …”（景观是自然、生态和地理要素的综合体，综合了所有自然和人为引起的格局和过程）。Leser（1997）指出，“Regards the landscape ecosystem as a spatial pattern of abiotic，biotic and anthropogenic components which form a functional entity and serve as human's environment”（景观生态系统是由非生物、生物和人类组分构成的空间镶嵌体，它们形成一个功能实体，并服务于人类环境）。肖笃宁和李秀珍（1997）综合诸家之所长及近年的发展，给景观以如下的定义：景观是一个由不同土地单元镶嵌组成，具有明显视觉特征的地理实体；它是处于生态系统之上、大地理区域之下的中间尺度；兼具经济、生态和文化的多重价值。

2. 狭义景观和广义景观

现代生态学通过两种途径使用“景观”这个概念，分别对应狭义景观和广义景观。

狭义景观是我们通常所说的普遍意义上的“景观”。直觉地将景观看为基于人类观察尺度基础之上的特定区域，即在数十千米到数百千米范围内，由诸如林地、草地、农田、树篱和人类居住地等不同类型生态系统所组成的异质性地理单元（Forman and Godron，1986；Forman，1995；傅伯杰等，2001；邬建国，2007）。这个概念说明：①将景观限定在数十千米到数百千米这一所谓的中尺度上是基于人类的感官认知，体现了人类的主观意志。②景观是由一系列局部的生态系统或土地利用类型相混合组成的。这时可以将景观理解为一定分类等级的尺度单位，它比生态系统尺度高一级，又比区域尺度低一级。③景观具有异质性。

由于狭义景观是以人类的感知为基础的，在研究以人为中心的环境时，用狭义景观十分有利、方便。但对于除人类之外的其他生物来说，若仍用这种定义可能会得出错误的结论。由于不同生物体的个体大小不同，栖息斑块不同，观察环境的尺度也不同，因此，对不同生物体来说，其景观大小也不同，即景观的大小不是绝对的。例如，对于人类来说，数十米是小尺度范围，但对于小型动物（如蚂蚁）来说就是中尺度景观范围了。由此，提出了“广义景观”的概念。

广义景观根据所研究的具体物种或生态学现象来定义，包括出现在从微观到宏观任意尺度上的、具有异质性或斑块性的空间单元（Wiens and Milne，1989；Wu and Levin，1994；Pickett and Cadenasso，1995；邬建国，2007），即景观可以出现在各种不同的尺度上。与狭义景观概念相比，广义景观概念中包含以生物体为核心的思想，尺度范围很广，可以小到一个单个的池塘，也可以大到整个全球，随研究对象、方法和目的而变化。按照这种认识，景观是一个对任何生态系统进行空间研究的生态学尺度（Pickett and Cadenasso，1995）。然而，不论是狭义景观，还是广义景观，或是其他的景观定义，均认为景观是由具有异质性或斑块性的空间单元组成的，强调景观的空间异质性和系统整体性。

广义景观概念最突出的特点是它体现了生态学系统的多尺度和等级结构的特征（图1.1）。广义景观概念的提出，使得可以在所有尺度上运用景观生态学的原理和方法来研究问题，从而有助于多学科、多途径的研究（邬建国，2007）。例如，尽管狭义景观定义可能比广义景观定义更加直观和实际，但它在诸如野生生物种群保护和管理等的应用上却很受局限，因为保护区内有大小和活动范围各不相同的物种，它们与环境的相互作用，以及它们之间的相互作用，可能发生在各不相同的尺度上，因此，有必要进行多尺度研究，以保护和管理整个空间所有尺度上的栖息地。另外，可能有多个尺度均对某个物种非常重要，而某个物种可能对不止一个尺度产生反应。因此，不仅要考虑同一尺度上，还要考虑不同尺度上物种之间的相互作用。随着生态学中对多尺度和等级的更多关注，广义景观概念已越来越广泛地为生态学家所采用。

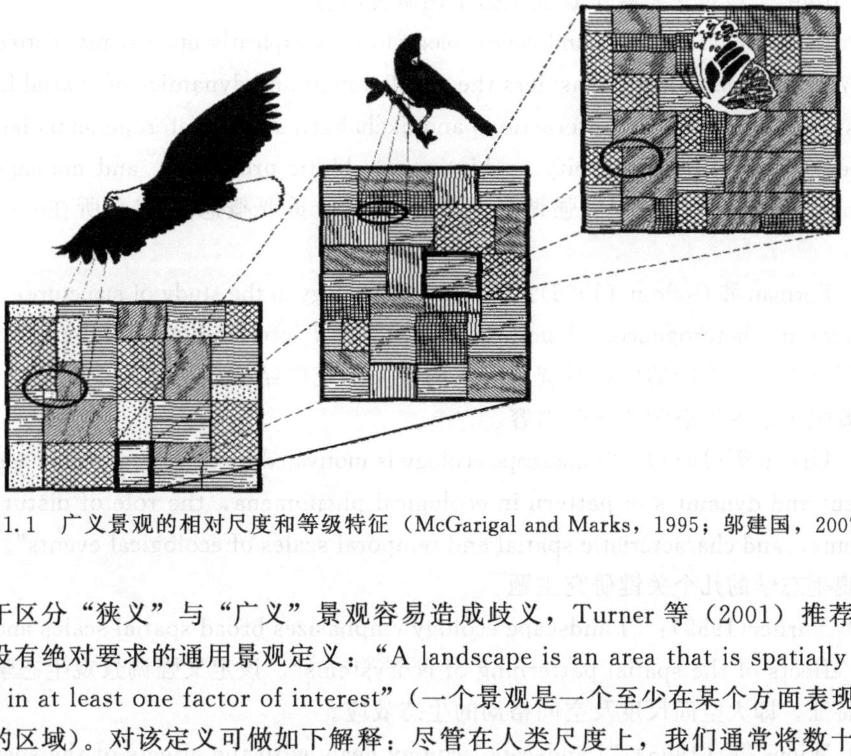

图 1.1　广义景观的相对尺度和等级特征（McGarigal and Marks，1995；邬建国，2007）

鉴于区分“狭义”与“广义”景观容易造成歧义，Turner 等（2001）推荐了一个对尺度没有绝对要求的通用景观定义：“A landscape is an area that is spatially heterogeneous in at least one factor of interest”（一个景观是一个至少在某个方面表现出空间异质性的区域）。对该定义可做如下解释：尽管在人类尺度上，我们通常将数十千米到数百千米的范围视为景观，但同时必须认识到，景观生态学所研究的景观可以只有几十平方米大小，而不是千米级大小。一个景观不是必然地由其大小来定义的，而是由与所研究生物体或现象（即具体的生态过程）有关的斑块镶嵌体来定义的，这可以是任何尺度的。

1.1.2　景观生态学的定义与主要特征

1. 景观生态学的定义

景观生态学作为一门高度交叉的学科（interdisciplinary science）或跨学科（transdisciplinary science），着重于理解和改进多尺度上空间格局与生态过程之间的关系，即多尺度上空间异质性的起因、变化和效应（Turner et al.，2001；Wu，2013）。但不同学者对景观生态学的定义有其不同的侧重点。

（1）从一开始，Troll（1939）就认为："景观生态学的概念是由两种科学思想结合而产生出来的，一种是地理学的（景观），另一种是生物学的（生态学）。景观生态学是对支配一个区域不同地域单元的自然-生物综合体的相互关系的分析"。在提出概念的同时，Troll（1939）也认为，景观生态学不是一门新的科学或是科学的新分支，而是综合研究的特殊观点（贾宝全和杨洁泉，1999）。

（2）Forman（1983a）："Landscape ecology … focuses on the spatial relationships among landscape elements，or ecosystems，the flows of energy，mineral nutrients，and species among the elements，and the ecological dynamics of the landscape mosaic through time"。该定义着眼于景观生态学的研究内容。

（3）Risser 等（1984）："Landscape ecology focuses explicitly upon spatial patterns. Specifically，landscape ecology considers the development and dynamics of spatial heterogeneity，spatial and temporal interactions and exchanges across heterogeneous landscape，influences of spatial heterogeneity on biotic and abiotic processes，and management of spatial heterogeneity"。该定义强调景观生态学的最重要概念和核心所在——空间异质性。

（4）Forman 和 Godron（1986）："Landscape ecology is the study of structure，function and change in a heterogeneous land area composed of interacting ecosystems"（景观生态学是研究由相互作用的生态系统所组成的异质系统的结构、功能和变化的学科）。该定义也着眼于景观生态学的研究内容。

（5）Urban 等(1987)："Landscape ecology is motivated by a need to understand the development and dynamics of pattern in ecological phenomena，the role of disturbance in ecosystems，and characteristic spatial and temporal scales of ecological events"。该定义强调景观生态学的几个关键研究主题。

（6）Turner(1989)："Landscape ecology emphasizes broad spatial scales and the ecological effects of the spatial patterning of ecosystems"。该定义强调景观生态学的两个最重要特征，即大空间尺度及空间格局的生态效应。

（7）Wiens 等（1993）："Landscape ecology deals with the effects of the spatial configuration of mosaic on a wide variety of ecological phenomena. "该定义强调景观生态学研究的核心。

（8）Naveh 和 Lieberman（1994）："Landscape ecology is a young branch of modern ecology that deals with the interrelationship between man and his open and built-up landscapes. … The discipline of landscape ecology is … not merely … a spatial ramification of population，community and ecosystem ecology for the study of the ecology of landscapes，but also an innovative，dynamic and integrative field of environmental study and action in its own right，dealing with landscapes as tangible ordered wholes of natural and human systems at different scales and dimensions"（景观生态学是一门新兴的现代生态学，处理人类与其建立的景观之间的相互关系。……它不仅是为了研究景观

的生态学而建立的一个种群生态学、群落生态学和生态系统生态学的空间分支，而且是一个有其自身特征的，新颖的、动态的和综合的环境研究和实践领域，将景观看为不同尺度上有形且有序的自然和人类系统的综合体）。该定义着眼于景观生态学与其他生态学分支学科的关系。

（9）Pickett 和 Cadenasso（1995）："Landscape ecology is the study of the reciprocal effects of spatial pattern on ecological processes; it promotes the development of models and theories of spatial relationships, the collection of new types of data on spatial pattern and dynamics, and the examination of spatial scales rarely addressed in ecology"。该定义强调景观生态学研究的核心和重心。

（10）Wiens（1999）在"展望整合的景观生态学"中指出："景观生态学即空间和区域的生态学，研究空间镶嵌的结构与动态及其生态因果；格局与过程空间联系的研究可应用于任何组织层次和尺度"。该定义着眼于景观生态学的研究内容和核心。

综合傅伯杰（1991）、刘建国（1992）、肖笃宁和李秀珍（1997）、Wiens（1999）、Forman（2006）、邬建国（2007）及 Wu（2013）等一些著名生态学家的论述，从以下几个方面给出"景观生态学"的概念：景观生态学是一门快速发展的现代生态学学科，是交叉学科或跨学科，主体是地理学与生态学之间的交叉；以整个景观为对象，通过物种流、物质流、能量流、信息流在异质空间中的传输和交换，通过非生物、生物、人类之间的相互作用或转化，运用生态系统原理、系统方法、格局-过程-尺度相互关系原理、复杂性科学理论和方法、空间分析方法、景观模型等，研究景观的格局、过程和动态变化，以达到景观可持续发展的最终目的。

2. 景观生态学的主要特征

1）综合的思想与方法

不论是大的地球系统、中等的区域系统，还是较小的区域系统，均是一个整体。而传统学科的"各自为政"势必导致系统内部不同组分之间以及不同系统之间的人为割裂，这对提出和解决一些涉及较大尺度的复杂问题非常不利。在传统学科发展相对较为成熟的基础上，有必要将各个学科进行适当的融合，使其既能发挥各个学科自身的优势，又能将不同学科统领和协调起来。例如，过去我们在河流治理上往往仅依赖水利部门治水，而没有将河流作为一个生态系统来看待，致使治理后水质下降、水生生物锐减、河流生态功能退化。而水利与生态的融合在理论上有赖于将两者结合起来的统一的思想和方法。景观生态学作为一门交叉学科，在一个恰当的时机被推出，并在毫无防备的情况下被赋予了统一不同学科思想和方法的重任。正如荷兰科学家 Zonneveld（1995）所说，景观生态学不是要与各学科（如生物学、土壤学、自然地理学等）争位，而是作为一把大伞（transdisciplinary umbrella），为各学科提供一种思想，把各个不同的学科沟通和凝聚起来。

Wiens（1999）认为，"尽管许多交叉学科仍然是披着新衣的传统学科，但景观生态学确实是一门交叉学科"。景观作为一个复杂的综合体，其本身由非生物、生物和社会经济等多种因素构成，这决定了景观生态学必定是自然科学与社会科学之间的交叉与融合、理论研究与应用实践之间的综合、科学研究与技术应用之间的结合，如可能融合理论生态学、自然地理学、人文地理学、景观规划、动物行为、社会学、资源管理、摄影测量、遥感、农业政策、恢复生态学、环境伦理学等中的部分观点（图 1.2）。可以说，是综合思想造就了现代景观生态学，而现代景观生态学又突出体现了综合思想。

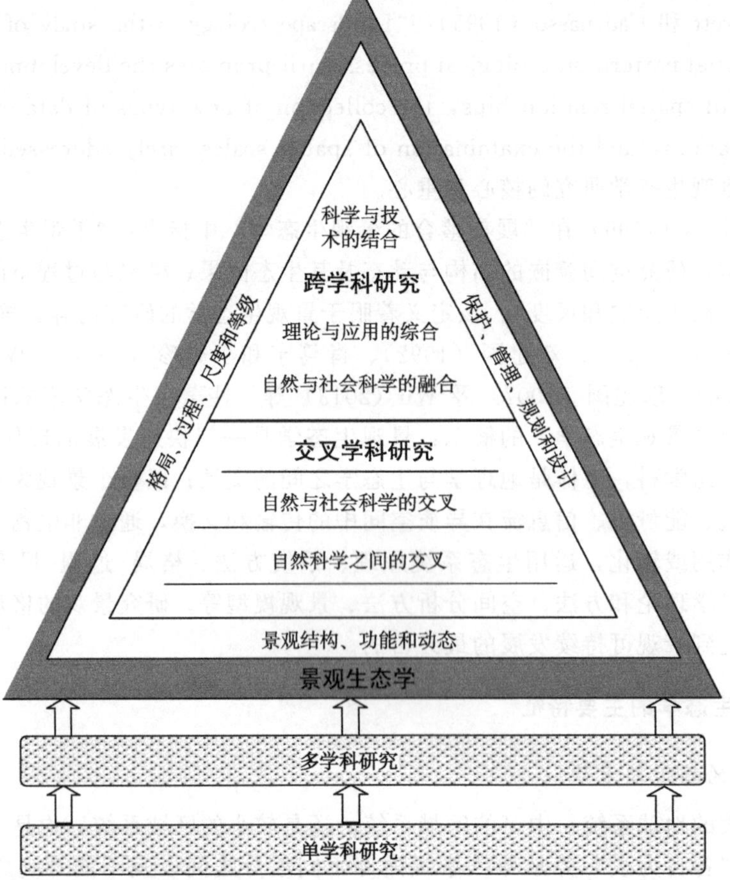

图 1.2　景观生态学作为交叉学科或跨学科的研究框架［根据 Wu（2006）改绘］

这里的综合不是将各个学科、各个学派简单地相加，而是有机地组合、高度地集成，其结果是带来一些新观点，产生一些创新。景观生态学的理论优势在于运用综合整体的思维，实现学科的交叉和创新（肖笃宁和李秀珍，1997）。“航天飞机”是举世公认的高科技产物，它开创了人类自由往返太空的先河。但是，美国国家航空航天局负责人的一番解释却使世人回味深长。他说，“阿波罗”航天飞机的技术实际上没有一项是新的突破，相反，全部都是已经发明的现有技术。关键是我们能够恰如其分地将其有机地组合，并且实行“系统管理”（摘自《读者》2002 年第 23 期第 43 页）。可以说，景观生态学就是这样一个对不同学科进行系统管理的学科。纵观不同的学科，无论是地理学、生态学、环境科学、土壤学、气象学，还是社会科学和信息科学，从来没有哪一门学科像景观生态学这样将这么多不同的学科融合在一起进行管理。但与“阿波罗”航天飞机不同的是，当前的景观生态学还远未实现对不同学科的“有机地组合”和“系统管理”，它仍在实现的艰苦过程中。到目前为止，景观生态学的学科地位和发展前景仍然受到一些科学家，甚至是从事景观生态学教学和科研的专家的质疑，理由是理论基础薄弱。但我们相信，这是一门新兴学科发展的必经阶段，总有一天，它会让人们真正认识到它在“系统管理”方面的价值。

然而，景观生态学的综合思想并不意味着它要包含与景观有关的所有相关学科，它也不是广义的环境科学；过于宽泛的外延将会使景观生态学变得毫无特色，正如“生态平衡”、“生态稳定性”或“可持续性”这些词一样（Moss，1999；Bastian，2001；Wiens and Moss，2005）。

2）*以格局-过程-尺度之间的相互关系为核心*

景观生态学的思想主线是“格局-过程-尺度之间的相互关系”，所有的理论、方法和应用都围绕着这条主线展开，这是实现对不同学科的“有机地组合”和“系统管理”的关键。景观生态学明确地提出空间格局对生态过程的重要性。景观生态学所关心的格局问题不仅仅是景观要素的组成，更关心这些要素在空间上是如何配置的。如果景观镶嵌体的要素组成或空间配置不同，那么它们影响生态系统的方式也有所不同（Wiens，1995）；反过来，生态过程也会影响格局的形成和动态变化；而空间格局与生态过程之间的相互作用可以发生在不同的尺度上（Turner et al.，2001）。例如，在几平方米的范围内，甲虫运动对其环境中斑块结构的反应（Johnson et al.，1992）；地形和植被格局对有蹄类动物放牧格局的影响（Pearson et al.，1995）；土地利用和土地覆被的变化对水域氮动态的影响（Kesner and Meentemeyer，1989）。

3）*更加关注较大的空间幅度*

景观生态学通常关注比传统生态学研究大得多的空间幅度，而且通常是以人类的观察为基础。因此，景观生态学研究许多大面积上的空间格局、生态过程和动态变化，如自然保护区、国家公园、流域、热带雨林的研究。然而，空间尺度的大小并不是绝对的，景观生态学并没有事先定义特定的空间尺度。尺度的确定以最好地反映空间异质性与过程之间的相互作用为准（Turner et al.，2001）。

4）*强调人类活动对格局、过程和变化的影响*

当今世界，人类的观点、价值系统、文化传统和社会经济活动已经无孔不入，因此，回避人类本身及其活动对大尺度系统的影响已经不再现实（Wiens，1992）。人类活动对许多景观的格局起着主导作用，人类已成为大多数景观事实上的固定组分。景观生态学交叉、融合了各种不同的学科，其中包括一些社会科学，如人文地理学、景观建筑、区域规划、经济学等，旨在研究人类社会和文化过程与其生存空间之间的相互作用。景观生态学的研究成果对土地管理和土地利用规划也很重要。“整体景观生态学”（即连接自然系统与人类系统的一种系统性观念）的提出是对以上观点的理论升华（Naveh and Lieberman，1994；Naveh，2000），体现了自然科学与社会科学的交叉、基础研究与应用的结合、系统学派与应用学派的综合。然而，在景观生态学中，通常只是将人类作为产生空间异质性的干扰因子或响应空间异质性的因子之一，而并不明确地将人类作为景观的一个组成要素（Turner et al.，2001）。因此，尽管已有一些理论和方法，自然科学与社会科学的交叉仍远低于预期（Metzger，2008），基础研究与应用的结合程度还远远不能令人满意。目前，景观生态学更多的是一门多学科（multi-disciplinarity)，而非真正的交叉学科或跨学科，将与人类有关的过程有效地整合到景观生态学中仍然是 21 世纪生态学家的最大挑战之一。

3. 景观生态学与生态系统生态学的关系

景观生态学在现代生态学分类体系中处于应用基础生态学的地位（肖笃宁，1999a；傅伯杰等，2001；肖笃宁等，2010），与较低组织水平上的生态学学科（如个体、种群、群落和生态系统生态学）在理念和研究问题上均有明显差异。

生态学研究通常试图获得某个特定类型系统（如一片沼泽或一个森林林分）的信息，而不去考虑这些系统在一个更大镶嵌体中的大小和所处的空间位置（Turner et al.，2001）。然而，空间是景观生态学领域的本质。景观生态学有时也被称为空间生态学，尽管这种说法不准确。它以生态系统的空间位置和不同生态系统之间的空间关系为研究重点，关注尺度和时空异质性，促进了空间格局与生态过程关系的研究、空间关系模型和理论研究、空间格局动态数据的获取、空间尺度的识别和分析等方面的发展（Pickett and Cadenasso，1995；邱扬等，2000；肖笃宁等，2010）。例如，在野生生物保护中，生态系统生态学家有可能在一个固定的栖息地中研究生物种群，而景观生态学家则是从景观的整体空间格局（包括地形、水体、森林覆被和人类的土地利用等）出发，研究其中的生态系统如何布局，以及该布局如何影响种群的发生和运动。

以往的大多数生态学理解含糊地假设生态系统内部相对同质或个体呈随机分布，而将空间异质性当成一个令人讨厌的误差来源加以排除。因此，通常是用一个平均值表示系统的特征，或是将小尺度上的值简单外推到假设为同质的区域上。与此相反，景观生态学将景观作为一个异质系统来定义和研究，空间异质性的形成和动态、定性和定量表达、对过程的影响，以及维持和管理是其研究重点之一（Pickett and Cadenasso，1995；Turner et al.，2001）。

生态系统生态学仅研究分散的岛状系统，一个生态系统在景观水平上可以视为一个斑块，或是一条廊道，或是背景基质。与此不同，景观生态学将景观视为空间上镶嵌出现和紧密联系的生态系统组合，考虑整个景观中的所有生态系统以及它们之间的相互作用及其对生态过程的影响，如能量、水分、养分和物种在景观斑块之间的交换（Pickett and Cadenasso，1995）。

生态系统生态学一直在尽可能地将缺乏人类影响的自然系统作为其研究对象。但对一个具有较大时空幅度的系统来说，人类活动对其结构的影响不可忽视；大规模的景观营建（landscape architecture）和景观生态建设在现代技术的推动下已经变得随处可见；当今大范围的生态环境问题（如全球气候变暖、生物多样性降低、生境破碎化等）也使得仅以自然系统为对象的研究不再适宜形势。景观生态学的研究对象通常为基于人类观察尺度范围的景观，因此，除研究自然系统外，很自然地涉及人类活动对景观格局、过程和动态的影响方面，并成为重要研究课题之一。可以说，景观生态学促进了人类生态学的研究，而且将研究人类个体、人类群体、人类制度及文化等的多个学科综合在一起（Pickett and Cadenasso，1995）。

大多数景观生态学家承认，景观生态学跨越了生物生态学与人类生态学。然而，对此确实还有不同的认识。Farina（1998）介绍过景观生态学的 3 种观点，即人类观点、地植物观点和动物观点，并强调了占据主导地位的生物观点。例如，“景观中的栖息地斑块”或者“占据一个景观的斑块的质量”等之类的表述均表达了一种强烈的生物观点。再如，关于景观破碎化的大量论著无疑是在谈论景观，但它们实际上意味着栖息地的破碎化。斑块-廊道-基质模式也是如此，尽管该模式目前在景观规划和设计上已被广泛地接受。总之，由于大多数景观生态学家是自然生物科学家，因此，在景观生态学研究中明显地存在着一个生物途径的假设，即生物观点被过度强调。这种观点的结果是，景观生态学的综合观点让位于群落生态学和生态系统生态学所主导的生物观点，景观生态学成为空间群落生态学（Bastian，2001）。我们认为真正的现代景观生态学应是人类观点与生物观点的综合。

另外，景观生态学通常关注比传统生态学研究大得多的空间幅度。因此，对研究一些活动范围大的鸟类、哺乳动物和外来物种的迁移，以及病虫害的传播十分适宜；也适宜进行多尺度上格局与过程关系的研究，如水土流失、沙丘运动、营养物质输移等，而生态系统生态学则不适于做这种研究。景观生态学重视干扰过程与空间格局之间的相互影响，而生态系统生态学的研究则不涉及这些问题（傅伯杰等，2001）。

总之，由小尺度上单个同质自然生态系统的非空间研究到大尺度（或多尺度）上多个异质自然-人类系统的更为复杂的空间研究是生态学发展的必然趋势。景观生态学只是顺应了这种发展趋势，并作为一个载体发展其自身的学科体系。很显然，景观生态学的研究离不开基础学科，否则它就是空中楼阁，什么问题也解决不了；而基础学科若有景观生态学的思想和方法作指导，则有望获得质的飞跃。

1.2 景观生态学的发展

1.2.1 景观生态学的发展历史

尽管景观生态学是一门新兴的生态学科，但它却有着非常丰富的发展历史。景观生态学起源于中欧和西欧，其发展可划分为5个阶段（傅伯杰和王仰麟，1990；贾宝全和杨洁泉，1999；李秀珍，2000；傅伯杰等，2001；Bastia，2001；Antrop，2007；肖笃宁等，2010）：第一阶段是19世纪初至20世纪30年代的学科综合思想的萌芽期，景观学与生态学各自独立地平行发展。第二阶段是20世纪30年代后期至60年代中期的学科思想的巩固时期。德国区域地理学家Carl Troll认识到景观学与生态学各自的局限性以及发展需求的互补性，于1939年提出“景观生态学”一词，强调综合生态学的功能性、垂直性与地理学的空间性、水平性的研究途径，但他只是将景观生态学作为结合航空摄影测量学、区域地理学和植被科学的综合性研究，而非一门学科。第三阶段是20世纪60年代后期至80年代初的学科初创时期，出现了以土地为主要研究对象，以自然资源和环境保护等为目的的景观生态学理论与应用研究热潮。其中，德国、荷兰和原捷克斯洛伐克成为研究的中心。

第四阶段是20世纪80年代的学科全面发展时期。主要事件有两个：一个是1981年在荷兰Veldhoven举行的“第一届国际景观生态学大会”及1982年“国际景观生态学协会”（International Association for Landscape Ecology，IALE）在原捷克斯洛伐克正式成立；另一个是美国景观生态学派的崛起，代表性事件包括“斑块-廊道-基质”(patch-corridor-matrix) 模式的提出 (Forman，1981，1983a；Forman and Godron，1981)、景观生态学专著和教科书的出版 (Burgess and Sharpe，1981；Naveh and Lieberman，1984；Forman and Godron，1986)、*Landscape Ecology* 期刊的创刊、美国景观生态学会的成立等。1983 年在美国伊利诺伊州 Allerton 公园召开的景观生态学研讨会是北美景观生态学发展过程中最重要的里程碑之一，标志着景观生态学范式的转变。在 Allerton 研讨会上达成了美国景观生态学界对景观生态学发展的共识，其综论成为北美景观生态学的“纲领性文件”，富有预见性地指引了这之后 30 年这一学科发展的方向和进程，并且延续至今，对未来的发展仍具有指导意义 (Risser et al.，1984；Risser，1995；Wiens，2008；Wu，2013；Risser and Iverson，2013)。在这一时期，景观生态学形成两种研究途径：一个是以捷克、荷兰和德国为代表的欧洲应用研究途径，发展于地理学，强调人类活动和应用研究，以人类主导的景观为主要研究对象，具有更加人性化和整体性的观点；另一个是北美系统研究途径，发展于生态学，强调格局-过程-尺度关系的理论和定量方法研究，以物种和自然景观为主要研究对象，更强调生物视角和分析性观点，尽管也包含了人类的视角和整体性观点 (表 1.1)。

表 1.1　比较景观生态学两种研究途径的特征

比较项目	欧洲或地理途径	北美或生态途径
起源	地理学	生态学
学科	跨学科研究	单学科研究
研究重点	应用研究和管理实践	理论研究和保护实践
研究中心	人类	物种
研究的景观类型	人类主导的景观 (如乡村)	偏自然景观 (如森林和湿地)
格局-过程-尺度的关系	不强调	强调
定量化	较少	较多

第五阶段是 20 世纪 90 年代至今的学科蓬勃发展时期。景观生态学理论、方法和应用在深度和广度上都得到了空前发展，并获得全球普及 (Turner，2005；Wiens and Moss，2005；Wu and Hobbs，2007)。其主要原因是社会需求的强大驱动。当今世界的许多环境和土地问题，诸如土地利用变化、气候变化、栖息地破碎化或丧失、非点源污染、河流管理等，需要景观尺度上的基本理解和管理决策，以克服传统生态学在较小时空尺度上研究的局限性。其次，生态学中新的、与尺度相关的概念和理论的兴起和被广泛重视，极大地促进了景观生态学理论基础的发展。同时，空间数据 (如卫星图像) 的可获取性、处理空间数据的计算机和地理信息系统 (geographyic information system，GIS) 软件等技术的发展，以及空间定量方法 (如空间统计和计算机模型) 的应用，为空间数据的储存、管理、显示、分析和模拟提供了便利，使大尺度景观空间格局、生态过程和动态的研究成为可能 (Turner et al.，2001)。

随着世界各地景观生态学者的不断交流，欧洲和北美研究途径得到一定程度上的综合，如将人类因素合并到空间分析中，或者在景观管理中考虑格局-过程-尺度关系

(Wiens，2005；Wu and Hobbs，2007)。这种趋势似乎有助于形成一个统一的景观生态学理论和方法框架，推动学科的发展(Naveh，1988)。但是，在经历了20年的交流之后，这两种研究途径并没有融合，而是继续共存。实际上，景观生态学包含许多不同的研究主题，需要不同的研究途径；跨学科途径仅仅是其中的一个重要方面，而不是全部。为此，Metzger (2008) 曾明确指出，不同国家或地区的研究途径和观点的呈现将有利于这门学科的发展，因此，我们要做的是加强欧洲和北美研究途径的相互作用(interactions)和协同(synergy)，而不是将它们完全融合(total integration)。

当前的景观生态学正处于快速发展期，既有巨大的发展潜力，又有概念、理论和应用上不成熟的特点。许多学者认为，景观生态学要成为一个成熟的学科，并保持长期健康发展，需要着重关注以下几个关键议题：①发展真正的交叉学科或跨学科，而不仅仅是多学科；②加强基础研究与应用的综合、自然科学与社会科学的综合；③大力构造统一的概念框架与理论体系；④强化对相关专业人员的培训；⑤促进国际学术交流与协作，以改变在国家或地区间发展不平衡的现状，促进北美以外地区的景观生态学发展；⑥加大对公众的传播，以及与决策者的沟通(肖笃宁，1999b；Wiens，1999；Wu and Hobbs，2002；Metzger，2008)。

Wiens (1992)、Hobbs (1997) 和 Andersen (2008) 从景观生态学的研究主题、组织层次、研究尺度、特定主题、方法论和研究途径、数学方法这6个方面，对不同时期发表在 *Landscape Ecology* 期刊上的文章做了系统的总结和比较，反映了景观生态学的发展。

1.2.2 中国的景观生态学发展

相对于国际上的景观生态学研究，中国景观生态学的发展历史还很短暂。20世纪80年代侧重于对国外文献的介绍，真正的发展是在1990年肖笃宁主持翻译了Forman和Godron的《景观生态学》一书之后。90年代相继出现了一批代表性人物，发表了大量的论文和著作。在1996年5月举行的“第二届全国景观生态学术讨论会”上，成立了“国际景观生态学会中国分会”。当前，中国景观生态学的研究和教学队伍已几乎遍及全国的大学和相关的科研单位。据ISI数据库的统计，1997～2007年以“landscape ecology”为关键词共检索到SCI索引论文3292篇，其中中国以100篇列第7位，受到国际同行的关注和高度评价(Kent，2007)。在中国国内科技和景观生态学蓬勃发展的背景下，在老、中、青三代学者的多年共同努力下，2011年8月在北京成功举办了主题为“Landscape Ecology for Sustainable Environment and Culture”的第8届国际景观生态学大会(IALE 2011)，标志着中国景观生态学大发展时代的到来。经过20年的发展历程，一个景观生态学的中国流派正在形成。国内学者逐步获得了对于景观生态学核心概念和理论框架的共识，即“以格局-过程关系为中心的生态空间理论，以有序人类活动对于景观演化作用为中心的景观生态建设理论，以发挥景观多重价值为中心的景观规划理论”(肖笃宁等，2010)。

然而，与国际先进水平相比，中国景观生态学的发展仍相对滞后，表现在尚缺乏系统研究和基于过去工作积累的系列研究，以及缺乏大尺度生态学研究的意识、思想和方法。在具体研究上还有不小的差距。例如：①关于概念的介绍和分析探讨较多。②跨尺度和多尺度格局与过程的机制性研究还明显不足。③特别关注景观水平的干扰过程（如干旱、火烧、生物入侵、气候变化等），已经认识到格局-过程-尺度相互关系的重要性，并逐渐从对空间格局的描述转向了对景观生态过程和功能的探讨；然而，相关研究仍处于初级阶段。④特别关注人类开发引起的景观功能变化，包括生态安全、生物保护和综合价值等，但结合长时间观测的景观动态研究还很不足。⑤基于景观指数的格局分析连篇累牍，但其生态学意义却常被忽视；多元统计和地统计学方法也有一定的应用；对其他空间分析方法尚缺乏了解和应用。⑥同国际上的研究现状，模型手段被广泛应用，但景观实验研究还很缺乏。⑦遥感和 GIS 已被广泛应用于空间数据的处理和分析，然而对其可靠性与准确性却讨论不多。⑧以应用研究为主，主要用于土地利用与土地规划、景观规划和景观生态建设方面，但应用的理论指导不足，显得缺乏科学的硬度和严谨性；同时，应用领域也有待扩大。

中国景观生态学的发展需要两手抓，在理论和方法上放眼国际前沿的同时，还需服务于本土社会需求。中国当前社会的发展也为景观生态学的应用提供了无限的机遇：科学发展与构建和谐社会均需要景观生态学家的积极参与，环境保护和生态文明建设需要景观生态学的思想、观点和理论支持。因此，未来发展的主要方向将是格局-过程-尺度相互作用、自然-经济-社会相互耦合、微观过程和宏观过程的相互联系、生态过程与资源环境效应相互结合。

1.3 景观生态学的研究

1.3.1 景观生态学的研究内容

景观生态学的研究内容包括理论、方法和应用三方面。理论研究以空间格局、生态过程、尺度之间的相互作用为核心，主要包括景观结构、功能和动态的研究（图 1.3）。景观结构指景观组成单元的类型、多样性及其空间关系，如景观中斑块、廊道、基质和网络的类型、数量、面积、丰富度、均匀度、形状和空间分布等，不同类型斑块之间的空间配置关系（如聚集度、连接度、对比度、隔离度等），以及能量、物质和生物体的

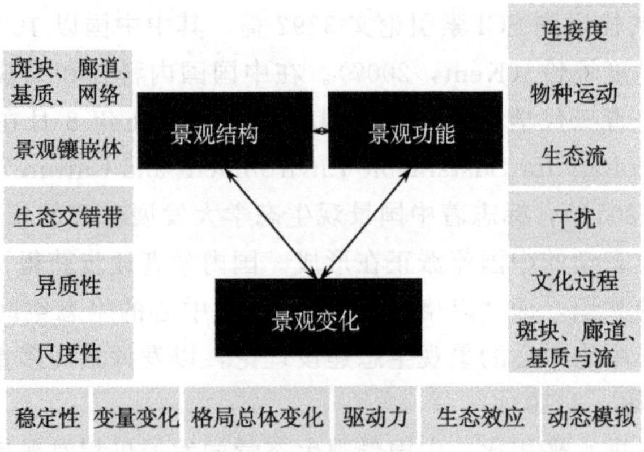

图 1.3 景观生态学理论的研究内容

空间分布等。景观功能指景观格局与生态过程的相互作用，如能量、物质（如水分和养分）、生物体（如植物繁殖体、哺乳动物、鸟类、昆虫、病毒等）、人类、干扰等在景观镶嵌体中的运动（流）过程。景观动态指景观格局和生态过程随时间的变化。景观的结构、功能和动态是相互依赖、相互作用的。但在很大程度上，景观生态学建立在以下前提之上，即景观结构影响生态过程，尽管这种前提并不一定成立。总之，景观生态学研究景观结构、景观结构与功能之间的相互作用，以及这些结构、功能和相互作用是如何随时间变化的。

方法研究包括具体方法、技术手段和方法论 3 个方面。具体方法主要包括景观指数法、空间统计学法、景观模型法、复杂性科学方法等。其中，景观模型是最常用的方法。“3S”［遥感（remote sensing，RS）、GIS、全球定位系统（global positioning system，GPS）］技术和计算机技术促进了定量方法的极大发展。GPS 已成为景观调查中必不可少的工具，不同分辨率的遥感影像是景观分类及获取一些生物物理参数和变量的重要基础，GIS 为空间数据的整理、分析和模拟提供了重要的平台和工具。除传统的一般系统论和生物控制论外，方法论还包括现在蓬勃发展、尚不成熟的复杂性科学和非线性动力学理论和方法。总之，较大尺度的景观研究决定了“3S”技术应用的必然性，空间信息的融入决定了空间统计学方法和“3S”技术的应用，而格局-过程-尺度相互关系研究的复杂性决定了模型方法及复杂性科学和非线性动力学理论与方法应用的可能性。

景观生态学的空间显式原理和方法已被广泛应用于许多领域，如土地利用和土地覆被的变化（land-use and land-cover change，LUCC），景观评价、规划和模拟，栖息地破碎化和物种保护，景观管理。当前，在生态修复、城市景观生态、气候变化、生态系统服务和可持续发展方面的景观生态学研究正在快速开展，成为新的应用生长点（图 1.4）（Wu，2013）。鉴于人类对土地、资源、环境和能源等可能产生重大影响以及这些影响对人类社会的反馈，景观生态学对社会问题的考虑在近几年有一定增加（Andersen，2008），尽管仍远远不够（Antrop，2007；Metzger，2008）。例如，其综合思想和观点在土地管理和资源管理政策和指导方针中的应用等。鉴于格局-过程-尺度

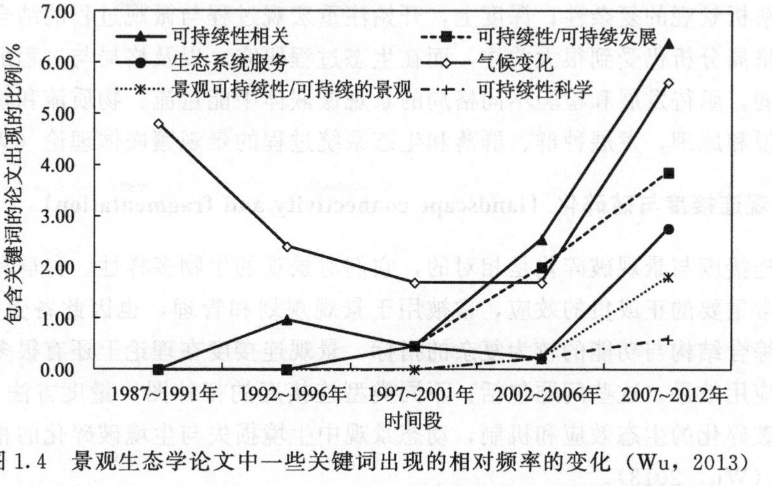

图 1.4　景观生态学论文中一些关键词出现的相对频率的变化（Wu，2013）

注：来源于 1987～2012 年 *Landscape Ecology* 期刊文章的标题、关键词和摘要

相互关系的普遍性，景观生态学家与非景观生态学家之间的交流是十分必要的，以便挖掘更多的潜在应用领域。

需要明确的是，并不是所有与景观有关的问题都属于景观生态学的研究范畴。景观生态学是一门科学，其本身并不是行动，而景观规划却是一种实践活动；景观美学、景观感知和景观决策也并不是生态学；遥感、GIS、空间统计学和模型等仅仅是研究工具。但是，毫无疑问，景观生态学能帮助我们理解系统的复杂性（Farina，1998），对于解决以自然-资源为基础的一类特殊问题具有独特的潜力（Bastian，2001）。

1.3.2 景观生态学的核心研究论题

在过去30年里，景观生态学的理论、方法和应用在全世界范围内均取得了快速而激动人心的发展。然而，景观生态学的交叉性、综合性和多样性也使其面临特征危机。人们开始关注景观生态学的特征，并呼吁发展其自身独特的核心论题（Moss，1999；Wiens，1999）。为此，邬建国和Richard Hobbs先后两次分别于2001年美国景观生态学年会和2003年国际景观生态学大会上，召集国际顶尖景观生态学家，探讨当前景观生态学的6个学科发展要素和十大核心研究论题，分别发表在Wu和Hobbs（2002）、Wu和Hobbs（2007）文献上。Wu（2013）依据*Landscape Ecology*期刊上的文章，对过去30年（1983～2012年）景观生态学的发展做了一个回顾，并根据最近10年景观生态学在理论和实践上的进展，更新了原来的十大核心研究论题。本节综合这些观点，并补充其他信息，同时结合笔者的思考，探讨景观生态学的核心研究论题。

1. 景观镶嵌体中格局-过程-尺度的关系（pattern-process-scale relationships of landscapes）

理解不同尺度上格局与过程之间的相互关系是景观生态学要解决的核心问题。近10年来，有从景观格局的定量描述向驱动格局形成与变化的生态过程转变的趋势，也有向格局的过程和功能效应研究转变的趋势。在过程研究中，除了一般意义上的物质流、能量流、物种流和信息流外，广度上，开始注重自然过程与社会经济和人文过程的综合，以解析景观的复杂性；深度上，开始注重宏观过程与微观过程的结合。但总的来说，空间格局分析仍受到很大关注，而在生态过程研究，以及格局与过程的关系研究方面还很薄弱，亟待发展和检验不同格局的景观镶嵌体中能量流、物质流和物种流及其再分配的假说和原理，发展种群、群落和生态系统过程的景观镶嵌体理论（Wu，2013）。

2. 景观连接度与破碎化（landscape connectivity and fragmentation）

景观连接度与景观破碎化是相对的，它们对景观的生物多样性、种群和生态系统过程有着非常重要的正或负的效应，常被用于景观规划和管理，也因此备受关注。然而，作为一个综合结构与功能的较为复杂的指标，景观连接度在理论上还有很多问题，这影响了它的应用效果。这些问题包括：不同类型连接度的拓扑图、量度方法和生态效应，连接度和破碎化的生态效应和机制，动态景观中生境损失与生境破碎化的相对重要性和相互作用（Wu，2013）。

3. 尺度和尺度推绎（scale and scaling）

在景观生态学的热词中，“尺度”一词在1987～2012年国际期刊*Landscape Ecology*中出现的相对频率可达46%，“尺度”和“尺度推绎”合并出现的相对频率可达50%（Wu，2013）。

尽管尺度效应在景观生态学中已得到广泛的认识，但对尺度效应发生的机制并不清楚。尺度推绎关系式还有待挖掘。尺度推绎尚缺乏有力的理论基础和行之有效的方法，因此难以应用于实践操作。等级理论和最近兴起的复杂性科学可为尺度推绎提供某些理论基础、规则和策略，而综合运用野外观测、实验模拟、遥感、GIS、模型方法、空间统计学方法、等级和分形理论等进行研究似乎对尺度推绎方法的发展十分必要，也是目前通用的途径。

4. 复杂性科学、空间格局分析和景观模拟（complexity science，spatial pattern analysis and landscape modeling）

一个景观同其他生态系统一样，也是一个复杂适应系统（Levin，1999；邬建国和申卫军，2000）。复杂性科学和非线性动力学可为描述和模拟空间异质的、非线性的、具有等级结构和流的复杂适应系统的聚现（emergency）、相变（phase transitions）及临界阈值（critical threshold）等行为特征提供重要的理论和方法基础。分形（fractal）、元胞自动机（cellular automata）、等级（hierarchy）、多尺度（multiple scale）、自组织（self-organization）、耗散结构（dissipation structure）、混沌（chaos）、复杂适应系统（complex adaptive systems，CAS）、非线性动态、相变和亚稳定性（metastability）等复杂性科学的概念和理论在景观生态学中的应用才刚刚开始，还有待深入发掘。

景观格局指数在应用时更多地强调其反映景观组成和空间格局的方面，仅在最近10年，人们才逐渐认识到景观格局指数的生态学意义，并引起了热烈讨论和高度重视。但不同尺度景观格局指数与生态过程和功能的关系问题仍未得到很好的回答。

为了有效地解决由空间异质性、假重复性（pseudoreplication）、尺度多重性、空间自相关性和交叉学科的复杂性等引起的方法问题，景观生态学家需要超越传统科学，应用或创造新的数学、统计和实验方法，并且综合不同途径、不同尺度的方法。除整体论、一般系统论、生物控制论和生态系统生态学之外，空间统计学和复杂性科学等可为景观生态学提供一个更广的、更合理的、更有希望的方法论基础。同时，也需发展驱动于需求的、基于空间位置的机理性景观模型。

景观生态学研究的定量化程度日益增强。在2007年的IALE会议中，有60%的研究提到空间定量方法或统计分析方法。然而，一些研究虽然进行了非常复杂的空间定量分析，但并没有将这些分析与景观生态学观点结合。我们应该避免缺乏生态学假设或理论基础的纯定量方法。正确的做法是，在景观生态学的理论框架下发展定量分析方法，以达到强化理论的目的（Metzger，2008）。

5. 土地利用和土地覆被变化的起因、过程和效应（causes，processes，and consequences of land use and land cover change）

我们需要理解LUCC的时空格局、驱动力、生态效应之间的关系，理解不同类型景观中生物多样性、生态过程、生态系统功能和环境状况与LUCC的动态格局之间的关系，理解过去的土地利用、历史事件和景观遗产对当前和未来景观的组成、构型和功能的影响，理解和预测多尺度上的城市化过程对生态环境的影响（Wu，2013）。

我们需要加强基于理论的，并受经济、气候变化和“土地利用立法”制约的长期景观变化研究（Wu and Hobbs，2002；Metzger，2008）。在2007年的IALE会议中，1/3的研究根本没有考虑时间因素，1/3的研究仅仅呈现了景观在一年内的变化，只有1/3的研究评价了景观在2年或更多年份的变化。短期研究对揭示LUCC的效应是一个极大的限制，因为过去的土地利用格局会影响当前的生态过程，并且景观变化与生物体和生态过程的反应之间常常存在着时滞（Metzger，2008）。

我们也需要了解更多地区、更多景观类型的景观生态学关系，以更有效地为景观管理和保护服务。具有高度动态性或混沌的景观（如城市化的景观，或政治、经济或军事纷争下的土地）可为研究LUCC提供独特的机遇（Wu and Hobbs，2002）。当前，我们对热带地区的LUCC研究非常急迫。在2007年的IALE会议中，仅有14%的研究在热带地区进行。来自热带地区（如东南亚、非洲、南美洲）的国家具有非常不同的自然、文化和传统，其生物和社会状况也与温带地区完全不同，因此，可能会发现一些新的格局-过程关系。同时，尽管这些国家具有最高的物种多样性，但当前快速的LUCC也导致栖息地的破碎化和生物多样性的丧失。另外，海域景观和滨海景观仍需更多的关注。总的来说，以上这些地区的景观生态学研究才刚刚开始，以描述性和定性研究为主，只达到20世纪80年代中期的水平（Metzger，2008）。

6. 景观格局的优化（optimization of landscape pattern）

在理论和实践中，景观格局优化的问题（如土地利用格局的优化、景观管理的优化、景观规划与设计的优化）都是最重要的。景观格局优化的目的是功能的优化，而不仅仅是美观。基于这种认识，在景观评价中越来越多地考虑格局对生态系统服务功能的影响，景观规划与设计的科学基础开始引起关注，在景观模拟模型的研究中也越来越注重格局与过程的关系。

7. 景观与气候变化的相互作用（landscape and climate change interactions）

景观生态学中格局-过程-尺度的相互关系原理也日益被应用于气候变化领域，以探讨以下问题（Wu，2013）：景观格局的变化对局域和区域气候过程会产生哪些影响？在景观尺度上可采用哪些途径来减弱和适应气候变化的影响？如何应用景观生态学原理和方法研究城市热岛？等等。

8. 变化景观中的生态系统服务（ecosystem services in changing landscapes）

景观生态学中格局-过程-尺度的相互关系原理也日益被应用于生态系统服务功能领

域，以探讨以下问题（Wu，2013）：描述和定量景观和区域尺度上生态系统的供给、调节和文化功能的时空格局、源-汇动态、相互之间的平衡和协同作用，评价和预测这些生态系统服务对环境和景观变化的响应，发展基于空间位置的生态系统服务的景观理论。

9. 景观的可持续性（landscape sustainability）

景观的可持续性指同时维持和改善景观中生物多样性、生态系统服务、人类福祉和景观规划和设计的适应性过程。景观系统的可持续发展是景观生态学应用于实践的最终目的。这需要探讨景观/生态系统服务与人类福祉之间的动态关系，以及政策对该关系的影响；探讨通过景观设计和规划来维持生态系统服务和人类福祉的不同方法；探讨影响景观弹性（指抵抗干扰，同时维持景观基本结构和功能的能力）的核心因素和机制，及其与景观可持续性的关系（Wu，2013）。

10. 数据获取、精度评价和不确定性分析（data acquisition，accuracy assessment and uncertainty analysis）

大面积上长期数据的获取和数据质量对景观生态学的发展很关键。尽管很多景观基础数据可通过“3S”技术获取和处理，但在解决具体问题时可能仍远远不够。多尺度的空间数据十分必要，包括大尺度上的调查实测数据、小尺度上的样地数据，以及关于生物体和物种的基本生物学资料。在大尺度上调查取样时，需要采用与传统方法不同的取样方法，以避免假重复和空间自相关之类的问题，这是一个极重要、极富挑战性的研究领域。此外，为理解景观的结构、功能和动态，以达到维持景观可持续性的最终目的，也需要长时间序列的空间数据，这使得长期的景观监测成为必然（Wu and Hobbs，2002）。

我们亟待系统地评价基于多源、多尺度数据的景观分析的精度，定量尺度推绎的误差，分析景观研究中不确定性的种类、来源和影响，提出解决不确定性问题的途径，评价景观研究的不确定性对管理和政策制定的影响（Wu，2013）。

需要注意的是，鉴于以上这些核心研究论题是随时间变化的，今后还需不断地更新。一些热点问题和新论题已开始涌现，如行为景观生态学（研究景观格局与生物体行为过程的关系）、景观遗传学（研究景观格局与种群基因之间的关系）、声音景观（sound-scapes）和气味景观（smell-scapes）生态学（研究来源于生物、地球物理与人类的声音和气味的格局及动态，及其对景观中生物体和人类的影响）、城市景观生态学。由此可见，当代景观生态学家不得不面临的挑战必然是巨大的、多方面的。

第2章 景观生态学的核心概念

景观生态学被期望为大尺度的环境和资源管理问题提供科学基础，这使得基础研究和应用之间的结合，理论、方法和实践上的交叉比其他生态学学科更重要，也对构建一个统一的概念框架与理论体系提出了迫切要求。自20世纪80年代以来，围绕着空间异质性的起因、变化和效应，有关格局、过程、尺度、等级和斑块动态等的概念、理论、观点和应用不断涌现和深化。它们不仅形成了现代景观生态学概念和理论的主体构架，而且也逐渐被生态学其他领域所接受和应用，并成为生态学中一个新的概念和理论构架（李哈滨和 Franklin，1988；Pickett and Cadenasso，1995；Wu and Loucks，1995；Peterson and Parker，1998；Turner，2005；邬建国，2007；Wu，2013）。

2.1 景观系统的整体性

景观是由景观要素有机联系组成的复杂系统，具有等级结构，具有独立的功能特性和明显的视觉特征。一个健康的景观生态系统具有功能上的整体性和连续性（傅伯杰等，2001）。

2.2 景观格局

景观格局指景观的组分构成及其空间分布形式。例如，某个类型的斑块在空间上呈随机分布还是聚集分布。景观格局特征是景观性状最直观的表现方式，也是景观生态学研究的核心内容之一。

严格地说，“景观格局”与“景观结构”是有区别的。景观格局一般指景观组分的空间分布和组合特征（如不同斑块的大小、形状及空间构型等），仅包含空间特征；而景观结构既包含空间特征，也包含非空间特征（如斑块的类型、面积比例等）。然而，在现阶段的大多数景观生态学文献中，“格局”与“结构”常常通用，而不被区分，都同时包含空间特征和非空间特征两个方面（傅伯杰等，2001）。

所有景观都可看成是一个由异质的景观组分（斑块、廊道、基质）所构成的镶嵌体。Forman 在20世纪80年代初期提出的斑块（patch）-廊道（corridor）-基质（matrix）模式是用来描述景观格局的一个基本模式，是对景观结构镶嵌性的一种理论表述。该模式的形成使得对景观结构、功能和动态的表述更为具体、形象，而且有利于考虑景观结构与功能之间的相互关系，比较它们在时间上的变化（傅伯杰等，2001）。

斑块又被称为缀块或拼块，是依赖于尺度的，与周围环境（基质）在性质或者外观上不同，表现出较明显边界，并具有一定内部均质性的空间实体。该定义强调了斑块的尺度性、空间非连续性和内部均质性，即相对于其周围环境，斑块是最小的异质性单元，其内部是相对均质的；但这种区分是基于研究尺度的，整个地球和一个微生物群落都可看为一个斑块。广义上，斑块可以是有生命的（如森林、草地、水生生物群落、动物群落、植物聚集斑块、个体植株），也可以是无生命的（如地貌区，居民区，光、水分和养分异质分布形成的斑块等）；而狭义上，斑块仅指动植物群落（Forman and Godron，1986；邬建国，2007）。

组成景观镶嵌体的斑块可能是多层次嵌套的，其中，最低层次的斑块是景观的最基本组成单元。斑块既是基本结构单位，也是物质、能量或信息的输入与输出单位，因此，景观的许多空间格局和生态过程由斑块和斑块动态（patch dynamics）来决定（傅伯杰等，2001）。对景观异质性、动态和功能等的研究，实质上就是对斑块的类型、分布、组合及动态和功能的研究（赵羿和李月辉，2001）。

廊道指与两侧基质有显著区别的狭长地带，如林带、河流、河岸植被、树篱、高速公路、传输电缆等。廊道可视为一种特殊形式的斑块，同时也是联系斑块的重要桥梁和纽带。目前还没有一个公认的定量标准去区别廊道与斑块。一般地说，长宽比至少在10～20以上的斑块，且分割景观，又被斑块相连的景观组分，可被认为是廊道（傅伯杰等，2001；赵羿和李月辉，2001）。

基质也被称为背景、基底、矩质、模地、本底等，是出现范围最广阔、分布面积最大、连通性最好、具支配地位的景观组分。基质在景观中起着背景的作用，而各种廊道和斑块镶嵌在其中，例如，残留自然植被斑块镶嵌在农田景观基质中。常见的有森林基质、草原基质、农田基质、城市用地基质等。基质可能是单一的景观组分（如大面积出现的玉米地、水稻田等），也可能是异质混合体（如由水稻、木薯和香蕉园组成的耕作区，多树种的混交林地等）。基质在很大程度上决定着景观的性质，通过影响能流、物流和物种流，主导景观的动态和功能（Forman and Godron，1986；Pickett and Cadenasso，1995；傅伯杰等，2001；赵羿和李月辉，2001；邬建国，2007）。

需要指出的是，在实际研究中，要确切地区分斑块、廊道和基质有时是很困难的，也是不必要的。景观组分的区分总是与观察尺度相联系的，因此，这种区分往往是相对的。并且，许多景观中并没有在面积和连通性上占绝对优势的组分类型。另外，广义地讲，基质可看成是景观中具主导地位的斑块，而许多所谓的廊道也可被看成是狭长形斑块（邬建国，2007）。

2.3 生态过程及生态流

生态过程强调事件或现象发生、发展的动态特征。景观生态学常常涉及多种生态学过程，其中包括同一生态系统内部的动态变化（如种群动态和群落演替）、不同生态系统之间的流动（如物质循环和能量流动、繁殖体或生物体的传播、动物的迁移运动、干扰扩散），以及生物之间的相互作用（如捕食者-猎物相互作用）等（邬建国，2007）。

生态流是景观中生态过程的具体表现，但外延更小，指能量、物质、生物物种、人类和信息等在各个空间组分间的流动，属于不同生态系统之间的流动（图 2.1）。生态流以水平流为主；但对其中的物质流（如水循环、碳循环、氮循环），也常包括垂直流。

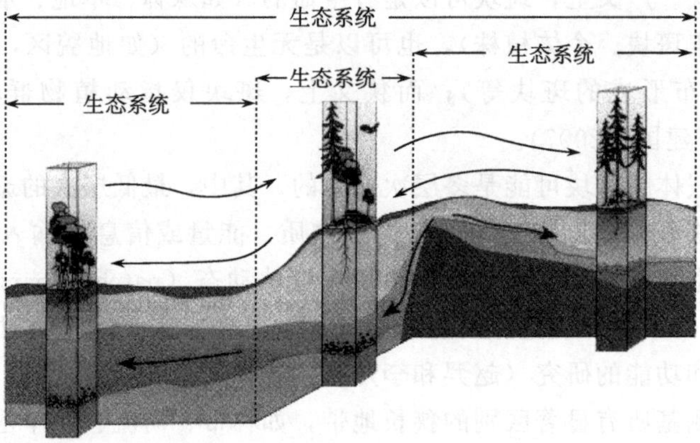

图 2.1　发生在不同生态系统之间的生态流

2.4　尺　　度

尺度问题（scale issue）是所有生态学研究的基础（Wiens，1989）。Levin（1992）指出，“格局与尺度问题融合了种群生物学和生态系统科学，综合了基础生态学和应用生态学，已成为生态学的核心问题”。目前景观生态学在处理尺度问题上处于前沿，并已成为阐述生态学中基本的尺度问题的主要推动力。尺度问题主要涉及三个方面：尺度概念、尺度分析（scale analysis）和尺度推绎（张娜，2006）。

生态学尺度有三重概念：维数（dimensions）、种类（kinds）和组分（components），其中每重概念又包含多个定义（图 2.2），有必要进行澄清、分类和统一（Wu and Li，2006a）。从维数来说，尺度包括空间尺度、时间尺度和组织尺度。通常意义上的空间尺度和时间尺度是指在观察或研究某一物体、现象或过程时所采用的空间或时间单位，同时又可指某一物体、现象或过程在空间和时间上所涉及的范围。组织尺度（或组织层次）（organizational scale 或 organization level）是生态学组织层次（如个体、种群、群落、生态系统、景观、区域和全球等）在等级系统中所处的相对位置。通常应用中，时空尺度是抽象的、精确的；而组织尺度存在于等级系统之中，以等级理论为基础，是具体的，在等级结构中的位置相对明确，但其时空尺度是模糊的。

从种类来说，尺度包括现象（phenomenon）尺度、观测（observation）尺度、分析（analysis）或模拟（modeling）尺度（图 2.2）。现象尺度是格局或影响格局的过程的尺度，它为自然现象所固有，而独立于人类控制之外，因此也被称为特征（characteristic）尺度或本征（intrinsic）尺度。其中，格局尺度包括等级水平、各等级水平的斑块大小分布（如大小的平均值和方差）、同类斑块之间的间隔距离。对生物来说，格局尺度的这几个方面均是生物个体所感知并产生反应的尺度，如某种生物的生境斑块的大小。过程尺度包括过程本身作用的范围、过程能够影响的潜在或实际的幅度（Dungan et al.，2002）。对过程尺度的分析适用于以下生态过程的研究，如动物个体的疏散、树木种子的传播、裸地尘土的飞扬、热源的辐射、点源污染物的扩散等。例如，

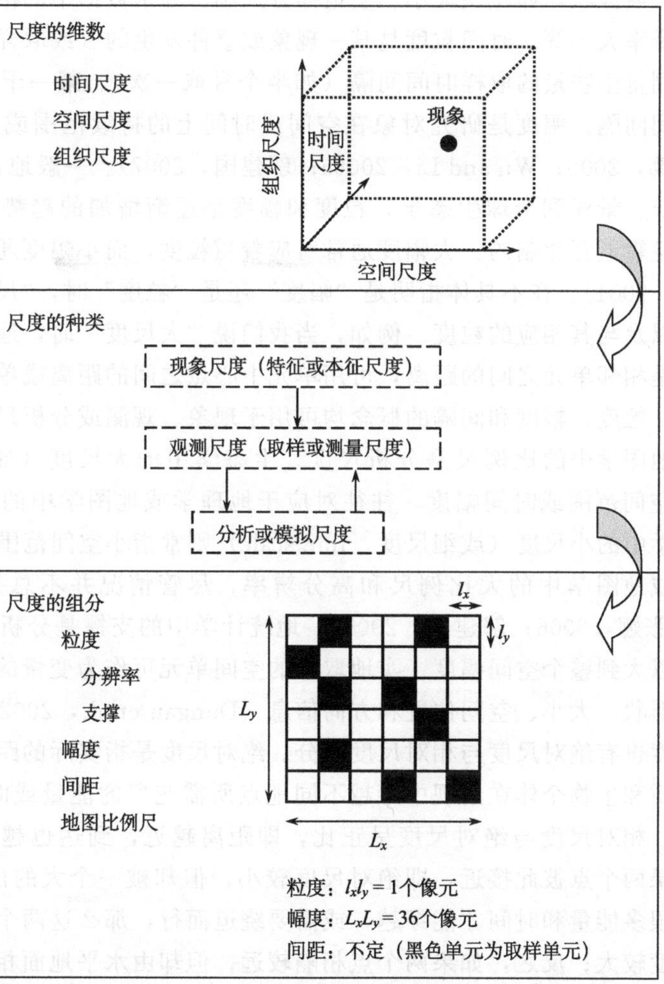

图 2.2　生态学尺度的三重概念［根据 Wu 和 Li（2006a）改绘］

一个群落中种子的传播不仅发生在紧邻群落的局域范围内，也会因风、水和动物等的作用而发生在距该群落一定距离的潜在范围内。在一个等级系统中，每个等级水平上格局或过程发生的尺度范围被称为尺度域（domain of scale）。与尺度域不同，特征尺度是两个相邻尺度域之间表示过渡或转折的某个（或某些）尺度，而不是一个尺度范围。

观测尺度也被称为取样（sampling）尺度或测量（measurement）尺度，涉及取样单元的大小（粒度）、形状、间隔距离及取样幅度，来源于地面或遥感观测。空间取样单元可能是自然物体，如一片树叶、种群的一个生物个体或一个动物巢穴等。但对于基于一定面积的大多数研究，自然的取样单元并不存在或不易区分，需在实验中人为确定。分析或模拟尺度是在空间统计分析或模拟模型中所用的尺度，如尺度方差分析中逐渐聚合的一系列尺度（Dungan et al.，2002）。

从组分来说，尺度包括粒度（grain）、幅度（extent）、间距（lag 或 spacing）、分辨率（resolution）、比例尺（cartographic scale）和支撑（support）等。在景观生态学中，尺度往往以粒度和幅度来表达（图 2.2）。空间粒度是景观中最小可辨识单元所代表的特征长度、面积或体积，如斑块大小、实地样方大小、栅格数据中的格网大小及遥感影像的像元或分辨率大小等。时间粒度是某一现象或事件发生的（或取样的）频率或时间间隔，如野外测量生物量的取样时间间隔（如半个月取一次）、某一干扰事件发生的频率或模拟的时间间隔。幅度是研究对象在空间或时间上的持续范围或长度（Turner et al.，2001；张娜，2006；Wu and Li，2006a；邬建国，2007）。一般地，从个体、种群、群落、生态系统、景观到全球生态学，粒度和幅度呈逐渐增加的趋势。幅度独立于粒度，但它们在逻辑上互相制约：大幅度通常对应着粗粒度，而小幅度通常对应着细粒度（Turner et al.，2001）。在不具体指明是“幅度”还是“粒度”时，“尺度”一词的言外之意是幅度，以及与其相应的粒度。例如，当我们说“大尺度”时，通常是指大幅度和粗粒度。间隔是相邻单元之间的距离，可用单元中心点之间的距离或单元最邻近边界之间的距离表示。粒度、幅度和间隔的概念均可用于现象、观测或分析尺度。

地理学和地图学中的比例尺是分析尺度。生态学中的大尺度（或粗尺度，coarse scale）是指大空间范围或时间幅度，往往对应于地理学或地图学中的小比例尺和低分辨率；而生态学中的小尺度（或细尺度，fine scale）则常指小空间范围或短时间，往往对应于地理学或地图学中的大比例尺和高分辨率，尽管情况并不总是如此（Dungan et al.，2002；张娜，2006；邬建国，2007）。地统计学中的支撑是分析尺度，可以小到一个点，也可以大到整个空间幅度。实地取样的空间单元可作为变量的支撑，融合了空间单元的几何形状、大小、空间位置和方向信息（Dungan et al.，2002）。

另外，尺度也有绝对尺度与相对尺度之分。绝对尺度是指实际的距离或面积，相对尺度是指与物质和生物个体在景观中穿越不同地点所需花费的能量或时间有关的距离。在多数情况下，相对尺度与绝对尺度呈正比，即距离越近，到达也越快。但也常有例外。例如，如果两个点彼此接近，即绝对尺度较小，但却被一个大的山峰或峡谷阻隔，需要鸟类花费很多能量和时间才能穿越，或需要绕道而行，那么这两个点的相对距离较远，即相对尺度较大；反之，如果两个点相隔较远，但却由水平地面相连，鸟类很容易穿越，那么这两个点的相对距离较近，即相对尺度较小（Turner et al.，2001）。又如，鱼类向上游游动时，走“之”字形路径（水流缓慢）要比沿河道（水流较快）逆水向上游快得多（Forman and Godron，1986）。

尺度效应（scale effect）是指当观测、实验、分析或模拟的时空尺度发生变化时，系统特征也随之发生变化的现象，在自然系统和社会系统中普遍发生。在社会学和人文地理学中已有很长研究历史的“可塑性面积单元问题”（modifiable area unit problem，MAUP）与尺度效应概念类似（Openshaw，1984）。正确掌握尺度和尺度效应的思想和观点有助于我们解释很多现象，从而减少在诸如全球变暖问题上的分歧。例如，从某一年的时间尺度上观察，一个地区的冬季气温可能比常年低很多；但从近50年的时间尺度上观察，可能会发现该地区的冬季气温一直保持着波动上升的趋势。可见，从不同的时空尺度上看同一个现象或变量，可能会得出完全相反的结论。

尺度推绎（在地理学中常被称为尺度转换或尺度变换）是不同时空尺度或组织层次之间的信息转换。其中，将小尺度上的信息推绎到大尺度上的过程称为尺度上推（scaling-up或upscaling），反之则为尺度下推（scaling-down或downscaling）（Wu，1999；Wu and Li，2006b；邬建国，2007）。尺度下推意味着对客观的认识更为细节化，趋向微观；相反，尺度上推则意味着对客观的认识更为全面化，趋向宏观。尺度推绎与外推（extrapolation）不完全相同。外推包括由已知推未知的所有过程。我们可以将信息从一个尺度域外推到另一个尺度域，也可以从一个系统（或数据集）外推到同一个尺度域的另一个系统（Turner et al.，2001）。严格地说，尺度推绎仅指不同尺度域之间的外推，而不包括同一尺度域中不同尺度之间的外推，但在应用时外延也常被扩大到后者。

2.5 景观异质性

2.5.1 景观生态学与景观异质性

异质性是景观的一个根本属性，也是区别于其他生态学组织层次（如种群、群落和生态系统）的最显著特征（Risser et al.，1984；Wu，2013）。景观异质性指在一个景观系统中，景观要素类型、组合及属性在空间或时间上的变异性。其中，属性可以是具有生态学意义的任何变量，或者是类型变量（如植被类型、土壤类型），或者是数值型变量（如动物分布密度、植物生物量、热能、水分、养分和温度等）。变异性包括不均质性和复杂性。景观异质性包含两方面的含义：①景观各组成要素及其属性的不均质性和复杂性；②景观大多是由结构和功能不同的低层次的异质斑块所构成的镶嵌体（Li and Reynolds，1995；邬建国，2007）。景观异质性的概念既可适用于生态学系统，也可适用于社会-生态耦合系统（Wu，2006）。

景观的结构、功能、性质和地位在很大程度上取决于其时间和空间的异质性。景观异质性的存在有其重要而普遍的意义。首先，异质性是地球上多种多样景观形成的原因（傅伯杰等，2001）。其次，异质性有利于景观内生物的共生，是互利之源。例如，草原生态系统中人、畜、草的共生可促进草地物质和能量的再循环，珠江三角洲中由桑叶、蚕、鱼塘异质共生的“桑蚕鱼塘”可形成高产的良性循环的水陆生态系统，有适度踩踏的人工草坪更有利于优势草类和其他草类的共生。再次，异质性有利于景观中资源的充分利用。例如，复杂食物网的存在使得生态系统中的不同物种有可能最大限度地利用能量和物质，原始森林生态系统的林-灌-草异质复层结构有利于对光能的充分利用。最后，景观生态系统的抗干扰能力、恢复能力、系统稳定性和生物多样性等也与异质性关系密切。

景观异质性的特殊意义在于，结构上的异质性可以影响（促进或阻碍）资源、物种、物质、能量或干扰在景观中的流动与传播（傅伯杰等，2001）。最明显的例子是，水的流动是以地势的差异为前提的。在河谷两侧的河漫滩和湿润的低平地上，通常发育着草甸景观或沼泽化草甸景观；而在山坡或台地上水分条件较好的地方则发育着森林。草甸的存在，可以有效地隔绝森林火灾的传播；而森林的存在，则可以有效地控制坡地的水土流失。又如，针阔混交林既能彼此隔绝一定程度火灾的迅速扩展，又能阻止部分病虫害的传播。

景观以下层次的生态学研究大多以相对均质的系统为对象，而景观生态学研究却主要基于地表的异质性信息。景观异质性是景观生态学的重要概念和核心所在，也是景观生态规划的方法论基础和核心。如果合并与异质性有关的词（如异质性、空间格局、格局分析/指数、斑块和破碎化），则在景观生态学中，“异质性”一词出现的相对频率高达 84％（Wu，2013）。景观生态学围绕着异质性，凝聚了生态学几十年来所获得的对异质性的形成、发展和动态、特征、效应与管理的认识，提供了探索空间异质性如何控制生态过程的新途径。首先，研究景观异质性的发展和动态有必要涉及某些类型的模型，因为景观所包括的面积较大，其变化也常常要跨越几个时间尺度，因此，在实验中很难实施。其次，研究景观异质性的特征主要包括描述特征及其尺度，并用统计或其他定量方法进行总结。再次，空间异质性会对生物和非生物过程，以至于种群、群落和生态系统的结构和功能产生影响，因此，可为生态学系统的形成和演化机制提供一定的线索，从而为保护生物学和生态系统管理提供依据。景观生态学研究的目的就是异质性的维持、管理和发展，使得异质性处于一个适当的水平，并最终实现景观的可持续发展。

2.5.2 景观异质性与尺度的关系

景观生态学既强调异质性的绝对性，也强调其尺度性，两方面是对立统一的关系。在生态学家与资源管理者所涉及的任意尺度上，小到一个斑块，大到整个宇宙，均存在异质性，这是异质性的绝对性。同时，景观异质性也具有强烈的尺度相关特征，即异质性程度总是取决于可分辨的或观察的时间和空间尺度。对于某一尺度上异质的景观或景观要素，如果在其他尺度上去观察，则可能是同质的；反之亦然（李团胜，1998；邱扬等，2000；傅伯杰等，2001；Wu，2013）。在一定的尺度域内，尺度越大，分辨率越低，景观内的细节看起来就越模糊，景观就越接近于同质；但当尺度（幅度）增大到超越原来的尺度域时，景观可能又变得异质了。

当景观幅度（如整个研究区域）或粒度（如样方或取样面积）改变时，所观察到的异质性也随之变化。但它们变化的方向通常是相反的：异质性常常随着幅度的增加而增强；而在粒度增加的过程中，尽管粒度内部的异质性显然是增强的，但在研究中粒度是作为单元而存在的，其内部的异质性被抹掉，因此，单元之间的异质性（空间方差）被减弱（Wiens，1989）（图 2.3）。例如，对于一个桌面，当从远处（粗粒度上）观察时是相对同质的，只有到近处（细粒度上）才能看见其中异质的纹路；当从桌面以外更大的幅度上观察时，除了桌面又增加了其他类型，异质性增强。又如，对于内蒙古草原中

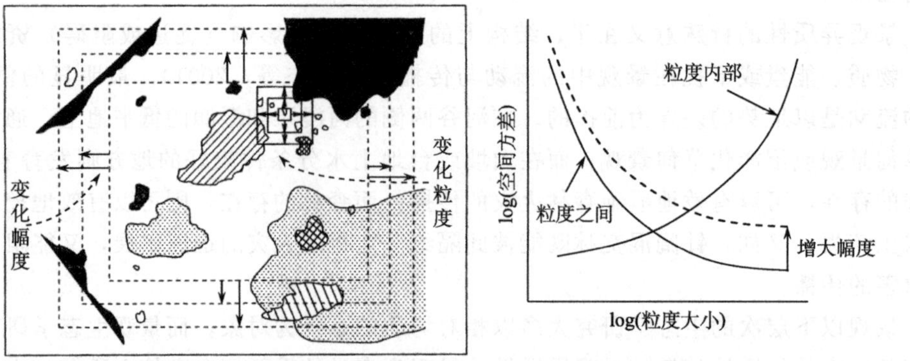

图 2.3 景观粒度和幅度变化对空间异质性或变量方差的影响（Wiens，1989）

的一个斑块，远处看起来植被类型比较单一，分布比较均质，但在近处观察也是异质的；从整个草原观察时会发现，随着景观斑块类型的增加，异质性也增强。

由此可见，离开尺度来讨论景观的异质性是无意义的。在讨论异质性时，一方面，必须首先明确空间或时间尺度；另一方面，通常需要在多尺度上进行。

2.5.3 景观异质性的分类

景观异质性包括空间异质性和时间异质性。一般而言，景观异质性是指空间异质性，即空间格局的变异性，而将时间异质性用动态变化来表述，如生态学中一直受关注的群落动态或演替。对于空间异质性而言，通常指二维平面空间异质性，另外还有垂直及三维立体空间异质性。当前，已有越来越多的生态学家认识到，生态学系统的空间异质性与时间动态同等重要，时间动态与空间异质性相结合而形成的时空耦合异质性也十分重要（邱扬等，2000；傅伯杰等，2001）。

另外，还有“功能异质性”的提法，指景观的过程功能指标（如物质流、能量流和物种流等）在空间上的变异性。实际也是一种空间异质性，如净初级生产力（net primary productivity，NPP）的空间异质性。

景观异质性还可以分为大异质性（宏观异质性）和小异质性（微观异质性）两种。在典型的小异质性景观中，景观组分（如植被类型、土地利用类型、物种）的组成和空间构型在不同地点大体相似，分布均匀，优势类型或优势种明显，基质连接度高，如热带雨林地区、温带草原地区等。在典型的大异质性景观中，景观组分的组成和空间构型在不同地点明显不同；近处组分的空间格局更为相似，远处的差异较大，如具有明显垂直环境梯度和植被带分布的山坡（Forman and Godron，1986；曾辉等，1999）。

信息熵分析方法是一种简单的、针对类型数据的异质性分析方法。首先，在某一景观实地、遥感影像或地图上，设置多条有代表性的断面样带，将每条样带分成若干等长的样段。对于以自然植被为主的景观，每个样段的长度一般为10～1000 m。但样段长度作为观测粒度或分辨率水平，必须小于景观植被斑块的平均大小，以便所取样段对斑块反应灵敏，能更准确地识别斑块。为了使统计分析结果可靠，最好在一条样带上取100个左右的样段，以保证统计样本数（Forman and Godron，1986；肖笃宁等，2010）。例如，Forman和Godron（1986）在对法国南部朗格多克地区阿格德景观的研究中，在景观图上设置了5条长为8 km的平行样带，沿样带共分128个样段，每段长64 m。在对摩洛哥阿特拉斯山景观的研究中，设置了由高海拔到低海拔的51 km长的样带，沿样带共分64个样段，每段长800 m。

线性抽样之后，对某个景观组分，分别沿每条样带，记录每个样段上该组分的存在或缺失。若该组分在两个连续的样段中同时存在或缺失，则认为它们之间不具有异质性；若只在一个样段中存在，而在另一个样段中缺失，则认为它们之间存在异质性。对整条样带上所有连续的两个样段都进行类似的判别。最后，统计观察到的异质性次数，计算出该组分在当前观察尺度上的异质性信息熵指数（Forman and Godron，1986；曾辉等，1999），即

$$I = \frac{n}{N-1} \tag{2.1}$$

式中，I 为异质性信息熵指数；N 为样段数；n 为观察到的异质性次数。实际上，取整条样带上所有连续的两个样段是根据具体研究的问题规定的一种组合形式。$N-1$ 为全部组合形式数，n 为某种异质性组合形式出现的次数，I 为某种异质性组合形式出现的概率。可用 I 值迅速地判断某个景观组分的异质性特征，发现空间分布的一些局部差异。而多条样带上、不同景观组分的 I 值则可用来分析景观的总体结构和异质性。

如前所述，景观异质性具有强烈的尺度相关特征，异质性程度会因观察尺度的不同而变化，因此，对景观异质性的研究通常需要在多尺度上进行。在小尺度上观察时，异质性最强；随着观察尺度的增大，异质性逐渐被忽略，而均匀性逐渐增强，这是景观组分呈小异质性的典型特征。例如，对于池塘水体，当用显微镜近距离观察时，看见的是有无数微生物的异质水体，而不用显微镜，在较远处观察时，水体呈现均质性，这时忽略了水体中微生物的异质性。因此，池塘水体是一个小异质性景观。反之，随着尺度增加，异质性增强。也就是说，从远处观察景观组分的空间分布格局时，其异质性要比观察细节时大得多，这是景观组分呈大异质性的典型特征（Forman and Godron，1986）。具体地，当某一景观组分的 I 值随着尺度的增加趋近于 1 时，表现为大异质性特征；当 I 值趋近于 0 时，表现为小异质性特征（曾辉等，1999）。

Forman 和 Godron（1986）分别计算了法国阿格德景观的主要斑块类型及摩洛哥阿特拉斯山景观的主要植物种在不同观察尺度下的 I 值（图 2.4）。结果表明，对阿格德景观的优势斑块类型——农田和葡萄园来说，随着尺度的不断增大，I 值经历了由大到小的变化：0.43、0.39、0.29、0.13 和 0.00；而对阿特拉斯山景观的主要植物种之一——大西洋雪松来说，随着尺度的不断增大，I 值经历了由小到大的变化：0.016、0.032、0.067、0.143、0.333 和 1.000。因此，阿格德景观的农田和葡萄园的空间格局具有小异质性特征，而阿特拉斯山景观的大西洋雪松的空间格局具有大异质性特征。

景观是由不同的景观组分构成的，而不同的景观组分，其空间异质性也不尽相同。因此，完全大异质性或小异质性的景观（即仅由具小异质性或大异质性特征的组分构成的景观）是很少见的；相反，景观通常是具这两种异质性特征的组分的混合（Forman and Godron，1986）。在判断景观是大异质性还是小异质性时通常以主要或大多数组分为标准。例如，在阿格德景观中，所取多条样带上的优势斑块类型都是农田和葡萄园，而且都具有小异质性特征，因此，可以说该景观为小异质性景观，尽管该景观中城镇、沼泽和果园等面积比例很小的斑块类型仅出现在局部，具有大异质性特征。而在阿特拉斯山景观中，所取多条样带上的大多数主要植物种或者分布在高海拔处，或者分布在低海拔处，具有大异质性特征；只有 4 种植物在整个山体上从高到低都有分布，具有小异质性特征。因此，可以认为该景观为大异质性景观。

2.5.4 景观空间异质性的表现形式

Forman（1995）提出景观空间异质性的两种表现形式。

（1）镶嵌结构（patchness）：指一个系统的组分在空间结构上互相拼接而构成整

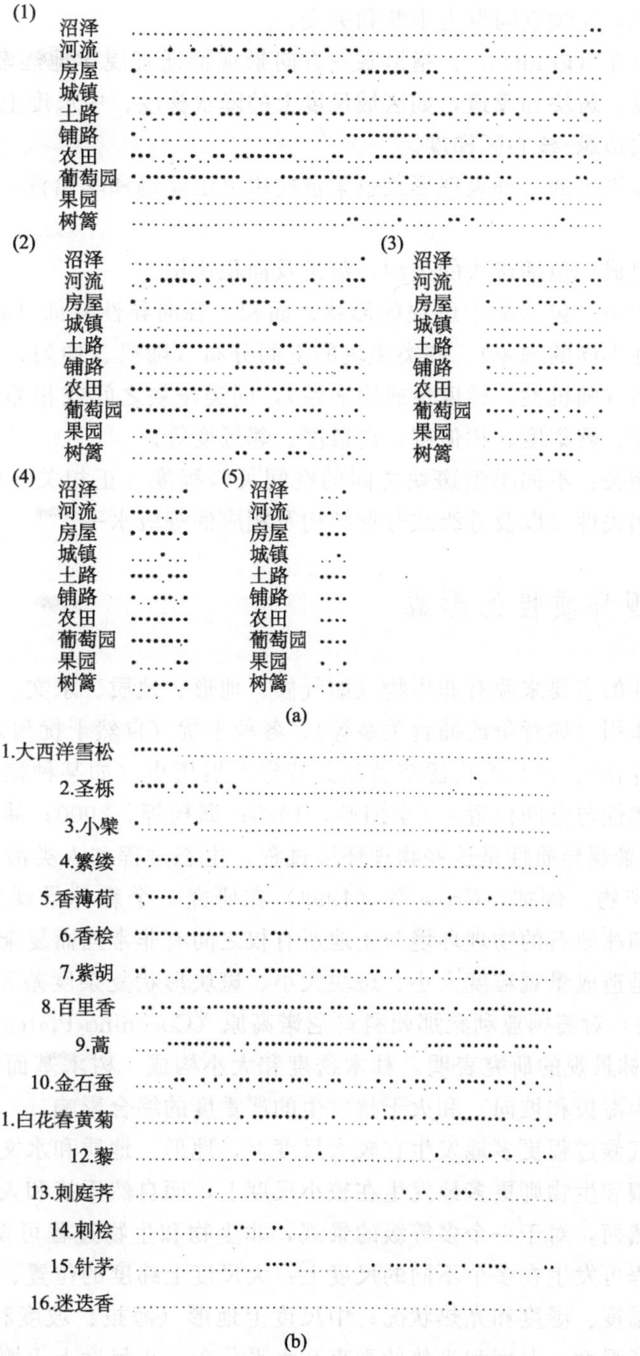

图 2.4　景观异质性的判别（Forman and Godron，1986）

注：(a) 法国南部朗格多克地区阿格德景观。样带长 8 km，沿样带共分 128 个样段，每段长 64 m。从 (1) 到 (5) 的每一步中，样段都被两两组合，以反映观察尺度增加的效果。星号和小圆点分别表示某类景观组分的存在和缺失。(b) 摩洛哥阿特拉斯山景观。由高海拔到低海拔的样带长 51 km，沿样带共分 64 个样段，每段长 800 m。星号和圆点分别表示某个植物种的存在和缺失

体，反映斑块的种类组成特征及其空间分布与配置关系。具有如下特征：对象被聚集，形成明显的边界，连续空间发生中断和突变。

（2）梯度分布（gradient）：指沿某一方向景观特征有规律地逐渐变化的空间特征，没有明显的边界、斑块和廊道，如区域尺度上的降水梯度、中尺度上的海拔梯度、小尺度上的森林斑块边缘-核心区梯度。

从另一角度提出的3种表现形式也常被使用（伍业钢和李哈滨，1992；Pickett and Cadenasso，1995）。

（1）空间组成：包括斑块的类型、数量及面积比例。

（2）空间构型：包括单个斑块的形状、面积、各向异性特征（anisotropy，即不同方向上的异质性不同的现象），同类斑块的空间分布（随机、均匀、规则或聚集分布），变量的空间分布（随机性、梯度性或镶嵌性），同类斑块之间或相邻不同类斑块之间的连通性、对比度、聚集度、相似度、离散度、邻近度等。

（3）空间相关：不同类型斑块之间的空间关联程度（正相关、负相关或不相关）、变量的空间自相关性，以及等级或分形结构及相应的等级水平。

2.5.5 景观异质性的形成

景观异质性的主要来源有非生物（如气候、地形、地质、水文、土壤等）过程、生物之间的相互作用（如竞争或捕食关系等）、各种干扰（自然干扰和人为干扰）（如土地利用类型的破碎化）、植被的内源演替及其特定发展历史（如某种植被的更新，种子或幼体传播的偶然性与空间位置）（李团胜，1998；邱扬等，2000；傅伯杰等，2001；邬建国，2007）。景观异质性是这些物理环境过程、生态过程和人类活动在时空连续系统上共同作用的产物。例如，Crow 等（1999）在研究一个森林景观的空间异质性时发现，冰水沉积和冰碛石的物理环境与土地所有权之间有非常强而复杂的相互作用，而这种相互作用正是造成景观粒度大小、斑块大小、斑块形状复杂度差异的原因。Williams 和 Baker（2013）对美国亚利桑那州科科尼诺高原（Coconino Plateau）西黄松（*Pinus ponderosa*）森林景观的研究表明，林木密度和大小构成、树木基面积、树种组成受地形因子（主要为海拔和坡向）和火干扰发生的严重度的综合影响。

一般地，气候过程更多地发生在较大尺度上，地形、地质和水文过程更多地发生在中尺度上，土壤和生物则更多地发生在较小尺度上，而自然干扰和人为干扰可以发生在不同尺度上。然而，对于一个多等级的景观，非生物和生物过程可发生在不同尺度上。例如，气候过程可发生在多个不同的尺度上：大尺度上纬度的位置、与海洋的距离决定了大范围内的温度、湿度和光热状况；中尺度上地形（海拔、坡度和坡向）、地质和水文的差异决定了温度、湿度和光热的垂直和水平分布；小尺度上土壤质地、植被高度和盖度等的差异决定了小气候条件。又如，生物过程可发生在多个不同的尺度上：大尺度上种子传播、病虫害扩散的影响，中尺度上其他植物化感作用的影响，小尺度上植物竞争和动物取食的影响等。

任何时刻景观镶嵌体的异质性均是不同尺度上因素或过程作用的综合结果，即其影响因素或过程发生在不同尺度上。我们来分析影响一个森林景观异质性的可能过程。在大的时空尺度上，地貌过程形成基质和土壤的分布格局，而这又影响树种在不同地点的分布。在森林内部，较大干扰（如火灾或病虫害传播）的格局和发生频率可能在景观中产生处于不同演替阶段的粗粒度格局。单个树木死亡的局域过程可能产生分布于整个森林景观的小林隙。因此，该森林景观在任何时间和空间的异质性格局可以反映发生在不同时空尺度上的这三个过程（Turner et al.，2001）。以内蒙古锡林郭勒盟锡林河流域为例，在整个流域尺度上，由东南部的上游到西北部的下游，降水量逐渐降低，温度逐渐增加，气候类型由温带湿润森林-草原气候转变为西北部的温带半干旱草原气候，土壤类型由黑钙土和暗栗钙土转变为典型栗钙土和淡栗钙土，由此，植被类型由贝加尔针茅（*Stipa baicalensis*）草原依次转变为羊草（*Leymus chinense*）草原、大针茅（*Stipa grandis*）草原和克氏针茅（*Stipa krylovii*）草原；在同类型草原内部，受海拔、坡度和坡向的地形差异影响，形成不同类型的植被斑块；在同类型植被斑块内部，受局域小气候和生物因素的影响（如不同植物之间的竞争关系、放牧牲畜对植物的取食和优势种的改变、蝗虫对植物的取食），形成不同的异质亚斑块。

与景观镶嵌体异质性的形成类似，景观中某个要素的异质性可能也是不同尺度上因素或过程作用的综合结果。例如，一个土壤动物群落的物种丰富度的空间异质性是不同尺度上因素或过程同时作用的结果，可能包括小尺度上的小生境结构、立地土壤特性、土壤小气候、植被覆盖、资源和水分的可获得性、动物在变动环境中的存活状况等，中尺度上对有限资源的种间竞争，景观尺度上的扩散等，甚至区域尺度上几百年或几千年的景观地质历史也可能会显著地影响物种丰富度（Borges and Brown，1999；Fattorini，2010）。Zaitsev 等（2013）发现，荷兰土壤甲螨的物种丰富度与区域尺度上的地质年代呈正相关，而土壤营养状况、水分可获得性、土壤类型、森林植被类型仅对甲螨的丰富度起局域调控作用。因此，如果仅关注发生在短时间内的局域过程，而没有充分考虑长时间尺度上整个区域发生的气候变迁、景观发育和土壤剖面结构形成这些过程及其对生态系统变化的影响，那么就无法完全理解一些演替景观中的土壤动物群系（Starzomski et al.，2008）。

与景观镶嵌体异质性的形成类似，某个景观变量的异质性可能也是不同尺度上因素或过程作用的综合结果。对此类变量，通常需要进行多尺度分析。例如，在天然森林景观中，河道中大树（large wood）的数量和材积受到不同空间尺度上不同过程的影响。尽管大多数大树来源于距河岸 30 m 范围内的局域过程（如缓慢的河岸切割、岸边滑坡、树木死亡、风倒），但发生在较大空间尺度上的过程（如向下游传输、滑坡、山洪）也对河道中大树的数量和材积起着很大的作用（Swanson，2003）。de Paula 等（2013）在巴西东南部一个破碎化的农田景观，研究了不同尺度［由小到大依次为河段（reach）、河网（drainage network）和集水区（catchment）］上的森林覆盖率和森林位置（离河段的距离）对河道中大树的数量和功能的影响。结果表明，尽管河段尺度上的森林覆盖率对河道中的大树有重要影响，但对大树数量和大树形成堰塞湖的频数影响最显著的是集水区尺度上距离居中的森林覆盖率，对大树材积影响最显著的是河网尺度上的森林覆盖率。又如，不同的水质指标对土地利用和土地覆被（LUC）发生响应的空间尺度不尽相同。浊度和溶解氧浓度对大尺度流域的 LUC 发生响应，河流中的氮（N）浓度对大流域河岸带的 LUC 发生响应，排泄物含量和河流中的磷（P）浓度对子流域的LUC发生响应。因此，理解人类活动对流域生态系统服务的影响需综合多个空间尺度上水质对LUC的响应（Uriarte et al.，2011）。

由此，欲理解景观镶嵌体，或某个景观要素，或某个景观变量的异质性的形成和变化，必须综合不同尺度上的影响因素或过程（Huston，1999）。

人类活动对景观异质性的影响一直存在，而且越来越大，几乎无所不在，无时不在。毫无疑问，人类活动必然改变斑块和廊道的类型、数量、面积或宽度和形状，以及基质的类型和连接度。影响的结果是不确定的，可能增强异质性（如森林中林木的间伐产生一些采伐迹地斑块），也可能减弱异质性（如大面积农田的开垦）。总的来说，对一个原始裸地或森林景观，初始人类活动将使其斑块类型增多，出现更复杂的斑块分布格局，异质性增强；随着人类活动的加强，不同类型斑块的数量和面积比例达到一个临界阈值，这时异质性达到峰值；之后继续加强的人类活动将可能使一些斑块类型消失或被融合或被取代，从而形成以某种斑块类型占主导的格局，也可能形成斑块数量很多、但面积很小的过度破碎化的格局，使景观异质性减弱（图2.5）。

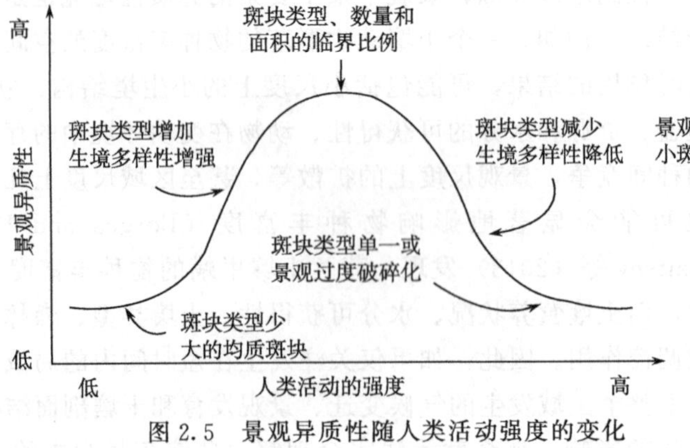

图2.5　景观异质性随人类活动强度的变化

另外，人类活动所引起的异质性的增强或减弱究竟是否有利于自然景观，主要取决于这种干扰的性质。例如，城市景观和景观生态建设中人类活动的性质差异决定了它对自然景观所起的作用。

第3章　景观生态学的主要理论

在第5届国际景观生态学大会的论文集中，O'Neill（1999）重点论述了可用于研究空间生态效应的4个理论领域，即等级理论与空间尺度、渗透理论和零假设检验、空间种群理论（岛屿生物地理学理论与复合种群理论），以及经济地理学理论（如中心位置理论、定位理论和市场区域分析理论），并认为这些理论领域蕴涵着使景观生态学产生重大突破的巨大潜力（肖笃宁，1999b）。这4大理论已构成现代景观生态学概念框架与理论体系的基础。其他还包括近年来提出的“源-汇”景观理论（陈利顶等，2006）。

3.1　等级理论

3.1.1　等级理论的发展

广义地讲，等级系统是一个由若干单元组成的有序系统。等级（系统）理论（hierarchy theory）是关于等级系统结构、功能和动态的理论（邬建国，1991；Wu，1999）。

等级理论的发展基于一般系统论、信息论、非平衡态热力学以及现代哲学和数学有关理论之上。尽管等级概念在科学史上有一个很长的历史，但直到20世纪60年代，等级理论才逐渐发展形成（Wilson，1969）。此间，一些系统理论学家和哲学家创立了完整的等级理论，如Simon（1962）和Koestler（1967），起到了里程碑的作用。

尽管早在1942年，Egler就指出，生态系统具有等级结构的性质。但直到20世纪70年代Overton（1972）才将等级理论引入生态学，认为生态系统可以分解为不同的等级层次，不同等级层次上的系统具有不同的特征。20世纪80年代以来，等级系统概念被生态学界广泛接受。Allen和Star（1982）出版第一部生态学等级理论的专著《等级：生态复杂性的观点》（*Hierarchy：Perspectives for Ecological Complexity*），详细论述了如何借助等级理论理解复杂的生态系统。O'Neill等（1986）的专著《生态系统的等级概念》（*A Hierarchical Concept of Ecosystems*）进一步阐述了生态系统结构和功能的双重等级性质，并强调时空尺度以及系统约束对于生态系统研究的重要性。当前，等级理论为理解生态学系统的结构、功能和动态的复杂性提供了一个新的理论构架，并促进了新方法和新观点的产生和发展。特别地，等级理论对景观生态学的兴起和发展起到了重大作用，已成为景观生态学概念框架与理论体系的基础（Kotliar and Wiens 1990；Wu and Loucks，1995；O'Neill，1996）。

3.1.2 等级理论的内容

1. 等级系统的组成

Simon（1962）在其关于结构复杂性的启蒙文章中，最富有洞察性地指出，复杂系统常常具有等级结构，并具有一定的时空尺度。一个复杂系统由相互关联的不同亚系统组成，而这些亚系统又由其各自的亚系统组成，依此类推，直到最低的、最基本的或最原始的层次（图 3.1）。等级理论认为，任何生物系统，从细胞到生物圈，都具有等级结构。整个地球可视为由海洋、陆地和岛屿组成的斑块镶嵌体，而它们又由更小的斑块（如生物群落）组成；景观是由其内部各级斑块组成的镶嵌体。无论是整个地球还是一个景观，都具有等级结构。

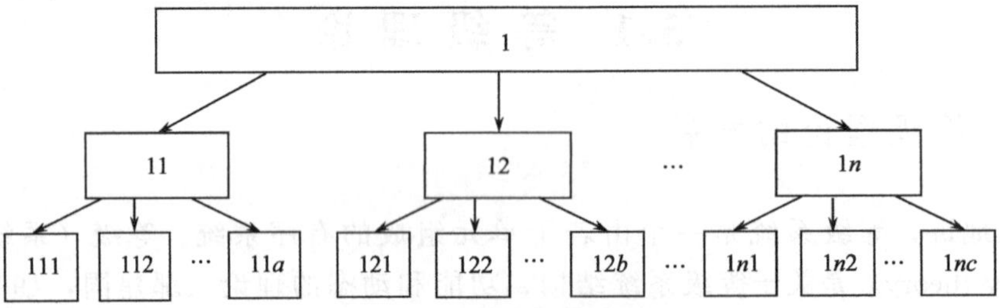

图 3.1 巢式等级系统的层次组成

注：1 表示最高层次的系统；11、12、…、1n 表示其下一层次的亚系统；111、112、…、11a 表示亚系统 11 下一层次的亚系统，a 表示该层次亚系统的个数；121、122、…、12b 表示亚系统 12 下一层次的亚系统，b 表示该层次亚系统的个数；1n1、1n2、…、1nc 表示亚系统 1n 下一层次的亚系统，c 表示该层次亚系统的个数

等级系统中层次的多少和层次的高低依赖于空间幅度的大小（本征尺度）和研究者对研究对象的观测尺度的大小（测量尺度）（常学礼等，1999a）。最低层次的确定依赖于系统的性质与研究的问题和目的（Wu，1999）。例如，生物系统与非生物系统的性质不同，其最低层次也不同，生物系统中的等级结构为：基本粒子—原子核—原子—分子—细胞—组织—器官—有机体—种群—群落—生态系统—景观—区域—全球，其中，基本粒子是最低层次。当我们只考虑相对宏观的层次时，就可能将最低层次定在群落或生态系统，而不是基本粒子或分子。

组成等级系统的亚系统（或整体元，holon）具有两面性或双向性，既是整体，又是部分。即相对于其低层次，表现出自我包含的整体特性，由低层次体现；而相对于其高层次，则表现出从属组分的受约特性，受到高层次的制约。即低层次行为是高层次行为和功能的基础，而高层次则对低层次亚系统的行为加以制约（Wu，1999；Turner et al.，2001）。

2. 等级系统的类型

等级系统可分为巢式（或包含型，nested）和非巢式（或非包含型，non-nested）

两类。巢式等级系统中，高层次由低层次组成，即相邻的两个层次之间具有完全包含与完全被包含的关系。例如，植被、土壤和土地利用等分类系统均为巢式等级系统。非巢式等级系统中，高层次与低层次有着不同的实体，两者之间不具有完全包含与完全被包含的关系。例如，食物网中多个营养级上的动物往往形成非巢式等级系统，一个营养级中的动物可能以多个营养级上的动物为食，而一个营养级中的动物也可能被多个营养级上的动物所食（邬建国，2007）。

尽管两类等级系统均遵从等级理论的一般概念和原理，但它们的行为方式确实不同（表 3.1）（Ahl and Allen，1996；Wu，1999）。在巢式等级系统中，高层次对低层次有空间的包含和特点的概括，而低层次是高层次的组成和细节特征的反映。也就是说，高层次系统的特征可以由低层次系统的特征来推断。而在非巢式等级系统中，高层次对低层次有空间上的包含，但没有特点上的概括；低层次是高层次的组成，但不是对高层次的细节特征的全部反映。也就是说，高层次系统的特征不能完全由低层次系统的特征来推断，不同层次之间无完全的因果关系。例如，科尔沁农牧交错带的特征可以通过奈曼旗、科左后旗、翁牛特旗等低层次的农牧交错带的特征来判定和描述；而同样是科尔沁农牧交错带中低层次的水陆交错带特征［如广泛分布于科尔沁沙地的湖泊（或河流）-沙丘交错带等］却不能用来推断其高层次的特点（常学礼等，1999a）。

表 3.1　巢式等级系统和非巢式等级系统的比较（Ahl and Allen，1996）

巢式等级系统	非巢式等级系统
易于推测系统的未知特征	不易推测系统的未知特征
不同层次有不同的标准或测量单位	各个层次的划分标准（或测量单位）有一致之处
不容易进行等级间的比较	容易比较不同等级之间的关系
通过研究系统组分及其相互作用可理解系统的整体行为	从系统的部分不能理解系统的整体行为

3. 等级系统的结构特征

等级系统具有垂直结构和水平结构（常学礼等，1999a；Wu，1999；Turner et al.，2001；邬建国，2007）（图 3.2）：①垂直结构指等级系统中的层次数目、特征及其相互作用关系。例如，从中国北方农牧交错带、科尔沁农牧交错带、奈曼旗农牧交错带到农牧交错生态系统是一个空间层次和范围非常明显的等级系统，高一级的层次与低一级的层次之间有包含和被包含的关系。两个相邻层次间的关系是非对称的，高层次对低层次施以限制，规定边界条件，而低层次为高层次提供动态机制。②水平结构指同一层次上亚系统的数目、特征及其相互作用关系。例如，在科尔沁农牧交错带中有沼、坨地区的农牧交错，有黄土丘陵区的农牧交错，还有洪积冲积平原的农牧交错，它们都是组成科尔沁农牧交错带的亚系统或整体元。处于每一层次的亚系统间的关系是对称的。

等级结构的特征可以用“松散垂直耦连”（loose vertical coupling）和“松散水平耦连”（loose horizontal coupling）来解释。这些松散耦连特征是复杂系统可分解性的基础。系统可分解性是指系统被分解为不同层次和亚系统，而无重要信息丢失的可行性。“松散”意味着“可分解”，说明可以将系统分为不同的层次或不同的亚系统；而“耦

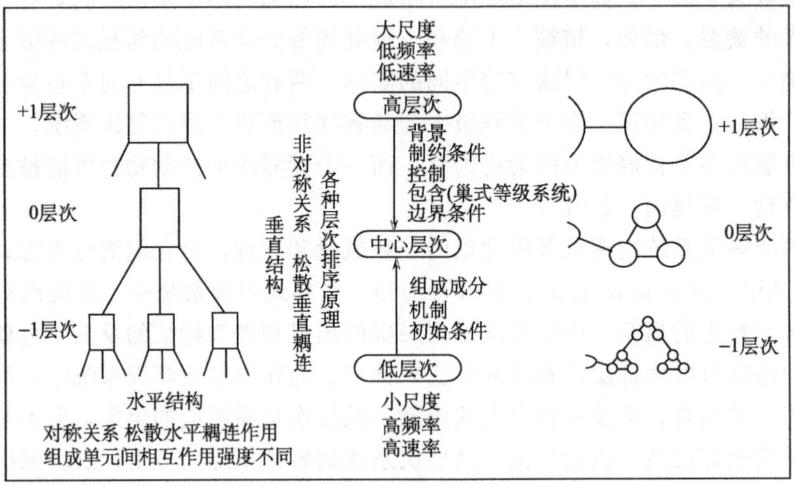

图 3.2　等级系统的结构特征（Wu，1999；邬建国，2007）

连”却意味着“抵制分解”，说明层次之间或亚系统之间存在着相互联系。严格地讲，只有当组分间的相互作用强度为零时，系统才可称为具有绝对离散性或完全可分解性。这种情况似乎很罕见，一般的等级复杂系统由相互作用的组分构成，只具有相对离散性或近完全可分解性（near-complete-decomposability）或近可分解性（near-decomposability）。复杂系统的相对离散性或近可分解性是应用等级理论的前提条件和关键环节。正是这种近可分解性，才使得将中数系统转换为小数系统成为可能；或者至少可以降低系统的复杂程度，使其更加易于操作。

垂直结构的相对离散性或近可分解性来自于各层次间过程速率（或频率或循环周期或反应时间）的差异。每个亚系统均有其特定的过程速率，使其处于等级系统的某个层次上。一般地说，在时间尺度相同的情况下，处于等级中高层次的组成要素的行为或过程常表现出大尺度、低速率、低频率的长期特征，如一个生物群系的变化；而处于等级中低层次的组成要素的行为或过程则常表现出小尺度、高频率、高速率的短期特征，如一个生物个体的变化。例如，北方农牧交错带组成要素的变化要小于科尔沁农牧交错带组成要素的变化，科尔沁农牧交错带的变化也小于奈曼旗农牧交错带的变化；而生态交错带的最基本单位——农牧交错生态系统的组成类型最简单（只有农田和牧场），变化非常快。若降水条件好，则许多适合种植旱田作物的草场被开垦为农田；若降水量减少，则前一年开垦的农田将被弃耕，变成牧场。

水平结构的相对离散性或近可分解性来自于同一层次上亚系统内部组分间与亚系统间相互作用强度的差异，也就是说，亚系统内部组分间的相互作用强于亚系统间的相互作用。例如，一个学院内部成员之间的相关性强于一所大学的不同学院之间，而不同学院之间的相关性又强于不同大学之间。

界面是层次间或亚系统间的边界。正是不同层次间过程速率的差异性、同一层次不同亚系统间相互作用强度的差异性确定了界面的位置。如果亚系统之间的相互作用甚至比亚系统内各组分之间的相互作用还要强，那么亚系统之间的界面将不再存在，两个亚系统可作为一个亚系统来对待。

4. 等级系统各层次之间的相互关系

不同等级层次之间具有相互作用的关系（图 3.2）。核心层次（0 层次）是指最能集中体现研究对象或过程特征的中心层次。研究对象或过程可能仅在某个特定的等级层次上才表现出对影响因素的较强敏感性反应，而在该等级层次以外的时空尺度上没有表现出它们的相关性。通常，表现出较强敏感性反应的等级层次就是研究时应该选择的核心层次。例如，如果研究问题是“昆虫取食对树木生长产生的影响”，那么就需要以个体树木为核心层次进行研究，因为这个问题的言下之意是，单个树木的生长动态对昆虫取食的敏感性；如果研究问题是“昆虫取食对景观中活树和死树分布产生的影响”，那么就需要以森林景观为核心层次进行研究，因为这个问题的言下之意是，整个森林树木的生长动态对昆虫取食的敏感性（Turner et al.，2001）。又如，研究复合种群动态的核心层次是景观，因为对复合种群动态影响最大的是景观水平上不同亚种群之间的相互作用，而不是斑块水平上亚种群的局部绝灭过程。

核心层次（focal level）是上一层次（＋1 层次）的组成部分，其行为受到上一层次的环境约束影响，其功能在上一层次上体现出来。环境约束包含核心层次所必需的物理、化学和生物等背景条件、制约条件、控制条件或边界条件。由于其上一层次具有低频率和低速率的特征，因此，这些环境约束往往可表达为常数（邬建国，2007）。例如，若将长白山自然保护区作为核心层次进行研究，那么就可将整个长白山地区作为其上一层次。在长白山自然保护区这一核心层次上的行为受到整个长白山地区这一高层次上气候、地形、地貌、土壤和植被等环境约束的影响，并且可认为这些环境约束为常数。

核心层次本身又是由许多处于下一层次（－1 层次）上的单元构成的，其行为受到下一层次的生物约束影响。生物约束包含核心层次的组成成分，以及产生核心层次上各种行为和功能的机制、初始条件。由于其下一层次具有高频率和高速率的特征，其信息常常被过滤（平滑），只被表示为平均值或均衡值（Wu，1999）。例如，景观是由一定数量组分组成的系统，其中，每个组分对系统的作用都有一定的分量，各组分对系统的作用大小和方式直接影响系统的性质。

总之，一个核心层次的约束是下一层次上的生物约束和上一层次上的环境约束的总和。等级理论告诉我们：一方面，我们应该将注意力直接集中于所研究现象发生的尺度上；但另一方面，在所研究复杂系统的等级结构确定后，一般至少需要考虑包括核心层次在内的 3 个相邻层次：核心层次、上一层次和下一层次，这样才能较全面地了解所研究的对象（O'Neill et al.，1986；Wu，1999；邬建国，2007）。例如，我们在解释生物个体亚系统的捕食功能时，一方面需要检测其下一层次（如感觉器官，牙齿和/或爪子）的结构和生理特性；另一方面需要考察生物个体所在较大系统中猎物生境斑块的异质性、猎物的可获得性及捕食的成功率等（Turner et al.，2001）。对于 3 个或多于 3 个层次的等级系统，任意两个等级层次之间的相互作用强度随着两者间隔的等级层次数目的增加而减弱。

5. 等级系统中不同层次的亚稳态性和动态性

生态系统具有亚稳态性（metastability），即生态系统在一定的时间和空间上能保持相对的稳定性，当生态系统遭到一定程度的干扰后具有恢复的能力（傅伯杰等，2001）。处于高层次的过程对低层次的过程有制约作用，同时整合低层次的过程而显示出亚稳态特征；处于低层次的过程常嵌入高层次过程，影响高层次过程，显示动态特征。这与Bormann和Likens（1979）针对森林林隙动态提出的“动态镶嵌体稳定态”（shifting mosaic steady state）的观点相吻合。

然而，等级系统中不同层次的亚稳态性和动态性是相对的。当观察的时空尺度发生变化时，同一层次的亚稳态性和动态性也随之发生变化。高一级系统（如景观）动态的时空尺度较大，而低一级系统（如斑块）动态的时空尺度较小，故从小的时空尺度（如斑块的月尺度）上观察，景观相对处于亚稳态，而斑块则处于动态；而从大的时空尺度（如全球的10年尺度）上观察，全球相对处于亚稳态，而景观则处于动态。

等级理论的一个重要暗示是，亚系统的短期动态主要由速率较快的过程决定，能够在忽略亚系统间相互作用的隔离状态下，有效而合理地研究；而整个系统的长期动态则主要由速率较慢的过程决定，需要考虑各个亚系统之间的相互作用（Wu，1999）。

6. 等级系统中不同层次间的不可直接推测性

在一个等级系统中，各等级水平系统的结构和功能不尽相同，故从一个等级水平上系统的性质来推测另一个等级水平上系统的性质是很困难的，其结果常常导致错误的结论，即所谓的生态学谬误（ecological fallacy）（Dungan et al.，2002）。因此，等级理论要求对不同等级水平上系统的性质分别加以研究。

然而，不同等级上的生态系统都是由低一等级的系统所构成的，各等级水平之间存在着物质、能量、信息的交流和物种之间的相互作用，这种交流和作用构成了等级之间的相互联系，维持了等级系统的整体性和稳定性。也正是这种联系为尺度推绎提供了客观依据，使尺度上推和下推成为可能（吕一河和傅伯杰，2002）。

例如，我们知道，斑块尺度的性质与景观尺度的性质有很大差异。按照等级系统中不同层次间的不可直接推测性，我们是无法由斑块尺度的性质推测景观尺度的性质的。然而，现在大多数的大尺度（景观、区域或全球）空间分布图都是由小尺度的性质推绎而来的。一般的做法是，将斑块模型用于每一个离散的栅格，得到每个栅格的模拟输出值，最后合并所有栅格的各自模拟结果，以代表整个景观的模拟值。这里实际上是假设每个栅格中生态系统特性的同质性达到最大，而栅格之间相互独立，异质性达到最大，并且现象不依赖于尺度。但是，在有些情况下，这些假设是不成立的。例如，一个栅格中可能有多种生态系统类型，并不是同质的；或者不同栅格的生态系统之间有物质和能量流动，并不是相互独立的。

3.1.3 等级理论与尺度概念

等级理论与尺度概念密不可分。每个等级水平有其相对应的时空尺度。在生态学文献中，常见用组织层次来识别等级水平，如在一个由细胞、个体、种群、群落、生态系统、景观、区域或由树叶、枝、单木、树木群、森林等所构成的最简单的系列中，每个层次由其下一层次的亚系统构成，同时又受到其上一层次的限制。无可置疑，生态学组织确实表现出等级结构。然而，仅从组织层次来解释等级并不能够充分地表示生态过程所涉及的范围及生态学尺度。生态学的时空尺度与组织层次有明显的差异（Turner et al.，2001）。实际上，组织层次更多的是一种定义上（definitional）的等级概念，其时空尺度是不明确的；而等级理论的概念和原理大多用于确定的时空尺度，而不是组织层次（Wu，1999）。这是在应用等级理论时经常会被混淆的问题。

等级理论为生态学中的尺度问题提供了相当多的见解，为深入认识和理解尺度的概念与重要性、研究多尺度格局和过程、发展多尺度研究方法、建立多尺度格局与过程之间的联系，起到了显著的促进与指导作用（O'Neill，1996；傅伯杰等，2001；Turner et al.，2001；邬建国，2007）。在具体生态学问题的研究中，观察空间格局和生态过程在不同时空尺度上的动态，可以识别它们的时空等级结构特征，以及与各个等级水平相对应的尺度域和特征尺度，并确定研究结果应用的范围，发展尺度推绎规则（张娜，2006，2007）。这是可将一些空间统计学方法（例如，小波方差分析、分维分析、半方差分析、尺度方差分析、聚块样方方差分析等）用于等级结构和特征尺度识别的基本原理。这种对复杂系统中的格局和过程进行等级化与分解的过程也可起到简化复杂系统的作用（Wu and Loucks，1995；Wu and David，2002；邬建国，2007）。总之，为了理解景观水平的格局和过程，首先确定它们的等级结构和特征尺度，已成为当前景观生态学研究的基本范式。

在实践中这种范式也具有重要的指导意义。例如，对于流域这样一个具有明显等级性和尺度性的复合系统，等级理论对理解其结构、功能和行为的高度复杂性提供了有效途径。在流域防洪、治污规划与管理中，把握流域的等级结构，从单个生态系统、小集水区、整个流域复合系统、流域与流域之间等几个不同方面分析，既可在宏观上把握洪灾和污染发生及形成的过程，又可在微观上认识具体操作措施的时空区域意义，并确定其行为（邓红兵等，1998；阎水玉和王祥荣，2001）。

然而，由于等级理论尚缺乏系统的研究方法，缺乏恰当的数学框架和理论，与生态学复杂性和尺度有关的理论与实际问题尚有待于在该理论的发展和应用中逐步得以解决（Wilby；1994；O'Neill，1996；Wu，1999）。

3.1.4 等级结构的产生

1. 生物的自然选择

为什么类似生态系统这样的复杂系统具有等级结构？著名的钟表匠寓言似乎很具有启发性。两个手艺都很好的钟表匠有着完全不同的命运，只是因为他们在制表策略上的差异。采用等级或模块化策略的人（Hora）最终获得成功，而采用极端的由下至上的简化论策略的人（Tempus）却遭致失败（图 3.3）。该寓言对理解自然界的复杂性、等级和尺度推绎提供了富有启发性的见解。生物系统和生态系统通常具有等级结构，因为这种结构倾向于演化得更快，更具有稳定性，因此，在自然选择中具有优势。根据已知

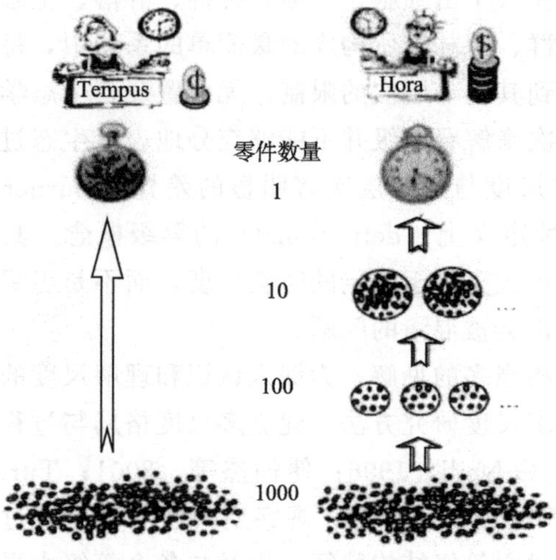

图 3.3　钟表匠寓言：制表策略的差异决定成败
［Wu，1999，根据 Simon（1962）的描述］

生物学现象和概率论的计算，如果生物复杂性不是以等级结构的形式存在，那么不可能通过演化达到现今世界生物复杂性的水平。尽管不是所有的等级系统都是稳定的，但使用等级策略来构造一个复杂系统比用其他策略更有可能成功。通常，成功的人类解决问题的过程是等级化的过程，如计算机科学中与"模块化"概念相联系的许多成功的方法和途径（Wu，1999）。

2. 等级结构产生的热力学基础

20 世纪 60 年代，诺贝尔奖获得者、比利时物理学家 I. Prigogine 在非线性非平衡态热力学方面贡献卓著，首先提出了耗散结构理论（Prigogine，1978），并将熵推广到了与外界有能量交换的非平衡态热力学体系。在任何系统中，总熵 S 的变化由两部分组成，即

$$dS = dS_i + dS_e \tag{3.1}$$

式中，dS 为微熵，表示热力学系统在某一状态时的总熵变化；dS_i为不可逆过程引起的系统内部的熵变；dS_e为开放系统与外界环境进行物质和能量交换时产生的熵流，称为熵交换。

对于开放系统，dS_e可能远远小于零，即系统从外界环境不断通过获得物质和能量吸收足够强的负熵流。这时系统除了抵消内部的熵变 dS_i外，还能使总熵 S 减少，从而使系统朝着有序的方向发展，信息（负熵）量增加。当系统朝有序方向发展达到一定程度时，一种新的组织结构可能形成，从而使得系统处于一种远离热力学平衡态的准稳态(metastable state)。这种非平衡状态时，通过与外界环境交换物质和能量，在一定条件(系统与环境间的相互作用达到某一临界值时）下，某种相对无序的参考态失去稳定性，转变为一种在时间、空间或功能上稳定的高度有序的结构，称为耗散结构。之所以称"耗散"是因为它们的形成和维持都需要能量的耗散。这在概念上是一个大的突破，冲破了热力学第二定律所提出的不可能形成宏观有序结构的这一观念的束缚（高月英，1997；张济忠，1997；邬建国，2007）。

耗散结构的形成至少要满足下列 3 个条件（高月英，1997；张济忠，1997；宋豫秦等，2000；邬建国，2007）：①在孤立系统中是不能形成耗散结构的。对于开放系统，只要通过与环境间的物质和能量的交换，维持一个足够的负熵流（$dS_e<0$），原则上系统就有可能维持在某种低熵的状态，这种低熵状态可对应于某种宏观有序结构。②只有在系统远离热力学平衡态时，热力学流（如热流、散流等）与热力学力（如温度梯度、密度梯度等）之间才能呈较强的非线性作用，系统才有可能实现从稳定到不稳定的突变，而在平衡态或近平衡态的线性区并不存在发生突变的条件（图 3.4）。③系统的不同组成单元之间必须存在非线性作用机制（尤其是正反馈）。这是使系统产生不稳定的

另一个必要条件。处于非平衡态的体系，其内部有不可逆过程（$dS_i>0$），实际上就具有正反馈机制。这些非线性反馈使得系统中各个单元有可能合作行动而形成有序的耗散结构。总之，开放系统、远离热力学平衡态和非线性作用机制均是形成耗散结构的必要条件。“开放系统”决定了所形成的有序结构的低熵态，也是维持耗散结构的条件；而“远离热力学平衡态和非线性作用机制”则是产生不稳定性的条件，决定了有序结构起源于不稳定和突变（图 3.5）。

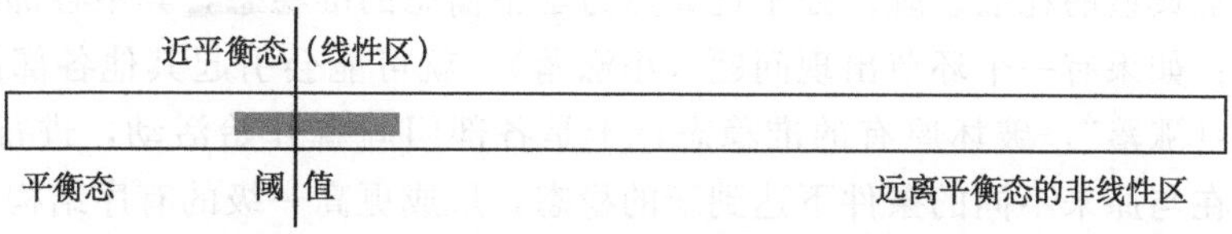

图 3.4　平衡态、近平衡态和远离平衡态的关系（宋豫秦等，2000）

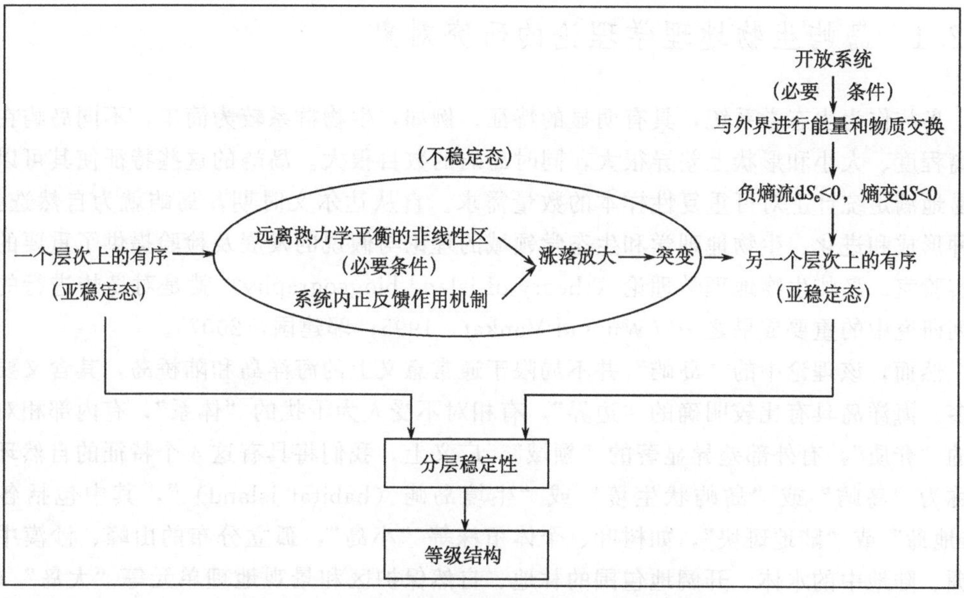

图 3.5　用耗散结构理论解释等级结构的产生

从本质上看，耗散结构理论与平衡热力学相反，是一种“结构产生”的理论，即研究宏观系统从无序转变到有序的理论。这些有序结构的产生都是不稳定性的结果，在这个过程中，涨落的行为起着决定性的作用。非平衡的统计理论认为耗散结构形成的机制是涨落。涨落是系统在某一时刻的实际量与其统计平均值的偏差。一般来说，由于内部和外部的原因，任何系统内部都始终存在着随机性涨落，但不同系统对涨落的反应不同，这与系统所处的状态和条件相关。当系统处于平衡态时，涨落不改变系统的平衡态。在线性非平衡区，随机性涨落强度不大，虽然使系统偏离稳定态，但不至于破坏原来的结构，且随时间推移偏离不断减少直至消失，系统最终回到原来的状态。在远离平衡的非线性区，系统内部的微小随机性涨落就可起很大的作用，使系统处于不稳定态，破坏原来的结构；并被系统内的正反馈机制不断放大而产生宏观效应，形成整体的“巨涨落”，直至系统发生质变，由不稳定态变到一个新的有序的状态；在非线性相互作用下，构成系统的各部分间相互制约、相互耦合、相互作用，形成时空有序的更高级的耗散结构（高月英，1997；张济忠，1997；邬建国，2007）。

这种自组织过程的结果产生所谓的分层稳定性（stratified stability），也正是这种过程产生了开放系统的等级结构（图 3.5）。因此，耗散结构理论可解释有序结构是如何按层次演化，并形成更高层次的结构单元的（O'Neill et al.，1986）。例如，城市系统是一个非常典型的耗散系统，处于远离热力学平衡态的准稳态，其中各部门之间有着密切的联系；如果有一个环节出现问题（小涨落），就可能会引起其他各部门的连锁反应，造成“巨涨落”，破坏原有的准稳态；于是各部门间就开始活动，进行相互协调、沟通，结果在与原来不同的条件下达到新的稳态，形成更高一级的有序结构。

3.2 岛屿生物地理学理论

3.2.1 岛屿生物地理学理论的研究对象

岛屿作为生态学系统，具有明显的特征。例如，生物群系较为简单，不同岛屿在其隔离程度、大小和形状上差异很大，同时岛屿的数目很大。岛屿的这些特征使其可以很容易地满足统计上对可重复性样本的数量需求。自从达尔文时期，岛屿就为自然选择、物种形成和进化、生物地理学和生态学领域的理论与假说的发展及检验提供了重要的天然实验室。岛屿生物地理学理论（theory of island biogeography）就是对岛屿进行的一系列研究中的重要成果之一（Wu and Vankat，1995；邬建国，2007）。

然而，该理论中的“岛屿”并不局限于通常意义上的海洋岛和陆桥岛，其含义要广得多。海洋岛具有比较明确的“边界”，有相对不受人为干扰的“体系”，有内部相对均一的“介质”，有外部差异显著的“领域”。广义上，我们将具有这 4 个特征的自然环境均称为“岛屿”或“岛屿状生境”或“生境岛屿（habitat island）”，其中包括各种“陆地岛”或“陆地斑块”，如树叶、个体植株等“小岛”，孤立分布的山峰、沙漠中的绿洲、陆地中的水体、开阔地包围的林地、自然保护区和景观地理单元等“大岛”（傅伯杰等，2001；邬建国，2007）。尤其是自然保护区，随着其周围人类活动的日益频繁，它越来越像一个孤岛。总之，该理论不仅适用于海洋岛和陆桥岛，也被广泛地应用于所有岛屿状生境的研究中。

3.2.2 岛屿生物地理学理论的主要内容

岛屿生物地理学理论研究岛屿物种丰富度的地理分布和动态格局，是在著名的“物种-面积”关系基础上发展起来的。

1. 物种-面积关系

很久以前，生态学家就意识到岛屿的面积与物种丰富度之间存在着一种对应关系，即物种丰富度随岛屿面积或陆地群落的取样面积呈单调增加的趋势。但在 20 世纪 60 年代以前，在岛屿生物地理学中基本上没有定量的理论。Preston（1962）提出以下著名的物种-面积方程，阐述了岛屿上物种的丰富度与面积的定量关系（傅伯杰等，2001；邬建国，2007），即

$$S = cA^z \tag{3.2}$$

或

$$\log(S) = \log(c) + z\log(A) \tag{3.3}$$

式中，S 为物种丰富度；A 为物种存在的空间面积；c 为物种的分布密度，它的变化反映了地理位置的变化对物种丰富度的影响；z 为与到达岛屿难易程度有关的拟合参数，常被称为尺度因子（scaling exponent），其理论值为 0.25，通常在 0.18 至 0.35 之间变化。z 可能是一个十分复杂的函数表达式，但尚未能揭示其完整含义。初步的研究表明，它至少具有如下理论形式，即

$$z = f[X(\mu, v, w),\ Y(X),\ \cdots] \tag{3.4}$$

式中，$X(u, v, w)$ 为由空间坐标 u, v, w 决定的三维分布位置，具体地，它是由纬度、经度和高度所共同确定的地理区域；$Y(X)$ 为与空间位置 X 相邻的地域状况，可理解为制约系统动态的外部条件。

由此可见，物种-面积关系纯粹是一种经验统计关系，只能说明静态的宏观趋势，缺乏对物种-面积关系机理的解释能力和预测能力，对问题的透视能力只能停留于粗略估计的水平上（Wu and Vankat，1995）。

2. 动态平衡理论

生态学家发展了不同的假说来解释物种-面积关系。主要有生境多样性假说（habitat diversity hypothesis）、被动取样假说（passive sampling hypothesis）和动态平衡理论（dynamic equilibrium theory）。其中，普林斯顿大学 MacArthur 和 Wilson（1967）提出的动态平衡理论最具有说服力。该理论包括两层含义。

（1）迁入-绝灭的动态平衡过程。对于某一岛屿而言，迁入率（I）随着岛屿上物种丰富度的增加呈下降趋势，而绝灭率（E）随着岛屿上物种丰富度的增加呈上升趋势（图 3.6）。这是因为任何岛屿上的生态位或生境的空额有限，已定居的物种数越大，新迁入的物种能够成功定居的可能性就越小，而已定居物种的绝灭概率（或迁出概率）则越大。物种迁入和绝灭这两个过程遵循着一种动态平衡的规律，即目标区（汇区）的物种动态演化是该物种“迁入-保持-绝灭”关系的一种动态平衡结果。当迁入率与绝灭率相等时，岛屿物种丰富度达到动态平衡状态［这时的物种丰富度用 S_e 或 S_e' 来表示（图 3.6）］，即虽然物种的组成在不断变化和更新，但其丰富度数值却保持相对稳定。这种状态下物种种类的更新速率（即单位时间内原有物种被新来物种取代的数目）在数值上等于当时的迁入率或绝灭率，通常称为物种周转率（species turnover rate）或物种更替率（species replacement rate），在图 3.6 中用 R 或 R' 来表示（邬建国，1989；韩兴国，1994；Wu and Vankat，1991，1995；邬建国，2007）。

（2）影响物种丰富度的距离效应（distance effect）和面积效应（area effect）。一方面，岛屿离物种库越远，物种迁入率越低（图 3.6），这就是所谓的“距离效应”。某岛

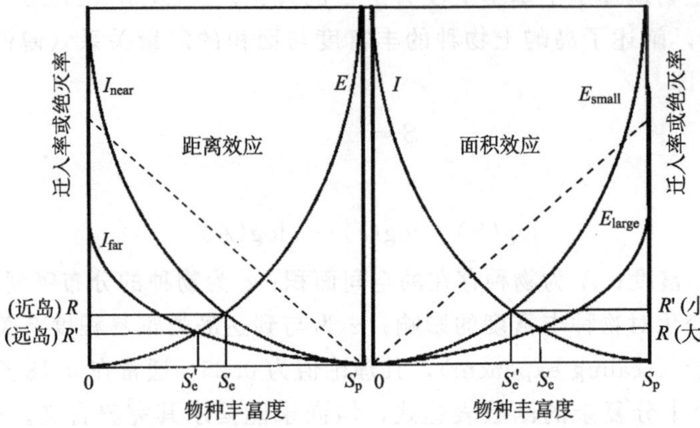

图 3.6　岛屿生物地理学理论图示（Wu and Vankat，1995；邬建国，2007）

注：S_p表示大陆物种库中潜在迁入种的总数；S_e表示达到动态平衡状态时的物种丰富度。R 和 R' 表示物种周转率。I_{near}和 I_{far}分别表示近岛和远岛的迁入率；E_{large}和 E_{small}分别表示大岛和小岛的绝灭率。虚线表示迁入率（I）和绝灭率（E）随岛屿上物种丰富度的增加呈线性变化

屿的物种库可理解为物种较丰富的大陆（或其他岛屿）。距离效应产生的原因是，距离影响物种的传播或运动能力，以及物种库与岛屿的隔离程度，从而影响物种的迁入率。另一方面，岛屿面积越小，物种绝灭率越大（图 3.6），这就是所谓的“面积效应”。岛屿面积对物种多样性的影响主要表现在它限制物种的存活，岛屿越小，种群也越小，由随机因素引起的物种绝灭率越高；岛屿越小，生境多样性越低，资源可获得性越低，通常物种丰富度也越低（李义明和李典谟，1998；Turner et al.，2001；邬建国，2007）。该理论首次从动态方面阐述了物种丰富度与面积及隔离度之间的关系。

综上，MacArthur-Wilson 动态平衡理论（简称 M-W 理论）认为，岛屿上物种的丰富度取决于两个过程：新物种向岛屿中的迁入和原来占据岛屿的物种的绝灭（或迁出）。这两个过程的速率既与岛屿上已有物种数有关，也与岛屿的空间特征（面积及隔离度）有关。岛屿物种的丰富度是由物种的迁入和绝灭之间的动态平衡来体现的。处于不同地理位置，具有不同面积大小的岛屿将会有其特有的平衡态物种丰富度（Wu and Vankat，1995；邬建国，2007）。

与物种-面积关系相比，动态平衡理论使得对岛屿生物地理学理论的阐述从单纯的经验统计关系向较高层次的机制解析推进了一步；从单纯地反映静态的宏观趋势向反映动态变化推进了一步；从单一的岛屿面积研究向以岛屿为中心并结合其邻域特点的空间研究推进了一步（傅伯杰等，2001）。物种-面积关系将岛屿看成孤立的生态系统，研究岛屿内部物种丰富度与该岛屿本身面积大小之间的关系。而动态平衡理论将岛屿放在景观的某个相对的空间位置上，不仅考虑岛屿本身的面积大小，而且考虑岛屿与其他生态系统之间的距离（可反映岛屿的隔离度）；岛屿不再被作为一个孤立的生态系统，而是考虑岛屿与其他生态系统之间的生态过程［物种迁入和迁出（绝灭）过程］；关注岛屿的空间格局（如面积和隔离度）对物种迁入和迁出（绝灭）过程的影响，以及这些生态过程对物种丰富度（格局）的影响，而这正是景观生态学研究的核心问题。

总之，动态平衡理论使岛屿生物地理学的研究更加定量、更具预测性，从而刺激了

有关岛屿状生境研究的飞速发展，使岛屿生物地理学理论进入到一个更新的和更成熟的境界，也开创了生态学对空间研究的先河。

3.2.3 岛屿生物地理学理论的数学模型

1. MacArthur-Wilson 动态平衡理论的数学模型

M-W 理论的数学模型（简称 M-W 模型）可用下列一阶常微分方程表示（Wu and Vankat，1995；邬建国，2007），即

$$\frac{\mathrm{d}S(t)}{\mathrm{d}t}=I(S)-E(S) \tag{3.5}$$

式中，$S(t)$ 为 t 时刻的物种丰富度；I 为迁入率，即单位时间的迁入概率；E 为绝灭率，即单位时间的绝灭概率。

假定单位时间单位种的迁入概率或迁入系数（I_0）和绝灭概率或绝灭系数（E_0）具有种间均一性、随时间的稳定性，以及可加性，则 I 和 E 随物种丰富度增加呈线性变化（图 3.6 中的虚线）。种间均一性指所有的迁入物种具有相似的 I_0 和 E_0。随时间的稳定性指 I_0 和 E_0 保持常数，不因物种丰富度的变化而变化。可加性指物种之间的非线性相互作用（如竞争、寄生、共生）微不足道，I_0 和 E_0 不受物种之间相互作用的影响，不同物种的线性加和即得到整体。可加性是“I 和 E 随物种丰富度增加呈线性变化”假设的核心，即所有物种的 I_0 和 E_0 的加和即为 I 和 E，即

$$I(S)=I_0[S_p-S(t)] \tag{3.6}$$

$$E(S)=E_0S(t) \tag{3.7}$$

式中，S_p 为大陆物种库中潜在迁入种的总数。可见，I 与 $S(t)$ 成反比，而 E 与 $S(t)$ 成正比。将式（3.6）和式（3.7）代入式（3.5）得

$$\frac{\mathrm{d}S(t)}{\mathrm{d}t}=I_0S_p-(I_0+E_0)S(t) \tag{3.8}$$

式（3.8）表示非平衡状态时物种丰富度的变化率。在某一时刻 t 的物种丰富度为

$$S(t)=\frac{I_0}{I_0+E_0}S_p-\left[\frac{I_0}{I_0+E_0}S_p-S(0)\right]\cdot\exp[-(I_0+E_0)t] \tag{3.9}$$

式中，$S(0)$ 为岛上初始物种丰富度。当 $I=E$ 时，平衡态物种丰富度 S_e 为

$$S_e=\left(\frac{I_0}{I_0+E_0}\right)S_p \tag{3.10}$$

式（3.10）表明，岛上平衡态物种丰富度取决于单位时间单位种的迁入系数和绝灭系数以及大陆物种库的大小，是一个常数。由式（3.8）和式（3.10）可得

$$\frac{\mathrm{d}S(t)}{\mathrm{d}t}=(I_0+E_0)[S_e-S(t)] \tag{3.11}$$

式（3.11）表明，非平衡状态时物种丰富度的变化率与平衡态时和 t 时刻物种丰富度的差 $[S_e-S(t)]$ 成正比。当 $S(t)<S_e$ 时，物种丰富度增加；当 $S(t)>S_e$ 时，物种丰富度减小。由式（3.9）和式（3.10）可得

$$S(t)=S_e-[S_e-S(0)]\cdot\exp[-(I_0+E_0)t] \tag{3.12}$$

式（3.12）表明在某一时刻 t 的物种丰富度与其初始值、平衡态值以及迁入系数和绝灭系数的关系。

2. MacArthur-Wilson 动态平衡理论数学模型的改进

改进 M-W 模型，可以从修改 I 和 E 的数学表达式入手。反映 I 和 E 的数学表达式有一个假设条件，改进时可着眼于该点。例如，可以摒弃 I 和 E 与 S 呈线性关系的假设条件，考虑它们之间呈非线性关系的情况。也可考虑除 S 之外的影响 I 和 E 的其他因素，如岛屿的面积、岛屿与物种源之间的距离等，即可包含面积效应或距离效应。除此之外，还可考虑除迁入和绝灭之外的影响物种丰富度的其他生态过程。

1）*考虑迁入率和绝灭率与物种丰富度之间的非线性关系*

M-W 模型中 I 和 E 与 S 的关系均用直线表示[式(3.6)和式(3.7)]，这种表述及其推论的合理性完全取决于对 I_0 和 E_0 所做的种间均一性、随时间的稳定性和可加性假设的真实性。然而，这些假设在实际中是很难成立的（邬建国，2007）。

MacArthur 和 Wilson（1967）指出，非线性凹形曲线比直线能更合理地反映 S 与 I 和 E 的关系。物种定居能力的差异将会引起 I 在早期随 S 的增加而陡然下降，然后变缓；随着物种数增加，逐渐增强的种间竞争作用将会使绝灭率大致呈指数上升。然而，他们也指出，只要这两种曲线是单调的，不管其形状如何变化，动态平衡理论的主要结论是不会改变的。也就是说，I 和 E 与 S 之间的关系可能是线性关系，也可能是指数或对数或幂函数关系等；尽管用不同函数关系得到的某一时刻 t 的物种丰富度的定量结果不尽相同，但所获得的定性结论却相似，符合迁入-绝灭的动态平衡过程以及物种丰富度的距离效应和面积效应原理。Wu 和 Vankat（1991）的计算机模拟研究进一步证实了这一点。

2）*考虑除物种丰富度之外的影响迁入率和绝灭率的其他因素*

I 和 E 可分别表示为两个函数的乘积（Gilpin and Diamond，1976），即

$$\frac{dS}{dt}(t)=I(S,D,A)-E(S,A,D) \tag{3.13}$$

$$I(S,D,A)=i(D,A)h(S) \tag{3.14}$$

$$E(S,A,D)=e(A,D)g(S) \tag{3.15}$$

式中，A 为岛屿的面积；D 为岛屿与大陆物种库间的距离；i 和 e 表示与 D 和 A 有关的函数，h 和 g 表示与 S 有关的函数；$h(S)$ 和 $g(S)$ 相当于 M-W 模型中的 $I(S)$ 和 $E(S)$ [式（3.5）]。

3）*摈弃迁入与绝灭相互独立的假定*

M-W 理论假定迁入与绝灭相互独立，但实际上并非如此（邬建国，2007）。一方面，M-W 理论提到隔离距离对 I 和 S 的影响。实际上，隔离距离不仅会影响不同物种的丰富度，也会影响同一物种的数量。隔离距离越小，同一物种的迁入率越大。同一物

种的不断迁入将增加岛屿中该种群的密度，提高种群的遗传多样性，从而减小种群的绝灭率，因此，隔离距离可通过影响 I 而影响 E，该现象称为“援救效应”（rescue effect）。另一方面，M-W 理论提到岛屿面积对 E 的影响。岛屿面积越大，其截获传播种的概率越大，因此，面积不仅影响 E，同时还会影响 I，该现象称为“目标效应”（target effect）。式（3.14）中的函数 $i(D,A)$ 体现了距离效应和目标效应对 I 的共同影响，式（3.15）中的函数 $e(A,D)$ 体现了面积效应和援救效应对 E 的共同影响。

4）*考虑物种形成和演化过程对物种丰富度的影响*

M-W 模型中的物种丰富度完全取决于生态学时空尺度的物种迁入和绝灭过程，而物种形成和演化过程均予以忽略。物种丰富度的长期平衡受到物种迁入、绝灭和新物种形成的共同影响。在一些岛屿，物种的进化速率甚至超过了迁入速率，在很短的时间内（如一个世代内）形成许多地方特有种，或分化出一些亚种。隔离度较大的岛屿更能促进内部物种的进化和分化。这些新物种的形成对物种丰富度的影响不可忽视（Wu and Vankat，1995）。

3.2.4 岛屿生物地理学理论的验证与应用

1. 岛屿生物地理学理论的验证

岛屿生物地理学理论获得验证必须同时满足以下几个标准：显著的物种-面积相关关系、物种丰富度平衡状态的存在、可测得出的种周转率、具有可测得出的距离和面积效应。物种-面积关系在很多研究中得到证实（Harris，1984；Rosenzweig，1995；李义明和李典谟，1998）。然而，岛屿状生境同时满足这几个标准是十分困难的（邬建国，2007）。

自 20 世纪 60 年代以来，有关应用、检验和修正岛屿生物地理学理论的研究大量涌现。然而，在验证其合理性和应用的可行性时，该理论遭到相当大的质疑，围绕着它是否具有预测性的问题也存在大量争议（Turner et al.，2001；邬建国，2007）。通过对 150 多篇宣称支持该理论的文献的仔细审阅，Gilbert（1980）指出，在他所涉猎的文献中，只有极少数研究工作是证据确凿，并符合以上标准的，如 Simberloff 和 Wilson（1969）及 Rey（1981）对美国佛罗里达红树林群岛节肢动物的研究，以及 Jones 和 Diamond（1976）对美国加利福尼亚海峡岛（California Channel Island）繁殖鸟类种群的研究。

该理论在陆地岛屿（斑块）中的应用非常受局限（Forman and Godron，1986；傅伯杰等，2001；赵淑清等，2001）。陆地斑块的物种多样性与斑块的面积也密切相关，一般随着面积的增加而增加。但陆地斑块与水体环绕的岛屿不同。陆地斑块的平均物种周转率较高，而海洋岛基本恒定。陆地斑块与基质之间的隔离度要比海洋岛与海洋之间的隔离度弱得多，陆地基质中的物种可较易迁入到斑块中。陆地基质内有大量潜在的入侵物种，而且基质的异质性通常较高，与斑块不同侧面相对应的基质内有明显的物种差异；而岛屿与水体的物种差异较大，水体中的大多数物种并不能在岛屿上生存，因此岛屿周围并没有大量潜在的入侵物种。岛屿的边界非常清晰，但陆地斑块边界的清晰度变化较大，与斑块的起源有关。干扰斑块、残存斑块和引进斑块的边界较清晰，而环境资源斑块的边界则不太清晰，甚至与基质之间有一个较宽的生态交错带，其内部环境条件或资源的梯度变化有助于物种在斑块与基质之间的迁移。另外，在景观的有限范围内，基质也可作为许多物种在斑块之间迁移的“踏脚石”(stepping stone)。这些因素表明，不能期望能用未经改进的岛屿生物地理学理论来解释陆地斑块的物种丰富度。例如，Mikk 和 Mander（1995）研究了芬兰南部 Estonia 地区农业景观中林地岛屿的植物物种丰富度。他们指出，岛屿生物地理学理论本身非常难以应用于具有自然/半自然残存林地斑块的农业景观。最主要的原因是，农业景观的背景基质对于植物物种的扩散来说并不是一个非常显著的隔离因子。而且，一些其他影响物种丰富度的因子［如年龄（演替阶段）、干扰、生境多样性、基质异质性］同该理论中涉及的空间格局因子（如面积和隔离度）一样，对物种丰富度也会起到重要作用。

2. 岛屿生物地理学理论的应用

1）岛屿生物地理学理论的应用价值

尽管人们对岛屿生物地理学理论有多方面的质疑，但不应该否认其应有的应用价值。在简单化和普适性的前提下，任何理论及其模型均有其或显性或隐性的假设条件，因此，该理论的假设条件本身不是问题。我们需要认清一点：通常研究的实际现象比理论假设的情况要复杂得多，只有在符合海洋岛生境条件下才可能使该理论得到验证，而我们所面对的陆地岛屿在与周围基质的隔离程度上、在决定物种丰富度的影响因素上都与海洋岛有很大的差异；即使是海洋岛，在真实岛屿不能满足假设条件的情况下，模拟结果势必与实际结果存在着或多或少的差异。这是该理论遭到质疑的重要原因。在这种情况下，我们需要检验的是该理论的定性结论，而不是定量结果。一方面，在定量应用于真实岛屿时，需对其进行进一步的修正和扩展，以提高其预测性；另一方面，尽管它在岛屿生物地理学的定量化研究上具有里程碑式的作用，但它在定量方面的应用十分有限，相反，它在思想理论上的推动意义和定性方面的应用价值是更应该被强调的。

岛屿生物地理学理论对现代生物地理学、生态学、进化生物学和保护生物学的理论和应用具有重要而深远的影响。它的提出和迅速发展丰富了生物地理学和生态学理论，促进了人们对物种多样性地理分布和动态格局的认识和理解（Wu and Vankat，1995；Turner et al.，2001；邬建国，2007），是生态学领域的一次革命。大量资料表明，面积和隔离度确实在许多情况下是决定物种丰富度的最主要因素，而且生物赖以生存的环境，大至海洋中的岛屿、高山、林地，小到森林中的林隙，均可被视为大小和隔离度不同的岛屿（赵淑清等，2001）。

岛屿生物地理学理论为保护生物学提供了一个重要的概念框架。首先，它使物种保护的研究由仅仅通过定性比较来描述，转向通过野外模拟实验来解释物种迁入、迁出或绝灭的原因，以验证物种丰富度形成的机制。其次，它为物种保护和自然保护区设计提供了十分宝贵的理论财富，如将许多现实的生境和保护区视为岛屿，物种丰富度与面积和隔离度关系模式的建立，生境破碎化对生物多样性的影响，种群和群落对景观破碎化的反应，以及景观中踏脚石或暂栖地的设置等。这些均为发展异质景观的种群动态模型（如复合种群模型）起到了明显的促进作用（Wu and Vankat，1995；Turner et al.，2001）。

总之，尽管岛屿生物地理学理论是生态学中争议最多的理论，但同时也是应用最广、影响最深的理论（邬建国，1989；韩兴国，1994；Wu and Vankat，1995；邬建国，2007）。

2）*岛屿生物地理学在动植物园和自然保护区设计中的应用*

由于多数的动植物园和自然保护区（以下统称“保护区”）在很大程度上可被看成是被人类栖息地包围着的陆地“生境岛”，岛屿生物地理学理论自20世纪70年代以来成为保护区设计的主要理论基础，而对这些问题的研究也可反过来加深对岛屿生物地理学内涵的理解（董波，1997）。根据岛屿生物地理学理论，保护区的设计应遵循以下原则。

A. 保护区的面积

在进行保护区设计时，保护区的面积是要考虑的主要因素，而其他因素一般都属次要因素。基本原理是：一个保护区应该足够大，使其尽可能包括有代表性的生态系统类型及其演替序列；一个大保护区比具有相同总面积的几个小保护区好，如果栖息地是同质的保护区，一般应尽可能少地分成不相连的小保护区。

保护区的面积效应主要取决于生境多样性（habitat diversity）。在多数情况下，大保护区具有更多样的生境，可以容纳具有不同生态位的多个物种，维持更多的物种生存。保护区的面积也与遗传基因多样性的保存有关。在小保护区中生活的小种群的遗传基因多样性较低，较易受到各种随机性因素的影响，也较易导致遗传漂变及遗传多样性的降低，包括抗病基因的丧失。保护区的面积也关系到能否维持生态系统的稳定性。面积小的保护区，边缘效应明显，容易受到外来物种和流行病的侵扰，稳定性较低（董波，1997；徐宏发等，1998；傅伯杰等，2001）。

B. 保护区与保护区、保护区与周围区域及环境、保护区内不同栖息地之间的隔离

保护区与保护区之间：如果栖息地是同质的保护区，又要分成几个不相连的保护区，那么这些保护区应尽可能地靠近或有序地排列，保护区之间最好用廊道相连，以保证生物个体在保护区之间的迁移和再定居，并通过种群互补效应降低物种的局部绝灭率，最终改进所有保护区的物种保护功能。

保护区与周围区域及环境之间：随着保护区周围人类活动的日益频繁，保护区与周围自然环境的隔离程度也在加剧，致使保护区越来越像一个孤岛。这影响了周围物种的迁入，也在相当程度上改变了保护区内生物群体的生态习性，甚至降低了生物群体的遗传能力。为了减少这种影响，可以在保护区与周围的野生动植物群落之间建立廊道或暂栖地，将被保护的生物群体与野生的生物群体联系起来。例如，在美国华盛顿州，通过廊道-溪沟将城市中零散分布的动植物公园与野外的天然生物群落区直接联系起来，使野鸭可以从天然的栖息地进入城市公园区（Greer，1982）。

保护区内不同栖息地之间：在保护区内，每个栖息地相对于其他栖息地来说，都可以看成是“岛屿斑块”。景观连通性或连接度对物种（尤其是核心物种或顶级物种）迁移、觅食、繁殖和躲避等活动的影响是保护区设计中应该考虑的。

然而，以上由岛屿生物地理学理论得出的、用于保护区设计的原则和结论只是理论观点，在实践中引起了很多争议。首先，降低保护区与保护区（或保护区与周围区域和环境，或保护区内不同栖息地之间）的隔离度可增加物种的迁入率、降低物种的局部绝

灭率，但同时也易使保护区受疾病传播、干扰扩散和外来种侵入等的影响。特别地，自然保护学中存在一个长期有争议的问题：在总面积相同的情况下，是设立一个大保护区还是几个小保护区更有利于保护物种多样性，即所谓的SLOSS（single large or several small）问题（Wu and Vankat，1995）。

实际上，SLOSS问题是一个伪问题，它忽略了物种多样性问题的复杂性。理论分析和野外数据都表明，在有些情况下，一个大保护区比具有相同总面积的几个小保护区具有更多的物种，因为大保护区的生境多样性、遗传基因多样性、生态系统稳定性均较小保护区高。但在有些情况下，结果却正好相反，几个小保护区比一个大保护区具有更多的物种。这是因为多个小保护区往往具有以下优越性：增加景观生境的异质性，降低种内和种间竞争，减少某些疾病、干扰和外来种的侵袭，以及给边缘种提供更多的生境。然而，尽管几个小保护区能够拥有更多的物种，但可能大多是边缘种，而大保护区通常还含有敏感的内部物种。这说明SLOSS争论部分源于未充分意识到不同物种对活动范围的需求是有差异的（Wiens，1989），通常内部种的活动范围（观察尺度）比边缘种更大。有些分析和实验也表明，单一的大保护区所含的物种数量比将其分成几个相邻的小保护区多得多，但却比总面积相同的几个散布于各处的保护区少。由此可见，物种-面积关系以及岛屿生物地理学理论在解决SLOSS问题上是模棱两可的（Wu and Vankat，1995）。

确定保护区的面积必须充分考虑保护的对象和目的，并以物种的个体生态学调查为基础。如果保护的是核心物种，则对核心物种的考虑应优先于其他物种，需首先确定核心物种的最小存活种群（minimum viable population，MVP）规模，保护区的面积不应小于维持核心种群存活的最小面积；如果保护的是整个生态系统，则需首先确定该生态系统的顶级物种及其MVP规模，保护区的面积不应小于维持顶级物种存活的最小面积。

在保护区中，可能存在一些无效面积，如某个关键因素缺失或恶化的区域。关于保护区的面积，考虑的应是保护区的有效面积，而不是包含无效面积的实际总面积；而且，保护区有效面积的确定还必须考虑周边地区受干扰的状况。例如，即使是像美国大沼泽地国家公园（面积达56.7万hm^2）这样大型的保护区，仍然存在着种群规模衰减和不足的问题。这是因为在公园岛屿化的过程中，周边湿地的排水和土地利用的变化造成公园内水环境的恶化，并最终导致湿生和水生动植物生境的萎缩，以及有效生存面积的缩小（董波，1997）。

3.2.5 岛屿生物地理学理论的局限性

岛屿生物地理学理论存在一些局限性（赵淑清等，2001）。

(1) 关注点上的局限性：该理论将岛屿的几乎所有的生物学特征均归结为一个变量，即物种的丰富度。只关注岛屿上物种的数目，不考虑具体的物种种类，不考虑同一物种内部个体的数量，不考虑其他决定岛屿群落结构的重要生态过程（如不同物种之间的竞争、捕食、互惠共生关系）等，因此，尽管该理论可促进人们对物种多样性地理分布和动态格局的认识，却无法从种群角度真正地解释物种多样性形成和发展的动态机制。

(2) 在认识空间异质性上的局限性：该理论对岛屿面积的关注反映了它对生境多样性和空间异质性重要性的认识。然而，仅用面积来表示岛屿的生境多样性和空间异质性显得过于简单，因为它们的量度指标通常不是简单地随面积增大而增大的，因此，物种丰富度与面积的关系很难准确地反映生境多样性和空间异质性对物种丰富度的影响。

(3) 假设条件产生的局限性：该理论假定存在一个永远都不会绝灭的"大陆"种群，可以源源不断地向岛屿输入物种；而实际上，这一假定是很难成立的。受到各种随机因素和干扰的影响，即使是特别大的岛屿（如美国大沼泽地国家公园），其物种也可能遭致绝灭（董波，1997）。该理论也假定决定岛屿物种动态平衡的迁入和绝灭（迁出）过程是随机的，而且这些过程对岛屿上所有物种都是均等的，没有区分不同物种在生态学习性和生活史特征上的差异（Holt et al.，1999；Franzén et al.，2012）。

因此，在物种保护过程中，要认识到岛屿生物地理学理论的产生有其特定的范畴，它的应用也是有条件的。只有基于这种认识，才能正确地领会该理论的精髓。

3.3 复合种群理论

生态学家习惯于考虑一系列相互作用的实体，如种群中的个体、群落中的种群，而通常简化或模糊空间的作用。在20世纪六七十年代，除MacArthur和Wilson (1967) 提出的岛屿生物地理学理论外，理论生态学基本上忽略了空间动态，生态学的野外工作也有类似的倾向。然而，自80年代中后期以来，空间概念被以不同的方式越来越频繁地引入到生态学和种群生物学的所有研究领域中。人们认识到，个体、种群和群落的空间位置可以像种群统计特征、竞争和捕食作用等那样对生态过程和系统动态产生重要的影响。无论是从基因或个体，还是从种群或群落的水平来研究，空间结构都被普遍认为是构成更好和更具活力的生态学理论的重要组成部分，而涉及空间的研究也被认为是最富有挑战性的前沿工作之一（张大勇等，1999；徐汝梅，2000）。复合种群理论（metapopulation theory）的提出就是空间概念在生态学中日益得到重视的体现。近十几年来，复合种群的概念、理论和模型已在天然类群的生态学、种群生物学和保护生物学中迅速地建立和使用，成为一个充满活力的新的研究方向和热点。

3.3.1 复合种群理论的概念

由于研究对象或工作地区不同，不同学者对复合种群（metapopulation）的理解也不尽相同。因此，有必要先对复合种群的定义作一详细的介绍。有关复合种群的定义可分为两种：其一是狭义的传统定义，其二是广义概念（Hanski and Gilpin，1991，1997）。

1. 狭义复合种群

1) 概念

狭义复合种群即Levins经典定义中的复合种群，是指在一相对独立的地理区域内，由空间上相互隔离，而在功能上又通过繁殖体（如植物种子、孢子）或生物个体的扩散

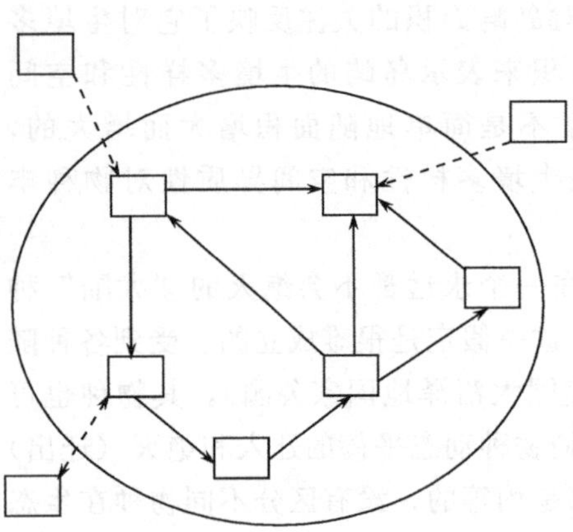

图 3.7　复合种群示意图

迁移而相互联系的两个或两个以上的离散亚种群（subpopulation）或局部种群（local population）组成的种群镶嵌系统（图 3.7）（Levins，1970）。其中，“亚种群”或“局部种群”或“同类群”（deme）指居住在同一斑块上的某一物种的所有个体。必须指出，亚种群斑块在空间上的非连续性是表观的，而亚种群之间通过生态学过程体现出来的功能上的连续性才是其本质（邬建国，2000a）。这里的“斑块”指狭义的斑块，即动植物群落，又被称为生境斑块（habitat patch）或生境岛，指空间上连续的、具有种群生存所需资源、被非生境基质或其他斑块相隔离的地理单元。对不同的种群，斑块不尽相同。在某一时刻斑块中可能有种群定居，也可能没有（空白斑块）；可能适宜物种生存（生境斑块），也可能不适宜物种生存（非生境斑块）。

狭义复合种群概念强调复合种群必须表现出明显的亚种群周转（或称绝灭-再定居动态），即局部生境斑块中生物个体全部消失，但之后又有个体不断地迁入和再定居的如此反复的过程。一方面是亚种群频繁地从生境斑块中消失（斑块水平的局部性绝灭）；另一方面是亚种群（或生境斑块）之间存在有繁殖体或生物个体的交流（斑块间的区域性迁移和再定居过程），从而使复合种群在景观水平上表现出复合稳定性（邬建国，2007）。局部性绝灭和再定居是复合种群关键的、必不可少的特征，或者说至少在一个或数个亚种群中存在着绝灭和再定居的很大可能。亚种群周转率大小如何可以不予考虑，但一个没有亚种群周转的系统不可以认为是一个复合种群（徐汝梅，2000）。

在英文中，对“复合种群”的解释很多，如 composite population（种群复合体），patchy population（斑块种群），multipopulation（多种群），subpopulations group（亚种群组），population of population（种群的种群，即复合种群是种群的概念在一个更高层次上的抽象和概括）。在中文中，对“metapopulation”的译法也很多，如联种群、群种群、碎裂种群、异质种群、超种群、组合种群、复合种群、集合种群、meta-种群（玛他种群）、变动的复合种群或变动种群等（邬建国，2000a；王中仁，2002）。其中，除“复合种群”外，“异质种群”的译法被使用得最多。然而，异质种群的英文是heterogeneous population，而不是 metapopulation。另外，heterogeneous population 并不一定是 metapopulation。Heterogeneous population 的生境在空间上可以是连续的（如梯度分布的格局），而 metapopulation 的生境则是空间上非连续的。因此，将 metapopulation 译为异质种群并不妥。

2）维持复合种群持续生存的必要条件

Hanski 对芬兰网蛱蝶（又译作庆网蛱蝶）（*Melitaea cinxia L.*）进行了长达 20 多年的连续野外观测研究，认为网蛱蝶在自然界是以复合种群的形式存在的，并提出了 4 个维持复合种群持续生存的必要条件。如果一个系统满足这 4 个条件，就可以说它是一个典型的复合种群（Levins，1970；Harrison，1991；Harrison and Taylor，1997；

Hanski，1999；张大勇等，1999；徐汝梅，2000；张大勇，2002)。

条件1：空间离散的、非连续的局部繁殖种群。适宜的生境以离散斑块形式存在，这些离散斑块可被局部繁殖种群占据。对网蛱蝶来说，斑块数为1502，斑块的平均面积为1300 m^2，中数为300 m^2；最大面积为30 000 m^2。

条件2：所有的亚种群均有绝灭的风险，该过程发生在较小的亚种群尺度上。必须有生境斑块足够大、能够维持具有繁殖力的较大亚种群至少连续几代不绝灭。但即使是最大的亚种群也有绝灭的可能。对网蛱蝶来说，1994年有377个现存的亚种群，其中最大的一个有500头网蛱蝶。比其更大的亚种群已有绝灭的先例，如1991年一个大约有2000头网蛱蝶的亚种群在1994年消失了，但第二年又重建了。

条件3：亚种群有重建的可能，该过程发生在较大的复合种群尺度上。生境斑块不可过于隔离或数量过少，否则会阻碍亚种群的重建，并使复合种群不断趋于全局性的绝灭（wide extinction)，成为非平衡态复合种群。重建率随斑块间距离的增大而锐减，也与物种的迁移能力有关。对网蛱蝶来说，适宜生境斑块间的平均距离为240 m（中数为128 m，最大距离为3870 m），而网蛱蝶运动的平均距离为590 m（中数为330 m，最大距离为3050 m），大于斑块间的平均距离，因此重建的可能性很高。

条件4：局域动态的非同步性。各个亚种群的动态不能完全同步。如果完全同步，那么整个复合种群存在的时间不会比绝灭风险最小的亚种群更长。这种非同步性可使尚未绝灭的亚种群向邻近适宜的空白生境斑块迁移，以保证在当前环境条件下不会出现所有亚种群同时绝灭的现象。对网蛱蝶来说，种群动态在5 km×5 km范围内表现出明显的同步性；但在整个复合种群尺度上，可见不同亚种群具有相反方向的动态。

笔者在内蒙古锡林郭勒盟的镶黄旗选取了一个可自由放牧的、以亚洲小车蝗(*Oedaleus asiaticus*）占绝对优势的相对封闭的景观，大小约6 km×6 km。其四周的地貌条件和土地利用状况决定了它的相对封闭性。以下以该研究区的亚洲小车蝗为例来说明在实际景观中如何根据这4个条件判断研究对象是否为复合种群。

（1）所选景观内部被公路、牧区间小路、农居地、农田、放牧围栏、山脉等阻隔为大小不同的约110个斑块，大多在空间上非连续离散分布。草地蝗虫种群在景观中的分布不是随机的，更不是均匀的。实际上，由于蝗虫生境的斑块化，一个大的蝗虫种群被分成若干个较小的亚种群，分别分布在这些生境斑块中。但也有例外。例如，一些相邻斑块是以人为设置的放牧围栏作为划分边界的，一些垂直相邻斑块的划分是因海拔变化引起的植被类型的差异，这些斑块或相似或呈梯度分布，在空间上表现出一定的连续性。然而，若对这些相邻斑块进行适当的合并，则可使其在空间上呈非连续分布。

（2）对蝗虫发育初期、盛期和末期所有斑块中蝗虫密度的调查结果发现，对某个生境斑块而言，尽管初期蝗虫较多，但盛期和末期可能仅偶见；尽管初期未发现蝗虫，但盛期或末期可能会较多出现。这说明，有一些生境斑块上的蝗虫消失了，或者绝灭，或者全部迁到相邻的其他生境斑块中；而原来没有蝗虫的空白生境斑块上也会发生蝗虫的迁入和再定居过程。

（3）大多数斑块只要在一定范围内，其间没有大的阻隔，它们之间或多或少有着一定的联系，表现在蝗虫能够从一个生境斑块迁飞到其他生境斑块中。尽管研究区蝗虫大多属小型种和中型种，迁飞能力有限，但从三龄蝗蝻到成虫阶段，蝗虫在同一个区域的不同斑块之间迁飞的现象仍十分普遍，尤其是亚洲小车蝗具有较强的迁飞能力。

(4) 由于各个生境斑块在地形因子（海拔、坡度和坡向）、土壤因子（土壤类型、土壤质地、表层含水量和地表温度）、植被因子（优势种、次优势种和覆盖度）和土地覆被类型等方面的异质性，不同斑块的适宜性不尽相同，不同斑块上蝗虫的发育期和生长状况等具有非同步性，蝗虫密度的动态变化也不可能完全一致。

可见，斑块化异质景观中的草地蝗虫种群基本满足复合种群的 4 个条件。由此可以认为，研究区的亚洲小车蝗是以复合种群的形式存在的，以复合种群的理论和方法对其进行研究是适宜的。

3) 尺度

复合种群动态往往涉及 3 个空间尺度（徐汝梅，2000；邬建国，2007）(图 3.7)。

一是亚种群尺度或斑块尺度或局域尺度（subpopulation or patch or local scale）。在这一尺度上，生物个体通过日常采食、竞争和繁殖活动发生非常频繁的相互作用，从而形成局部范围内的亚种群单元。对亚洲小车蝗来说，同一草地斑块中的所有幼虫或成虫个体相当于一个亚种群。

二是复合种群尺度或景观尺度（metapopulation or landscape scale）。在这一尺度上，不同亚种群之间通过植物种子等繁殖体传播或动物运动发生较频繁的交流，从而形成大范围的复合种群。对亚洲小车蝗来说，所选的相对独立的景观的大小约 6 km×6 km，其中包括约 110 个亚种群斑块。

亚种群出现在生境斑块中，而复合种群的生境则对应于景观斑块镶嵌体，这也体现了复合种群系统的等级结构特征。复合种群概念的精髓是：强调物种动态受局域和景观两个空间尺度上生态学过程的共同作用。然而，在物种保护上，我们常犯两种错误。第一种，在认识上，将目光局限在单个种群所出现的生境斑块，只考虑局域生态学过程（如竞争、捕食等），而忽略景观或区域水平的生态学过程（如扩散、侵入等），由此得出“该物种不能长期生存”的结论。第二种，在实践中，仅保护单个生境斑块上的亚种群，而不是整个复合种群；更多地从遗传上采取措施保护，而不是从生境空间上建立不同亚种群之间的联系。实际上，在生境破碎化的情况下，一个种群的长期生存已不再是斑块尺度上的局域性问题，而势必成为一个区域性问题；种群的长期生存取决于景观或区域尺度上各个斑块亚种群绝灭与重建的动态平衡（张大勇，2002）。

三是地理区域尺度（geographical region scale）。这一尺度代表了所研究物种的整个地理分布范围，也即生物个体或种群的生长和繁殖活动不可能超越这一空间范围。在这一区域内，可能有若干个复合种群存在，但它们一般很少相互作用。只有在很大的时间尺度（如进化或地质历史）上，才会考虑地理区域范围内复合种群之间的相互作用对整个种群结构和功能特征的影响。对亚洲小车蝗来说，5125 km^{2}的镶黄旗中有 100 余个独立和半独立的复合种群斑块网络。由于亚洲小车蝗的最大迁移距离为 15 km，因此，不同复合种群之间的交流通常很弱。

目前对野外复合种群的研究大多在较小的时空尺度上开展。据 Doak 等（1992）的统计，每个研究中所涉及的生境斑块数的中数仅为 34，斑块之间距离的中数为 30 m，时间尺度的中数少于一个世代。一个例外是 Hanski 对芬兰网蛱蝶的研究，研究范围达到 3500 km^2，其中陆地面积为 1500 km^2，有约 4000 个亚种群斑块（干草甸），研究开始于 1991 年，并持续至今。

2. 广义复合种群

近些年来，不少学者推崇广义的复合种群概念，即所有占据空间上非连续生境斑块的种群集合体，只要斑块之间存在繁殖体或生物个体之间的交流，不管是否存在局部种群周转现象，均可称为复合种群（Harrison，1991；Hanski and Gilpin，1997；邬建国，2007）。

这一广义概念大大扩展了复合种群概念的外延。从广义概念似乎可推出，空间中所有具有异质生境的斑块性种群都可作为复合种群中的亚种群来对待。那么，事实果真如此吗？空间异质性是广泛存在的，所有种群都生存在空间异质性大小程度不同的生境中，绝大多数种群都可看成是斑块性种群，但它们不全是复合种群（邬建国，2000b，2007）。

首先，如果斑块之间的生物个体或繁殖体交流太过频繁，而斑块内种群绝灭现象十分罕见（斑块性复合种群），那么，事实上所研究的种群是一个单种群，而不是复合种群；将不同的斑块看作不同的亚系统来研究很可能是将问题过分地复杂化了。有时，甚至可能是将一个由于内部交流不可能而只可能与其邻近种群相互作用的特大种群视为复合种群（赵淑清等，2001）。如果种群之间的空间隔离不是很大，而且异质性不是很明显的话，我们也没有必要将它们分成多个亚种群，而是将它们看作一个系统。如果生境斑块占整个景观的面积比例 P 超过某个临界阈值 P_c，以至于形成一个特大的连通斑块，生物个体或繁殖体在整个景观的扩散迁移都比较通畅，那么，可将该种群看作一个大的单种群；只有当 $P<P_c$，景观中未形成特大的连通斑块时，该种群才是真正意义上的复合种群。

其次，实际上，许多异质种群也并非复合种群，如生境梯度中分布的种群以及其他连续性生境中非均匀分布的种群。而生境的非连续性是复合种群概念及其理论的基本假设之一。

更有甚者，将复合种群的外延进一步扩大：将斑块生境中一组同种亚种群的集合体称为复合种群。这种复合种群几乎包括了所有的野外种群，其中的亚种群之间可能有关系，也可能没有关系，因此，无法确定种群的空间结构与种群生存力之间的关系（徐宏发等，1998）。

事实上，复合种群研究在取得辉煌成绩的背后也孕育着一些不可忽视的问题，其中最明显的是概念的模糊性，以及概念常常被滥用。Harrison（1994）、Harrison 和 Taylor（1997）对这两种倾向提出了警告。在 Hanski 和 Gilpin（1991）对复合种群的有关概念和术语赋予明确定义的基础上，Hanski 和 Simberloff（1997）又对这些概念和术语作了进一步的补充和规范化。

复合种群概念的模糊性和被滥用归根结底是因为亚种群或复合种群有时难以界定。原因有三：其一，繁殖体和生物个体的迁移模式极其复杂多变，有些已被我们认识和观察到，但可能更多的模式并没有被我们认识和观察到。因此，亚种群之间是否有迁移，以及如何迁移，并不是很确定。其二，在实践中，常常难于确定亚种群之间是否有关系，而且即使某一时刻没有关系，也不等于说另一时刻或将来也没有关系。因此，要进行长期观察，或者需要做一些假设。其三，到底斑块间个体的交换率高到多少可以认为它们仅仅是一个单种群，而并不存在多个亚种群；低到多少可以认为它们是多个相对独立的单种群？鉴于对亚种群或复合种群难以界定，Hanski（1999）在其出版的、具有相当权威性的《复合种群生态学》专著中只是简单地提及 Levins 经典定义中的复合种群概念。

3.3.2 复合种群的类型

Harrison 和 Taylor（1997）将广义复合种群分为以下几种类型（邬建国，2007）（图 3.8）。

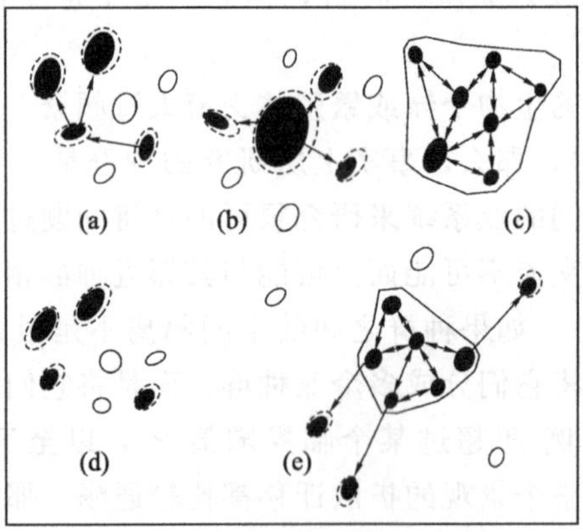

图 3.8 几类典型的复合种群

（Harrison and Taylor，1997；邬建国，2007）

1. 经典型或 Levins 复合种群（classic or Levins metapopulation）

经典型或 Levins 复合种群由大量生境斑块组成，而且斑块的大小和所有的生态特征均相同［图 3.8(a)］。每个亚种群都经历绝灭过程，具有同样的绝灭概率；亚种群动态比复合种群动态快得多；复合种群的稳定性来自生境斑块间生物个体或繁殖体的交流，而且稳定性随生境斑块数量的增大而增强。

2. 大陆-岛屿型复合种群（mainland-island metapopulation）

大陆-岛屿型复合种群由少数很大的和许多很小的生境斑块组成［图 3.8(b)］。这个物种可能之前是连续分布的，但由于人为和其他因子的作用，分布区边缘的种群逐渐与中心区隔离，形成围绕中心区的若干个小种群。大斑块起到“大陆库”的作用，在没有很大的外界干扰情况下，亚种群基本上不经历局部绝灭现象，可以单独长期生存，为大陆种群；而小斑块中的种群频繁消失，但若有来自大斑块的生物个体或繁殖体不断迁入和再定居，则可使其持续存在，为岛屿种群。例如，美国加利福尼亚州的格纹蛱蝴蝶是一个大陆-岛屿型复合种群，由一个超过 5.0×10^5 只蝴蝶的大种群和 9 个 10～400 只蝴蝶的小种群组成。

有些生境系统虽然没有特大斑块，但斑块大小的变异程度很大；有些系统由少数质量很好和许多质量很差的生境斑块组成。其中，较大斑块和高质量斑块（源斑块）的种群动态特征类似于大陆种群（源种群），可向汇斑块提供物种；而较小斑块和低质量斑块（汇斑块）的种群动态特征则类似于岛屿种群（汇种群），可接受来自源斑块的物种。因此，这些种群系统也可视为大陆-岛屿型复合种群。

相比其他类型，这类复合种群最为稳定。其稳定性和生存力主要取决于大陆种群。除物种本身的迁移能力之外，亚种群的绝灭率和迁入率还与大陆种群的大小、与“大陆库”的距离有关。

Levins 模型中的种群是经典型复合种群，岛屿生物地理学动态平衡模型中的不同种群可视为大陆-岛屿型复合种群。前者斑块的大小相似，后者斑块的大小差异很大。而真实自然界中的绝大多数复合种群的性质是介于经典型和大陆-岛屿型复合种群这两种极端情况之间的（傅伯杰等，2001）。

3. 斑块性复合种群（patchy metapopulation）

斑块性复合种群是由一系列栖息在斑块状的生境中的亚种群所组成的种群系统[图 3.8(c)]。扩散能力很强的动植物通常形成这种复合种群。例如，一种取食千里光属植物 *Senecio jacobaea* 的昆虫，根据在其 1.3 km^2 栖息地上的研究，相邻斑块之间的距离极少大于 50 m。这种斑块通常是由人类适度干扰造成的，最初连续分布的栖息地被分隔成多个斑块，如某些鸟类生活在森林的破碎化生境斑块中，形成亚种群，组成斑块性复合种群。

然而，斑块性复合种群只是广义概念上的复合种群，而不是严格意义上的狭义复合种群（Hanski and Gilpin，1997）。虽然斑块性复合种群在一个空间上非连续的生境斑块系统中，但许多生境斑块之间有频繁的个体或繁殖体交流，而且这种交流常发生在同一个生命周期（或同一代）中，使得整个斑块网络在功能上形成一体；而斑块内种群绝灭现象十分罕见。

4. 非平衡态复合种群（nonequilibrium metapopulation）

与斑块性复合种群正好相反，非平衡态复合种群的动态特征是：亚种群绝灭的频率或强度最高，而亚种群之间交流的频率或强度最低[图 3.8(d)]。非平衡态复合种群主要包括两种：非平衡态下降复合种群（nonequilibrium declining metapopulation）和非平衡态跟踪生境复合种群（nonequilibrium habitat-tracking metapopulation）。

在非平衡态下降复合种群中，生境斑块的空间结构可能与经典型复合种群相似，但由于各生境斑块之间彼此远离，斑块间生物个体或繁殖体的交流非常少，或根本没有，在某个亚种群绝灭后，几乎不可能靠自然的再迁入而重建，亚种群数量呈现单调下降的趋势，从而使整个复合种群系统处于不稳定状态，甚至趋于绝灭。例如，更新世后期的气候变化使美国西南部森林中的兽类种群完全被隔绝，美国的红头啄木鸟及西北部太平洋沿岸原始森林中的几种濒危两栖动物种群之间完全隔离，国家领土的划分使原本连续分布的森林中的东北虎种群被隔绝，其中每一个种群都只能视为一个单独的系统。

在非平衡态跟踪生境复合种群中，由于各种原因，其中的部分生境斑块及其种群消失，而迁入和再定居过程以及复合种群的续存主要取决于剩余生境斑块的数量和空间分布格局。如果不能产生足够数量的新生境斑块，那么整个复合种群系统将处于不稳定状态，甚至趋于绝灭。

由此可见，两种非平衡态复合种群的不稳定状态都是由物种绝灭率大于迁入-再定居率造成的，但其形成机制不同，一个源于生境斑块之间的隔离，另一个源于生境斑块的数量。人类活动引起的生境破碎化既造成生境斑块之间隔离度的增强，也造成生境斑块数量的减少，以至于两种非平衡态复合种群在人类活动剧烈的景观中同时出现。在最糟糕的情况下，斑块网络过于破碎，亚种群之间的交流完全缺失，复合种群不再处于非平衡态，而是最终消失（张大勇等，1999）。

上述 4 类典型的复合种群具有一般的概念性意义。由于景观系统的异质性，种群空间结构呈现出多样性和复杂性的特点，复合种群远不止上述 4 类，而且任何种群也都难以吻合于某一特定类型。实际景观中的复合种群常常是不同类型在不同等级层次上的组合，表现为“中间型（intermediate type）或混合型（mixed type）复合种群”，并具有等级结构特征。例如，在较高层次上，一个复合种群可被视为由中心部位的核心区和若干个外围小斑块组成的大陆-岛屿型复合种群；核心区并不是一个单独的“大陆种群”，而是一个斑块性复合种群，在其内部还包含有更低层次的、功能上密切联系的多个斑块[图 3.8(e)]。核心斑块之间的相互作用密切而频繁（速率高），而核心斑块与外围斑块之间的相互作用弱而少（速率低）。这种相互作用速率的差异是可将整个复合种群系统分解为不同等级层次的原因。

鉴于不同结构的复合种群具有不同的动态特征，我们应该对其结构类型加以区分。然而，我们的根本任务并不只是对生存于破碎景观中的种群进行分类，更重要的是寻求能够理解种群生物学特征、预测种群动态的有效途径。复合种群在某种情况下可能代表了一种研究途径，那么，检验这一途径在研究实际种群动态时是否真正有效才是最根本的问题（Hanski，1999；张大勇，2002）。

3.3.3 复合种群理论的重要原理

复合种群理论通过描述种群在异质的景观镶嵌体中的运动和消长，以及空间格局与种群生态学过程的关系，关注亚种群之间相互作用的动力学后果，以及由不稳定的亚种群形式存在的物种的区域续存条件（张大勇等，1999）。提出和解决的问题是景观或区域水平的，这是研究的核心水平；但要回答和解决这个问题，必须从其下的斑块水平入手。

复合种群理论的内容十分丰富，而且还在不断发展。就目前来看，该理论的重要原理可归纳为如下几点（徐宏发等，1998；傅伯杰等，2001）。

(1) 复合种群由一组空间相隔、但相互之间有联系的亚种群组成。

(2) 复合种群越大，即组成复合种群的亚种群越多，种群生存的时间就越长。

(3) 复合种群的稳定性由亚种群之间的迁入率来维持。亚种群之间的迁入率越高，复合种群的稳定性越高。

(4) 一个复合种群要长期生存，其组成的亚种群之间的迁入率必须大于各自的绝灭率。

(5) 组成复合种群的亚种群之间的距离、物种的扩散迁移能力对复合种群的维持有重要作用，因为它们都会影响亚种群之间的迁入率。

(6) 组成复合种群的亚种群生境的不同对复合种群的生存有重要作用。不同生境的亚种群会因环境的不同导致遗传结构的差异，因此，当这些来自不同生境的个体相互交流时，会增加各亚种群的遗传多样性，提高抵御近亲衰退和遗传漂变的不良影响，从而提高种群的生存力。另外，生境的不同对保证局域动态的非同步性非常关键，可有效避免所有亚种群的同时绝灭。

(7) 对于由少数大种群和许多小种群组成的大陆-岛屿型复合种群，如果大种群的数量足够大，并且大种群与小种群之间有一定的扩散，那么将对物种的保护十分有利。

总之，相比其他斑块动态理论，复合种群理论的核心思想和重要观点是：斑块化、等级结构和多尺度、局域绝灭和斑块间相互作用的生态过程、空间格局与生态过程的相互关系、多尺度动态（斑块动态和景观亚稳态）。因此，复合种群理论是等级斑块动态理论在种群生态学中的具体体现。

3.3.4 复合种群模型

目前，关于复合种群的研究主要集中于复合种群动态的研究。模拟复合种群动态的数学模型的广泛使用和迅速发展是该领域形成和兴起的重要特点之一。就其对空间结构特征的反映而言，复合种群模型可分为3类：空间隐式模型（spatial implicit model）、空间显式模型（spatial explicit model）和空间半显式模型（quasi-spatial model）。空间隐式模型不直接考虑斑块的空间特征（如面积和空间位置等），空间显式模型则明确考虑斑块的空间特征。空间半显式模型也考虑斑块的空间特征及其对亚种群动态的影响。之所以称为“半显式”，是因为斑块的空间特征往往以概率密度函数或分布函数的形式来表示，这种表示是基于概率统计的结果，而不是基于明确的空间信息。空间半显式模型的复杂性和真实性介于空间隐式与显式模型之间。这类模型可分成3类：扩散-反应模型、斑块统计学模型和传统的林隙模型，往往采用偏微分方程或离散数学方法表示，具体见“12.5.2节‘空间显式斑块动态模型’”。

1. 空间隐式模型（或非空间模型）

空间隐式模型不直接考虑生境斑块的空间特征。Levins（1969）最早发展了空间隐式复合种群模型，即著名的Levins模型。作为一种最简单或者极端的情形，Levins模型构造了一个关于复合种群动态的基本方程，并确定了方程的稳定平衡条件，是目前被国际生态学界广泛接受的有关复合种群理论的经典模型，被称为“复合种群模型之母”，为复合种群研究提供了十分有意义的理论框架（傅伯杰等，2001）。

Levins模型有非常强的假设条件（张大勇等，1999；Hanski，2000；傅伯杰等，2001；赵淑清等，2001；邬建国，2007），简述如下。

(1) 有大量的离散生境斑块（数目很大，或无限大）。由此，可以忽略生境斑块之间隔离距离差异对物种迁入率的影响，即假设各亚种群的迁入率相等（联系第3个假设）。

（2）组成各亚种群的斑块大小相等、特征相似。由此，可以忽略亚种群斑块面积差异对绝灭率的影响，即假设各亚种群的绝灭率相等（联系第 3 个假设）。

（3）各亚种群相互之间通过个体或繁殖体的扩散迁移使其均等地连接在一起，个体或繁殖体迁到不同生境斑块的概率相等。各亚种群都经历频繁的局部绝灭过程，且绝灭率相等，所有亚种群均有恒定的绝灭风险。种群周转现象明显。

（4）生境斑块只分为已被定居和未被定居两种，而亚种群的个体大小，以及亚种群内部的动态则忽略不计。不考虑亚种群个体大小的言下之意是，认为所有已被定居斑块上种群的密度均达到饱和，已被定居斑块上的种群只发生绝灭过程，而不发生迁入过程。

（5）亚种群建立的概率与有种群占据的斑块比例（P）及当前未被种群占据的斑块比例（$1-P$）成正比，两者缺一不可。

（6）生境斑块的具体空间特征（如空间位置、面积及与其他斑块的距离等）予以忽略。

可见，Levins 模型中的复合种群是一个理想状态下的种群，在现实中不可能存在。该模型最适合应用于斑块数量较多、面积较小、亚种群可以迅速达到“容纳量”的系统（Hanski，2000）。

按以上假定，P 的变化速率为（张大勇等，1999；Hanski，2000）

$$\frac{\mathrm{d}P}{\mathrm{d}t}=mP(1-P)-eP \tag{3.16}$$

式中，P 为在 t 时刻已被一个种群所占据的生境斑块数与总生境斑块数之比，即一个种群所占据的生境斑块的比例，简称斑块占有率。故 Levins 模型又称为斑块占有率模型（patch-occupancy model），可用 P 来测度一个复合种群在 t 时刻的大小。该模型将与一个复合种群动态有关的个体和种群过程都浓缩在两个关键的参数 e 和 m 之中。e 为亚种群的绝灭系数（单位时间单位斑块的绝灭率）；m 为未被占据斑块的亚种群重建定居系数（单位时间单位斑块的重建定居率），是一个与扩散个体能够成功侵入空白生境斑块有关的参数。当系统处于平衡状态（即 $\mathrm{d}P/\mathrm{d}t=0$）时，单位时间的亚种群重建定居率［$mP(1-P)$］等于绝灭率（$eP$），复合种群系统中的斑块占有率 P^* 为

$$P^*=1-\frac{e}{m} \tag{3.17}$$

可见，P^* 随 e/m 的减小而增加（图 3.9）。只有当 $m>e(e/m<1)$ 时，即当亚种群的重建定居系数大于绝灭系数时，复合种群才能稳定地生存（$P^*>0$）。如果 $m<e$，复合种群将趋于绝灭。

基于 Levins 模型，要获知斑块占有率的动态变化和种群的未来命运，需首先根据野外调查弄清景观中所有生境斑块的数量，以及有多少个斑块被种群利用；然后根据一段时期内的多次调查数据和统计结果，推算亚种群的绝灭系数和重建定居系数。

尽管 Levins 模型形式上很简单，但作为一个概念性模型，它在种群生态学中很有价值，为在该领域开展进一步的数量研究工作迈出了最重要的一步（Hanski and Gilpin，1991）。然而，该模型在简化系统的同时也限制了它的真实性，致使其分析结果在定性指导上的意义远大于其在定量指导上的意义（Hanski，1991，1997a，2000；张大勇等，1999）。

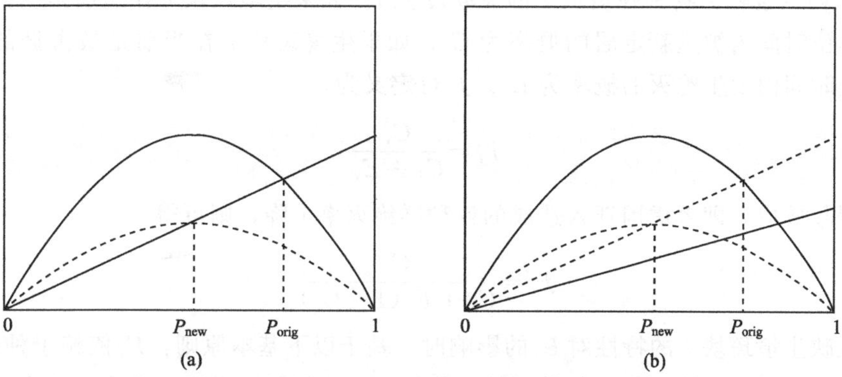

图 3.9　Levins 模型的平衡状态（Hanski，2000）

注：单位时间的亚种群重建定居率［mP（$1-P$）］与斑块占有率 P 的关系以抛物线表示，单位时间的亚种群绝灭率（eP）与 P 的关系以直线表示。两条线的交点对应于平衡状态时的斑块占有率 P^*。图 3.9（a）显示斑块数量减小的预期结果，即重建定居系数 m 减小（虚抛物线），P^* 降低（由 P_{orig} 降到 P_{new}）。图 3.9（b）显示斑块数量和面积均减小的预期结果，即绝灭系数 e 增加（虚直线），m 减小，P^* 降低

（1）它抓住了典型复合种群动态的一个关键属性：一个复合种群若要持续生存，亚种群的物种定居系数必须高到足以补偿绝灭系数，并使复合种群大小在很小时就能够增长。具体地说，$e/m<1$ 或 $m/e>1$ 表明，一个被空白斑块包围的亚种群（当 P 很小时）在其生存期内必须至少建立一个新亚种群，才能使复合种群持续生存下去。

（2）亚种群绝灭概率随斑块面积减小而增加，再定居的概率随斑块间距离增加而降低，因此，由 Levins 模型可以推论：物种在某一景观定居的比例 P 应该随着生境斑块平均面积和生境斑块密度的减小而下降。如果斑块太小或彼此相距太远，复合种群就会绝灭（$P=0$）。

2. 空间显式模型（或空间模型）

复合种群属于空间结构化种群。为了更加真实地模拟和预测特定复合种群的动态，需要将复合种群放到景观空间中，获悉各个生境斑块的空间位置和空间特征，考虑生物个体或繁殖体在不同生境斑块之间迁移的可能路径和障碍，考虑景观空间异质格局对亚种群内部绝灭和亚种群之间迁移的具体影响（Denno et al.，2005；Gripenberg and Roslin，2005；Hanski and Meyke，2005）。鉴于斑块空间特征在模拟复合种群动态中的重要作用，空间显式模型比空间隐式模型和空间半显式模型的真实性更强，从而更为实用。目前空间显式复合种群动态模型（spatial explicit model of metapopulation dynamics，SEMMD）有 3 种主要类型：n-种群模拟模型、状态转换模型（state transition models）和关联函数模型（incidence function model，IFM）。SEMMD 的数学形式往往较复杂，包含有大量难以估计的参数及难以验证的假设，从而限制了它的普适性；而对许多物种来说，IFM 可以被赋予参数值，并且可以用经验数据进行验证，从而最为有用（Hanski，1994，1997a，2000；张大勇等，1999）。

1）关联函数模型的原理

IFM 基于单个生境斑块 i，模拟斑块 i 在某段时间内被占据的静态概率（stationary

probability)（也称为物种在斑块 i 的关联度 J_i）。如果生境斑块 i 在当前是空白的，设种群在单位时间内被重新定居的概率为 C_i；如果生境斑块 i 在当前是被占据的，设种群在单位时间内发生绝灭的概率为 E_i。J_i 可定义为

$$J_i = \frac{C_i}{C_i + E_i} \tag{3.18}$$

若考虑援救效应，即考虑因迁入造成的亚种群绝灭率下降，则可得

$$J_i = \frac{C_i}{C_i + E_i(1 - C_i)} \tag{3.19}$$

在反映生境斑块 i 的特性对 E_i 的影响时，基于以下基本原则：E_i 依赖于种群大小，而种群大小依赖于斑块面积，但并不特别依赖于斑块间的隔离度。适合于这个原则的函数式可表示为

$$E_i = e / A_i^x \tag{3.20}$$

式中，A_i 为生境斑块 i 的面积；e 和 x 为参数。式（3.20）中存在一个临界的最小斑块面积 A_0，当 A_i 小于或等于 A_0 时，E_i 为 1。

对生境斑块 i 来说，C_i 是单位时间内到达该斑块 i 的迁入者数量 M_i 的递增函数。M_i 为来自斑块 i（汇斑块）周围所有生境斑块（源斑块）上迁移个体的总和。考虑周围生境斑块的面积（表示亚种群的大小）及与斑块 i 的距离，M_i 可表示为

$$M_i = \beta \sum_{j=1}^{n} p_j \exp(-\alpha d_{ij}) A_j = \beta S_i \tag{3.21}$$

式中，p_j 为一个控制参数，对被种群占据的斑块，取值为 1；对空白斑块，取值为 0。d_{ij} 为生境斑块 i 和 j 之间的距离。S_i 为生境斑块 i 与所有其他生境斑块之间隔离度的综合量度，S_i 越大，表示隔离度越小。α 和 β 为参数。如果在新种群定居过程中迁入者之间无相互作用，则 C_i 将随 M_i 呈指数增长。但通常情况下新种群成功定居的概率还依赖于迁入者之间的相互作用，最明显的就是密度制约。在这种情况下，C_i 随 M_i 呈 S 形曲线增长，用公式表示为

$$C_i = \frac{M_i^2}{M_i^2 + y^2} \tag{3.22}$$

式中，y 为一个参数。将式（3.21）代入式（3.22），将式（3.20）和式（3.22）代入式（3.19），并合并参数 y 和 β（设 $y/\beta = Y$）得到 J_i 的表达式，即

$$J_i = \frac{1}{1 + \dfrac{eY^2}{S_i^2 A_i^x}} \tag{3.23}$$

由此可见，IFM 与 Levins 模型在以下方面有差异。

（1）揭示复合种群动态所用的状态变量：Levins 模型的状态变量是斑块占有率（针对整个景观）；IFM 的状态变量是某个生境斑块被占据的概率（针对某单个生境斑块）。

（2）模型的假设条件：①IFM 去除 Levins 模型的第 1、第 2 和第 3 条假设。与 Levins 模型显著不同，IFM 考虑亚种群斑块隔离距离大小对重建定居率的影响，即各亚种群的迁入率不相等；考虑亚种群斑块面积大小对绝灭率的影响，即各亚种群的绝灭

率不相等。②Levins 模型的第 4 条假设在 IFM 中有部分保留。保留的是，IFM 中生境斑块也只分为已被定居和未被定居两种（根据 C_i 和 E_i 的定义）；而且，已被定居斑块上的种群只发生绝灭过程，而不发生迁入过程。不同的是，IFM 虽然不考虑汇斑块 i 中亚种群的个体大小，但考虑源斑块 j 中亚种群的个体大小，它与源斑块的面积有关，面积越大，个体越多。③Levins 模型的第 5 条假设在 IFM 中有部分保留。IFM 针对某单个生境斑块，其亚种群的建立与有种群占据的斑块（迁入源）比例有关，而与当前未被种群占据的斑块比例无关。④IFM 去除 Levins 模型的第 6 条假设。与 Levins 模型显著不同，IFM 考虑生境斑块的具体空间特征，尤其是斑块的面积及与其他生境斑块的距离。

（3）体现的思想：Levins 模型体现了斑块化、斑块之间的相互作用、多尺度、绝灭与重建定居之间的动态平衡这些核心思想；除此之外，IFM 还体现了面积效应和距离效应。

（4）定性结论：从 Levins 模型可预测复合种群是否能长期续存；用 IFM 可获知被种群占据的斑块状况，并为预测复合种群的长期续存提供依据。

2）关联函数模型的应用

应用 IFM 的步骤和方法可阐述如下（张大勇等，1999；Hanski，1999；徐汝梅，2000；Hanski，2000）。

（1）判定复合种群。在应用 IFM 之前，首先用“3.3.1 节‘狭义复合种群’”中所述的 4 个条件判定物种在自然界是否以复合种群的形式存在。

（2）野外工作。①定义景观系统边界：选取的系统要具有相对封闭性。若系统过于开放，与邻近系统有过多的生物个体或繁殖体交流，则会影响到对复合种群的界定及研究结果的准确性。②测定复合种群的结构：用 GPS 对系统中的所有斑块进行空间定位，测定各斑块的面积，绘制斑块图，确定各斑块的空间位置、特征和布局。③确定生境斑块和非生境斑块：对景观中所有斑块进行生境适宜性评价和分级，确定生境斑块和非生境斑块或不同级别的生境斑块。④调查种群：根据物种的生长发育期，每隔一段时间，重复调查所有生境斑块中目标物种的存在与否，以及种群密度，以确定被占据的生境斑块和空白生境斑块。⑤测定物种的扩散距离或空间聚集范围。

（3）数据分析。①根据不同时期获得的野外数据，估算各类生境斑块中亚种群的重建定居概率或绝灭/迁出概率。②作出斑块面积和隔离度与斑块占有率之间的关系图［图 3.10(a) 和 (b)］、斑块面积与亚种群绝灭或迁出概率之间的关系图［图3.10(d)］、斑块隔离度与生物个体的迁入重建概率之间的关系图［图 3.10(c)］。③拟合这些关系图，获得 IFM 的相应参数。

（4）模型模拟和模拟结果的分析。①用 IFM 计算每个生境斑块的关联度 J_i。②做斑块面积-隔离度图（图 3.11），其中每个斑块对应于不同的斑块面积和隔离度。或做斑块的二维空间图（图 3.12），其中每个斑块都处于一个独特的位置，并可直观地显示每个斑块的大小及与其他斑块的距离。③在斑块面积-隔离度图（图 3.11）中，做出在不同斑块面积和隔离度下的关联度的拟合线（如 $J_i=0.1$、0.5 和 0.9）。可通过每个斑块落入的拟合区间，得出其大致的关联度，从而判断其动态。如图 3.11 所示，很少斑块的关联度为 0.1～0.5，较多为 0.5～0.9，还有较多在 0.9 以上。大多数斑块的关联

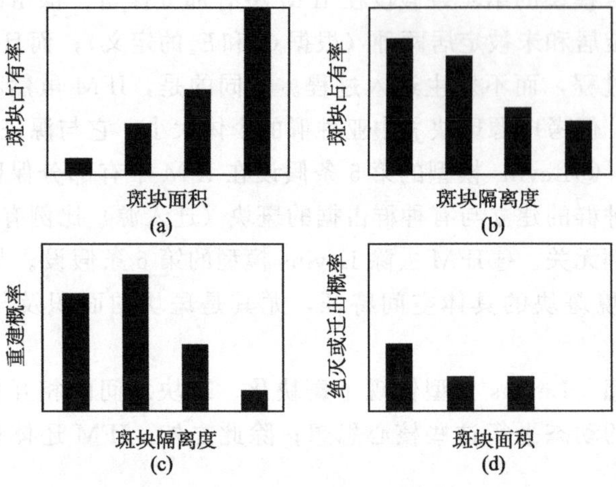

图 3.10 斑块面积、隔离度与亚种群重建概率、绝灭或迁出概率和斑块占有率之间的关系（徐汝梅，2000）

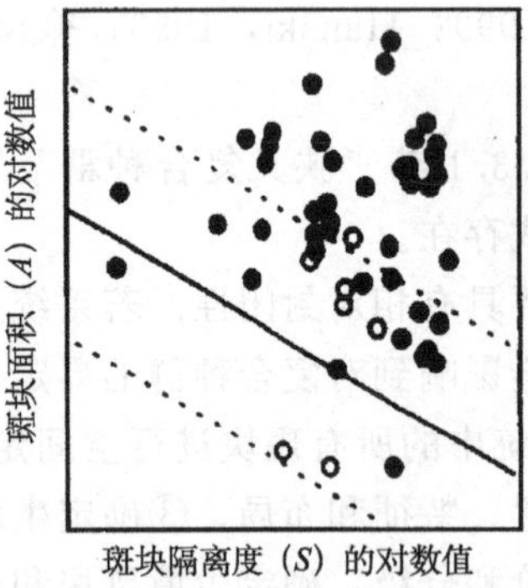

图 3.11 不同斑块面积（A）和隔离度（S）下斑块被占据的静态概率（关联度）的拟合线（徐汝梅，2000）

注：S 轴向左表示隔离度增加。从下到上的 3 条线分别代表 0.1、0.5 和 0.9 的斑块占有率（关联度）

度大于 0.5。在斑块的二维空间图（图 3.12）中，可用不同颜色或不同深浅的阴影表示关联度的差异。④分析斑块关联度与斑块面积和隔离度的关系。如图 3.11 所示，关联度很高（高于 0.9）的斑块，面积很大，而隔离度很小；关联度很低（低于 0.1）的斑块，或者面积很小（尽管隔离度较小），或者隔离度很大（尽管面积较大）；关联度居中（0.5～0.9）的斑块，面积和隔离度均可能较大或较小，具有很强的不确定性。

由此可见，IFM 方法虽然简单，却可以有效地研究亚种群的消亡和重建规律，并对复合种群动态进行预测。尤其在研究大尺度、多斑块、高种群数量、高周转率的复合种群时可充分显示其优越性（徐汝梅，2000）。当然，仍有必要从解决实际问题的角度出发，使 IFM 更加“复杂化”，在模型的简单性与复杂性之间做一个适当的权衡。

3）空间显式复合种群动态模型的评价

SEMMD 多为计算机模拟模型。随着计算机技术的迅速发展以及 GIS 在生态学中的广泛应用，该类模型得以长足发展（Caswell and Etter，1993；Wu et al.，1993；Wu and Levin，1994）。斑块及其网络集合体通常显示在栅格化地图空间中，斑块由多个相邻栅格聚合而成；也有基于矢量或斑块的 SEMMD，可为动态模拟提供更加真实的有关斑块边界和重叠的信息。无论哪种研究途径，斑块的空间特征及其对亚种群内部动态和生物个体在斑块间运动的影响都可以明确地包含在模型中（邬建国，2007）。因此，

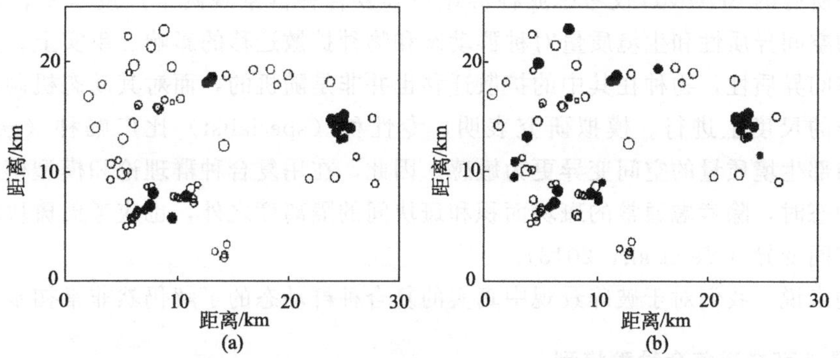

图 3.12 生境斑块网络中的斑块空间位置、相对大小及斑块占有率（估算的关联度）（Wahlberg et al.，1996）

注：图中所示物种为 *Melitaea diamina*，阴影越暗表示斑块关联度越高。(a) 和 (b) 分别表示不同年份的斑块占有情况

SEMMD 能够对具有不同景观格局及不同管理和保护措施的特定复合种群的动态进行定量预测，从而可以回答有关复合种群动态的许多实际问题（张大勇等，1999）。例如，物种 X 在某些特定的生境斑块网络中能否作为复合种群续存下去？对这一问题，空间隐式和显式模型均能回答。又如，生存于当前斑块网络中的物种 X 能否在某些斑块被去除或其面积减小或隔离度增大时仍能续存下去？对这一问题，仅空间显式模型能够回答。

然而，尽管 SEMMD 考虑生境斑块的空间特征，但目前在大多数情况下对空间特征的考虑仍不足以准确反映真实景观的生境斑块状况及斑块之间的关系，从而影响对复合种群动态的模拟效果。例如，多数 SEMMD 将景观镶嵌体简化为生境斑块和非生境背景的二元组合 [图 3.13(a)]，而忽略了景观其他空间格局特征（如基质异质性、廊道等）的影响 [图 3.13(b)]（邬建国，2007)。生境斑块的破碎化常常阻碍对种群连接度的观测，这会导致连接度效应的低估或缺乏（Hodgson et al.，2009)。对斑块之间空间自相关性的考虑也十分重要（González-Megías et al.，2005)，尤其是当生境斑块用高分辨率的栅格数据表示时（Drielsma and Ferrier，2009)。另外，斑块中物种监测方法的不完善也一直是复合种群研究中的一个重大问题，这会导致参数估计的偏差，包括种群周转率、绝灭率和迁入率、扩散距离和连接度的高估等（Mackenzie et al.，2003)。

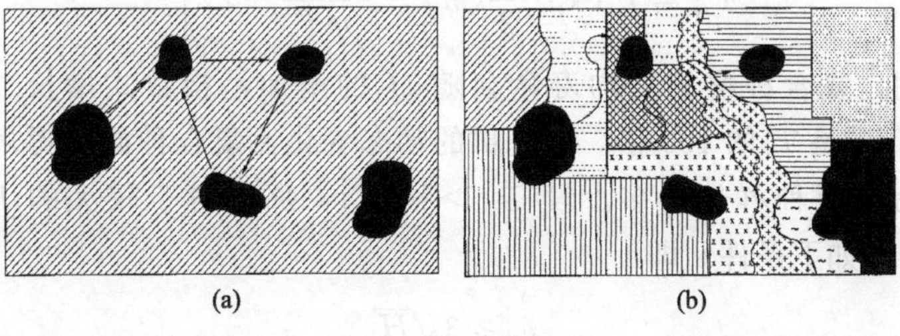

图 3.13 复合种群理论中的景观 (a) 与实际景观 (b) 之间的区别（Wiens，1997）

几乎所有的SEMMD仅考虑亚种群斑块和复合种群景观两个尺度水平，而忽略斑块内部的空间异质性和生境质量对种群动态和物种扩散迁移的影响。事实上，由于斑块内部的空间异质性，物种在其中的扩散迁移也并非是随机的，而对其动态机制的模拟必须在更小的尺度上进行。模拟研究表明，专性种（specialist）比广幅种（generalist）对斑块内部生境质量的空间变异更为敏感。因此，在用复合种群理论和模型模拟专性种的种群动态时，除考虑通常的斑块面积和斑块间的隔离度之外，也应考虑斑块内部生境质量的空间变异（Ye et al.，2013）。

总的来说，我们对于破碎景观中真实的复合种群动态的了解仍然非常初步。

3. 最小可存活复合种群模型

最小可存活种群（minimum viable population，MVP）的概念在种群生态学及自然保护生物学中已广为接受。MVP是指种群能够成功地存活相对较长时间所需的最少个体数。对复合种群来说，也有一个类似于MVP的最小可存活复合种群（minimum viable metapopulation，MVM）。它可定义为复合种群长期续存所需的相互作用的亚种群的最少数目，即被亚种群占据的最少生境斑块数（Hanski et al.，1996）。

Levins模型是一个确定性模型，只能应用于亚种群数目较大的生境斑块网络。在这种网络中，亚种群的绝灭与重建的随机性因较大的亚种群数目而降低。而在实际景观中的许多复合种群生存于生境斑块较少的网络中，种群普遍具有绝灭-重建的随机性，MVM问题就是在这种情况下出现的（Hanski，1991；张大勇等，1999）。

Gurney和Nisbet（1978）及Nisbet和Gurney（1982）分析了Levins模型的一种随机形式，并给出了一个复合种群的平均绝灭时间（T_m）（即复合种群的平均寿命）的近似估计，即

$$T_m = T_l \exp\left[\frac{p^2}{2(H-p)}\right] \tag{3.24}$$

式中，T_l为亚种群的平均绝灭时间（即亚种群的平均寿命）；H为生境斑块数；p为平衡状态时被亚种群占据的生境斑块数，由式（3.17）得

$$p = H \times P^* = H\left(1-\frac{e}{m}\right) = H\left(1-\frac{1}{mT_l}\right) \tag{3.25}$$

将式（3.25）代入式（3.24）得

$$T_m = T_l \exp\left[\frac{H}{2}(mT_l + \frac{1}{mT_l} - 2)\right] \tag{3.26}$$

式（3.26）表明，复合种群的平均寿命会随H的增加呈指数式增长。如果$H=20$，$p=10$，则T_m几乎是T_l的150倍。亚种群的动态变化比复合种群快得多，因此，复合种群的平均寿命比亚种群长得多。设$T_m > 100T_l$，那么对于较大的H（>20），由式（3.24）可得出如下条件，即

$$p \geqslant 3\sqrt{H} \tag{3.27}$$

$$P^* \geqslant \frac{3}{\sqrt{H}} \tag{3.28}$$

也就是说，如果被亚种群占据的生境斑块数超过 $3H^{0.5}$，或者被亚种群占据的生境斑块的比例超过 $3H^{0.5}$，那么复合种群将会存在很长的时间。如果 $H=50$，要使复合种群存在很长的时间，则必须至少有 42%的生境斑块被占据，被占据的生境斑块数至少为 21。反之，如果有一半的生境斑块被占据，那么一个复合种群要存在足够长的时间，H 就必须大于 36；而如果仅有 10%的生境斑块被占据，H 就必须大于 900。

4. 多物种复合种群动态模型

以上涉及的复合种群动态模型都是单物种模型（single species metapopulation model)。然而，实际上，在自然界里，由单一物种完全占据相同或不同斑块网络的现象并不多见。多物种复合种群理论主要研究斑块网络中两个或多个物种间的相互作用，如种间竞争、捕食者-猎物相互作用、寄生者-寄主相互关系等（邬建国，2007)。

到目前为止，有关多物种复合种群的研究还很少，现有研究多属于理论探讨，成功的经验研究并不多。在将单物种复合种群的分类系统应用到多物种复合种群时，情况会更为复杂。最重要的原因是，不同物种的个体大小差异很大，可能具有很不同的活动能力，因此对生境斑块的反应尺度不同，这造成对不同物种生境斑块的分类无法完全吻合。例如，猎物和其捕食者对生境斑块的反应尺度不同，同一生境对猎物来说可能是非连续的，而对其捕食者来说则可能是连续的，因此，它们的生境斑块不可能完全相同；在同一生境中，猎物种群表现出非连续性复合种群特征，而其捕食者种群却表现出连续性种群特征，而非复合种群特征（邬建国，2007)。另外，在单物种复合种群中，绝灭是由内部随机因素和外部干扰造成的；迁入率的增大可促进亚种群的重建，从而有助于复合种群的持续生存。在多物种复合种群中，迁入率的增大使种间相互作用增强，反过来又会影响绝灭率、迁入率和定居率，并因此改变复合种群动态；绝灭至少部分是由局域物种间的相互作用造成的。同时，迁入率的增大可能导致同步性的增强，从而可能破坏系统的稳定性（Harrison and Taylor，1997；Lei and Hanski，1998；张大勇等，1999)。

在多物种复合种群动态的模拟方面，目前研究较多的是基于寄生或捕食者-被捕食者现象的两物种复合种群模型（two-species metapopulation model)。这类模型同样基于单物种的经典 Levins 模型。例如，假设有两个相互竞争的种 A 和种 B 占据同一斑块网络。种 A 为强竞争者，它强到足以完全地将弱竞争者种 B 排挤到它所占据的生境斑块之外，使得种 A 和种 B 分别占据不同的生境斑块。不过，在整个斑块网络中，种 B 还是可以与种 A 共存，因为它具有较高的迁入率或较低的局部绝灭率。设 h 为斑块网络中生境斑块的比例，其中，空白生境斑块的比例为 x，种 A 占据的比例为 y，种 B 占据的比例为 z，则 $x+y+z=h$。种 A 和种 B 的迁入率分别为 C_A 和 C_B，绝灭率分别为 E_A 和 E_B。根据 Levins 模型及上述假设，可得到如下公式（Nee et al.，1997；黄世能和王伯荪，2001)，即

$$\frac{\mathrm{d}x}{\mathrm{d}t}=-C_A xy+E_A y-C_B xz+E_B z \tag{3.29}$$

$$\frac{\mathrm{d}y}{\mathrm{d}t}=C_A y(x+z)-E_A y \tag{3.30}$$

$$\frac{\mathrm{d}z}{\mathrm{d}t}=C_B zx-E_B z-C_A zy \tag{3.31}$$

由此，可根据单物种复合种群模型的模拟过程，对两物种复合种群的动态进行模拟。

3.3.5 复合种群理论的产生和发展

复合种群思想从萌芽到被接受和关注经历了大约半个世纪。复合种群生物学的概念最初可追溯到 Wright 的种群空间异质性及其遗传学效应的研究。早在 1931 年，Wright 就提出“物种具有空间结构”的假设，认为生物进化在一个有空间结构的种群内会更快，尤其是当种群内存在着局域绝灭和再定居时（赵淑清等，2001；张大勇，2002）。Wright（1940）富有创见性地提出空间异质环境中的种群遗传学，这是复合种群遗传学的基础（邬建国，2000a）。

种群斑块状分布的模式及其动态变化的思想最早出现在 Watt（1947）写的《植物群落的格局和过程》一文中。他在该文中提到植物种群的镶嵌型分布和生境斑块不断转换的现象。Andrewartha 和 Birth（1954）在《动物的分布和丰富度》一文中的论述已具有了现代复合种群概念的萌芽。他们基于对大量自然种群的考察，得出以下结论：自然种群的空间分布形式是占据斑块状的栖息地，并且不断地转换栖息地；局部种群的灭绝是非常普遍的现象；空白地域的物种有重建的可能性（徐宏发等，1998；赵淑清等，2001；张大勇，2002）。这些为复合种群的提出奠定了重要的思想基础。

在 20 世纪 70 年代初，著名生态学家 Levins 从一个全新的角度重新研究了亚种群的频繁绝灭和新的亚种群不断重建的过程（Levins，1970；Levins and Culver，1971）。他创造了“metapopulation”一词，并加以明确定义；明晰了单种种群动态与复合种群动态之间的区别；提出了一个预测复合种群动态的模型。这些工作奠定了当代复合种群生物学的理论基础（赵淑清等，2001；张大勇，2002）。

几乎与此同时，MacArthur 和 Wilson（1967）提出了岛屿生物地理学理论。该理论明确地告诉生态学家在野外应该测什么（如岛屿面积、到大陆的距离、物种丰富度等），一经提出就在生态学界引起了强烈反响，取得了巨大的成功。而同样围绕着（局部）种群绝灭和迁入定居过程而建立的 Levins 复合种群概念和模型却被埋没（张大勇，2002）。

20 世纪 80 年代以后，生物栖息地破碎化程度越来越高，许多物种的长期续存和生物多样性受到前所未有的威胁，保护生物学的研究因此受到极大的重视。人们在研究中发现，许多处于濒危状态的物种，它们的栖息地不再呈连续分布，而是大多被分隔成不同的斑块，种群已经破碎。在破碎的种群之间存在着许多很复杂的关系，简单地把它们作为一个种群来研究其生存力，可能无法反映它们的真实情况。栖息地破碎化之后，一些局部种群开始绝灭，并可能导致物种的最终绝灭。但并非所有的物种均经历这种过程。有些物种在栖息地破碎化之后，数量下降的局部种群因有来自其他斑块个体的迁入和再定居而能长期生存，甚至局部种群绝灭后形成的空间也可能被来自其他斑块的个体占据而得到恢复。而且这种不同局部种群之间个体的交流，还能提高种群的遗传多样性，从而提高整个种群的生存力。简而言之，物种由于生境的破碎化而以复合种群的结构形式存在，而物种的绝灭和重建过程也往往基于这种复合种群结构。复合种群理论关注的是具有不稳定局部种群物种的区域续存条件，而仅仅关注物种丰富度动态变化的岛屿生物地理学理论，对于此类问题的解决显得力不从心。因此，人们开始慢慢将注意力转向被遗忘多年的复合种群理论，Levins 模型开始受到关注（徐宏发等，1998；赵淑清等，2001；张大勇，2002）。

但是，在整个 20 世纪 80 年代，岛屿生物地理学理论在保护生物学中都几乎具有不可动摇的地位。直到 Gilpin 和 Hanski（1991）的《复合种群动态：经验和理论研究》（*Metapopulation Dynamics：Empirical and Theoretical Investigations*）出版之后，复合种群概念才受到极大关注，出现了大量的野外验证试验，模型和理论也获得了极大发展。代表性的专著有 Hanski 和 Gilpin（1997）的《复合种群生物学——生态学、遗传学和进化》（*Metapopulation Biology：Ecology，Genetics，and Evolution*）及 Hanski（1999）的《复合种群生态学》（*Metapopulation Ecology*）。如今，复合种群概念已在生态学和种群生物学中牢固地建立起来，其理论已被广泛接受，并成为保护生物学最重要的理论基础之一。相比之下，岛屿生物地理学理论却似乎被遗忘了（徐宏发等，1998；赵淑清等，2001；张大勇，2002）。

作为目前生物保护的两大基本理论，岛屿生物地理学理论和复合种群理论均研究物种迁出（绝灭）和迁入定居过程，以及斑块的空间特征对这两个过程的影响，因此，这两个理论之间存在着实质性的联系。然而，它们在许多方面又有着重要区别。Hanski 和 Simberloff（1997）声称，复合种群理论已经基本取代了岛屿生物地理学动态平衡理论在保护生物学中的地位，并认为这是保护生物学理论的一种明显的“范式转移（paradigm shift）”。岛屿生物地理学理论主要研究岛屿物种丰富度的地理分布和动态格局，复合种群理论更多地研究亚种群绝灭和重新定居的动态过程和复合种群的区域续存。与岛屿生物地理学理论相比，复合种群理论更多地强调系统的不稳定性、异质性、多尺度和等级特征，顺应了近 20 年来生态学思维的重大变革；对空间的关注更为明确和具体，尤其是空间显式复合种群动态模型；更加侧重于种群层次的研究，而不是群落层次的研究，对物种多样性的保护更有效；不仅研究大斑块，也研究常被忽略的小斑块。另外，复合种群理论在物种保护上也更具现实意义，不需要一个永远都不会绝灭的、可以源源不断地向其他斑块输入物种的实际上不存在的“大陆”种群，不需要建立特别大的完整的生境斑块或保护区（赵淑清等，2001；张大勇，2002）。

在国内，现有的一些文献大多集中于对国外有关研究的介绍，而对复合种群相关理论和模型的探讨与实验研究还非常罕见。

3.3.6 复合种群理论的应用

复合种群理论常被用来指导破碎化生境下珍稀、濒危物种的保护，如北美洲的黑足鼬（*Mustela nigripes*）、北美斑枭（*Strix occidentalis caurina*）、大角羊（*Ovis canadensis*）、史丹芬跳鼠（*Dipodomys stephensi*）等。在制订保护计划及进行自然保护区设计、改造和管理的过程中，保护生物学家要解决的主要问题包括：要维持一个复合种群的长期生存，至少需要保留或创造多少个生境斑块？至少要有多少个亚种群？每个生境斑块或亚种群至少要多大？亚种群之间的距离最大不能超过多少，才能保证一定的物种迁移率？同一生境斑块内部的空间异质性及不同生境斑块的变异性达到什么程度是对种群的续存有益的？复合种群理论可为这些问题的回答提供一般性的启示（McCullough，1996；Settele，1996；Hanski and Simberloff，1997；Schwartz，1997；徐宏发等，1998；张大勇等，1999；赵淑清等，2001；张大勇，2002）。

（1）需要10个以上的生境斑块。有两点值得注意：第一，如果环境随机性很强，且亚种群动态与空间格局密切相关，那么这一数量可能还不够；第二，即使只剩下一个亚种群也还是有希望的，这时可考虑有计划的人工引种，建立新的亚种群。

（2）生境斑块的密度综合斑块的数量和间距，应取一个折中方案。密度增加有利于亚种群的重建；但密度过大，局域斑块的连接度过高，则可能造成亚种群之间过程的强反馈或传染效应，以及局域动态空间同步性的上升，从而对复合种群的长期续存产生负作用。理论上，一系列连接适度的生境斑块通常比紧密的生境斑块聚集体更有利于物种的长期续存。实践中，通常的建议是，将生境斑块密度保持在迁入-再定居能在几代内发生的水平上，否则，就应当考虑对生境斑块进行有规划的管理。

（3）较大生境斑块内部的较高空间异质性可降低亚种群的绝灭风险，从而对整个复合种群的续存有益，因此，需保留或创造更多的大生境斑块。同时，保留或创造多种类型、具不同质量或适宜性的生境斑块，也将通过保持局部亚种群动态的异步性，缓冲环境和区域随机性对复合种群造成的毁灭性影响，并可保持较高的遗传多样性。

基于复合种群理论，对景观空间格局的改造可在一定程度上改变生境斑块的数量和大小、斑块之间的隔离距离、斑块内部的空间异质性、不同斑块的变异性等，从而维持复合种群的长期续存。然而，在保护生物和改造景观的同时，也需要关注使复合种群不能长期续存的最重要因素——生境的破碎化。如果生境破碎化程度已高到无法使亚种群之间发生交流，那么复合种群理论对物种的保护将不再起作用，复合种群终将走向绝灭，即使因物种对生境破碎化的反应存在时滞，在当前尚未显现衰退的迹象。因此，准确预测复合种群的动态也需要对人类活动作用的生境破碎化程度和速率做一个预判，否则，预测结果将具有欺骗性（Hanski，1997b）。

尽管许多学者推崇复合种群理论，但它在指导物种保护的实践中也遭到了质疑。利用空间模型对北美斑枭复合种群的研究可能是迄今为止用复合种群理论指导实践的一个最有争议的实例（徐宏发等，1998）。首先，应当承认，由于环境本身的不断变化，复合种群模型在预测种群绝灭风险和动态时，总会存在大量的不确定性。同时，应该认识到，在种群研究中，并非所有的物种都符合并适用于复合种群的概念及理论，也不能说应用了复合种群理论和模型方法的研究就是高水平的研究，在不同情况下选择适宜的方法去理解和认识种群动态才是最重要的。

另外，应该进一步扩展复合种群理论的应用领域，如在珍稀、濒危植物保护中的应用（黄世能和王伯荪，2001）及在害虫生物防治中的应用（张大勇，2002）等。

3.4 渗透理论

3.4.1 渗透理论的内容

渗透理论（percolation theory）是专门研究临界阈（critical threshold）现象的理

论。临界阈现象是指某一事件或过程（因变量）在影响因素或环境条件（自变量）达到一定程度（阈值）时突然地进入另一种状态的情形。它往往是一个由量变到质变的过程，由一种状态过渡到另一种截然不同状态的过程（邬建国，2007）。

渗透理论最初是用以描述胶体和玻璃类物质的物理特性的，并逐渐成为研究流体在多孔介质中运动的理论基础。渗透理论最突出的要点是：渗透过程一般存在一个渗透阈值（percolation threshold）或临界阈值（critical threshold）或临界密度（critical density）或临界概率（critical probability）P_c：当多孔介质所构成的有限区域（finite region）中渗透概率（percolation probability，即该区域被流体占据的概率）$P<P_c=0.5928$时，流体就保留在其中；而当$P>P_c$时，流体就会突然穿越有限区域网络发生渗透，从多孔介质的一端达到另一端（Ziff，1986；Stauffer and Aharony，1992；傅伯杰等，2001；邬建国，2007）。

渗透理论也已被广泛地应用于景观生态学研究之中。以下主要以生物个体在景观中的运动为例来描述和解释渗透理论，对于能量、物质和干扰等在景观中的流动和扩散等也类似。在研究生物个体的运动时，一个重要问题是：当生境面积增加到何时，生物个体可以通过彼此相互连接的生境斑块从景观的一端运动到另一端，从而使景观破碎化对种群动态的影响大大降低？假设有一系列景观，其中某一物种的生境面积占景观总面积的比例由小到大，各不相同。用一系列两色栅格网来代表这些景观，其中灰色栅格细胞代表生境（“可渗透”地区），白色栅格细胞代表非生境（“不可渗透”地区）（图3.14）。一个生境斑块是由相邻的生境细胞相互连接构成的。当两个或多个生境细胞相邻时，它们一起构成更大的生境斑块，生物个体可以穿过这些彼此相互连接的生境细胞运动。对于二维栅格网而言，判别生境细胞是否相邻时常采用四邻规则（four-neighbor rule 或 nearest-neighbor rule 或 Neumann neighborhood rule）和八邻规则（eight-neighbor rule 或 Moore neighborhood rule）。显然，选用不同的邻域规则会直接影响到生境斑块边界的划分，从而影响到生境斑块的大小和形状（邬建国，2007）。

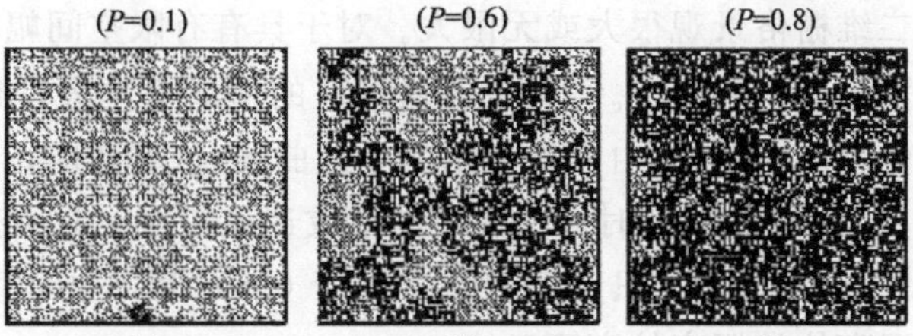

图 3.14　具有不同生境细胞比例（P）的随机图

用渗透理论研究生物个体在景观中的运动时包含如下假设。

（1）景观的空间幅度：二维栅格景观很大或无限大。

（2）景观中生境细胞的空间分布特征：随机分布。

（3）生态学过程：忽略生物个体的扩散运动能力。生物个体只能通过生境细胞运动，不能跳跃过非生境细胞，即只能在同一个生境斑块中运动，而不能在不同生境斑块之间运动。

(4) 邻域规则：生境细胞之间是否相邻根据四邻规则来判定。一个生境细胞与其上、下、左、右4个位置上相邻的生境细胞属于同一个生境斑块，而与其两个对角线上相邻的生境细胞不属于同一个生境斑块。

在这些假设条件下，根据渗透理论，当生境面积占景观总面积的比例（P）小于0.6时，景观中生境斑块以面积小、离散性高为主要特征［图3.14(a)］；而当P增加到0.6时，景观中突然出现横贯两端的特大生境斑块［图3.14(b)］，其形成概率由0骤然达到1，没有任何过渡（图3.15中虚线表示的阶梯形曲线）。这些特大生境斑块是当生物个体从景观的一端渗透（或运动）到另一端时，由单个生境细胞（即最小的生境斑块）互相连接而形成的生境通道，称为“连通斑块”（spanning cluster）或“渗透斑块”（percolating cluster）。连通斑块的形成标志着生境从大量相对小而高度离散的分布状态突然转变为少量大而连接良好的分布状态；对于种群动态来说，这意味着生物个体从只能在局部生境范围内运动的情形突然转变为能够从景观的一端运动到另一端的情形（邬建国，2007）。由此可见，生境是否被连接、生物个体是否能在整个景观中运动是一种临界阈现象。连通斑块出现时的最小P值（0.6）即为临界阈值P_c。

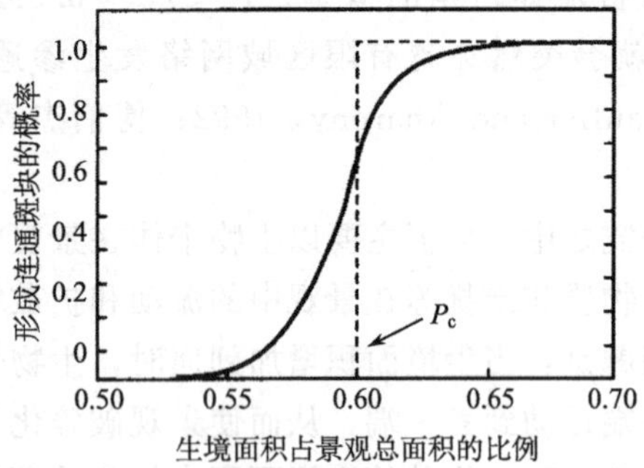

图3.15 渗透理论中连通斑块的形成概率和渗透阈值（邬建国，2007）

生境的连接与否或生物体的渗透与否取决于景观的空间幅度和粒度、生境的多度和空间分布、生物体的运动或扩散特征等。当这些条件变化（即当以上渗透理论的假设条件不满足）时，生境连接或隔离的临界阈值P_c也会发生变化。

1）景观的空间尺度

渗透理论假设二维栅格景观很大或无限大。对于具有有限空间幅度的实际二维栅格景观来说，当生境面积比例趋于P_c值时，连通斑块的形成概率表现出急剧变化（而不是骤然变化）的趋势（图3.15中由实线表示的S形曲线）（邬建国，2007）。也就是说，当生境面积比例较小（小于0.6）时，也有可能形成连通斑块，只不过出现连通斑块的概率较低而已；反之，当生境面积比例较大（大于0.6）时，也有可能不形成连通斑块，只不过出现连通斑块的概率较高而已。

栅格景观的空间粒度（栅格细胞的大小）也会影响P_c值。若用四邻规则来判别生境细胞的相邻，那么粒度较大时，P_c值也较大；粒度较小时，P_c值也较小。如图3.16(a)和图3.16(b)所示的幅度相同，但图3.16(a)的粒度是图3.16(b)的4倍。图3.16(a)中的生境细胞形成连通斑块时所需的最少细胞数较小，但所需细胞在景观中所占的比例高，P_c值为5/9；而图3.16(b)中的P_c值仅为11/36，远低于图3.16(a)。因此，细粒景观比粗粒景观更易形成连通斑块。

2）景观中生境细胞的空间分布特征

渗透理论假设生境细胞在空间上呈随机分布。然而，实际景观中的生境细胞绝大多

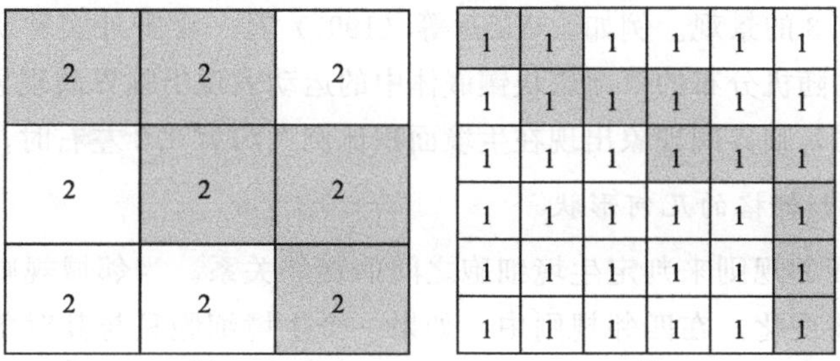

图 3.16　不同空间粒度的栅格景观的渗透阈值

数呈适度的聚集分布，而非随机分布；实际景观中也会存在一些廊道，或者生境斑块与周围基质的对比度较低或呈梯度变化等，这些空间格局特征可促进生物个体在景观中不同生境斑块之间的运动。因此，实际景观中的 P_c 值通常要比经典的随机渗透现象所表现出的 P_c 值（0.6）小一些（Gardner and O'Neill，1991；Turner，1998；邬建国，2000b，2007）。换句话说，生境在其占据面积较低时仍有可能被连接。但是，当生境细胞的聚集度过高（如所有细胞汇聚于景观的某一处）或过低（如生境细胞少于随机分布时的数量，呈分散状态）时，其 P_c 值大于 0.6（Turner et al.，2001）。

3）物种的生态学过程

渗透理论忽略物种的生态学过程。然而，生境在景观中的功能连接、生物在景观中的"渗透"不仅依赖于景观格局，而且还取决于物种的行为特征，特别是物种的运动能力（Wiens et al.，1997；邬建国，2000b，2007）。

生境隔离效应（effect of habitat isolation）是由于生境斑块之间隔离度的增加而导致的间接影响。生境隔离效应随生境面积的变化表现出临界阈现象，即当生境面积开始减少时，虽然很快出现生境损失效应（effect of habitat loss）（由于生境绝对数量的减少而产生的直接影响），但由于生境面积仍处于较高水平，面积的变化并未引起生境斑块之间隔离度的较大变化，生境隔离效应并不明显；当生境面积减少到一定程度（临界阈值）时，生境隔离效应突然急剧增强（图 3.17）。

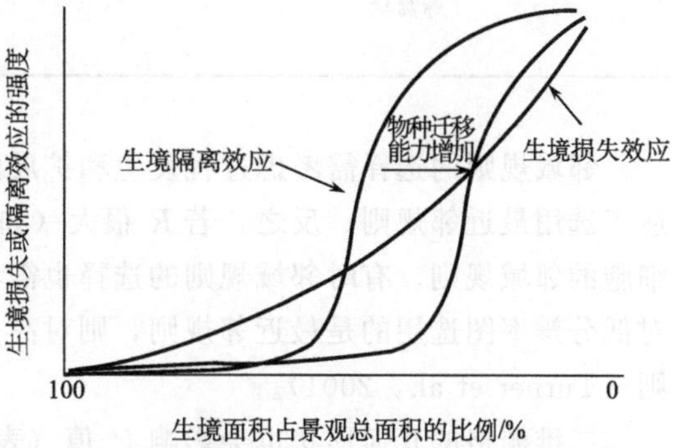

图 3.17　生境面积减少对生物体迁移和种群的影响（Wiens et al.，1997；邬建国，2007）

这种临界阈现象与物种的运动能力有关。在其他条件相同的情况下，运动能力较强的生物体对生境隔离的敏感性相对较低，在较低的生境覆被下也能实现在整个景观中的运动；相应地，生境隔离效应的 P_c 值也较小（邬建国，2007）（图 3.17）。如果生物体能向周围更多地运动，也即能够运动到它的 8 个最近邻域，那么 P_c 值将降低到大约 0.4；如果生物体能够跳跃过一个单个的非生境细胞，即实际上忽略了基质的中断，那么 P_c 值将再次降低，生物体甚至能够穿越生境面积仅占 0.3 的景观。例如，Wiens 等（1997）在一项野外实验研究中发现，甲虫个体在人为设计的随机分布的草地斑块镶嵌体中的运动表现出临界阈现象。但由于甲虫个体的迁移能力很强，临界阈现象出现在生境面积比例大约为 0.2 左右时，远低于 0.6。

4）邻域规则和栅格的几何形状

渗透理论用四邻规则来判定生境细胞之间的相邻关系。当邻域规则变化时，连通斑块的形成概率也将变化。在四邻规则中，如果一个生境细胞只与其对角线方向的细胞相邻，而不与其上、下、左、右的细胞相邻，则不认为这些生境细胞之间相邻，它们不属于同一个生境斑块。因此，用四邻规则时，连通斑块的形成概率较小，形成连通斑块所需的生境细胞较多，P_c值较大。而同样的景观用八邻及八邻以上的邻域规则时，原来用四邻规则时不能连通的斑块可能变得连通了，因此，P_c值较小。例如，二维正方形栅格景观的 P_c值对于四邻规则而言是 0.59275，而对于八邻规则而言是 0.40725（表 3.2）。

表 3.2 不同邻域规则和栅格几何形状的二维景观的渗透阈值（Plotnick and Gardner，1993）

栅格的几何形状	邻域规则	渗透阈值 P_c
正方形	4	0.59275
	8	0.40725
	12	0.292
	24	0.168
	40	0.098
	60	0.066
三角形	6	0.5
	12	0.295
	18	0.225
蜂窝状	3	0.6962
	12	0.3

邻域规则的选择需考虑过程发生和扩展的范围 R。若 R 较小（如真菌的感染），则适于选用最近邻规则；反之，若 R 很大（如风媒种子的扩散），则适于选用可包含更多细胞的邻域规则。有时邻域规则的选择也需考虑景观图的分辨率。对于同一个景观，若对低分辨率图选用的是最近邻规则，则对高分辨率图一般应选用包含更多细胞的邻域规则（Turner et al.，2001）。

二维栅格的几何形状也会影响 P_c值（表 3.2），因为具有不同几何形状的栅格有不同的邻域数。例如，一个三角形栅格有 3 个邻域，而一个蜂窝状栅格有 8 个邻域。

尽管渗透阈值会随着景观的空间幅度和粒度、生境细胞的空间分布特征、生态学过程、邻域规则和栅格的几何形状等的变化而增大或降低，但所研究变量随生境面积比例变化的定性趋势却可能是相似的（Turner et al.，2001）。

3.4.2 渗透理论在景观生态学中的应用

Gardner 等（1987）、O'Neill 等（1988b）和 Turner 等（1989b）于 20 世纪 80 年

代中后期将渗透理论引入到景观生态学中，为景观生态学理论和应用的发展做出了很大贡献。渗透理论对理解能量、物质、物种和干扰等在景观镶嵌体中的流动、运动和扩散与景观格局（特别是连通性）之间的关系具有很大的启发性和指导意义，而这一关系正是景观生态学研究的核心问题。某些生态学过程和动态可能在景观格局特征达到某一临界值时出现突变。意识到这种临界阈现象的存在，找到这些阈值，并解释其可能的生态学意义，在理论和实践中都十分重要。例如，河岸带的植被覆盖度达到多大时可显著截留地表径流中的可溶性氮，而覆盖度再增大植被的截留效应变化不大？适宜农田斑块的面积占整个景观面积的多少时，田鼠能够穿越大面积的景观，危害农作物？红松的覆盖度达到多大时可显著促进火干扰在阔叶红松林中的扩散？生境破碎化（与景观连通性相对）达到什么程度时，生境隔离效应开始表现明显，从而影响濒危物种在不同栖息地之间的迁移和基因交流？城市可渗透地表面积比例达到多少时，可对暴雨时的地表径流起到显著的滞缓作用，对洪峰流量起到显著的削减作用，从而减轻城市内涝引起的灾害？

在景观生态学中，渗透理论也常被作为一种中性景观模型（neutral landscape model，NLM）而被应用。渗透理论基于简单随机过程，而非具体的生态学过程或机理，并有显著的而且可预测的统计阈限特征，因此是非常理想的 NLM（邬建国，2007）。渗透理论作为一种 NLM，在景观生态学中的应用主要表现在以下两个方面。

（1）为景观格局的理论研究服务。例如，对一个中性景观，在某类生境面积所占比例高于和低于某个阈值（通常约为 0.6）时，许多景观指数（如平均斑块面积、斑块数量、最大斑块面积、总边缘长度等）的行为特征有显著的差异，该阈值是其行为特征发生变化的拐点。这种行为特征是将实际景观中的具体过程剔除之后，景观指数所体现出的一般性的、纯粹的格局特征，而这种行为特征的揭示在景观格局研究中具有重要的理论意义。

（2）为研究景观格局与过程之间的相互作用提供一个参照系统。具体地，通过比较实际景观与随机渗透系统的行为特征，检验有关景观格局与生态学过程关系的假设，从而促进对格局和过程相互作用的理解（邬建国，2007）。通常采用零假设（null hypothesis）思想：在假定某一具体过程 A 不存在的前提条件下建立期望格局，然后将其与实际格局比较，据此揭示过程与格局间的关系。例如，假设过程 A 不控制格局。先排除过程 A，然后进行实验式模拟，得到期望格局 B，将其与实际格局 C 相比较。若 B 与 C 相似，则接受假设，表明 A 不控制格局；否则拒绝假设，表明 A 控制格局（傅伯杰等，2001）。在 Wiens 等（1997）的甲虫例子中，假设“甲虫个体的迁移不影响其在整个景观中扩散迁移时生境面积比例的临界阈值”。在不考虑甲虫个体的迁移过程的情况下，根据渗透理论，P_c值为 0.6；但实验研究发现，甲虫迁移时生境面积比例的 P_c值仅为 0.2，与不考虑迁移过程时的期望 P_c值相差很大，所以拒绝零假设，认为甲虫个体的迁移影响其在整个景观中扩散迁移时生境面积比例的临界阈值。

第4章 景观连接度

景观连接度（landscape connectivity）是复合种群和景观生态学中的一个重要概念。连接度可影响一些基本过程，包括物种的扩散和迁移、种群遗传结构的形成、源-汇动态、群落对气候变化的潜在响应等，而这些过程是生态学和物种进化学的研究主题。连接度也影响保护区网络设计、生态修复、入侵种控制、边界资源的管理等生物保护方面的决策。因此，连接度研究既可为生态学和物种进化学的一些关键方面提供重要见解，也可为更加有效地保护生物做出重要贡献。尽管连接度研究已受到很大关注，但仍需做许多工作，以理解引起连接的基本原因及连接产生的后果，同时将我们对连接度的理解融入到具体的管理策略中（Kool et al.，2013）。

4.1 景观连接度的定义和分类

Merriam（1984）首次将“连接度”一词引用到景观生态学中。根据岛屿生物地理学理论、复合种群理论和渗透理论，我们认识到，景观中植物和动物种群的生长、繁殖和长期续存除了需要足够大小和数量的生境斑块外，还往往需要生境斑块之间有一定的连续性，以保证斑块之间的过程和功能联系。其他生态过程（如能量与物质的流动、干扰的扩散等）也在不同程度上受到空间结构连续性的影响。景观连接度就是描述景观中斑块、廊道和基质在空间上如何连接和延续的一种测定指标（Forman and Godron，1986；Forman，2006；邬建国，2007）。一般地，可通过物种迁移或其他生态过程在不同景观组分（如资源斑块）之间进行的顺利程度来间接地表达景观连接度（“the degree to which the landscape facilitates or impedes movement among resource patches”）（Taylor et al.，1993；Taylor and Merriam，1996）。实际上，不同的研究领域对连接度的定义方式不尽相同。然而，不论何种定义，景观连接度均对应于空间分离的景观组分之间关系的结构集合；换句话说，景观连接度是种群或个体之间相互依赖的结果（Kool et al.，2013）。

根据渗透理论中对流体在多孔介质中的渗透状况的描述，可将景观的连接状态分为3类（图3.14）（Green，1994）：①完全离散（或非渗透，sub-critical）[图3.14(a)]：有许多离散的小斑块；可分别研究这些斑块；单个小斑块上的物质或物种等的动态易被预测。②临界连接（或临界渗透，critical）[图3.14(b)]：有一个单个的大斑块贯通整个景观，但仍有许多离散的小斑块存在；存在景观连接度的阈值；景观的空间结构对其功能和动态非常重要，空间结构的略微变化就可能引起功能和动态从一种状态（完全离散）到另一种状态（完全连接）的突变，因此，物质或物种等的动态非常复杂，极不易被预测。③完全连接（或超临界或超渗透，super-critical）[图3.14(c)]：斑块大多被连接，有一个单个的特大斑块贯通整个景观，只有极少的离散小斑块；可以通过该单个特大斑块来研究景观的许多特征；物质或物种等的动态易被预测。

4.2 影响景观连接度的因素

影响景观连接度的因素主要表现为以下四个方面。

1）景观的组成和空间分布格局

根据定义，景观连接度包括斑块连接度、廊道连接度和基质连接度，还包括不同景观组分之间的连接度，如斑块与廊道的连接、斑块与基质的连接。因此，与景观组分及不同组分之间关系相关的结构指标均有可能影响景观连接度，包括斑块的结构（如斑块的位置、斑块的组成和质量、斑块的大小和形状、斑块的数量和密度、同类斑块的间距和隔离度），廊道的结构（如廊道的数量、组成、宽度、形状、长度和质量），基质和网络的结构（如基质的异质性/多样性和连接性、景观阻力、网络中连接廊道的密度和空间布局、网眼大小、连通性），以及斑块与廊道和基质之间的关系（如斑块之间是否存在廊道，斑块与基质之间是否有梯度变化）等（图 4.1）（Taylor and Merriam，1996；陈利顶等，1999；傅伯杰等，2001；Kool et al.，2013；Muratet et al.，2013）。

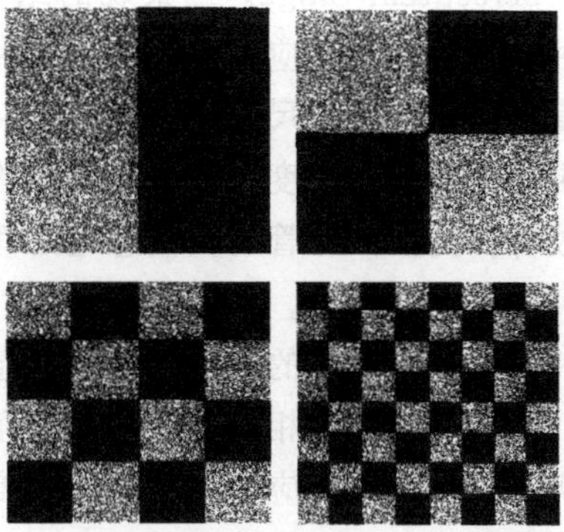

图 4.1　具有相同面积但不同格局的景观的连接度（Farina，1998）

2）研究的生态过程

即使是在同一个景观中具有相同的格局特征，由于研究的生态过程不同，其变化机理也不同，景观连接度也将有较大差异。例如，在坡地上种植灌木林有助于物种沿灌木林的迁移，但却不利于水分和养分的流动。因此，对物种迁移来说，景观连接度较高；而对水分和养分流动来说，景观连接度较低。又如，道路网对于物质运输和能量交换具有较高的景观连接度，但对于物种在不同栖息地之间的迁移和交流将起到阻挡作用，具有较低的景观连接度（傅伯杰等，2001）。

3）研究对象

对于某个种群或群落或物质具有较高连接度的景观，对于其他种群或群落或物质，其连接度也许呈较低水平。例如，在同一景观中，SO_2的扩散范围不及 1 km，而氧化锌可扩散到几千米之外，因此，对氧化锌来说，景观的连接度更高。不同种群或群落的生态学习性和生活史特征不同，适应环境条件的方式和能力不同，活动能力和范围也不同，因此，景观连接度有较大的差异。例如，水生生物可以在河流中自由地迁移，对于水生生物来说，包含河流的景观的连接度较高；但对于大多数陆生生物来说，河流对它们的迁移造成很大的障碍，并可能成为它们生存的陷阱，因此景观连接度较低。一般地，在同一景观中，运动能力较弱的物种、个头较小的物种、独居的物种、对资源有特别需求的物种，以及处于较高营养级的物种对生境损失和隔离的敏感性较高，其景观连接度也较低（Holt et al.，1999；Ewers and Didham，2006；Franzén et al.，2012；

Jauker et al.，2013）。另外，景观连接度也不局限于种群/群落的运动或物质流，也可指基因流（Hedgecock et al.，2007），甚至更加抽象的信息或观点的传播（Ahmad and Teredesai，2006）。

4）*尺度关系*

从单个物种的角度来看，最终影响景观连接度的实际上是物种能够感知和反应的范围（perceptual range）与景观的结构特征尺度之间的相对关系（With et al.，1999）。物种能够感知和反应的范围简称物种的感知尺度，是生物个体所能观察到的景观组分的尺度（如生境斑块尺度）（Lima and Zollner，1996），与物种的领域或活动范围有关。如果物种的感知尺度大于景观的结构特征尺度，则景观连接度较高；反之，则景观连接度较低。例如，尽管鸟类栖息地之间不存在廊道连通，但鸟类可以一次飞越较长距离，达到其他同类斑块。对于鸟类来说，只要斑块之间的距离（景观的结构特征尺度）限定在其可以一次飞越的距离（物种的感知尺度）之内，仍具有较好的连接度。

从两个或多个相互作用的物种角度来看，决定不同物种景观连接度差异的是生物个体所感知并产生反应的生境斑块尺度的差异，与个体大小和传播或迁移能力有关。这个斑块尺度实际上是一个尺度域，涵盖生物个体能够感知和反应的环境斑块的最小和最大空间尺度。对于具同类特征的物种（如均为鸟类或爬行动物等），一般地，个体越大，感知和反应的斑块尺度越大，小尺度上的斑块被忽视得越多，景观连接度也越高。例如，与其猎物相比，陆地景观对于捕食者的连接度要高得多，在猎物看来，某地是景观内部一个很难逾越的异质性斑块，但对捕食者来说，它与基质的差异不大，在空间上仍是相对连续的。同理，与爬行类动物相比，陆地景观对于飞禽的连接度要高得多。又如，同一景观的连接度对于种子传播距离很远的物种（如风媒植物）要比种子传播范围很局限的物种高得多。因此，如果有必要和有可能评价一个景观总的连接度的话，那么需要以等级和多尺度的观点，综合考虑不同尺度上的多个物种和过程。

理解和识别生物个体的感知尺度是解释和评价景观连接度的关键。基于信号识别理论（signal detection theory，SDT），随着信号发出者（即生境斑块）与信号接收者（即生物个体）之间的距离越来越远，若达到某一点时，噪声和信息相互重叠甚至合并，信号不再能被识别，个体不再能观察到斑块，那么该点即为感知尺度，即生境斑块信号的可检测性（signal deteactability of habitat patch）为零的距离。与传统方法相比，SDT 可以检测生境斑块信号识别过程中的不确定性，并可很好地将生境斑块信号的可检测性从生物个体的反应偏差（response bias）中区分和提取出来，从而有助于解释景观基质背景或个体状态变化对感知尺度的影响（Olden et al.，2004）。因此，SDT 在精确估计物种的感知尺度上及推断不同个体和物种的感知尺度的变异性上具有特别的优势（Fletcher et al.，2013）。

4.3　景观连接度的量度

Kool 等（2013）综述了直接和间接定量种群连接度的实验方法（表 4.1），以及估算种群连接度的模型和分析方法（表 4.2）。直接实验方法指能够测出不同种群之间个

表 4.1　定量景观连接度(对种群)的实验方法(Kool et al.,2013)

	方法	适用的时空幅度(通常的数量级)		适用的时空分辨率(通常的数量级)		适用的环境	数据类型	样本尺度	使用的限制条件
		空间	时间	空间	时间				
直接方法	视觉观察(visual observation)	几百米或更少	指研究的持续时间,通常为天或累积的多天	米或更少	瞬时	任意	任意	个体	取样量;在观测距离上物种可见;数据记录和处理量
直接方法	标记-重捕(mark-recapture)	受物种运动能力限制,通常几千米	指研究的持续时间,受物种运动能力和寿命限制	受取样量和物种行为限制	受取样量和物种行为限制	任意	位移[a]	个体	标记和取样量;生物体必须能够携带标识器,能够承受其装卸;同位素要求具有坚硬的结构
直接方法	无线跟踪(radio tracking)	几百米到几千米	指研究的持续时间,通常为天或累积的多天	米	秒到天	通常用于陆地,有时将声波用于水体	点或路线	个体	标记和取样量;生物体必须能够携带发射器,能够承受其装卸;信号传输也是必要的
直接方法	地理定位系统传感器(geographic positioning system sensor)	全球	天到月	米	秒到天	陆地	点或路线	个体	标记量;生物体必须能够携带发射器,且足够强壮,能够承受其装卸;信号传输也是必要的
直接方法	上脱型卫星标识器(pop-up satellite archival tag)	全球	天到月	米	瞬时到天	水体	点或路线	个体	标记量;生物体必须能够携带发射器,且足够强壮,能够承受其装卸;信号传输也是必要的
直接方法	卫星/航空测量(satellite/aerial survey)	每帧几百米到全球	依平台和项目持续时间而不同	厘米到米	依平台而不同	通常用于陆地	点或斑块	种群[b]	从空中垂直的角度可观测到生物体
直接方法	雷达(radar)	千米	年(站的使用年限)	亚米	秒	陆地和水体表面	点或斑块	种群[b]	通常需要一个雷达装置,尽管已有便携式雷达
间接方法	亲子鉴定(parentage analysis)	任意	单代	母体的巢域/繁育的领域范围	单代	任意	位移可能性	种群中的个体	需要对种群进行全面取样;必须进行充分的基因标识
间接方法	遗传分配(genetic assignment)	任意	多代	亚种群	多代	任意	位移可能性	种群[b]	必须进行多个有意义的标识;种群分配取决于遗传模型及其假设条件
间接方法	遗传相似性(genetic similarity)	任意	多代	亚种群	多代	任意	位移,即基因距离	种群[b]	必须进行多个有意义的标识;相似性测定取决于遗传模型及其假设条件

a.“位移”指只考虑起点和终点的距离,而不考虑两点间的路径。b.“种群”指多个个体被同时监测

表 4.2 景观连接度模型的特征(Kool et al.,2013)

			技术	适用域[a]	路径类型	计算方法	选择的参考文献
成对连接度值的估算	1	$G_i=\dfrac{\sum_{j=1,j\neq i}^{n} w_{ij}y_j}{\sum_{j=1,j\neq i}^{n} y_i}$	邻域统计 (neighborhood statistics)	任意	通常聚集	解析解	Dale et al.,2002;Kindlmann and Burel,2008
	2	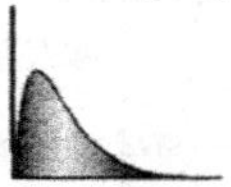	扩散核 (dispersal kernels)	连续域	综合	解析解	Fujiwara et al. , 2006;Slone,2011
	3		最短路径(shortest path)或最小代价(或阻力)路径(least cost (or resistance) path)分析	半连续域	单个	数值解	Douglas,1994
	4	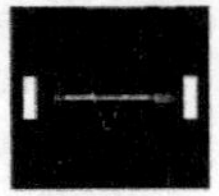	电路理论(如最大流指数) (circuit theory)	半连续域	多个,综合	数值解	McRae et al.,2008
	5	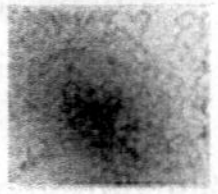	空间结构化的分散 (spatially structured diffusion)	连续域 (有结构)	综合	解析解	Ovaskainen,2004;Ovaskainen et al.,2008
	6	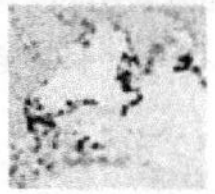	基于个体的模型 (individual-based models)	任意	多个	数值解	Grimm and Railsback,2005
连接度的分析	7	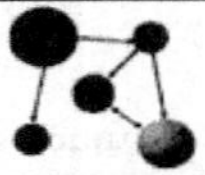	图论 (graph theory)	离散域, 半连续域	多个	数值解	Minor and Urban,2008;Urban et al.,2009
	8	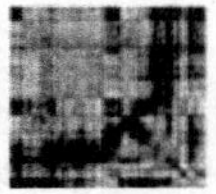	矩阵理论 (matrix theory)	离散域, 半连续域	单个	解析解	Caswell,2001
	9	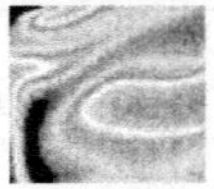	微分方程 (differential equations)	连续域	综合	解析解	Holmes et al.,1994;Cantrell and Cosner,2003

a. "离散域"指边界明确、内部同质的斑块或种群,通常用多边形表示;"半连续域"常指基于栅格细胞或像元的景观;"连续域"可被无限划分,常用方程或网格框架定义(如有限元法或不规则三角网)

体的物理运动的技术；间接实验方法指用其他方法推演出不同种群之间运动的技术。当取样的时空幅度很大，同时又需要较高分辨率的数据时，实验方法不再可行，这时可用模型和分析方法。目前常用最短路径法（shortest path）或最小代价（阻力）路径（least cost/resistance path）分析法来评价斑块之间的连接度（Urban and Keitt，2001；Adriaensen et al.，2003；Pascual-Hortal and Saura，2006；Beier et al.，2009；Sawyer et al.，2011）。这些方法有很多来源于其他学科领域（例如，图论连接度来源于数学和计算机科学），而连接度研究的发展也将有赖于对其他领域方法的更进一步应用（Kool et al.，2013）。

然而，许多景观连接度的量度方法常因其不确定性而受到强烈质疑，而且，目前也缺乏对量度方法的验证。我们需要发展不同的方法，以评价和检验不同的景观异质性形式和动态行为是如何影响景观连接度模型模拟、指数计算和分析结果的，这将对推动连接度研究十分重要（Kool et al.，2013；Muratet et al.，2013）。例如，Muratet等（2013）在预测巴黎附近城市景观中半自然草本植物斑块的连接度时，基于城市基质中植物群落的实际数据，比较了最短路径指数（shorest path metric）和最大流指数（maximum flow metric）（采用电路理论的思想）在同质基质和异质基质中的拟合效果。最短路径指数与距离有关，而最大流指数则基于连接两个斑块的独立路径（直接和间接）的数量或密度，对斑块之间连接的紧密程度十分敏感。结果发现，在异质基质中，这两种方法在拟合连接度上没有显著的差异，但在同质基质中，拟合效果受具体方法的影响很大。基于同质基质的连接度量度可充分地识别哪些斑块直接地连接，哪些斑块间接地连接，但却常常高估斑块之间直接连接的数量。考虑基质的空间异质性时，可产生更加符合实际的斑块连接格局，这时用最短路径指数和最大流指数均可较好地量度连接度。

4.4 景观连接度与景观连通性的关系

几乎在提出景观连接度概念的同时，Baudry（1984）、Baudry 和 Merriam（1988年）也提出了另一个类似的概念——景观连通性（landscape connectedness）。两个概念之间既有联系，又有区别。景观连通性测定景观的结构特征，反映景观不同组分在空间格局上的联系，或反映某个斑块类型的不同斑块之间的物理联系（图4.1）。景观连通性主要取决于景观的组成特征和空间分布格局，一般不与特定的生态过程相结合。景观连接度取决于景观结构与研究过程（或功能）的关系，融合了结构连接度（structural connectivity）（也即连通性）和功能（或行为）连接度（functional or behavioral connectivity）。景观连接度不仅描述景观的组成特征和空间分布格局（结构连接度），而且还定量描述景观中不同生物群体之间以及不同斑块之间在生态行为、生态功能和生态过程上的有机联系（功能连接度），即景观连接度与具体的研究对象或生态过程相结合。例如，景观结构连接度与种子的传播过程、动物的迁移过程、水分和养分的循环过程相结合，共同决定对于种子、动物、水分和养分的景观功能连接度。仅考虑景观的表观结构连接度，而不考虑具体的研究对象或生态过程，是不足以反映景观连接度水平的，也是没有什么意义的（傅伯杰等，2001；邬建国，2007）。举一个简单的例子：可用斑块之间的间隔距离（如 10 m）作为结构连接度或连通性的量度，但 10 m 到底是连接度高，还是连接度低呢？这需要结合具体的研究对象或生态过程来回答。有时，景观连接度的变化甚至仅取决于特殊的生物体或生态过程，而与一定空间幅度范围内的景观格局无关（赵羿和李月辉，2001）。

景观连通性是一个客观存在的、可以量化的测定指标。综合了同类斑块的大小、隔离度、聚集度和连接度，以及不同类斑块的相似性或对比度等信息。可根据遥感图像或地图信息，用网络连通性、网络环度、隔离度指数、相邻指数、相似性指数、对比度指数、聚集度指数、连接度指数等表示，如 Fragstats 软件中的相关景观指数。景观连接度是一个抽象的、相对的测定指标，其大小在 0～1 之间相对变化，0 表示不同景观组分之间在功能上没有联系，1 表示它们在功能上达到最好的联系（陈利顶等，1999；傅伯杰等，2001；邬建国，2007）。

通常认为，连通性较高的景观，其连接度也具有较高水平。然而，具有较高连通性的景观不一定具有较高的连接度；连通性较差的景观，其连接度也不一定较低（傅伯杰等，2001）。这与具体的生态过程、研究对象和尺度有关。例如，Merriam（1984）在研究加拿大农业景观内某些啮齿动物时发现，有较多孤立残存林地斑块的景观却有着较高的功能连接度。

需要指出的是，国内有些文献在对 connectivity 和 connectedness 的翻译上有些混乱。例如，陈水华等（2000）在研究城市化与湿地水鸟群落的关系时将 connectivity 译为连通性。赵羿和李月辉（2001）将“connectivity”译为“功能连通性”，而将“connectedness”译为“结构连接度”。我们在使用时有必要辨明。

4.5 景观连接度与生物保护

景观连接度已在景观生态学研究中得到广泛应用，特别是在生物资源管理、生物多样性保护方面开展了较多的研究工作，对于破碎景观（如人类活动强烈的农业景观地区）中动植物栖息地和物种保护具有尤其重要的意义（Forman and Baudry，1984；Wu et al.，1993）。Crooks 和 Sanjayan（2006）提出“connectivity conservation（连接度保护）”一词便是景观连接度应用于生物保护的具体体现。

在生物保护中，景观连接度研究更多地局限于种群水平，而群落水平的连接度研究则非常罕见（Tischendorf and Fahrig，2000；Muratet et al.，2013）。在与景观连接度相关的生态学组织水平这一问题上存在着大量的争议。Doerr 等（2011）认为，生物对景观连接度的反应可能并不是基于特定物种的，具有相似生活史特征的物种在某个群落环境中共存，它们有着相似的运动行为，对景观连接度也有着相似的反应。Muratet 等（2013）预测了巴黎附近城市景观中半自然草本植物斑块在群落水平上的景观连接度。然而，大多数生态学家宣称景观连接度应该局限于种群水平（Prevedello and Vieira，2010）。

景观连接过程可看作是生境破碎化的反过程。生境破碎化主要表现在生境的丧失、生境斑块面积的减小，以及生境斑块之间隔离度的增强，是生物多样性降低的最重要原因。与生境隔离效应相同，景观连接过程也是一种临界阈现象。当生境面积比例 P 低于临界阈值 P_c 时，大多数生境斑块小而破碎，在整个景观中不连接；相反，当 P 高于 P_c 值时，形成一个特大的连通斑块，原来离散的斑块被高度连接。当 P 在 P_c 值附近变化，即景观处于临界连接状态时，P 的微小变化就可能引起斑块组成和结构及景观连接度的极大变化，以至于引起物种动态的截然相反的变化。换句话说，当 P 在 P_c 值附近变化时，物种动态对干扰的影响十分敏感（Turner et al.，2001）。因此，在生物保护上，应避免使被保护核心物种的生境面积比例在 P_c 值附近变化，或者通过增加保护区的面积使得 P 远小于 P_c 值，以降低干扰的相对影响，或者通过加强对生境斑块的保护，使得 P 远大于 P_c 值。

景观连接度可通过物种运动在不同景观组分之间进行的顺利程度来间接地表达，因此也常被用于生境适宜性评价。例如，陈利顶等（1999）将景观连接度的概念引入卧龙自然保护区大熊猫的生境评价研究中：首先选择了影响大熊猫生存和顺利迁移的 3 种典型景观因子，即地形高度、地形坡度和食物来源；在分析 3 种景观因子对大熊猫迁移、觅食和生存的重要性的基础上，对各因子的景观连接度进行了模糊相对赋值，并采用模糊赋值求积的方法建立景观连接度评价模型；在 GIS 的支持下，获取了景观连接度的空间分布图，据此进行景观连接度分级、生境适宜性评价和生境破碎化评价。结果表明，最适宜和适宜大熊猫生存的地区在空间分布上处于极度破碎化状态。除了几个较大的斑块外，尚有许多较小斑块处于孤立状态，这些斑块将无法为大熊猫所利用。空间上的破碎化状态将不利于不同栖息地之间大熊猫的迁移与交流，长此以往将降低该区大熊猫的遗传多样性。

通常情况下，廊道形成是景观中出现的重要连接事件，可提高景观连接度和系统的整体性，有利于遭受破碎化影响的大多数内部种的生存。在生物保护规划中，常常针对被保护生物，分析其景观连接度水平，以反映生物群体之间的联系，发现景观中对生物群体影响比较敏感的关键地段和栖息地。进而在这些关键点，建立适宜的廊道（包括增加廊道的数量、宽度和长度，设计廊道的形态和空间布局、改善廊道的物质组成和质量等），或建立功能类似于廊道的一系列暂栖地等，使它们起到连接不同栖息地的作用，以促进不同栖息地之间生物个体的迁移以及基因的交流，增强生物的续存能力，最终达到物种保护的目的（傅伯杰等，2001；Turner et al.，2001）。例如，由于大熊猫不能穿越狭窄廊道，卧龙自然保护区为了加强大熊猫栖息地之间的联系，增强大熊猫的遗传能力，适当加宽了栖息地之间的廊道。又如，在人类活动占主导地位的农业景观中保护野生动植物时，在残存林地之间建立合理的廊道，将起到积极的作用。

然而，对廊道在生物保护中的作用和有效性，存在着许多争议。廊道形成所产生的高连接度景观对有些物种的长期续存和系统的稳定性可能会产生不利影响。例如，高景观连接度在促进物种流的同时，也增加了污染物、疾病、病毒和其他干扰的扩散风险；高景观连接度在增加生物个体在生境斑块之间的迁移和基因交流、减弱遗传漂变危害的同时，也增加了自然基因多样性丧失的风险，或者增加了有害变异累积的风险。因此，廊道对物种的保护也并非都是有利的；有时增加廊道和物种交换，反而会加速局部种群的绝灭。

使用廊道来保护生物必须充分考虑被保护生物本身的特征，以及保护的目的。Wu 等（1993）利用数学模型模拟了不同生境斑块之间廊道的数量（假设廊道具有相同的组成和特征）与生物生存之间的相互关系。结果表明，廊道在局部种群的生存、迁移和基因交流方面起着重要的作用。但斑块之间并非有廊道就好，廊道的数量也并非越多越好，局部种群的生存还与不同斑块上的种群数量有关。只有当所有斑块上的种群数量均不低于生物生存的最低维持量时，才能保证所有斑块上的种群得以延续。当一个斑块上的种群数量低于该最低值，面临消亡，而另一个斑块上的种群数量高于最低值而又低于某一特定的数量时，如果两个斑块之间有廊道相连，那么两个斑块之间生物个体的交流将导致两个局部种群都绝灭。在这种情况下，面临两种选择：要么两个斑块上的局部种群都绝灭，要么切断两者之间的廊道连接，只保护一个斑块上的局部种群，而放弃对另一个局部种群的保护。

实际上，廊道与景观连接度之间并没有直接的关系。景观连接度是一个反映生态过程能否在不同景观组分之间顺利进行的抽象的指标，而廊道是空间格局的一种具体形态和表现方式。对于生物而言，景观连接度意味着生物个体能否从一个生境斑块到达另一个生境斑块。当景观连接度较大时，生物个体在景观中迁徙、觅食、交换、繁殖和生存比较容易，受到的阻力较小；反之，则活动的阻力较大。然而，廊道却具有多重属性，可以起到通道、屏障或过滤、源、汇、栖息地的作用。对某些物种起通道作用的廊道，对其他物种很可能就起着屏障作用（Gustafson and Gardner，1996；傅伯杰等，2001）。因此，同样的廊道对某些物种来说景观连接度较高，而对其他物种来说，景观连接度可能很低。具有不同类型、形态和空间布局的廊道可能具有相同水平的景观连接度。在生境斑块之间有廊道存在的情况下，其景观连接度也可能为零。同样地，在生境斑块之间没有廊道存在的情况下，其景观连接度也可能很高。因为生境斑块之间的连接可以有多种表现形式，除廊道外，生境斑块之间的距离只要限定在某些物种可以到达的距离，或生境斑块与相邻景观组分之间具有生态功能上的相似性或呈梯度变化，尽管不存在廊道，其景观连接度也具有较高水平。

4.6 景观连接度与景观规划和管理

基于景观连接度与生态过程和功能之间的关系，我们可以通过改变一些景观组分的数量和格局特征，导致景观连接度的变化，从而达到影响关键生态过程和功能的目的。对景观结构改变最明显的三种方式为农林牧业土地利用规划和管理、道路和水路建设、城市生态规划。

4.6.1 农林牧业土地利用规划和管理

在世界上很多地方，大量土地已被开发为农田，极大地挤占了生物的栖息地。农田中残存栖息林地或防护林的破碎化现象很严重，不仅本身的面积很小，而且不同栖息地之间的联系也被切断。在现实环境中，生物的保护不可能依赖大面积的连续生境，也不能只依赖那些有限的、被分隔的动植物园。要拯救野生生物，需要合理地保护、规划和管理这些少量的残存生境斑块。它们虽然数量很少，却很珍贵，对野生生物的生存、觅食、繁殖和活动至关重要，在一些重要地段和关键点（如防护林的交点处）尤其需要加强保护［图 4.2(a)］。同时，也需要合理地规划一些生物廊道，连接这些残存栖息地，并像保护和管理动植物公园那样保护这些廊道，以保证生物个体可在不同地区、不同生境斑块之间发生迁移和交流。

在草地蝗虫的防控上，可通过改变草地景观的连接度，探讨一种除化学和生物防治技术之外的景观生态学防控方法和观念。例如，可改造蝗发区的环境，调整不同类型草地的空间分布，适当增加乔灌木的比例，种植林带［图 4.2(b)］，以提高对蝗虫天敌（如鸟类）的景观连接度；也可改变单一的土地利用方式，适当增加人工草场和围栏草场，甚至配置一些农田，修筑交通设施，修筑沟渠网络等，以降低对蝗虫的景观连接度，或者减少蝗虫的适宜生境数量，或者阻碍蝗虫在不同生境斑块之间的扩散迁移。

在森林间伐作业中，若不同的间伐迹地斑块之间能通过森林廊道相互连接，则采伐对原来森林中生存的生物和森林生态功能的不利影响可降到最低程度。虽然大多数内部动物（包括鸟类）不能生存于迹地斑块，但仍能生存于这些相互连接的、面积不小的森林廊道中；虽然大多数动物不能直接穿越迹地斑块，从斑块的一边到达另一边，但仍能沿着这些廊道迁移，到达更远的林地［图 4.2(c)］。

(a) 农田中的防护林带　(b) 草地中的乔木　(c) 针叶林采伐迹地 (Turner et al.，2001)

图 4.2　举例说明景观格局对连接度的影响

4.6.2　道路和水路建设

道路和道路网具有很强的生态效应（Forman，2006）。道路往往割断景观中繁殖体传播、生物个体迁移和觅食的路径，破坏生物生存的环境，降低景观中各组分的连接度。为了减弱道路对生物的影响，在修建道路之前，有必要进行景观连接度分析，探究不同等级的道路对不同生物的作用；在影响景观连接度的敏感地段和关键点建立桥梁、隧道、自然保护区等，或增加廊道。例如，青藏铁路可可西里路段的修建必然会割断藏羚羊栖息地和繁殖地之间的联系，为了保护藏羚羊，铁路建设者们在藏羚羊每年必经的 33 处地方（关键点）专门修建了高架桥，以确保藏羚羊能安全通过桥下，进行南北迁徙和繁殖（图 4.3）；英国白金汉郡的蟾蜍每年春天要爬出森林到池塘去产卵，路途必经一条公

图 4.3　藏羚羊正在穿越青藏铁路五北大桥（2011 年 6 月 7 日《西宁晚报》赵凛松记者拍摄）

路，英国动植物保护协会在公路下面修建了一条供蟾蜍专用的“隧道”；保加利亚政府开挖了一条通往希腊的“隧道”，以便一种灰熊能通过“隧道”，往返于两国之间寻找配偶（沈永昌，2002）。

水生生物也存在类似的问题。例如，最近的调查发现，中国长江流域的特有物种——江豚种群的分布呈相对集中、日益斑块化的趋势。调查人员推断这与航运阻隔造成江豚迁移困难有关。密集的航运，对完全依赖声呐系统生存的江豚来说，是一个潜在的致命威胁（彭科峰，2013）。

总之，如何在建设新的道路或水路时为野生动物的迁移设计专门的通道，以及如何在已经分割得七零八落的生境斑块之间建立联系，成为景观生态学研究的一个新课题（李秀珍，2000）。

4.6.3 城市生态规划

城市绿地主要包括居民区和商业区的草坪和绿植、行道树、公园、人工或天然片林等。在城市生态规划中，常用绿地率、绿化覆盖率、人均绿地指标等这些静态的组成指标来评价城市绿地，而忽略了绿地的功能特征，忽略了绿地的空间布局，特别是忽略了绿地之间是否有联系。常见一个城市的绿地率很高，但绿地的空间布局不是很合理，各绿地斑块之间往往缺乏绿色生命廊道的相互连接，而且整个城市绿色生命廊道之间也缺乏有机联系。这种斑块化分布的绿地与连续分布的绿地相比，在很多生态功能的发挥上都大打折扣，如对风沙和污染物的阻隔和截留、对洪水的拦截和吸收、对城市鸟类的觅食和迁移、对景观美化和人类休闲的影响等。

其实，城市绿地不应是一个独立的空间，而应是城市-自然综合体的有机组成部分，因此，在设计和管理绿地时需要将其作为人的生活空间和自然过程的连续体。在这种景观连接度的思想指导下，在城市生态规划过程中，可充分利用已形成或部分形成的不同等级行道树网络，在关键性的局部和连接处有意识地增加绿地，连接绿地系统的点、线、面，建立城区内部及城区-郊区绿化网络，以加强城市景观格局和生态过程的连续性。

北京于2012年春季启动了20万亩①平原造林工程，拟按照“绿不断线、景不断链”的要求，构建平原地区绿色生态体系骨架，有望改善城市气流，促进生物流的畅通，缓解热岛效应。具体地，按照“两环、三带、九楔、多廊”的空间布局，将在中心城周边营造林海绵延、绿道纵横、公园镶嵌、林水相依的森林景观。其中，“两环”指五环路两侧各100 m永久性绿化带，形成平原区第一道绿色生态屏障；六环路两侧绿化带加宽加厚，形成平原区第二道绿色生态屏障。“三带”指永定河、北运河（包括温榆河、南沙河、北沙河）、潮白河每侧不少于200 m的永久绿化带。“九楔”指在九个楔形限建区，通过建设功能明确、规模适度的四大郊野公园和多处集中连片的大尺度森林，形成连接市区与城市外围的九大楔形绿地。“多廊”指重要道路、河道、铁路两侧的绿色通道，以及贯通各区域森林景观、公园绿地的健康绿道（步行道、自行车道等）②。

---

① 1亩≈666.67 m^2

② http://www.bjyl.gov.cn/ztxx/bjs20wmzlgc/

第5章 斑 块

5.1 斑块起源和类型

Forman 和 Godron（1981，1986）认为景观斑块的主要起源或成因机制包括干扰、环境资源的异质性、人类种植和建设等。据此将斑块分为5类：干扰斑块（disturbance patch）、残存斑块（remnant patch）、环境资源斑块（environmental resource patch）、引进斑块（introduced patch）和再生斑块（regenerated patch）。不同起源的斑块具有不同的物种动态和周转过程、持续性或稳定性，它们的可感知特征（包括大小、形状或走向、边界特征、空间构型、空间异质性等）变化也很大，因而对物质流、能量流和物种运动会产生不同的作用（Forman and Godron，1986；傅伯杰等，2001；邬建国，2007）。

5.1.1 干扰斑块

干扰斑块是自然界中最常见的斑块形式，包括自然干扰和人类干扰。自然干扰中火烧所形成的斑块在干旱地区较为常见。一场中度森林大火之后，局部火烧的区域中物种和环境发生了很大变化，仅留下一些树木残骸，外观上与未受干扰的周围区域明显不同，这些受到火烧干扰的区域就是森林中新形成的干扰斑块。其他自然干扰也可形成类似的斑块，如风倒形成的林隙、泥石流或冰雹袭击的局部田地、病虫害大爆发的局部草地、大型哺乳动物践踏过的地方等。森林采伐、草原烧荒、矿产露天开采等则是人类活动形成的干扰斑块。因此，干扰斑块的最大特点是，基质未受干扰，而斑块受到干扰。

干扰斑块多由短期局部性干扰形成，如树木死亡、小范围火烧等。因此，干扰斑块具有最高的周转率（即斑块及其物种出现和消失的速率），物种的变化较快且较显著；斑块持续时间最短，通常是恢复最快的斑块类型。然而，长期干扰斑块也能保持稳定，持续较长时间。长期干扰斑块多因人类活动引起，如受大气污染长期侵袭的某一下风向区域、重复放牧的某一牧场、长期耕作的农田等。当然，长期自然干扰也能形成干扰斑块，如周期性发生的野火、经常发生的洪水、大型哺乳动物的频繁践踏等。在长期干扰斑块中，物种一般都已适应这种干扰状态，物种的演替过程持续不断地重复进行或重新开始。

干扰斑块形成后，其中的物种动态发生了较大的变化。最初，许多物种的种群大小急剧下降，一些物种往往就地消亡，而另一些物种得以幸存，或者以较低种群大小的形式存在，或者以种子、孢子、卵或孢囊等休眠状态存在。随后很快，变化即来自干扰斑块内的这些幸存物种：因无来自其他物种的竞争和捕食等压力，种群大小急剧增加，往往超过对干扰初始个体损失的补偿；之后各种繁殖体在适宜的条件下也先后萌发或孵化。接着，变化来自干扰斑块外的物种：周围的物种大幅度侵入具有空生境的干扰斑块，这些物种有些是干扰斑块所在地原来就存在的，而有些却是以前没有的。由此可见，因干扰而引起的物种演替和恢复包括 3 个过程：斑块内主要种群的绝灭或种群大小的急剧下降、种群大小的急剧增加，以及外来物种的迁入。这 3 个过程初始变化剧烈；随着时间的推移，尽管这些变化过程仍持续不断，但变化速率均有所下降，并逐渐进入动态平衡状态；直至与基质融为一体时，干扰斑块完全消失［图 5.1(a)］。这是单一干扰作用下干扰斑块内物种的动态。

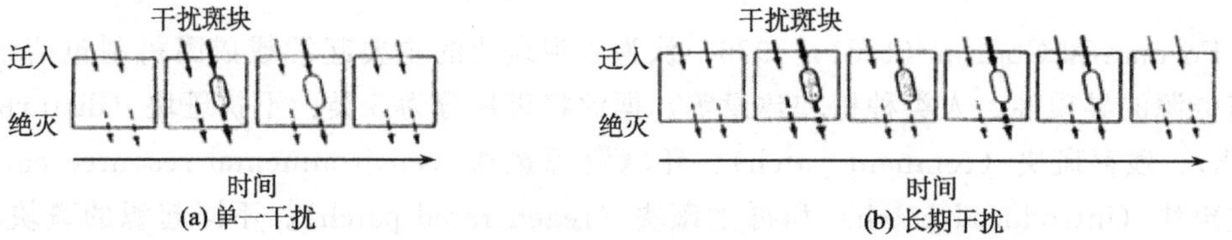

图 5.1　干扰斑块的演替（Forman and Godron，1986）

注：图中灰色为受干扰影响的区域，白色为未受干扰影响的区域。下同

对于长期干扰，情形更为复杂：干扰初始，种群的大小急剧下降，绝灭率急剧增加，但之后斑块内原有物种的种群大小并未急剧增加，外来物种的迁入率也并未大幅度增加，而是仅略有增加，因为之后持续不断的干扰阻止了物种的正常演替。在长期持续干扰作用下，干扰斑块逐渐进入一个相对稳定时期，物种绝灭率和迁入率均相对较低。之后，若长期干扰终止，则物种演替又会重新开始，经历单一干扰斑块所经历的物种变化过程，直至干扰斑块消失，但显然这种恢复过程更加漫长［图 5.1(b)］。

5.1.2　残存斑块

与干扰斑块类似，残存斑块也是在干扰情形下形成的。但与干扰斑块的成因机制不同，残存斑块的形成是因为整个基质广受较高强度干扰的影响，只有某些局部区域，因种种原因，受到的干扰较轻或没有受到干扰的影响而保留下来。因此，残存斑块与干扰斑块在外观上似乎有一种反正对应关系，比较如图 5.1 和图 5.2 所示。植物残存斑块包括景观遭火灾时残存的林地斑块、免遭蝗虫危害的高海拔草地斑块、免被洪水淹没的高处农田等；动物残存斑块包括免被雨水冲垮的高处洞穴、免遭严寒侵袭的阳坡鸟巢等。

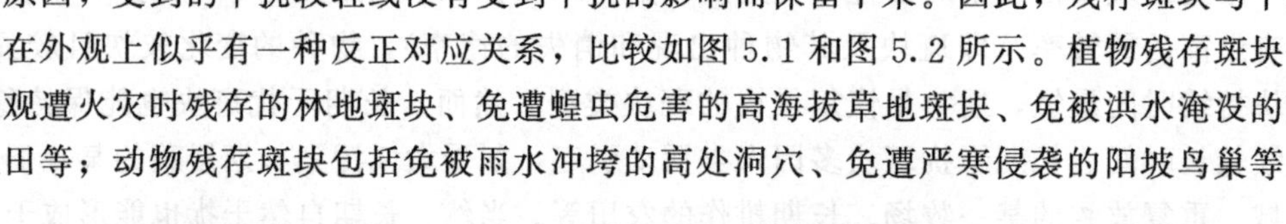

图 5.2　残存斑块的演替（Forman and Godron，1986）

残存斑块的结构特征被保留下来，但这并不意味着其中的物种也被原封不动地保留下来。相反，残存斑块形成之初，其中的物种动态发生了很大的变化：物种绝灭率迅速上升，斑块处于物种松弛期。消失的物种往往是那些种群较小、容易受到各种随机因素

影响而发生局部绝灭的物种，或者是那些对生境需求较大的内部物种，如某些鸟类和哺乳动物。松弛期过后，斑块内一些原有的边缘物种的种群大小会急剧增加。物种的变化总是首先来自斑块内部，基质物种的侵入晚于斑块内部物种的绝灭率和种群大小的变化。在空间异质性较强的景观中，若干扰强度适中，则在受干扰较大的基质中的某处“避难所”或多或少保留有一些生物个体或繁殖体。松弛期后，基质中的某些物种将迁移至残存斑块，其中一部分会定居下来。之后斑块内将经历一个较长的物种调整期，出现迁入率超过绝灭率（或迁出率）的时期（即消失的物种又由基质侵入）与绝灭率（或迁出率）超过迁入率的时期（最初的侵入种又消失了）的交替。无论是在物种松弛期，还是在物种调整期，残存斑块物种的绝灭率、迁入率和种群大小初始变化都很剧烈，随后逐渐进入动态平衡状态，直到斑块与基质融为一体，残存斑块消失［图 5.2(a)］。然而，如果松弛期消失的物种也已因干扰从基质中消失，那么消失物种的重新迁入将取决于其他种源地；如果这些种源地较远，那么自然迁入将变得十分困难，甚至不可能。因此，残存斑块与基质融为一体后所形成的景观可能与干扰前的景观在物种组成上很不一致。

残存斑块可能是由短期或长期干扰形成的。由短期干扰形成的残存斑块具有较高的周转率。长期残存斑块（如被农田环绕的小片林地）也能保持稳定，持续较长时间［图 5.2(b)］。在物种种群较小的情况下，残存斑块存在的时间越长，物种因各种随机因素而发生局部绝灭的概率越大。因此，长期残存斑块具有较长的松弛期，消失的物种要比短期残存斑块多得多，与其基质最终融为一体后所形成的景观也与干扰前的景观完全不同。

5.1.3 环境资源斑块

与干扰斑块和残存斑块不同，环境资源斑块形成的根本原因是景观内环境条件或资源分布的空间异质性，以及由此产生的物种组成的变异性，而与干扰无关。例如，沙漠中的绿洲就是土壤内水分分布不均匀的结果。绿洲土壤水分明显高于周围的沙漠，动植物来此定居，形成在土壤水分和动植物上均不同于沙漠的绿洲斑块。同样，在沼泽湿地中大面积生长着芦苇等湿生植物，仅在地形较高的地段，因土壤水分含量明显地低于周围的土壤，生长着与周围湿生植物不同的中生植物群落。其他如森林中裸露的基岩、平原上出现的湖泊、海洋中的岛屿、裸露山脊上的灌木丛、草原地区的低湿洼地、聚集在沙漠周围的动物，以及高山湿谷内群集的传粉昆虫等，都属于环境资源斑块。

干扰斑块和残存斑块与周围的基质之间形成明显的边界，使连续空间发生中断和突变。然而，环境资源斑块与基质之间的分界线往往不太清晰，而是有一个较宽的生态交错带，其中环境条件或资源分布呈梯度变化，从而在斑块与基质之间形成一个天然的、可供物种栖息和迁移的廊道。

环境资源斑块内尽管始终存在种群数量的波动、物种迁入和绝灭的动态过程，但变化水平很低，不存在松弛期或调整期，物种周转率相当低。由于环境条件和资源相对较稳定，该类斑块能长期地存在于景观中，保持明显的特征，抗干扰能力强（图 5.3）。

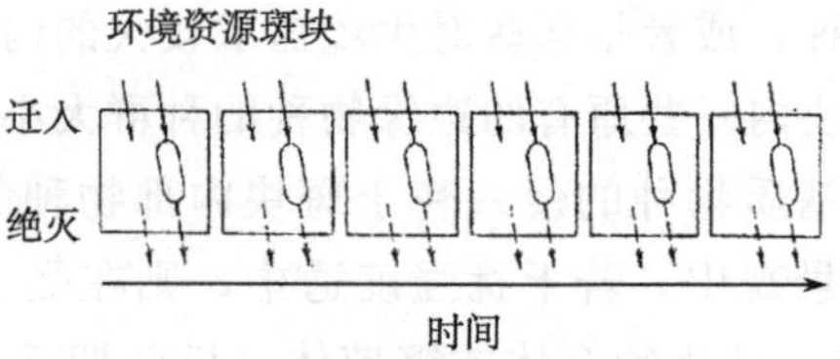

图 5.3　环境资源斑块的演替

(Forman and Godron，1986)

5.1.4　引进斑块

引进斑块是人类在自然基质内引入人工斑块形成的。从本质上说，引进斑块也是一种干扰斑块，通常特指人类的种植斑块和聚居地。

种植斑块是人们有意或无意地将动植物引入某些地区而形成的局部生态系统，如种植园、麦田、稻田、人工林、高尔夫球场以及树篱等。在斑块内，物种动态和周转速率主要取决于人类管理活动的持续时间。在人类的管理下，种植斑块中的物种得以长期占优势，从而延缓了自然演替过程；人类一旦停止管理，基质中的物种很快就会侵入斑块，并发生演替，最终导致斑块消失，与长期干扰作用下的干扰斑块相同。例如，在农田中，除草其实就是为了防止基质中的杂草物种侵入农田，以维持农作物的长期优势地位。由于人类长期采取一系列管理措施阻止种植斑块中物种自然演替的发生，以致大多数种植斑块能够保持几十年甚至几千年。相反，也有个别地区采用刀耕火种的耕作方式，在开辟出的空地上种植作物 2～3 年后即撂荒。由于撂荒地中无人类的管理，杂草大量侵入，逐渐取代其中农作物的优势地位，撂荒地的性质也逐渐与周围的基质相同，失去作为种植斑块的独特性。这类耕作方式下的种植斑块保留期较短，而且物种周转较快。

除植物外，将动物引进某个密集区后也会发生类似的过程。例如，草原哺乳动物饲养站或鸟类饲养站就是草原基质中的一个动物引进斑块。它的持久性也几乎完全取决于人类管理活动的持续时间。

聚居地起源于人类对自然生态系统的大兴土木。具有两个明显特征：①聚居地内的生态结构取决于代替自然生态系统的生物类型，包括人、引进的动植物、不慎引入的害虫、保留的本地种、从异地侵入的本地种；②聚居地高度人文化，其持续性部分取决于人类管理的程度和恒定性。

乡镇中孤立或成片分布的农村聚居地是农业景观中的引进斑块［图 5.4(a)］；对城市景观来说，城市聚居地是其基质，而非斑块［图 5.4(b)］，尽管从更大的区域尺度上观察，城市聚居地也是一个引进斑块。农村和城市聚居地的大小显著不同，在特征上也有显著差异。首先，主要物种不同。城市聚居地大多为人和非本地种所支配，很少见到本地种。而农村聚居地不仅包括人和非本地种，而且还包括从周围基质迁入的本地种，它们的优势地位非常明显；由于农村聚居地与基质很近，非本地种与本地种之间的相互作用很强。其次，基质对斑块的影响途径不同。农业景观中是农田基质通过生物个体的迁移、水分和养分等物质的流动影响聚居地斑块；而城市景观中是聚居地基质通过光、热、水、气等物理途径影响绿地斑块。

(a) 农村聚居地　　(b) 城市聚居地

图 5.4　聚居地斑块

5.1.5　再生斑块和短生斑块

Forman 和 Godron（1981，1986）还讨论了另外两种类型的斑块，即再生斑块和短生斑块（ephemeral patch）。

再生斑块是指在先前遭干扰破坏的地段上再次出现的生态系统，如被砍伐后又通过更新再现的次生林，剪除之后又重新栽植的树篱。再生斑块是干扰前就存在的斑块，而残存斑块和干扰斑块是原来没有、干扰后新形成的斑块。在大面积干扰的情况下，尽管外貌上自然再生斑块与残存斑块相似，但在物种的演替动态上却与干扰斑块相似。

短生斑块是指由于生物相互作用或非生物环境因素正常而短暂的波动而引起的、持续期很短的斑块。也就是说，引起短生斑块的环境变化是经常性的，但由于变化强度较小，以至于一些物种逐步适应了这种变化。相反，一些严重而不常见的环境变化可视为干扰，这些干扰形成的是干扰斑块和残存斑块。短生斑块如早生植物群落（只在早春生长、开花、结果，很快就从群落中消失）、树林中雨后出现的蘑菇群落、水源处时而聚集的动物群。从长期来看，荒野向森林演替过程中的过渡群落（植物演替早期的喜光植物，如草灌和杨树、白桦等，随着群落中荫蔽条件的形成逐渐被云冷杉等耐阴植物取代）、森林中倒木形成的林隙群落等也可被视为短生斑块。

5.2　斑块功能

斑块在景观中主要有 3 种功能（Forman and Godron，1986；赵羿和李月辉，2001）。

（1）栖息地：某类斑块可为某生物种群提供适宜的生境，成为该种群觅食、休息或繁殖的场所。

（2）源：若在某一斑块上栖息的种群或储存的物质和能量数量较大，就可能呈现出“源”的特征，其中的生物流和物质流向外扩散。例如，清晨草原居民区的羊群会向毗邻的草原扩散觅食；一块小片林地的树根会向周围的农田延伸，寻求更为广阔的水分和养分空间；沙地斑块中的沉积物会向周围的绿洲输送，影响绿洲的水热条件。

（3）汇：若某一斑块具有适宜的生境、地形地貌或物理环境条件，景观中的生物流和物质流会向该处汇聚。例如，农田中的残存林地可为许多生物提供栖息场所，因此会吸引它们前往；生长季中后期，周围的草地蝗虫会向空白适宜斑块迁移；坡上的水土及其携带的营养物质会向坡脚处汇集。

另外，与廊道类似，斑块也具有屏障和通道的作用，这主要表现在斑块的边缘部分，但与廊道相比，其作用较小。

5.3 斑块大小

最容易识别的斑块格局特征是大小或面积。斑块大小是影响物种多样性和物种运动、能量流和物质流，以及各种生态学过程的主要因素。

5.3.1 斑块大小与物种丰富度和物种运动

通常，同一景观中的大斑块比小斑块能够容纳更多的物种和个体。一般地说，斑块越大，空间异质性越强，生境多样性也越高，如在小气候、地形位置和植物结构上的差异越大。这种更加异质和多样的生境可以容纳具有不同生态位需求和抗性的多个物种，维持更多的生物个体生存，遗传基因多样性也较高（Turner et al.，2001）。但在某种意义上，即使生境多样性没有区别，也会存在斑块的面积效应，即通常会发现大斑块的物种和个体比小斑块多一些（Forman and Godron，1986），因为大斑块的空间大，在某一生境中可以容纳具有相同生态位的多个物种和个体。大斑块较强的空间异质性也使其在环境发生较大变化的情况下，可为生物个体提供更多的避难所（残存斑块），对物种的绝灭过程有缓冲作用，并可为景观中的基质或其他斑块提供种源（Forman，1995；邬建国，2007）。

以上在论述斑块大小对物种的影响时未涉及物种的种类，而且是基于“斑块越大，空间异质性越强，生境多样性也越高”这个一般情况。显然，我们对此需要更进一步的讨论。

首先，斑块大小对不同物种的影响不尽相同，这与斑块的内缘比（内部与边缘的比例）有关。内缘比随斑块大小的变化而变化。较小的斑块比较大的斑块有更大的周长-面积比，这意味着小斑块有较大比例的边缘生境（内缘比小），而大斑块有较大比例的内部生境（内缘比大）（图 5.5）。斑块的边缘通常有更充足的光照、更干燥的小气候，而斑块的内部倾向于更加阴冷和湿润，环境条件的显著差异决定了它们分别适宜于不同的物种。边缘种可适应多变的或光照充足的环境条件，仅仅或主要分布在

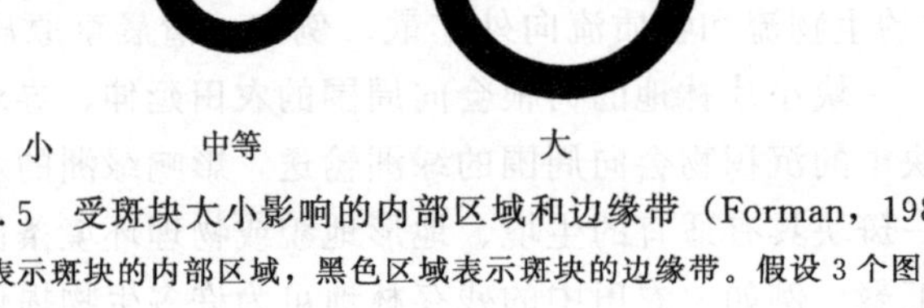

图 5.5 受斑块大小影响的内部区域和边缘带（Forman，1981）

注：图中白色区域表示斑块的内部区域，黑色区域表示斑块的边缘带。假设 3 个图的边缘带宽度相等

斑块的边缘；内部种需要较稳定的环境条件，往往集中分布在斑块的中心部分（核心区），而远离边缘（Forman and Godron，1986；傅伯杰等，2001；Turner et al.，2001；邬建国，2007）。

斑块的内缘比对物种丰富度和物种运动的影响可表现在以下几个方面：①斑块的内缘比影响内部种的存在与否。如果一个斑块非常小或呈狭长状，那么它所有的内部生境和内部种都将消失，边缘种将占优势。大斑块通常有较强的空间异质性，可为边缘种提供较多样的栖息地。更重要的是，大斑块还有小斑块不具有的内部种（如大型脊椎动物）（Turner et al.，2001）。特别地，大斑块有利于生境敏感物种的生存。有些物种（特别是内部种）只适合生存于大斑块，对生境破碎化十分敏感。②斑块的内缘比影响动物在斑块中的生存和活动。面积较大的斑块适于动物生存的内部生境较大，动物在其中活动的空间也相对较大，边缘效应对动物的影响较小，动物自由运动受到的阻力较小，随机性较大，有利于动物的觅食和生存。相反，面积较小的斑块则具有相反的功能，并会导致物种的消失。③斑块的内缘比也影响周围基质物种的侵入。周围基质中的物种更易于侵入与基质环境条件更为相似的斑块边缘，而斑块内部的环境条件则常常限制基质物种的侵入（Turner et al.，2001）。

其次，斑块大，其内部空间异质性不一定就强。因此，有时有必要分别考虑斑块大小和空间异质性，或者假定其中一个相同。若斑块大小相同，则斑块内空间异质性越强，斑块内总的物种丰富度越高，这时起作用的主要是边缘种。若斑块内空间异质性相同，则斑块越大，斑块内总的物种丰富度越高，这时起作用的主要是内部种。例如，Freemark 和 Merriam（1986）在加拿大的研究发现，与较小的森林斑块相比，较大的森林斑块有更多的物种，斑块大小对森林内部鸟类的影响最大；而无论斑块大小，具有较强内部异质性（指生境结构和小气候环境条件）的森林斑块有更多的鸟类物种，鸟类的数量也较多，空间异质性对边缘种的影响最大。总之，面积大，且空间异质性强的斑块同时有较多内部种和边缘种，总物种丰富度较高；相反，面积小，且空间异质性弱的斑块同时有较少内部种和边缘种，总物种丰富度较低；面积大，而空间异质性弱的斑块有较多内部种和较少边缘种，总物种丰富度可能较低，因为边缘种的数量往往比内部种的数量大得多；相反，面积小，而空间异质性强的斑块有较多边缘种和较少（或没有）内部种，总的物种丰富度可能较高。

另外，大斑块能维持更近乎自然的、更加稳定的生态系统，大斑块对地下水和地表水的水质有保护作用，这些都是决定生物长期生存的关键因素，因此对物种丰富度和物种运动都有重要影响（Forman，1995；邬建国，2007）。

相对地，小斑块的生境多样性和物种丰富度较低，种群数量较小，遗传基因多样性较低，较易受到各种随机因素的影响，较易导致近交衰退和遗传漂变，较强的边缘效应也使其更易受到外来物种和流行病的侵扰，因此，物种的绝灭率较高，生存力和稳定性较低。然而，小斑块在物种保护和物种运动上仍具有一些重要的生态学价值：①可为许多边缘种、小型生物类群以及一些稀有种提供生境；②可提供躲避捕食者的临时场所；③基质中合理分布的一系列小斑块可作为物种传播和迁移的踏脚石，以及物种局部绝灭后重新定居的生境斑块（Forman，1995；邬建国，2007）。例如，来源于远处的生物个体，若有这些小斑块作为踏脚石，逐步向残存斑块迁移，则可在短期内恢复受干扰的景观。

斑块大小与物种丰富度和物种运动的关系可为生物保护行动提供重要的启示和观点。在生物保护上，常常需要结合景观的生境破碎化程度决定不同大小斑块的保留或配置。一定程度的生境破碎化可提高空间异质性，增强斑块的边缘效应，为边缘种提供更多的生存机遇，因此，生境破碎化可能实际上增加了总的物种丰富度。然而，从生物保护的观点上来说，这种由生境破碎引起的物种丰富度增加可能并不是我们所想要的，因为它使大量的内部种失去了生境（Turner et al.，2001）。当前生境破碎化对生物多样性的威胁主要来自内部种。

5.3.2 斑块大小与能量流和物质流

一般地说，斑块内的能量或物质总量与斑块的面积成正比，即大斑块的能量和物质总量比小斑块高得多。如果大斑块和小斑块中单位面积的能量和物质含量相同，那么以上结论是确定无疑的；否则，需要对以上结论做修正（Forman and Godron，1986）。

实际上，斑块内的能量和物质含量不仅与斑块的大小有关，还与斑块的内缘比有关，而且关系非常复杂。小斑块的边缘所占的比例较高，而边缘的单位面积能量和物质含量通常要高于内部。以一个残存森林斑块为例，其周围为农田或火烧迹地，从斑块的边缘逐渐深入其内部，观察其植物、动物和土壤养分含量的变化。其一，边缘不仅植物种类更丰富，而且植被密度和植物生产量一般也较高，这是因为边缘的光能利用率较高，而且来自周围开阔地植物的竞争较弱。其二，边缘较高的植被密度和植物生产量使得许多食草动物（如野兔、鹌鹑和野鸡）的密度、脊椎动物的生物量和生产率也高于内部；丰富的植物种和花果也可吸引各种不同的传粉昆虫和食草动物。其三，边缘较高的动植物密度和生产量、较多的植物凋落物和动物排泄物累积，使其单位面积的土壤养分含量可能较高。因此，鉴于较低内缘比的正效应，小斑块的单位面积能量和物质含量比大斑块高。

然而，虽然通常情况下边缘的单位面积能量和物质含量高于内部，但并不总是如此，边缘也存在一些对能量和物质累积和储存不利的因素。仍以上面的残存森林斑块为例，首先，因常年受较大风力的作用，边缘的优势植物往往长得矮小，而且树干畸形、弯曲、长满枝条，因此，植物生产量不一定较高。其次，虽然边缘有较多的动物种类，但更多的是边缘种，而缺乏内部种。大型哺乳动物和许多鸟类属于内部种。另外，边缘更易遭到周围物种的侵入，也更易受到病虫害传播、干扰扩散等的影响。再次，边缘的环境条件也可使其土壤养分含量较低，包括大风可吹走边缘带的凋落物，减少有机物在土壤中的累积等。因此，鉴于较低内缘比的负效应，小斑块的单位面积能量和物质含量不一定比大斑块高；若负效应将其正效应抵消，则小斑块的单位面积能量和物质含量比大斑块低。

综上，由于斑块边缘与内部的能量和物质含量关系本身很复杂，小斑块的单位面积能量和物质含量并不一定高于大斑块，大斑块的能量和物质总量也不一定高于小斑块，即使是在面积大得多的情况下。

在农林业生产实践中经常会遇到规划斑块大小的问题。例如，森林间伐迹地斑块多大才能更好地实现采伐后森林的天然更新？过小或过大的间伐迹地斑块对森林的天然更新均不利，适宜大小的斑块最有利。一方面，间伐迹地斑块过小可能产生以下不利影响：周围保留森林对斑块产生很强的荫蔽作用，不利于喜光植物的生存；斑块内植物受到来自周围植物的更强的竞争压力，尤其是对水分和养分的竞争；食草动物很容易从斑块的一边经过斑块穿梭到另一边，斑块内植物较易受到食草动物的啃食。另一方面，间伐迹地斑块过大可能产生以下不利影响：斑块内风力加剧，坡地上水土流失更严重；由于植物种子的传播距离可能有限，种子很难到达距离周围森林较远的斑块中心部位，致使中心部位的天然更新缺失；斑块内环境条件的空间异质性较强，有些条件并不适宜植物恢复；一些捕食者（如害虫的天敌）的捕食效率降低，一次迁移过程无法到达指定地点。因此，合理规划森林间伐迹地斑块应综合考虑更新植物的喜光/喜阴特性、水分和养分的有效分配、风和水流的发生、斑块内的空间异质性、种子的传播方式和传播距离、食草动物的迁移能力、捕食者的迁移能力和捕食效率等。

5.4　斑块形状、走向和边界形状

斑块的形状和走向、边界的形状和宽度等特征对生态流的影响可能是多种多样、极为复杂的（邬建国，2007）。由于这方面的研究较为缺乏，只能做一个简单的陈述。

5.4.1　斑块形状与生态流

斑块形状同斑块大小一样引人注目。显然，我们在大圆形斑块中心所得到的感觉与在等面积的长条形斑块中心完全不同，其中斑块的形状效应起了很大作用。然而，与斑块大小研究相比，我们在斑块形状方面的研究却少得多，极少研究将斑块形状作为影响生态系统特征和生态流的自变量。

与斑块大小的情形类似，不同形状的斑块也具有不同的内缘比。例如，圆形或正方形这样的等径斑块由斑块内部和边缘组成，内缘比较高［图 5.6(a)］；相同面积的矩形斑块则具有相对较少的内部和相对较多的边缘，内缘比居中；相同面积的扁长形斑块具有很少的内部和很多的边缘，内缘比极低［图 5.6(b)］；相同面积的狭长形斑块则可能全是边缘，而没有内部［图 5.6(c)］。

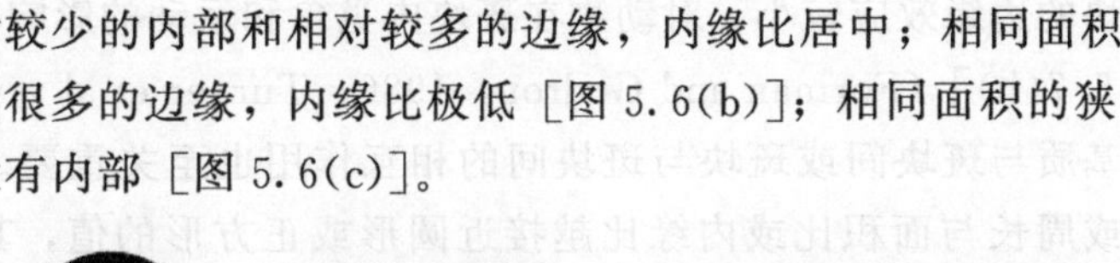

(a) 等径斑块　　(b) 扁长形斑块　　(c) 狭长形斑块

图 5.6　受斑块形状影响的内部区域和边缘带（Forman，1981）

注：图中白色区域表示斑块的内部区域，黑色区域表示斑块的边缘带。假设 3 个斑块面积相等，边缘带宽度也相等

斑块形状可影响斑块内的物种丰富度。由于一些生物体只生存于边缘，而另一些生物体却要求内部生境，因此，斑块形状对物种分布和物种丰富度有重要影响（Turner et al., 2001)。例如，Whitmore (1975) 指出，马来西亚热带雨林中植物组成和群落结构的变化取决于林隙斑块的形状。在空间异质性（生境多样性）相同的情况下，圆形或正方形斑块往往比等面积的扁长形斑块有更多的内部种，物种丰富度更高［图 5.7 (a) ］。Forman 和 Godron (1986) 曾对新泽西州一块 2 hm^2 栎林中蘑菇的多样性进行了研究，结果（未发表）发现，从等径斑块到狭长形斑块，物种丰富度减半，并有一个阈限反应。但扁长形斑块往往比等面积的圆形或正方形斑块有更强的空间异质性，生境多样性和物种丰富度也更高［图 5.7(a)］，尽管这些物种更多的是边缘种，而内部种很少或没有。

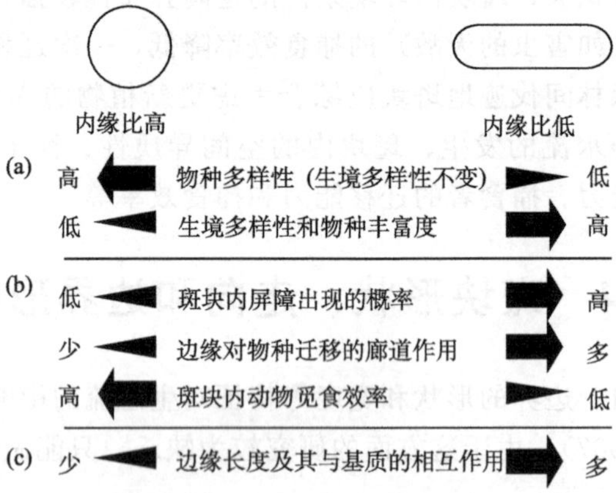

图 5.7　景观斑块内缘比对物种丰富度和物种运动的影响［根据 Forman 和 Godron (1986) 改绘］

斑块形状对斑块内的动物觅食、生物个体的迁移，以及物质和能量的流动具有重要的影响。这种影响一部分来自于由形状所决定的内缘比。较高的内缘比可促进某些生态过程，较低的内缘比也可增强其他一些生态过程。在等面积条件下，扁长形斑块的边缘效应明显，对动物在斑块内觅食和运动的影响较大，动物运动往往受到较大的局限，运动方式往往表现为沿边缘的近直线式迁移，斑块边缘可起到似廊道一样的通道作用。而圆形或正方形斑块的边缘效应较小，对动物在斑块内觅食和运动的影响较小，动物的觅食效率较高［图 5.7(b)］(Forman and Godron, 1986; Turner et al., 2001)。

斑块形状对基质与斑块间或斑块与斑块间的相互作用也至关重要。在等面积条件下，斑块长宽比或周长与面积比或内缘比越接近圆形或正方形的值，其形状就越“紧密”。紧密型形状的斑块有利于保蓄能量、物质和生物；而松散型形状（如长宽比很大或边界弯延多曲折或非规则形状）的斑块易于促进斑块内部与周围环境的相互作用，对能量和物质的交换、植物的扩散传播和动物的迁移有重要作用［图 5.7(c)］。另外，树枝状形状的斑块主要与物质运输相关，如神经网络、铁路网络、河流等 (Forman and Godron, 1986；邬建国，2007)。

半岛 (peninsula) 是景观中呈狭长状或凸状外延的一类特殊斑块，对物种分布和迁移表现出特殊的功能。半岛可能是物种迁移的“漏斗”或“聚集器”。在半岛的顶端，动物密度较大，显示出漏斗效应；同时，半岛对其两侧基质或斑块可起到一种屏障或过滤作用。半岛上的物种丰富度往往低于周围基质，而且一般地说，从半岛基部到顶端，物种丰富度是逐渐降低的。有几种假说或模型解释这种物种分布格局，包括平衡（侵入-绝灭）假说、内缘比假说和环境异质性假说（Forman and Godron，1986）。

5.4.2 斑块走向与生态流

斑块形状的功能效应有时还与斑块长轴的走向（orientation）或方向性（directionality）或空间方向有关。斑块走向不仅会影响某些生态流的方向，而且还常与生态流的方向耦合，共同决定景观的功能。斑块走向可以平行或垂直或斜交于生态流的方向。以下以图 5.8 为例来说明。其中，“生态流的方向”分别代表水土流动（物质流）的方向、盛行风（气流）的方向、种子传播或生物个体迁移（物种流）的方向。

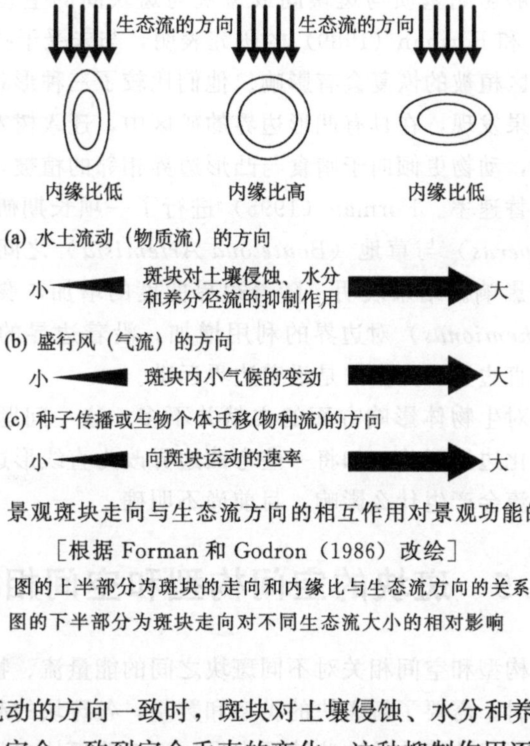

图 5.8 景观斑块走向与生态流方向的相互作用对景观功能的影响

［根据 Forman 和 Godron（1986）改绘］

注：图的上半部分为斑块的走向和内缘比与生态流方向的关系。

图的下半部分为斑块走向对不同生态流大小的相对影响

斑块走向与水土流动的方向一致时，斑块对土壤侵蚀、水分和养分径流的抑制作用最弱；随着两者的方向从完全一致到完全垂直的变化，这种抑制作用逐渐增强［图 5.8(a)］。因此，在丘陵山地的水土保持和土壤侵蚀防治中，环绕山体修建梯田或栽植草灌最有效，而沿着山脊栽植草灌的效果最差。

斑块走向与盛行风向一致时，斑块内小气候的变动很小；随着两者的方向从完全一致到完全垂直的变化，斑块内小气候的变动增大，土壤也变干［图 5.8(b)］。因此，公园绿化林地的长轴应平行于盛行风向，以营造一个较为湿润的林地空间；而农田防护林的种植方向应尽量与盛行风向垂直，以起到最佳的防风效果。

斑块走向与物种迁移的方向一致时，斑块不被作为它们迁移的目标，因此，生物个体向斑块运动的速率最低；随着两者的方向从完全一致到完全垂直的变化，斑块逐渐成为物种迁移的显著目标，生物个体向斑块运动的速率也逐渐增加［图 5.8(c)］。例如，通过林地迁移的昆虫或脊椎动物，或飞越林地的鸟类，容易发现垂直于它们迁移方向的狭长形采伐迹地，但却经常遗漏圆形采伐迹地，也可能错过平行于迁移方向的狭长采伐迹地（傅伯杰等，2001；Turner et al.，2001）。因此，在动物保护中，在事先了解被保护动物迁徙路线的基础上，可在途中设置一些与其迁徙方向垂直的狭长形生境斑块，以便动物能够及时发现和利用。这类问题已成为一个专门探讨动物觅食对策的研究领域（Forman and Godron，1986）。

综上，斑块走向与生态流方向的耦合具有重要的生态学意义。然而，这方面的实际研究还很缺乏。

5.4.3 斑块边界形状与生态流

斑块边界形状能够影响基质与斑块间或斑块与斑块间的生态流（Forman and Godron，1986）。Hardt 和 Forman（1989）的研究表明，与未受干扰的森林相邻的被开采矿区的边界形状对矿区植被的恢复会有影响。他们比较了三种形状（凸形、凹形和直线形）的矿区边界。结果发现，在具有凹形边界的矿区中，迁入树木的密度要高 2.5 倍。

有许多证据表明，动物更倾向于啃食与凸形边界相邻的植被，可能是因为凸形边界可导致更高的植被演替速率。Forman（1995）进行了一项长期研究，检验新墨西哥北部松柏（*Pinus-Juniperus*）与草地（*Bouteloua-Artemisia*）之间的边界形状对野生生物利用与穿越边界的影响。结果表明，随着边界曲度的增加，麋鹿（*Cervus elaphus*）和骡鹿（*Odocoileus hemionus*）对边界的利用增加，沿着边界的运动减少，而穿越边界的运动增加；对于直边界，更多的是沿着边界运动。

然而，边界形状对生物体影响方面的文献并不多，这一问题仍需更多研究。特别地，人类活动常常简化边界形状，如将一些弯曲边界改为直线形边界。这种改变对边界两侧及沿边界的生态流会产生什么影响，目前尚不明确。

5.5 斑块的空间构型和空间相关

景观斑块的空间构型和空间相关对不同斑块之间的能量流、物质流和物种流影响很大。在了解某一景观时，需要了解斑块的类型和数量，各斑块的起源和成因机制，各斑块的大小和形状；但若仅从斑块的这些特征出发，而忽略斑块之间的空间构型和空间相关，那么还不足以全面认识景观的格局及格局所作用的生态过程和功能。

斑块的空间构型和空间相关指标具体可包括不同大小、形状和走向的斑块的空间配置，斑块之间的空间关系（如连通性、对比度、聚集度、隔离度等），同类斑块的空间分布（如随机、聚集、分散分布），斑块之间的空间关联程度（正相关或负相关），空间梯度和趋势，以及空间等级或分形结构、等级水平等。可用斑块水平或斑块类型水平的相关景观指数来度量，也可用一些空间统计学方法来识别。具体方法见第 11 章。

探求斑块的空间构型和空间相关是为了通过了解斑块之间的潜在相互作用，揭示景观中的能量流、物质流和物种流，并且反过来为斑块的规划提供指导。具体可表现在以下几个方面。

（1）不同大小和形状的斑块的空间配置：在景观规划中，要配置不同大小和形状的斑块，并考虑它们的数量及其空间关系。景观中必须有一些内缘比很大的等径大斑块，为大量敏感内部种提供栖息地；同时，大斑块之间要有较多的小斑块和廊道相连，而且小斑块和廊道的边缘可以很长，形状可以很不规则，从而为边缘种提供栖息地，并为内部种提供迁移的踏脚石和通道（Forman and Godron，1986）。这样，许多不同的内部种和边缘种就能和谐地生活在景观中。

另外，景观斑块的空间配置可决定生物体能否顺利迁移。例如，中国东北地区的扎伦、盘锦、洪河等湿地自然保护区是许多国际候鸟的暂栖地。如果这些候鸟在长距离的迁徙途中存在类似的一个或几个暂栖地，那么鸟类就可以得到适当的休息、觅食、恢复体力，从而有效地避免被天敌捕获；相反，如果景观格局发生变化，湿地景观转变为农田景观，那么这些候鸟便失去了暂栖地，不利于它们的迁徙（傅伯杰等，2001；赵羿和李月辉，2001）。

(2) 斑块之间的连通性/连接度、聚集度/分散度、对比度/相似度、隔离度/相邻度：如果一个斑块是火灾或害虫爆发的干扰源，那么当它被隔离（与“易感”斑块之间的隔离度大）时，或者与不同类型的斑块镶嵌在一起（对比度高）时，就能够形成一种有效的屏障，起到阻止干扰扩散的作用；反之，如果相邻斑块的植被特征与干扰斑块相似（对比度低，相似度高），或者干扰斑块与周围基质在环境条件和植被分布上呈梯度变化（连接度高），则干扰很容易扩散（Forman and Godron，1986）。因此，在自然保护区规划或景观规划中，对于火灾或害虫易发区，应尽可能地使不同类型的斑块镶嵌组合在一起，避免相邻斑块的较大相似性。

(3) 斑块的空间分布：在同一个尺度上，若同类斑块呈随机分布，则斑块内对能量、物质和物种的保蓄能力，斑块与外界的交换能力，以及同类斑块之间的相互作用均居中，体现平均格局。若呈强分散分布（如草原中的牧区），则斑块与外界的交换很多（斑块易受基质的影响），但斑块内保蓄能力很弱，同类斑块之间的相互作用较少发生。若聚集成少数较大斑块（如较大的城镇、湖泊），则斑块内保蓄能力很强，但斑块与外界的交换很不足，同类斑块之间的相互作用也很弱。若总体聚集，但在整个景观中均匀分布，面积较大（如草原地区的草地斑块），则斑块内保蓄能力较强，斑块与外界的交换很多（易影响外界），同类斑块之间的相互作用较易发生。

第6章 廊 道

6.1 廊道起源和类型

廊道的起源或成因机制与斑块类似。据此可将廊道分为5类：环境资源廊道、干扰廊道、残存廊道、种植廊道和再生廊道（Forman and Godron，1986）。

（1）环境资源廊道：由环境条件或资源在空间上的异质性线性分布形成，如河流廊道、山体上的动物路径等。

（2）干扰廊道：由线状或带状干扰所致，如铁路、高速公路、森林中的线性采运作业通道等。

（3）残存廊道：是周围基质受到干扰后形成的线状或带状廊道，如森林采伐后留下的林带、铁路建成后两侧残存的天然草原带（之前有大面积的天然植被）。

（4）种植廊道：由人类种植形成，如防护林带、公路两旁的绿化带、树篱等。

（5）再生廊道：先前存在，遭干扰破坏之后又再次出现的线状或带状廊道，如沿栅栏长成的树篱在剪除之后或绿化带在砍伐之后，又重新栽植。

与斑块类似，廊道的持续性或稳定性、廊道内的物种动态与廊道的成因机制直接相关。例如，像河流廊道这样的环境资源廊道具有相对较长的持续性；而像森林中的线性采运作业通道这样的干扰廊道会在采运之后，随着周边树木的入侵而很快消失。

与斑块类似，除环境资源廊道外，多数廊道的持续性和物种动态主要取决于人类对廊道的管理，表现在长期输入的能量（负熵流，特别是化石燃料）上。对廊道的管理可以在廊道内。例如，在铁路和公路的边缘反复喷洒除草剂，可防止周围本地杂草向铁路和公路的入侵；对树篱灌木的修剪，可使其维持在一定高度。对廊道的管理也可以在与其毗邻的区域内（Forman and Godron，1986）。例如，经常对防护林带包围的农田进行翻耕和除草等管理，尽管没有对林带本身进行任何管理，也可维持林带的长期存在，阻止该地区整个变成一片森林。又如，在荷兰 Arnhem 市的郊区公路中间有一条绿化带，其中的植物全部是本地草本植物，看起来没有人工管理的痕迹，但它却能很稳定地保存下来。对两旁道路的使用和管理间接地维持了这条绿化带。绿化带与道路之间并没有路沿石阻隔，而道路车辆并未因此破坏绿化带，绿化带中的植物也没有蔓延到道路上（图 6.1）。这种通过对道路的使用和管理从而使绿化带自然得到维持的做法，可以巧妙地避免在维护绿化带上的过多付出。这在中国的城市道路规划中非常值得借鉴。

廊道的分类方法有多种，依不同的标准而异。按形成原因，可分为人工廊道和自然廊道；按组成内容或生态系统类型，可分为植被廊道（如防护林带、树篱、绿化带等）、河流廊道和道路廊道等；按形态可分为直线形廊道（如网格状分布的道路）和树枝状廊道（如具有多级支流的流域系统）；按宽度可分为线状廊道和带状（或条状）廊道；按功能可分为输水廊道（如沟渠）、物流廊道（如道路）、防御廊道（如城墙）、信息廊道（如电话线）、能流廊道（如输电线路）和河流廊道；按照与周围景观组分的高度差异可

图 6.1　使用和管理毗邻的道路对绿化带廊道的维持（荷兰 Arnhem 市的郊区）

分为比周围景观组分高的廊道（如树篱）和比周围景观组分低的廊道（如林地中的小路、采伐带）。

6.2　廊道功能

同一条廊道可以具有栖息地、源、汇、通道、屏障或过滤的多重功能。

（1）廊道可作为基质中不常见物种的特殊栖息地，如农田景观中的河岸带、城市景观中的绿化带等（邬建国，2007）。

（2）廊道可作为能量、物质和物种的源和汇。这取决于廊道的性质、宽度以及它所作用的对象。例如，河流廊道可作为水生动物的源，但对于陆生动物却可起到汇的作用。道路廊道（包括路边沟堤和沟渠）是尘土的源地，可被风吹到相邻景观组分。有些廊道既可作为源，又可作为汇，如农田中的防护林，一方面有较高的生物量和若干野生动植物种群，可对其他景观组分起到源的作用；而另一方面也可阻截和吸收来自周围农田水土流失的养分与其他物质，起到汇的作用（邬建国，2007）。

养分和水分被廊道拦截之后，可作为汇，直接为廊道处的植物吸收利用。例如，与坡地等高线平行的草灌植被廊道可部分拦截洪水及其携带的矿质养分和土壤有机物，并堆积在廊道草灌根部，被草灌吸收利用（Forman and Godron，1986）。物种被廊道拦截之后，或者汇集于廊道的某处，或者以此为起点（源）开始新的扩散，发生有局部传播的间歇运动，见“8.3.1 节‘物种运动的形式与特征’”。

（3）廊道可作为能量、物质和物种传输或迁移的通道。这一点早已为人们所认识。例如，道路和河流廊道是传输能量和物质的主要通道，动植物和人也常常沿道路和河流廊道穿越景观。

（4）廊道可作为半渗透性的屏障或过滤器或栅栏。能量、物质和物种，如风、热能、尘土、气溶胶、矿质养分、被动传输的有机物（如种子、昆虫和土壤动物）等，在遇到道路或植被廊道时受到部分抑制，速度减缓、停滞或改变原来的运动方向，所携带的物质和物种在廊道处堆积，这时的廊道起着屏障或过滤器或栅栏的作用。例如，疏透型农田防护林可有效地降低风速，并使风携尘土、养分和雪花等沿其一侧堆积；两种田块之间一定宽度的溪沟或树篱可起到较好的屏障作用，避免不同物种之间的杂交和变异（傅伯杰等，2001）。

值得注意的是，景观中的廊道是半渗透性的屏障或过滤器，也就是说其作用是相对的，可以允许某些物种或物质顺利通过，而对其他物种或物质则起到阻挡作用，或仅允许某些物种或物质的一部分顺利通过。例如，大河对水生生物是极好的通道，但对许多陆生生物却是屏障。又如，道路可作为输送物质和人流的主要通道，但道路及两侧沟渠却是许多哺乳动物不轻易通过的屏障，一些在穿越道路时被车辆碾死（如野兔、鼠类等），另一些则会集体避开道路（如藏羚羊、红狐等）。

廊道对干扰的作用也是两方面的。一方面，火灾和病虫害爆发等干扰有可能沿廊道迅速蔓延；另一方面，廊道也可起一种“瓶颈”的作用，因此，在土地管理中可以通过设计适宜的廊道（如改变廊道的位置和宽度）来有效地控制干扰的传播（Forman and Godron，1986）。

由于不同物种对廊道的利用方式可能不同，廊道对不同物种利用的功能也不尽相同（Vergara et al.，2013）（图 6.2）。有些物种开始被吸引到廊道边缘，以垂直于廊道边缘的方向运动，并被廊道边缘阻拦或过滤；而一旦到达廊道的内部，则沿着廊道的走向运动，将其作为迁移通道，这种廊道具有栅栏（drift fence）或过滤的功能（Vergara，2011）。而有些物种紧靠廊道边缘（edge-following），以平行于廊道边缘的方向穿越基质，这种廊道具有边缘引领（guiding edges）的功能（Levey et al.，2005）。以上两种廊道功能的机制是物种对廊道边缘的反应，但物种对廊道的利用可能与边缘特性无关，

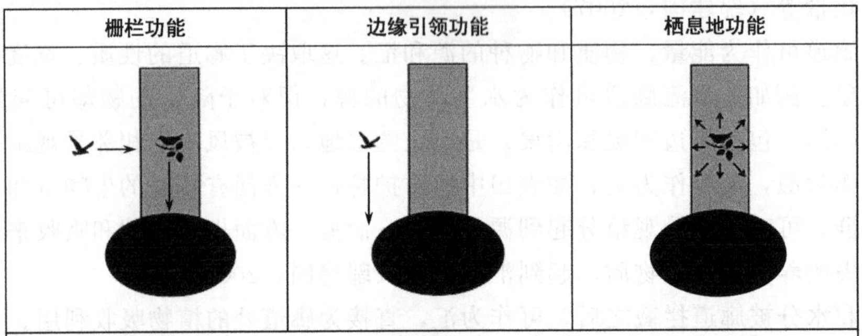

栅栏功能	边缘引领功能	栖息地功能
运动速度		
在廊道与基质中无差异	在廊道与基质中无差异	在基质中的运动比在廊道中更快
运动方向		
在基质中，以垂直于廊道边缘的方向运动；而在廊道内部，沿着廊道的走向运动	在基质中，以平行于廊道边缘的方向运动	在廊道中的运动与廊道边缘的走向无关
转动频率		
在廊道与基质中无差异	在廊道与基质中无差异	在基质中的运动比在廊道中更加线性

图 6.2　廊道对鸟类利用的三种功能（Vergara et al.，2013）

而与廊道的生境条件直接相关。生境适宜的廊道可为多个物种提供食物资源和栖息地，这使得生物体向不同方向的转动频率提高，而在廊道内的运动速率降低，运动方向不定（Berggren et al.，2002）。具有边缘引领功能的廊道并不被作为一个栖息地，而具有栅栏功能的廊道本身可能是一个适宜的栖息地。例如，中国科学院新疆生态与地理研究所徐峰博士在塔克拉玛干沙漠公路沿线对当地特有鸟类——白尾地鸦（*Podoces biddulphi*）的研究表明，沙漠基质中的白尾地鸦被大量地吸引到沙漠公路两旁的固沙植被带（图 6.3）。白尾地鸦可在植被带内部沿着公路方向穿行，而植被带可为其提供较为丰富的食物和更多的隐蔽场所。而且，距离沙漠公路越近，植被的密度越大，白尾地鸦的数量也越大（Xu et al.，2013）。

图 6.3　塔克拉玛干沙漠公路

（http：//news. sciencenet. cn//sbhtmlnews/2013/4/271650. shtm）

6.3　廊道结构与生态流

廊道的功能与其结构密切相关。廊道的结构可分为独立结构和网络结构。廊道是独立的还是连接成网络，以及廊道在曲度、宽度、形状、组成内容、连接度、连通性、内环境及与周围斑块或基质的空间关系等结构特征上的不同会对景观的生态过程和功能带来不同的影响（傅伯杰等，2001；赵羿和李月辉，2001；邬建国，2007）。以下仅介绍独立结构特征，网络结构将在后面介绍。

独立结构是在景观中单独出现，不与其他廊道相接触的廊道。内部结构特征表现为：内部组成［包括边缘带（edges）和内部区域（interior）］，宽度（width），沿廊道走向的环境梯度（environmental gradient across），植被的高度、垂直分层和冠层开度（或郁闭度），物种的组成、丰富度和多度等（图 6.4）。外部结构特征表现为：①与周边的关系，包括长度，沿廊道走向的环境梯度，斑块化（patchiness），毗邻斑块或基质的类型、分布和结构，交叉结点（intersection node）和附着结点（attached node）的分布［图 6.5(a)］。②曲度（curvillinearity）和宽度，包括廊道本身的曲度、内部区域的曲度、宽度的变异性、窄区的分布［图 6.5(b)］。③连接度和间断区（gaps），包括连接度，间断区的存在与否、长度、分布格局（如聚集性），间断区及其邻域的适宜性［图 6.5(c)］（Forman，2006）。

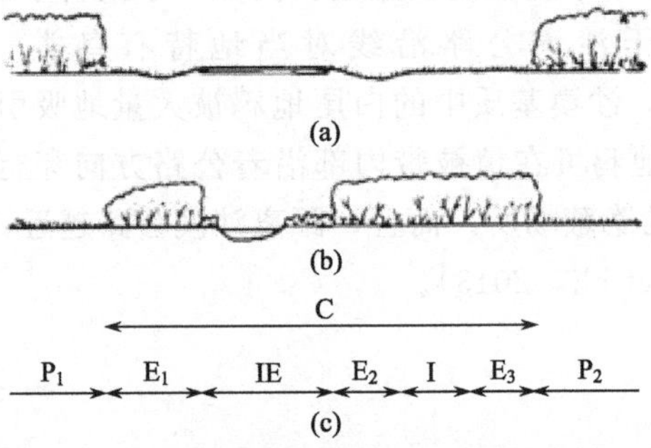

图 6.4　廊道的内部结构特征（Forman，2006）

注：(a) 为森林景观中的公路廊道，包括路面和沿路低矮植被；(b) 为草地景观中的河流廊道，宽度与上图的公路廊道相同，包括河流、沿河滩地和河岸植被带。图中，C 为廊道；IE 为廊道的内部区域；E_1、E_2 和 E_3 为廊道的边缘带；I 为较宽边缘带的内部；P_1 和 P_2 为与廊道毗邻的斑块或基质

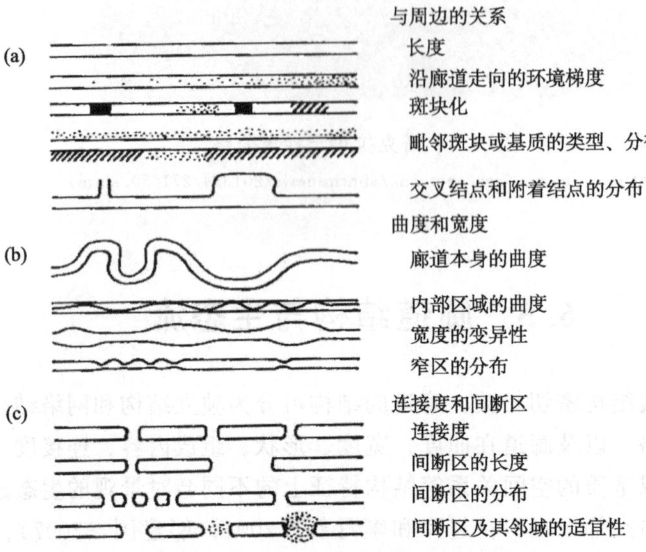

图 6.5　廊道的外部结构特征（Forman，2006）

6.3.1　廊道的曲度

廊道的曲度明显可见。自然形成的河流廊道往往蜿蜒曲折，而人们为了航运、排水或防洪等目的，往往将弯曲的河流改道取直。保持一定的廊道曲度具有重要的生态意义。一般地说，廊道越直，距离越短，能量、物质和生物个体在景观中的流动或移动速度就越快；反之，穿越蜿蜒廊道需要很长时间（Forman and Godron，1986）。

弯曲的廊道能创造更多的异质生境。例如，河道的弯曲处可形成一些小洼地，有利于沉积物的截留和有机物的累积，同时可为水生动物提供觅食和繁殖的场所，或者提供躲避湍急水流和捕食者的避难场所，也可为许多水生无脊椎动物提供食物（Sedell et al.，1990），因此，弯曲的廊道可提高廊道内的物种丰富度。

6.3.2 廊道的宽度

廊道有宽窄之分，据此可初步区分线状廊道和带状廊道。

线状廊道指景观中与相邻两边环境不同的狭长条带［图 6.6(a)］（邬建国，2007），如小道、铁路、公路、堤坝、沟渠、输电线路、地产线、树篱等，狭窄河流或河流廊道有时也具有线状廊道的特征。线状廊道具有以下特征：①受边缘效应的极大影响，以边缘环境为主，内部环境很少，甚至可能完全缺失，因此以边缘种为主；②没有一个物种是完全局限于线状廊道的，相邻基质或斑块的环境条件（如风和土壤）、人类活动和物种对线状廊道内的环境和物种影响很大；③对于除树篱等以外的其他几种线状廊道，由于长期干扰的结果，大多有一个动植物相对缺乏的中心地带，但其维持需要投入大量的人力和物力（Forman and Godron，1986）。

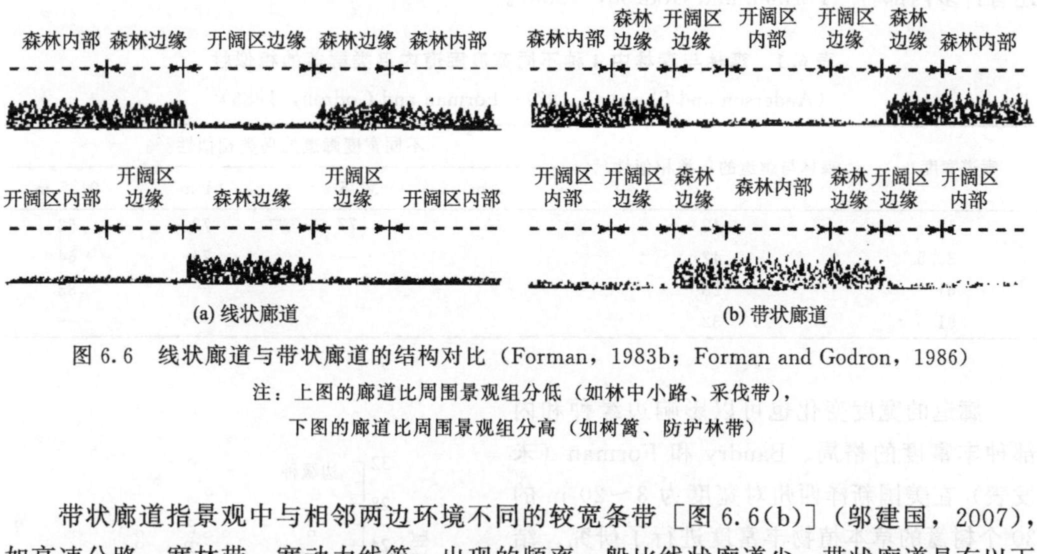

(a) 线状廊道　　(b) 带状廊道

图 6.6　线状廊道与带状廊道的结构对比（Forman，1983b；Forman and Godron，1986）

注：上图的廊道比周围景观组分低（如林中小路、采伐带），
下图的廊道比周围景观组分高（如树篱、防护林带）

带状廊道指景观中与相邻两边环境不同的较宽条带［图 6.6(b)］（邬建国，2007），如高速公路、宽林带、宽动力线等，出现的频率一般比线状廊道少。带状廊道具有以下特征：①每边都有边缘效应，中间足可包含一个内部环境；②对于植被廊道，除有边缘种外，其中心地带还可能有比较丰富的内部种；③除具有较多的内部环境和内部种之外，其他与线状廊道特征相似（Forman and Godron，1986）。

带状廊道与线状廊道的基本结构差异主要在于宽度，并具有重要的功能意义，此为“宽度效应”。廊道的宽度在物种沿廊道或穿越廊道的迁移中具有特别重要的作用（傅伯杰等，2001）。一般地，带状廊道可促进沿廊道的迁移，但可能会阻止穿越廊道的迁移［图 6.7(a)］；而线状廊道可促进穿越廊道的迁移，但可能会阻止沿廊道的迁移［图 6.7(b)］（Forman and Godron，1986）。线状廊道是否可促进沿廊道的迁移取决于景观结构与物种

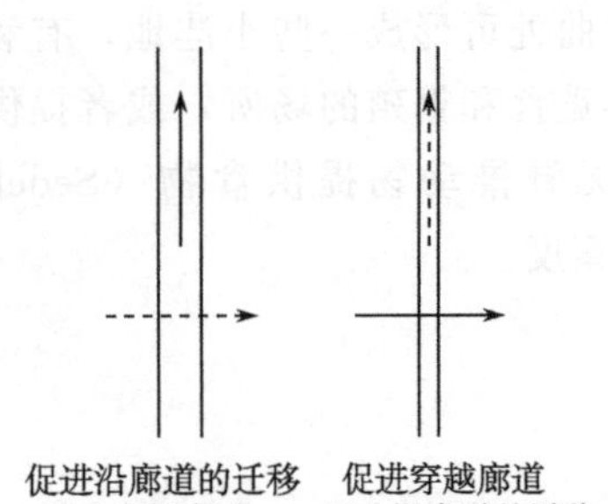

图 6.7　廊道宽度对物种运动的影响（Forman，1983b；Forman and Godron，1986）

对环境异质性的时空反应之间的联系；而这个问题非常复杂，因为不同物种和个体在不同景观中的运动格局可能很不同（Davies and Pullin，2007；Öckinger and Smith，2008；Vergara et al.，2013）。

廊道的宽度变化可以影响基质与廊道之间、不同廊道之间的物种相似性格局。以美国田纳西州林区的森林与森林中 4 种不同宽度廊道内鸟类群落的相似性为例来说明这个问题。由表 6.1 可见，森林与廊道鸟类群落的相似性为 28%～42%；而不同廊道的鸟类群落的相似性较高（62%～83%），无论其宽度如何。森林基质与窄廊道的相似性更高，因为窄廊道的边缘种几乎全部来自于周围的森林基质。宽度越相近的廊道，鸟类群落也越相似。例如，宽度为 12～30.5 m 的窄廊道的鸟类群落彼此十分相似，相似性为 77%；宽度为 61～91.5 m 的宽廊道的鸟类群落彼此也十分相似，相似性为 83%；而窄廊道与宽廊道的鸟类群落相似性降低，为 62%～74%。这是因为窄廊道起线状廊道的作用，以边缘种为主；而宽廊道起带状廊道的作用，除边缘种外，还有许多内部种（Forman and Godron，1986）。

表 6.1　森林与森林中 4 种不同宽度廊道内鸟类群落的相似性

（Anderson and Shugart，1977；Forman and Godron，1986）

廊道宽度/m	森林与廊道的鸟类相似性/%	不同宽度廊道的鸟类相似性/%			
		12 m	30.5 m	61 m	91.5 m
12	42	—	77	72	62
30.5	42		—	74	64
61	28			—	83
91.5	32				—

廊道的宽度变化也可以影响边缘种和内部种丰富度的格局。Baudry 和 Forman（未发表）在美国新泽西州对宽度为 3～20 m 的 30 个树篱的草本植物丰富度进行了研究。结果表明，树篱宽度与草本植物丰富度之间呈显著的线性正相关性，但树篱宽度对边缘种和内部种丰富度的影响不同：对极其狭窄的廊道（如一行灌木林）（0～3 m），几乎没有边缘种和内部种；对稍宽的廊道（3～12 m），包括大多数边缘种，但内部种很少；对很宽的廊道（>12 m），除包括大多数边缘种外，还有许多内部种，内部种的丰富度可达稍宽廊道的 2 倍以上（图 6.8）。因此，对

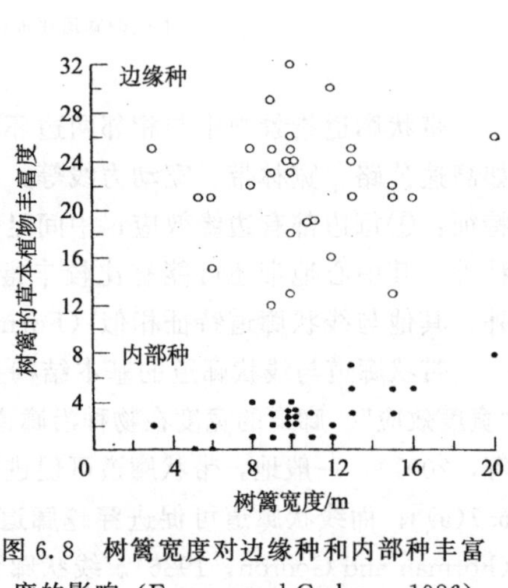

图 6.8　树篱宽度对边缘种和内部种丰富度的影响（Forman and Godron，1986）

该研究中的树篱，可以认为，树篱宽度小于 12 m 的是线状廊道，而大于 12 m 的是带状廊道。由此可见，廊道在物种丰富度上的宽度效应是很明显的（Forman and Godron，1986）。其中，内部种丰富度随廊道宽度的变化表现出明显的临界阈现象：当廊道宽度小于某阈值时，内部种丰富度与宽度之间的相关性接近于零；当廊道宽度大于某阈值时，内部种丰富度随宽度的增大而显著增加。但边缘种丰富度与廊道宽度基本无关。

6.3.3　廊道的连接或间断

廊道间断区（断开区）的存在状况和分布格局是廊道结构的主要量度指标，极大地决定了廊道是具有通道功能还是屏障功能（Baudry，1984；Merriam，1984）。廊道间断区沿廊道的分布是非随机的，可因自然干扰或人类干扰所致，如被洪水冲断的堤坝，以及在城市绿化带中因行人踩踏通行而形成的小缺口，在农田防护林中因机械运输而形成的大缺口等。另外，不同廊道的交叉地带也常常出现间断区。可用连接度表示廊道在空间上的间断或连接状况，具体地可用廊道单位长度上间断区的数量、长度和空间分布，以及间断区及其邻域的适宜性表示（Forman and Godron，1986；Forman，2006）。

间断区一般可阻止物种沿廊道的迁移，而且间断区的长度和间断所影响范围的大小是决定物种是否受到影响以及哪些物种受到影响的主要决定因素。廊道的间断可能与宽度相互作用，影响物种的迁移状况。如前所述，带状廊道通常对一些物种的穿越起屏障作用［图 6.7(a)］，但间断可促进这些物种穿越廊道［图 6.9(a)］（Forman and Godron，1986）。例如，在修建青藏铁路的可可西里路段时，为保护藏羚羊，在藏羚羊每年必经的地方专门修建了高架桥，以确保藏羚羊能安全地在桥下穿越高速公路。又如，在河流中建造水坝时，为保护鱼类的洄游，在坝体上加设鱼道是不可缺少的工程措施（赵羿和李月辉，2001）。间断区的适宜性在物种沿廊道或穿越廊道的迁移中具有特别重要的作用，可起促进［图 6.9(a)］或阻止［图 6.9(b)］作用。

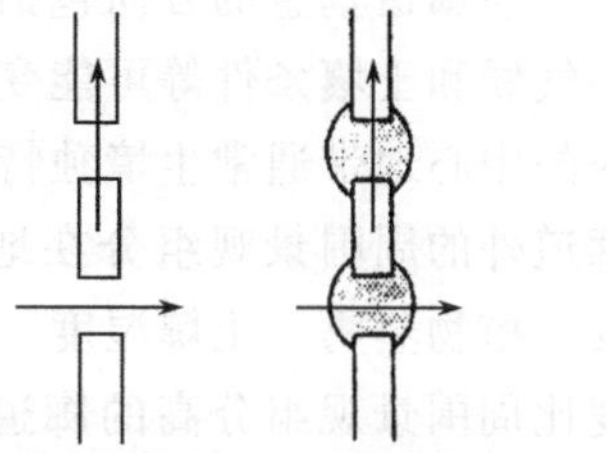

促进沿廊道和穿越廊道的迁移(各方向均有被阻止的物种)

阻止沿廊道和穿越廊道的迁移

(a) 易通过的廊道间断区　(b) 阻止通过的廊道间断区

图 6.9　带状廊道间断对物种运动的影响（Forman，1983b；Forman and Godron，1986）

如果沿着廊道的不同部位都有间断区，那么廊道在形态上类似于一系列线性斑块［图 6.5(c)］。评价这些线性斑块对物种迁移的有效性需要判断生物个体是否能够找到并选择和利用这些斑块，并成功地在斑块之间（即沿着廊道）运动（Rosenberg et al.，1997）。首先，这些斑块必须包含生境组分，因为当面临选择时，动物个体最有可能选择包含其生境组分的运动路径。其次，这些斑块必须是适宜性较高的生境斑块，包含生存或繁殖所必需的资源；在适宜性较差的生境斑块中，动物行为可能发生改变，如动物可能以更高的速度穿越低质量斑块，而不是利用该斑块。物种对间断区的利用程度，以及能否成功地在线性斑块之间运动还取决于间断区及其邻域的适宜性，较高的适宜性更有利于物种的利用和迁移；同时也取决于间断区与适宜生境斑块之间的对比度，较低的对比度（尤其是呈梯度变化的格局）更有利于物种的迁移。对于生物体如何穿越异质景观（沿着廊道或穿过基质）的深入探究是我们理解物种运动对空间格局反应的关键（Turner et al.，2001）。

6.3.4 廊道内的小环境

廊道内的小环境包括沿着廊道方向和垂直廊道方向的小环境。

一般地说，物种组成、丰富度和多度等沿廊道呈梯度变化，可能与环境梯度或侵入-绝灭格局有关，也可能是干扰的结果。根据侵入-绝灭格局假说，廊道的一端更接近物种源，物种仅按一个方向从该端侵入廊道。廊道内的某个部位距离物种源越远，则该部位侵入物种的可能性就越小，而且因该部位与物种的初始生存环境有较大差异，侵入物种发生绝灭的可能性较大。因此，廊道内部的物种梯度起因于物种绝灭与重新侵入之间的动态平衡（Forman and Godron，1986）。自然河流廊道从上游到下游经历明显的环境梯度，与环境条件变化相适应，物种分布也呈现出明显的梯度变化。建设或修复人工河流廊道应以自然河流廊道为参照，发展与上游和下游环境条件相适应的植被。

与廊道垂直的方向包括从一侧到另一侧和从顶部到底部两个方向。廊道两侧边缘的小气候和土壤条件等可能变化明显，也可能很相似，取决于两侧周围的景观组分。廊道内的中心地带通常生境独特，并部分取决于沿廊道所发生的传输或迁移过程。廊道内与廊道外的周围景观组分在地表反照率、土壤热通量、土壤温度、气温、风速、土壤蒸发、植物蒸腾、土壤湿度、土壤有机质含量、风积作用等方面可能有很大差异。对于高度比周围景观组分高的廊道（如树篱），从廊道的顶部到底部，小环境条件变化很大，顶部比周围开阔地更容易受极端环境条件的影响，比较干燥、多风，而底部却相当湿润、风力和缓（Forman and Godron，1986）。与环境条件变化相适应，廊道两侧及顶部和底部的物种也呈现相应的变化。

廊道与其周围景观组分之间的高度差异对廊道边缘效应的宽度有重要影响。比周围景观组分高的廊道受周围影响的边缘较宽，而比周围景观组分低的廊道受周围影响的边缘较窄。例如，长满林木的河流廊道受草原基质小气候影响的边缘较宽；相反，蜿蜒穿过高地森林的泛滥平原的林地，几乎不受森林基质小气候的影响，因而其边缘较窄，或逐渐与基质结为一体（Forman and Godron，1986）。

6.4 河流廊道

河流廊道指河流及沿河流分布而不同于周围基质的植被带，包括河流、河漫滩、河岸和部分岸边高地（图 6.10）。从河漫滩到岸边高地的横断面的环境（尤其是水分）梯度比较明显，形成对水分条件有不同要求或适应能力的动植物沿横断面的梯度分布。其中，河漫滩的植物种类和生产力较高，因为洪水能带来丰富的营养物质（Forman and Godron，1986）。

河岸植被可调节水和物质从周围土地向河流的输运。在河岸植被与岸边高地之间无人为阻隔、来自岸边高地的水流可以经过河岸的前提下，当河流廊道达到一定宽度，并

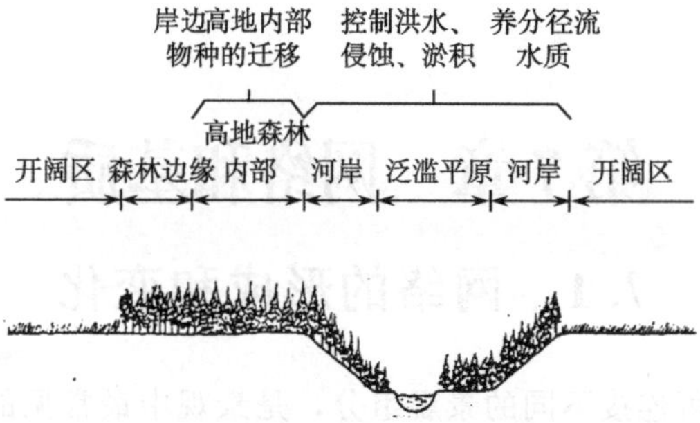

图 6.10　河流廊道的结构和功能

(Forman，1983b；Forman and Godron，1986)

延伸到岸边高地时，可有效降低地表径流、削弱洪峰流量、防止河岸侵蚀、控制矿质养分径流，河流内沉积物、悬浮颗粒物和污染物的含量相应较低，水质一般较好（Forman and Godron，1986；傅伯杰等，2001）。然而，当河流廊道的宽度较小时，这种功能效应可能并不明显。可以想见，如果黄河的沿岸都有较大宽度的植被带，那么，周围丘陵山地的水土流失势必会得到很好的控制，黄河的水质也能得到很大的改善。然而，在黄土丘陵区我们经常见到的是暴雨之后，光秃的丘陵山地土壤遭受严重侵蚀，大量黄土毫无阻拦地冲入黄河。

河岸植被对水质的改善功能也可减少河流中以沉积物和有机污染物作为栖息地的寄主（如正颤蚓 *Tubifex tubifex*）的数量，因此，大面积的河岸植被可有效降低当前世界范围内广布的动物疾病，如鳟鱼眩晕病（whirling disease）的爆发概率（McGinnis and Kerans，2013）。

河岸植被对水生生物有直接影响。例如，植被冠层可为许多昆虫和鸟类利用；郁闭的植被可以保持河水的清凉，这往往为一些鱼类（如鲑鱼）所必需（Schisler et al.，2000）；落在河中的植被凋落物可成为许多河流食物链的基础（Forman and Godron，1986）。

在基质为非林地的景观（如农田景观，城市景观）中，一些陆地内部种（如鸟类）常常利用河岸植被，或者利用岸边高地内部的植被（如果有的话），沿着河流廊道迁移（Vergara，2011）。有些物种会在一天的不同时间在岸边高地较干燥的环境和河漫滩或河岸较湿润的环境之间迁移，如鸟类在高地筑巢栖息，在河岸和河漫滩觅食。另有些物种为躲避洪泛期的湿润环境，会从河漫滩沿着横断面一直迁移到岸边高地的林地中，而在洪泛期结束之后，又沿着横断面返回河漫滩。

在河流廊道的规划或修复中，应首先确定河流廊道的目标功能（1 个或多个），其宽度应以能充分实现其目标功能为准。

第7章 网络和基质

7.1 网络的形成和变化

网络（network）可连接不同的景观组分，是景观中最常见的结构之一。在景观生态学中，通常意义上的网络是指廊道网络，由廊道与结点相连而形成。另外还有斑块网络，由同质和（或）异质的景观斑块通过一定的空间联系而形成。复合种群是斑块网络的一个实例。在复合种群生态学中，景观被看成是由生境斑块构成的网络，物种以亚种群的形式生活在这些斑块上，亚种群之间通过迁入和迁出过程发生联系，形成“斑块网络”(Hanski，1998)。

不同的自然地貌、地形（如坡度和海拔）及侵蚀过程可形成不同的河流网络结构特征，包括不同的河谷宽度、河岸宽度、河道曲度、河流廊道之间的相交格局等。例如，在山区，侵蚀坡降大，河流流速大，河道较直，河谷较窄，河岸陡峭而窄；而在较为平坦的宽阔河谷地区，干流和支流坡降小，容易形成河曲，河岸也较宽。对其他大多数网络，人类历史或文化因素是构成其结构特征的基础，并随着政治体制、经济、社会、人口、交通等的发展而变化。有些网络则是伴随着其他网络发展而来的，并与之平行，如城区的树篱网络起源于道路网络，农田防护林带网络起源于沟渠网络（Forman and Godron，1986；傅伯杰等，2001）。

Forman（2006）总结了6种主要廊道网络的结构类型及其形成和变化的驱动力(图7.1)。

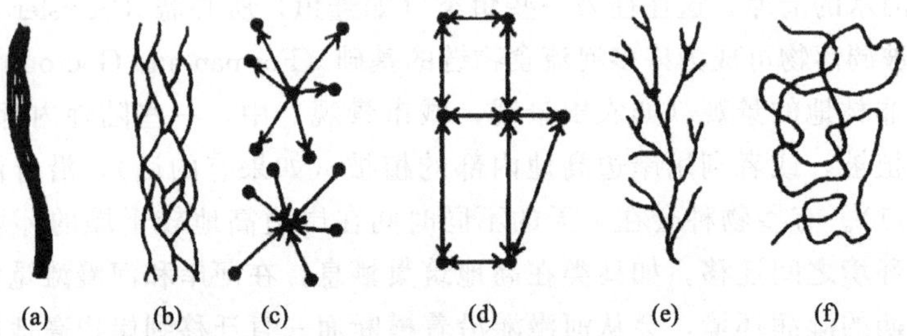

图7.1　廊道网络形成和变化的几种驱动力（Forman，2006）

(1) 能量、物质和物种的汇集或分散，可形成紧密聚集型或松散交错型网络结构。生态流沿着某个方向流动时，若适宜的廊道只有一条，那么它们将会汇集进入这个适宜廊道及其毗邻区域，形成紧密聚集的、能快速穿越景观的宽廊道［图7.1(a)］。相反，若生态流有多条可选择的适宜廊道，那么它们将不会汇集于某单个廊道，而是经由多条松散聚集的、相互之间有交错的曲折廊道穿越景观［图7.1(b)］。总之，生态流的汇集或分散驱动了特定廊道网络结构的形成，而廊道网络的结构特征反过来又影响了生态流的汇集或分散，两者相互作用。例如，一个城市初建时，居民的居所和活动场所相对聚集，可能是由东向西沿着城区的中轴线及其周边分布，这时规划的道路网络可以汇集为一条主干道；随着城市的发展，居所和活动场所向外扩展，逐渐分散，这时规划的道路网络必须是由多条可选择的、相对分散分布的道路组成，一条主干道不再能满足需求。在这个例子中，人流决定了道路网络的结构特征。

(2) 某个或某些结点是强源或强汇，可形成爆炸型或内聚型网络结构［图 7.1(c)］。若某个结点是强源，那么能量、物质或物种会以该结点为起点，向四周扩散，而且单向净流量很大，形成爆炸型网络结构；反之，若某个结点是强汇，那么来自四周的能量、物质或物种会向该结点汇集，而且单向净流量很大，形成内聚型网络结构。有些结点可能在某个时间是强源，而在其他时间是强汇。例如，一个有 20 万上班族的大型生活社区，在早晨上班时是一个强源，人们向四周大批流动；而在傍晚下班时却变成一个强汇，人们又从四周回流。相对于其他结点，作为强源或强汇的结点在能量、物质或物种数量上占绝对优势，对整个网络的功能起着至关重要的作用。

(3) 多个结点既是弱源，也是弱汇，可形成直线形网络结构［图 7.1(d)］。在道路网络、农田树篱网络、道路绿化带网络等直线网络中，许多结点既是源，也是汇。这些结点作为源，都只向其他每个结点输出一部分；而作为汇，都只获得其他每个结点的一部分，因此，它们是弱源或弱汇。能量、物质或物种被相对平均地分配于不同的结点，单个结点在能量、物质或物种数量上不占绝对优势。另外，经过不同连接廊道的流量差异取决于环境的异质性。

(4) 能量、物质和物种的汇集或分散及基质的空间异质性可形成分枝形网络结构［图 7.1(e)］。河流网络中干流分枝为支流源于能量的分散，而支流汇合为干流源于能量的汇集。但分枝结构（如支流的宽度和曲度等）则取决于沿途基质的空间异质性，特别是水文地质条件。

(5) 能量、物质和物种无固定方向或被平衡于不同方向，形成不规则形网络结构［图 7.1(f)］，如生物个体漫无目的的行走路线。

7.2 廊道网络

从形状上，廊道网络主要包括分枝形网络（dendritic network）和直线形网络（rectilinear network）。分枝形网络是一种树状的等级结构，如河流网络和侵蚀形成的交叉山脊网络。直线形网络是一种环路结构，如道路网络和农田防护林带网络（Cook and van Lier，1994）。

从构成组分上，廊道网络主要指由连接廊道（linkage）和结点（node）构成的廊道网络，即连接廊道连接着结点，而廊道相互连接形成环绕景观其他组分的网络。对道路网络，各居民工矿用地作为结点，道路作为连接廊道；对河流网络，干流与支流之间、各级支流之间的交叉处作为结点，河流廊道作为连接廊道。另外，如果基质环绕其他组分，且不同部位的基质为条带状长距离延伸或互相穿插形成网络，具有廊道的作用，这时可以将基质看作廊道网络（傅伯杰等，2001）。

7.2.1 连接廊道和结点

连接廊道和结点是廊道网络最重要的组分。第6章所述单个独立廊道的结构特征也适用于网络中的连接廊道。除此之外，连接廊道的结构特征还表现在以下几个方面：①宽度，包括组成连接廊道的单个廊道的宽度的平均值、方差和空间排列；②曲度，包括组成连接廊道的单个廊道的曲度的平均值、方差和空间排列；③延展性（expansion或expandability），如洪泛期河面向四周的扩展（Forman，2006）。

结点包括交叉结点（简称交点）、附着结点和单条廊道的端点（endpoint）。交点是两条或两条以上的廊道连接和交叉重叠的斑块［图6.5(a)］，如两条主要高速公路交叉处的植被交错区、不同方向的两行树篱的交叉处、河流廊道中两条支流的汇合处、河流急转弯的凹岸、道路交叉处的居民区、动物迁移路径中的水坑等。交点比附着结点更为常见。附着结点是附在交点上或交点之间的斑块［图6.5(a)］，比廊道宽，但作为独立的景观组分又太小，如道路网络中紧靠路边的饭店和商店等。有些交点也较大，可起到小斑块的作用。

1. 连接廊道密度和相交的角度

与一个交点相连接的廊道的数量被称为连接廊道密度（linkage densiy），可用来指示交点的重要性，具有较高连接廊道密度的交点也更重要。整个网络的连接廊道密度是与每个交点相连接的廊道的平均数量，也称为β指数（Forman，2006）。

与一个交点相连接的不同廊道之间的夹角的大小被称为相交的角度（intersection angle），可用来指示能量、物质和物种流动或运动的方向。直线形网络中，不同廊道之间相交呈约90°，连接廊道密度为2～4，由此形成“L”形、“T”形和“+”形的连接类型（图7.2）。分枝形网络中，不同廊道之间相交呈约45°，连接廊道的密度为2～4。也有一些网络的交点有5个或更多的连接廊道，不同廊道之间相交的角度变化较多，不呈90°或45°（Forman，2006）。

图7.2 农田防护林网中的连接类型

2. 结点大小和交点效应

结点对生态流有两种作用，即作为廊道与廊道或廊道与斑块的交接区，以及作为能量、物质和物种流动的源或汇（终点）。无论哪种作用，结点通常都可作为中继站，实现对生态流的某种控制，包括扩大或加速流动、降低生态流中的“噪声”（noise）或“不相关性”（irrelevancies），以及提供临时储存地。例如，河流网络中的凹岸往往林木繁茂，是许多物种的重要结点，可为过往的物种（如丹顶鹤、黑嘴鸥等候鸟）提供食物（扩大流动）、淘汰弱鸟（降低噪声），并使个体聚集以等待有利天气的到来（临时储存地）。因此，在结点（特别是较大的结点）上，物种丰富度和多度一般比周围廊道要高，保护这些结点实际上保护了物种多样性。同时，这些结点也可为景观储备更多的物种源，从而保证物种向干扰斑块的重新侵入。规划和管理这些结点的大小和空间分布对生态流或结点的利用至关重要（Forman and Godron，1986；肖笃宁等，2010）。另外，河流和道路网络的结点在控制水流、养分径流、土壤侵蚀方面可能也具有重要的作用。然而，目前对廊道网络结点生态学意义的研究还很少（Forman，2006）。

如果网络中的交点对内部种起汇集或中转作用，则可预测内部种和边缘种的分布格局随其离交点的远近程度而完全不同：内部种的数量会随距交点的距离增大而迅速下降；而距离对边缘种却没有影响，除非它们非常接近交点［图 7.3(a)］。根据该假说，对一个农田防护林带网络，侵入农田中心部位更多的是林带中的边缘种，因其可扩散到离林带较远的农田中，适应能力也较强；而内部种在林带交点内部和附近更多。该假说在新泽西州地区的树篱网络中获得实验验证。草本植物种的丰富度与距交点的距离呈明显的负相关［图 7.3(b)］。在距交点中心 30 m 的范围内，物种丰富度较高，且变化不大，但从 30 m 开始迅速下降，说明该树篱网络交点的影响范围可从中心向外延伸至 30 m 左右（Forman and Godron，1986）。虽然该研究没有区分内部种和边缘种，但完全可以推断，物种分布的这种变化主要是由内部种引起的。

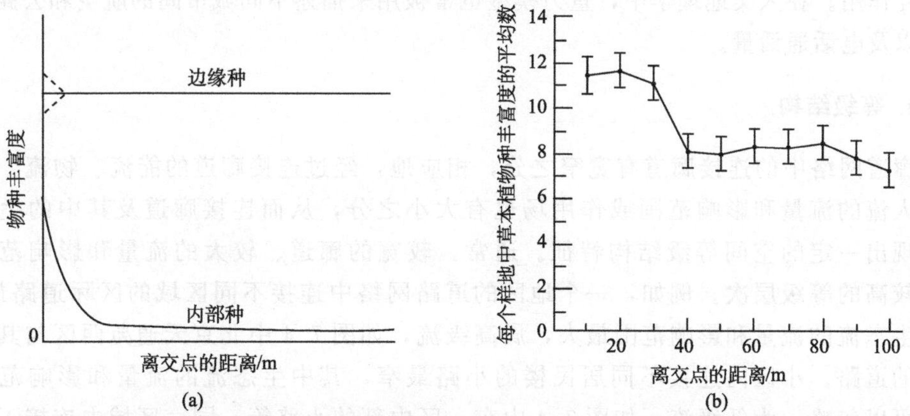

图 7.3　廊道网络中物种丰富度随距交点距离的变化（Forman and Godron，1986）

注：(a) 为假设的内部种和边缘种丰富度的分布格局；(b) 为在树篱网络中草本植物物种丰富度的交点效应，其中每点代表 30 个样地的平均数

内部种和边缘种的这种分布格局可用交点效应（intersection effect）来解释。交点效应指生态特征因廊道的相互连接和转折而发生不同于廊道的变化。构成交点效应基础的一个机制是小气候的变化。交点内部具有中等潮湿的小环境。交点周边的小片区域（几米到几十米）具有树荫多、风速低、空气和土壤的湿度大、土壤有机质含量较高、温度变化小等特点（Forman and Godron，1986）。可见，交点及其周边的小气候条件适宜很多物种生存，尤其是内部种，而边缘种可适应多种生境条件。显然，交点越大，交点效应越明显，交点效应所影响的范围也越大；若交点很小，以致内部环境和内部种很少，则可能没有交点效应。

3. 结点之间的关系

结点的大小和间距通过控制能量、物质和物种在网络中的流量和流速，影响结点之间的相互作用。常用重力模型来度量两个结点之间的相互作用。重力模型源于物理学中的万有引力定律，即

$$I_{ij}=K\frac{P_i\times P_j}{d^2} \tag{7.1}$$

式中，I_{ij}为结点i和j之间的相互作用的大小；P_i和P_j分别为结点i和j的与量或质有关的变量（如能量、物质重量、物体数量、种群大小、人口数量、适宜生境数量和质量等）；d为两结点间的距离；K为与特定研究对象有关的系数（Forman and Godron，1986）。

根据重力模型，两个结点本身越大，其间的相互作用就越大；两个结点的间距越大，相互作用就越小。重力模型可用来描述鸟类在景观中不同栖息地间的迁移情况，或风播种子在不同林地间的传播状况。鸟类和风播种子能否在源、汇斑块之间顺利迁移或传播及其速度与斑块内适宜生境的数量和质量（P）呈正相关，而与两个斑块之间的隔离度（与距离d关系最密切）呈负相关。只有发生迁移或传播过程的两个斑块之间才有相互作用。在人文地理学中，重力模型也常被用来描述不同城市间的航空和公路客流量，以及电话通话量。

4. 等级结构

廊道网络中的连接廊道有宽窄之分，相应地，经过连接廊道的能流、物流、物种流和人流的流量和影响范围或作用场也有大小之分，从而连接廊道及其中的生态流均表现出一定的空间等级结构特征。通常，较宽的廊道、较大的流量和影响范围对应着较高的等级层次。例如，一个地区的道路网络中连接不同区域的区际道路最宽，其中生态流的流量和影响范围最大，属高级流，如图7.4中北京天通苑西区与其他区之间的道路。小区内连接不同居民楼的小路最窄，其中生态流的流量和影响范围均小到可以忽略，为低级流，如图7.4中东一区内部的小路等。同一区域内连接不同级小区的多级大路居中，其中的生态流属中级流，如图7.4中东区、北区、中苑、天通苑本区之间，以及东区内部东一区、东二区、东三区之间的道路等。河流网络中干流最宽，为高级流；各级支流依次变窄，为中级流或低级流。因此，道路网络和河流网络都是典型的等级结构网络。

图 7.4　北京市天通苑经济适用房住宅区的布局（天通苑社区网 http://www.ttysq.com/map/）

处于网络不同等级层次上的结点也表现出等级结构特征。高等级层次上的结点通常较大，对生态流的影响也更明显，如较大的社区、林地、河流凹岸对周边生态流的汇集或扩散作用更强。对高等级层次来说，与大结点相比，大结点附近或内部的小结点对生态流没有明显的影响；相反，对低等级层次来说，即使小结点也能对生态流产生较大的影响（Forman and Godron，1986）。

在研究不同等级层次上的生态流时，需考虑相应等级的连接廊道和结点。

7.2.2　整个廊道网络

理解网络的生态学意义非常重要，但目前对网络的研究多限于理论方面，仅有极少的实验证据陈述沿网络的运动，而更多的只是介绍那些简单的、被广泛接受的 α、β 和 γ 指数（Forman，2006）。

1. 网眼大小（粒度）

网眼大小（粒度）（mesh size）可以用网络线间的平均距离或网络线所环绕的平均面积来度量（Forman and Godron，1986；傅伯杰等，2001；肖笃宁等，2010），是网络的一个重要特征。

按景观组分的网眼大小，可将景观区分为粗粒（coarse grain）和细粒（fine grain）景观。粗粒与细粒是相对而言的，观察尺度不同，对粗粒与细粒景观的定义也就不同。例如，热带稀树草原是细粒景观，每棵树或灌丛均是一个斑块。在大兴安岭林区，在人工林分布比较集中的地方，可以认为是细粒景观；而在林地与草甸或农田过渡的地方，观察尺度在几公顷到上百公顷之间，可以认为是粗粒景观。在内蒙古草原地区，从几十到几百千米的尺度上观察，集中分布着大面积的天然草地，可以认为是粗粒景观；但在农牧交错区，从几百米到几十千米的尺度上观察，则会发现不同类型的天然草地、灌木丛、人工草地、人工林、不同的作物农田、城镇用地和农居地交错分布，就称得上是细粒景观了。

不同类型景观的粒级结构取决于不同的因素，如森林景观的粒级结构主要取决于林隙的大小及采伐方式；农田景观的粒级结构则取决于土地利用方式（旱田、水田或菜地）和管理的精细程度。景观的粒级结构会随时间和地区而变化，与政治体制、经济、社会、人口等人类因素密切相关；反过来，景观的粒级结构可反映人类对自然资源的利用程度、社会和经济发展水平（Forman and Godron，1986；傅伯杰等，2001）。例如，中国农业生产经营体制的变化对农田网眼大小有非常大的影响。在 20 世纪 50～70 年代，农村土地由整个公社集体经营，防护林或树篱只种植在一组地块的外围，形成大网眼的田块［图 7.5(a)］；在 80 年代初实行土地家庭联产承包责任制之后，在这些大网眼田块中又叠加了小网眼田块［图 7.5(b)］；随着 2013 年 1 月 31 日中央关于农村问题的“一号文件”的发布，可承包上百、上千亩田地的、集约化、规模化的新型家庭农场将成为农村土地的主要经营单位，在这一文件的驱动下，田块又将向大网眼转变。又如，中国南北方人口数量和人均土地面积的差异造就了不同的农田网眼大小。南方人口众多，每户农民的土地面积都很小，形成的是小网眼田块；而在地广人稀的新疆生产建设兵团，每户农民的土地面积可达几十亩，乃至上百亩，形成的是大网眼农田防护林带网络。再如，除地貌和地形的限制之外，不同地区的经济发展水平和农业机械化水平也在很大程度上决定了农田网眼的大小。在大量使用农业机械的地区，网眼有增大的趋势。

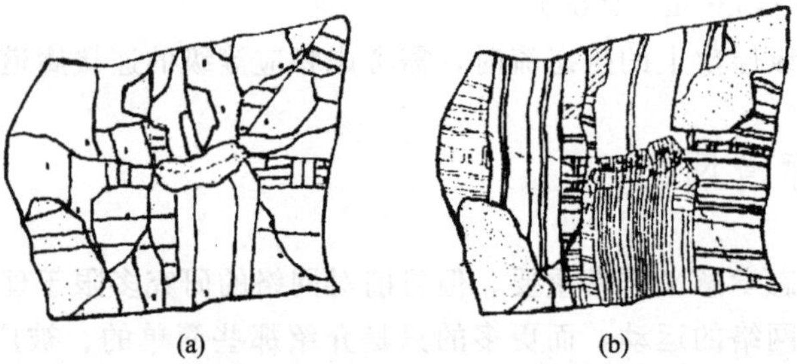

图 7.5　农村土地经营体制对农田网眼大小的影响（Forman and Godron，1986）

注：(a) 为土地集体或家庭农场经营体制下的大网眼田块；(b) 为土地个人承包责任制下的小网眼田块

物种在完成其功能，如觅食、保护巢穴领地、繁殖或吸收阳光和水分时，对网眼大小的变化相当敏感（Forman and Godron，1986；肖笃宁等，2010）。不同物种对网眼大小的反应不同（Forman，2006）。例如，农田防护林带网络，其网眼大小是以防止农田风沙危害又方便耕作为目的而设计的，或者说，它是适宜人类活动的尺度。但农田内的昆虫、田鼠及其捕食者对同一网络就会有不同的反应。对于某些活动范围有限的昆虫（如甲虫）来说，最适宜生活在网眼小于 1.7 hm^2 的农田中，在网眼大于 1.7 hm^2 时开始从农田中消失；而对于猫头鹰之类的捕食者来说，通常在网眼大于 6.5 hm^2 时才会消失；只有当网眼大于 100 hm^2 时，农田中才会出现活动范围更大的开阔区鸟类[图 7.6(a)]。

与动物类似，不同植物种对农田网眼大小的反应也不同（Forman，2006）。例如，一些草本植物只存在于网眼小于 2.5 hm^2 的农田中；防护林中的灌木对网眼大小不敏感，在不同大小的网眼中都可以存在［图 7.6(b)］。森林内部种和边缘种也随着农田网眼大小的变化而出现或消失。农田网眼较小，则防护林网更为密集，对森林内部种来说，整个防护林网仍是一大片较为连续的林地，可为内部种提供很多的林地内部生境，相邻防护林带之间很小的间隔对内部种的迁移不构成障碍；随着农田网眼增大，防护林网所占的面积比例降低，单个防护林带的内部生境也减少，同时，防护林带之间较大的间隔也不利于内部种的迁移。因此，内部种在农田网眼大于 1.3 hm^2 时就会消失，而边缘种对网眼大小的变化不敏感，只在网眼大于 300 hm^2 时才会因林地边缘生境过少而消失［图 7.6(c)］。

不同环境因子和生态过程对网眼大小的反应也不尽相同（Forman，2006）。风速和气温在防护林的网眼小于 300 hm^2 时都有所降低，当网眼大于 300 hm^2 时降低效应开始减弱。土壤干化过程只在网眼大于 70 hm^2 时才出现［图 7.6(d)］。农田生产力在网眼为 3～300 hm^2 时较大，过小或过大的网眼都会使生产力降低［图 7.6(e)］。农田地

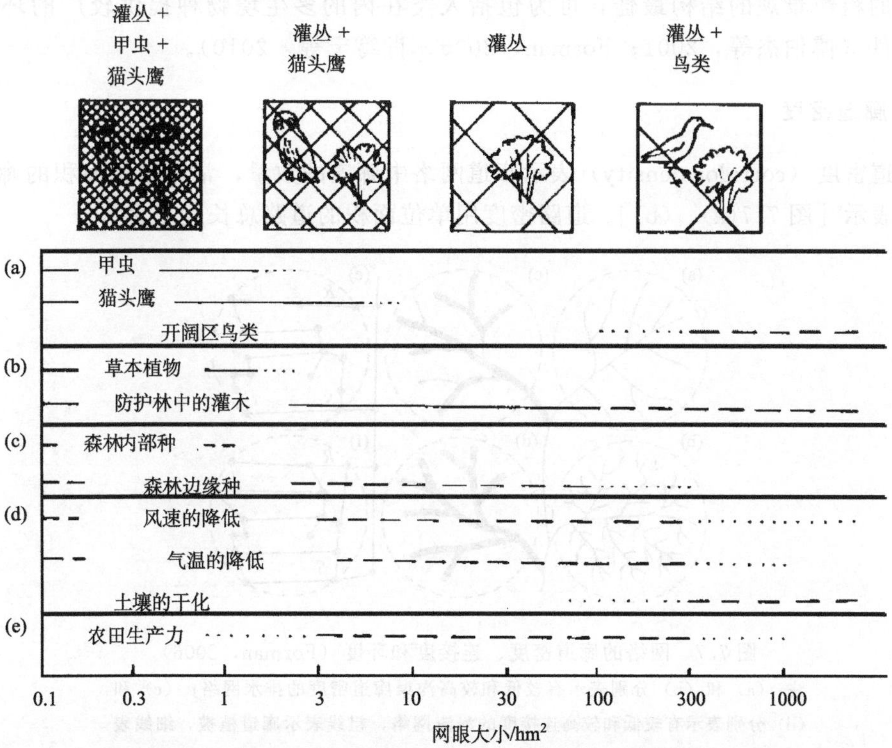

图 7.6　网眼大小对物种和生态过程的影响（Forman，2006）

注：网眼大小为法国西北部农田地块的平均面积。实线表示观测结果，虚线表示假设的格局，点线表示现象开始出现或消失的范围

块的大小与农民的经济效益密切相关。显然，耕种几块小田地比耕种总面积相等的大块田地要花费更大的代价，获得更低的经济效益，因此，有一个达到最佳经济效益的最小地块面积（网眼大小）阈值。

在农田防护林带网络中，林带为连接廊道，农田被林带环绕，形成空间隔离的不同农田地块；而在森林采运通道网络中，采运通道为连接廊道，采伐后的森林被采运通道环绕，形成空间隔离的不同森林斑块。两者的差异在于林地的位置和功能。对于森林采运通道网络，森林斑块的大小是森林景观的网眼大小。具有不同网眼大小的森林景观在不同尺度上的生物多样性不同，对物种生存和运动的影响不同。粗粒森林景观的整体多样性较高，但局部多样性却较低，如从一点到另一点，土地利用方式几乎没多大变化，当然边界附近例外。这样的景观结构可为保护水源或森林斑块内部特有物种提供大型自然植被斑块，却不利于多生境物种的生存，因为需要移动很长的距离才能实现从一种生境到另一种生境的转换。相比之下，细粒森林景观整体单调（景观的每一部分都大致相同），但局部多样性高（相邻点的异质性高），更有利于多生境物种的生存，却不利于要求大森林斑块的内部特有种生存。中粒景观没有大或小斑块的优点，也没有其他方面的好处。然而，单纯的粗粒或细粒景观均是单调的。网眼大小变化较多，即粒度多样性较高，生境多样性较高，可适宜较多的生物生存，支持较多的生态过程，景观会更加稳定。在景观规划中，一个带有细粒部分的粗粒景观的结构最佳，可为包括人类在内的多生境物种提供较广的环境资源和条件（傅伯杰等，2001；Forman，2006；肖笃宁等，2010）。

2. 廊道密度

廊道密度（corridor density）表示廊道网络中廊道的数量，常用单位面积的廊道总长度来表示［图 7.7(a)、(b)］。道路密度用单位面积的道路总长度来表示。

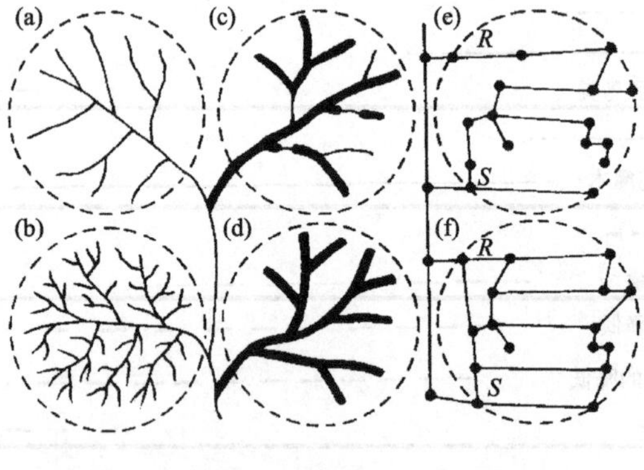

图 7.7　网络的廊道密度、连接度和环度（Forman，2006）

注：(a) 和 (b) 分别表示有较低和较高沟渠廊道密度的排水网络；(c) 和 (d) 分别表示有较低和较高连接度的河流网络，粗线表示廊道植被，细线表示去除部分或全部廊道植被后形成的间断区；(e) 和 (f) 分别表示有较低和较高连接度和环度的树篱网络

道路对动物的迁移和生存有很大影响。例如，啮齿类动物一般会避开道路附近，或很快通过公路；鸟类的巢穴和觅食点一般也会远离大路和其他人类活动较频繁的地方。一方面是因为动物有躲避车辆危险的本能反应；另一方面是因为道路造成栖息地之间的隔离，动物的迁移和交流变得十分困难或根本不可能。因此，可用道路密度来量度生境的不适宜性。

道路密度增大的过程也是景观破碎化增强的过程，在这一过程中，动物的正常觅食、筑巢、繁殖行为、运动和迁移受到极大影响，并最终导致物种数量和丰富度的降低、生态系统功能的退化。胡远满等（1999）的研究发现，在辽河三角洲 8 万 hm^2 的苇田中，道路对所有物种行为的影响都很大，尤以对丹顶鹤繁殖地的影响最大，影响范围可达 286 km^2。丹顶鹤的潜在容量可达近 80 对，但由于道路的存在，实际上每年只有 30 多对丹顶鹤在这里育雏。在美国西北部，随着道路密度的增大，适宜麋鹿的生境面积大幅减少。当道路密度达到 2 km/km^2时，只有原来没有道路时的林地的 1/4 适宜麋鹿生存（Forman and Godron，1986）。在挪威，在 1 km 半径的缓冲区内的 1 km 道路可导致野生驯鹿（*Rangifer tarandus*）对传统廊道的利用概率降低 46%（Panzacchi et al.，2013）。因此，在评价一个景观中某个物种的潜在容量时，不仅要考虑该物种的栖息地数量，还要考虑该景观的道路密度。

道路密度也会通过物质传输对水生生物产生影响。道路维持和车辆均会对周边土地和水体贡献沉积物、重金属、盐类物质和营养物质等（Gjessing et al.，1984；Grayson et al.，1993）。道路也会改变地表径流和壤中流的数量和流向，加强侵蚀程度，并会成为外来物种扩散的载体。例如，由于道路密度增大而增多的细粒沉积物可成为正颤蚓的主要栖息地，而正颤蚓是诱发鳟鱼眩晕病的病菌的寄主，因此，道路密度是美国西部蒙大拿 4 条河流中鳟鱼眩晕病爆发、野生五彩鲑鱼生存受威胁的重要原因之一（McGinnis and Kerans，2013）。另外，道路也可增强河流的可通达性，从而有助于水域中寄生物和寄主的传播。

鉴于目前在定量道路分布及其生物效应的方法上还很欠缺，Freudenberger 等（2013）提出了一个评价道路对生物多样性潜在影响的方法——空间道路干扰指数（spatial road disturbance index，SPROADI）。该指数由 3 个亚指数构成：①交通强度，度量单位时间和空间的交通流量；②邻接效应，评价道路对相邻生境（道路影响的区域）的边缘效应；③破碎度级别，反映景观被道路分隔的程度。经在德国东北部勃兰登堡州城区、郊区、人工林区、农区和保护区的使用和评价，证明该指数有望用于保护规划和可持续交通规划中，作为一种识别低道路密度区的定量工具。

3. 网络连接度和网络环度（闭合度）

网络连接度（network connectivity）表示系统内所有结点的连接程度，常用 γ 指数来表示。γ 指数是一个网络中现有连接廊道数（L）与最大可能连接廊道数（L_{max}）之比。γ 指数的变化范围为 0～1.0。当 γ 为 0 时，表示各结点之间互不连接；当 γ 为 1.0 时，表示每个结点都与其他各点相连接。L 可直接数得。L_{max} 的计算需区分直线形网络和分枝形网络。

对于分枝形网络，L_{max} 为无间断区时的连接廊道数。例如，图 7.7(d)中现有河流廊道数为 15，无间断区，是一个完全连接的河流网络，连接度为 1；而图 7.7(c)中现有河流廊道数为 10，在 5 个河段上有间断区，连接度为 10/15=0.67。

对于直线形网络，L_{max}可通过计算现存结点数（V）获得。如果有 3 个结点，那么最多只有 3 个连接廊道，即 L_{max}为 3；但若增至 4 个结点，并且连接廊道之间不交叉，则将另外最多增加 3 个连接廊道，L_{max}为 6。假设连接廊道之间都不交叉，则每增加一个结点，L_{max}以 3 的倍数增加。因此，γ 指数可表示为（Forman and Godron，1986）

$$\gamma=\frac{L}{L_{max}}=\frac{L}{3(V-2)} \tag{7.2}$$

网络环度（闭合度）（network circuitry）指网络中廊道形成闭合回路的程度，常用 α 指数来表示。α 指数是网络中的实际环路数与最大可能环路数之比。α 指数的变化范围为 0～1.0。当 α 为 0 时，表示网络中无环路；当 α 为 1.0 时，表示网络中具有最大可能的环路数。分枝形网络没有环路，环度只针对直线形网络。网络中的实际环路数为现有连接廊道数（L）减去无环路网络（没有孤立或不被连接的结点）的连接廊道数（$V-1$），即 $L-V+1$。网络中的最大可能环路数为最大可能的连接廊道数［$3(V-2)$］减去无环路网络的连接廊道数（$V-1$）。因此，α 指数可表示为（Forman and Godron，1986）

$$\alpha=\frac{L-V+1}{3(V-2)-(V-1)}=\frac{L-V+1}{2V-5} \tag{7.3}$$

例如，图 7.7(e)和图 7.7(f)的虚线圆框中均有 16 个结点，分别有 15 和 20 个连接廊道，网络连接度分别为 0.36 和 0.48，环度分别为 0 和 0.19。

网络连接度（γ 指数）和环度（α 指数）（有时还包括连接廊道密度，β 指数）均是网络复杂度的重要量度指标。显然，这 3 个指数都较高的网络，复杂度较高，也更加稳定。

网络连接度和环度应作为自然保护区规划设计中考虑的重要指标之一。网络连接可实现或增强空间隔离的结点之间的通达性，使生态流能迅速地从源到达汇，以减少流动过程中能量的消耗。假设某种动物利用廊道从图 7.7(e)中的 R 点迁移到 S 点，在图 7.7(e)的网络中，因其连接度低，经过的路径长，需消耗很多能量；而在图 7.7(f)的网络中，连接度高，动物从 R 点到 S 点的路线最短，其距离接近两点间的直线距离，能量消耗较少，迁移和觅食效率较高。网络环路能为能流、物流和物种迁移提供选择性路径，从而增强对环境的适应性。例如，图 7.7(e)的网络中无环路，动物穿越景观时，只有一条路径，容易遭受捕食者或干扰侵袭；而利用图 7.7(f)的网络时，有多条可供选择的路径，有利于躲避捕食者或降低干扰侵袭的概率。因此，无论是从动物迁移和觅食效率来说，还是从免遭捕食者或干扰侵袭来说，连接度高且环度高的网络对动物来说都是最有利的。

在生物保护中，需综合考虑被保护物种的适宜生境和迁移路线、天敌的生境，以及干扰的扩散路径，设计合理的网络连接度、环度和连接廊道密度，以获得一个能够维持不同物种相对平衡的、具有合适复杂度的网络。反之，连接度和环度较低的网络结构表现出较强的隔离效应，可将其应用于病虫害防治和干扰控制上。通过规划景观格局，设计合理的植被网络的连接度和环度，可在一定程度上切断病虫害的传播途径，阻隔干扰扩散的路径。

值得指出的是，以上网络连接度和环度的计算是以拓扑空间为基础的，这与网络的实际情况可能是有出入的。例如，在拓扑空间中，结点与结点之间的距离是用两点之间的直线距离表示的；而在实际景观中，结点之间的直线距离可能并非其实际距离，连接廊道也并非直线。另外，连接廊道的方向、结点的确切位置和大小在拓扑空间中也大多被忽略，而这些对景观中的某些生态流可能是十分重要的（Forman and Godron，1986）。因此，基于拓扑空间的网络连接度和环度仅是一个中性的参照值，还需结合实际结点和连接廊道的特性，综合反映网络的复杂度。

7.3　基质的判定

判定基质的第一个标准是景观组分的相对面积（面积比例）。当景观的某一组分比其他组分大得多时，从逻辑上说这种组分类型就可能是基质，即通常基质的面积超过现存的任何其他组分类型的总面积（Forman and Godron，1986；傅伯杰等，2001）。特别地，如果某种组分类型占景观面积的50%以上，那么它最有可能就是基质。例如，内蒙古科左后旗的主要组分类型为牧草地，占全旗面积的69.44%，其他类型（居民点、园地、林地等）多呈斑块散布于广阔的牧草地中（赵羿和李月辉，2001）。显然，牧草地是该旗的基质。如果面积最大的组分类型在景观中所占面积不及50%，那么判定基质时可能需要附加其他特征。例如，内蒙古锡林河流域中羊草草原的面积最大，但仅占流域面积的30.3%；而温带典型草原（主要包括羊草草原和大针茅草原）占流域面积的45.9%。这时，可将流域的基质判定为典型草原，而非羊草草原。另外，尽管面积最大的组分类型在景观中所占面积不及50%，但若它与面积其次的组分类型之间的面积差异很大，具有很强的优势，那么它最有可能就是基质。

实际上，在大多数景观中，并没有一种组分占绝对优势。这时，面积不再是判定基质的唯一标准。有时虽然某种组分类型的面积很小，但若具有较高的空间连接度，也可能成为基质。当基质在空间延续途中未被其他组分的边界所穿插和隔离时，认为该基质是完全连接的；但基质通常并不完全连接在一起，而是被分成几块。连接度较高的基质通常为条带状长距离延伸或互相穿插形成网络，具有廊道的作用（此即为7.2一节所述的另一种廊道网络），能量、物质和物种穿越基质时几乎不受到阻拦，平均运动速度较大。同时，连接度较高的基质可环绕其他组分，使后者形成孤岛，对生态流起隔离屏障的作用（Forman and Godron，1986）。例如，采伐迹地中的林带相连，形成林带网络，环绕其中的采伐斑块，既可作为森林动物的迁移通道，也可隔离不同斑块之间害虫的传播和风的扩散［图7.8(a)］。

相对面积和连接度不是孤立的。如渗透理论所述，在一定的空间构型下，当某种景观组分的面积比例达到临界阈值时，该组分可在景观中形成特大的连通斑块，从而高度连接；反之，当面积比例低于临界阈值时，该组分在景观中分散分布。因此，通常联合相对面积和连接度这两个标准共同判定基质。例如，栽植条带状的草格是常用的固沙措施。若草格栽植面积大、长势良好，并能够形成相互连通的廊道网络，可将沙地封闭在其中，则草格网络实际上是基质，可起到很好的防风固沙作用；反之，若草格栽植稀疏、长势衰弱，其间有大小不等的间断区，没有形成完全环绕和封闭沙地的网络，则草格仅是廊道，而不是基质，仅可起到非常有限的防风固沙作用［图 7.8(b)］。

(a) 采伐迹地中的林带网络形成基质　　(b) 沙地中的固沙草格未形成基质

图 7.8　基质判定的例子

当用以上两个标准难以对景观基质进行判定时，考察某种组分对景观生态流和动态的控制作用尤为重要。例如，在双台子河口自然保护区湿地景观中，共有 33 种生境类型，其中，面积最大的是轻干扰浅积水鱼类稠密高芦苇田，占景观面积的 30.56%，且分布不连续，形成大小不等的 57 块（赵羿和李月辉，2001）。由于该生境类型的大小和连接度均较小，它是否是基质尚需用第三个标准——对景观动态的控制程度来判定。通常，面积最大、连接度最好的组分类型往往也控制着景观中的能流和物流。例如，干旱地区的沙漠基质可控制整个地区（包括绿洲）的热流和气流及环境条件。基质优势种通过其自身或借助于外力的传播扩散，也成为景观中的主要优势种，因此，基质优势种的类型和传播扩散可控制整个景观的动植物动态和环境条件。例如，在树篱网络中，树篱种子可传播到附近的农田；同时，以树篱种子和果实为食的鸟类和哺乳动物将种子携带或丢弃在景观各处。因此，树篱作为基质，可起物种源的作用，并使整个景观的格局、过程和动态发生变化（Forman and Godron，1986）。

我们对城市的宜居环境有一个直观的理解，即别墅区比普通居住小区更加宜居。若用景观生态学的原理来解释这种理解，则涉及斑块与基质之间的关系问题。对于别墅区来说，其周围的绿地或自然山水等是其基质，而别墅区本身是这个基质中的一个聚居地；而对于普通居住小区来说，则正好相反，其本身就是基质，而其中的绿地是斑块。根据以上原理，在一个景观中，基质才是控制景观动态和功能的决定性组分，而不是斑块，由此，别墅区和普通居住小区的宜居性差异就不言而喻了。

综上，判定基质的第一个标准（即相对面积）是一个结构指标，最容易估测；第三个标准（即动态控制）是一个功能指标，最难评价；第二个标准（即连接度）是结构与功能的综合指标，评价的难易程度和重要性均介于两者之间。在判定某种景观组分类型是否是基质时，可采用以下几个步骤：首先，计算全部组分类型的相对面积和连接度水平，若某种组分类型的面积较其他类型大得多，那么它最有可能就是基质；若经常出现的组分类型的面积大体相似，则连接度最高的类型最有可能是基质。其次，若考虑了相对面积和连接度之后，仍不能确定哪一种组分类型是基质，则要获取有关物种组成和生活史特征的信息，或观测景观的能流和物流，估计现存哪一种组分类型对景观动态的控制作用最大（Forman and Godron，1986；傅伯杰等，2001）。

正确判定一个景观的基质、找到基质发生转变的关键期是非常重要的。景观基质由绿地转变为沙地的过程有力地说明了这一点（Forman and Godron，1986；赵羿和李月辉，2001）。沙化初期，景观以绿地为主，仅有零星分布的沙地斑块，生产和生活均未受影响。随着人类活动强度的增大和活动范围的扩大，沙地斑块出现旱季向外扩展、而雨季收缩的现象，但还没有相连形成网络。随着人类干扰的进一步增强，沙地斑块的面积继续扩大，以至于与绿地的面积几乎相当，对生产和生活开始有明显的影响。由于这时难以辨识是沙地还是绿地控制景观的动态，通常没有引起人们的足够关注。然而，这却是景观基质和动态发生变化的重要转折期。如果在这一转折期到来之前能及时采取一些有效的防控措施，治理沙地，扩大绿地，防止基质由绿地转变为沙地，则可对整个景观预防沙化的发生起到事半功倍的作用。相反，如果不采取任何措施，放任沙地斑块继续凸出向外扩展，那么当沙地斑块彼此相连形成网络之时，也是景观基质由绿地转变为沙地之时。之后，沙地基质将控制着景观的能流和物流，被环绕的绿色残存斑块因周围沙地的热量扩散和沉积物侵袭而被淹没，最后生态环境发生根本性的逆转。这时再采取防控措施，对景观动态和功能只能起到事倍功半的作用，或者根本不起作用。

第8章 景观镶嵌体

景观镶嵌体内部及越过镶嵌体的源、汇、生态流和再分配之间的相互关系一直是景观生态学关注的问题（Wu，2013）。此类研究有4个代表性问题：①能量流、物质流和物种流是如何与景观异质性相关联的？这涉及空间格局对生态流的影响。②景观格局是由哪些过去的和当前的过程产生的？这涉及生态过程对空间格局的影响。③景观异质性如何影响干扰的扩散？④如何应用景观生态学途径来改进传统的自然资源管理？这涉及将格局-过程相互作用原理应用于具体领域。类似问题的解决有赖于对景观镶嵌体空间格局及其与生态流关系的研究。

8.1 景观组分构型

以上分别阐述了3大景观组分——斑块、廊道和基质的结构及其对生态流的影响，但除网络外，未涉及不同景观组分之间的空间关系。景观镶嵌体是斑块或廊道在基质中按一定规律布局、镶嵌而成的复杂综合体。在单独研究斑块、廊道和基质的基础上，进行有效的综合，研究景观镶嵌体的空间格局十分重要。而景观组分的构型（configuration of landscape components）就是相同或不同类型的斑块或廊道在基质中按一定规律布局而形成的空间格局。特定的构型是由特定的作用力产生的，并能产生特定的生态流和景观功能（Forman and Godron，1986；傅伯杰等，2001；赵羿和李月辉，2001）。

景观组分的构型是无限的，但我们不需要，也不可能穷尽所有。以下基于Forman和Godron（1986）、肖笃宁等（2010）的论述，将景观组分的构型重新归结为同类型要素和不同类型组分的构型。同类型景观组分的构型主要包括以下7种。

（1）随机（random）格局：在实际景观中很少见，更多地出现在模拟景观中，作为实际景观空间格局的参照。

（2）规则或均匀（regular）格局：同类斑块的大小相差不多、形状基本规则、距离相对一致，是很特殊的一类构型，多见于人工景观。例如，城区学校的分布较有规律，某些森林中的采伐迹地呈规则分布格局，人工种植也常形成规则分布格局（如果园里的果树、平原上的耕作田块）。

（3）聚集格局：同类斑块常聚集在一起，形成大面积分布，是自然景观和人工景观中最常见的构型，如农田多聚集在村庄附近或道路的一端。

（4）散斑（scattered patch）或散点（scattered dot）格局：同类斑块零星地散落在景观中，形成小面积孤立分布［图8.1(a)］。如大片农田中的残存林地、草原中的疏林、绿洲中的沙荒地、草原中散落的游牧民居住点、沙漠中的油井。

（5）线状（linearation）或带状（zonation）格局：同类斑块呈线状或带状分布，并常依存其他类型的呈线状或带状分布的景观组分（斑块或廊道）而存在，如沿公路分布的房屋，沿河分布的耕地，以及山地气候和植被垂直分布带。

(6) 交叉或指状（interdigitated）格局：较大斑块或廊道与垂直于其延伸方向或与延伸方向呈一定角度的较小斑块或廊道结合在一起，常形成不规则的交叉状［图 8.1(c)］，如侵蚀形成的交叉山脊、边缘受破坏而成齿状的森林。

(7) 空间关联格局：指同类景观组分的空间相关关系。正相关指同类组分之间更接近；而负相关指某类组分与其他组分更接近，而与同类组分的距离反而较远。例如，大型超市通常在居民区附近，而因竞争关系，超市之间通常相距较远。

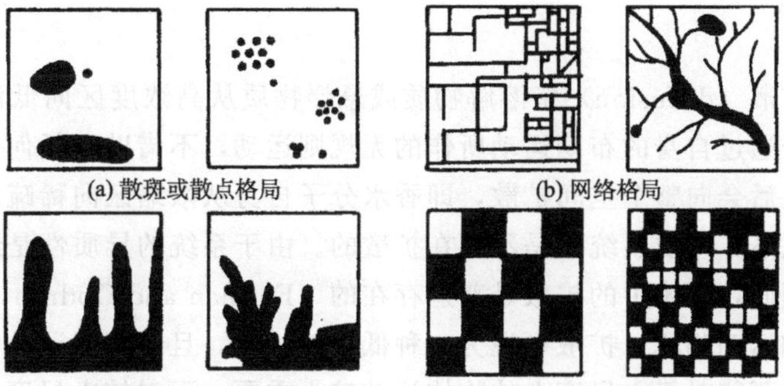

(a) 散斑或散点格局　(b) 网络格局

(c) 交叉格局　(d) 棋盘格局

图 8.1　几种景观组分的构型（肖笃宁等，2010）

不同类型景观组分的构型主要包括以下 5 种。

(1) 网络（network）格局［图 8.1(b)］：如前所述，包括直线形和分枝形网络，均由连接廊道和结点斑块组合而成，缺一不可。

(2) 镶嵌（patchiness）格局：由不同类型的斑块或廊道镶嵌形成聚集、规则或均匀格局。其中最规则的就是棋盘格局，由两类绝对规则分布的斑块构成［图 8.1(d)］。

(3) 平行格局：山地景观中沿山脊分布的林地与山脊之间、地铁沿线的居民区和商业区与地铁线之间、道路与绿化带之间、沿河分布的耕地与河流之间都形成平行格局。

(4) 交替（alternation）格局：不同类型的景观组分交替重复地出现，如连续沙丘中沙丘和洼地交替重复出现，平行山脉地区山脊、山坡和山涧交替重复出现。

(5) 空间关联格局：指不同类型景观组分之间的空间相关关系。正相关是两类景观组分之间的吸引关系，即一类组分出现后，其附近往往会出现另一类组分；而负相关则是两类景观组分之间的排斥关系，即一类组分出现后，其附近大多不会出现另一类要素。例如，稻田总是与河流或渠道并存，它们之间呈正相关空间关联格局；而有林地分布的山坡不会出现水田，林地与水田之间呈负相关空间关联格局。

在由若干景观组分类型组成的镶嵌体中，可能会有 3 个或更多的组分类型相交于某一地点，这些地点可被视为聚集点。聚集点也常位于两类景观组分构成的半岛尖端。在聚集点上景观组分间的相互作用十分集中，而且分布有多种资源，又利于隐蔽，因此对动物特别重要，是动物迁移和穿越景观的关键点（Forman and Godron，1986；傅伯杰等，2001）。

8.2 景观镶嵌体中能量、物质和物种运动的机制

景观中能量、物质和物种的运动或流动取决于7种主要媒介物（major vectors）或传输动力：风、水、植物、飞行动物、地面动物、水生动物和人。在景观水平上有3种运动形式：扩散、物质流和运动，其普遍性依次递减（Forman and Godron，1986）。

8.2.1 扩散

狭义上，扩散（diffusion）指溶解物质或悬浮物质从高浓度区向低浓度区的随机运动，是物质分子通过自身的布朗运动所作的无规则运动，不借助于任何外力。例如，香水泼洒在地上之后会向整个空间扩散，即香水分子自身从浓缩区向稀疏区扩散。扩散总是与异质性相联系，均质系统中是不存在扩散的。由于系统的异质性是绝对的，而均质性是相对的，因此，系统中的扩散是普遍存在的（Forman and Godron，1986）。

与物质流和运动相比，扩散可视为一种低能耗过程，且储存于运动物体内部的能量不受影响。扩散可能对极小尺度上的物体运动较为重要，而对较大尺度上景观组分间的物体运动似乎不太重要（Forman and Godron，1986）。另外，扩散形成的聚集格局最少。

8.2.2 物质流

物质流（mass flow）是物质的运动或转化过程。物质流取决于系统中是否存在能量梯度，也是普遍存在的（Forman and Godron，1986）。

物质流有两种主要过程。一种是地质大循环或地球化学循环，即在各种物理和化学作用力下，物质由体系外引入，经过体系内循环转化或还原后流向体系外，如通常所说的气流、土流和水流，以水平运动为主。另一种是生物小循环，主要是受生物力的作用，即物质被生物选择吸收，并在生态系统内沿着生产者—消费者—还原者的方向流动，以垂直运动为主。生态系统生态学中的物质流更多是指生物小循环，常被称为"物质循环"（matter cycle 或 matter flux）。景观生态学中的物质流可能仅指地球化学循环，但也可能指多尺度的生物地球化学循环［biogeochemistry cycle 或 BGC cycle，如水、碳（C）、N、P和硫（S）循环］，即融合了以生态系统为主的生物小循环和涉及不同生态系统（如水域系统、陆地系统、大气系统）关系的地球化学循环，既与景观的类型组成有关，又与景观的空间构型有关。

尽管从全球来说，物质是循环和守恒的，但在一定的时空尺度上，会发现在有些地方出现明显的长期物质聚集（如C的沉积），而在有些地方却出现明显的长期物质损失。由于大多数生态学研究局限于一定的时空尺度范围内（即开放系统内），我们所观察到的物质并不在一个完整的封闭循环系统中，所研究的物质循环只是整个BGC循环的一部分。当强调系统的这种开放性或不同系统之间的关系时，"物质流"比"物质循环"的说法更贴切。

物质流的物态包括固态、气态和液态。固态物质可通过气流、土流、水流和生物流发生运动，如某处的颗粒物在风的作用下向其他地方吹散。气态物质可通过气流和生物流发生运动，活动性最大。最具有生态学意义的是生物对气态物质的摄取和排放，以及可溶性物质和固态物质在生态系统内或不同生态系统之间的迁移和转化。景观生态系统中的水、N 和 P 等重要物质的循环，基本是以液、气两种物态存在的。

8.2.3 运动

运动（locomotion）是指动物和人类等物种通过消耗自身能量从一处向另一处移动，发生空间上的重新分配；广义上还包括以化石燃料驱动的各种运载工具（如汽车、轮船和飞机）对物种的传输。因此，运动取决于迁移性物种或运载工具的存在。地球上，这类物种或工具分布较广，但并非每处都有（Forman and Godron，1986；邬建国，2007）。

运动和物质流均是景观尺度上的主要运动形式。动物和人类在运动的同时也通过各种途径携带物体，因此，运动与物质流常常相伴存在。例如，飞行动物在自身飞行的同时也通过喙、四肢、肠道、羽毛等身体器官对食物及其中所含的养分进行传输；一些地面和水生动物在自身运动的同时也对其所食的果实和种子等及其中所含的养分进行传输；人类更是将这两种运动形式的结合发挥到了极致，在其自身的移动或扩张行动中总是或多或少地携带一些物质。在运动过程中，要消耗运动物种或运载工具的能量，可视为一种高耗能过程，但储存于被携带物质内部的能量多不受影响。

物种及其所携带的物体在所抵达的景观组分中形成明显的聚集格局（Forman，1996）。例如，在鸟类栖居的湿地聚集大量的 N 和 P；食果实哺乳动物的栖息地聚集大量的果实；人类收割农作物，并将其汇集于某处（Forman and Godron，1986）。

8.3 景观镶嵌体中的物种运动

8.3.1 物种运动的形式与特征

主动运动和被动运动是最常见的物种运动方式。主动运动一般指物种通过自身有目的的行为，从一个地方迁移到另一个地方。物种主动运动的目的是为了适应环境的变化或寻找更适于自己生存的环境。主动运动可以在一定程度上促进物种的扩散和传播，并有利于物种的保护和生态系统的自身优化。被动运动一般要借助外界的作用力（如气流、水流、土流、人力）来达到迁移的目的，物种的运动是被动的，在一定程度上，物种无法选择适于自己的环境，在生态上具有较大的风险，有时可能会导致物种的灭绝或生态习性的退化。另外，被动运动可能对景观的面貌、格局和功能产生很大的影响，甚至会完全改变原来的景观，如外来物种入侵（傅伯杰等，2001）。

连续运动和间歇运动也是常见的物种运动模式，同时适用于能流和物流。连续运动指一个物体（包括能量、物质和生物体）在景观中两点间运动的过程中，速度始终不为零［图 8.2(a)］，可以是匀速运动，也可以是加速或减速运动。如果景观要素是均质的或异质性较低，那么有利于物种作连续运动，而且相对匀速运动较为普遍，因为不存在什么障碍或不适宜它们生存的地区降低这些物种的运动速度。如果物种的一部分路线较为均质，而另一部分较为异质，那么就有可能发生加速运动或减速运动。一般地，在不适宜生存的异质性地区，物种的运动比较缓慢；而当物种进入到更适宜的均质性地区时，往往会更迅速地穿过该地区。但也有例外，有时在遇到公路之类的危险地点时动物的运动会很快；有时在遇到适宜的均质性地区时动物的运动会放慢，或者栖息，或者觅食（Forman and Godron，1986）。

间歇运动指一个物体在景观中两点间运动的过程中，会在一些地方（休息站或暂栖地）作短暂停留，之后再继续运动，也被称为“跳跃疏散”[图 8.2(b)和(c)]。间歇运动一般发生在异质性强的景观中（Forman and Godron，1986；赵羿和李月辉，2001）。

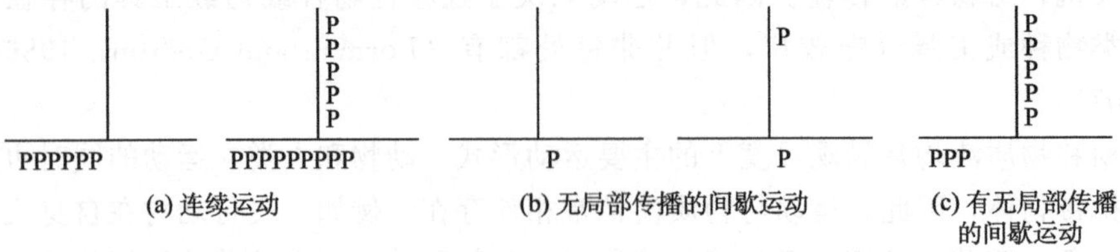

图 8.2　林地植物通过树篱网络从一林地到另一林地的假想运动模式（Forman and Godron，1986）

注：黑线表示“T”形树篱；P 表示某种植物沿树篱运动的位置

有些运动可能并不是单纯的连续运动或间歇运动，而是两者的结合，即物种从一个斑块跳跃式地迁移到周围几个斑块，并在这些斑块中停留（间歇运动），之后又在新斑块周围作局部扩散或传播（连续运动）[图 8.2(c)]（Forman and Godron，1986）。这种情况下，物种在大尺度上做间歇运动，在小尺度上做连续运动。

Baudry 和 Forman（未发表）为了弄清植物的运动模式，调查了美国新泽西州 10 个“T”形树篱网络中 10 种常见林下草本植物的分布。结果发现，这些植物种没有沿树篱连续运动穿越景观的，它们主要通过间歇运动穿越景观；大多数植物种在间歇运动之后没有局部传播；1/3 以上的植物种在一些特定的适宜地点进行了局部传播，表现为一簇簇的个体植株（表 8.1）（Forman and Godron，1986）。

表 8.1　美国新泽西州林下草本植物沿树篱的运动模式

（Forman and Godron，1986）

植物种	沿树篱的连续运动	无局部传播的间歇运动	有局部传播的间歇运动	处于中间状态的或不清楚的运动	物种缺失
加拿大水杨梅 *Geum canadense*	0	3	7	0	0
好望角凤仙花 *Impatiens capensis*	0	5	3	1	1
拉拉藤 *Galium aparine*	0	5	2	0	3
败育毛茛 *Ranunculus abortivus*	0	2	2	1	5
三叶天南星 *Arisaema triphyllum*	0	4	0	0	6
总状鹿药 *Smilacina racemosa*	0	3	0	1	6

续表

植物种	沿树篱的连续运动	无局部传播的间歇运动	有局部传播的间歇运动	处于中间状态的或不清楚的运动	物种缺失
露珠草 *Circaea quadrisculata*	0	1	1	1	7
二花黄精 *Polygonatum biflorum*	0	1	0	1	8
团状变豆菜 *Sanicula gregaria*	0	0	1	1	8
春美草 *Claytonia virginica*	0	0	0	1	9
总计	0	24	16	7	53

注：表中数据为适于每种植物的运动模式的树篱个数

在间歇运动中，运动物体与停留处原有物体和环境间经常有重要的相互作用，对景观的影响不可忽视，如动物在停留地啃食嫩草、践踏场地、排便、修筑巢穴，并与当地的物种发生争斗，或被另一个物种所食。而在连续运动中，这种相互作用很弱，或者说分散在运动途中，而非集中在某点，因此，运动物体通常对景观的影响很小。例如，大雨期间，土壤颗粒和水分在沿坡下行的过程中，若不受阻碍，则能一直到达坡脚，途中很少与环境和动植物发生相互作用；但若山坡上有沿等高线种植的灌木或修筑梯田，则连续运动被中止，部分水和土在灌木或梯田处沉积，并为沉积处的植物提供矿质养分，或覆盖土壤动物和植物幼苗（Forman and Godron，1986；赵羿和李月辉，2001）。

8.3.2 动物运动

动物在景观中的运动多表现为主动运动，或为觅食，或为迁移，最终是为了生存。根据主动运动的范围，主要有 3 种方式：巢域（home range）范围内的运动、疏散（dispersal）和迁徙（migration）。动物在其窝或巢穴周围进行取食和其他日常活动。疏散是动物个体从其出生地或发生地向四周扩散，以寻求更加适宜的栖息地，并避免同种竞争（傅伯杰等，2001）。

迁徙是动物不同季节在不同栖息地间进行的周期性往返运动，以趋利避害，是一种对气候及相关环境条件的适应性反应。迁徙可分为水平迁徙和垂直迁徙。水平迁徙在不同纬度之间进行，通常要跨越几个不同类型的气候带。经典的例子是候鸟在南方和北方之间的迁徙，迁移距离可达几千千米。垂直迁徙在山地高海拔地区和平原低海拔地区之间进行。例如，北美洲的驯鹿在夏天生活在比较寒冷的高海拔地区（高山苔原），冬天则迁徙到比较温暖的低海拔地区（北方森林）；在某些山区有冬季和夏季牧场之分，羊群在低海拔牧场越冬，夏天则被赶到高海拔草场；许多鸟类在高海拔地区繁殖，在低海拔地区越冬（Forman and Godron，1986；傅伯杰等，2001）。

一般地，动物迁徙的时间、路线和目的都很明确，并且早已形成一定的规律。然而，这些规律也是可以打破的。例如，亚欧大陆的北部生活着大批天鹅，每年它们都要飞到温暖湿润的低纬度地区越冬，来年 3～4 月再飞回西伯利亚和新疆各地的湖泊沼泽地带养息繁殖。但在某些年的冬季，在新疆乌鲁木齐附近却发现了几十只越冬的天鹅。这可能与暖冬气候以及周边环境的改善有一定关系。有研究表明，自 20 世纪 70 年代起的 30 年内，非洲春季开始的时间有所提前，这使得几乎所有的鸟类从它们的非洲栖息地到达英国牛津郡的时间都要比 30 年前平均提早 8 天左右（Cotton，2003）。

动物也存在被动的运动方式。一是在外界媒介力（如风和水）的作用下，随媒介物的运动，如水蚀中土壤动物随水和土的运动，飓风中昆虫和鸟类随空气的运动。二是在人力的作用下，直接将某种动物携带到另一个地方，如野生动物被送到动物园饲养或其他栖息地。三是人类活动使得动物的适宜生境面积减少或被隔离，动物无法在原栖息地生存，不得不发生远距离的迁移（傅伯杰等，2001）。第三种被动运动与主动运动的区别在于起因是否是人类干扰。但若生境破碎化很严重，动物的迁移将很难发生，以至于最终灭绝。

图 8.3　某时刻某只羊的空间位置是多尺度上运动的结果

实际上，动物的运动是很复杂的，可能并不是单纯的主动或被动运动，而是两者在多尺度上的结合。例如，牧区的放牧羊群被牧民驱赶到某块草地中，这时羊群的运动是大尺度上的被动运动；之后，每只羊可以根据某类喜食牧草的空间位置和繁茂程度在这块草地中进行适度的游走取食，这时羊群的运动是小尺度上的主动运动。因此，总的来说，羊群的运动是附加在大尺度被动运动上的小尺度主动运动（图 8.3）。

8.3.3　植物运动

植物靠其自然的繁殖体（如种子、果实、孢粉）或幼苗和植株等，在风、水、动物或人类等媒介物的作用下发生迁移，并在新的环境中进行繁殖，由此向四周扩散，称为植物的传播（Forman and Godron，1986；傅伯杰等，2001）。可见，植物的自然传播是指繁殖体运动的过程，只有在人类作用下才能实现幼苗和植株的迁移。植物的传播过程需要借助于外界的媒介物或传输动力，是一种被动运动。某种植物只有在一个新的环境成功定居和繁殖后，才被认为是进行了传播。

大范围植物群在景观内最基本的运动形式有三种（傅伯杰等，2001；赵羿和李月辉，2001）。

(1) 受周期性环境变化的影响，植物群分布的边界发生变动，一般表现为植物面积的扩大或缩小。例如，农牧交错带在丰水年有一部分牧场转变为农田，而在旱年则有一部分农田转变为牧场。

(2) 一些植物种为了适应长期的环境变化，不得不在不同纬度之间或不同海拔之间迁移。例如，第四纪冰期曾发生植物群南北向的大迁移以适应全球气候的变迁。近一个世纪以来的全球气候变化已引起全球植被带向高纬度和高海拔的迁移，山地林线上升。这种迁移过程的发生可能很缓慢，但其生态影响却十分深远。

(3) 一些植物种被带入一个新的地区之后，如果能很好地适应新的环境，同时又缺乏相应的自然限制因素或给予良好的经营管理，那么该植物种能在到达地成功地定居和繁殖，并广泛传播。这种外来种入侵可能产生两种截然不同的结果：一是通过人类有目的的移植或引种，获取了较高的经济利益。这在人类农业发展历史上起着非常重要的作用，例如，中国目前大量种植的玉米就来自南美洲的秘鲁，土豆来自南美洲安第斯山区。二是外来入侵种对当地物种造成巨大威胁，并给当地生态环境造成严重危害。例如，水葫芦原产于南美洲亚马孙河流域，20世纪初作为观赏和净化水质的植物被引入到中国南方，但20世纪70年代中期开始在珠江三角洲地区泛滥成灾，极难控制，目前已扩张到北方很多地方（图8.4）。

图8.4 福建闽江旁水口镇湾口村的水葫芦（龙毅，2011）

注：图中的水葫芦一夜之间将整个江面堵塞，渔船被挤压在水葫芦中央，难以移动

然而，植物在异质景观中的运动和分布是很复杂的，可能是多尺度上不同过程相互作用的结果。采用等级途径有利于确定受一系列巢式等级过程作用的物种运动或发生的概率（Pearson et al.，2004；Ibáñez et al.，2009；Latimer et al.，2009）。例如，在研究植物入侵时，常需要识别3个相互作用的巢式等级过程：物种本身的入侵特征、使一个区域或栖息地容易被入侵的环境条件、繁殖体的可获得性（Pearson and Dawson，2003；Rouget and Richardson，2003；Melbourne et al.，2007）。Thomas和Moloney（2013）采用类似的等级途径，识别了决定外来入侵种千屈菜（*Lythrum salicaria*）在景观尺度上分布格局的3个关键等级因子及它们的相互作用：适宜土地覆被类型（栖息地）的可获得性、邻域的土地利用类型和繁殖体的传播。Milbau等（2009）建立了一个用于预测物种入侵的等级框架，不同因子影响不同尺度上入侵的成功率。其中，气候是州尺度上的主导因子，地形、土地利用和土地覆被在区域尺度上影响最大，而干扰、土壤状况和生物相互作用则在小尺度上起决定性作用。

8.3.4 景观镶嵌体的空间格局与物种运动

异质景观中资源的空间分布格局对生物体的生长、繁殖和迁移有重要影响。人类活动引起的土地利用变化是生物栖息地破碎化的最重要原因。栖息地破碎化的重要表现是景观空间格局的变化，包括栖息地的数量或增或减，平均大小和总面积大大降低，特别是栖息地之间的隔离度增大。当前，迫切需要生态学家理解和预测土地利用变化和景观栖息地空间格局对生物体行为的影响，这已成为生物保护、规划和管理中的一个重要问题。生态学家已经逐渐认识到，生物多样性（本地动植物的多度、变异性和基因组成）的维持需要现代景观生态学的观点，尤其是与空间格局有关的观点，以弥补传统生态学的不足（Turner et al.，2001）。

生态学家对空间格局作用的观点是随时间而变化的。在20世纪80年代之前，种群生态学家在考虑种群动态时主要集中在除空间以外的方面。但从20世纪80年代起，在对基因、个体、种群和群落过程的研究中，空间格局被认为是一个关键的因素，尽管融合空间格局的有说服力的实践研究仍然是一个重大挑战。空间格局与生物体行为之间的相互作用问题涉及种群生态学、景观生态学和保护生物学之间的重大交叉，对这些领域的综合研究仍很缺乏，如复合种群动态的研究（Turner et al.，2001）。

景观空间格局对动物的取食、迁移和长期续存具有很大的实际意义（傅伯杰等，2001）。第一，景观中食物资源斑块的空间格局决定了生物体是否能获得所需要的食物，如河流对许多大型陆地动物迁移的阻碍。第二，景观中不同组分的空间格局决定了生物体是否能顺利迁移，如一系列暂栖地对鸟类在景观中迁移和觅食的影响。第三，景观中不同斑块的空间分布还决定了某种群是否能够长期续存，如复合种群中不同局部斑块上亚种群个体之间的交换取决于斑块之间的隔离度，与斑块在景观的空间分布相关；而能否顺利交换将决定该复合种群是否能够长期续存。

景观空间格局对植物传播影响的文献较少，但这种影响也是很普遍的。最明显的例子是山体的阴坡和阳坡、高山和平原、陆地和水体等景观格局对植物的空间分布有较大影响。主要表现在两个方面：一是，景观格局导致传播植物物种的媒介物和动力机制发生变化。例如，在风沙区，许多植物种子和孢子在风力作用下，可以被传播至较远的距离；但随着防护林的大力建设，局部景观空间格局的改变使区域风力场发生明显变化，一些风媒植物不再能依赖风进行传播。又如，山坡梯田的修建改变了地形特征，减缓了水土流失，被土流所携带的植物种子也不再能迁移到山脚处或更远的地方。二是，景观格局变化可以改变小气候，导致植物对局域环境的适应性发生变化。例如，湿地在被排水和开发之后，土壤湿度下降，原来的水生和湿生植物逐渐被中生或中旱生植物所取代；2001年随着引水工程的进行，断水达30年之久的塔里木河岸边的胡杨林重新萌发，其他喜湿的植物也迁移至此；随着城市景观中绿地面积的减少，人工建筑面积的增加，气温升高，湿度下降，一些喜湿耐寒物种消失，而另一些喜温耐旱植物则侵入（傅伯杰等，2001）。

在本书的第5章、6章和7章中分别论述了景观斑块、廊道、基质和网络的一些格局特征对物种丰富度和物种运动的影响，本章将论述由斑块、廊道、基质这些景观基本组分所构成的镶嵌体的格局特征对物种运动的影响。景观镶嵌体的空间格局特征主要表现为景观连接度、异质性、对比度、基质孔隙度、景观阻力等。描述景观中物种运动时，将这些格局特征结合在一起考虑会更有利于问题的解决。

1. 景观异质性

景观异质性的强弱与物种的运动并没有直接的关系，景观异质性高可能有利于物种的运动，也可能不利于物种的运动。景观异质性对物种运动的影响除主要取决于景观组分的特性（如组成、空间格局、适宜性等）外，还与物种本身有较大的关系，如种子的传播方式、动物对某景观要素的敏感性等（Farina，1998；傅伯杰等，2001）。

对一般动物来说，景观异质性高不利于动物在景观中的迁移和觅食。这是因为：第一，异质性较高的景观可适于更多的动物生存，动物在其中遇到天敌侵袭的可能性也较大。第二，景观异质性增强，斑块类型会增多，但某个动物的适宜生境斑块所占的面积比例可能会降低，动物发现可利用生境斑块的概率也会随之降低。第三，景观异质性增强，景观组分之间的边界增多，动物穿越景观时需要经过更多的界面，受到的景观阻力增大。

对某些物种来说，景观异质性高反而有利于其扩散和传播（傅伯杰等，2001），如那些需要多种栖息地或多种资源的物种，以及生存能力和运动能力被边缘效应增强的物种。例如，蜜蜂更易通过有不同草地类型的更加异质的、多样的景观，而不易通过同质的景观（如大片的小麦田）（Jauker et al.，2009），因为蜜蜂需要多种栖息地，以便为母蜂提供所有必需的多种资源（如筑巢地、筑巢的材料和取食的植物）。

2. 景观对比度

与景观异质性类似，景观对比度也是景观镶嵌体结构的一个鲜明而有用的特征。景观对比度指相邻景观要素之间的差异程度和过渡的缓急程度（Forman and Godron，1986；肖笃宁等，2010）。小异质性景观具有低对比度特征，而大异质性景观具有高对比度特征。但对比度与异质性不同，强调的是相邻景观要素的界面特征。

如果相邻景观要素彼此间较相似，过渡带较宽，且变化较缓慢或呈渐变趋势，则可以认为是低对比度景观。这类景观往往出现在大面积环境条件相对均一的地带，如热带雨林地区、温带草原地区、沙漠地区、城区等（肖笃宁等，2010）。在这类景观中，存在着使景观均质化的机制。例如，在热带雨林中，鸟类、哺乳动物和昆虫可以将种子传播到景观的各处；在沙漠地区，风蚀作用十分普遍，形成大体相似的地貌；在黄土丘陵地区，水蚀作用较为普遍，产生彼此相似的小流域和侵蚀地貌。有些人为活动也会引起景观对比度的降低，如开垦农田和修建居民区都会使原本异质的景观变成单一的景观。当然，低对比度景观并不意味着相邻景观要素的完全相似性，存在一定程度的异质性是必然的。例如，在热带雨林中，一些常见种因其种子的短距离传播而呈聚集性分布，每种动植物也都有其最适宜和喜好的生境条件；同时，也会因环境条件或资源分布的空间异质性而出现一些高对比度景观组分（如河流、大型风倒木和农田等）。因此，热带雨林是一个相对均质而又有一定异质性的低对比度景观（Forman and Godron，1986）。

如果相邻景观要素间的差异很大，过渡带窄而清晰，且变化迅速，则可以认为是高对比度景观（Forman and Godron，1986；肖笃宁等，2010）。这类景观可由纯粹的自然机制形成。例如，在一些半干旱热带地区，因水分有效性差异形成明显的森林与稀树草原的交界带，突变边界仅几米宽（Forman and Godron，1986）。在长白山地区，随着海拔下降，雨量减少，气温升高，形成明显的植被和各种自然景观的垂直分布带，从下到上依次为：低山针阔混交林带（500～1100m）、山地暗针叶林带（1100～1800m）、亚高山岳桦（*Betula ermanii*）矮曲林带（1800～2100m）、高山苔原带（常绿矮石楠灌丛）（2100～2200 m）和流砾滩（2200 m 以上）。这些垂直分布带之间的界线非常清晰，突变边界也仅几米宽，可从遥感影像上很容易地判别。除自然因素外，大部分人为活动也会引起景观对比度的增加，如采伐森林、开采矿产、铺路筑桥等。

景观对比度具有尺度效应，即可随尺度的变化而变化。一个明显的例子是，对于一个过度破碎的不连续景观，从小尺度上观察，相邻景观要素间的变化可能很突然，过渡带也比较窄，表现出高对比度特征；但从大尺度上观察，却会发现相同的景观要素以相同的方式广泛分布或不断地重复出现，环境条件单一，表现出低对比度特征。

相邻景观要素对生存于斑块中的生物可能非常重要，降低通过斑块边缘的对比度，或使斑块与周围基质之间的边界连贯，在环境条件和植被分布上呈梯度变化，既可以提高斑块对物种的适宜性，也可使物种在斑块与基质之间的迁移变得更加容易。相反，增加相邻斑块或斑块与周围基质之间的对比度，会对物种的迁移和基因交流造成障碍，但同时也可对阻止或减缓干扰和病虫害的侵袭起到一定作用（Forman and Godron，1986；傅伯杰等，2001）。另外，有些动物对景观对比度有一定的喜好，在物种保护时应充分考虑到这些动物对栖息地的要求（肖笃宁等，2010）。总之，景观对比度高低无绝对的优劣之分。

3. 景观连接度

适宜生境之间的连接或破碎能够限制一个物种的空间分布，因为它可以使物种通过一些地方，而不能通过另一些地方。植物和动物都需要适宜的区域，以使其运动和扩散能够发生，从而使种群得以维持。一旦确定了所研究物种的适宜生境的特征，我们所关心的问题常常就是：生境在空间上是否连接或破碎（Turner et al.，2001）。

一些研究表明，景观连接度或破碎度可影响小型哺乳动物和鸟类的扩散迁移。Wegner 和 Merriam（1979）在加拿大的一系列研究很好地阐明了生境连接度对小型哺乳动物的重要影响。研究区是一个包含农田的景观，并有零散分布的林地。有些林地相互隔离，完全被周围的农田所包围；有些林地通过沿着农田边缘种植的窄树篱廊道而相连。对该景观的早期研究表明，花栗鼠和白足鼠经常沿着树篱运动，但是很少在林地和农田之间运动，也很少穿过开阔的农田；鸟类也很少直接飞越林地之间的开阔农田，而更喜欢沿着树篱飞。他们接下来探寻如果林地中的小哺乳动物种群被消灭，那么不同的生境连接度将会对种群的迁入产生什么影响（Henderson et al.，1985）。他们将花栗鼠从某个林地中移走，结果发现，之后该林地中花栗鼠的迁入定居率将取决于该林地与其他林地之间的连接度。在那些与其他林地通过树篱相连的林地中，迁入定居发生的速率比在那些被隔离的林地中更高。Lefkovitch 和 Fahrig（1985）模拟了 5 个斑块之间的 34 种不同的连接度格局，以确定生境斑块群的哪些空间特征对动物种群（如花栗鼠和白足鼠）的生存是重要的预测因子。结果表明，与被连接斑块相比，被隔离斑块中的种群消失得更快，种群数量也较小。这些模拟结果被野外调查数据所支持：与 2 个大小相似的被隔离林地相比，4 个相互连接的林地中白足鼠的种群数量较大；生物个体容易向被连接的林地扩散，从而增大或补充局部种群，而被隔离的林地仅可获得很少的迁入个体。

农田周围的防风林带可形成网状的森林栖息地。这种廊道网络可增加景观连接度，从而对生物多样性起到保护作用。为了探讨这种保护效应，Sreekar 等（2013）对印度南部高止山脉（Ghats）一个茶园景观中的防风林带开展了研究。防风林带由当地残存的自然森林组成，在茶园中以网状结构分布。他们在自然防风林带和周围的原始森林中各选取了 51 个样点，在每个样点上用 10 分钟计数法（ten-minute point counts）对所能看到的鸟类进行野外鉴定和统计。结果发现，在自然防风林带和原始森林中，鸟类的物种丰富度和多度很相似，但鸟类群落组成有一定区别。同时发现，一些重要功能群（如食果鸟类和食虫鸟类）的多度并没有随着栖息地的改变而改变，而食蜜鸟类在自然防风林带中的多度甚至比在原始森林中还高。他们认为，造成这种现象的原因很可能是鸟类将自然防风林带当做了迁移路径，并在其中觅食和筑巢。该项研究初步表明，自然防风林带网络可能对保护生产用地中的鸟类物种具有十分重要的作用。然而，有必要进一步理解维持鸟类群落的防风林带的物理特征和组成，以便更好地用于保护管理中。

美国弗吉尼亚州费尔法克斯郡（Fairfax）乔治梅森大学（George Mason University）Smithsonian Institution 的 Tomas E. Lovejoy 教授的研究小组发起了森林破碎化生物动力学计划，在巴西的亚马孙森林开展了迄今为止规模最大、运行时间最长、最重要的生态学试验，以检验森林斑块的大小和破碎化对一系列热带生物的影响。从 20 世纪 70 年代末期开始，他们和牧场主清除了 11 个试验区域周围连续分布的原始森林，从而形成了一个个森林斑块的孤岛，其大小从 1 hm^2 到 10 hm^2 不等（图 8.5）。几十年来，研究人员一直在监测这些试验区域中不同物种对破碎化的反应。研究结果表明，破碎化之后，森林斑块中生物多样性逐渐下降，鸟类的多度和丰富度显著下降，尽管这些斑块与连续森林基质之间的间隔距离仅 70～650 m。破碎化之后不久蚂蚁群体消失，一些蛙类和昆虫也表现不佳；随后，专食蚂蚁的鸟类首先离开斑块；而在那些非专食蚂蚁的鸟类中，只有两个边缘种不受破碎化的影响；葡萄藤和速生树木正在取代大型硬木树种。相对于 10 hm^2 斑块中的鸟类，1 hm^2 斑块中有更多的鸟类从之前的群落中离开，反映了斑块大小的影响。在采伐迹地中进行再次演替时，较大斑块（10 hm^2）能够变得更像破碎之前的群落，而较小斑块中的物种却继续分离（Stouffer and Bierregaard，1995；赵熙熙，2013）。目前，Lovejoy 及其团队正在探讨生境破碎化的长期影响，并且拟开辟更多试验区域进行研究。

图 8.5　生境破碎化试验地（赵熙熙，2013）

相比之下，景观连接度或破碎度对大型哺乳动物取食、出没位置和活动方式影响的研究不多（Chiarello，1999；Norris et al.，2010）。Milne 等（1989）检验了生境破碎化对越冬白尾鹿的影响。他们应用包括 12 个景观变量的基于 GIS 的模型，并将预测的生境利用与实际情况进行比较。结果表明，白尾鹿不利用与其他适宜生境相隔离的生境。Zimbres 等（2013）研究了巴西塞拉多新热带陆生贫齿目哺乳动物的出没频率和活动方式对森林采伐和生境破碎化的响应。结果表明，大型专食性贫齿目哺乳动物的出没和活动对生境破碎化并不敏感，没有表现出行为上的可塑性。这可能是因为物种对生境破碎化的反应具有时滞，或者所设置的不同级别破碎度之间的差异较小。这个结果与其他大多数研究不同（Gardner et al.，2009），也可能反映了贫齿目哺乳动物对生境破碎化反应的特殊性。

由前述渗透理论可知，生境是否连接是一种临界阈现象。生境或者连接，或者不连接（破碎），这两种状态的转变发生在生境多度的临界阈值处。生境连接意味着生物体能够在整个景观中运动，以寻找适宜地点取食、筑巢和扩散；它与生境不连接时对生物体的影响存在着性质上的差异。这对保护生物学有重要的指示，因为在某个时段即使生境遭受损失，也可能对所研究的动植物没有明显的负效应；直到生境数量或面积的损失达到临界阈值、破碎化的景观不再能满足生物体的需要时，负效应才可能会突然显现。临界阈值取决于生物体的行为特征、生境的数量、生境的空间聚集程度和基质的特性等。同一景观的不同生物体可能具有不同的临界阈值（Turner et al.，2001）。

Andren（1994）综述了鸟类和哺乳动物的实际证据，用以检验从中性景观模型获得的关于生境连接度的预测。他检验了生境破碎化过程的 3 个方面，即生境的损失、斑块大小的降低、斑块之间距离的增大，从中得出以下结论：破碎化的这 3 个方面的相对重要性不同，取决于景观中适宜生境的多度。当景观中有大于 30％的适宜生境时，生境破碎化的主要影响来源于生境损失。这是因为在适宜生境所占比例相对较高的景观中，生境彼此连接良好，生境构型的影响不是很大。当景观中适宜生境所占面积比例较低（10％～30％）时，斑块的空间构型将变得十分重要。生境的进一步减少将使斑块之间的距离以指数形式增加，也即连接度迅速降低。因此，当适宜生境的多度相对较低时，保护行动（如增加生境或者保护关键地段或者改变景观结构）对生境连接度最有可能产生重要影响。然而，也必须认识到，生境损失效应不可能简单地通过连接剩余的生境碎片就能得到缓解，认识到这一点非常重要。

值得注意的是，在生物保护上应尽量避免使景观中的生境处于临界连接状态，因为此时由外界引起的生境多度或空间格局的变化即使很小，也有可能使生境的连接性质发生质变，即从完全离散状态突变到完全连接状态，或者相反，从而使景观处于极度不稳定状态，物种动态难以预测。

4. 基质孔隙度

景观基质的孔隙是指基质中具有闭合边界的斑块。闭合边界不接触所研究景观的周界，而开放边界一端或两端与周界相交。基质孔隙度（porosity）是指基质内单位面积的孔隙数目，可作为景观斑块密度的量度（Forman and Godron，1986）。

如果只有一个闭合边界，那么基质孔隙度为 1，环绕的景观组分通常就是基质，斑块包含在基质内［图 8.6(a)］。如果只有一条边界穿越所研究的景观，边界的两端与周界相交，不能形成闭合边界，那么基质的孔隙度为零；但由于斑块为开放边界，难以辨别景观的基质［图 8.6(f)］（Forman and Godron，1986）。高孔隙度基质是指由许多斑块密密麻麻布满的基质。

基质孔隙度与连接度是两个不同的概念。连接度完全相同的基质中可能有 1 个或多个不等的孔隙［图 8.6(a)，(b)和（c)］。基质孔隙度相同时，连接度也可能不同。如图 8.6(d)和(e)，孔隙度都为1；但图 8.6(d)中基质的连接度较高，而图 8.6(e)中基质的连接度不确定，需要了解基质在观测区外的连接状况（Forman and Godron，1986）。然而，基质孔隙度与连接度之间有着密切的关系。基质孔隙度变化时，可通过改变孔隙斑块的面积比例而影响基质的连接度。当基质孔隙度较小时，斑块分散分布，基质的不同部位之间可以完全连接；随着孔隙度增大，基质连接度或保持较高或降低；当孔隙度继续增大，但斑块面积比例仍未达到形成特大连通斑块的临界阈值时，基质连接度或仍保持较高或降到很低；当斑块彼此间发生连接，形成特大连通斑块时，孔隙度迅速降低，甚至为零，这时尽管斑块连接度很高，但基质不同部位之间的连接却被切断。

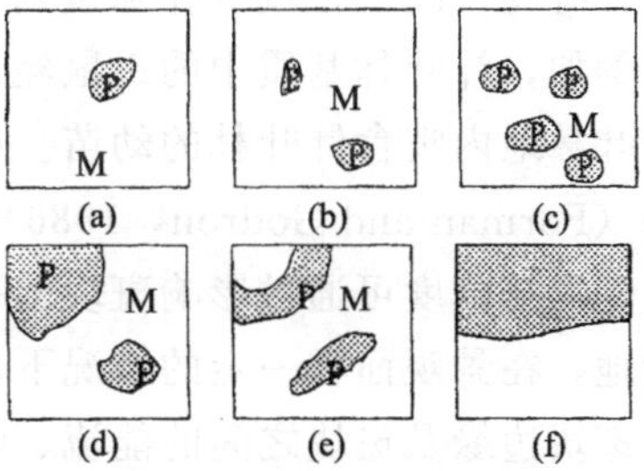

图 8.6　基质的连接度和孔隙度

（Forman and Godron，1986；赵羿和李月辉，2001）

注：M 表示基质，P 表示斑块

基质内的孔隙常作为被基质包围的残存“孤岛”，对景观的生态功能具有重大意义。在农业和草地景观中常见一些孤岛，如农田中残存的小片林地或泡沼、草地中的孤立林木［图 8.7(a)］、沙地中孤立残存的沙地榆［图 8.7(b)］等。这些孤岛虽然面积很小，却是农业和草地景观中的重要组分，可在增加基质孔隙度的同时增强景观的空间异质性，从而为一些野生生物提供良好的栖息地，如鸟类易在林木上筑巢，青蛙常将农田中的泡沼作为栖息地。笔者对内蒙古锡林郭勒盟镶黄旗草地蝗虫的发生进行了多年的区域调查。结果发现，由于大多数草地基质中缺乏林地等其他类型的斑块，孔隙度很小，缺乏鸟类对蝗虫的捕食；而且基质的连接度很高，蝗虫在空间上极易扩散，从而易发生大面积的蝗灾。但在那些有林地分布的、孔隙度较大的基质中，则会出现数量不少的鸟巢，蝗虫的密度明显较低；即使是个别孤立林木的存在也对鸟类的筑巢和蝗虫的发生有重要的影响。有研究表明，面积为 10 m^2 到 2 hm^2 的孤岛可为农田景观中 90%以上的野生动物提供庇护所。因此，在发展农牧业生产的同时，应适当保护和增加农田和草地中的林地孤岛，这对保护物种多样性、维持生态平衡，以及促进农牧业生产的可持续发展都有重大意义。

(a) 草地中的孤立林木　　(b) 沙地中孤立残存的沙地榆

图 8.7　基质中的孤岛斑块

在有些情况下，减少孔隙度对系统的稳定性更有利，这取决于孔隙斑块的适宜对象。例如，针叶林基质中的田鼠经常栖息在基质内的湿草地斑块上，并在一定的季节进入针叶林地内啃食针叶林的幼苗。如果湿草地斑块的孔隙度小，那么田鼠对林地的危害较小（Forman and Godron，1986）。

基质孔隙度可通过影响斑块的平均面积和间距，对景观中的生态流产生重要影响。一般地，在景观面积一定的情况下，孔隙度越大，斑块的平均面积越小，边缘效应越明显，斑块边缘及斑块之间的能流、物流和物种流越强，如斑块面积较小的城郊景观比斑块面积较大的草原景观具有更高的孔隙度。在孔隙度减小的过程中（如在生境斑块丧失的过程中），斑块的间距逐渐增大，这可能限制能量、物质和物种穿越基质，从而不利于生态流的发生。但对于面积很小的景观，孔隙度的减小并不会显著增大斑块的间距，因此，隔离作用并不明显。

对动物来说，除斑块的面积和间距外，这种影响还取决于斑块的性质。如果沿途斑块中有不适宜生存的斑块，或者有捕食者存在于沿途斑块内，或者沿途有人类的聚居地斑块，那么动物在基质内的迁移会慢下来，有时会绕过这些斑块行进。相反，在由很多适宜斑块构成的多孔景观中，动物常将这些沿途斑块作为休息站，以间歇运动的形式做短暂停留之后快速穿过景观。有些沿途斑块被作为暂栖地，一些生物个体到达该地后，能成功地生长和繁殖。这些暂栖地对物种在更大范围（如跨国家或跨州）的扩散迁移非常重要。在暂栖地的繁殖可以扩大其种群数量，并为进一步扩散到更远的暂栖地提供新的种源。例如，南美洲许多植物种能向北穿过加勒比海进行传播，这是因为沿途有一系列群岛可以作为其暂栖地；相反，一些类似的大陆植物种在向夏威夷的传播过程中没有越过太平洋，这是因为其间几乎没有什么岛屿可以作为它们的暂栖地（Forman and Godron，1986）。

由此可见，仅考虑基质孔隙度这一数量或密度指标并不能充分揭示斑块的生态学意义，还需与斑块的面积比例，以及斑块的大小、间距和性质等相结合。特别地，由于不同大小的斑块的生态学意义有很大差异，通常需要分别统计各斑块大小类别的孔隙度；对不同的能量、物质和物种，不同类型斑块的适宜性也不尽相同，通常也需要分别统计各类型斑块的孔隙度。因此，通常所说的孔隙度是指某个斑块大小类别或某种特定类型的斑块密度，如大斑块的孔隙度、绿地斑块的孔隙度，而将针对所有类别或类型的斑块密度称为“镶嵌度”（patchiness）（Forman and Godron，1986；傅伯杰等，2001），以便区分。

在人类活动中，基质孔隙度的研究也有重要意义。例如，城镇人工建筑基质中绿地斑块的孔隙度直接影响城市的宜居性和绿地生态服务功能的发挥，森林景观中间伐迹地斑块的孔隙度直接影响木材的采运效率和经济利益。

5. 周边空间特征

基质孔隙度的概念强调了基于斑块的观点的重要性。然而，这种观点因其简单而具有局限性。如果周边空间特征对局域格局或生态过程非常重要，那么我们就需要一个更加复杂的空间异质性观点来认识局域格局和过程。例如，一个局域斑块的周边景观组分的组成和构型可能会强烈地影响局域种群。因此，生物保护研究不应仅局限于斑块特征

(如生境斑块的大小和形状、不同斑块的间距等)，还应包括基质(斑块之间的区域)的状况和管理(Franklin，1993)。

景观中廊道是否被物种利用，除与廊道本身的组成、结构和质量有关外，也与其周边的基质有关。周边基质较低的边界渗透率(boudary permeability)和较高的扩散成本使得物种更易利用被基质阻隔的斑块之间的廊道。该廊道可作为“迁移通道(movement conduit)”，即物种在廊道内部发生沿廊道的快速迁移，从而增强斑块之间的连接度。基质与斑块在生境质量上的对比度越大、基质的质量越差，基质的边界渗透率越低，廊道作为迁移通道的作用越明显(Baum et al.，2004；Graves et al.，2007；Vergara，2011)。Vergara等(2013)的研究表明，食果鸟类南美鸫对岸边森林廊道的反应取决于其周边基质的组成。在草地基质的开阔景观中，鸟类容易识别与基质生境条件差异很大的岸边森林廊道，大多数鸟类紧靠着廊道边缘运动；廊道对鸟类也起着栅栏或过滤的作用，然而，一旦鸟类进入到廊道内部，则廊道可起通道的作用，这时鸟类沿着廊道的走向运动。而在桉树林基质的景观中，鸟类不易识别岸边森林廊道。

Pearson(1993)研究了在Georgia山麓地带动力线廊道(right-of-way corridor)中过冬的鸟类。在这些廊道中，刈割使灌木和草本植物占优势。环绕廊道的区域可能是开阔的林地或耕地。Pearson调查了每个廊道中不同鸟类的多度和植被特征(如高度、密度和物种组成)，并基于航空像片确定了相邻景观组分的生境类型(图8.8)。他发现，有些过冬鸟类［如山雀(parids)和棕胁唧鹀(rufous-sided towhee)］的存在与否及多度变化可以用周边空间的生境特征最好地解释；而有些鸟类［如北美红雀(northern cardinal)和白喉带鹀(white-throated sparrow)］仅对局域生境特征产生反应；另一些鸟类［如皇苇鹪鹩(carolina wren)］既对局域生境产生反应，也对周边空间的生境产生反应。

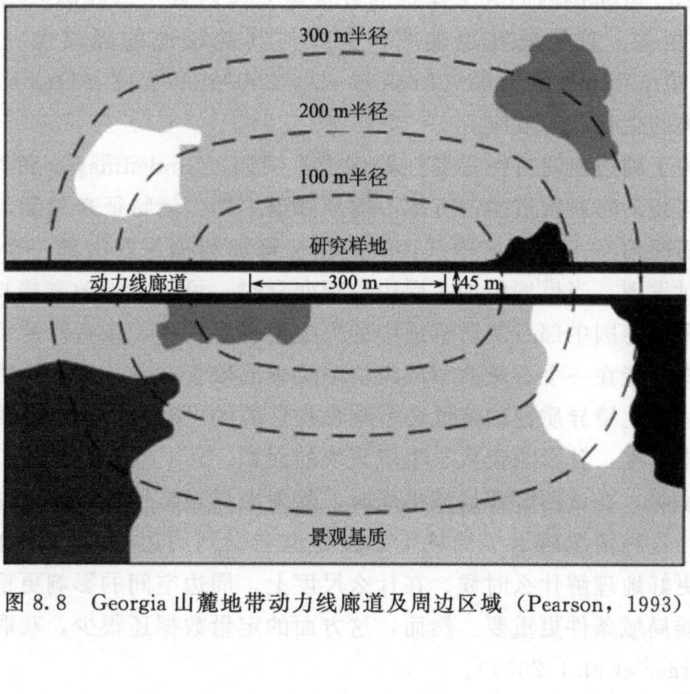

图8.8 Georgia山麓地带动力线廊道及周边区域(Pearson，1993)

Flather 和 Sauer（1996）使用在一条长度为 39.4 km 的固定路线上所做的年度调查数据［即饲养鸟类调查（Breeding Bird Suvey）数据］。他们沿每条路线设置了一个半径为 19.7 km、面积约为 1200 km^2 的圆形实验景观；在分析景观土地覆被格局的基础上，考察了固定路线上的鸟类多度与景观空间结构的相关性。结果表明，固定路线上的新热带候鸟在以下景观中更多：森林和湿地生境的面积比例较大，森林生境斑块较大，且森林生境分散于整个景观。相反，在景观斑块多样性较高、边缘生境较多、森林斑块边缘较复杂的景观中，固定路线上的新热带候鸟的多度较低。如果景观中有较大比例的人类主导的土地覆被类型（如农田和城镇），那么固定路线上的新热带候鸟的相对多度也较低。固定路线上的温带候鸟的多度与景观的生境多样性和边缘特征有关，而与森林生境的数量、大小和分散程度无关。然而，固定路线上的留鸟多度与景观空间结构几乎无关。

住宅区的密集分布使得许多小型绿地日益成为整个城区建筑物基质中仅存的野生生物的避难场所或生境小岛。然而，城市绿地对野生种群的支持功能与绿地周边景观的土地利用或土地覆被类型和景观斑块的构型密切相关。Ikin 等（2013）为探究物种丰富度和多度与周边景观组成和构型的相关性，选取了澳大利亚首都堪培拉 64 个近郊区域的 109 个街心小公园（pocket park），大小 0.5～2 hm^2，间距大于 500 m，距离自然保护区大于 250 m。根据雀形目鸟类的最大飞越能力，将以每个公园的中心为原点、半径为 250 m 的圆形区域作为公园的邻域（图 8.9）。结果表明，公园邻域中较高的住宅区密度可显著降低公园中物种的丰富度和多度；相反，如果公园邻域中有高水平的公共绿地（相应地有较少的住宅用地），那么公园中也有更多的鸟类及其个体，以及更多的依存于林地的物种、食虫动物和洞穴动物。这说明这些公园是整个绿地网络的一部分，而不是单个孤立的避难场所。另外，邻域中绿地的总面积比绿地斑块的空间构型（包括数量、平均大小和连接度）对鸟类的生存更重要。Lim 和 Sodhi（2004）的研究也发现，在新加坡公园周边 250 m 范围内的人工建筑的数量与公园内食虫鸟和洞穴鸟的丰富度和多度呈显著的负相关。其他研究也表明，公园与其他绿地的隔离度（Oliver et al.，2011）、公园周边城市开发的时间（Loss et al.，2009）和程度（Huste and Boulinier，2011）也对鸟类的生存有负效应。

还有其他关于周边空间特征重要性的例子。例如，Lindenmayer 和 Nix（1993）发现，澳大利亚树袋动物对廊道的占有率不能用廊道中的生境特征来预测，而需要周边景观组分组成方面的信息。Bolger 等（1997）在解释加利福尼亚南部一个城市景观中饲养鸟类的多度时发现，当模型中加入周边景观变量时，可极大地改善模拟效果。Jauker 等（2013）在研究德国中部石灰质草地中的野生蜜蜂时发现，在蜜蜂的领域内包含多个生境斑块，蜜蜂可能在一个石灰质草地斑块中筑巢或取食，并从周边基质中获取必要的资源，基质中适宜生境异质性的降低会影响食物资源的可获得性和多样性，从而显著降低蜜蜂的物种丰富度，其影响仅次于生境斑块的面积。

以上例子说明，在试图解释局域格局时，除考虑局域特征外，考虑周边空间的特征可能也很重要，这种情况暗示了局域生态过程也会受到周边空间特征的很大影响。因此，我们需要更好地理解什么时候、在什么尺度上，周边空间的影响更重要或者起主导作用，什么时候局域条件更重要。然而，这方面的定量数据还很少，获取这方面的数据也很困难（Turner et al.，2001）。

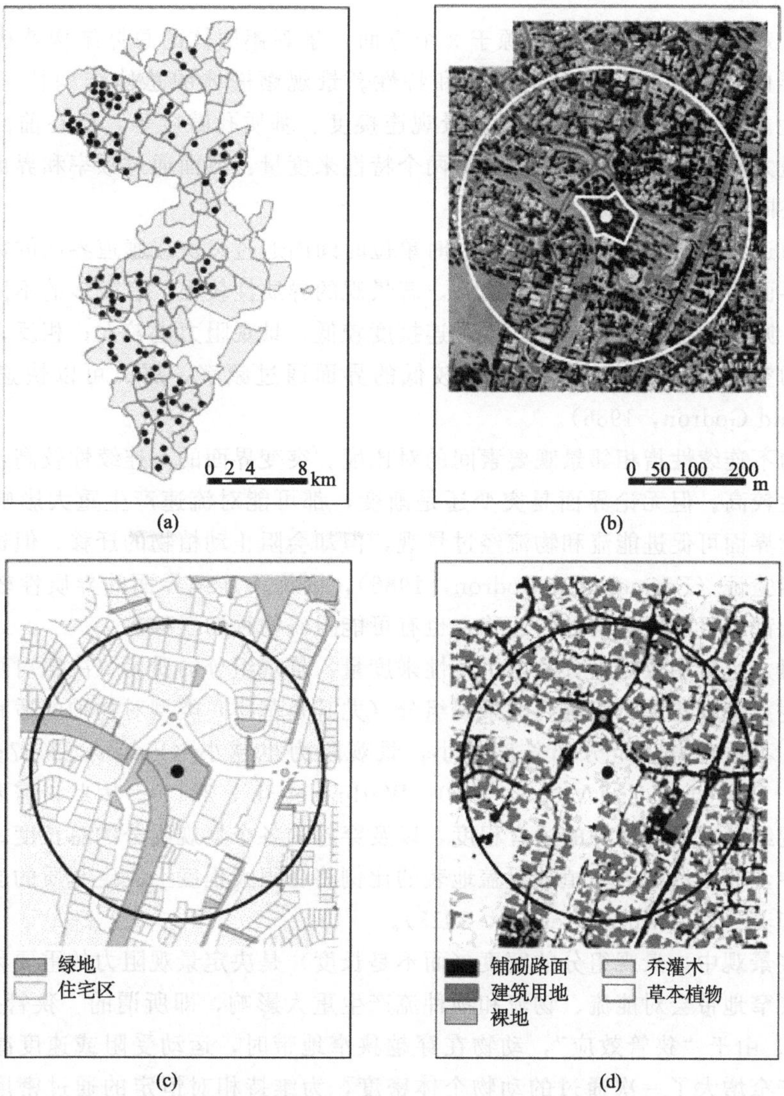

图 8.9 以澳大利亚堪培拉为研究区探讨物种丰富度和多度与周边景观组成和构型的相关性（Ikin et al.，2013）

注：(a) 在 64 个近郊区域的 109 个公园（黑点）中的研究点；(b) 以公园的中心为原点（白色多边形中的白点）、半径为 250 m 的邻域（白色圆环）；(c) 邻域中的土地利用组成和构型；(d) 邻域中的土地覆被组成

6. 景观阻力

景观基质不可能是完全均质的，能流、物流和物种流在穿越景观时必然受到空间异质格局特征的影响而使其流速发生变化，我们将这种影响统称为景观阻力，包括正阻力（流速降低）和负阻力（流速增加）。例如，当风遇到农田防护林时，受到景观阻力的影响，风向和风速都会发生变化（Forman and Godron，1986；傅伯杰等，2001；赵羿和

李月辉，2001）。

影响景观阻力的因素主要来源于3个方面：景观镶嵌体的总体结构特征、景观组分之间边界的特性、景观组分的结构和特性。景观镶嵌体的总体结构特征主要包括景观异质性、景观组分间的对比度、景观连接度、基质孔隙度等，已在前面论述。

景观阻力常用景观组分之间边界的两个特性来度量：界面通过频率和界面的不连续性，它们共同决定边界的渗透率。

界面通过频率指生态流在穿越景观时单位时间内通过斑块或廊道界面的数量。生态流在通过界面时一般都比较缓慢，因此，若景观的异质性较强，有较多的不同类型的斑块或廊道，则界面通过频率较大，景观连接度较低，景观阻力也较大；相反，如果生态流所经过的空间具有较高的均质性和较低的界面通过频率，那么可以快速穿过景观（Forman and Godron，1986）。

界面的不连续性指相邻景观要素间的对比度。突变界面的不连续性较高，而渐变界面的连续性较高。但无论界面是突变还是渐变，都可能对流速产生重大影响。一般地说，不连续界面可促进能流和物流经过景观，但却会阻止动植物的迁移。但这一结论有待于进一步验证（Forman and Godron，1986），因为不连续界面的异质性较高，而异质性高或低都有可能促进物种的迁移，也有可能阻碍物种的迁移。

景观阻力也常用景观组分的两个特性来度量：景观组分的质量（决定对物种的适宜性）和长度。穿越景观时所遇到的景观组分（尤其是基质）类型对物种的适宜性或易接受性越高，不适宜景观组分的长度越小，景观阻力也越小（Fahrig，2007；Prugh et al.，2008；Prevedello and Vieira，2010；Watling et al.，2011）。因此，需要评估沿途每一个景观组分对研究物种的适宜程度，以及穿越的各个景观组分的总长度。例如，在城市景观中，非渗透地表和植被覆盖地表的比例将在很大程度上决定基质的质量，进而影响水流和养分流（Muratet et al.，2013）。

在有些景观中，景观组分的宽度（而不是长度）是决定景观阻力的重要因素。景观中的一些狭窄地带会对能流、物流和物种流产生重大影响，即所谓的“狭管效应”（或瓶颈效应）。由于“狭管效应”，动物在穿越狭窄地带时，运动受阻或速度减缓。一方面，路径变窄增大了一次通过的动物个体密度，为维持相对恒定的通过密度，避免拥挤，动物不得不减速；有时窄路径也不易被动物发现和选择。另一方面，狭窄地带附近是捕食者理想的隐藏之地，动物在通过时常因加强防范、躲避而使其速度降低。因此，许多动物（尤其是内部种）对狭窄地带非常敏感。然而，与物种流相反，由于“狭管效应”，风和水流通过狭窄地带时往往不是减速，而是加速。例如，在防护林的“豁口”处，以及两栋楼之间的通道中，人们会明显地感受到风速增加（Forman and Godron，1986）。

总之，在景观规划和管理中，为改变生态流的行进速度，可以通过改变景观异质性、景观组分间的对比度、景观连接度、基质孔隙度、界面通过频率、界面的不连续性、景观组分的适宜性、景观组分的长度和宽度等来实现。

7. 半岛型交错接合

半岛型交错接合是由多种景观组分构成的指状交叉格局，包括由多个狭窄半岛交错接合而成的指状廊道网络（图 8.10 中的 A）、交错接合地带一侧的均质区（图 8.10 中的 B）。最突出的例子是分枝形河流廊道，以及侵蚀形成的交叉山脊（Forman and Godron，1986）。

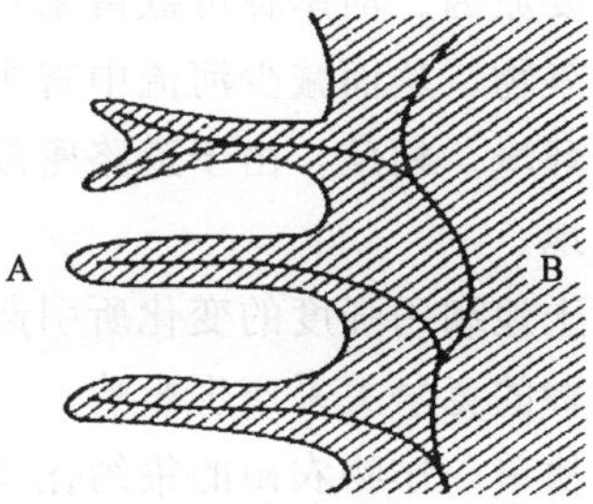

图 8.10 半岛型交错接合
（Forman and Godron，1986）

在这种景观镶嵌体的不同部位具有不同的物种丰富度格局。可以假设，总体物种丰富度在中部的交错接合地带最高，因为中部实际上是个生态交错带，两种景观组分中的物种都可以出现在这里。然而，狭窄半岛中多为边缘种，内部种（特别是稀有种）的丰富度在交错接合地带一侧的均质区最高。

生态流穿越指状廊道的速度随流的方向而明显不同。平均来说，平形于指状廊道的运动一般较快；而由于指状廊道网络的界面通过频率很大，垂直于指状廊道的运动则较为缓慢。

8. 土地利用

人类对森林、草地和未利用土地的开发利用会引起栖息地的丧失、退化或改变等景观格局上的变化，从而导致生物多样性的降低、外来物种的引入和扩散、本地物种的消失等。例如，Jongsomjit 等（2013）比较了加利福尼亚当前和未来不同密度情景的住房建设对 64 个主要鸟类分布的影响。结果表明，住房建设是造成鸟类分布变化的主要原因之一，可解释总体降低的 32%；其中，近郊和远郊的住房建设在其中起了最大作用。

土地利用变化会改变动物对一些栖息地和廊道的利用。例如，挪威的野生驯鹿（*Rangifer tarandus*）被分隔成 23 个或多或少孤立的亚种群，主要归功于人工设施的建设使得它们放弃了传统的迁移和运动廊道。Panzacchi 等（2013）利用考古发现和 GPS 数据，在多空间尺度（1 km、5 km 和 10 km 半径的缓冲区）上模拟了几种人工设施的建设对当前野生驯鹿利用传统廊道运动的影响。结果表明，旅游者的野营小屋和道路在大多数尺度上有最强的长期直接影响，在 1 km 半径的缓冲区内，1 个小屋即可导致驯鹿完全放弃该生境，而 1 km 的道路可导致利用概率降低 46%。输电线路和私人小屋通过影响道路对驯鹿利用廊道产生显著的间接作用。登山小路和水电站坝的影响变异性较大，其中，在国家尺度上影响不显著。

土地利用变化也被认为是引起近年来动物疾病爆发的除气候变化以外的另一个主要原因。栖息地变化可能会改变寄主或病菌的生态学习性，改变寄主-病菌关系的关键参数，从而增强或减弱病菌的传播。例如，Jackson 等（2006）的研究发现，森林破碎化的增强会增加莱姆（Lyme）疾病的发生率。如果景观中森林边缘的牧草、农作物或草坪所占的比例很高，那么该景观可成为鼠类和鹿理想的栖息地，而鼠类和鹿是壁虱（tick vector，*Ixodes scapilaris*）的寄主。道路的修建，以及雨林向农业、放牧和采矿用地的转变将会使以前减少或消失的疟疾卷土重来（Vittor et al.，2006）。开垦土地和排水差的道路会产生污浊的积水，可为蚊子等传播病菌的生物提供繁殖地。McGinnis 和 Kerans（2013）对美国西部蒙大拿 4 条河流中五彩鲑鱼的研究表明，低比例的河岸林、较高的道路密度是引起寄主正颤蚓的密度增加、鳟鱼眩晕病爆发及鲑鱼生存受威胁的重要原因。河岸林可截留来自河流周边的营养物质，减少传输到河流中的沉积物和有机污染物，从而减少河流中寄主栖息地的数量和适宜性；同时，也可为鲑鱼提供荫蔽清凉的环境。相反，由于道路密度增大而使水域中增多的细粒沉积物可成为正颤蚓的主要栖息地。

土地利用强度的变化所引起的景观格局的变化也可能对物种的多度和分布，以及不同物种的竞争关系产生影响。一些研究表明，农业上从对小块异质农田的粗放型管理向对大块单一作物农田的集约化管理被认为是一些农田鸟类数量下降的主要原因（Chamberlain et al.，2000；Donald et al.，2001；Vickery et al.，2001）。Robillard 等（2013）的研究发现，人类对农田生态系统的集约化管理是树燕种群数量迅速降低的根源。其直接原因是，树燕通过饮用水或皮肤直接接触农田中施用的杀虫剂。其间接原因是，一方面，杀虫剂消灭了树燕取食的昆虫和节肢动物，非农田地块的减少和边缘生境的破坏降低了树燕筑巢的可行性和巢穴的质量。另一方面，家雀能从集约化农田管理中受益，如从建筑物中获取大量的巢穴，从谷物中获取更多的食物，因此增加集约化管理的农田数量或增大建筑物的周长可增加家雀的数量；而大量家雀对建筑物的接近大大影响了树燕对巢穴的占有，加剧了竞争压力，即树燕和家雀的竞争关系因农田的集约化管理而加强。

在气候变化的大背景下，减少物种由于土地开发和栖息地退化而产生的压力，可以增强物种面对气候变化的弹性，降低它们的脆弱性（Chapin et al.，2010）。增加保护区周围的廊道和缓冲区、设计新的保护区、恢复栖息地、规划区域景观、压缩远郊的住房建设格局、控制城区的蔓延等都是一些景观尺度上的具体措施（Heller and Zavaleta，2009）。因此，在发展和执行生物保护和景观管理的有效气候适应对策时，需要在惯常的气候变化情景预测中融入土地利用变化的潜在影响，以识别哪些物种、哪些群落、哪些栖息地、哪些地方可能对气候变化和土地开发特别敏感（Jongsomjit et al.，2013）。

9. 空间格局对物种运动的重要性

景观镶嵌体的空间格局对物种运动的影响尽管从其本身来说是非常有趣的，但同时也增加了研究种群或群落动态的复杂程度。那么，什么情况下空间格局真正重要？什么情况下空间格局又可以被忽略？尽管对这个问题的回答取决于特定的目的，但在以下几种情况下，空间格局（如生境斑块的大小、形状和排列）确实有重要影响（Turner et al.，2001）：①如果生境稀少或遭受破碎化。因为理论和实验数据都指出，当景观中生境所占面积比例小于20%～30%时，空间格局对生境的连接或破碎化有非常强烈的影响。②如果边缘效应对于所研究的过程或物种来说是重要的。③如果生物体的运动受到限制，仅能够到达少数包含有适宜生境的区域。

相反，在以下情况下可能不需要考虑空间格局：①如果生境是大量的。因为这时大多数生境可能连接良好，并且边缘效应较小。②如果边缘效应对于所研究的过程或物种来说是不重要的。③如果生物体的运动不受限制，能够到达所有或大多数包含有适宜生境的区域。

8.4 景观镶嵌体中的物质流

景观镶嵌体中的物质流不同于群落和生态系统尺度上的物质流。它发生在不同生态系统之间，可以决定景观格局，是景观形成的物质基础，也是推动景观演替和发展的重要因素；反过来，景观格局也对其中的物质流产生影响。

8.4.1 物质流的形式与特征

1. 气流（或风）

气流是地表因太阳辐射受热不均而形成的气压差引起的物体传输。风作为一种媒介物，在区域或跨区域尺度上可输送空气、水分、热量、尘埃、沙粒、气溶胶和污染物等，在景观尺度上可传播花粉、孢子、种子以及许多小昆虫，可驱散鸟类使其远离巢域等。气流对地表景观（如风蚀地貌）的形成、物种的迁移（如风播植物的繁衍）、人类的生活生产等均可产生重大影响。

2. 土流

土流（包括养分流）指土壤中和土壤表面的物质（包括养分）在外界媒介物或传输动力的作用下流动的过程，比水流要复杂得多。土流的数量非常惊人，范围很广。每1000年中，土流可使至少一半的地球表面损失12 mm或更多的物质，而全世界大约80%的沉积物来源于倾斜度为6°甚至更加平缓的地区发生的土流（唐凤，2013）。

自然界的一部分土流是借助于风进行的，如地表落叶随风飘移，以及各种风蚀地貌的形成。自然界的大部分土流取决于水这个传输媒介或动力。土流与水流常常紧密地结合在一起，如地表径流通常会引起水土流失。因此，在大多数情况下，土流就是通常所说的土壤侵蚀，包括风蚀和水蚀。

土流中的物质包括颗粒物质和溶解物质。颗粒物质指可悬浮于水中但不溶于水的物质，既包括有机物质，如细菌、孢子、种子、腐烂的叶片等，又包括无机物质，如黏粒和粉粒、矿物质等。颗粒物质可随动植物或人类活动而运动，也可以地表径流的形式发生运动，除此之外很少在空间上运动。溶解物质指可在水中发生化学反应，并进入溶液的物质，包括有机物质（如腐殖酸和尿素等）和无机物质（如硝酸盐、硫酸盐和钙等）。溶解物质除可随动植物或人类活动而运动外，主要随水体一同流动，在较大程度上取决于水流的方式和速度，也与物质的附着形态及其在不同介质中的溶解属性密切相关。颗粒物质和溶解物质随水流量增大的变化趋势有很大差异：下小雨时颗粒物质几乎不流动，而下大雨时其浓度增大，

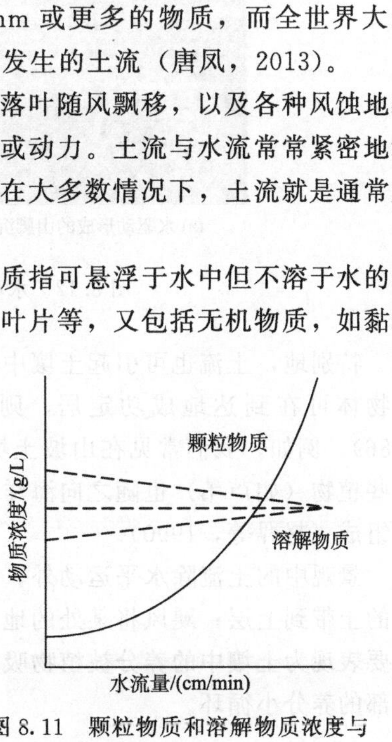

图 8.11 颗粒物质和溶解物质浓度与水流量的关系（Forman and Godron, 1986）

二者呈指数关系；而溶解物质的浓度几乎不随水流量的变化而变化（图 8.11）（Forman and Godron，1986）。

自然界还有一部分土流是通过动物运动完成的。特别地，动物在景观中的迁移可对养分的再分配起到重要的间接作用。一些大型动物在一些斑块上觅食，导致养分的流失；又将养分排泄到它们栖息的斑块，导致养分的富集。

随着科学技术和运载工具的发展，人类对土流的影响越来越大。所有的工程建设都涉及泥土、沙子和砂石的运输，或者从一处被搬移到另一处，或者从下层挖到地表，并搬离原地。类似的人类活动在改变土地利用类型的同时，也间接地促成景观的养分运动。人类也可以在景观的养分运动中起直接作用。例如，人类在收割庄稼、割草、砍伐森林的过程中，既从土壤中带走了大量所需物资和材料，也带走了养分；对农田施用化肥和农药，可改变这些物质在景观中的分配和流动。

土流水平运动的主要结果是被传输的物质在景观中某处发生堆积，改变了原有的景观形态，如水为驱动力可形成泛滥平原、冲积扇、洪积扇和三角洲等景观［图 8.12(a)］，风为驱动力可形成沙丘、沙垄、沙坝等景观［图 8.12(b)］，人类为驱动力可形成人工建筑景观和各类经营景观。一般来说，这些堆积物多为黏土和粉砂，并富含很多的营养物质（Forman and Godron，1986）。

(a) 水驱动形成的山脚沉积物

(b) 风驱动形成的阿尔及利亚克扎兹(Kerzaz)沙丘景观

图 8.12　水和风作为传输动力的土流水平运动

特别地，土流也可引起土壤中植物繁殖体、动物碎片、微生物的迁移。若这些土壤生物体可在到达地成功定居，则可成为入侵该地的新物种（Forman and Godron，1986）。例如，我们常见在山坡土壤长年累月的冲积作用下，河口三角洲不断地扩大，一些植物（如芦苇）也随之向海洋方向延伸，从而逐渐改变着海岸带景观生态系统的植被组成（赵羿等，1990）。

景观中的土流除水平运动外，也有垂直运动。例如，哺乳动物在掘洞的过程中将下层的土带到上层；飓风将某处的地表尘土吹到空中，又落在其他地方。养分的垂直运动主要表现为土壤中的养分被植物吸收，之后又以枯枝落叶的形式回到土壤中，形成一个局部的养分小循环。

3. 水循环（或水分运动）

水分的水平运动主要表现为水分在重力作用下以河流、地表径流和地下径流的形式流动。景观地形高度的差异形成水分重力势能的差异，从而导致水分在空间上的水平流动。水分的垂直运动主要表现为生物小循环（图 8.13）：降水（包括降雨和降雪）的一部分被植物冠层、下木和凋落物层截留，并部分或全部蒸发，剩余降水以各种途径进入土壤，成为土壤水的一部分。同时，土壤表面的雪在融解之后成为土壤水的一部分，其余的雪以升华形式向外散失。土壤中的水分一部分下渗，一部分通过蒸发损失，一部分被植物吸收，之后经过蒸腾作用释放到大气中，多余的水分形成地表和地下径流。散失到大气中的水又可以降水的形式返回土壤。

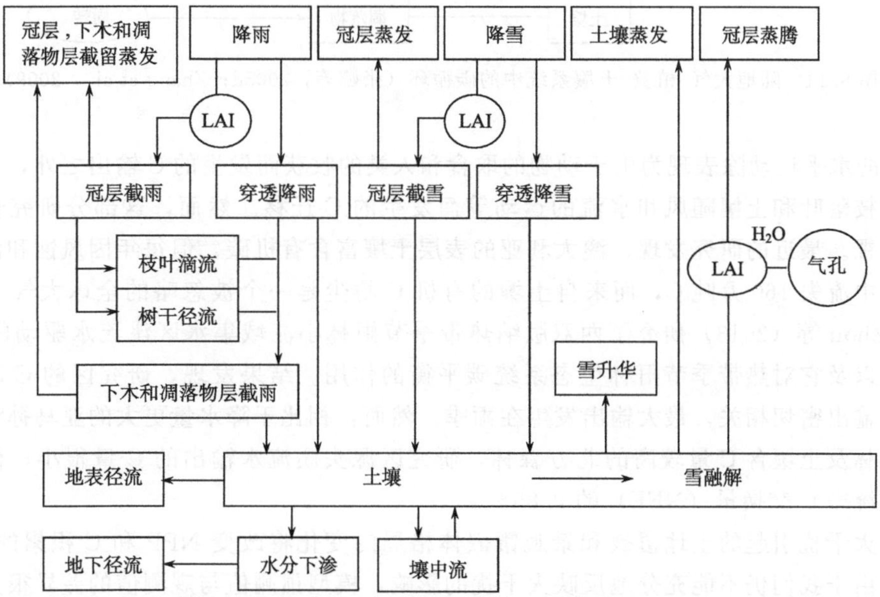

图 8.13　水分在景观中的运动（张娜和于贵瑞，2006）

4. 碳（C）循环

碳循环包括地质大循环和生物小循环。在地质大循环中，生物残体埋藏在地层中，经漫长的地质作用形成煤、石油和天然气等化石燃料。它们通过燃烧、火山活动、碳酸盐岩石的风化放出大量 CO_2，进入生态系统的 C 循环。同时，海水可以溶解大量 CO_2，并以碳酸盐的形式储存起来，因此可以帮助调节大气中 CO_2 的浓度。

陆地生态学中的 C 循环主要指的是生物小循环，以大气-植被-土壤循环（图 8.14）这一垂直运动为主。在生物小循环中，植物通过光合作用固定大气中的 CO_2。光合同化产物的一部分以自养呼吸（包括维持呼吸和生长呼吸）的形式散失，其他大部分作为净生产被分配和储存于植物的不同部位。食草动物取食植物后经消化进一步合成有机物，并经食物链更高营养级进行再消化和合成。在这个过程中，一部分 C 又通过动物的呼吸作用回到大气中，另一部分 C 构成不同营养级动物体的组分。植物地上和地下枯落物、动植物残体、动物排泄物等在土壤微生物和土壤动物的作用下发生分解（土壤异养呼吸），将 CO_2 释放到大气中。通过呼吸和分解释放的 CO_2 又能为植物光合利用。而未被呼吸和分解释放的 C 则储存于动植物和土壤中，成为生态系统的净生产。

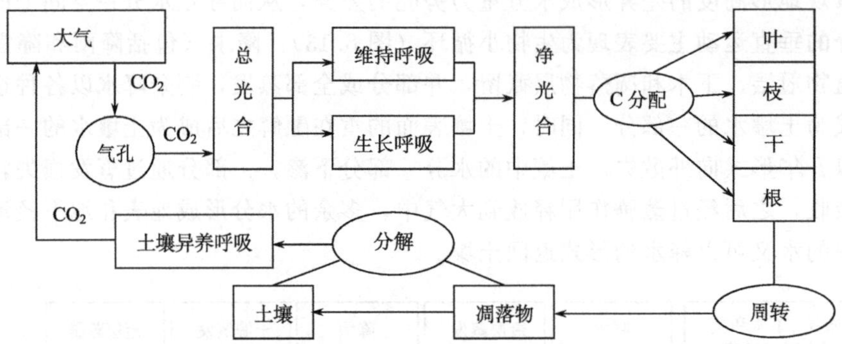

图 8.14 陆地大气-植被-土壤系统中的碳循环（张娜等，2003d；Zhang et al.，2009）

C的水平运动除表现为由于动物的取食和人类的收获而发生的C输出之外，主要表现为枯枝落叶和土壤随风和水流的运动等而发生的C迁移。然而，这部分研究长久以来被忽视。最近的研究发现，澳大利亚的表层土壤富含有机碳，但每年因风蚀和沙尘暴从土壤中流失160万吨C，而来自土壤的有机C粉尘是一个被忽略的全球大气CO_2来源①。Zhou等（2013）研究了西双版纳热带季节雨林小流域集水区溪流水驱动的C输送量，以及它对热带季节雨林生态系统碳平衡的作用。结果发现，研究区的C动态与溪流水输出密切相关，最大输出发生在雨季。然而，相比于降水量更大的亚马孙流域的热带森林及土壤含C量较高的北方森林，研究区源头溪流水输出的C量很小，仅占年生态系统净C交换量（NEE）的2.85%。

由火干扰引起的土地覆被和景观镶嵌体格局的变化将改变NPP和C积累的格局。然而，由于我们仍不能充分地反映火干扰的影响，模型预测值与观测值的差异很大。一般地，我们所观察到的现象是，较短时间内火烧即会消耗大量的生物量，将CO_2和CO等物质迅速释放到大气中。因此，火干扰通常被作为引起C释放的重要原因之一。然而，我们对火干扰发生频率和发生范围增大对净C储存的长期影响这一问题仍然没有清晰的认识。在较长时间内，因火烧而释放的C在植被更新之后又得到恢复，以至于火干扰对大气C的净效应几乎为零。此外，火干扰之后留下的大量稳定C（如生物木炭biochar）能够存留几个世纪，乃至上千年，这指示火干扰可能甚至导致一个重要的长期C汇，否则这些C将通过循环进入大气（Turner et al.，2001）。然而，Wardle等（2008）的研究表明，火干扰产生的生物木炭储存C的功能可能被高估了，至少对北方森林土壤是如此，因为木炭与土壤腐殖质混合后，将极大地促进土壤微生物（细菌和真菌）对有机质的分解，从而增加土壤C的释放。

5. 氮（N）循环

最近20年，人类大量侵入全球N循环。例如，史无前例的工业固N已经导致农业上施用大量N肥，在一些地区，N可能不再是限制植被生产力的营养元素；汽车尾气和工厂排放的大量氮氧化物影响水和空气的质量，土壤水和流水中可能富含氨氮和硝

① http://news.sciencenet.cn/sbhtmlnews/2013/8/276400.shtm

氮。总之，人类侵入全球N循环可能对陆地和水生生态系统有深远的影响。这引起人们对N循环的关注。

生态系统的N循环过程包括大气N的固定过程、植物体内有机N的形成过程、动植物残体有机N的氨化和硝化过程、氨氮和硝氮的反硝化过程：

(1) 大气N的固定过程：大气N进入生物有机体的主要途径有：生物固N（主要是固氮菌类和某些蓝藻）、工业固N（合成氨和硝酸盐）、岩浆固N（火山活动）和大气固N（闪电和宇宙线作用）。其中，生物固N产生的NH_3可以被植物直接吸收利用，其他则以N肥的形式或随水分间接进入生物有机体。

(2) 植物体内有机N的形成过程：进入植物体内的N化合物与复杂的碳化合物结合形成氨基酸，随后形成蛋白质和核酸，构成植物有机质的重要组成部分。

(3) 动植物残体有机N的矿化和硝化过程：植物死亡后，有机N以凋落物形式回归土壤，或者植物作为食物进入动物体内，有机N以动物排泄物和尸体形式回归土壤。有机N经土壤微生物的矿化和硝化作用分解为氨氮和硝氮之后，可被植物重新吸收利用。

(4) 氨氮和硝氮的反硝化过程：土壤中的氨氮和硝氮经土壤微生物的反硝化还原作用分解为N_2或N_2O，回归到大气中。之后这部分气态N又会直接或间接地进入生物有机体，参与生态系统的N循环（钱易和唐孝炎，2010）。

6. 物质流之间的相互作用

C、N、P和水循环之间具有复杂的相互作用，而陆地植被在这些相互作用中扮演着重要的角色，因为这些不同物质流之间的潜在反馈是通过一些植物过程发生的。例如，农业的集约化可导致N和P肥的增加，它们的共同影响会打破许多生态系统中可利用N和P之间的平衡。植物从土壤中吸收N和P会改变这些营养物质的可获得性，以及生态系统的初级生产力和物种组成，并最终影响C循环。这说明植被不仅受全球变化影响，而且会通过一些发生在不同时空尺度上的物质流及其相互作用驱动全球变化。Wassen等（2013）对此做了一个系统的阐述。

1) C-水反馈关系（图8.15）

大气CO_2浓度增高可提高植被初级生产力。但与此同时，大气CO_2浓度增高也可使植物气孔关闭或改变气孔的密度和大小，从而降低气孔导度和蒸腾量；这个负反馈可以改变区域水循环、增加土壤含水量，从而提高初级生产力、增强区域C固定，由此负反馈转变为正反馈（只要水分是系统的限制因子）。初级生产力提高意味着植被会消耗更多的大气CO_2，并使气孔导度和蒸腾量增大，这反过来又减缓了C循环和水循环的变化。同时，植被初级生产力的提高也伴随着叶面积的增加，这可弥补大气CO_2浓度增高引起的蒸腾量降低。另外，植被对大气CO_2浓度增高的响应可通过水循环，对区域气候施加一种强的生物控制，而且这种控制甚至可以通过C循环扩展到全球尺度。显然，大尺度的土地利用变化（如造林、森林砍伐、生物燃料的种植）对C循环与水循环之间的反馈关系有重大影响。

2) N-C反馈关系（图8.16）

在全球尺度上，预计在未来十几年里，施用N肥均可提高植被初级生产力，并潜

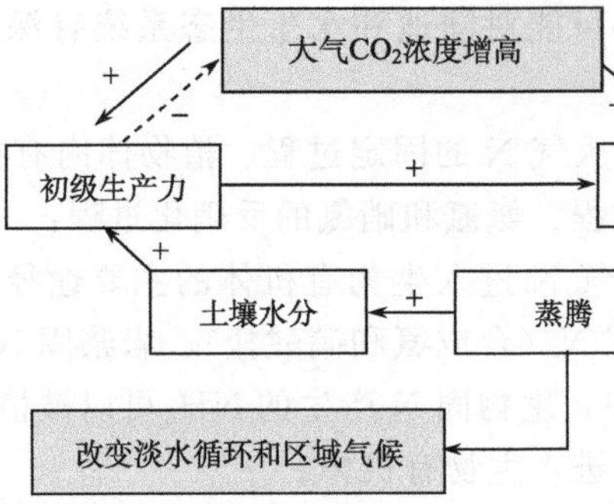

图 8.15　一个简单的概念图，以反映植物在 C-水反馈中所起的作用（Wassen et al.，2013）

注："+"表示正效应，"-"表示负效应。虚线表示对大气 CO_2 浓度的反馈，下同

在地增强 C 固定。施用 N 肥也可增加土壤有机质含量，改善凋落物的质量（更低的 C∶N），提高土壤的净 N 矿化率和土壤异养呼吸量，从而增加土壤的可利用 N 和 CO_2 的输出，并增加植物的 N 吸收，提高初级生产力。升高的气温和大气 CO_2 浓度可加强这种正反馈。然而，初级生产力提高会消耗更多的大气 CO_2，从而可能抵消施用 N 肥使初级生产力提高的正反馈，或使正反馈变为负反馈。模型和实验研究均表明，土壤异养呼吸所释放的 CO_2 量高于因土壤可利用 N 增加而增加的 C 固定量，这将使土壤肥力最终降低。土壤的 N 矿化取决于土壤湿度状况，当因气候变暖而使土壤变干时，N 矿化率会降低，从而导致初级生产力的降低。

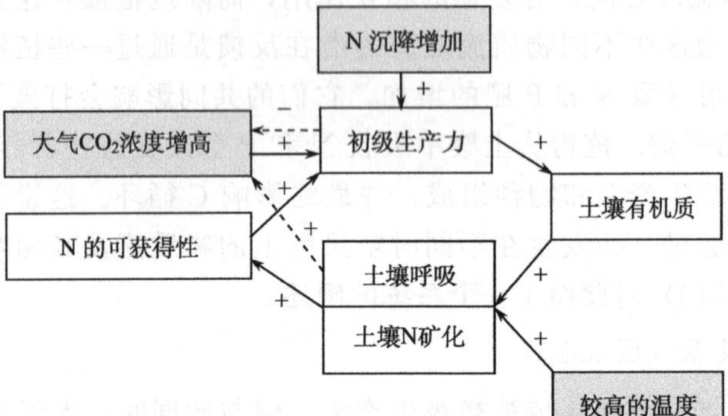

图 8.16　一个简单的概念图，以反映 N 沉降增加之后植物和环境变量在 N-C 反馈中所起的作用（Wassen et al.，2013）

N-水-C 或 N-水之间也存在复杂的反馈关系。例如，植物的水分利用率提高可增加土壤含水量，并可潜在地提高净 N 矿化率，而这会改善生态系统的缺 N 状况（Felzer et al.，2011）；N 缺乏时，植物的水分利用率较低，大气 CO_2 浓度的施肥效应也减弱（Arp et al.，1998）。

大量研究报道显示，火干扰或采伐发生之后，叶面积的降低减小了蒸腾量，增加了地表径流，同时也增加了营养流失（Knight et al.，1985；Jewett et al.，1995）；叶面积的降低也导致植物 N 吸收的减少，以及土壤微生物硝化作用的增强，因此，土壤中硝酸盐浓度增加，可利用 N 的潜在输出也增加。

景观中不同的生态系统、不同的物种（如阔叶树和针叶树、入侵种和本地种）具有不同的循环路径、不同的过程速率和正负效应，气孔对水和 CO_2 的调节能力不同，N沉降对冠层光合和C固定的影响也不同。例如，Churkina 等（2010）推断，工业区种植的树木可比预期吸收更多的C，因为这些地方的树木对大气中高浓度的N和 CO_2 十分敏感。Jain 等（2009）利用综合科学评价模型（Integrated Science Assessment Model，ISAM）的模拟结果表明，不同的景观因其N缺失量的空间分布、气候（温度和降水）、土地覆被和土地利用变化的不同，在碳汇功能上也有显著差异。

3）N-P 反馈关系（图 8.17）

禾本科植物比其他植物从N沉降中获益更多。施用N肥可提高土壤的N：P，增强植物根系磷酸酶的分泌（Marklein and Houlton，2011），而磷酸酶可加速有机P向无机磷酸盐 PO_4^- 的转变，从而促进植物对P的吸收，提高生产力。与其他草本植物相比，禾本科植物可因N沉降而分泌更多的磷酸酶，并在与其他植物的竞争中最终获胜，这是N沉降对禾本科植物的正反馈。在N沉降增加的草地生态系统中，我们常可观察到禾本科植物增加，而其他草本植物不同程度地减少，因此植物多样性降低（Stevens et al.，2004）。另外，大气 CO_2 浓度增高也更有利于禾本科植物的初级生产，因为与其他草本植物相比，许多禾本科植物利用营养物质的效率更高，因此，对 CO_2 的吸收更多、长得更快。N沉降对生态系统内部禾本科植物与其他草本植物竞争的影响在景观尺度上表现为初级生产力和C固定量的增加，以及部分物种的消失和物种多样性的降低。

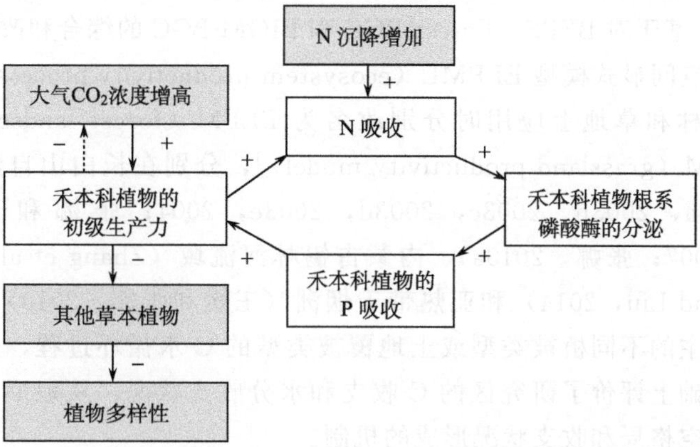

图 8.17　一个简单的概念图，以反映N沉降增加之后植物和环境变量在N-P反馈中所起的作用（Wassen et al.，2013）

目前，我们在定量不同物质流之间的复杂反馈关系、理解植物过程对这些反馈的影响，以及它们对物种竞争、植被分布、景观动态和全球变化的影响上，才刚刚起步（Arneth et al.，2010）。将来的研究重点不仅在于耦合不同物质流，而且还包括综合景观中不同植被类型的功能和动态。尽管单个物质流研究和耦合不同物质流的研究已在许多不同生态系统中开展，有的甚至被融入全球变化模型中，但从生态系统的物质流预测景观或区域的物质流格局仍存在很大不确定性，与局域环境条件有关（Macdonald et al.，2011；van Vuuren et al.，2011；Phoenix et al.，2012）。

8.4.2 生物地球化学循环的空间模型

最近几年，人们对获取大尺度BGC过程的估计值及其空间变化的兴趣大增。由于大尺度上对生态过程进行野外试验十分困难，空间模型已经成为解决这一重要问题的必不可少的工具（Wu et al.，2006）。

20世纪80年代后期以来对景观动态和生态系统过程的关注促使BGC空间显式过程模型的发展。最初的BGC模型来源于个体或生态系统水平的过程模型，后来在此基础上融入了遥感和其他空间数据，以预测物质循环的时空格局。例如，Running和Coughlan（1988）建立了一个森林BGC模型Forest-BGC，可以定量一个林分天和年尺度上的C、水和N循环的机理过程。为了估算更大空间尺度（如景观和区域）上的物质循环，Running等（1989）首次综合了不同来源的生物物理数据，建立了一个简单的GIS数据库，并用这些数据发展了一个综合C、水和N循环的空间Forest-BGC模型。模型在每个栅格上运行，成功地绘制了美国蒙大拿州西部针叶林山区的蒸散量和光合同化量分布图。Band等（1991）建立了一个由数字化地形图分析、遥感观测、GIS和Forest-BGC模型组成的区域水文生态仿真系统（regional hydroecologic simulation system，RHESSys），实现了景观尺度蒸散和NPP的模拟。BEPS（boreal ecosystem productivity simulator）（Liu et al.，1997；Liu et al.，1999）和BIOME-BGC模型（Running and Hunt，1993）都是在Forest-BGC模型基础上发展起来的空间显式模型。张娜等（2003d）基于对BEPS、Forest-BGC和BIOM-BGC的综合和改进，开发了模拟C-水循环过程的空间显式模型EPPML（ecosystem productivity process model for landscape）[后在森林和草地上应用时分别改名为FLPM（forest landscape productivity model）和GLPM（grassland productivity model)]，分别在长白山自然保护区（张娜等，2001，2003a，2003b，2003c，2003d，2003e，2004；张娜和于贵瑞，2006；Zhang et al.，2007；张娜，2010a）、内蒙古锡林河流域（Zhang et al.，2009；张娜，2010a；Zhang and Liu，2014）和亚热带千烟洲（王媛和张娜，2010）模拟了以森林、草地和人工林为主的不同植被类型或土地覆被类型的C-水循环过程，分析了它们的时空格局；在此基础上评价了研究区的C收支和水分收支状况，从地形、气候和植被因子角度探讨了时空格局和收支状况形成的机制。

Century模型是一个被广泛用来模拟草地生态系统C和N储量和流量的模型（Parton et al.，1993）。Burke等（1990）综合了Century模型与气候和土壤的空间数据，模拟了美国科罗拉多州（Colorado）东北部草地的NPP、土壤有机C、净N矿化量和氧化氮释放量的空间格局。该研究也识别出了重要的尺度效应。例如，气候数据可被聚合到一个相对大的尺度，直到产生合理的NPP估计值；而土壤质地必须在更小的空间尺度上反映，而不是平均到大尺度上，因为土壤质地与土壤有机质之间存在着非线性关系。陆地生态系统模型TEM（terrestrial ecosystem model）可应用气象、地形、土壤、植被和土壤有效含水量的空间数据，以及与土壤和植被类型有关的参数，来模拟全球除湿地以外的生态系统的C和N的动态。Raich等（1991）采用TEM模型预测了南美热带森林7个植被类型的潜在NPP的时空格局，并且分析了控制这一格局的主要因素。

以上模型具有两个共同点：①以每个栅格的属性为基础，通过在整个景观聚合（直接外推），实现大尺度上的预测，但没有考虑栅格之间的相互作用；②生态过程的空间格局的模拟依赖于生理生态学机制、计算机模型、遥感和GIS技术的综合运用。

Costanza等（1990）建立了一个早期的空间显式过程模型，目的是评价为减弱河岸侵蚀而提出的不同管理策略。该模型基于一个由2479个1 km^2栅格构成的空间网络。与前面的模型相比，既考虑栅格本身的属性，也考虑栅格之间的物质运动。通过模拟水流、营养流和沉积物流，使不同栅格之间相互作用。对以上模型的进一步改进是融合林隙模型，考虑干扰性质和植被演替对BGC过程的影响，如FIRE-BGC模型（Keane et al.，1996a，1996b）。近年来，发展了一些耦合C-N循环的新的全球模型（Sokolov et al.，2008；Jain et al.，2009；Gerber et al.，2010；Zaehle and Friend，2010）。Wang等（2010）也发展了一个耦合C-N-P的全球模型，如果该模型可应用于不同的实际生态系统，那么将可作为一个模板。

Overton（1975）首次提出了多尺度模型的建议，但直到现在，此类模型的概念和思想才受到更多关注。此类模型包含不同尺度上、具有不同复杂程度的子模型，可为模拟生态过程和空间格局及其相互作用，以及过程的尺度推绎提供新见解。然而，建立多尺度物质循环模型，将小尺度上的循环过程扩展到大尺度（如林分、景观、区域、州和全球）尚存在一些限制条件。例如，模型过于复杂、参数过多，参数化过程速率的数据不够，缺乏反映土壤、气候和植被差异的更细尺度的数据，未来过程速率变化和其他相关全球变化过程趋势的不确定性等（Wassen et al.，2013）。

仅有少数研究在多尺度物质循环模型及循环过程的尺度上推方法上做了一些尝试。尺度上推的过程通常涉及空间信息的聚合，而信息聚合会造成信息损失，使估计值出现偏差，特别是当上推过程所包含的函数关系式是非线性的情况。因此，在尺度上推过程中应尽可能多地保留自变量的异质信息或者更加充分地揭示自变量的异质信息。Stoy等（2009）提出，同时保留小尺度NDVI观测值的3个统计参数信息（平均值、方差值和偏度正态分布值），可使上推的NEE估计值的误差降低到小于4%，而仅保留NDVI的平均值信息会导致NEE估计值的很大偏差，甚至对C汇还是C源的判断也会发生变化。鉴于景观中植被空间分布的复杂性，这种保留更多小尺度信息量的思路非常有用。另外，对变量影响因素或响应结果的异质性的多尺度分析也是对变量进行尺度上推的重要基础。例如，Uriarte等（2011）揭示了河流中的N和P浓度对大尺度流域和子流域土地利用和土地覆被异质性的响应，这个多尺度分析有助于上推或内插河流中的N和P浓度，以获得流域中的估计值。

总之，模拟模型应该继续作为研究物质循环空间格局的工具。需解决以下3个方面的问题。第一，如何以实验为基础，建立物质循环过程模型，并获得验证？这类模型的建立非常耗时，而且要经历由建立到验证到改进的漫长过程。第二，小尺度过程模型往往包含几十个参数，而大尺度上参数的空间显式表达使参数化更加困难，而且极不确定。一方面，如何准确地表达模型输入变量和参数的空间异质性，并对所获取的空间数据进行不确定性分析？另一方面，如何确定适于建立预测关系模型的时空幅度和粒度？除了可通过遥感数据直接提取其中的植被或土地覆被类型、地形、植被指数信息之外，其他许多空间变量值需要通过空间内插、模型模拟或遥感反演等方法获取，如气象数据、叶面积指数（leaf area index，LAI）、生物量、土壤含水量等。相关方法仍在不断的探索中。第三，在理解不同尺度上物理因素和生物因素的空间异质性对物质循环的影响，以及物质循环对空间格局的反馈的基础上，建立物质循环与空间格局真正融合的多尺度模型。

8.4.3 景观镶嵌体的空间格局与物质流

物质流与景观镶嵌体的空间格局密切相关，格局的改变可以对物质流在空间上的分布起到调节作用。例如，气候或土壤条件的空间变化将影响水流和C流，土地利用格局的变化将影响沉积物和营养物质的传输。合理的景观格局将有利于物质的流动，从而提高生物生产力、改善生态环境；而不适宜的景观格局可导致物质循环的失调，并产生一系列生态环境问题（傅伯杰等，2001）。目前在许多国家和地区发生的严重水土流失和土壤侵蚀、水体富营养化和水质恶化、温室效应、城市热岛效应等均在一定程度上与景观格局改变不当有关。

在20世纪80～90年代，将生态系统（或斑块或林分）作为一个整体研究物质（如水分、养分和C）的输入和输出的工作已经做过许多（Parton et al.，1987；Running and Coughlan，1988；Waring and Running，1998），但这些研究（包括实验和模型）更多地关注生理生态和生物地球化学循环机制，而很少明确地考虑物质在异质景观中的运移规律（张娜，2010a）。最近十几年，在全球变暖的大背景下，对景观和流域尺度物质流的时空定量研究，以及从局域到区域的定量研究明显地增多（Arheimer and Brand，2000；Le Mer and Roger，2001；Sozanska et al.，2002；Lilly et al.，2003；Sommer et al.，2004；Laudon et al.，2007；Zhang et al.，2009；Mander et al.，2010；Wolf et al.，2010；Nol et al.，2012；Pärn et al.，2012；Schelde et al.，2012；Vilain et al.，2012）。主要包括以下几个方面的研究内容：①景观位置、地形地貌，以及由此产生的物理环境因子的空间变异的影响；②景观生物因子（如植被类型、叶面积和生物量）的空间变异的影响；③景观中不同要素的空间构型的影响；④景观格局对物质在不同生态系统之间的水平流的影响；⑤人类干扰（如森林采伐、放牧、火烧、土地利用）引起的空间格局变化的影响；⑥动植物与物质流之间的空间相互作用；⑦物质流从局域样地尺度向区域尺度的上推。

物质流的空间异质性的实验和模拟研究已经表明了几个重要观点。

第一，物质流在空间上的变化主要与3种因素有关：非生物（物理）、生物和人为因素。物理因素（如景观位置、气候、地形、地貌、水文和土壤）的空间变化常常引起水流和C流的重要空间变化。物理因素为物质流的发生提供了物理模板，可对物质流起到制约作用。这种物理模板本身具有空间异质性，而且是变化的。生物和人为因素通常在此基础上相互作用，改变非生物物理条件，并为物质流的发生提供资源基础和条件。总体上说，非生物、生物和人为因素通过影响景观镶嵌体的空间格局（如斑块类型、数量、大小、形状、边缘特征和构型）影响一些重要的生态学变量（如气象因子和能量状况），并最终影响物质流的空间分布和景观的功能（张娜，2010a）。

第二，景观物质流在某时刻的状态是发生在不同尺度上的因素和控制条件综合作用的结果，故具有多层异质结构。以森林为例，首先，大气候因素（主要是温度和降水）和自然地理边界决定景观物质流在更大空间范围内的总体趋势和地位；其次，地形（包括海拔、坡度和坡向）、地貌、植被分布和土地利用变化在山体的不同位置或流域水平上控制物质流；最后，生物因素（如林隙动态、捕食和竞争关系、植物-土壤相互作用等生物学过程）和小气候因素在森林立地水平上影响物质流。总之，气候和地形地貌因素通常决定物质流在大范围内的空间异质性，生物学过程对小尺度上物质流的斑块性或连续性有重要影响，而自然干扰和人为干扰则可在一系列尺度上起作用（张娜，2010a）。以等级观点看待这些因素和控制条件有助于理解它们是如何变化的，以及它们是如何影响物质流的。

第三，干扰对物质流有重要影响。干扰包括自然干扰和人类干扰。无论哪一种形式的干扰，其对物质循环和平衡的影响途径都是十分相似的，即通过改变局部或整个区域的土地利用方式和土地覆被类型，引起热流、气流、水流和土流的变化，而这些流的变化与C、N和P等循环过程的速率和空间格局直接相关，并最终反馈给人类社会。Rockström等（2009）论述了人类影响地球系统C、N、P和水循环的安全作用空间范围（即地球边界，planetary boundaries）和不确定性。目前，在干扰对区域中物质流的长期影响方面，我们还知之甚少。理解干扰动态对生态过程的影响是当今生态学家面临的最重要挑战之一。

第四，理解景观及其内部功能单元（如水域或集水区）的空间格局与BGC循环之间的关系正逐渐成为景观生态学的前沿领域（Mander et al.，2013）。目前，我们还没有一个发展成熟的关于空间显式生态过程和景观功能的理论；我们也没有大量的实验研究，可以从中得出一般结论。

第五，受景观空间格局影响而发生变化的物质流反过来也会影响空间格局，这种反馈关系构成了统一的景观复杂体。

1. 物理和生物因素的空间变异

景观或区域尺度上的植被垂直或水平地带性分布是地形、气候和土壤这些大的非生物物理模板作用下的产物，与地形和气候或气候和土壤条件相应。影响水循环和C循环的最主要生物因素包括植被类型、LAI和生物量。水循环和C循环模型中许多生理和生态参数的定义和确定是直接以植被类型为基础的，或是与植被类型有关的，因此，植被分类数据的精度对这些参数的空间异质性影响重大。LAI既是一个最有用的冠层结构参数，也是较大尺度上反映绿色植物同化有效辐射能力和生长状况的重要指标之一，与生态系统的水循环和C循环密切相关。

以下在阐述水循环和C循环时，主要以长白山自然保护区和内蒙古锡林河流域为例来说明气候、植被和土壤条件的垂直和水平空间变异的影响。长白山自然保护区（41.7°～42.4°N，127.7°～128.3°E）包括长白山天池北、西、西南三面原始森林的心脏地区，面积为1905.82 km^2。它是原始面貌保存较好的，以整个自然环境和森林生态系统为保护对象的综合性自然保护区。随着海拔升高呈现出明显的气候垂直地带性分布：气温和日照时数随海拔升高显著降低，而降水量、总太阳辐射、相对湿度和风速随海拔升高显著增加。由此形成明显的植被垂直分布带，从下到上大致可分为：针阔混交林带（500～1100 m）［以阔叶红松（*Pinus koraiensis*）林为主，是地带性植被］、山地暗针叶林带（1100～1800 m）［以鱼鳞云杉（*Picea jezoensis*）和红皮云杉（*Picea koraiensis*）—冷杉（*Abies nephrolepis*）林为主］、亚高山岳桦矮曲林带（1800～2100 m）、高山苔原带（2100～2200 m）（常绿矮石楠灌丛）和流砾滩（2200 m 以上）。此外，在一些红松受到破坏的低海拔处生长着次生的山杨（*Populus davidiana*）和白桦（*Betula platyphylla*）林（图 8.18）（邢劭朋，1988）。

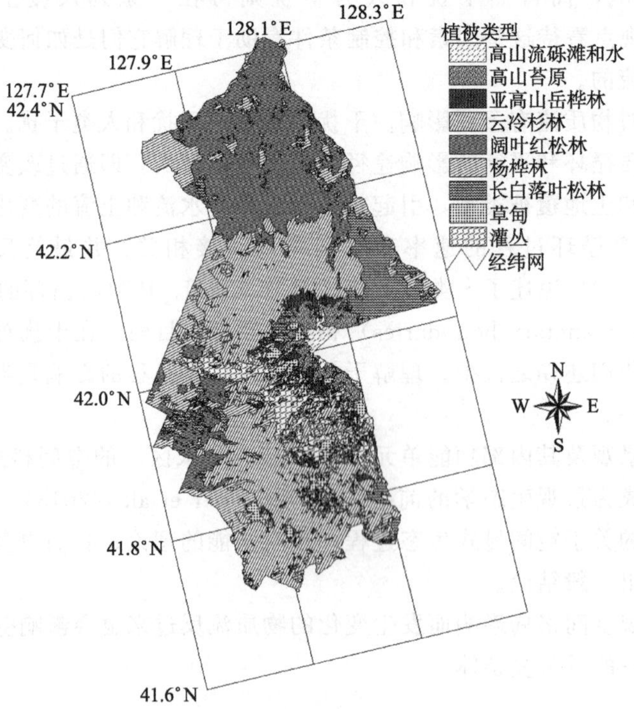

图 8.18　长白山自然保护区的植被类型（Zhang et al.，2007）

内蒙古锡林河流域及其西部地区（43.0°～45.0°N，114.5°～117.2°E）面积为 47 199 km²。主要土地覆被类型按照面积由大到小的顺序依次为：大针茅草原、羊草草原、沼泽滩地、灌丛、沙地、阔叶林、盐碱地、平原区旱地、水域、裸地（包括裸土地和裸岩石砾地）、城镇用地和丘陵区旱地（图 8.19）。大针茅草原和羊草草原是两个典型的草原类型，占整个研究区面积的 66.6%。该区属于中温带大陆性半干旱草原气候，年平均气温和年降水量分别为 0.2℃和 350 mm。受东南季风与地形因素（一定垂直地带因素）的影响，流域自东南向西北，降水量减少，气温升高，土壤类型由黑钙土逐渐变为暗栗钙土、典型栗钙土和淡栗钙土，形成了东南部森林草原和西北部典型草原的植被水平地带性分布（李博等，1988；汪久文和蔡蔚祺，1988；白永飞，2000）。

1）水循环

景观蒸散量与蒸腾量的空间格局较为相似。它们随海拔升高的变化趋势在不同景观显著不同。例如，在垂直地带性明显的长白山地区，蒸腾量和蒸散量随海拔的升高呈现

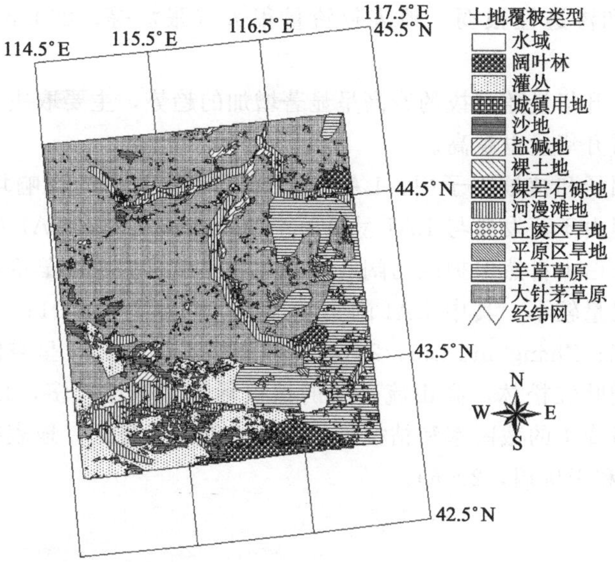

图 8.19　内蒙古研究区的土地覆被类型（Zhang et al.，2009）

明显降低的趋势，低海拔阔叶红松林的蒸腾量和蒸散量均最高，而高山流砾滩均最低（张娜等，2001）。相反，在水平地带性明显的锡林河流域，从东南至西北海拔大致呈降低趋势，蒸腾量和蒸散量随海拔的升高呈现明显增加的趋势，东部海拔较高的羊草草原的蒸腾量和蒸散量均最高，而裸地、沙地和盐碱地均最低。在同一地区，蒸发量随海拔变化的趋势与蒸腾量和蒸散量正好相反。

景观尺度上海拔对植被生态系统水循环的影响是间接的，实际上直接起作用的是环境条件。其中最重要而又很容易发生变化的是气象因子（主要有太阳辐射、空气湿度、水汽压差、气温和风速等）和土壤含水量。气候的垂直或水平地带性分布对蒸腾量和蒸发量空间格局的影响显著。例如，在长白山地区，平水年蒸腾量与气温和总太阳辐射这些与热量有关的气象因子呈空间正相关关系；而蒸腾量与相对湿度和降水量这些与水分有关的气象因子以及风速呈空间负相关关系（张娜等，2001）。而蒸发量与气象因子的空间关系正好与蒸腾量完全相反（张娜等，2004）。又如，在锡林河流域，干旱年蒸腾量与风速、降水量和总太阳辐射呈空间正相关关系，而与气温和水汽压差呈空间负相关关系。干旱条件下对蒸发影响最大的是水分状况，尤其是表层 20 cm 的土壤含水量，而不是气温和辐射。土壤质地对蒸发量的影响仅次于土壤含水量。在干旱条件下，蒸发量与土壤砂粒含量呈空间正相关关系，而与土壤黏粒含量呈空间负相关关系（Zhang and Liu，2014）。

在垂直地带性明显的景观，地表径流量随海拔升高呈显著增加的趋势。与蒸发量相同，地表径流量与降水量、风速和相对湿度呈空间正相关关系，而与气温和总太阳辐射呈空间负相关关系。地表径流量除与所处地带的气象条件有关外，还与土壤特性分不开。与其他植被相比，阔叶红松林内温度较高，阔叶凋落物易于分解，土壤腐殖质含量较高，团粒结构多，土质疏松，容重低，孔隙度大，通气性能好。这种良好的土壤结构可增加土壤涵养水分的能力，表现在保水性能和渗水性能较强、而地表径流较弱上；而高山流砾滩山坡陡峭，土层浅薄（仅 10 cm），富含石块，有机质来源少，加之永冻层的存在，保水性和渗透性很弱，地表径流量很大（张娜等，2003b；张娜和于贵瑞，2006）。

雪融解量和雪升华量随海拔的升高呈显著增加的趋势，主要取决于雪量，即雪量越高，雪融解量和雪升华量也越高。

在主要环境因子和植被因子中，LAI 对蒸散量和蒸腾量的影响均最大，两者呈空间正相关关系；但由于蒸发量与 LAI 呈显著空间负相关关系，LAI 对蒸散量的正效应被减弱。例如，长白山自然保护区的阔叶红松林和锡林河流域的羊草草原的蒸散量和蒸腾量最大，而蒸发量较小，其中 LAI 的贡献最大（张娜等，2001；张娜等，2004；张娜和于贵瑞，2006；Zhang and Liu，2014）。地表径流量与 LAI 呈空间负相关关系。例如，较之长白山阔叶红松林，高山流砾滩的植被稀疏，裸地较多，LAI 和枯枝落叶蓄积量最低，因此对降水的截留率和枯枝落叶的蓄水能力都最低，地表径流量最大（张娜等，2003b；张娜和于贵瑞，2006）。

2）碳循环

A. 自养呼吸

在垂直地带性明显的景观，维持呼吸（R_m）、生长呼吸（R_g）和自养呼吸（R_a）均随海拔升高呈显著降低趋势，即所处地带的气温、日照时数和冠层接受的太阳辐射越高，其 R_m、R_g 和 R_a 越高；所处地带的相对湿度、降水量或风速越高，其 R_m、R_g 和 R_a 越低，空间相关性显著。例如，长白山地区生长季，高海拔针叶林的 R_m、R_g 和 R_a 均低于低海拔的杨桦林和阔叶红松林（张娜，2010a）。

在水平地带性明显的区域，降水量对 R_m、R_g 和 R_a 空间格局的影响较大，尤其在干旱年份。例如，锡林河流域年降水量的最大值出现在东南部和东北部，由东向西逐渐降低。受降水的影响，东部的 R_m 和 R_g 均高于西部；东南部和锡林河沿岸植被的 R_a 最高，东北部次之，中部和西北部居中，西南部的 R_a 最低，因为西南部分布着大片的沙地。典型草原（尤其是羊草草原）和沼泽滩地的 R_m、R_g 和 R_a 均较高（Zhang et al.，2009）。

无论是生长最旺季（7 月），还是整个生长季或全年，R_m、R_g 和 R_a 均与 LAI 呈空间正相关关系，而且在主要环境因子和植被因子中，LAI 的影响均是最大的。这在很大程度上解释了 R_m、R_g 和 R_a 的空间格局。例如，锡林河流域的典型草原（尤其是羊草草原）和沼泽滩地，以及长白山自然保护区的杨桦林和阔叶红松林的 R_m、R_g 和 R_a 均较高，其中 LAI 的贡献最大（Zhang et al.，2009；张娜，2010a）。

B. GPP、NPP 和 NEP

景观尺度上，非生物物理因素（主要是气候和土壤因子）是控制植被生态系统生产力[包括总光合生产力（gross primary productivity，GPP）、NPP 和生态系统净生产力（net ecosystem productivity，NEP）]空间格局的决定性因素。总的来说，在北温带地区，控制生产力水平分布的气象因子主要是降水量，而控制生产力垂直分布的气象因子主要是温度。

位于北温带的锡林河流域的降水量对 GPP、NPP 和 NEP 空间格局的影响均最大。流域年降水量的最大值出现在东南部和东北部，由东向西逐渐降低，与海拔的变化相一致。受降水的影响，东南部（以羊草草原为主）和锡林河沿岸植被（以沼泽滩地为主）的 GPP 和 NPP 最高，东北部（以羊草草原和大针茅草原为主）次之，中部和西北部（以大针茅草原为主）居中，西南部最低，因为西南部分布着大片的沙地。因此，东南部、东北部和锡林河沿岸草地生态系统表现为较强的C汇，中部和西北部表现为较弱的C汇，而西南部却表现为C源（Zhang et al.，2009）。Sala等（1988）的研究也发现，美国中部草地地上NPP（ANPP）的空间格局可以通过大尺度上温度、降水和土壤的变化得到合理的预测。ANPP的空间格局反映了年降水量由东向西的梯度变化，即在较干燥的西部ANPP较低，而在更加湿润的东部ANPP较高。但在干旱年份较低ANPP的空间分布向东偏移，而在湿润年份较高ANPP的空间分布则向西偏移。

在垂直地带性明显的区域，生产力的空间格局反映了气象因子随海拔的梯度变化。当水分不是限制因子时，在较温暖的低海拔处生产力较高，而在较湿冷的高海拔处生产力较低，空间相关性显著。例如，长白山地区所处地带气温或总太阳辐射越高，其GPP、NPP和NEP越高；所处地带相对湿度、降水量或风速越高，其GPP、NPP和NEP越低（张娜等，2003c；Zhang et al.，2007）。

土壤含水量对NPP的影响很复杂，与降水量和土壤质地有关。当年降水量小于370 mm时，土壤持水量较低的砂质土壤的NPP较土壤持水量较高的壤质土壤更高；但当降水量大于370 mm时，出现相反的格局（Turner et al.，2001）。出现这种现象是因为砂质土壤的水分渗透得更深，裸露地表的蒸发较壤质土壤弱，径流量也较低，在相同的降水条件下能在土层中储存更多的水分。这种特性在干旱年份显得尤为突出，这时水分是ANPP的限制因子，砂质土壤的含水量高于壤质土壤；但在湿润年份壤质土壤中也储存有较多的水分，这时水分不再是ANPP的限制因子（张娜，2010a）。

GPP、NPP和NEP均与LAI呈显著空间正相关关系，而且在主要环境因子和植被因子中，LAI的影响均是最大的。这在很大程度上解释了生产力的空间格局。例如，在锡林河流域，羊草草原和沼泽滩地的生产力均较高，大针茅草原和灌丛居中，而未利用土地类型（沙地、盐碱地、裸地）均较低，与LAI的大小关系一致。这也在很大程度上解释了为什么典型草原中羊草草原的生产力高于大针茅草原。由于LAI与R_a和土壤分解呼吸（R_h）也呈空间正相关关系，LAI对GPP、NPP和NEP的正效应依次减弱（Zhang et al.，2009）。

C. 土壤分解呼吸（异养呼吸）

影响R_h空间格局的因素很复杂，发生在多个尺度上。在景观或区域尺度上，R_h主要受物理因素（如温湿条件、土壤质地、坡位等）的控制和制约；而在斑块类型和单个斑块尺度上，R_h则分别受不同因素的影响。

在景观或区域尺度上，一般地说，R_h的时空变化规律与气温和土温类似。例如，在长白山地区，较高海拔处的亚高山岳桦林的R_h比分布于其下的云冷杉林低，其中温度条件起了决定性作用；总的来说，R_h随着海拔的升高呈现逐渐降低的趋势。然而，上述结论是在水分不是限制条件的前提下得出的。在严重干旱的气候条件下，有机质的分解过程极其缓慢，即使温度升高，也不会引起R_h的增加；相反，高温会使干旱更加严重，土壤分解呼吸也较常年弱，这时决定R_h的主导因子是水分。例如，在锡林河流域，严重干旱时，一些生长季降水量较高的生态系统（如羊草草原、沼泽滩地和沙地）的R_h与气温和地温之间呈空间正相关关系；然而，那是分布面积最大、但降水量较低

的大针茅草原的 R_h 与地温之间的空间负相关关系在更大程度上决定了整个流域 R_h 的空间格局（Zhang et al.，2009）。这说明，R_h 与温度之间的关系不仅在不同土地覆被类型之间有较大差异，而且还存在着尺度效应，即局域与区域之间存在差异。

在锡林河流域，尽管羊草草原的降水量显著高于大针茅草原，但在干旱条件下，较高的蒸腾消耗却使羊草草原的土壤含水量略低于大针茅草原，这可能是羊草草原的 R_h 较低的原因之一，尽管它们在土壤含水量和 R_h 上的差异均不显著（Zhang et al.，2009）。Dong 等（2005）根据实测结果得到了相似的结论。某些景观地形具有较高的 R_h 也与土壤水分有关。例如，丘陵洼地和凹地的 R_h 比凸地和高地更高，主要是因为洼地和凹地的土壤水分条件更适宜（Braun et al.，2013）。

R_h 与土壤质地的空间格局相吻合。在水（降水）热条件相同的情况下，若土壤质地较细，R_h 也较低。例如，内蒙古羊草草原以轻壤和中壤质的暗栗钙土为主，而大针茅草原以砂壤和轻壤质的典型栗钙土为主；相应地，大针茅草原的土壤分解呼吸较羊草草原强，而有机质累积较弱。又如，灌丛和沙地的 R_h 比盐碱地、沼泽滩地和旱地农田高得多（Zhang et al.，2009）。Burke 等（1995）也发现，在所研究的两个立地中，温度较低、质地较细的立地的土壤分解呼吸量较低，而土壤有机 C 较高，反映了大尺度上温度和土壤质地对有机质分解的影响。

另外，在水分充足的情况下，一些景观位置（如脊顶和坡上）常表现为有机质的净源（分解），而其他位置（山两侧和坡下）则常表现为有机质的净汇（累积）。整个山体在土壤有机质和营养供给能力上呈现自然梯度变化（Burke et al.，1995），这是因为景观位置除影响有机质的物理传输外，也影响环境状况和凋落物量的变化。

在斑块类型尺度上，R_h 受冠层结构的影响，主要体现在 LAI 和垂直异质性上。无论是在森林区，还是在草原区，R_h 与 LAI 均呈显著空间正相关关系，而且在主要环境因子和植被因子中，LAI 对 R_h 的影响较大，甚至最大。在锡林河流域，这是大针茅草原和羊草草原 R_h 最大的重要原因，由此决定了整个流域 R_h 的空间格局（Zhang et al.，2009）。在长白山自然保护区，对比针叶林（云冷杉林）或阔叶林（岳桦林和杨桦林），针阔混交的阔叶红松林土壤的有机质分解速率较高；除了大尺度上的适宜土壤温湿条件，小尺度上凋落物的易分解性、土壤微生物的数量和活性外，与中尺度上复杂的冠层结构也有关（张娜，2010a）。

在单个斑块尺度上，R_h 主要受凋落物的来源、数量和性质（如木质素含量），土壤微生物和动物的数量和活性、土壤通气性等的影响。在云冷杉林、长白落叶松林和阔叶红松林中，随着阔叶树种的比例增大，凋落物中阔叶的成分增多，林下形成的软腐殖质增多，土壤有机质的分解过程趋于强烈，不仅总的生物活性增强，而且潜在的生物活性也增强（徐文铎，1992；张娜，2010a）。

3）氮循环

N 循环的动态受非生物和生物因素及其相互作用的影响。例如，温度和土壤类型可在很大程度上解释北温带森林 N 矿化率和 ANPP 的变化。Groffman 等（1992）在美国 Michigan 南部的研究中，利用土壤质地和自然排水类别，借助 GIS，将在一个景观上获得的反硝化速率外推到更大的区域上。结果发现，土壤质地的空间格局强烈地影响反硝化的区域格局，质地越细的土壤，其反硝化能力越强。

N矿化率也随植被组成的变化而异，部分源于不同植物群在凋落物性质上的差异。例如，在加拿大北方森林林分中，有落叶植物林分的N矿化率比相似立地上常绿针叶林林分的N矿化率高；不同时期N矿化率的较大变化与植被演替（如从白杨到白云杉）有关。另外，C3植物和C4植物的组成和分配也会影响N循环的时空格局（Epstein et al.，1998）。

不同的N循环过程对尺度的依赖性不尽相同，因此对不同的N循环过程，应该在不同尺度上理解其变化格局。例如，Morris和Boerner（1998）分别在3个空间尺度上定量了Ohio南部硬木林土壤的N矿化和硝化潜力：区域尺度用4个面积为90～120 hm^2 的研究区代表，它们之间相隔3～65 km；局域尺度用每个研究区中3个连续的流域代表；地形尺度用每个流域中不同的景观位置代表。结果发现，在该区域，空间尺度对N硝化潜力不产生影响，表明将其从样地上推到区域应该相当容易。然而，N矿化潜力或有机C的储存随地形位置而变化，因此有必要将其从样地逐级外推到区域。其他地区的研究也发现地形对土壤N动态有强烈影响。类似的空间显式研究对生态系统格局和过程的尺度依赖性提供了重要的见解。

2. 农田景观中防护林（或树篱）、沟渠网络

农田景观是由沟渠、土埂或道路、防护林或树篱这些连接廊道环绕农田地块而形成的网络系统。防护林廊道可以大大提高一些野生生物栖息地的景观连接度，促进物种在农田景观中的迁移和交换，从而有效地保护生物多样性；所有的连接廊道均可在很大程度上隔离不同农田地块之间病虫害的传播或其他干扰的扩散，控制水分和养分的流动；而且可以通过沟渠和道路促进水分和养分在农田景观中的运动（Baudry，1989；傅伯杰等，2001）。

山地农田景观中不同部位的防护林可在水分和养分流失中起不同的作用。不同地貌单元（如台地与坡地）边界的防护林（图8.20中的A）、农田坡地与沟谷之间的防护林

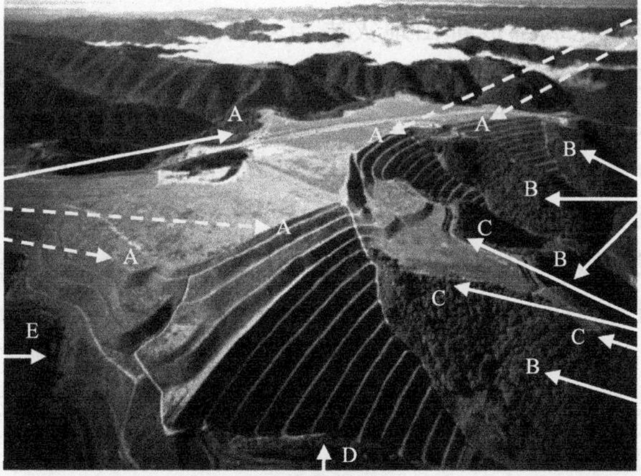

图8.20　山地农田景观中不同部位的防护林在水分和养分流失中的作用

注：虚线指向图中应该有防护林，而实际上却没有的部位

（图 8.20 中的 B）、农田地块边缘的防护林（图 8.20 中的 C）、坡度转换地带的防护林（图 8.20 中的 D）均可构成对地表水和浅层地下水的屏障，增加水力糙率，减缓水流速度，从而控制地表径流，截留径流中的颗粒物质和溶解物质，防止土壤侵蚀，保护农田土壤养分，并改善河流水文（如减缓沉积作用、降低洪峰流量）和水质状况。特别地，在一些坡度较大的地方，沿等高线的防护林（图 8.20 中的 E）还可以起到与梯田类似的作用，防止水土流失（傅伯杰等，2001）。如果清除这些防护林，将整个山地变为单一的大片农田，则会因坡长增加而导致土壤侵蚀加剧，以及土壤水分和养分的大量流失（Burel et al.，1993）。

3. 岸边缓冲带

一般地，岸边缓冲带（riparian buffer）定义为：沿河流、湖泊、溪流或沟谷、水库分布的，具有一定宽度（受河水影响的范围）的，不同于周围基质的林地、草地或湿地生态系统（Gregory et al.，1991；Naiman and Decamps，1997；邓红兵，2001；李婉等，2011）。

岸边缓冲带常因农业和城市的开发而发生变化。在世界各地，许多高大乔木曾经密布自然河流的两岸，并绵延数千米。然而，自 20 世纪 70 年代以后，人类为开发农业、城市和水资源而大量砍伐森林，岸边缓冲带生态系统逐渐丧失，由此导致了一系列严重的环境问题——水质污染、水温升高、陆生和水生动植物栖息地丧失等（Nagasaka and Nakamura，1999；Nilsson and Berggren，2000；Nakamura and Yamada，2005）。进入 21 世纪之后，很多国家兴起了河流生态修复的理念和实践活动。岸边缓冲带生态系统的结构修复或重建是其中一个重要的环节。例如，北京转河（2002 年）、北护城河（2005 年）和永定河（2011 年）的生态修复工程（邓卓智和冯雁，2007；朱文星和邓卓智，2012）、上海市大富派和横港河道整治工程（王准，2002）、扬州市二道河整治工程、成都市府河整治工程中，对河床、河漫滩和护岸均进行了大规模的生态修复。又如，针对三峡库区岸边缓冲带（消落带）生态环境退化、水土流失严重等问题，自 2007 年起，中国科学院水利部成都山地灾害与环境研究所联合中国科学院植物研究所和武汉植物园等以重庆石宝镇为试验示范区，开展了岸边消落带的植被重建和恢复的定位观测和试验研究（彭丽和张坚，2013）。

岸边缓冲带作为水域与其周边土地之间相互作用的重要调节器，是研究水域与陆地之间复杂关系的关键生态系统（Naiman et al.，1993；Naiman and Decamps，1997）。人类活动对自然水域的影响（如面源污染、土地利用变化等）主要是通过岸边缓冲带这一生态界面发挥作用的；而水域生态系统对这些相邻土地上的变化特别敏感。首先，作为一种生态交错带，岸边缓冲带具有明显的边缘效应和丰富的生物多样性，可为许多动植物提供重要的栖息地和迁移路径，具体可见第 6 章中对河流廊道的论述。这里仅考虑对物质流的影响。

当大量从水域周边的山区、农区或城区产生的地表径流和浅层地下径流流经岸边时，岸边缓冲带对其中的水分和养分等物质的传输会产生以下明显的效应：①对径流可以起到滞缓作用，导致大量的径流就地入渗，从而有效地减少水分流失，并调节入河（水域）的洪峰流量（Naiman and Decamps，1997；邓红兵等，2001）；②通过滞留和过滤沉积物，吸收、固定和反硝化还原径流中的农药和营养元素（如 N、P）等物质，可以有效地减少养分流失，促进物质和能量的良性循环，并可大大减少进入河流的固体颗粒和污染物，从而有效地减缓或控制非点源污染对水质的影响，特别是避免水体的富营养化（Osborne and Kovacic，1993；Lowrance et al.，1997）。Naiman 和 Decamps（1997）对岸边缓冲带的功能做了一个极好的综述。

岸边缓冲带功能的发挥受到缓冲带内部生物和物理结构特征的影响（Turner et al.，2001；岳隽和王仰麟，2005；Baker et al.，2006）。尽管国外已用各种生物、化学和物理指标对岸边缓冲带功能的有效性进行了大量研究，并已广泛应用于水域管理，但在岸边缓冲带结构优化方面仍需更多的研究。到目前为止，大多数研究更多考虑的是单个或两个结构指标（尤其是护岸的横向宽度和坡度）的非交互或交互影响（Bren，1995；Weller et al.，1998；Volpi，2003①；Lee et al.，2004；朱强等，2005；Polyakov et al.，2005；诸葛亦斯等，2006；Gorsevski et al.，2008）。沿水域径向不同位置上，岸边缓冲带横断面的结构指标可能有相当大的差异，包括：①河漫滩水生植物的种类、数量和配置；②护岸的材料（如人工植被、自然植被、木桩、生态袋、透水砖、抛石、浆砌石和水泥）和其他物理结构（如曲度、宽度及其变化，坡度，无植被间断区的频次和连通性）、植被状况（如类型、覆盖度或密度、生物量、垂直分层结构和空间配置）、土壤状况（如类型和质地）等；③岸边高地的类型（如植被、透水砖、石块和柏油路）、宽度、空间构型和植被状况等（Gergel et al.，2002）。为了解决陆地与水域生态安全之间日益突出的矛盾，我们有必要在不同尺度上探讨更加合理的岸边缓冲带结构，以更充分利用这些面积虽小、而生态效应却非常明显的交错带。

Peterjohn 和 Correll（1984）调查了美国东海岸中部一个农田流域中 N 和 P 在地表径流和浅层地下水中通过农田和岸边缓冲带的情况。结果表明，当水流从一块玉米地通过大约 50 m 宽的河岸森林时，大量的颗粒物质、有机 N、氨氮、硝氮和 P 被截留。N 和 P 在岸边缓冲带的截留率分别为 89%和 80%，而在农田的截留率分别为 8%和 41%（图 8.21）。Osborne 和 Kovacic（1993）检验了岸边缓冲带的某些生物结构特征（如某个植被类型的存在及其空间配置）在截留来自相邻农田的营养物质上的有效性。结果表明，对于由森林和草类共同组成的岸边缓冲带，N 的径流量可减少 90%；森林植被可截留更多的 N，而草类植被可截留更多的 P。

相对于单纯的实验研究、统计分析研究，一些模型研究在周边土地利用、岸边缓冲带结构与水域物质传输的关系方面做了有益的尝试，不仅提高了研究结果的可靠性，而且也将河（湖）岸生态系统管理研究提升到一个新的水平，具有一定的参考价值。例如，Kesner 和 Meentemeyer（1989）将 GIS 数据库融入一个简单的物质平衡模型，模拟美国佐治亚州南部一个 11 490 hm^2 的农田流域中 N 的流失、获取和储存过程的空间变异。结果表明，定量和图示一个流域的 N 源和 N 汇是可行的，而且发现，岸边植被带可极大地缓冲流域中 N 的过度流失。

---

① Volpi J A. 2003. A landscape ecology approach to functionality-based riparian classification and land-use planning. Dissertation，Kent State University，Ohio

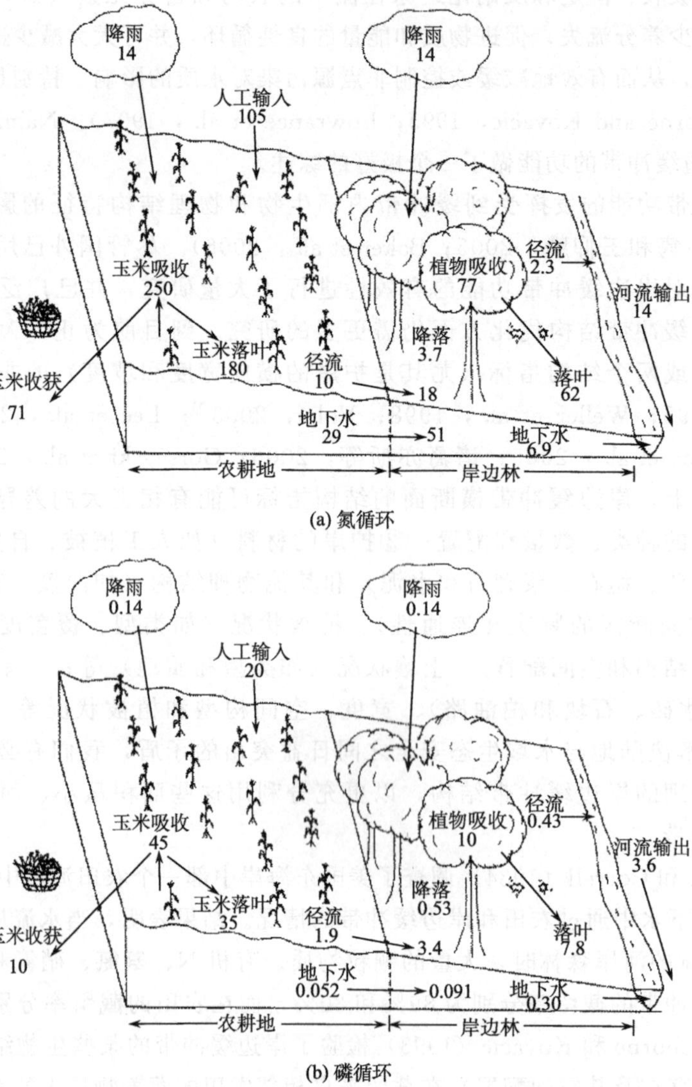

(a) 氮循环

(b) 磷循环

图 8.21　农田景观中岸边植被缓冲带对养分流及河流水质的影响

（Peterjohn and Correll，1984；傅伯杰等，2001）

注：图中的数值表示不同来源的氮或磷的输入或输出量（kg/hm^2）。箭头的方向表示氮或磷的流动方向

Weller 等（1998）建立了更加复杂的预测山地景观物质传输的模型，模拟地表径流及其携带的物质从山坡上流下，经过缓冲带，最后进入河流的过程，包含来自山坡的物质输入、岸边缓冲带的空间分布，以及缓冲带对物质的截留 3 个方面（图 8.22）。他们试图用该模型的模拟结果说明岸边缓冲带的某些物理结构特征（如长度、宽度和无植被间断区的变化）在截留来自相邻山坡的物质上的有效性。在这个模型中，景观被栅格化，岸边的栅格被缓冲带生态系统所占据，每个栅格传输固定比例的输入物质。模拟结果表明，宽度变化的缓冲带比宽度一致的缓冲带的截留效果差，因为间断区或窄带处的物质传输将控制整个景观的物质传输。在缓冲带宽度变化的情况下，要达到同样的截留效果，需要加大缓冲带的宽

度。一般地，缓冲带的平均宽度是决定景观物质传输的最重要指标；但对于窄的缓冲带，间断区出现的次数是决定景观物质传输的最重要指标。这些研究结果很富有启发性。

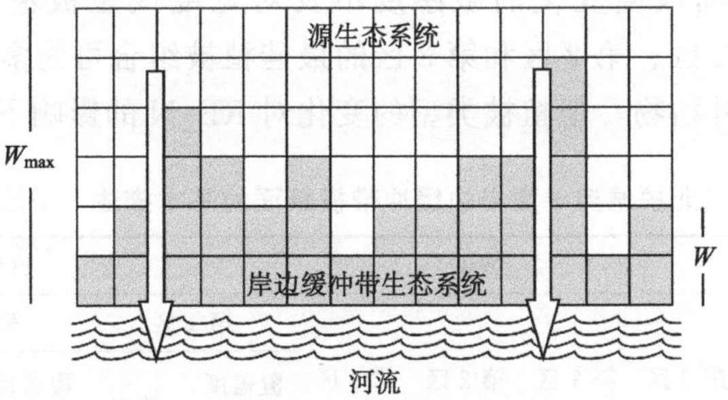

图 8.22　景观中岸边缓冲带的概念模型（Weller et al.，1998）

注：W 表示缓冲带的宽度，W_{max} 表示缓冲带的最大宽度

Lowrance 等（2000）建立的河岸带生态系统管理模型（riparian ecosystem management model，REMM）是目前最全面的计算机模拟模型。REMM 模拟水文过程、沉积物迁移过程、营养物质（C、N 和 P）的循环和传输过程、植物生长过程。REMM 将岸边缓冲带的横断面分为 3 个区域，第 1 区始于河边，第 2 区向上坡延伸，第 3 区紧邻岸边高地的坡上部分（图 8.23），这使得进一步细化缓冲带内部结构成为可能。REMM 的模拟结果可反映岸边缓冲带的结构特征对径流过程、营养物质传输过程，以及水域水质的影响。

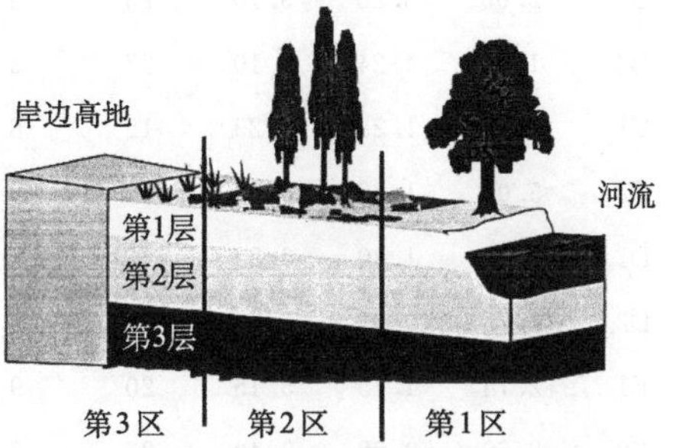

图 8.23　河岸生态系统管理模型（REMM）中的岸边缓冲带的横断面区域（Lowrance et al.，2000）

对于高速城市化的市区，硬化地面面积的增大提高了地表径流量，而且水域周边的来水及其携带的污染物往往沿着钢筋混凝土挡墙或浆砌石的岸坡直接进入水域，或通过地下雨污水管网直接进入水域，而岸边缓冲带的有效建设不仅可以大大地缓解河道的防洪排水压力，也可以大大地减少输入水域的污染物。然而，国内外对城市水域岸边缓冲带的研究很少。张娜等（2011）以北京的北护城河为例，假设河流周边的地表径流可以流经岸边缓冲带，探讨具有不同结构特征的缓冲带对可溶性 N 的截留效率（RE_N）。研究选取了 5 类岸边缓冲带，它们从坡上、坡中到坡下的 3 个横断面区域（第 3 区、第 2 区和第 1 区）的结构指标（包括坡度、宽度、植被类型和覆盖度）不尽相同（表 8.2）。用 REMM 模拟了地表径流流经缓冲带时的截留转化过程，获得了各类缓冲带横断面及其横断面 3 个区域对可溶性氨氮（NH_4^+-N）和硝氮（NO_3^--N）的截留效率（RE_NH 和 RE_NO）。模拟结果表明，①（结构指标的变化上）从第 3 区到第 2 区到第 1 区，呈波动性的结构指标越多，波动性越强，RE_N 越高；当部分结构指标的波动变化不明显时，RE_N 较低；结构指标均呈梯度变化时，RE_N 最低。②（宽度上）对某个缓冲带横断面来说，各区域的宽度增大可使 RE_N 显著增大（图 8.24）。③（植被

覆盖度上）RE_N 一般随着植被覆盖度的增大而增大，60%～70%的植被覆盖度是影响 RE_N 变化速率的一个临界阈值（图 8.25）。④（坡度上）坡度越大，RE_N 越小，但 RE_N 对不同区域之间坡度变化的敏感度不及对宽度或植被覆盖度变化的敏感度。⑤（植被类型上）第 1 区、第 2 区和第 3 区的最佳植被组合可为多年生草本植物、多年生草本植物和低矮针叶植物，但植被类型的变化对 RE_N 的影响不大。

表 8.2 北京北护城河 5 类岸边缓冲带横断面的基本描述（张娜等，2011）

岸边缓冲带类型	宽度/m			坡度/°			植被状况					
							第 1 区		第 2 区		第 3 区	
	第 1 区	第 2 区	第 3 区	第 1 区	第 2 区	第 3 区	覆盖度/%	类型	覆盖度/%	类型	覆盖度/%	类型
A1	5.75	1.40	1.00	15	8	0	90	1	90	1	50	1
A2	5.40	2.20	1.00	30	8	0	90	1	90	1	50	1
B1	2.06	3.20	3.10	23	3	30	70	1	60	1	90	2
B2	1.61	4.24	3.10	22	3	30	70	1	60	1	90	2
C1	4.70	1.28	6.23	15	8	28	70	1	0	1	80	3
C2	5.00	1.28	6.23	14	8	29	100	1	0	1	80	3
D1	2.73	1.30	6.23	22	6	29	100	1	0	1	80	3
D2	2.75	0.82	6.23	24	6	29	100	1	0	1	80	3
E1	2.74	1.35	5.15	20	9	15	50	1	0	1	60	3
E2	2.50	0.88	5.40	23	7	38	70	1	0	1	40	3

注：植被类型中，1 为多年生草本植物，2 为低矮阔叶落叶植物，3 为低矮针叶植物

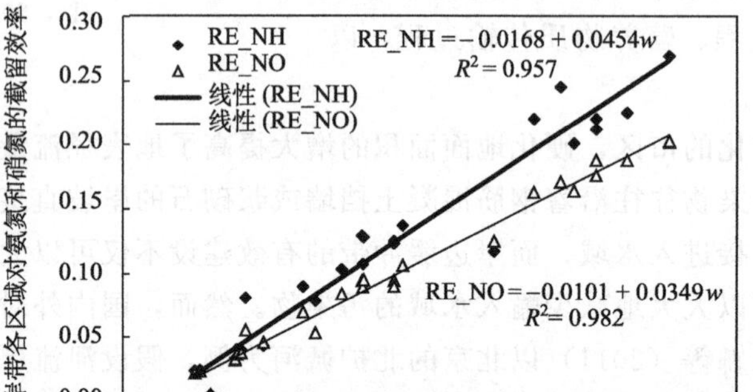

图 8.24 北京北护城河不同类型岸边缓冲带的横断面各区域对可溶性氮的截留效率与其宽度的关系（张娜等，2011）

注：RE_NH 和 RE_NO 分别为对可溶性氨氮和硝氮的截留效率，下同

岸边缓冲带不仅可以影响地表径流及其所携带污染物的截留和过滤，从而对水域的水质产生间接影响，而且也可以对水域的水质产生直接影响，即不通过地表径流的作用。例如，李婉等（2011）通过实测手段，探讨了生态修复后的北京转河的河漫滩和护

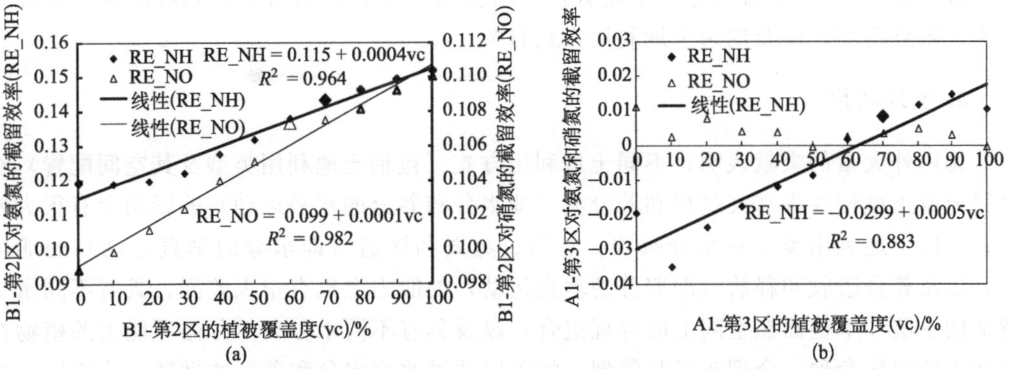

图 8.25　北京北护城河岸边缓冲带中 B1-第 2 区（a）和 A1-第 3 区（b）对可溶性氮的截留效率与其植被覆盖度的关系（张娜等，2011）

注：图中较大的标识对应着截留效率随着植被覆盖度的增大由近线性增加到非线性缓慢增加的转折点，此为植被覆盖度为 60%或 70%时

岸的主要结构（包括河岸的曲度，河漫滩水生植物的有无、类型、多度和生物量，护岸材料等）对河流中溶解氧（DO）、NH_4^+-N、NO_3^--N 和总磷（TP）浓度的影响，揭示了河流水质与修复后的岸边缓冲带结构特征之间的对应关系。结果表明，相对于石块或水泥护岸、直岸、无水生植物（或水生植物较少）的缓冲带，在水生植物相对较多的缓冲带处，河流中 NO_3^--N 和 NH_4^+-N 的浓度较低。在生长旺季，水生植物生长越密集，覆盖度越大，河流中 TP 浓度越低，DO 浓度越高；而在生长末期，枯落物越多，河流中 TP 浓度越高，DO 浓度越低。其中，菖蒲（*Acorus calamus*）比水葱（*Scirpus tabernaemontani*）的影响更大。直立水泥护岸的 NH_4^+-N、TP 和 NO_3^--N 浓度普遍比石块＋泥土护岸高。弯曲的河岸可在一定范围内提高河流 DO 浓度，而降低 NH_4^+-N 和 NO_3^--N 浓度。这些研究结果可为岸边缓冲带的规划设计和修复及河流管理提供一些建议。例如，可以多增加一些凹岸，提高河岸的曲度，同时设置一些浅滩和深潭，为水流速度的变化创造条件；在必要的地方种植能够吸收氮磷的植被，但需合理配置种植密度，避免因过于密集而造成光合速率的下降和生长末期大量枯枝落叶的累积；在用石块做护岸的同时，适当增加泥土的比例，从而为微生物的生存提供更多的场所；对长势过于旺盛的植被予以及时收割或清理。

除对水分和养分等物质的传输产生明显的效应之外，岸边缓冲带还具有较强的温湿度调节效应，从而最终影响能流和物流，这对绿地面积很少的城区具有特别重要的意义。吴芳芳等（2013）比较了北京城区北二环护城河岸边缓冲带与对照区的温湿度。其中，对照区周边紧邻城市公园、高层建筑物、生活区等不同土地利用类型；对照区内均为水泥路面，且植被覆盖度基本为零。结果表明，对照区的气温极显著高于缓冲带，而相对湿度极显著低于缓冲带；对照区的日气温和日相对湿度变化较缓冲带剧烈。同时，根据缓冲带在宽度、坡度、植物种类、植被覆盖度、距路距离和距路高度等结构指标上的差异，沿南北两岸各选取了 4 类缓冲带，以比较不同类型缓冲带的温湿度调节效应。结果表明，南岸对温湿度的调节效应强于北岸，北岸气温显著高于南岸，而相对湿度显著低于南岸。南北不同类型缓冲带之间在温湿度上的差异随季节而异：5 月和 10 月的差异较显著，但6～9月的差异不显著，与植被覆盖度、乔木密度、冠层结构、缓冲带宽度、距路距离，以及周边土地利用方式有关。

4. 土地利用

国内外大量的文献表明，不同土地利用方式（包括土地利用类型及其空间配置）在对径流或土壤侵蚀等水文过程和养分流（即水分和养分的水平运动）的影响上有很大差异；不同土地利用类型在水分吸收、蒸腾、蒸发和渗透（即水分的垂直运动）的能力上，以及养分吸收和释放（即养分的垂直运动）的能力上也有很大差异。具有不同水文特征的土壤和下垫面在空间上的合理组合，以及具有不同水分和养分循环能力的植物在空间上的间作套种、合理布局和规划，将可以通过改变水分和养分的循环，改善周边的小气候和环境条件；也可以有效地提高土壤水分和养分的利用率，从而在控制水分和养分流失，以及防止水体的非点源污染上起到重要作用（Pearce，1992；陈利顶和傅伯杰，2000；孟庆华和傅伯杰，2000；傅伯杰等，2001）。因此，研究土地利用方式是调控水流和养分流的基础。

1）土地利用与水流和土流

A. 有植被与无植被的差异

Ludwig 等（2005）对澳大利亚、欧洲和北美洲半干旱景观的研究表明，植被斑块对径流和土壤侵蚀有很强的影响。相对于植被斑块之间的开阔地，植被斑块能拦截更多的径流，储存更多的土壤水分，土壤入渗率更高，植物生产力也更高；山坡植被被破坏之后，径流量和土壤侵蚀量显著增加。

B. 土地利用类型的差异

Kosmas 等（1997）在地中海北部和大西洋沿岸选取了8个研究点，分别代表不同的土地利用类型，包括旱地农田、蔓生植物、半自然状态的橄榄树、人工桉树或自然植被（灌丛）等。研究结果表明，最大径流量和土壤侵蚀量发生在种植蔓生植物的山地，平均侵蚀量为142.8 t/(km^2·a)。橄榄树下层的一年生植被可以极大地控制土壤侵蚀，使侵蚀量接近于零［0.8 t/(km^2·a)］。当年降水量高于280～300 mm时，灌丛的土壤侵蚀量随年降水量的降低而增加；当年降水量低于280～300 mm时，灌丛的土壤侵蚀量随年降水量的降低而降低，平均侵蚀量为6.7 t/(km^2·a)。

C. 土地利用格局的差异

澳大利亚东部半干旱开阔林地或稀树草原的带状植被呈斑块状镶嵌分布，有条纹状、线状或点状。Ludwig 等（1999）比较了具有不同空间格局的植被斑块在拦截径流和储存土壤水分上的差异。结果表明，与点状格局相比，条纹状和线状格局的植被斑块截留的径流量高8%，且生产力也高10%。没有植被的斑块，其径流损失比有植被的斑块多25%，生产力低40%。可见，景观中植被斑块的有无对径流和土壤水分的影响显著大于不同植被斑块分布格局的影响。

在四周建有防护林带的农田地块中，风速明显低于开阔地，土壤蒸发可降低11%～32%，土壤含水量可增加10%，空气湿度可增加7%，地下水位可降低20～30 cm，土壤中的腐殖质含量可增加2倍多（傅伯杰等，2001）。

城市在开发过程中，人工建筑和硬化地面的面积增加，而绿地和湿地的面积减少，这种土地利用的变化减弱了水分的下渗能力，大大提高了地表的径流系数，使洪峰流量增大，汇流速度加快，峰现时间提前，蓄洪能力降低，这显著增加了对降雨径流进行有效调控的难度。在这种情况下，一旦遇到暴雨级以上的降雨，很容易发生城市内涝。为此，在城市建设的过程中亟须加强对绿地和湿地的保护和恢复。陈晓燕等[①]用参数校准后的雨洪管理模型（storm water management model，SWMM）模拟了北京市北护城河周边 77 个汇水小区在不同降水量时的地表径流量。结果表明，除小雨外，随着渗透面积（包括绿地和水体的面积）比例由 6%增加到 82%，地表径流量呈极显著线性下降趋势；30%左右的渗透面积比例是地表径流量变化的一个临界阈值，当渗透面积比例大于 30%时，下降的幅度更大。在雨量级和渗透面积比例近似的情况下，具有土地利用格局 PERV（由渗透区域流向非渗透区域）的汇水小区产生的地表径流量显著低于土地利用格局为 OUTLET-IMPERV（由非渗透区域直接流入出水口）和 IMPERV（由非渗透区域流向渗透区域）时所产生的地表径流量。

2）土地利用与养分流

研究陆地与水域相互作用时有一个共同的主题，即水域周边的土地利用类型及其空间格局对水域水质的影响，这已成为景观生态学研究的一个重要方面，尤其是自从 20 世纪 80 年代中期以来（Turner et al.，2001）。

在阿拉斯加的 Toolik 湖附近的一个未受干扰的自然景观——Sagavanirktok 河谷，发育着一种北极地区的典型地貌。从高地的典型湿生丛生苔原到河边冲积土上新近出现的柳树林，其间依次分布着一系列洪泛平原阶地，包括排水良好的石楠（山顶）、落叶灌木-岩须（*Cassiope*）-羽扇豆（lupine）带（山坡）、禾草-莎草（sedge）-木贼（*Equisetum*）带（坡脚）、排水不好的湿莎草苔原（岸边高地），整个山体形成与地形相应的 5 个植被类型序列，水平跨越仅 100～200 m（图 8.26）。沿着这个地形-植被序列，土壤特性（如温度、湿度、有机质含量、距永久冻土层的深度、营养可获得性）发生很大的变异。Shaver 等（1991）的研究分析和定量了不同类型生态系统之间发生的生物地球化学传输过程的重要程度。结果表明，夏季土壤水分沿山坡流下时，径流中所携带的无机 N 和 P 的总量变化明显，因为不同植被生态系统在植物的营养吸收率、植物的凋落物量、有机质的矿化分解率、反硝化率、母质性质及其风化率、传输速率等方面均有很大差异。因此，最终有多少无机 N 和 P 会被传输到湖泊或河流中将在很大程度上取决于土壤水分流经的这些植被生态系统的空间布局。

在陆地与水域相互作用研究中，通常较多关注来自受干扰景观（如采伐迹地、农田和城市）的 N 和 P。淡水生态系统中过度 N 和 P 的输入所造成的经济和健康上的问题正得到全世界的关注。N 和 P 的生物地球化学传输过程对水域周边的土地利用类型和格局非常敏感（Cirmo and McDonnell，1997）。对一个周边为农田的河流，在降雨发生时，农田中被施加的过剩 N 和 P 将从土壤中淋溶，并通过地表和地下径流进入河流。与农区相似，城区也对非点源污染有重要贡献。居民在花园中使用的肥料和杀虫剂、居民使用的洗涤用品中所含的 P、汽车尾气中的 NO_x 等，在降雨情况下，其中的一部分

---

① 陈晓燕，张娜，吴芳芳．降雨和土地利用对地表径流的影响——以北京北护城河周边区域为例．自然资源学报（已接收）

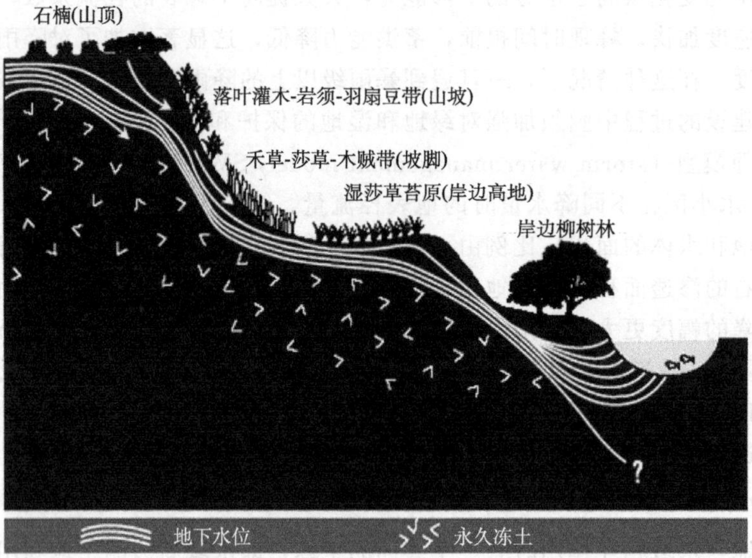

图 8.26　阿拉斯加的 Toolik 湖附近 Sagavanirktok 河谷的一个地形-植被序列（Shaver et al.，1991）

或者被地表和地下径流携带，或者通过地下雨污水管网，最终进入附近的水域。因此，区域尺度上的土地利用变化会造成水域大面积的富营养化，也使得水域生物多样性严重降低。历史上，大范围的森林采伐以及森林向农田或居民地的转变导致侵蚀的增加，以及向河口和河流输送的沉积物和营养物质的增加，此类现象层出不穷，国内外也已经有大量文献论述人类活动对水域沉积物和营养物质的影响（Carpenter et al.，1998）。

Thomas 等（1992）的研究发现，在持续种植的紫花苜蓿、传统方法耕作的玉米、垄免耕的玉米和森林这 4 种土地利用方式中，玉米地中径流和沉积物携带的 N 和 P 的量均高于苜蓿地和森林，其中，传统方法耕作的玉米地中养分流失量比苜蓿地和森林高 1～2 个数量级。土地利用可以改变土壤的环境条件（如土壤微气候）和植物的根系分布等，从而引起土壤养分流失的加剧或减少（孟庆华和傅伯杰，2000）。

傅伯杰等（1999）在黄土丘陵沟壑区的羊圈沟小流域，选取了丘陵坡地上 3 种已持续 15 年的代表性土地利用格局，从坡底到坡顶的组合分别为：草地-坡耕地-林地、坡耕地-草地-林地、坡耕地-林地-草地。草地由农田退耕形成，林地为人工刺槐林，坡耕地的主要作物有马铃薯、谷子、糜子和豆类。农田施肥状况基本一致，无灌溉条件。3 种土地利用格局下丘陵坡地的坡度基本一致。通过野外采样分析，研究了土地利用变化对流域土壤侵蚀、土壤养分和水分的影响。结果发现，从 1984 年到 1996 年，经过十几年的治理，整个小流域的土地利用类型发生了较大变化，坡耕地减少了 43%，林地增加了 42%，草地增加了 5%。总的来说，土壤养分含量由高到低依次为林地、草地和坡耕地，土壤水分含量由高到低依次为坡耕地、草地和林地；土地利用的变化使得总土壤侵蚀量降低了 24%。由坡底到坡顶的土地利用格局为坡耕地-草地-林地时，整个坡地具有较好的土壤养分保持能力，是黄土丘陵区梁峁坡地上较好的土地利用格局。在坡上沿等高线种植灌丛带，构建镶嵌格局，可减小坡长和坡度，有利于水分和养分的截留和保持（孟庆华和傅伯杰，2000）。

Johnson 等（1997）选取了密歇根州 Saginaw 河流域的 62 个汇水小区。研究结果表明，景观特征对河流的营养物质浓度有很强的影响，但在不同季节特定变量的预测能力不尽相同。例如，土地利用，以及土地利用与地质条件之间的相互作用是预测夏季河流 N 浓度空间变异的最好因子，而地质条件，以及土地利用与地质条件之间的相互作用是预测秋季 N 浓度空间变异的最好因子。

Osborne 和 Wiley（1988）在伊利诺伊州盐河流域（Salt River Basin）的研究发现，城市土地利用的面积及其与河流的距离是预测河流中营养物质浓度的最重要变量。Detenbeck等（1993）从航空像片中获取了 Minneapolis-St. Paul 的景观和植被格局信息，并与 33 个湖泊流域的实测水质进行比较。结果发现，如果流域周围以林地为主，那么湖泊较少富营养化，并且氯化物和铅的含量也较低；相反，如果流域周围有大量的农田，那么湖泊更容易富营养化。如果流域中的湿地保存完好，那么湖泊中的铅也较少。城市土地利用的面积比例越大，向湖泊输出的 P 也越多。

除了营养物质之外，土地利用变化也导致一些金属和有机物从陆地向水域的输出。例如，Comeleo 等（1996）发现，一个沉积物取样站周围 10 km 范围内土地开发的面积是决定沉积物中金属和有机物浓度的一个主要因子。Hurley 等（1995）和 Watras 等（1995）发现，土地利用方式影响威斯康星河流和湖泊中的汞浓度。

与非点源污染有关的问题刺激了大量的模型研究，以揭示径流和水域营养负荷与周边土地利用方式之间的关系。例如，Soranno 等（1996）建立了一个基于 GIS 的简单模型，通过模拟威斯康星的 Lake Mendota 流域中 P 的转换和传输过程，获得湖泊中 P 的负荷量，以反映土地利用对水质的影响（图 8.27）。Lake Mendota 流域以农田和城市土地利用类型为主，P 的输出系数因湖泊周边土地利用类型的不同而不同。他们在以下 3 种土地利用格局情景模式下模拟获得湖泊中 P 的负荷量：当前土地利用格局、人类居住前土地利用格局、未来土地利用格局（城市面积增加至当前的近 2 倍）；而且，由于降水对径流的驱动，分别在高降水和低降水两种情况下进行模拟。结果表明，流域的大部分区域没有向湖泊输出 P；大多数 P 来自流域的少部分区域，在低降水年占整个流域的 17%，而在高降水年可占到整个流域的 50%。人类居住区建成之后，湖泊中的 P 负荷量增加了 6 倍。P 通常吸附于沉积物表面，在向湖泊运移的途中逐渐减量；总体上，湖泊近处的区域对湖泊中 P 的贡献最大，无论哪种土地利用格局，无论降水量的高低。同时，研究也发现，虽然市区的部分区域离湖泊较远，但它们对湖泊中 P 的贡献却非常大，这是因为这些区域的地下雨污水管网可直通湖泊，这些区域可被视为与湖泊毗邻。

土地利用在影响径流和土壤侵蚀、改变养分流的数量和强度的同时，也会引起微生物活性和土壤理化性质的变化，这反过来又会影响径流和土壤侵蚀的发生，并可能加剧养分的流失，以至于土壤养分枯竭，土壤性质恶化，土地被放弃，引起土地利用的又一次变化，最终导致景观格局的改变。可见，土地利用变化、径流和土壤侵蚀加剧、养分流失之间可构成一个相互影响、相互依存的循环，土地利用变化引起的物质流变化会对土地利用产生反馈（孟庆华和傅伯杰，2000）。为了更好地理解土地利用和土地覆被变化对生物地球化学和物理循环的影响，有必要解释土地覆被在这些反馈中所起的作用，以及这些反馈对物质流的影响（Wassen et al.，2013）。

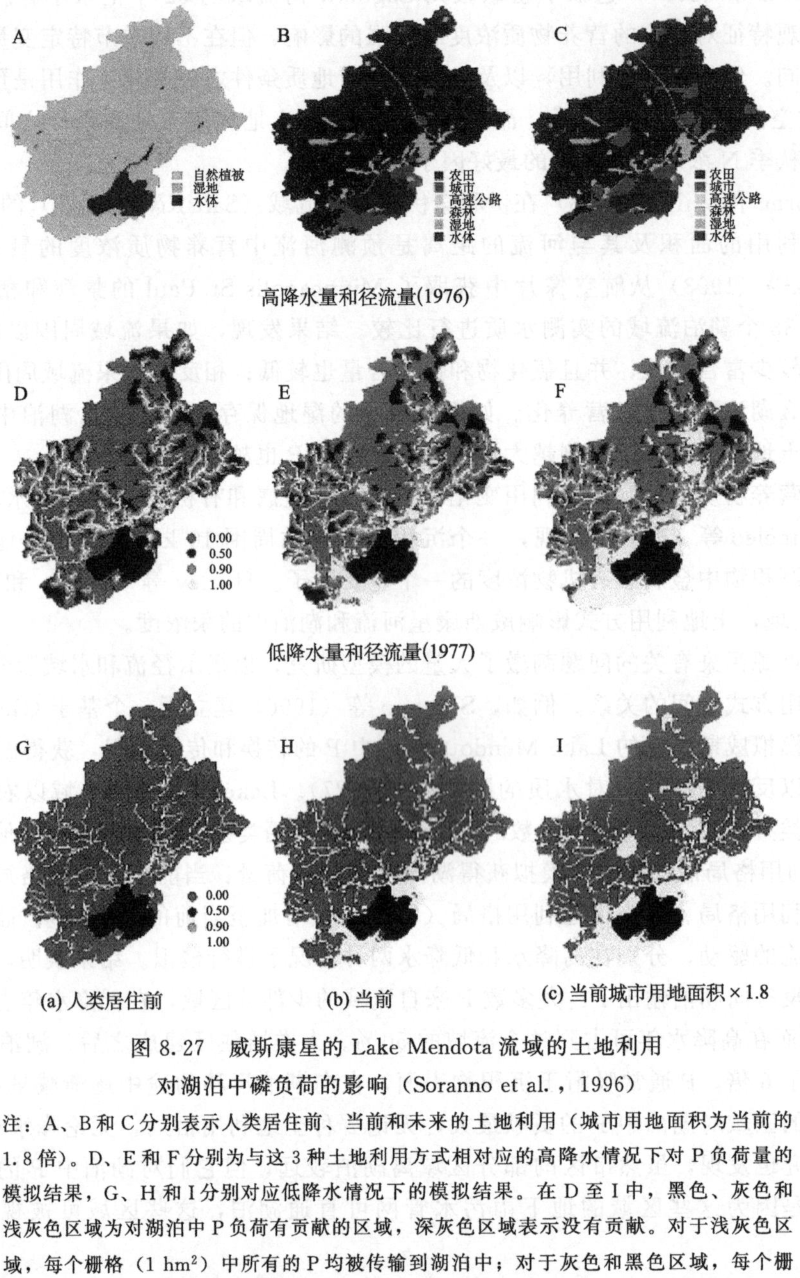

图 8.27 威斯康星的 Lake Mendota 流域的土地利用对湖泊中磷负荷的影响（Soranno et al.，1996）

注：A、B和C分别表示人类居住前、当前和未来的土地利用（城市用地面积为当前的1.8倍）。D、E和F分别为与这3种土地利用方式相对应的高降水情况下对P负荷量的模拟结果，G、H和I分别对应低降水情况下的模拟结果。在D至I中，黑色、灰色和浅灰色区域为对湖泊中P负荷有贡献的区域，深灰色区域表示没有贡献。对于浅灰色区域，每个栅格（1 hm²）中所有的P均被传输到湖泊中；对于灰色和黑色区域，每个栅格中分别有90%和50%的P被传输到湖泊中

与水流类似，土地利用类型和格局对养分的垂直运动也有重要影响，主要源于不同土地利用类型对养分的吸收和释放能力不尽相同。

5. 城市建设

城市开发建设通过改变绿地、水体、居民区、工业区、商业区、道路等不同土地利用和覆被的类型、数量和格局，影响从小尺度（约100 m^2）到局域尺度（约1 km^2）的

气象条件（如增加地表热量储存、减缓夜晚降温），特别是引起城市热岛效应。这些变化的气象条件又在调控城市能流和物流过程中起关键作用。例如，城市热岛增强了空调使用的需求，从而增加了能量的利用及机械能的输出，也增加了植被和居民对水的利用；又如，城市热岛影响地面臭氧的白天浓度和垂直扩散。

一些研究已经揭示城市景观的土地覆被类型或组成（即不同土地覆被类型的相对数量或面积比例）与温湿度的关系（Weng，2003；Rosenzweig et al.，2005；Buyantuyev and Wu，2010）。例如，Jenerette 等（2007）的研究表明，相对于以人工材料为主的覆被类型（如混凝土和沥青地面），较大比例的城市绿地可显著地降低地温。

然而，较少研究探讨城市结构或空间构型（即土地覆被斑块的空间排列和结构特征）与热岛效应的关系（Gustafson，1998）。已有研究考虑的空间构型也较为单一，主要包括斑块的大小、形状、密度，以及边缘密度等。例如，Zhang 等（2009）使用 Landsat ETM ＋数据获得南京的地温数据，发现城市内部植被斑块的空间特征和构型对地温的分布有不同的影响。Zhou 等（2011）使用高分辨率遥感数据得出，城市土地覆被斑块的构型对地温有显著影响。Cao 等（2010）分析了日本名古屋公园用地的 ASTER 数据，发现公园的形状影响地温。Weng 等（2008）在美国印第安纳波利斯的研究发现，居民区的地温与其空间构型之间有一个非常有趣的关系：居民区的形状越复杂，地温的变化也越大。Li 等（2012）揭示了北京城市绿地的空间构型与地温之间的关系：在城市绿地面积不变的情况下，增加城市用地斑块的密度将产生更高的地温；绿地的空间构型显著影响地温的变异程度。Liu 和 Weng（2009）分析了几个常用的景观指数与地温的关系及其尺度效应。

Connors 等（2013）以快速发展的干旱区城市——美国凤凰城为例，探讨了地表温度与 3 个不同土地利用类型（湿润的居民区、干旱的居民区、工业/商业区）的空间格局之间的关系。随机选择了 90 个 240 m^2大小的样地。对每个样地，获得了 2.4 m 分辨率的土地利用数据和 ASTER 地表温度产品（90 m 空间分辨率），计算了反映景观组成，以及斑块大小、数量、密度和形状，边缘密度等空间构型的景观水平和类型水平的指数。Pearson 相关分析表明，地温与几个空间构型指数之间有显著的相关性，但对不同土地利用类型，其相关性大小不尽相同。方差分析证实，土地利用对地温的影响因土地利用类型而异。在湿润的居民区，草类和不透水地面的面积比例对地温的影响最大；而在工业区/商业区，对地温影响最大的是草类和不透水地面的空间构型，尤其是边缘数量或密度。

另外，城市屋顶的绿化，以及立体城市的建设等城市建设新理念的应用都将在一定程度上改变局域的能流和物流，实现微循环。

第9章 景观干扰过程

干扰是在不同空间和时间尺度上无时无处不在发生的一种现象，直接影响着生态学系统的结构、过程、功能和动态。长期以来，干扰的生态学意义一直未引起生态学家的重视，主要是因为以前生态学家更多考虑的是生态学系统的平衡和稳定，关注植被演替中顶级群落的发展和形成。然而，目前干扰成为生态学家关注的热点。

已有许多生态学家认识到，干扰是许多景观异质性的源泉。干扰通过产生一系列不同演替阶段的斑块形成植被的格局，而这对于形成景观水平的斑块镶嵌结构非常重要。各种类型的自然干扰是自然生态系统演替过程中不可缺少的自然现象。许多植物群落和物种的形成和演替与干扰具有密切关系，尤其在自然更新方面，干扰具有不可替代的作用。火干扰一直被认为是最重要的干扰，不仅可直接改变景观斑块的分布格局，而且对景观演替的进程有着深远的影响。干扰甚至可能是维持物种多样性和景观功能所必需的。例如，在许多热带森林中，飓风对维持物种多样性关系重大；固定频率发生的火干扰是一些景观（如草原）得以维持的必不可少的因素。干扰在土地和资源管理上也非常重要。理解大量不同景观中自然干扰镶嵌体的特征和动态，比较自然和人为干扰的时空格局，可以更好地实施和管理人为干扰，减少不合理的有害影响。

对干扰认识上的转变，反映了20世纪后半叶生态学对自然界的观点由平衡向非平衡的转变（Turner et al.，2001)。在景观生态学中，干扰的原因、体系、格局、动态和后果均是主要的研究主题。本章主要探讨干扰是如何与景观格局相互作用的。

9.1 干扰与干扰体系

9.1.1 干扰的概念

干扰是发生在一定时空尺度上，对生态学系统结构造成直接损伤，并改变资源获取或物理环境的相对非连续性的事件（White and Pickett，1985；Turner et al.，2001；邬建国，2007)。对于不同的研究客体，干扰的定义是有区别的。在景观尺度上，干扰往往指能对景观要素形成过程、类型组成和空间分布产生影响的事件；在生态系统尺度上，对种群或群落产生影响的事件就可以视为干扰；在种群尺度上，能引起物种变异和灭绝的事件就可以认为是较大的干扰行为。

从不同的角度来看，干扰具有不同的性质。如从人类发展的角度来看，干扰似乎是一种消极的东西，是不利于人类社会经济发展的自然现象。但从自然生态系统的角度来看，干扰是一个中性概念，既可以对生态系统或物种进化起到一种消极的负效应，也可以起到一种积极的正效应（傅伯杰等，2001)。

生态学干扰由3个方面构成：系统、干扰事件和尺度域（图9.1)。系统具有一定的尺度域，而干扰事件来自于系统外部，并发生在一定尺度上。因此，判别一个事件是否是干扰首先要考虑所研究系统的边界和结构，以判别事件是否来自系统外部，以及是否改变了系统的结构。同时，也要认识到干扰的尺度依赖性（邬建国，2007）。

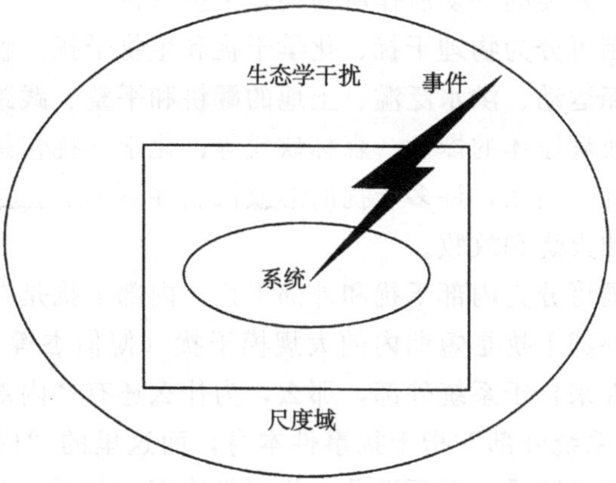

图 9.1　生态学干扰的概念（Pickett et al.，1999；邬建国，2007）

同样的事件，在某种条件下可能对系统形成干扰，但在另外一种条件下可能是系统内的正常波动。一个事件是否对一个系统形成干扰不仅取决于干扰本身，而且还取决于干扰发生的客体及外界条件。对干扰事件反应不敏感的系统，或抗干扰能力较强的系统，往往在干扰发生时，不仅不会受到较大影响，而且甚至成为系统演变的自然过程（傅伯杰等，2001）。

生态学干扰在概念上不同于胁迫（stress）。胁迫概念源于生理学，指不利环境条件对生物体新陈代谢或其他生理过程的直接影响。胁迫通常指生态学系统在结构未受到直接损伤时，其功能被影响的情形，而干扰直接改变的是系统的结构（Pickett et al.，1999；邬建国，2007）。例如，植株受干旱胁迫后，直接受到影响的是其在水分循环方面的功能，如从土壤中吸收的水分减少、气孔关闭、蒸腾速率降低等；然后才逐渐在植株结构和景观面貌上表现出相应的变化，如叶子缩小、绿色部分减少、气孔缩小、生物量降低等。然而，由于受到干扰的结构可直接影响系统的功能，而受到胁迫的功能也可能会影响到系统的结构，有时也并不严格区分干扰与胁迫。例如，极端干旱严格地说是一种水分胁迫，但也常将其视为一种严重干扰。

干扰与扰动（perturbation）在对系统的影响程度上有较大差异。扰动一般指系统在正常范围内的波动行为，只暂时改变景观的面貌，不会从根本上改变景观的性质。干扰对系统的影响超出了正常波动的范围，具有一定的破坏性，不仅使景观无法完全恢复原貌，而且景观的性质也将或多或少地发生变化（Pickett and White，1985；傅伯杰等，2001）。

9.1.2　干扰的类型

根据不同的分类标准，可将干扰划分为不同的类型。

按干扰的起源可分为自然干扰和人为干扰。自然干扰仅仅是一种相对的概念，有些干扰表面上是自然的，然而，其原因可能与剧烈的人类活动有关（傅伯杰等，2001），如冰川融化。从人类的角度出发，人类活动是一种生产活动，一般不称其为干扰，但对于自然生态系统来说，人类的一切所作所为均是干扰（肖笃宁，1998）。

按干扰的形成机制可分为物理干扰、化学干扰和生物干扰。物理干扰包括飓风、龙卷风、火山爆发、地壳运动、洪水泛滥、土地的翻耕和平整、践踏等；生物干扰包括外来物种的入侵、害虫或病原体的爆发、森林砍伐等；化学干扰包括各种污染、土壤施肥等，几乎都是人为干扰。当然，许多干扰的形成机制并不单一，可能既有物理或化学成分，也有生物成分，如火烧和放牧。

按干扰的发生范围可分为内部干扰和外部干扰。内部干扰是在相对长时间内发生的小规模局域干扰；而外部干扰是短期内的大规模干扰（傅伯杰等，2001）。然而，根据干扰的定义，干扰事件来自于系统外部，那么，为什么还有“内部干扰”之说呢？实际上，“干扰事件来自于系统外部”指干扰事件本身，而这里的“内部干扰”和“外部干扰”指干扰对系统作用的结果，并不涉及干扰事件本身。另外，“内部”与“外部”的说法中隐含了一个核心尺度。一个景观系统本身是一个具有多尺度的等级系统，在每个等级层次上的子系统均有其特定的干扰类型和干扰体系。景观可看作是各等级层次上干扰作用的综合产物。有些干扰对于相应的作用于其上的各个子系统来说是外部事件，但对于整个景观来说却是内部事件，而不是外部干扰。例如，森林中林隙的形成可能源于个体间的竞争和病虫害的发生等来自于森林内部的过程，也可能源于地质灾害、风和人类的间伐等来自于森林外部的过程。若是后者，则无论是对整个森林，还是对单个林隙斑块，这些过程均是干扰。若是前者，则对整个森林来说，并不是干扰，而是维持森林更新、促进森林演替必不可少的内部因素；但对林隙斑块来说，个体间的竞争不是干扰，而病虫害的发生是干扰。

按干扰的传播范围可分为局部干扰和跨边界干扰。局部干扰指干扰仅在同一个斑块内部，从一个位置向另一个位置扩散，受限于斑块的边界；而跨边界干扰则可以跨越一个斑块的边界，向其他斑块扩散（傅伯杰等，2001）。

按干扰产生的格局可分为离散性干扰（discrete disturbance）和扩散性干扰（diffuse disturbance）。离散性干扰指产生有明显边界斑块的干扰，如火灾、放牧、森林砍伐等。扩散性干扰指可在某一尺度上增加系统整体的异质性，但并不产生有明显边界斑块的干扰。例如，森林中一场大风或大雪可能不会在局地形成大的林隙，但仍然会破坏许多枝条或小树，形成更加开阔的林冠结构。当然，在小尺度上发生扩散性干扰的区域在大尺度上可能表现为区别于周围的离散性斑块（邬建国，2007）。

9.1.3 干扰体系

一个景观的干扰体系（disturbance regime）指在一段较长时间内干扰的时空动态（spatial and temporal dynamics of disturbances over a longer time period）。干扰体系包括如下特征：干扰的空间分布和尺度；干扰发生的频率、（重复）间隔、周期；干扰的面积（或大小）、强度（或规模）、影响度（或严重度）等（表 9.1）（Turner et al.，2001）。通常，面积较小、强度较低的干扰发生的频率较高，重复间隔短；而面积较大、强度较高的干扰发生的频率较低，重复间隔长；前者对系统的影响较小，而后者对系统的影响较大（傅伯杰等，2001）。

表 9.1　一个干扰体系包含的特征（White and Pickett，1985；Turner et al.，1998）

干扰体系	含义
频率（frequency）	指一定时间内干扰发生的次数的平均值或中数值，也常指每年干扰发生的概率
（重复）间隔（return interval）	指相连干扰之间的平均间隔时间，是频率的倒数
周期（rotation period）	指干扰面积达到某个事先指定值所需的平均时间。例如，干扰面积达到整个景观面积 60%所需的平均时间
面积或大小（size）	指受干扰的面积。可用单次干扰的平均面积，或一定时间内干扰的面积或面积比例表示
强度或规模（intensity）	指单位时间、单位面积上干扰事件的物理能量（如火灾所释放的热能，风速）。指干扰本身的特征，而不是指干扰所产生的生态效应
影响度或严重度（severity）	指干扰事件对生物体、群落或生态系统的影响程度。与干扰强度密切相关，因为通常强度越大的干扰造成的影响也越大

干扰在时空尺度上具有广泛性，存在于自然界和人类社会的各个尺度上（图 9.2），因此，研究不同尺度上干扰所产生的生态效应十分重要（傅伯杰等，2001）。尽管生态学干扰概念源于群落生态学，但干扰概念并不局限于群落尺度，已被运用到种群、生态系统和景观尺度上。

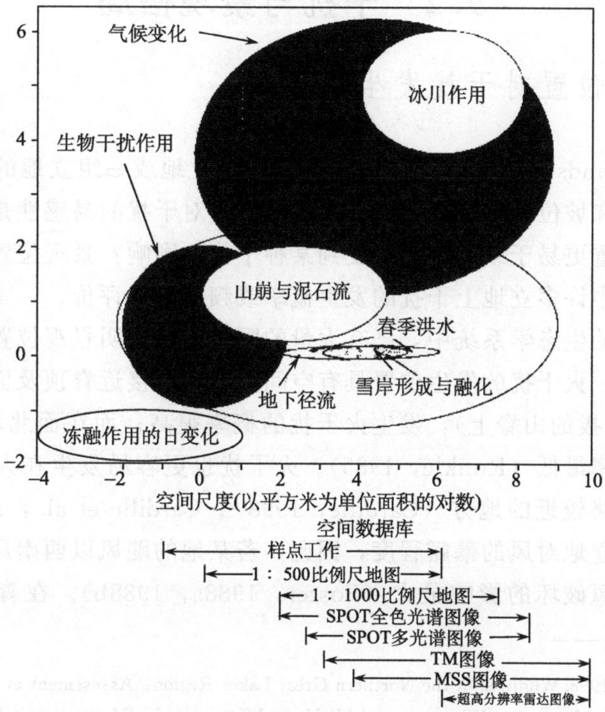

图 9.2　寒冷地区不同频率干扰在空间尺度上的反映（傅伯杰等，2001）

干扰具有明显的尺度依赖性（scale dependent），意识到这一点非常重要。干扰作用发生在某一特定尺度上，一个尺度上的干扰并不一定是另一个尺度上的干扰。Allen和 Starr（1982）指出，如果干扰相对于某个整体元来说，面积小且发生短暂，那么它可能不被注意或考虑。如果干扰面积大且持续时间较长，那么可能有两种现象之一发生：整体元始终受到干扰的影响，或者整体元根本不受干扰的影响。然而，如果干扰与某个整体元几乎在同一个尺度上，那么该整体元必将受到干扰，从未受干扰状态转变为受干扰状态；但此干扰只能影响该整体元，而不影响等级系统中其他层次上的整体元。

小尺度上的干扰往往是大尺度系统的正常组分，这种现象被称为大尺度系统对小尺度干扰的“兼容”（incorporation）（O'Neill et al.，1986；Wu and Loucks，1995；邬建国，1996；邬建国，2007）。特别地，有时一个干扰在某个尺度（如个体或种群尺度）上观察时是一个破坏力，但在另一个不同尺度（如生态系统或景观尺度）上观察时却可能是一个促稳力（Turner et al.，2001）。例如，病虫害的发生可能会引起种群结构的变异，导致某些物种的消失或泛滥，这对于种群来说，是一种严重的干扰行为，但由于没有对整个群落的生态特征产生影响，在群落和生态系统尺度上，病虫害可能是一种正常的生态行为，而不是干扰（邬建国，2007）。再如，如果整体元是单株树木，那么燃烧该树木将是一个主要的干扰。然而，如果我们将整体元从单株树木移到整个森林，那么系统组分将是不同的物种，而不是个体，这时森林可兼容多个林火，物种生存在由不同年龄和组成的斑块镶嵌构成的森林中。为了维持森林的多样性，林火可能甚至是必需的（Allen and Starr，1982）。因此，研究和认识干扰要与尺度和等级观点结合起来。

9.2 干扰与景观格局

9.2.1 景观位置对干扰发生的影响

景观位置（landscape position）典型地指一个立地或一组立地的地形位置，包括海拔、坡度、坡向和坡位等。景观中不同的空间位置对干扰的易感性是否不同？我们能否预测哪些景观位置更易于或更不易于受到某种干扰的影响？景观位置对干扰的易感性可以通过比较景观中许多立地上干扰的发生概率或频率得以评价。

在不同类型的生态学系统中，已有大量的野外研究表明景观位置会影响立地对干扰的易感性。例如，火干扰的发生位置具有空间变异。在接近脊顶及面南坡，以及山脊上（尤其是在较低海拔的山脊上），发生火干扰的概率很高；而在面北坡及荫蔽的峡谷中，发生火干扰的概率最低（Runkle，1985）。火干扰也更容易发生在人口密度较高、公路密度较大、与公路较近的地方（Cardille，1998①；Cardille et al.，2001）。立地对飓风的易感性取决于立地对风的暴露程度，因此，若某地的飓风以西南风向为主，那么西南坡向的立地受飓风破坏的影响最大（Foster，1988a，1988b）。在森林中，风形成的新

① Cardille J A. 1998. Wildfires in the Northern Great Lakes Region: Assessment at Multiple Scales of Factors Influencing Wildfires in Minnesota, Wisconsin and Michigan. Master thesis, University of Wisconsin, Madison, Wisconsin, USA

林隙常常出现在老林隙的附近，这使得变化的环境条件（如较强的光照）始终被维持，并且林隙闭合的过程减慢（Runkle，1985）。

一项最新研究也观察到景观位置会影响火干扰发生的严重度。Williams 和 Baker（2013）对美国亚利桑那州科科尼诺高原西黄松（*Pinus ponderosa*）森林景观的研究表明，在北坡和东坡，林木密度较低，有较少的小西黄松，火干扰发生的严重度较低；相反，在南坡和西南坡，小西黄松较多，火干扰发生的严重度居中。这是因为，当地以西南风为主，直接暴露于主风向的西南坡和南坡更易受风的侵袭，林地火更易向林冠蔓延，因此，南坡和西南坡的西黄松较小。研究也表明，在最低海拔处，小西黄松较少，火干扰发生的严重度较低；相反，在最高海拔处，小西黄松较多，火干扰发生的严重度居中。这是因为，在最低海拔处，西黄松多分布于边缘地带、河谷和受保护的湿润坡地，这些分布很窄的林分形成浓密林分的可能性很小；而且，不同森林类型之间的生态交错带变化较为突兀，地表可燃物呈现斑块化，发生于西黄松的火干扰不易向纯矮松（*Pinus edulis*）-杜松（*Juniperus osteosperma*）林（piñon-juniper）扩散；同时，低海拔处的风力较弱，这也是林地火不易向林冠扩散的重要原因。在中等或较高海拔处，西黄松林地火发生更加连续，但火干扰不易扩散到矮松-杜松林，结果形成面积虽小但强度很大的火干扰，说明混交林中可燃性树冠的减少会影响火扩散和火干扰体系（Huffman et al.，2008；Iniguez et al.，2009）。

一项最新研究观察到景观位置会影响昆虫发生的概率。张红艳等（2012）调查了内蒙古锡林郭勒盟镶黄旗 293 个样点的亚洲小车蝗的密度，以及海拔、坡向、坡度、土壤类型、土壤含砂量、植被类型、植被盖度和土地覆被类型。结果表明，草地蝗虫的发生格局具有较强的空间异质性，与景观位置及其生境条件密切相关：在海拔为 1300～1400 m 的平地/东坡/南坡、植被盖度为 30%～50%的温带丛生禾草（主要为克氏针茅）草原、土壤含砂量为 60%～80%的典型栗钙土这样的生境条件下，草地蝗虫发生的可能性最高。

另一项最新研究观察到景观位置会影响立地对极端干旱的易感性。Brouwers 等（2013）评价了景观尺度上哪些因子与极端干旱或热浪侵袭事件相关，从而导致地中海生态系统中优势树种枯顶症的发生，甚至死亡。研究选取了澳大利亚西部 468 个立地，包括 234 个受影响的立地（大小为 0.3～85.7 hm^2）和 234 个未受影响的立地。结果发现，在多岩石的坚硬土壤中生长的树木更易遭受枯顶症，与此类土壤具有较差的持水性有关。在离岩石露头较近的地方、高海拔处或陡坡上，以及有稍高年降水量或稍微暖和的地方生长的树木也比其他地方的更易遭受枯顶症，可能是因为在较高和较陡的地方，地下水位较低，而且降水对地下水的补给通常也较少，因此，土壤的可利用水分较少。极端干旱导致地下水补给的亏缺，使得地下水位下降到树木根区以下，这种影响在较高和较陡的地方更为明显。其他在地中海地区的类似研究所取的立地数量很少，结论也不尽相同。例如，Lloret 等（2004）对西班牙东北部 6 个栎圣栎（*Quercus ilex*）立地中 2～8 个沿坡样带的研究表明，坡上比坡下的栎圣栎更易受到干旱的严重影响。Suarez 等（2004）选取了 Patagonia 北部 26 个 50%以上南水青冈（*Nothofagus dombeyia*）死亡的立地和 26 个 25%以下南水青冈死亡的立地进行研究。结果发现，严重干旱和热浪事件对南水青冈的影响与海拔、坡向及距水的远近无关，仅与坡度有弱相关性，越陡的坡越易受影响。上述这些研究结果可用于预测景观中哪些地方对未来的气候变化更为敏感。

然而，也有一些研究没有发现景观位置对干扰发生有重要影响的证据。例如，Frelich 和 Lorimer（1991）研究了美国中北部密歇根州的 3 个老龄林林区中火、风、干旱、昆虫、疾病、冰雹和闪电干扰的影响。他们检测了高地和低地之间、不同坡向和坡度级别之间，以及沿着苏必利尔湖（Lake Superior）的铁杉带和以糖枫为优势种的森林内部之间，在干扰体系上的差异。他们在充分的野外取样基础上，没有观察到景观位置对干扰体系的重要影响。这可能反映了发生在上大湖地区（Upper Great Lakes Region）的风暴类型与发生在美国东部的飓风不同。飓风以水平风向为主，因此迎风坡更易受飓风的侵袭；而上大湖地区的风暴是一种破坏性很强的下沉气流（下击暴流），可同时侵袭地面的所有位点，不因景观位置而异。同理，其他研究也表明，对龙卷风发生的空间格局不存在地文学方面的控制（Peterson and Pickett，1995），因为龙卷风能够撞击景观的任何部位，地形位置的差异对其影响甚微。

一般地说，地形能够影响火的扩散，即火向山上燃烧比向山下燃烧更容易，因此，顺风坡（leeward）的燃烧强度常常低于迎风坡（windward）。另外，燃料或易燃物较少的地方可作为防火屏障。然而，在极端干旱和强风共同作用下，有些林火可能非常大（如美国黄石公园 1988 年大火），以至于坡位、燃料的数量及自然防火屏障（如小溪，河流，甚至大峡谷）都无法阻止其火势，景观位置对火灾发生的影响甚微（Turner and Romme，1994）。另外，Thabeet 等（2009）对法国地中海地区 4 个欧洲赤松（*Pinus sylvestris* L.）立地的研究也表明，干旱和热浪对欧洲赤松的影响与海拔、坡度和坡向这些地形因子无关。

张红艳等（2012）对内蒙古镶黄旗草地蝗虫的研究也表明，尽管在某些地方蝗虫潜在发生的概率很高，但野外调查却发现，这些地方可能并未见蝗虫，或仅偶见。探究其原因，可能与蝗虫本身的特性有关（如上年蝗虫没有在此地产卵），也可能与外界环境条件（如冬季或春季的温湿条件不利于蝗卵的保存或孵化）或人类活动（如人工灭蝗）有关。

Turner 等（2001）对以上这些现象做了一个总结。笔者在此基础上给出更进一步的陈述：当干扰本身有明确的方向或地点，以至于一些位置通常比其他位置更加暴露时，景观位置似乎影响立地对干扰的易感性（如飓风和草地蝗虫的发生）。另外，如果干扰的强度适中，那么景观位置也可能通过格局上的差异来影响立地对干扰的易感性。然而，如果干扰本身不存在空间方向性（如龙卷风），或干扰发生在比景观大得多的尺度上（如下击暴流），或者受某些外界因素的驱动干扰强度变得非常大（如在极端干旱和强风驱动下的高强度林冠火）或非常小（如春季低温高湿条件下草地蝗虫很少孵化，上年大范围的人工灭蝗大大降低了产卵蝗虫的数量），那么干扰的发生可能不受景观位置差异的影响。因此，要更为合理地解释景观位置与干扰发生的关系，除了考虑景观位置之外，还要同时考虑干扰本身的特征，以及外界环境条件和人类的影响。

9.2.2 景观格局对干扰扩散的影响

理解景观异质性对干扰扩散的影响是景观生态学的一个基本问题。大量研究表明，景观异质性与干扰扩散之间存在着相互作用，但对不同的干扰类型，景观异质性可能会促进干扰的扩散，也可能会抑制干扰的扩散，不能作出统一的结论（Risser et al.，1984；Pickett and White，1985；Farina，1998）。例如，景观异质性常常阻碍害虫在草地生态系统中的扩散、野火在森林中的蔓延，或流行病的空间传播。但有些干扰可能因景观的异质性而加强。例如，破碎化后的景观中会栖息大量的鹿种群，它们破坏周围的农作物或过度啃食天然林。我们有必要理解和解释这些不同影响，以获得相对一般性的结论。

1. 理论研究

在不同的森林采伐格局下，会形成不同的采伐迹地斑块的大小、数量和边缘长度，那么这些格局是如何影响风在森林中的扩散的呢？为了回答这一问题，Franklin 和 Forman（1987）根据渗透理论，设置了 3 种森林采伐格局，使风在其中分别呈现风格[图 9.3(a)]、风网［图 9.3(b)］和风道［图 9.3(c)]，且风在空间的分布面积比例从小于 50%，到等于 50%，再到大于 50%，从相互隔离（不能通过)，到具有一定的连接，再到完全连接（形成通路)。研究假设在 3 种采伐格局下，随着林分斑块边缘数量的增加，林分被逐渐限制在较小的斑块中，风道增加，风更易于发生和扩散。通过建立风发生潜力与格局指标（包括采伐格局，以及采伐迹地斑块的大小、数量和边缘长度）之间的概率模型，得到以下结论：风发生的潜力随着林木的不断采伐、林分斑块边缘数量的增加而增强；当林分斑块的每条边均被孤立时，风发生的潜力仍在继续增强，尤其是当有一半以上的林木被采伐时；当 80%以上的林木被采伐时，风对剩余林分斑块构成最大的威胁（图 9.4)。

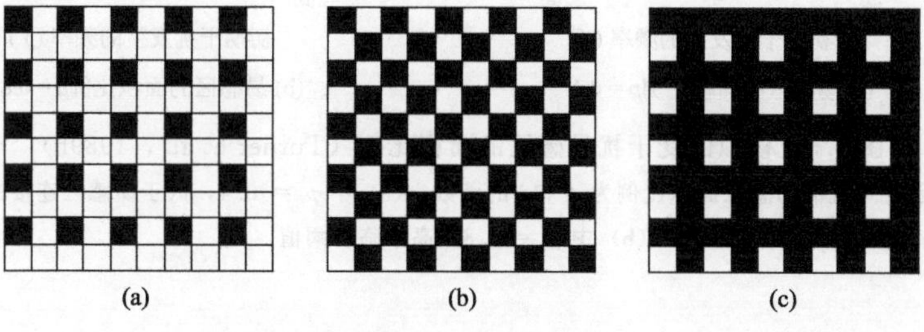

图 9.3 模拟的森林采伐格局（Franklin and Forman，1987)

注：图中黑色区域表示采伐迹地斑块，白色区域表示采伐后残存的林分斑块。

(a)、(b) 和 (c) 的采伐格局分别形成风格、风网和风道

Turner 等（1989b）在探讨景观格局对干扰扩散的影响时，用实际受干扰的面积比例 D 作为表示干扰扩散的指标，提取了影响干扰扩散的 3 个因素。①干扰的潜在发生：景观包括易发生干扰（易感）区和不易发生干扰（非易感）区。设易感区呈随机分布，

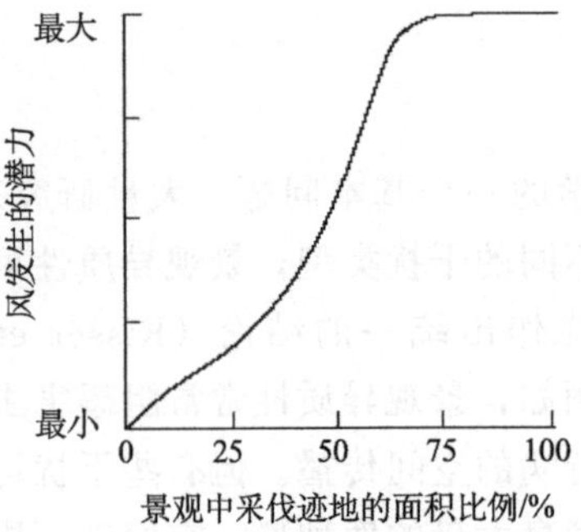

图 9.4　预测的采伐后森林中风发生的潜力与采伐迹地面积比例的关系（Franklin and Forman，1987）

注：图 9.4 是针对图 9.3 的预测结果

面积比例为 p，在 0.1～0.9 之间变化。p 既可指示干扰的最大潜在发生比例，也可反映景观的格局（尤其是景观连接度）。②在易感区，初期干扰发生的概率或频率（f）。③干扰发生后向同类其他地方扩散的概率（i）。若与传染病传播的条件相类比，则 f、p 和 i 分别对应初期传染源出现的数量（或概率）、易感人群的数量（或比例）、传播的概率。

根据渗透理论和中性模型的基本原理，干扰在景观中的扩散随 p 变化。若 p 小于易感区连接的临界阈值（约 0.6），则 D 主要受 f 的影响，而 i 的影响极小［图 9.5(a)］。这时，被破碎化为小而分散的易感斑块会阻碍干扰在整个景观的扩散，干扰影响景观大部分的唯一方式是引发许多易感斑块上的干扰。若 p 大于易感区连接的临界阈值，则扩散概率 i 将控制 D［图 9.5(b)］。这时，易感区被连接成一个大而连续的斑块，即使是单一的干扰向整个景观扩散的潜力也非常大。该项研究的结论不仅适用于在易感区之间扩散的干扰，也适用于在介质中流动的流体、在生境斑块之间运动的物种、在易感人群之间传播的传染病、在寄主之间传播的病原体等（O'Neill 等，1992a）。

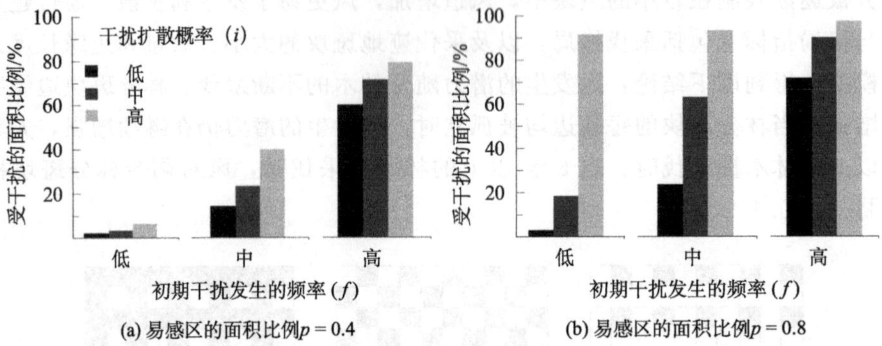

图 9.5　模拟的受干扰易感区的面积比例（Turner et al.，1989b）

注：图中表示受干扰的易感区面积比例为 f 和 i 的函数。(a) 中 $p = 0.4$，低于易感区连接的临界阈值；(b) 中 $p = 0.8$，高于临界阈值

2. 应用研究

一些研究表明，景观异质性强会阻碍干扰扩散。例如，Swetnam 和 Lynch（1993）对美国西部云杉蚜虫（spruce budworm）的研究发现，景观异质性降低会导致云杉蚜虫的扩散和同时爆发。土地利用的变化是景观异质性变化的主要原因，具体反映在林分密度和林龄的变化上，它们对云杉蚜虫爆发的影响超过了大尺度上的气候因素。首先，当森林密度较大、林分连接度很高时，云杉蚜虫易于发生和扩散。林木采伐和火干扰的

发生可极大地降低云杉的密度，增大景观的异质性，使森林变稀疏，连接度降低，从而阻止云杉蚜虫的扩散。相反，持续地压制火干扰的发生、减少放牧，以及适宜的气候条件，可为云杉幼苗的生长及将来林分密度和连接度的大幅提高创造有利条件。同时，如果林分中成熟云杉很少，林冠结构疏通，那么森林在空间上的分布会更加孤立，不易于云杉蚜虫的扩散；相反，若林分中有较多的成熟云杉，林冠结构密闭，那么森林在空间上的分布更加连续，易于云杉蚜虫的扩散。因此，老龄林比幼龄林更易于爆发云杉蚜虫；在林木发育的后期比早期更易于爆发云杉蚜虫。

但另有一些研究却表明，景观异质性强会增强干扰扩散。例如，Roland（1993）对加拿大北安大略省 8 个林区、261 个城镇的森林毛虫（forest tent caterpillar）的研究发现，森林边缘密度（单位面积的斑块边缘数量）每增加 1 km/km^2，毛虫爆发的持续时间增加 0.92 年；在森林连续分布的城镇，毛虫爆发的持续期仅为 1～2 年，而在森林边缘密度为 2.0～2.5 km/km^2 的城镇，毛虫爆发的持续期为 4～6 年。说明森林砍伐和破碎化产生的较高景观异质性可促进森林毛虫的大爆发。原因可能是，毛虫在寄主植物斑块的边缘比在其内部产更多的卵，而且斑块边缘较温暖的小气候条件也使毛虫生长得更快。另外，森林的大尺度破碎化可能影响了天敌与毛虫之间的相互作用，天敌的扩散可能受森林破碎化的极大限制。

以上两个例子均说明景观异质性会影响干扰扩散，不论是阻碍还是增强。然而，另一个问题是，景观异质性一定会影响干扰扩散吗？以火干扰为例，景观异质性对火干扰扩散的影响存在两种情况。

第一，在燃烧条件适中情况下，景观异质性会影响火干扰扩散。例如，老龄林的林分密度较大，枯枝落叶较多，林冠和林下可供燃烧的材料均较多，而且较为连续的林冠也为林火的扩散创造了有利条件；针叶树中油脂等易燃物的含量通常比阔叶树高，因此，由不同龄级的针阔混交林所形成的森林异质格局倾向于阻碍林火的发生和扩散，而老龄林和纯林（尤其是针叶纯林）则倾向于促进林火的发生和扩散。另外，即使是林地中一个很小的溪沟也可能会对林火在空间上的扩散起到显著的阻滞作用。

第二，在燃烧条件极端情况下，景观异质性对火干扰扩散几乎没有影响。环境条件在决定景观异质性是否影响火干扰扩散上表现出临界阈现象：①燃料湿度较高时，单个火源不易引发火干扰，即使是火源出现在高度易燃的斑块中［图 9.6(a)］。②燃料湿度很低（极端干旱），并遭遇强风时，局部被引发的火干扰发生扩散，越过不同类型的斑块，这时火干扰的扩散通常不受易燃斑块空间分布的限制［图 9.6(c)］。③燃料湿度较低，且燃烧条件非极端时，单个火源就可能引发火干扰，但火干扰可能只在局部易燃斑块中扩散，易燃斑块的边界和空间分布限制了火干扰在整个景观中的扩散［图 9.6(b)］。可见，只有在最后一种情况下，景观异质性才最有可能影响火干扰的扩散(Turner and Romme，1994)。

以上理论和应用研究表明，对于景观异质性是否总是增强或阻碍干扰的扩散，我们并不能做出统一的结论，但是景观异质性对干扰扩散的潜在作用可能是非常重要的，这取决于干扰是在同一覆被类型中进行扩散，还是通过边界在不同覆被类型之间进行扩散(Turner et al.，1989b)：①如果干扰扩散发生在同一覆被类型中，那么较强的景观异质性将会阻碍干扰的扩散，如前面云杉蚜虫的例子，以及适度燃烧情况下林火的扩散；

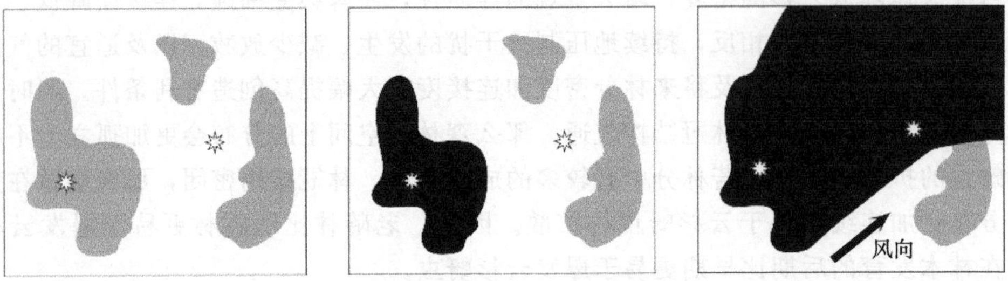

图 9.6 环境条件在决定景观异质性是否影响火干扰扩散上表现出临界阈现象
(Turner and Romme，1994)

②如果干扰在不同覆被类型之间扩散或被边缘效应增强，那么增强景观异质性将会促进干扰的扩散，如前面森林毛虫的例子，以及风的扩散；③在一些情况下，景观异质性不影响干扰扩散，因为对干扰的非生物控制作用（环境条件）或干扰本身特性的影响可能远远强于局域景观格局的控制作用，如较大的不经常发生的林火，以及龙卷风（Turner et al.，2001）。

9.2.3 干扰对景观格局的影响

干扰产生的不是同质景观。即使是非常大的干扰，景观中仍有部分区域未受影响。在受干扰区域，由于风向、地形、植被和干扰持续时间的差异，干扰的发生面积、强度和严重度等不同，形成的空间格局也不同。因此，干扰之后产生的是由未受干扰斑块和受不同程度干扰影响的斑块共同构成的景观斑块镶嵌体，也被称为“干扰镶嵌体”（disturbance mosaic）。

对于一个受到干扰影响的系统，对其研究通常是将干扰与其后发生的演替一同考虑。然而，理解干扰及其后的演替如何与异质景观相互作用是一个很有挑战性的问题，因为这涉及一系列空间相互作用及较长的时间尺度。在多个空间尺度上识别控制植被演替动态的因素也十分具有挑战性（Turner et al.，2001）。

干扰对景观格局的影响及干扰斑块的演替与干扰前种群的生活史特征密切相关。一些生活史特征决定了种群是否得以幸存，是否能承受某种干扰，以及受干扰影响的程度，包括树高、耐阴性、对干扰的敏感性、动植物的繁殖能力、达到性成熟的时间、寿命、运动能力，以及对干扰所产生物理环境条件的适应能力等。例如，当森林遭受灾难性强风的干扰时，树高会影响树木是否容易被连根拔起及树干被折断的程度；对水淹环境的适应能力将决定洪水之后物种的存活状况。

对干扰的生态效应及干扰斑块的演替和景观格局产生最重要影响的是干扰后的生物遗产（legacies）和残留物（residuals）（Turner and Dale，1998）。生物遗产或残留物指干扰之后幸存下来的生物体的类型、数量和格局，以及生物结构，包括存活的个体、立枯木、有繁殖能力的植物组织、种子库、凋落物、动物尸体、微生物和真菌等土壤生物。非生物遗产指改变的物理环境，如泥石流或滑坡、熔岩流、河流中岩石的搬运等。例如，飓风之后形成由一系列斑块构成的森林镶嵌体，包括不同年龄和高度的树木、树木被连根拔起的土丘、断枝木、倾斜木和倒木等（Foster et al.，1998）。洪水之后的山地景观由两类斑块交错构成，一个是受洪水影响很大的区域，到处发生土壤侵蚀、沉积物运移、倒木漂移和生物体的迁移；另一个是受洪水影响很小的生物避难所（Swanson et al.，1998）。

当一个斑块受到干扰时，其所处的演替阶段会控制繁殖体的获得与否，这部分地决定了残留物的组成。残留物的组成、存活、再生、繁殖和萌发对干扰斑块的演替至关重要。其中，以植株形式保留下来的物种比萌发于种子等繁殖体的物种演替得更早、更快；在干扰斑块中保留有较多或较大种子的物种比那些需要从周边迁入的物种演替得更早。而改变的物理环境也会影响残留物种的存活或残留繁殖体的萌发。

干扰体系（如干扰的频率、强度和严重度）会影响干扰斑块内的物理环境，以及残留物种和繁殖体的类型、数量和组成，从而对斑块演替和景观格局产生重要影响（van der Maarel，1993）。例如，Williams和Baker（2013）对美国亚利桑那州科科尼诺高原西黄松森林景观的研究表明，低、中和高严重度的火干扰可分别决定58.8%、38.7%和2.5%森林的组成和结构。低严重度的火干扰产生较低的林木密度，且森林以大树为主；中等或混合严重度的火干扰产生较高的林木密度，且森林以小树为主；高严重度的火干扰产生最高的林木密度，且森林中小树所占比例最大。在从低严重度到高严重度火干扰的梯度变化中，优势种的数量逐渐降低，而次优势种的数量逐渐增加。

干扰斑块的空间特征（如面积、形状和构型）也会影响其斑块演替和景观格局。首先，干扰面积会影响干扰斑块的边缘效应。当干扰面积较小时，干扰斑块有较强的边缘效应，斑块主要由边缘构成，内部环境很少，甚至没有，因此，整个斑块的生物物理环境较为一致，这种情况更有利于整个斑块的同步、快速演替；相反，当干扰面积较大时，斑块除有边缘外，还有较多的内部环境，内部和边缘的生物物理环境有较大差异，这会影响整个斑块的同时演替或造成演替速率的极不一致（Turner et al.，1998）。

更重要的是，干扰面积、形状和构型会影响干扰斑块与周边的距离和邻近关系，从而影响物种的迁入（Turner et al.，1998）。当干扰面积较小、形状狭长或不规则时，干扰斑块与周边更为邻近，接触较多，来自周边的物种容易迁入斑块，从而促进斑块的演替；相反，当干扰面积较大、形状较为规则（如圆形或方形）时，干扰斑块与周边的物种交换较少，在斑块内部残留物种或繁殖体不多的情况下，斑块的演替会受到很大限制。

干扰斑块的空间特征也会与干扰体系共同作用影响斑块的演替和景观格局（Turner et al.，1998）。当干扰强度较低或干扰面积较小时，干扰斑块内部或者有较多残留物种或繁殖体，斑块演替不需依赖来自周边的物种迁入，或者物种迁入很容易发生。这时，干扰斑块的空间特征对演替的影响很小，对演替结果的预测性较高（图9.7中的白色区域）。当干扰强度很高、干扰面积很大，但干扰频率很低时，干扰斑块内部有很少或稀疏的残留物种或繁殖体，斑块演替需依赖来自周边的物种迁入。这时，对物种迁入起作用的干扰斑块的空间特征（如面积、形状或构型）将对斑块演替很重要。对初期演替结果的预测变得困难，因为周边供给较复杂，可能有些地方较困难（图9.7中

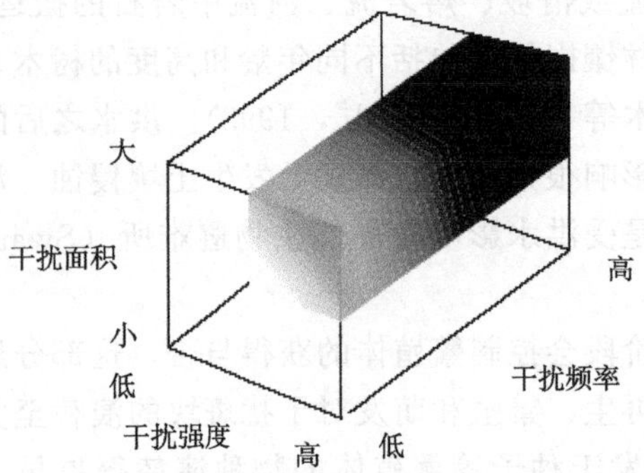

图 9.7　干扰面积、强度和频率对演替影响的概念图（Turner et al.，1998）

的灰色区域）。当干扰强度很高、干扰面积很大，且干扰频率很高时，干扰斑块内部同样有很少的残留物种或繁殖体，干扰的空间特征也将对斑块的初期演替产生重要影响。对初期演替结果的预测性也较低，之后演替路径可能出现性质上的变化（如从森林转变为农田）（图 9.7 中的黑色区域）。目前，对演替路径的预测研究还很少。

综上，研究干扰对斑块演替和景观格局的影响需要考虑干扰前种群的生活史特征，干扰后的非生物物理环境状况，残留物种和繁殖体的类型、数量和组成，干扰体系（尤其是干扰的强度、频率和严重度），干扰斑块的空间特征（尤其是面积、形状和构型），以及干扰斑块与周边的关系（如干扰斑块与未受干扰斑块之间的距离、干扰斑块与周边的距离）等。这些因素并不是孤立的，在物种、干扰、环境、周边之间又存在着复杂的相互作用和反馈关系。例如，改变的物理环境会影响残留物种的存活或残留繁殖体的萌发；干扰强度和频率会影响干扰斑块内残留物种和繁殖体的类型、数量和组成；干扰斑块的面积、形状和构型会影响物种在干扰斑块与周边之间的迁移。

只有综合干扰和演替的模型才能更好地揭示在实际景观中不易观察到的景观动态及不易揭示的复杂关系。例如，Botkin 等（1972）、Shugart 和 West（1981）发展的林隙模型可用来模拟林隙大小和干扰前种群的生活史特征（如耐阴性）对林隙植被动态的影响。Urban 等（1991）和 Acevedo 等（1996）将斑块尺度的林隙模型扩展到景观尺度，可用来模拟一个景观镶嵌体中干扰发生和扩散的空间格局对多个林隙动态的影响。然而，模型的跨尺度外推仍旧十分困难。LANDIS 模型是干扰-演替综合模型的典范（Mladenoff et al.，1996；He et al.，1999；He and Mladenoff，1999；Mladenoff and He，1999）。该模型可模拟异质景观中的森林演替、种子传播、风干扰、火干扰和森林采伐过程。演替动态的模拟考虑了干扰斑块中物种生活史特征的影响，以及空间过程（如干扰斑块与周边的种子传播）的影响。Keane 等（1996a，1996b）发展的 Fire-BGC 模型将火干扰体系和林隙的植被演替融入到景观 BGC 过程的模拟中。LANDIS 和 Fire-BGC 模型均可以融合物种-干扰-环境变异之间的反馈，是检测较大时空尺度上物种与干扰之间复杂相互作用的有效工具。

9.3　干扰与景观稳定性

景观稳定性可以看成是干扰条件下景观的不同反应（强调景观对干扰的反应）。在这种情况下，稳定性是系统两种特征——恢复性（elasticity）（或弹性，resilience）和抗性（resistance）（或抵抗力或阻力）的产物。恢复性和抗性的具体含义见第 10.2.1 节。一般地说，景观的恢复性越强，即景观受到外界干扰后，恢复到原来状态的时间越短，景观越稳定。景观的抗性越强，即景观受到外界干扰时变化越小，景观越稳定。

景观稳定性也可以看成是干扰的产物（强调干扰对景观的影响），即景观稳定性是干扰在时间和空间相对尺度上的函数（Shugart and West，1981；Turner et al.，1993；Wu and Levin，1994；Shugart，1998）。换而言之，干扰体系（如类型、面积、频率、强度和严重度等）和景观本身的特征（如恢复速率、空间幅度和空间格局等）共同决定景观动态和稳定性（Farina，1998；邬建国，2007）。

首先，干扰强度影响景观稳定性。并不是所有的干扰都会对景观稳定性产生影响。景观对干扰的反应存在一个阈值，只有在干扰强度高于这个阈值时，景观功能才会发生质的变化，而在较弱的干扰作用下，干扰不会对景观稳定性产生影响（傅伯杰等，2001）。

其次，干扰强度与频率常常相互作用来影响景观稳定性。一般地，若干扰强度很低，且干扰的发生比较有规律，则景观能够建立起与干扰相适应的机制，从而保持景观的稳定性。若干扰强度很高，且干扰经常发生，但仍可预测，则景观也可以建立起适应干扰的机制来维持稳定性，尽管景观的性质可能已经发生根本变化（如森林开垦为农田之后的长期集约化耕作）。若干扰的发生不规律，且发生频率很低，则景观稳定性可能最差，因为这种景观很少遇到干扰，无法形成与干扰相适应的机制，景观一旦遇到较大干扰就有可能发生重大变化。若干扰经常发生，且没有一定的发生规律，则景观稳定性可能最高，因为这种景观在形成适应正常干扰的机制的同时，也可以适应间或的非预测性的干扰（傅伯杰等，2001）。

为了揭示干扰体系与景观稳定性之间的复杂关系，以更好地描述和预测景观动态，Turner 等（1993）提出了一个简单的空间模型途径。模型强调干扰的时空尺度及其对景观动态的影响，可用于不同的时空尺度上。模型考虑反映景观动态的 4 个主要因子：干扰间隔、景观恢复时间、干扰面积、景观总面积，并将这 4 个因子简化为一个时间参数（temporal parameter，T）和一个空间参数（spatial parameter，S）。

时间参数 T 定义为干扰间隔与景观恢复时间的比率。景观恢复时间是一个受到干扰的景观恢复到原来状态所需要的时间。如果 $T>1$，表示干扰间隔长于景观恢复时间，这时景观在干扰再次发生之前已得到恢复；如果 $T<1$，表示干扰间隔短于景观恢复时间，这时景观在其完全恢复之前，再次受到干扰。空间参数 S 定义为干扰面积与景观总面积的比率。如果 $S<1$，表示干扰面积小于景观总面积，景观动态可预测；如果 $S>1$，表示干扰面积大于景观总面积，景观动态难以预测，因为景观的面积太小，难以反映干扰的影响，以及干扰后的恢复。根据 Turner 等（1993）的定义，S 在 0～1 之间变化，因此，那些比景观面积更大的干扰事件不被考虑。

模型在 T 和 S 所构造的状态空间中建立。设景观是由 100×100 个正方形细胞构成的栅格网，8 个植被演替阶段分别代表 8 个植被类别。在模拟初始，整个景观的所有细胞均被成熟植被（演替阶段为 8）覆盖。根据设置的干扰体系，每隔一段固定时间（干扰间隔），在景观中发生一次固定面积大小的干扰事件。处于任何演替阶段的植被均可受到干扰影响，所有干扰细胞都回到初始阶段 1。干扰发生的位置是随机的。干扰细胞通过演替得以恢复，每经过一个时间步长，演替向前推进一个阶段，直至达到演替顶级阶段 8。演替阶段顺次推进，并且在每个阶段物种都保留在景观中。干扰及其恢复过程持续 100 个时间步长。

设置一系列干扰面积和频率，表示状态空间中不同的干扰体系。景观恢复时间（8个时间步长）和总面积（10 000个栅格细胞）是固定不变的。通过改变干扰面积和频率，可得到一系列不同的T和S值（表9.2）。对于每个T和S的模拟组合，在模拟过程中记录每个时间步长被每个演替阶段的植被所占据的面积百分比（p），并计算在这100个时间步长中每个演替阶段的p的平均值和标准差（SD）。其中，被成熟植被所占据的面积百分比的SD可用来描述景观的干扰动态和稳定性（图9.8）。

表9.2 模拟实验中所设置的干扰事件的空间和时间尺度（Turner et al.，1993）

干扰事件的空间尺度		干扰事件的时间尺度	
干扰面积（栅格细胞数）	干扰面积/景观总面积（S）	干扰间隔（时间步长）	干扰间隔/景观恢复时间（T）
10×10	0.01	80	10
50×50	0.25	40	5
71×71	0.50	8	1
86×86	0.75	4	0.5
		0.8	0.1
		0.4	0.05
		0.08	0.01

注：景观总面积为100×100个栅格细胞。景观恢复时间为8个时间步长。总共可产生4×7（28）个空间和时间参数的模拟组合

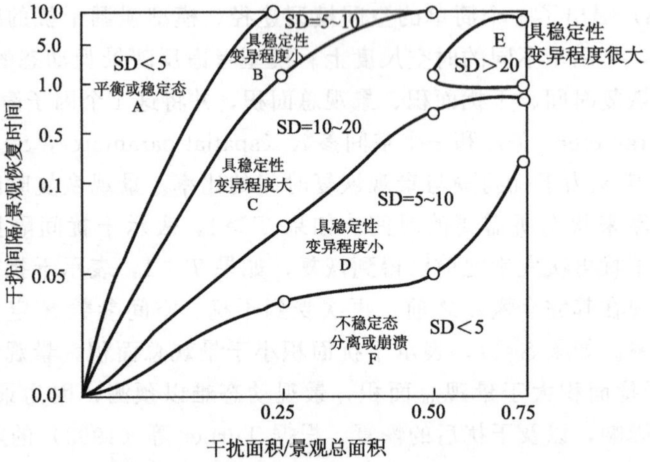

图9.8 景观稳定性是干扰在时间和空间上相对尺度的函数
（Turner et al.，1993；邬建国，2007）

仅从空间参数来看，当S很小时，景观一般表现出稳定态；当S增大时，景观稳定性趋于下降（图9.8中沿着横坐标平移时可见）。仅从时间参数来看，当T很小时，景观一般表现出不稳定态；当T增大时，景观稳定性趋于上升（图9.8中沿着纵坐标平移时可见）。因此，当S很小，且T很大时，景观趋于稳定，这时干扰面积较小，发生频率也较低。

以原点为起点，顺着曲线的方向观察，可将景观分为6类状态区：A、B、C、D、

E和F区。其中A区和F区表示景观稳定性的两个极端，分别为平衡或稳定态和不稳定态；B、D、C和E区均表示景观稳定性的中间状态，其中，B区和D区的景观具稳定性，且变异程度小，而C区和E区的景观虽具稳定性，但变异程度很大（图9.8）。

然而，景观稳定性与干扰在时间和空间尺度上的关系非常复杂：在不同干扰体系下景观可表现出各不相同的行为；相同的景观可能会在不同的状态区之间变动（Turner et al.，1993；Turner et al.，2001）。以下假设某景观初始由成熟植被组成，分析该景观在不同干扰体系作用下的动态和稳定性。

(1) 若干扰面积很小，不经常发生，且景观恢复较快，则景观中绝大多数仍为成熟植被（如超过90%）。成熟植被面积的变化非常小，SD＜5，景观处于平衡或稳定态（equilibrium or steady state）（图9.8的A区）。

(2) 若干扰面积略大，但与景观总面积相比仍很小，且干扰频率很低，以至于景观在干扰再次发生之前已得到恢复，则景观中大部分仍由成熟植被所占据（如超过50%）。成熟植被面积的变化很小，SD=5～10。景观具稳定性，且变异程度小（图9.8中的B区），始终以成熟植被为主。这种稳定系统（stable system）似乎是与干扰相适应的结果，即系统已兼容了干扰，类似于Botkin和Sobel（1975）所定义的随机（stochastic）或相对稳定系统。

(3) 若干扰面积居中或较大，且频繁发生，而景观恢复较慢，以至于景观在其完全恢复之前，再次受到干扰，则景观中早期植被可能总是占大多数（如超过50%），成熟植被可能总是很少（如不足5%），而处于中间演替阶段的植被所占据的面积比例在不同时间变化较大。由于成熟植被面积的变化很小，SD=5～10，景观具稳定性，且变异程度小（图9.8中的D区）。但与B区不同，除初期发生剧烈波动之外，其他时间始终以早期植被为主。这种干扰体系产生一个被干扰主导的景观（disturbance -dominated landscape）。

(4) 若干扰面积和频率居中，景观恢复速率也居中，则景观中有不少的植被始终处于中间演替阶段。成熟植被面积的变化较大，SD=10～20，但景观仍是稳定的，总是倾向于回到干扰前的演替路径（图9.8中的C区）。这种干扰体系产生一个动态性很强的多变景观（dynamic checkered landscape）。

(5) 若干扰面积增大至超过景观面积的50%，且干扰发生稀少，总是待景观恢复之后才再次发生，则景观中的植被经历大起大落的变化，或者大部分被早期植被占据，或者大部分被成熟植被占据。成熟植被面积的变化很大，SD＞20。由于景观的演替路径没有发生变化，仍倾向于回到干扰前的状态，景观仍具有稳定性（图9.8中的E区），但这是一个非平衡系统（non-equilibrium system）。

(6) 若干扰面积很大，且发生非常频繁，而景观恢复却很慢，则景观中几乎总是缺失成熟植被，变化非常小，SD＜5。景观可能不稳定或发生灾变（分离或崩溃），不再能回到干扰前的演替路径，而是形成另一个系统，其性质发生根本变化，并最终沿着一条新的、不同的路径发生演替（图9.8中的F区）。

对几个景观的研究表明，虽然这个模型相当简单，却支持了有关景观动态的一般性结论，而且清楚地表明了我们对景观动态的观察结果取决于所考虑的空间幅度。例如，在整个大Smoky山国家公园的尺度上，Runkle（1985）估计硬木林倒木林隙每年发生，每年大约影响景观的1%。一个倒木林隙的恢复时间估计约为90年，为树木长到冠层的大致时间。因此，对于大Smoky山国家公园的倒木林隙，时间参数T约为0.01，空间参数S约为0.01。这种干扰体系出现在图9.8中左下角的稳定平衡区（A区）。然后，缩小空间幅度，仅考虑公园中100 m^2样地中的倒木林隙。林隙大小的中数为75 m^2，在一个100 m^2的样地上发生林隙的时间间隔大致为100年，恢复时间为50年。因此，对于公园内一个样地的倒木林隙，时间参数T约为2.0，空间参数S约为0.75。这种干扰体系出现在图9.8中右上角的E区，系统表现出具有很大变异程度的稳定性（Turner et al.，1993；Turner et al.，2001）。因此，关于景观稳定和变化的结论仅适用于某个特定的时空尺度。如果我们没有意识到对尺度的这种依赖性，将会导致对同一种动态的完全不同的解释。

第10章 景观变化与稳定性*

10.1 景观变化

变化是自然界永恒的规律，也是人类改造自然的一种必然结果。景观在时刻发生着变化。景观的变化有长期的，也有短期的。长期景观变化具有如下基本模式：恒定模式（constant trends）、周期循环模式（cyclical trends）、定向模式（directional trends）、分段模式（episodic trends）和灾变模式（catastrophic trends）。

尽管“景观变化”一词很笼统，但在研究景观变化时却是很具体的。景观变化具体可指景观中某个非类型非空间变量的变化，也可指景观组分的变化，或者景观空间格局的变化。

10.1.1 景观变量的变化

凡是在景观中能够随时间变化的量均可被称为景观变量，包括格局变量（如斑块的形状、面积和边缘，廊道的宽度和曲度，基质的孔隙度）、静态过程变量（如生物量、营养元素含量、生物多样性）、动态过程变量（如生产力、景观组分间的流、网络形成过程、演替速率、干扰间隔和恢复速率、亚种群在不同斑块之间的迁出率和迁入定居率和迁出率）（Forman and Godron，1986）。

Forman 和 Godron（1986）总结出景观变量随时间变化的 12 条曲线（图 10.1），但没有涉及景观变化的时间幅度。若不考虑具体的时间幅度，景观变量随时间变化的趋势可用 3 个独立参数来描述：①变化的总趋势（上升、下降和水平趋势）；②围绕总趋势的相对波动幅度（大范围和小范围）；③波动的韵律（规则和不规则）。在实际情况下，这 3 个参数相互结合，共同形成了景观变量变化的异质性。我们可以通过视觉观察或统计方法（如时间序列分析）确定景观变量的变化属于上述 12 条曲线中的哪一类。一般来说，首先应找出景观变量的观测值是否能用一条包括上升坡、下降坡和水平坡的回归直线来表示，也就是确定景观变量变化的大致趋势；然后确定波动幅度的大小以及观测值的变化是否规则等。

以上仅仅是从曲线形式来分析景观变量的变化，而没有涉及具体的时间幅度。然而，在做类似分析和判断时，时间幅度却非常重要。在大时间幅度上研究景观变量的长期变化时，判断稳定性的标准是一致的，即呈水平状态，或是在水平线上下波动的幅度和周期性具有统计特征；也即只有呈水平趋势，小范围（或较大范围）内有波动，但波

---

* 本章的内容基本已包含在肖先生等编著的《景观生态学》（2010，第二版）的第五章“景观变化与景观动态模型”（张娜，2010c）中，该章内容由笔者修订。为维持本书整个内容体系的完整性，本章保留原书的一部分内容。特此说明

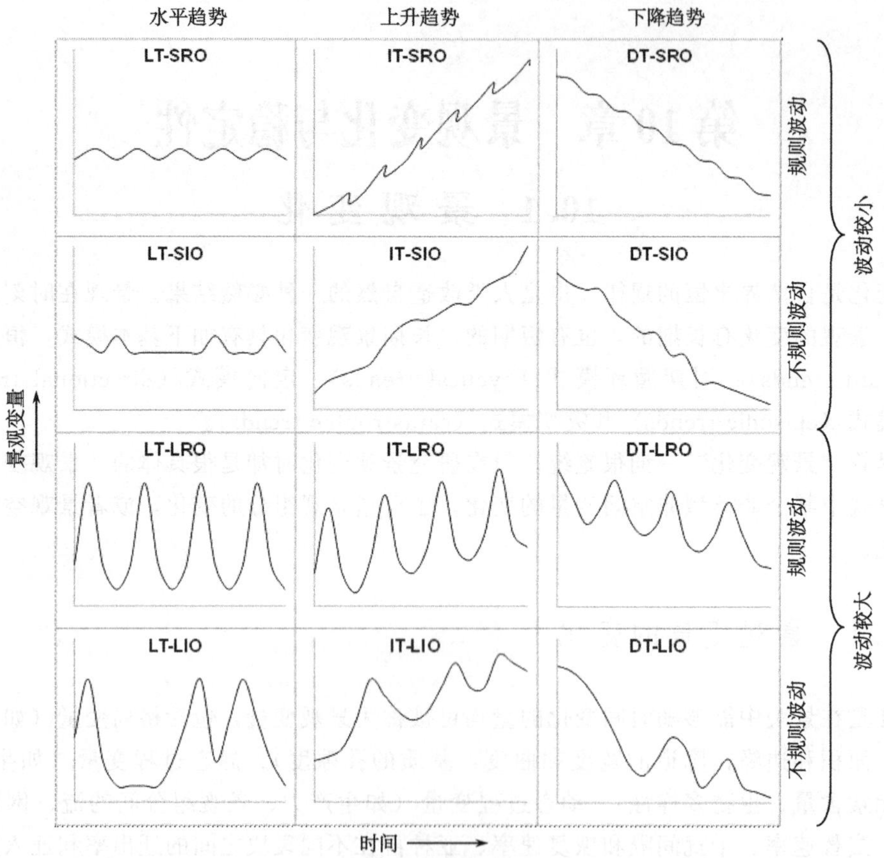

图 10.1 景观变量随时间变化的 12 条曲线（Forman and Godron，1986）

注：图上英文字母为 3 个独立参数（变化的总趋势、围绕总趋势的相对波动幅度、波动的韵律）的缩写。其中，LT、IT 和 DT 分别表示水平、上升和下降趋势，SRO 和 SIO 分别表示较小幅度的规则和不规则波动，LRO 和 LIO 分别表示较大幅度的规则和不规则波动

动规则的变化才是稳定的（仅包括图 10.1 中的 LT-SRO 和 LT-LRO 曲线）（Forman and Godron，1986）。

然而，在小时间幅度上研究景观变量的短期变化时，通常需要事先确定该变量的最常见曲线，如生物量在一年内的变化曲线；然后以该常见曲线为参照，将所测定的曲线与该常见曲线进行比较。如果差异较小，说明该变量在这段时间内表现出稳定性。例如，延安市安塞县的年平均降水量为 531.4 mm，而 1997 年仅为 284.7 mm [图 10.2 (a)]，那么，这种严重的干旱是否影响到了黄土丘陵区植被生产力的稳定性了呢？张娜和梁一民（1999，2000）于 1997 年生长季对该地区的铁杆蒿（*Artemisia gmelinii*）、长芒草（*Stipa bungeana*）和白羊草（*Bothrichloa ischaemum*）3 类草地群落的地上和地下生物量进行了连续测定。这些群落生物量的季节变化通常表现为 Logistic 生长模型形式。测定结果表明，铁杆蒿和长芒草群落的生物量增长曲线即使在极旱的气候条件下仍然大致遵循 Logistic 生长模型形式；而白羊草群落的生物量增长曲线却与 Logistic 生长模型形式有很大出入：从 5 月到 7 月初，本应是生物量迅速增长的时期，但白羊草的生物量却逐渐下降，到7月初降到一个低谷值［图 10.2(b)］，这是5月中旬到6月底极旱气候的直接后果。这说明，极旱气候对白羊草群落的影响比对其他两类群落都要大，白羊草群落对干旱气候的抗性较弱，群落表现出非稳定性。这是在短时期内比较的结果。然而，如果有50～100年的测定资料，可能会发现，在这段时间内，白羊草群落的生物量虽然在有些年份内表现出很大的波动，但总的趋势仍然是呈水平的。这时可以说，白羊草群落的长期变化仍然是稳定的。

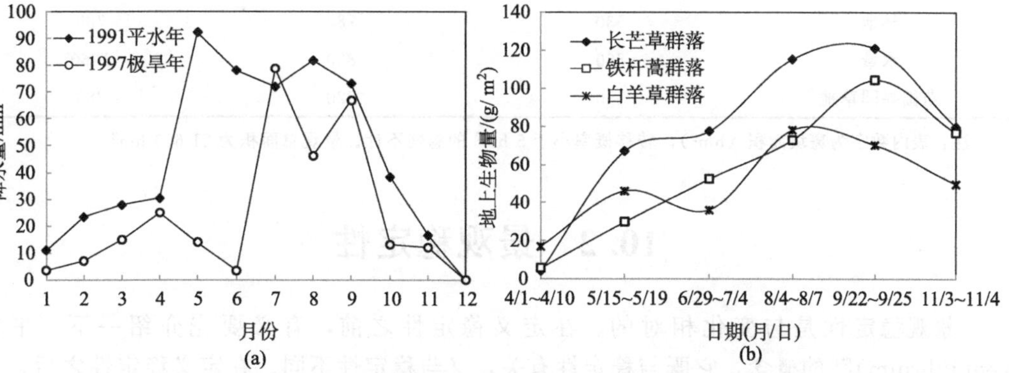

图 10.2　极端干旱对陕北安塞黄土丘陵区不同类型草地群落地上生物量的影响
（张娜和梁一民，1999，2000）

10.1.2　景观格局总体变化

Forman 和 Godron（1986）提出了3个判断景观格局总体变化的定性指标：①景观的基质发生变化，一种新的组分类型成为景观基质。也就是说，当一种新的组分类型的相对面积最大，通常它的面积超过任何其他组分类型的总面积，且其连通性较好，并对景观动态的控制程度较其他组分类型大时，这种新的组分类型就取代了原来的基质，而成为新的基质；②几种组分类型在景观中所占的面积比例发生很大的变化，引起景观空间格局的改变；③景观内产生一种新的组分类型，并达到一定覆盖范围。

景观格局总体变化在自然和人工环境中均普遍存在。植被的演替、城乡的变化、土地覆被的变化等均可直接引起景观格局的总体变化。例如，沈阳西郊从1958年到1988年间，景观格局发生了明显的变化。在1958年，旱地是基质，占有较大的面积；但到1978年后，水田面积大幅度增长，并保持稳定，成为基质，而旱地面积明显减少。在1958年，未被开发利用的低洼湿地和荒地占有很大面积，而到1988年已基本被开发利用。城镇工矿用地在景观中的相对重要地位有所下降，而菜地和水域面积则有所增大（表10.1）。全部斑块的总数目逐年增加，由183块增至254块；每个斑块的平均面积在逐渐减小，说明景观逐渐破碎化。景观的多样性、异质性和复杂性增加。景观中各类斑块在面积比例上的均匀度略有上升，斑块间的平均距离减小，相互作用有所增强（肖笃宁等，1990）。

表 10.1 三个时期沈阳西郊景观中各类斑块的转化状况（肖笃宁等，1990）

斑块类型	1958 年	1978 年	1988 年
旱地	14200	2920	1420
水田	3450	13030	12230
菜地	320	1150	2340
城镇工矿	1090	2100	3170
荒地	1000	490	25
林地	530	780	780
水域	860	820	1260
苗圃果园草地	150	320	380

注：表内数字为斑块面积（hm^2），转移概率小于 5 hm^2 的忽略不计。景观总面积为 21 600 hm^2

10.2 景观稳定性

景观稳定性是与变化相对的。在定义稳定性之前，有必要先介绍一下“平衡(equilibrium)”的概念，它既与稳定性有关，又与稳定性不同。在定义稳定性之后，也有必要介绍一下另外两个非常重要的概念：“非稳定性”和“复合稳定性”。

10.2.1 景观稳定性的概念

1. 平衡

生态学中有关平衡的概念长期以来都是一个令人感兴趣，并引起争议的问题。Pickett 等（1994）将平衡作为生态学中少数几个范式中的一个，并将其作为最古老的、最流行的范式之一。Pickett 等（1994）指出生态系统平衡范式的 6 个特征：①本质上是封闭的；②可自我调控；③具有稳定点或稳定的循环平衡；④有确定的动态；⑤本质上无干扰；⑥与人类影响无关。生态学范式由平衡观点向非平衡观点的转变是在整个 20 世纪逐渐形成的。与平衡范式相对，非平衡范式认为，生态系统是开放的，受内部和外部因子的控制，缺乏稳定的平衡点，非确定的，兼容干扰，允许人类影响。这些观点代表了生态学思想的基本转变（Turner et al.，2001）。

在数学和物理学上可精确地定义平衡点，但将平衡和稳定性用于实际生态学系统时，它们并没有被很好地定义（DeAngelis and Waterhouse，1987）。实际生态学系统能够表现出一系列动态，平衡只是某个时空尺度上的一种特殊状态，在该状态下所有引起变化的因子被平衡。如图 10.3 所示，羊草草原、大针茅草原和整个研究区（内蒙古锡林河流域及其西部地区）的每日 NEP 或为正值（C 汇），或为负值（C 源），仅在某些个别天，NEP 接近于零，达到 C 平衡（Zhang et al.，2009）。对于物理实体，平衡点可能是稳定的，或中性稳定的，或不稳定的。但对于生态学系统，通常只存在动态平衡，而不存在物理实体的绝对平衡。动态平衡指系统总体上处于稳定的状态，但存在内部变化。总体可包括景观中物种的数量、单个物种的密度、立木的生物量、演替阶段某类植被的相对比例等量值；内部可指一段时间内的某些时刻、内部空间分布等。例如，在一段时间内，总体上岛屿物种数量（丰富度）达到动态平衡，即迁入率与绝灭率近似相等，但某个时刻迁入率有可能高于或低于绝灭率。又如，一个森林景观在不同演替阶段的幼林龄、成熟林和老龄林的比例可能基本一致，但森林内部各种林龄的林分的空间分布却可能发生了较大变化（图 10.4）。

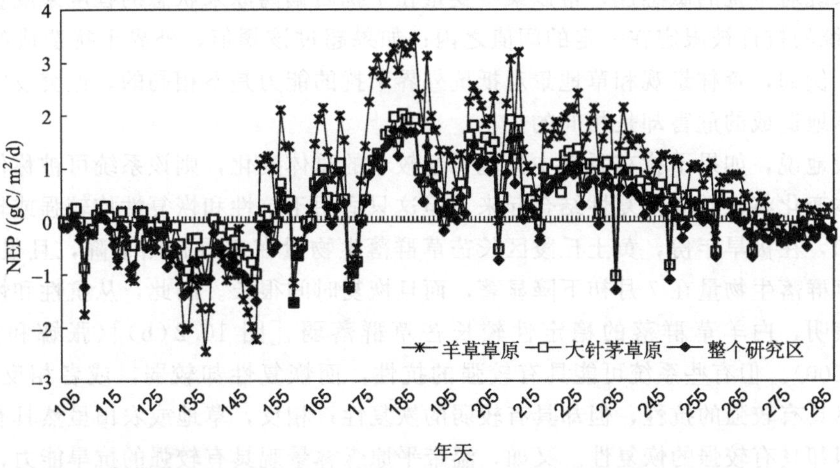

图 10.3　内蒙古锡林河流域及其西部地区温带典型草原的 NEP 的日变化（Zhang et al., 2009）

注：图中“年天”从 1 月 1 日算起，即 1 月 1 日的年天为 1，依次排序

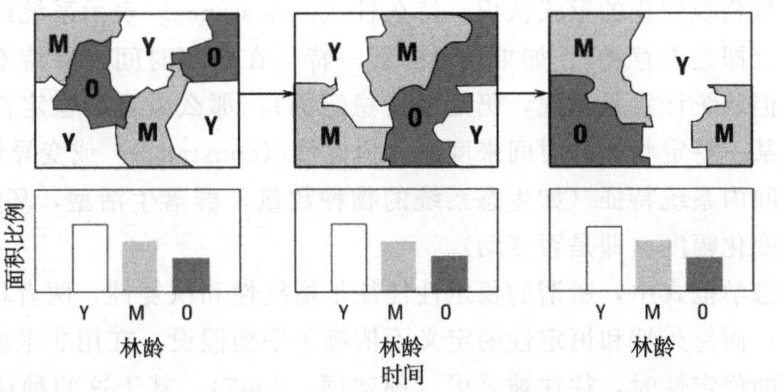

图 10.4　动态平衡概念举例（Lertzman and Fall, 1998; Turner et al., 2001）

注：图中 Y 表示幼林龄，M 表示成熟林，O 表示老龄林

2. 稳定性

自 20 世纪 50 年代生态系统稳定性理论被提出以来，稳定性一直是生态学中十分复杂而又非常重要的问题。有关生态学系统稳定性的概念很多，用法不一，十分混乱，从而容易引起误解和争议（Wu, 1992；黄建辉，1994；Wu and Loucks, 1995；邬建国，1996；刘增文和李雅素，1997；赵羿和李月辉，1999；傅伯杰等，2001；邬建国，2007）。在谈到景观稳定性时，多是借用生态系统的一些概念。景观的稳定性可以从两个方面来理解。

一种是从景观对干扰的反应来认识。当景观受到干扰时，稳定性就表现为系统两种完全不同的特征，一个是恢复性或弹性，表示系统发生变化后恢复到原来状态，并保持在一定阈限（threshold boundary）之内的能力，可用系统恢复到原来状态所需的时间来度量（恢复时间）。另一个是抗性或抵抗力或阻力，表示系统抵抗外界变化的能力，即衡量系统对干扰的敏感性，常以某一变量在干扰后偏离原来状态的程度来度量（变化量）。系统的抗性被限定在一定的阈值之内；如果超过该阈值，外界干扰造成的危害是相同的。例如，森林景观和草地景观抵抗外界干扰的能力是不相同的，但突发的山洪给森林和草地造成的危害却是相同的。

一般地说，如果干扰在系统中只能引起较小的总体变化，则该系统可被称作是稳定的。总体变化将抗性和恢复性结合起来，但这只适用于抗性和恢复性均较强或较弱的景观。例如，在极旱年份，黄土丘陵区长芒草群落生物量在7月初略下降，且很快恢复；但白羊草群落生物量在7月初下降显著，而且恢复时间很长。因此，从抗性和恢复性两方面均表明，白羊草群落的稳定性较长芒草群落弱［图10.2(b)］(张娜和梁一民，1999，2000)。但有些系统可能具有较强的抗性，而恢复性却较弱，或者相反。例如，森林虽然具有较强的抗性，但却具有较弱的恢复性；相反，草地或农田虽然具有较弱的抗性，但却具有较强的恢复性。又如，温带平原森林景观具有较强的抗旱能力，但在受旱后降雨正常情形下，仍需较长时间才能恢复；相反，平原草甸景观的抗旱能力较弱，但受旱后，只要降雨正常，就可以很快地恢复。因此，最好明确所指稳定性的具体含义，避免笼统地说景观的稳定性。在没有明确说明时，通常所说的稳定性是指抗性。

另一种是从景观变化的形式认识。持久性（persistence）表示系统或某些成分和状态的保持时间（即是否存在）。如果景观的某一特征在一定时间内保持不变（或在一定范围内变化，但从统计意义上说，仍是保持稳定的），那么景观的稳定性就强，常以系统保持恒定或某一特定状态的时间来度量。恒定性（constancy）或变异性（variability）表示在某段时间内系统特征（如生态系统的物种数量，群落生活型，环境的物理特征）的波动频率或变化幅度（即是否变动）。

在经典生态学范式中，所谓的稳定性往往是指抗性和恢复性，两者均基于稳定平衡点存在的假设；而持久性和恒定性的定义不依赖于平衡假设，在用非平衡观点描述和解释生态学系统的稳定性时，往往被采用（邬建国，2007）。基于这两种认识对景观稳定性的判定结果可能相互矛盾，如CO_2浓度按照固定速率上升，从恒定性或变异性上，变化是稳定的，而从抗性上，变化是不稳定的。在没有明确说明时，通常所说的稳定性是指抗性或恢复性。

此外，有人把景观稳定性归结为某种惯性：①当系统变化时，某种现象能在新环境中存在；②在系统自然变化框架内，某种现象可在能恢复其生存能力的区域内消失，形成某种遗迹，当系统变化时，该遗迹又重新复活。Forman和Godron（1986）把景观稳定性表达为抗性、持久性、惰性或惯性（inertia）、弹性等多种概念。徐化成（1996）把景观稳定性归结为持久性、恢复性和抵抗力。另外，还有其他一些术语从不同方面来表达景观稳定性的概念，如变幅或振幅（amplitude）、偏离（deflection）、可塑性（elasticity）、滞性（hysteresis）、韧性（malleability）、恢复（recover）、脆弱性（vulnerability）等（Forman and Godron，1986；傅伯杰等，2001）。

需要说明的是，以上表征景观稳定性的各个术语均仅仅表达了景观稳定性的某一个方面的特征，并不能对景观的稳定性做出总体评价。在比较同一时间不同景观的稳定性，或同一景观不同时间的稳定性时，一定要完全保证“稳定性”概念的同义性。

3. 非稳定性

如果系统由于某种原因（如受到干扰），改变原来围绕中心位置上下波动的状态，出现一条新的轨迹线，那么该系统就表现出非稳定性。如果这种情况发生，系统波动的方式（即总趋势、波动幅度、韵律、周期性）就会经常发生变化或不可预测（Forman and Godron，1986；赵羿和李月辉，2001）。

非稳定性可能以两种形式存在。一类是系统发生变化后，达到新的可预测波动状态，形成一种新的复合稳定平衡。这实际上是等级结构形成的过程，当系统内部的涨落达到一定程度时，就会出现突变，形成另一个层次上的有序结构，出现分层稳定性。这里，涨落就意味着系统的不稳定，但却是新的稳定结构形成的触发机制和杠杆。另一类是在统计学意义上没有新的可预测波动状态出现。也就是说，非稳定性既可以是暂时的，也可以是长期的。例如，当成熟硬木林被开垦为耕地时，就会出现非稳定性；若经过人类管理，耕地的产量比较稳定，那么就说该非稳定性是暂时的，之后又形成了一种新的复合稳定平衡（Forman and Godron，1986）。又如，干旱草地经过开垦后，若有灌溉措施，则该非稳定性可能是暂时的，之后能够保证形成稳定的农业生产；但若没有灌溉，则这种变化所造成的农业产量的波动就很难预测，丰水年产量高，而干旱年产量低，产量表现出长期的非稳定性。

4. 复合稳定性

生态系统的稳定性与非稳定性的关系基本上是辩证统一的，因为非稳定性不断为稳定性创造条件，稳定性总是暂时的。为了说明这种关系，提出复合稳定性（metastability）（也称亚稳定性）的概念。复合稳定性既是一种特性，也是一种思想、一个基本原理。实际上，复合稳定性是一种人类赖以生存和所有生命现象基础的稳定性类型。复合稳定性并非是稳定性和非稳定性之间的中间状态，而是两者的结合，并且具有新的特性（Forman and Godron，1986）。复合稳定性有两种表现形式。

（1）系统在很长时间内都围绕一个中心位置波动。复合稳定状态是一种准平衡态，可能由系统的较低水平的非平衡动态构成；通过兼容，局域尺度上的非平衡过程可能转变成较高水平上的准平衡态（邬建国，2007）。这种形式的复合稳定依赖于平衡点或状态的存在。例如，某个景观植被在0～150年内均以草本植物为主，一直表现出复合稳定平衡状态。

（2）在一段时间内处于一种相对平衡状态，围绕一个中心位置波动；而系统受一定干扰后发生变化，在另一段时间内又进入另一种相对平衡状态，围绕另一个中心位置波动。这种形式的复合稳定不依赖于平衡点或状态的存在。例如，某个景观植被在0～150年内经历了从草本到灌木，再到乔木的演替阶段，其中包含着某个阶段的相对稳定性和不同阶段之间变化的非稳定性，但整个演替过程表现出复合稳定性，是相对稳定性与非稳定性两者的有机结合，并不是一个孤立的中间状态。

景观生态学所研究的稳定多是有生命的景观类型的稳定，即生物稳定，而生物稳定就是一种复合稳定。生物稳定是景观具有生物量时形成的一种稳定；这时景观具备远离平衡态的耗散结构，通过外界输入的能流和物流来维持其有序结构的稳定性。与之相对的是物理稳定，即景观中一些没有生命的物体（如岩石）形成的一种物理结构上的稳定；具备平衡结构，不具备耗散结构。虽然耗散结构和平衡结构均是有序结构，但两者不能相提并论（张娜，2010c）。

Godron 和 Forman（1983）用石球在“俄罗斯山”模型上的运动情况作类比，来理解生态学系统复合稳定性的本质（图 10.5）（Forman and Godron，1986）。

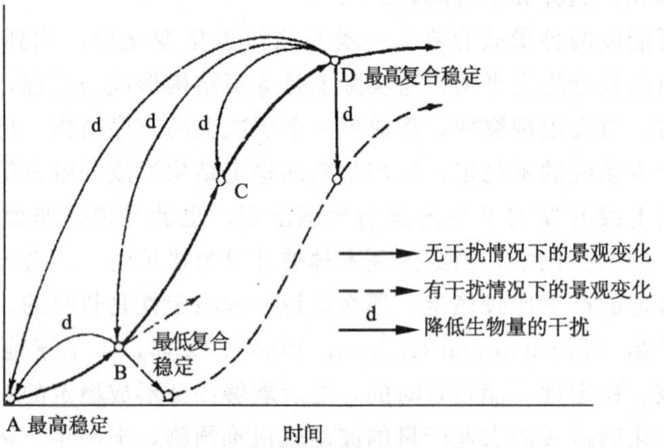

图 10.5　生态学系统的复合稳定模型（Forman and Godron，1986）

首先，景观生物量的变化趋势有两种情况：①在没有干扰的情况下，随着生物量（潜能）的不断累积，景观直接从 A 点向 B、C、D 点发展。当景观的生物量达到最大时，生物量趋于稳定，景观处于复合稳定状态，变化曲线呈“S”形（图 10.5 中的“S”形实线）。②在有干扰的情况下，干旱、污染、过度放牧、飓风等干扰均可降低生物量，产生不同于前述“S”形生物量累积曲线的特征（图 10.5 中“S”形实线下面的虚线）。在景观演替过程中，将草地开垦为农田，之后又撂荒，逐渐演替为灌丛和森林就属于这种情况。

在没有干扰情况下形成的“S”形曲线中，景观生物量始终增加，表现出复合稳定性，其间没有出现非稳定状态；在有干扰情况下形成的曲线中，景观生物量出现短暂下降，表现出短暂非稳定性，但随后生物量又逐渐增加，表现出复合稳定性。所以，在景观的整个演替过程中均表现出复合稳定性，除非有更大的干扰作用于景观，景观演替才表现出长期非稳定性。大到一个景观的演替，小到一个群落生物量的季节变化均是如此。以图 10.2(b)中白羊草群落为例，如果 1997 年 7～9 月降水量没有回升，那么可以想象，白羊草群落的生物量在 6～9 月会一直呈降低趋势，这时，生物量在整个生长季的累积都将表现出非稳定性，而不是仅出现短暂非稳定性的复合稳定性。

岩石和裸地等自然物理系统在某个时刻可以是“最高稳定”系统（图 10.5 所示的 A 点），其光合表面或生物量储存能量可忽略不计。但这类系统并不是一个完全的封闭系统，若存在引起景观变化或生物量形成的干扰作用，会变成复合稳定景观，这是它与人工物理系统的不同之处。

低复合稳定系统具有相对较低的生物量，以及许多生命周期较短但繁殖很快的物种(如草类和小型哺乳动物)，因此，它可迅速从生物量降低的干扰中恢复原状，表现出较高的恢复性，但对两种干扰（使生物量增加的干扰和使生物量降低的干扰）几乎都没有抗性。高复合稳定系统具有较高的生物量，以及许多生命周期较长的物种（如树木和大型哺乳动物)，对各种干扰均表现出较高的抗性，但通常恢复得很慢（即使有的话)。图10.5所示的B和D点分别表示最低和最高复合稳定点。显然，这是指稳定性中的抗性。

在无干扰情况下，仅仅考虑系统内部的因素就可以解释自然植被演替过程中或自然植物生长过程中系统的复合稳定性水平，即演替过程中，草类、灌丛和森林的生物量依次增大，结构依次复杂，复合稳定性依次增强。对于受干扰较大的景观，其复合稳定性水平的大小主要取决于外界因素影响的大小，而不是生物量（潜能）的大小。外界因素影响包括从外界投入系统的能流和物流。例如，农田系统由于经常投入人为能量或化石燃料，是一个高复合稳定系统，可能比森林系统的复合稳定性还高。又如，在干旱年份可能有很多林木枯死，而农业上，可以通过灌溉措施使农田系统保持较高的产量，从而维持其复合稳定性；但一旦人类对农田系统的投入减少，它的复合稳定性立即下降。

10.2.2 景观稳定性的尺度问题

我们在观察景观时，看到一种不变的景观，就认为该景观处于稳定状态。实际上，任何景观都在不停地发生着变化，绝对稳定或绝对静止的景观在自然界并不存在，我们看到的只是相对于一定时段和空间的稳定性。观察尺度的差异决定了我们对景观稳定性的不同认识。因此，我们在说明一个景观的稳定性时，一定要同时说明该景观的时空尺度。

任何景观都是连续变化中的瞬时状态，这些状态可以看成是时间的函数。评价景观是否稳定可根据自己假定的一个时间尺度，或者一个变化速率。

(1) 变化速率：当所观察景观的运动速率大于假定的运动速率时，可认为景观是变化的；反之，则可认为景观是稳定的（傅伯杰等，2001)。

(2) 时间尺度：景观的概念来自人们对客观世界的观察，人们观察景观的变化只能在其有限的生命周期内，所以定义观察景观稳定性的时间尺度以略长于人类的平均寿命为好。实际上，我们在谈到景观稳定性时，通常也是不自觉地假设了这样一个时间尺度。按 Forman 和 Godron (1986) 观察景观变化的标准，如果在一个生命周期的时间间隔内，观察到景观有基本特征的变化，则认为景观失去了稳定性；如果此期间景观仍保留原有的基本特征，则认为景观保持了稳定性或者说景观处于复合稳定状态。这样一种时间尺度为景观稳定性的研究提供了标准（赵羿和李月辉，1999；傅伯杰等，2001)。

景观稳定性实际上是许多复杂结构在立地水平上不断波动变化和大尺度上相对稳定的统一（Farina，1998)，即复合稳定性。通常，景观复合稳定性的空间尺度与时间尺度具有高度的一致性，即大空间尺度上景观的变化需要很长的时间才能发生，而小尺度上景观的变化在短期内即可发生。例如，森林中常发生单个树木倒亡的现象。倒亡后产生的林隙很快即被物种侵入或定居。通过物种之间和内部的竞争排斥作用，该林隙通常最终被一株大树所占据（臧润国等，1999)。在林隙尺度上，单个树木的这种动态在不同空间位置上经常发生，具有非稳定“瞬变态特征”。然而，在考虑整个森林长期的总体动态时却发现，这种瞬变态特征经“空间过滤”（spatial filtering）作用而得到“平滑”（smoothing），从而使得整个森林的林隙比例比较稳定，出现复合稳定态（Wu and Loucks，1995；邬建国，2007）。这就是Bormann和Likens（1979）提出的“动态镶嵌体稳定态”的核心。已有许多实例证明了此观点。然而，由于我们对生态学系统稳定性的尺度效应仍知之甚少，这仍是一个令人兴奋的假说（Wiens，1989；Turner et al.，2001）。如何从机理上解释、从数学上推导、从实验上证明，需要生态学家与物理学家和数学家的共同努力。

10.2.3 景观稳定性的本质

岳天祥（1991）将热力学的稳定性原理引入生态系统的相应研究，为生态系统稳定性的定量研究提出了新的途径。同样，可以用热力学原理来计算景观的稳定性。若不考虑景观组成的生物量，仅从景观结构上研究同一景观的稳定性，可以借助玻尔兹曼（Boltzmann）原理（赵羿和李月辉，1999；傅伯杰等，2001）。

玻尔兹曼在研究物质的分子运动时，借助于热力学原理来探讨分子行为的微观现象。1896年，他提出熵可以作为将微观的分子运动和宏观的热力机这两种不同尺度的运动连接起来的媒介，即物理系统中不同时刻分子的相应空间分布（作为气体的热力学概率）可由宏观状态和微观状态的比率来表示，即

$$D=\frac{N!}{(P_1\cdot N)!\ (P_2\cdot N)!\ (P_3\cdot N)!\ \cdots(P_k\cdot N)!}\quad (D\geqslant 1) \tag{10.1}$$

式中，$1/D$ 为系统宏观状态的热力学概率；N 为系统中总的气体分子数目；P_1，P_2，P_3，…，P_k为系统中第1，2，3，…，k 各室气体分子所占的比例。

系统熵值 S 的计算基于信息论，有

$$S=-K_s\ln(1/D)=K_s\ln D \tag{10.2}$$

式中，K_s为玻尔兹曼常数（1.38×10^{-23} J/K）。

景观中自然植被的自发演替过程是由非均匀化逐渐趋向均匀化，不同物种的聚集形成斑块，进而形成某种结构，与热力学系统不同，因此，必须要对式（10.2）进行某些修正来计算景观熵值：①S 仅取相对含义，K_s系数可设为1。②以各景观斑块取代各气室，以景观内总的物种数取代系统中总的气体分子数目 N。③为计算方便，用以2为底的对数取代自然对数。④物种均匀分布时，没有结构形成，D 最小（1），S 最大；物种各自聚集时，形成斑块结构，D 最大，S 最小。鉴于 D 与 S 之间的反比关系，在计算景观熵值 S 时取负值，有

$$S=-\log_2 D=\log_2\frac{(P_1\cdot N)!\ (P_2\cdot N)!\ (P_3\cdot N)!\ \cdots(P_k\cdot N)!}{N!} \tag{10.3}$$

式中，N 为景观内总的物种数；P_k为各斑块内物种数占整个景观总物种数的比例。

根据热力学第二定律，系统的无序度和均匀度越大，意味着熵值越高；同时，根据信息论原理，系统的无序度和均匀度越大，意味着信息量越小，不确定性越低，稳定性

越强。因此，熵值高对应着稳定性强。

假设景观中包含 16 种物种。物种的不同聚集将景观分成不同的斑块（图 10.6）。图 10.6(a)代表 16 种物种均匀地混杂分布，仅有 1 个斑块，没有形成任何结构。景观熵值为

$$S=\log_2[(100\%\times 16!)/16!]=0 \tag{10.4}$$

该结构的景观熵值最高，稳定性最强。

图 10.6(b)代表 16 种物种分别聚集于 2 个斑块，每块有 8 种，形成简单结构。景观的熵值为

$$S=\log_2[(50\%\times 16)!\times(50\%\times 16)!/16!]=-10.48 \tag{10.5}$$

图 10.6(c)代表 16 种物种分别聚集于 4 个斑块，每块有 4 种，形成较为复杂的结构。景观的熵值为

$$S=\log_2[(25\%\times 16)!\times(25\%\times 16)!\times(25\%\times 16)!\times(25\%\times 16)!/16!]=-24.91 \tag{10.6}$$

图 10.6(d)代表景观结构最为复杂的情况，许多农田就属于这种情况，每块仅有 1 种物种。景观的熵值为

$$S=\log_2[1!/16!]=-44.25 \tag{10.7}$$

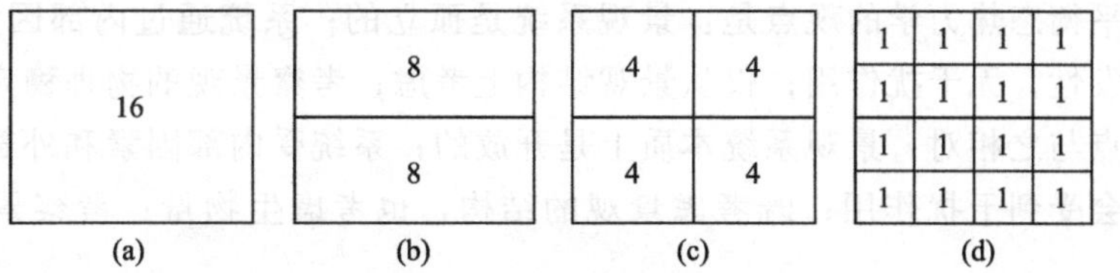

图 10.6　不同的景观格局

由上面的结果，可以得到以下结论：在相同的物种情况下，斑块数越多，景观结构的异质性越高，熵值越低，景观越不稳定（表 10.2）。这似乎很好地解释了为什么演替的终极景观（乔-灌-草组合景观）的稳定性更强；尤其是解释了为什么热带雨林是最为稳定的自然景观之一，即热带雨林存在几十万种物种，且分布均匀，景观结构呈现明显的均质性，熵值最大，所以对外界干扰有强大的抵抗力。

表 10.2　不同类型或演替阶段的景观的稳定性对比

景观类型	草地景观/人工建筑景观	灌木-草地景观/农业景观	森林景观/自然景观
斑块数量	最多	少	最少
斑块结构	小斑块	大斑块	较均匀分布
水平结构的异质性	高	较低	最低
熵值	低	较高	最高
无序度	小	大	最大
有序度	大	小	最小
稳定性	较弱	较强	最强

许多人继而认为，终于找到了一种可以定量景观稳定性的方法来解释自然界异常复杂的稳定性问题，因此，类似的结论和解释被一引再引，没有任何异议。可是，我们不禁要问：生物系统处于复合稳定的耗散状态，这是一种有序结构状态，那么为什么会得出“森林的无序度最大”这样的结论？在植被演替过程中，熵值和无序度逐渐增加，稳定性也逐渐增强，这是在用经典的平衡态热力学来解释生物系统稳定性问题吗？是否应该用非线性非平衡态热力学中的耗散结构理论来解释？按照耗散结构理论，在植被演替过程中，表 10.2 中不同类型景观的稳定性关系如何？

实际上，以上关于熵值与景观稳定性的结论是在以下假设基础上产生的：若不考虑景观组成的生物量，仅从景观结构上讨论同一景观的稳定性，可以借助玻尔兹曼原理。显然，很多情况下，我们在引用这一结论时无情地抛弃了这一重要的假设基础。该假设实际上是将景观近似为孤立的物理系统，与外界没有物质和能量交换。这时可用经典的平衡态热力学来解释景观稳定性问题，即认为在景观植被演替过程中，熵值和无序度逐渐增加，稳定性也逐渐增强。显然，这时的景观稳定仅指孤立系统的物理稳定。然而，景观实际上总是处于耗散状态，与外界有不断的物质和能量交换。在植被演替过程中形成的草地景观、灌木-草地景观和森林景观就其本身来说，都是具有耗散结构的景观，即处于复合稳态的、低熵的、高度有序的景观。景观的耗散结构特征决定了我们应该用耗散结构理论来解释景观的生物稳定性，而不是用针对孤立系统的经典的平衡态热力学来解释景观的物理稳定性。

经典的平衡态热力学的观点是：景观系统是孤立的；系统通过内部因素自我调控；演替具有自发性，无干扰作用；仅从景观结构上考虑；考察景观的物理稳定性。耗散结构理论的观点与之相对：景观系统本质上是开放的；系统受内部因素和外部因素的共同调控；演替会受到干扰作用；既考虑景观的结构，也考虑生物量；考察景观的生物稳定性。

若从经典的平衡态热力学来考虑，将景观看成是自发演替的孤立系统，那么，无论是从草地景观到灌木-草地景观到森林景观，还是从人工建筑景观到农业景观到森林景观，其熵值依次增加，有序度依次降低，稳定性依次增强［图 10.7(a)］。在这里，仅考虑景观系统内部的因素对演替的影响，将景观演替看成是一种自发过程（张娜，2010c）。

若从耗散结构理论来考虑，那么，在自然景观演替中，相对于草地景观和灌木-草地景观，森林景观的稳定性依然最强［图 10.7(b)］，但其机制却完全不同。每个演替阶段的景观都具有耗散结构，远离平衡态，不断吸收太阳能，表现出不同程度的低熵、有序和稳定的特征。每个演替阶段的景观稳定性大小与其所吸收的太阳能（负熵流）多少密切相关。森林景观的生物量最高，所吸收的太阳能也最多，负熵流最多，使得熵值最低，有序度最高，稳定性也最高。

对自然景观来说，无论是从经典的平衡态热力学角度，还是从耗散结构理论角度，森林景观的稳定性均最强，而草地景观的稳定性最弱［图 10.7(a)和(b)］。然而，对人工建筑景观、农业景观、自然森林景观来说，尽管从经典的平衡态热力学角度考虑，自然森林景观的稳定性最强，人工建筑景观的稳定性最弱［图 10.7(a)］，但从耗散结构理论来考虑，它们的稳定性强弱并不确定，自然森林景观的稳定性不一定比人工建筑景

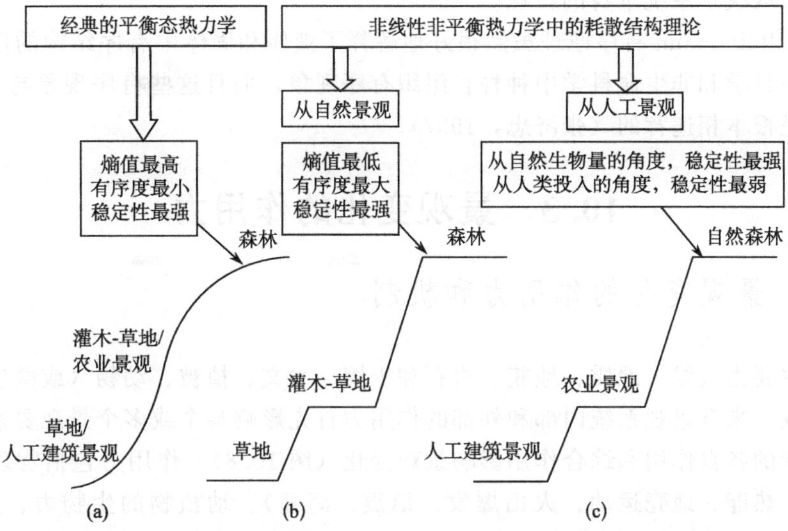

图 10.7　经典的平衡态热力学和耗散结构理论对不同景观稳定性高低的解释（张娜，2010c）

观更高［图 10.7(c)］。无人工管理的自然森林景观的负熵流仅来源于太阳能，而人工建筑景观的负熵流则更多地依赖于人类不断地从外界输入物质和能量，农业景观的负熵流则既来源于太阳能，也依赖于人类输入的物质和能量。人类为自身的生存，需要保持城市和农田的结构，不得不向其中输入大量负熵流，造成系统熵值降低，有序度增加，稳定性可能比自然森林景观还高；而自然森林景观由于光能资源的不足或由于病虫害的侵袭，稳定性可能比人工建筑景观低。另外，人工建筑景观和农业景观中的人工投入一旦停止，其熵值将会自发地提高，城市和农田都将面临荒芜的危险。因此，结合内部因素和外部因素的影响，人工建筑景观、农业景观和自然森林景观的稳定性强弱顺序并不能够确定。

综上所述，景观稳定性的本质可从耗散结构形成的内部条件和外部条件两方面来说明。

(1) 内部条件（自组织）：景观是耗散系统。耗散是系统处于无序状态，在一定的外界条件下自发形成的有组织行为（Prigogine，1973）。因此，耗散也被称作自组织（self-organizing or self-reinforcing）。自组织系统是系统中不同组分的结构和过程能彼此互相增强的系统。有序结构的产生不但需要外部条件的维持，也需要内部条件的存在。自组织形成的自生作用就是强调这种内部条件，使系统由低级向高级进化。景观系统的自组织可促进系统在受到外力作用时尽快恢复其原有的特征；当系统结构受到巨大冲击时，其自组织作用降低，但不能完全丧失。因此，自组织保证了整个系统的相对稳定（赵羿和李月辉，2001）。

(2) 外部条件（物流和能流的交换）：Prigogine（1973）指出，耗散结构是“在远离平衡态的条件下，借助于外界的能流和物流而维持的一种空间和时间的有序结构”。具有耗散结构的景观的稳定性大小除与自组织能力有关外，还与来自外界的物流和能流有关。物流和能流的输入量要达到一定程度才能使景观保持一定的复合稳定性，而该输入量的大小取决于系统本身的特性。

因此，Boltzmann有序原理虽然很好地解释了液体和固体中有序结构的形成，但解释不了生命科学和非生命科学中种种自组织有序现象，而且这些有序现象与Boltzmann有序原理是根本相违背的（张济忠，1997）。

10.3 景观变化的作用力

10.3.1 景观变化的作用力和机制

景观主要由气候、地质、地貌、岩石和土壤、水文、植被、动物（或微生物）这几大要素组成。来自景观系统内部和外部的作用力首先影响某个或多个景观要素，进而通过这些要素的各自作用和综合作用影响景观变化（图10.8）。作用力包括物理力（如风能、水能、热能、地壳运动、火山爆发、地震、海啸）、动植物的生物力、人类活动。很难笼统地说景观变化的作用力是什么，因为不同景观在不同时空尺度上发生变化的作用力可能差异很大，不仅需要分别提取分析，更需要综合考虑。例如，景观的变化可能来源于山体隆起这一较大时空尺度上物理力对地貌要素的改变，也可能来源于中等时空尺度上强度较大的雨滴这一物理力对土壤要素的改变，也可能来源于较小时空尺度上植物生长的生物力、昆虫传粉或蚯蚓掘土的动物活动，以及这些不同尺度上作用力的综合作用。识别和理解不同时空尺度上引起景观变化的所有或者主要作用力是景观生态学研究的一大挑战。

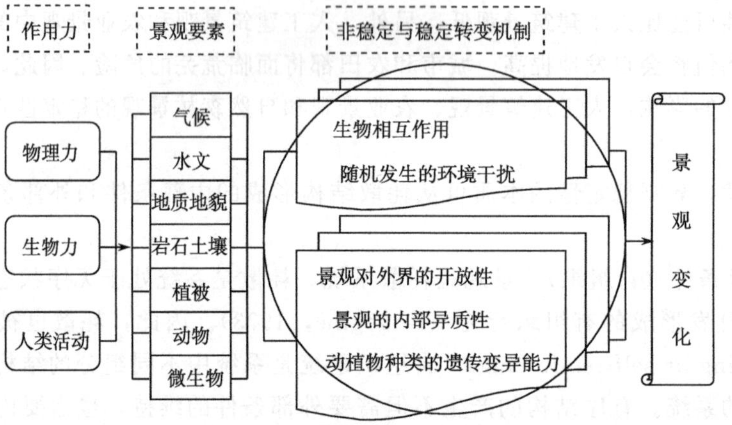

图10.8 景观变化的作用力和机制（张娜，2010c）

一般认为，景观变化的外部作用力之一——人类活动是显而易见的，如采伐森林或建造高速公路和建筑物。但这仅限于直接作用于景观的人类活动。而有些人类活动对景观的影响是间接的，需要在较大的时空尺度上才能准确识别。例如，人类排放污染物对水质的影响，人类排放CO_2对气候的影响。随着相关技术的发展，人类对景观变化的影响越来越表现出较强的隐蔽性、较大的时空性。这使得相关研究也具有较大的挑战性。

任何作用力在影响单个景观要素之后，并进而影响整个景观之前，即变化由局部蔓延至整体之前，景观内部均会发生转变。有两类转变机制：非稳定机制和稳定机制。景观的最终变化正是这两类相互矛盾的机制斗争和统一的结果（图 10.8）。

一般地说，景观系统中有两类非稳定机制：一类是由生物相互作用中的非线性反馈和时滞效应引起的生物不稳定性，另一类是由环境涨落（干扰）引起的随机不稳定性（DeAngelis and Waterhouse，1987；邬建国，1996）。这些非稳定因素均是促使处于某一复合稳态的景观耗散结构发生质变的内在必要条件。

但不同于物理系统，景观系统不会始终处于这种非稳定状态，它最终会转变为另一复合稳态的耗散结构，即另一个等级层次上的系统。其原因就在于系统内外部存在一些促使其稳定的机制。首先，景观对外界的开放性是形成和维持耗散结构的条件，决定了所形成的有序结构的低熵态。景观系统对物种的迁入与迁出、矿质养分的输入与输出、水的流动都是开放的。通过开阔景观的流可降低系统的熵值，增强系统的抗性。同时，在景观受到破坏后，也易通过系统外的输入而恢复。其次，景观的内部异质性为系统提供了固有的可塑性，可使其承受或同化一些环境变化，并在遭受干扰后恢复原状。再次，如果有些生物在景观受到干扰时也能生存下来并继续繁殖，那么这类生物一般对干扰具有较大的抗性，而且能产生抗性更强的后代。许多动植物对环境变化都具有这种遗传变异的能力，这为景观维持复合稳定提供了抗性因子，并有助于景观从干扰中恢复（Forman and Godron，1986）。

10.3.2 景观变化的作用力强度

景观变化是景观遭受作用力时发生的现象，类似于物理系统遭受作用力时被压缩或拉伸的情形。因此，可用物理系统的弹性与断裂来类比景观系统的变化。以下以金属棒为例来说明物理系统。在工程技术中，金属棒在张力作用下被拉伸时会出现两个极限，即断裂点和弹性限度。景观对作用力的反应与物理系统有不少相似之处，但也有一些区别（Forman and Godron，1986）。

1）当作用力小于弹性限度 D 时

当作用力小于 D，并不再施加张力时，金属棒可完全恢复原状。在弹性限度内金属棒伸长的长度与作用力成正比（图 10.9）。

当作用力小于 S 时，对景观仅有某种微小影响。由于远远小于景观的抗性，没有形成干扰力，景观依然保持其复合稳定性，如微风对森林景观的影响（图 10.10）。

当作用力大于 S，小于 D 时，出现轻度干扰，景观围绕中心位置上下波动，即在弹性范围内波动；但只要干扰消除，景观即可迅速恢复到原状。景观一直处于复合稳定状态，而未经历非稳定的变化（图 10.10）。例如，干旱半干旱草地在干旱年份产量降低，但在第二年湿润年份产量又升至较高水平，这时的草地景观处于一种复合稳定状态。又如，草地遭受轻度放牧后很快恢复。

综上所述，当作用力小于弹性限度时，物理系统处于平衡状态，景观系统处于复合稳定状态。两者十分相似。

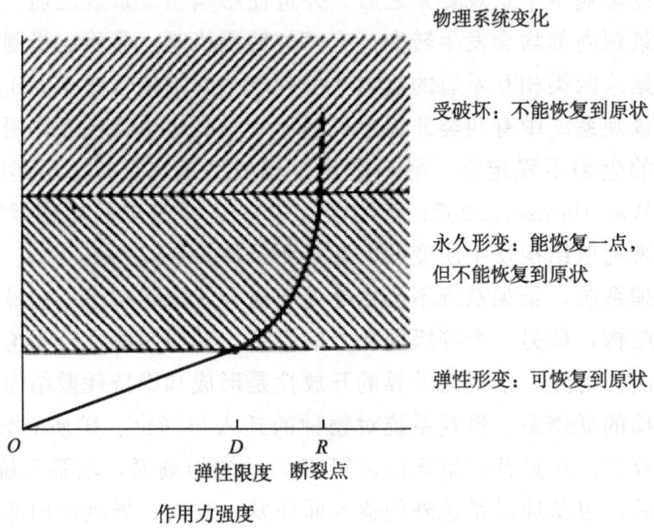

图 10.9　不断增加的作用力对物理系统的影响［根据 Forman 和 Godron（1986）改绘］

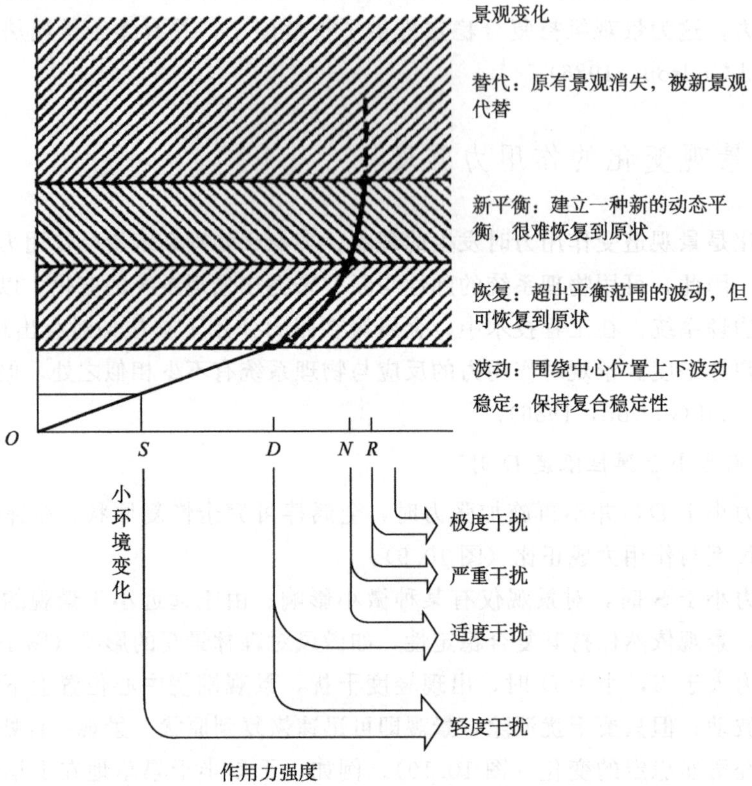

图 10.10　不断增加的作用力对景观系统的影响［根据 Forman 和 Godron（1986）改绘］

2）当作用力介于弹性限度 D 和断裂点 R 之间时

金属棒发生永久形变或非弹性形变（图 10.9）。当作用力被取消时，金属棒可稍有缩短，但不能完全恢复到原来的长度，将永远保持拉长或变形后的状态。

当作用力大于 D，小于 N 时，出现适度干扰，景观系统超出其波动平衡范围内的变化，进入非稳定状态，但干扰消除后，景观可逐渐恢复到原状，尽管恢复后的状态值可能发生变化。景观经历了复合稳定-非稳定-复合稳定（原状）的变化；非稳定是暂时的（图 10.10）。例如，连续 3～5 年的干旱可使大量草地斑块干枯，超出了原先景观系统的波动类型和波动范围。但是如果气候在 3～5 年后变为正常，景观还可以恢复到原状。尽管系统恢复到原状的时间可能较长，但它毕竟是发生了趋向原状的变化。又如，对遭受中度放牧的草地，放牧停止后也能逐渐恢复，但恢复后的产量可能降低。

当作用力大于 N，小于 R 时，出现严重干扰，景观靠自身的恢复力难以重现原状，最终建立一种新的动态平衡。景观经历了复合稳定-非稳定-复合稳定（新的动态平衡）的变化；非稳定是长期的，以至于景观很难恢复到原状（图 10.10）。例如，连续 20 年的干旱可使原来的灌丛带和农田景观变成几乎没有农田的开阔灌木带景观，景观要素比例均发生显著变化，出现新的平衡。又如，对遭受重度放牧的草地，放牧停止后不能恢复，转变为裸地。

综上所述，当作用力介于弹性限度 D 和断裂点 R 之间时，金属棒会发生永久形变，景观则或者直接恢复到原状（状态值改变），或者达到一种新的动态平衡，但仍保持着恢复原状的能力。金属棒往往因发生形变而变得更为坚韧，这与景观比较类似，因为景观恢复后往往对干扰具有更大的抗性。

3）当作用力大于断裂点 R 时

金属棒将会断裂，系统被破坏（图 10.9）。

当作用力大于 R 时，出现极度或突变性干扰，原有景观消失，并在同一地面形成新的景观。新景观具有其本身的复合稳定性（但有的需用化石燃料等能源才能得以维持）；如果要恢复到原来的状态，则需要相当长的时间与新的更大的干扰。景观经历了复合稳定-非稳定-复合稳定（新的景观）的变化；非稳定可能是长期的，也可能是短期的，但均使景观发生彻底的改变（图 10.10）。例如，许多人类文明发源地由水草丰美的草原景观转变为沙漠，在中国西部的沙漠地区不乏这样的范例。又如，草地遭受机械翻耕，开垦为农田或建造人工建筑，也是这样的例子。

综上所述，当作用力大于断裂点 R 时，物理系统的变化是不可逆的或永久的；对于景观，可以认为该景观被破坏或消失，或被另一景观代替，但这些变化都不是不可逆的或永久的，因为生态学系统有明显的调节、适应和恢复能力。例如，发展灌溉农业可破坏沙漠景观，而切断水源又能破坏此农业景观，两种情况下的变化都不是不可逆的或永久的。

关于景观中几大要素（气候、地貌、土壤、水文、植被、动物）的动态及人类活动与景观变化的关系，可参阅肖笃宁等（2010）的第五章。

10.4 景观变化的空间过程与空间模式

在自然过程和人类无计划活动作用下产生的景观变化包括 5 种空间过程：穿孔（perforation）、分割（dissection）、破碎化（fragmentation）、缩小（shrinkage）和消失（attrition）。这 5 种空间过程对空间格局特征的影响不尽相同（表 10.3）。在景观变化的不同阶段，这些空间过程的重要性不同。景观变化开始时，穿孔和分割过程重要；破碎化和缩小过程在变化的中间阶段重要；而消失过程则在变化后期最重要(图 10.11)（Forman，2006）。

表 10.3　景观变化中的主要空间过程及其对空间格局特征的影响（Forman，2006）

空间过程		斑块数量	平均斑块大小	总的内部生境	区域中的连接度	总边界长度	生境损失	生境隔离
	穿孔	0	−	−	0	+	+	+
	分割	+	−	−	−	+	+	+
	破碎化	+	−	−	−	+	+	+
	缩小	0	−	−	0	−	+	+
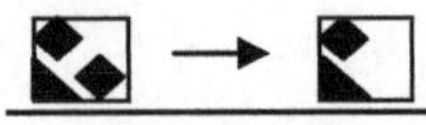	消失	−	+	−	0	−	+	+

注：+表示增加，−表示减少，0 表示无变化

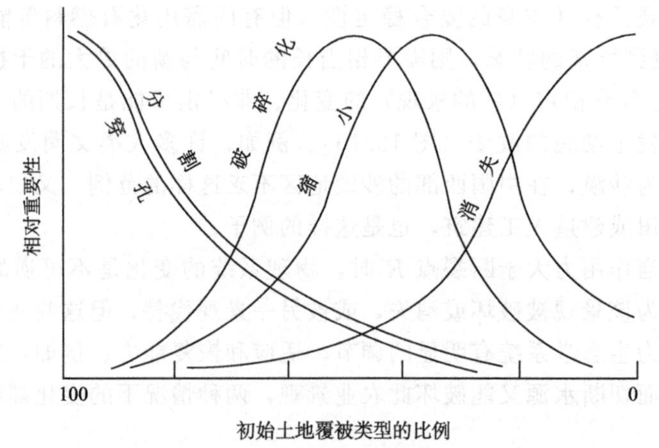

图 10.11　景观变化不同阶段中 5 种空间过程的相对重要性（肖笃宁等，2003；Forman，2006）

景观变化的空间模式主要有 6 种，即边缘式、廊道式、单核式、多核式、散布式、随机式（图 10.12）（Forman，2006）。“边缘式”指新的斑块类型从景观的一个边缘单

向地呈平行带状蔓延。“廊道式”指新的廊道在初始时将原来的景观一分为二，从廊道的两边分别向外扩张。“单核式”指从景观中的一点或一个核心处蔓延。“多核式”指从景观中的几个点蔓延，如居民点或外来物种的入侵。“散布式”指新的斑块广泛散布。除了常见的模式之外，还有一些不常见的模式，如均匀式、瞬间式、网状式和选择性的带状式。

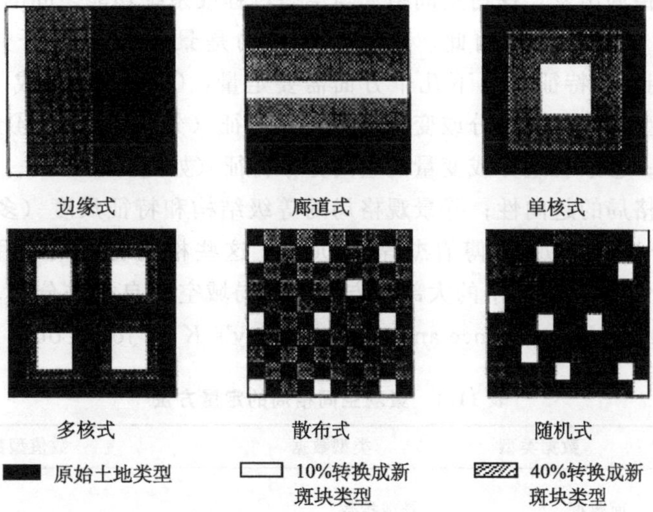

图 10.12　景观变化的空间模式（Forman，2006）

景观变化的空间过程与其空间模式有关，如穿孔过程多出现于散布模式中，同时在单核和多核模式中也会出现；分割过程和破碎化过程多出现在廊道模式中。所有的模式中都有缩小过程，并在最后阶段才有消失过程出现。只有随机模式中才会同时出现这 5 种空间过程。

关于“景观变化的空间过程与空间模式”的详细内容，可参阅肖笃宁等（2010）的第五章。

第11章　景观空间格局分析方法

从现有空间格局出发，探讨空间格局与生态过程或系统功能之间的关系，已成为景观生态学研究的主要思路，因此，定量空间格局是景观生态学研究的基础（Wu，2013）。景观空间格局特征有以下几个方面需要定量：①景观的组成（非空间结构）；②景观的空间构型；③景观组分或变量的自相似特征（分形特征）；④景观组分或变量的空间自相关性；⑤景观组分或变量的空间分布特征（如随机、聚集、分散或规则）或梯度，反映景观格局的趋向性；⑥景观格局的等级结构和特征尺度（多尺度格局特征）（Turner and Gardner，1991；傅伯杰等，2001）。这些格局特征均可用具体方法来识别。本章将详细介绍表11.1中的大部分方法，除局域空间自相关分析、聚块样方方差分析法（blocked quadrat variance analysis）、Ripley's K 和 Join Count 之外。

表11.1　景观空间格局的定量方法

景观空间格局特征	数据类型	类型数据	数值型数据
景观的组成（非空间结构）	面数据	景观指数	—
景观的空间构型	面数据	景观指数	—
	样带数据	信息熵	—
景观组分或变量的自相似特征（分形特征）	面数据	分维分析	分维分析
	样带数据	分维分析	分维分析
景观组分或变量的空间自相关性	面数据	Join Count（Fortin et al.，2002；Fortin and Dale，2005）	1）全局空间分析（全向或不同方向）： Moran's I 空间自相关分析 Geary's c 空间自相关分析 半方差分析 2）局域空间分析（Getis and Ord，1992；Anselin，1995；Fortin et al.，2002；Premo，2004；Fortin and Dale，2005）： 局域 Moran's I 空间自相关分析 局域 Geary's c 空间自相关分析 局域 G_i 局域 G_i^*
	点数据	Ripley's K（分单组分和两组分的情况）（Fortin et al.，2002；Fortin and Dale，2005）	全局空间分析（点数据网格化） 局域空间分析（点数据网格化）

续表

景观空间格局特征	数据类型	类型数据	数值型数据
景观组分或变量的空间分布特征（如随机、聚集、分散或规则）或梯度	面数据	空隙度分析 Join Count 最近邻指数 景观聚集度指数 景观分散度指数	Moran's I 空间自相关分析 半方差分析
	点数据	空隙度分析 Ripley's K（分单组分和两组分的情况）	变量的平均值与方差的关系（Taylor，1961；Ripley，1981）
景观格局的等级结构和特征尺度（多尺度格局特征）	面数据	分维分析 空隙度分析 景观指数的尺度图	Moran's I 自相关图 半方差分析 尺度方差分析 融合 Moran's I 尺度图的尺度方差分析
	样带数据	—	聚块样方方差分析 小波方差分析

11.1 尺度分析

尺度分析在生态学理论和实践上都是相当重要的。尺度分析主要面临 4 个方面的问题，即如何进行尺度识别，如何进行尺度选择，格局、过程及动态如何随着尺度的变化而变化，如何进行跨尺度间的推绎。这 4 个方面的问题紧密联系、相辅相成。尺度识别是尺度选择的基础，它们又是尺度效应分析的基础，而前 3 个方面的尺度分析均是跨尺度推绎的基础（Wu and Li，2006a；张娜，2006）。

11.1.1 尺度识别

尺度识别是指格局或过程的特征尺度（本征尺度）的识别。对在一定范围内具有空间等级结构的大多数景观参数和变量来说，主要识别的是等级结构特征及相应的尺度域。在某个等级水平上（或尺度域内），生态过程及其影响因素的空间格局特征不变或随着尺度的变化单调变化；而在不同等级水平（或尺度域）之间，由于各种原因，它们的空间格局特征可能出现突然的转折。一些人认为自然界并不存在所谓的特征尺度，尺度或等级水平仅仅是观测者主观认识的结果，而不是客观存在的事实（Allen and Starr，1982；Ahl and Allen，1996）；但我们所观测到的某种现象的特征尺度实际上是观测者与该现象的内在尺度相互作用的结果（Wu and Li，2006a；张娜，2006）。

生态学家在观测或分析数据时可能发现适宜的尺度并不是唯一的，如何选择正确的尺度进行观测或分析将有赖于对等级结构或特征尺度的正确识别（Turner et al.，1989a；Turner et al.，2001）。识别生态过程的等级结构和特征尺度也是尺度推绎的第一步，由此判断生态过程及其控制因素是否随尺度变化，以及某种尺度推绎方法的适用尺度域，以减少尺度推绎的盲目性和不确定性。因此，尺度识别是所有尺度分析的基础。

由于空间异质性的存在、生态过程作用范围和影响幅度的不确定和不明显，往往不能直接识别等级结构和特征尺度，而需要借助适当的多尺度空间格局分析方法（张娜，2006）。目前，景观生态学在多尺度空间格局分析上已发展了一系列新的方法（Wu et al.，1997；Turner et al.，2001；Wu and Hobbs，2002），总的来说有三大类：景观指数法、空间统计学方法和分维分析法。其中，空间统计学方法和分维分析法在最近十几年发展起来，并逐渐应用于生态学，在尺度分析上具有很大的应用潜力。

景观指数法是最常用和最简单的方法，尽管方法本身并不是多尺度的，但大多数指数的尺度图（scalogram，在不同尺度上变化的图）可为识别复杂景观及斑块类型的等级结构和特征尺度提供有价值的信息（Zhang and Li，2013）。该法仅适用于分析类型数据。空间统计学的发展为等级结构和特征尺度的识别提供了大量有用的方法，主要包括半方差分析、空间自相关性分析、空隙度分析、尺度方差分析、聚块样方方差分析、趋势面分析、小波方差分析和谱分析等。这类方法本身是多尺度的，根据相应指标随尺度变化的趋势和转折，可检测多尺度空间格局特征。除空隙度分析外，主要适用于分析数值型数据。分维分析法是一种很特殊的空间尺度分析方法，既可以是针对单个斑块和景观斑块镶嵌体的单尺度分析（类似于单尺度的景观指数法），也可以是针对不同大小斑块的多尺度分析（类似于空间统计学方法）；既可用于斑块类型数据，也可用于数值型数据（张娜，2006）。对这些方法的具体介绍见本章的以下各节。

然而，由于数据聚合和分析方法本身的缺陷，并不是所有在多尺度分析中检测到的空间格局特征都与实际情况相符，因此，还需要对每种方法的检测能力进行理论上的评估和数学上的验证，并进行实例研究。同时，单个分析方法并不足够。因此，对于某个特定的问题，发展正确识别特征尺度的规则或策略应该成为在发展单个方法基础上的更为重要的研究主题。鉴于不同方法各有其优劣，有必要同时使用两种或两种以上方法进行比较和相互印证，并综合分析不同方法的检测结果，或者发展融合不同方法优势的新方法。在具体研究中，同时使用或融合哪几种方法能够达到最好的识别效果，是一个非常值得探讨的问题。而且，识别“正确”的特征尺度在某种程度上仍具有一定的主观性，需要综合“科学”和“艺术”这两个成分。另外，对多尺度分析结果的解释也有待完善。总之，目前令人满意的尺度识别的规则或策略还不存在。

11.1.2 尺度选择

尺度选择是指观测尺度或分析尺度的选择，特别是幅度和粒度的选择。Levin（1992）指出，在描述系统时，没有一个绝对正确的尺度或层次，但这并不意味着所有的尺度都是相同的，或者没有尺度推绎规则。尺度选择关系到实验的设计、研究方法的选定、信息的收集和误差问题。尺度选择的不同，可能会导致对格局和过程及其相互作用规律不同程度的把握，最终会影响到研究成果的科学性和实用性（Allen and Starr，1982；O'Neill et al.，1986；Urban et al.，1987；Wu and Loucks，1995；Wu，1999；傅伯杰等，2001；吕一河和傅伯杰，2001；Wu，2004；张娜，2006；Wu and Li，

2006a)。例如，为了理解历史上森林生态系统是如何响应气候变化或一系列环境梯度上的干扰的，需要将传统的群落尺度研究扩展到景观尺度上，以更好地刻画森林结构和动态的空间变异性（Fraterrigo and Rusak，2008；Williams and Baker，2012）。

在选择粒度和幅度时有一些必须遵循的基本原则。最重要的是，我们需要逐步摒弃或减少尺度选择上的任意性和经验性成分，而更多地以识别的现象尺度（即特征尺度）为重要依据。首先，空间幅度应大于斑块的平均大小（特征尺度）（O'Neill et al.，1986；Dungan et al.，2002），整个景观应包含至少一个完整斑块［图 11.1（a）］；若要考虑不同斑块之间的联系，则需包含实际或可能有联系的所有斑块。空间幅度也应大于所研究生态过程本身作用的范围或能够影响的潜在范围，以至于该过程不被人为划定的景观边界切断。时间幅度也类似。

在野外取样中，空间粒度对应样方大小（或间距），其确定首先取决于研究目的（Fortin and Dale，2005）。①如果研究目的是为了识别空间格局，那么样方大小（或间距）应小于斑块的平均大小（O'Neill et al.，1986；Dungan et al.，2002）［图 11.1（a）］，因为斑块作为格局的基本单元，只有在其内部取样，才能识别出单个斑块的平均特征；相反，若粒度大于斑块的平均大小，则一个样方内部会包含多个斑块的信息，从而很难识别出单个斑块的平均特征。若所取样方（一个）位于斑块的中心，则应具有充分的代表性。若所取样方（多个）在斑块中按一定规则分布，则面积可较小，这时存在从样方到斑块的尺度上推问题。用多个样方的平均值表示该斑块的特征时，必须基于斑块内部同质、变量特征线性的假设。与此同时，粒度应大于研究对象个体的平均大小，也即一个样方内部应包含有多个个体（Dungan et al.，2002）［图 11.1(b)］。②如果研究目的是为了建立一些统计关系（如为了获知物种对环境条件的响应），那么应尽量避免在一个斑块内部取两个或多个样方，样方间距也应大于斑块的平均大小，以降低空间自相关对样本独立性的影响。以上选择空间粒度的原则也适用于选择 GIS 图件或遥感影像的栅格或像元大小（或间距）。

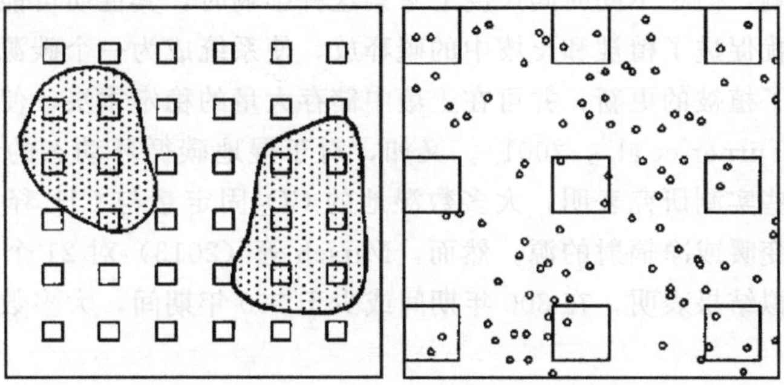

(a)　　　　　　　　　　(b)

图 11.1　斑块和个体的特征尺度与样方大小和间距的关系（Dungan et al.，2002）

注：(a) 研究斑块（阴影区域）格局时的样方（正方形）大小和间距；

(b) 研究个体（小圆）分布格局时的样方（正方形）大小和间距

我们知道，研究粒度过大时，结果不够精确。然而，在粒度选择上，最大限度地追求粒度的精细水平也是一种不可取的做法，因为小尺度的资料虽然可以提供更多的细节信息，但却增加了准确把握景观整体规律的难度。同时，粒度的选择也会受到研究项目状况的影响和制约，如项目的规模、资助强度、目标、任务和时限、技术条件、所需工作量等。例如，对于面积约为1900 km^2的长白山自然保护区，选择30 m的空间粒度和1天的时间粒度是比较合适的，但即使这样，连续运行一个基于栅格的较大模型可能也需花费几天的时间。试想，在研究整个东北（甚至全国）时若仍用这样的时空粒度，那需要多长时间才能运行完整个模型？粒度减小将会使所要模拟的栅格数呈几何级数增加。另外，粒度的选择也受制于研究景观或现象的性质和复杂程度。通常，对异质性和复杂性较强的景观和现象，要求较细的粒度；而对同质性和均匀性较强的景观和现象，较粗的粒度即可满足需要。因此，基于特征尺度识别的粒度选择通常是结果的精确度、研究景观和现象的复杂程度、所需工作量相互权衡的结果。虽然有了以上这些规则和理念，但在选择正确的尺度以更好地解决问题上，仍然存在着很大的挑战（Turner et al.，2001）。

在确定研究系统的等级结构之后，所考虑的尺度一般还应该具有层次性，即至少要包括核心尺度、小尺度组分和大尺度背景三个层次。例如，对于长白山自然保护区的碳-水循环过程研究，整个保护区固然是研究的核心尺度，但要全面地把握保护区碳-水循环的特征与规律，尚需明确生态系统和群落等小尺度上的机制，以及整个长白山对保护区起控制作用的背景条件（如气候、地形、水文）。

合理的过程预测应该建立在时空尺度相匹配的基础上。通常情况下，在研究的空间尺度增大的同时，也伴随着过程速率的降低和时滞的延长，因此时间尺度也随之增大，即遵循着线性的时空尺度上推关系（spatial-time scaling functions）。小空间尺度上的长期研究对过程的预测能力很低。更重要的，大空间尺度上的短期研究虽然表现出明显的高预测能力，但通常是一种假预测（pseudopredictability），从而可能为环境与资源管理提供错误的指导和决策（Wiens，1989；张娜，2006）。例如，火干扰对区域碳循环和碳收支的影响应在较长时间内做评价。火干扰通过改变土地覆被，对区域碳循环和碳收支产生重要影响，但在不同时间尺度上考察这种影响时，其性质可能截然相反。在较短时间内，火干扰促进了植被和土壤中的碳释放，使系统成为一个碳源；但在较长时间内，火干扰促进了植被的更新，并可在土壤中储存大量的稳定木炭，使系统成为一个重要的长期碳汇（Turner et al.，2001）。又如，对于湿地碳循环动态的评价应基于较长时间的模拟。一些实测研究表明，大多数湿地的CO_2固定量与CH_4释放量的比率低于25，湿地是气候变暖或净辐射的源。然而，Mitsch等（2013）对21个不同气候带湿地碳循环动态的模拟结果表明，在300年期间或少于300年期间，大多数湿地成为净碳和净辐射的汇。

11.1.3 尺度效应分析

尺度效应在自然系统和社会系统中普遍发生。然而，除景观生态学以外的其他生态学并没有在理解尺度效应问题上给予更多的、应有的关注（Jelinski and Wu，1996；张娜，2006；Wu and Li，2006a；张娜，2010b）。通常的错误是将一个尺度上的结果直接外推到另一个尺度，这可能是我们对不同尺度上生态过程特征产生误解的原因之一，即所谓的生态学谬误（Dungan et al.，2002；Wu，2004）。

尺度效应可能在以下 3 种情况下发生：仅改变粒度或间隔、仅改变幅度、同时改变幅度和粒度。通常对粒度变化影响的研究更受关注，而对幅度变化影响的研究要少得多。目前，仍缺乏对不同实际景观和模拟景观中这几种尺度效应的定量理解（Wu，2004；Zhang and Li，2013）。尺度效应不仅受粒度和幅度大小的影响，还受幅度变化的方式的影响，包括扩展的方向和起始位置。但这种影响通常是不可预测的。生态学和地理学中对这一问题的认识不够，系统研究尚少（张娜，2006）。

另外，在进行景观格局分析时，通常以正方形的栅格作为空间单元。但有时空间单元可能是长方形的，长宽比例也会有变化，这就涉及划区方案的问题。同时，在空间单元的聚合过程中，通常基于大多数规则（major rule），即仅考虑聚合单元中面积比例最大的类型，而忽略面积较小的其他类型。然而，采用不同的聚合方法（aggregation scheme）（如大多数规则、随机选择 random selection、规则选择 regular selection）对植被或土地利用的分类可能会产生显著的影响，并最终影响空间格局分析结果（Costanza，1989；Justice et al.，1989；Marceau et al.，1994；Bian and Butler，1999；Wu et al.，2002；Wu，2004；张娜，2006）。

景观格局或过程变量的统计分布（如平均值、方差、多变量之间的关系）、景观空间格局［如空间异质性类型（镶嵌分布或沿梯度变化）、空间分布、平均斑块大小、各向异性显著程度、不同变量之间的空间相关性］、生态过程的发生及其控制因素、格局或过程与其影响因素之间的相关关系，以及某些景观特性（如异质性、开放性、稳定性、可预测性、物种丰富度和多样性）等均可能表现出尺度效应。张娜（2006）对此进行了系统的阐述，张娜（2010b）又对其进行了补充和完善。这里不再赘述。

尺度效应现象告诉我们，在不同的尺度上研究生态学系统，我们所能检测到的格局和过程的特征不同，在此基础上得出的结论也显然不同。因此，比较不同格局和过程必须基于相同的时空粒度和幅度；对格局和过程特征的识别、比较和应用应该是多尺度，而不是单尺度的。

11.1.4 尺度推绎

生态学测定通常在较小的空间尺度（例如一个样方或样地中）进行。为了更好地理解景观动态的复杂性，解决当前区域和全球尺度上的环境和资源管理问题，我们需要认识大尺度的格局和过程。然而，通常我们并不能直接获得大尺度的信息；而将特定立地上的测定结果直接外推到较大尺度又可能产生严重的误差。解决这个问题的一个有效途径是进行尺度推绎，即进行多尺度分析，建立不同尺度之间的联系。无论什么时候，如果需要从某个尺度的信息预测另一个尺度的信息，尺度推绎就无法避免。在基础生态学和应用生态学中，尺度推绎均是预测和理解现象的关键，因此也是生态学理论和应用的核心（Levin，1992；Wu and Loucks，1995；Wu，1999；张娜，2007）。

然而，如何在一个异质景观中进行尺度推绎仍然是一个悬而未决的科学难题，是对当今生态学家在全球气候变化背景下研究环境问题的重大挑战（Gardner et al.，2001；Turner et al.，2001；Wu and Hobbs，2002）。这是因为过程与其影响因素之间、生态学系统内不同组分之间普遍存在着非线性关系和反馈作用，跨越不同等级时会出现边界隔阂、临界阈值、时滞、突变和混沌等难以预测的现象，以及过程及其影响因素普遍存在着空间异质性（Wu，1999；吕一河和傅伯杰，2001；邬建国，2007）。尽管最近十几年生态学家已经逐渐认识到尺度推绎在生态学研究中的重要性，但是对尺度推绎的研究仍旧非常少，而且以建立基于异量关联（allometric relations）的幂律关系或其他随尺度大小变化的统计关系为主，鲜见其他方法（张娜，2007）。

1. 尺度推绎的途径

直观上，我们期望通过对某个时空幅度内的信息求平均（算术平均或加权平均）来获得较大尺度上的值。这种途径假设系统特性不随尺度变化，并且大尺度系统的行为与小尺度系统的平均行为近似。因此，尽管简单，但它仅适用于在景观中呈线性变化、无反馈作用、无空间异质性的特殊过程变量；而对于景观中大多数过程来说，会产生相当大的聚合误差，从而导致大尺度上值的估计偏差（Rastetter et al.，1992）。例如，碳-水循环过程的复杂性决定了斑块尺度上的碳-水循环过程大多是非线性的，斑块尺度上的子模块可能并不适用于景观尺度，如蒸腾速率、土壤凋落物的分解速率等。因此，在碳-水循环研究中，不能将平均法作为主要上推方法。运用这种方法所产生的偏差大小和性质取决于所研究过程的空间异质性程度和/或非线性程度（O'Neill，1979a，1979b）。

目前，在等级理论、分形理论思想和云梯尺度推绎（extrapolation along a scaling ladder）思想的指导下，尺度推绎途径主要包括基于相似性原理的途径、基于局域动态模型的途径、多尺度空间相互作用模拟途径（King，1991；Blöschl and Sivapalan，1995；Wu and Li，2006b；Wu et al.，2006）。另外，还有空间分析法（包括分维分析法和小波分析法，见后文）和随机（模型）法（张娜，2007）。各种方法的细节可参阅张娜（2007）。

1）基于相似性原理的尺度推绎途径

这种途径大量应用于地球物理和生物学，根植于（完全或不完全）相似性或自相似性的概念和原理，根据变量的尺度效应分析结果识别变量随尺度变化的规律性或转折性，通常用相对较简单的数学或统计函数式实现尺度推绎。例如，生物学上的异量关联（biological allometry）主要是将与生物个体的大小（或生物量）有关的变量 M 作为自变量，将生物学变量 Y（如新陈代谢速率、动物领域）作为因变量，建立它们之间的幂函数关系（$Y = Y_0 M^b$，其中 Y_0 为标准化常数；b 为尺度因子）（Calder，1983；Brown et al.，2000）。又如，空间异量关联（spatial allometry）中的自变量是空间尺度，相似性或自相似性原理应用于空间系统（如栖息地、景观、区域）（Schneider，2001a，2001b）。空间异量关联中研究最多的是物种-面积关系（species-area relationship）（$S = cA^z$，其中 S 为物种丰富度；A 为空间面积；c 为常数；z 为尺度因子）。空间异量关联的另一大类是景观异量关联（landscape allometry），包括地形特征的异量关联（allometry of landform）（Belyea and Lancaster，2002；Hood，2002）、生态学变量的异量关联（Schneider，2001a，2001b）和景观指数的异量关联（Wu，2004；Wu and Li，2006b）。这些简单的异量关联所基于的过程和机制可能相当复杂，可能与生物体、景观和区域的分形结构及自组织临界密切相关，但目前尚不很清楚，是尺度推绎研究需要解决的一个重要理论问题。

该途径简单、直观，但却存在明显的局限性：①仅限于变量在同一个尺度域范围内的不同尺度之间的外推（extrapolation），不是严格意义上的涉及不同等级或尺度域的外推（scaling）。对于在更大空间上具有等级结构的变量，需结合其他方法。②仅当变量-尺度关系可定量化时才可用。③函数式多为统计关系式，掩盖了其中的过程和机制。然而，无论如何，异量关联（尤其是空间异量关联）是一种很有价值的生态学尺度推绎方法（Wu，2004；Wu and Li，2006b；张娜，2007）。

2）基于局域动态模型的尺度上推途径

这种途径主要包括简单聚合法（lumping）或简单平均法（simple averaging）、有效值外推法（extrapolation by effective parameters）、直接外推法（direct extrapolation）、期望值外推法（extrapolation by expected value）等。这种途径不受相似性和尺度不变假设的限制，可实现真正的跨等级或尺度域的推绎；不受数学表达的限制；能够明确地考虑动态过程及其相互作用和机制；能以空间显式的方式联系格局和过程；能够处理异质结构和瞬变动态；能够涉及更多的研究领域和内容（Wu and Li，2006b；张娜，2007）。简单平均法和有效值外推法是对模型的输入变量和参数进行上推，而直接外推法和期望值外推法则是对模型的输出变量进行上推（图 11.2）。这些方法主要需要解决 3 个关键问题：①建立局域尺度的动态模型；②正确而有效地定量模型参数、输入和输出变量在局域尺度上的空间异质性；③将局域尺度上输入或输出变量的异质性信息聚合或综合到大尺度上，不仅涉及聚合的数学方法，而且涉及不同尺度上的生态过程及其与空间格局的关系，即过程的尺度效应及其机制（King，1991；Blöschl and Sivapalan，1995；Bierkens et al.，2000；Turner et al.，2001；Wu and Li，2006b；张娜，2007）。尺度上推结果的不确定性也主要来源于这 3 个方面。

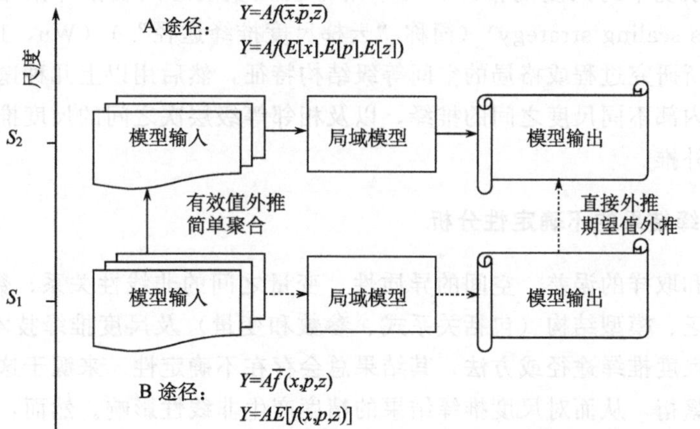

图 11.2　基于局域动态模型的尺度上推途径（对一个生态学系统的情形）（张娜，2007）

注：Y 为因变量，x 为自变量，$f()$ 为局域模型的函数，p 为模型参数，z 为驱动变量，A 为系统面积，$E[\,]$ 为数学期望值。实线和虚线箭头分别指示尺度上推的 A 和 B 途径

这些方法有着共同的局限性：①假设局域动态模型也适用于大尺度域。然而，当研究空间从局域跨越到大尺度域时，可能会出现新的现象或关系，也可能影响过程的主导因素发生了变化，这使得局域模型不再适用于大尺度域。②将研究单元（栅格或样方或斑块）看作相互独立的系统，假设它们之间的水平相互作用和反馈可被忽略或处于稳定状态。然而，很多生态过程除了垂直方向的作用之外，尚有水平方向的作用，忽略后者将可能很大地影响对过程的模拟及上推结果。

3）*多尺度空间相互作用模拟途径*

这种途径可在理论上有效地避免以上两种途径的局限。多尺度模型既包含对小尺度域上过程的描述，也包含对小尺度域单元（如斑块）之间及其与大尺度域（如景观）之间相互作用的描述，由此融合大尺度域上的反馈、时滞效应和新特征。该途径更适用于以水平方向发生为主的过程，如物种的迁移和扩散、地表径流过程、碳在外界驱动力作用下的水平运动过程，在模拟不同斑块之间相互作用时已被广泛应用（King，1991）。可在模拟不同尺度过程之间关系的同时自然地实现上推，可能无需特殊的技术手段。例如，复合种群模型在模拟种群动态时通过描述个体在不同亚种群斑块之间迁入定居和迁出的过程，直接反映的就是整个复合种群景观的种群动态，而非单个亚种群的动态。

该途径在理论上最完美，但在实践中也最具挑战性，必须有对过程机制的细致模拟，有对格局-过程关系的揭示，也需要找到关联不同尺度域的纽带。其主要误差来源于对不同尺度上空间异质性的定量、对格局-过程关系的描述、多尺度的涉入和模拟算法（Wu and Li，2006b）。另外，空间相互作用模拟可能对数据和计算有大量的需求，因为有时需要对每个粒度单元（或斑块）上的值分别模拟，需要同时获取每个单元上的信息。若单元数很多，则模拟或求解需要花费大量的时间，而且一些输入变量和参数也不易获取（张娜，2007）。

对于等级系统中跨尺度的推绎，可采用等级斑块动态尺度推绎策略（hierarchical patch dynamics scaling strategy）（简称“云梯尺度推绎途径”）（Wu，1999）。此途径需要首先确定所研究过程或格局的空间等级结构特征，然后用以上几种途径或方法进行同一等级层次内部不同尺度之间的推绎，以及相邻等级层次之间的尺度推绎，由此实现跨尺度域逐级外推。

2. 尺度推绎结果的不确定性分析

由于观测和取样的误差、空间的异质性、变量之间的非线性关系、数据的多样性、可靠数据的缺乏、模型结构（包括关系式、参数和变量）及尺度推绎技术上的问题等，无论采用什么尺度推绎途径或方法，其结果总会存在不确定性。来源于这些不同因素的误差可能发生繁衍，从而对尺度推绎结果的精度产生非线性影响。然而，在生态学尺度推绎中，不确定性分析或精度评价一直未受到重视，有关这一问题的研究仍然很少。很难想象，不进行不确定性分析，我们仅凭直觉就能判断尺度推绎结果是否有价值，是否能够反映所研究景观的实际情况。为了减少这种判断上的盲目性，我们应该将不确定性分析作为尺度推绎过程的一个重要组成部分（Hess，1994；赵文武等，2002；Wu et al.，2006；邬建国，2007；张娜，2007）。

尺度推绎结果的不确定性分析包括定量各种来源的不确定性、评价尺度推绎方法本身的局限性和不确定性对结果的影响、评价误差繁衍、评价所使用模型和数学表达式的合理性和适用性、识别模型中的重要因子及其估计的充分性等。根据产生不确定性的来源，一些不确定性能被定量和降低（如观测和取样上的误差、参数估计的不充分）；一些能被定量，但很难降低（如数据的多样性）；而其他甚至不能被定量（如模型结构的不确定性）。无论如何，我们都应该尽可能地定量或降低一些重要的误差（Wu et al.，2006；张娜，2007）。

不确定性分析方法包括概率论、泰勒系列扩展、蒙特卡罗模拟、通用似然不确定性估计、Bayesian 统计和序列分区等。其中概率论方法是最简单的一种方法，通过对尺度推绎结果的统计分析［如概率分布、方差或标准差、变异系数、均方根误差（RMSE）等］反映结果的不确定性（Wu et al.，2006）。可根据参数和变量的已知的统计分布（如概率分布、平均值、方差），或参数或变量之间的已知相关性（如相关系数、协方差），用蒙特卡罗模拟算法，获得一系列符合已知统计分布的随机样本值，据此得到一系列相应的尺度推绎结果值，并通过其统计分布，分析结果的不确定性。一些专著涉及地理信息系统分析和模型中的误差问题（Burrough and McDonnell，1998；Heuvelink，1998）、遥感资料的误差问题（Congalton and Green，1999）、空间数据及分析的不确定性和准确性评价（Lowell and Jaton，1999），可用于生态学尺度推绎的不确定性分析。

综上，尽管在尺度推绎的过程中通常综合应用多种手段和技术（如地面实测、模拟模型、空间分析方法、GIS 和遥感技术等），然而，当前尺度推绎的主要障碍并非在于具体的手段或技术，而在于：①如何使来自不同学科、不同途径的尺度推绎理论和方法更好地被包容、综合和互补，以及在解决具体问题时，如何适当地使用它们，以便形成和发展一种综合的、多元的尺度推绎范式（张娜，2007）；②更加充分地保留或揭示过程及其影响因素或响应结果的空间异质性；③理解跨尺度过程机制变化在尺度推绎中的作用；④尺度推绎的理论很少，现有途径或方法的局限性和零散性很强，缺乏系统的跨尺度推绎的指导性概念框架。

目前和将来的研究重点是通过多尺度空间分析识别景观镶嵌体和过程变量的空间格局特征，以揭示格局与过程之间的可能的跨尺度等级联系；并对变量及其影响因素或响应结果的异质性进行多尺度分析，以理解尺度效应机制，从而建立更加复杂的尺度推绎关系，最终发展一种融合充分的空间异质性信息、深入的尺度效应机制和格局-过程-尺度相互关系的尺度推绎策略。这需要理论和方法的多方面突破。

11.2 景观指数

与空间统计学方法不同，景观指数法仅适用于分析基于斑块镶嵌体的类型数据（如植被类型、土地利用类型或土壤类型）的种类组成和空间构型，而不能用于直接分析连续的数值型数据（如碳-水循环变量）的变化趋势。景观组成（landscape composition）指景观中的斑块种类（variety）及其多度（abundance），仅用于反映景观水平的非空间结构特征，具体包括斑块类型及其数量、每一个斑块类型的面积比例，以及整个景观的丰富度（richness）、均匀度（evenness）、优势度（dominant）和多样性（diversity）等。景观空间构型（landscape spatial configuration）指斑块、斑块类型或景观水平的空间特征和排列、位置、走向（或各向异性）等，包括3个方面：①单个斑块的空间特征（spatial characters）（如面积、周长、边缘、形状、核心区面积）；②单个斑块特征在斑块类型和景观水平上的汇总和统计分布（如斑块数量、斑块密度、边缘密度，以及斑块面积、形状和核心区面积等的平均值、面积加权平均值、最大值、最小值、极差、中数、方差、标准差和变异系数等）；③斑块类型和景观水平上的斑块或斑块类型的空间关系（spatial relationship）（如邻近度 proximity、隔离度 isolation、对比度 contrast、聚集度 contagion、分散度 interspersion、连通性/连接度 connectedness/connectivity），以及它们的统计分布。

通常可在3个水平上计算景观指数：斑块水平（patch-level）、斑块类型水平（class-level）和景观水平（landscape-level）（表11.2）。斑块（水平）指数是基于单个斑块的指数；斑块类型（水平）指数是针对某类斑块中所有斑块的指数；景观（水平）指数是针对整个景观中所有类型斑块的指数（图11.3）。其中，斑块类型水平的许多指数与生境的破碎化密切相关，因此也常被称为破碎化指数（fragmentation metrics）。

表11.2　三个不同水平上的景观指数

水平	主要识别的格局特征	例子
斑块	单个斑块的空间特征及其所处的背景	(1) 斑块的大小：许多脊椎动物需要一定大小的适宜生境斑块 (2) 斑块的核心区的大小：一些物种的存在和分布与斑块边缘的比例呈反比，而与斑块内部的比例呈密切的正相关关系
斑块类型	单个斑块类型的数量和空间构型	某个斑块与同类其他斑块之间的邻近度/隔离度和对比度可决定该斑块是否可被某个生物体占据和利用
景观	整个景观镶嵌体的空间格局（组成和构型）	景观斑块的多样性：对研究野生生物的多样性十分有用

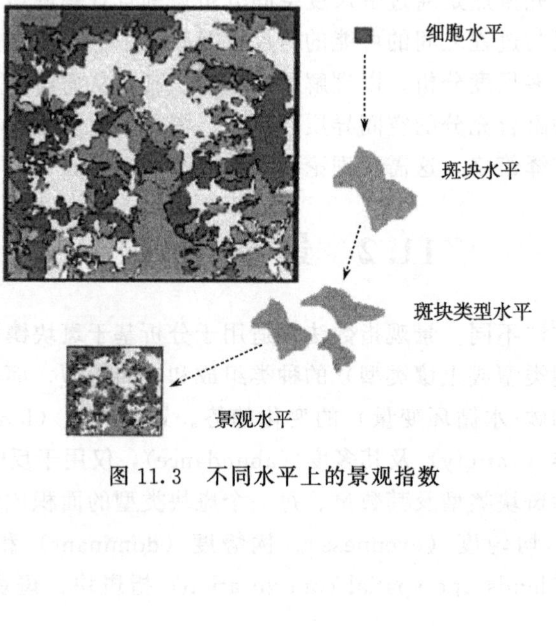

图11.3　不同水平上的景观指数

11.2.1 景观指数的计算

在计算景观指数之前，首先要对景观镶嵌体中的斑块类型和斑块进行定义。景观斑块镶嵌图通常源于对遥感影像的解译和分类；为了更好地捕捉景观的空间异质性，对亚像元的分类（sub-pixel classification）也是必要的，以便能解释像元和斑块内部的细微变化（Foody，1998；Arnot et al.，2004；Frazier and Wang，2013）。斑块的定义既取决于一个斑块内部的变异程度、可识别的最小斑块大小、景观的空间粒度和幅度，也取决于与所研究生态学问题相关的系统要素（Gustafson，1998），包括非生物要素和动植物要素，以及人类活动的产物。在计算景观指数之前，还要定义类型数据的格式（栅格数据或矢量数据）和尺度（包括空间粒度和幅度）。对一个开放景观，其空间幅度必须大于所研究生物体的活动范围或生态过程的发生范围，否则，所计算的景观指数易受边界效应（boundary effect）的影响。

最常用的计算景观指数的软件是 FRAGSTATS，这是一个用 VC++程序编写的、可用于 Windows 操作系统的软件。最初的 FRAGSTATS 2.0 由 McGarigal 和 Marks（1995）开发，在得到广泛应用的基础上发展了 FRAGSTATS 3.3（McGarigal et al.，2002)；2012 年 9 月又发展了可兼容 ArcGIS 10 的 FRAGSTATS 4.1（McGarigal et al.，2012)，并于 2014 年 1 月推出 FRAGSTATS 4.2。FRAGSTATS 4.1 与 FRAGSTATS 3.3 的功能相同，只是重新设计了软件的体系结构，采用了新的、视觉效果更清新的用户界面（图 11.4)，并且能支持更多的图像输入格式。以下对景观指数的介绍主要基于 FRAGSTATS 3.3。

1. 输入文件

在 FRAGSTATS 3.3 中，基于距离的景观指数的单位是 m，基于面积的景观指数的单位是 hm^2。FRAGSTATS 2.0 可支持矢量格式的输入文件（vector data)，但 FRAGSTATS 3.0 以上版本只可支持栅格格式的文件（raster data)，因此，对于矢量格式，须将其转换为栅格格式。其中，FRAGSTATS 4.1 可支持 ESRI grid、ASCII grid，8/16/32 位整数 grid、GeoTIFF grid（.tif)、VTP binary terrain format grid (.bt)、ERDAS Image grid（.img)、PCRaster grid（.map）和 SAGA GIS binary format grid (.sdat）等多种类型的文件格式。通常，栅格的大小应小于最小斑块的最窄边的长度的 1/2。

输入文件的所有栅格数据必须是非零的正整数或负整数（signed integer)，每个栅格均被赋予整数值，以表示某个斑块类型。所有的栅格必须是正方形，且栅格的大小单位是 m；由此，输入图像文件的投影也必须以 m 为单位，如 UTM（Universal Transverse Mercator)、Alberts、Gauss-Kruger 投影。

若输入文件的格式为 GRID，则必须同时安装 ArcView 软件（有 Spatial Analyst 模块）或 ArcGIS 软件，并设置操作系统的环境变量，使得 FRAGSTATS 可获得用于输入和输出的 .dll 文件。但对不同的操作系统，设置环境变量的路径不尽相同。对于 Windows 2000/XP 系统，路径为：控制面板—性能和维护—系统—高级—环境变量

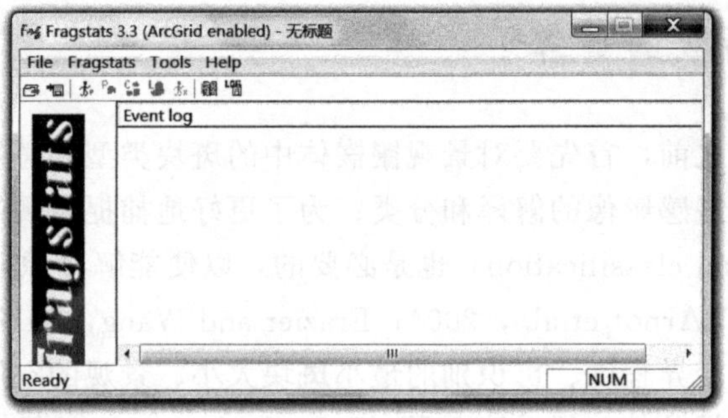

(a) FRAGSTATS 3.3

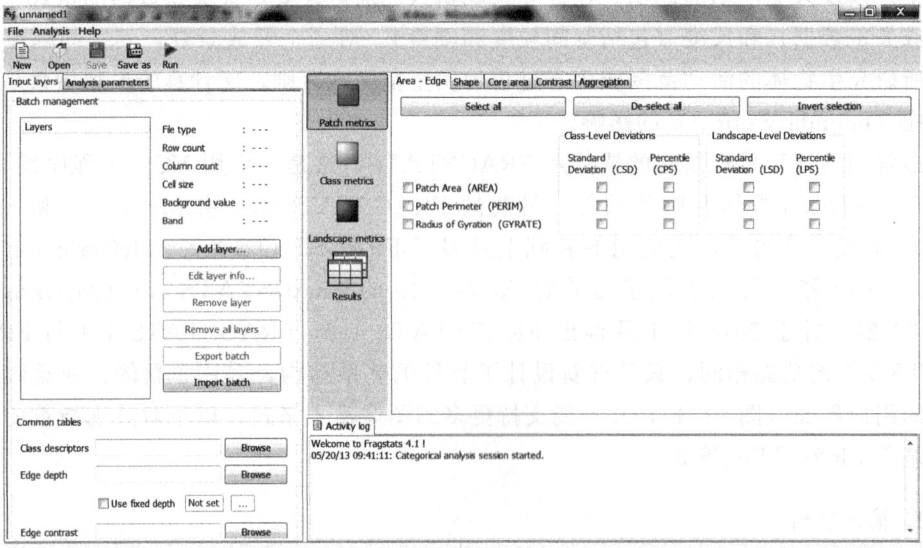

(b) FRAGSTATS 4.1

图 11.4　FRAGSTAT 软件的用户界面

[图 11.5(a)]；对于 Win7 系统，路径为：控制面板—系统和安全—系统—更改设置—高级—环境变量 [图 11.5(b)]。在“系统变量”或“Administrator 的用户变量”中，增加或编辑 Path 变量。例如，若用 ArcView 软件，则需要增加路径 C：\ESRI\AV_GIS30\ARCVIEW\BIN32，以获得 avgridio.dll 文件；若用 ArcGIS 软件，则需要增加路径 C：\Program Files\ARCGIS\BIN，以获得 aigridio.dll 文件。

若输入文件的格式为 ASCII grid，则必须去除其头文件（header）。其中，一行代表一个记录。栅格数据值之间必须用逗号或空格分隔。

2. 输出文件

FRAGSTATS 软件可输出 4 个文件，其中 3 个文件分别对应着 3 个水平的指数，扩展名分别为 .patch、.class 和 .land；另加一个相邻矩阵文件，扩展名为 .adj。例如，对一个 GRID 格式的输入文件 testgrid，可生成以下 4 个输出文件：name.patch、name.class、name.land 和 name.adj（图 11.6）。

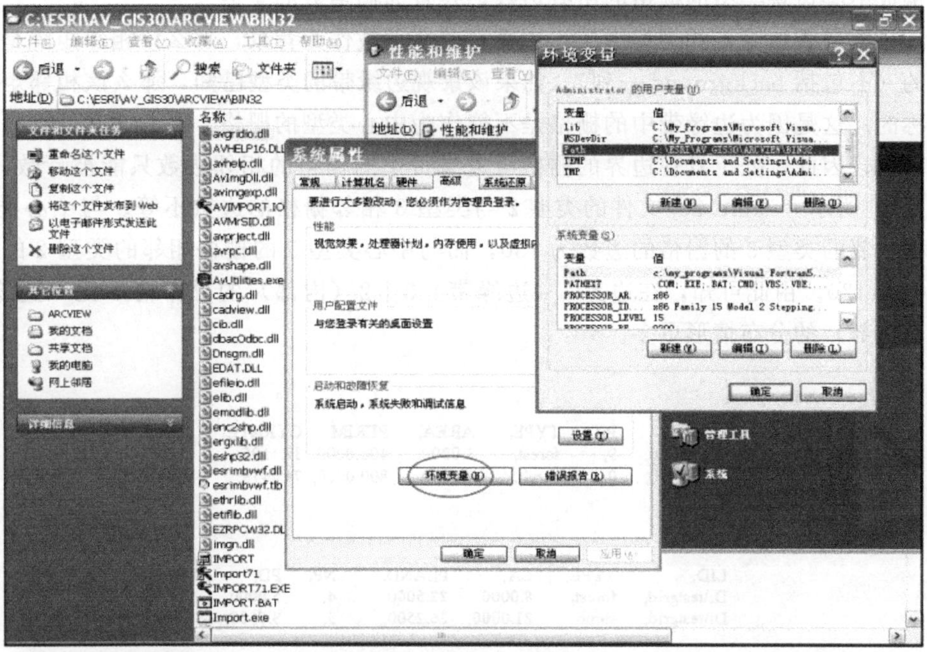

(a) 对Windows 2000/XP系统

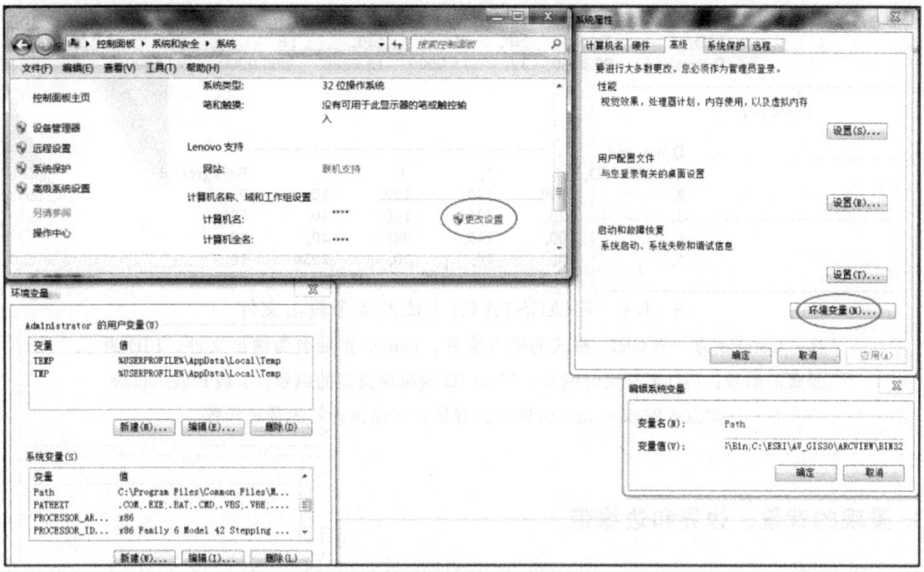

(b) 对Win7系统

图 11.5　不同操作系统下环境变量路径的设置

相邻矩阵文件中的每一行数值表示，对某个斑块类型（中心类型，即第一列所指示的类型）来说，其他同类或不同类斑块的栅格或景观背景与该中心类型的栅格相邻的边数。相邻关系以四邻规则判定。对于景观内部两个同类的相邻栅格（属同一个斑块），在计算相邻边数时是双数的（double-count），即同一条边被计数两次，以其中一个栅格为中心计数时被数一次，以另一个栅格为中心计数时又被数一次。每一行的数值总和即为构成中心斑块类型的栅格的所有边数，并且为栅格数的 4 倍。

如果该景观边缘带的类型未知，边缘部分全部被作为背景，那么该相邻矩阵是完全对称的（不包括 background 一列）。如果该景观边缘带的类型已知，那么该相邻矩阵是非对称的。这是因为边缘带中的栅格是不能作为中心类型的栅格，而考虑其他栅格与它的相邻的，因此，处于景观边界的栅格与边缘带中的栅格的相邻边数只能被计数一次。如图 11.6 所示，name.adj 文件的类型 2 与类型 3 相邻栅格的边数不等。与中心类型 2 的栅格相邻的类型 3 的栅格的边数为 130，而与中心类型 3 的栅格相邻的类型 2 的栅格的边数为 120。由此可知，在边界，（边缘带）3 | 2（内部）的分布情形比（边缘带）2 | 3（内部）的分布情形更多。

name.patch

LID,	PID,	TYPE,	AREA,	PERIM,	GYRATE,	CORE
D:\testgrid,	9,	forest,	1.0000,	400.0000,	38.1195,	0.1600
D:\testgrid,	0,	shrub,	4.0000,	800.0000,	76.4478,	1.9600

……

name.class

LID,	TYPE,	CA,	PLAND,	NP,	PD,	LPI
D:\testgrid,	forest,	8.0000,	22.5000,	4,	5.0000,	15.0000
D:\testgrid,	shrub,	21.0000,	26.2500,	3,	3.7500,	12.5000

……

name.land

LID,	TA,	NP,	PD,	LPI,	TE,	ED
D:\testgrid,	80.0000,	12,	15.0000,	15.0000,	7800.0000,	97.5000

name.adj

D:\testgrid

Class ID / ID,	2,	3,	4,	5,	Background
2,	6840,	130,	120,	10,	0
3,	120,	7960,	160,	40,	10
4,	100,	140,	9880,	40,	20
5,	10,	40,	30,	3080,	16

图 11.6　FRAGSTATS 生成的 4 个输出文件

注：testgrid 为一个 GRID 格式的输入文件；name. 扩展名为输出文件；LID 为景观的编号；PID 为斑块的编号；Class ID 为斑块类型的编号；TYPE 表示斑块类型；Background 为景观的背景；其他为计算的景观指数

3. 景观的背景、边界和边缘带

景观的背景（background）指不被考虑其类型的区域。从岛屿生物地理学的视角，仅需考虑一个或几个生境斑块类型，而将所有其他非生境斑块均作为背景；从景观镶嵌体的视角，则需考虑景观中所有的已知斑块类型，可将未知类型的斑块及景观边界外的区域作为背景。作为景观镶嵌体，背景可分为内部（interior）和外部（exterior）两种，与其分布位置有一定关系，但没有绝对的关系。内部背景出现在边界内，被附一个较大的正整数值（如 9999）；而外部背景可出现在边界外，也可出现在边界内，均被附一个较大的负整数值（如－9999）。外部背景均不参与景观指数的计算。内部背景不参与一般景观指数的计算，只是在计算与景观总面积有关的指数时可能会被考虑。至于内部背景是否参与景观总面积的计算，需关注 FRAGSTATS 软件对指数的描述（“Total landscape area (A) includes/excludes any internal background present”）。例如，计算景观指数 PLAND、CPLAND、PD、ED、LPI、NDCA、DCAD、CWED、SPLIT、MESH、DIVISION、PRD 等时，内部背景被考虑；而计算 CONTAG、AI、IJI、COHESION、SHDI、SIDI、MSIDI、SHEI、SIEI、MSIEI、AREA_MN（MN 表示算术平均值，下同）和 AREA_AM（AM 表示面积加权平均值，下同）等时，内部背景不被考虑。

景观的边界（boundary）是区分景观内部与外部的界线，由规则或不规则的线构成。景观的边缘带（border）是位于边界以外的带状区域，其中包含有类型已知的斑块。边缘带中所有的斑块类型被附负整数值，不参与景观指数的计算。很多景观的边界都是人为划定的，因此，边界并不表示边界内外相邻的斑块一定是不同的类型。对于一个紧邻边界的内部斑块来说，该边界是否是真正的斑块边缘，与边界内外相邻斑块的类型是否一致有关。如果两者一致，则该边界并不是真正的斑块边缘，在计算斑块的边缘长度时不应该被计数；反之，则应该被计数。

图 11.7 设置了几种景观背景和边缘带的情形。图 11.7(a) 中，所有的斑块类型均

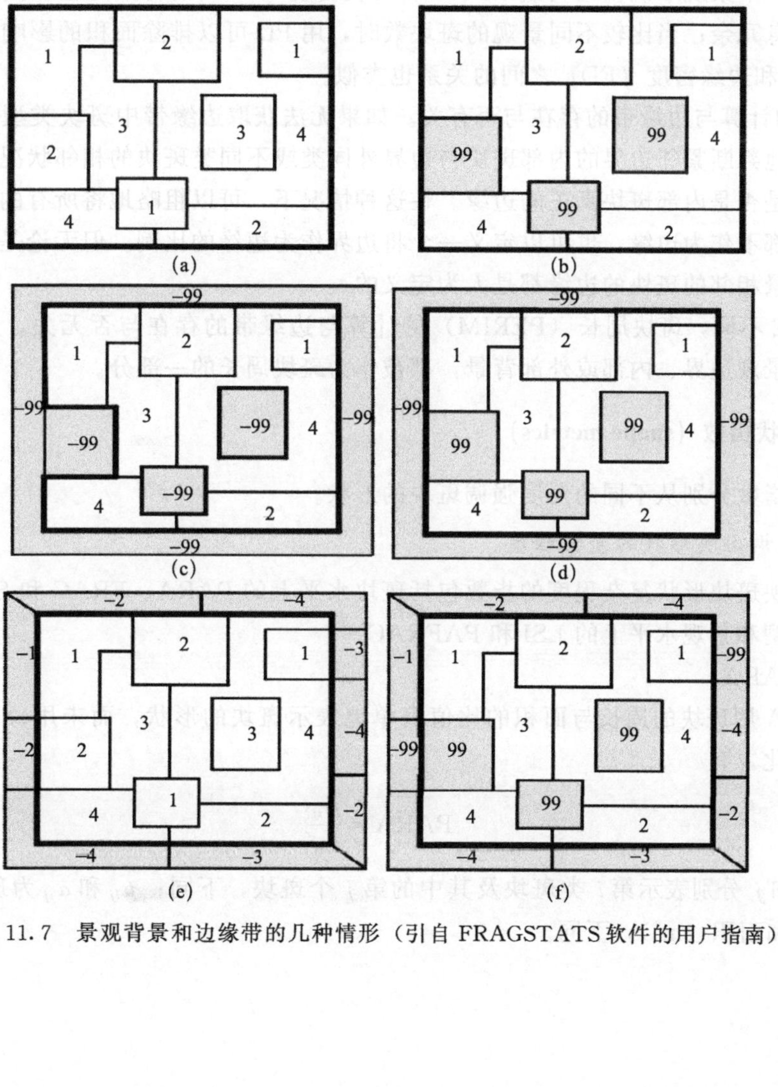

图 11.7　景观背景和边缘带的几种情形（引自 FRAGSTATS 软件的用户指南）

被附正整数值，无背景；图 11.7(b) 中，有内部背景（值为 99），而无外部背景；图 11.7(c) 中，有外部背景（值为－99），而无内部背景；图 11.7(d) 中，同时有内部和外部背景。以上情形均无边缘带。图 11.7(e) 中，有已知斑块类型的边缘带，但无背景；图 11.7(f) 中，既有内部和外部背景，也有边缘带。

11.2.2 景观指数的含义

使用景观指数之前，必须理解指数行为的理论含义，包括数学和生态学两方面的含义。目前，仍缺乏对大多数指数生态学含义的真正理解（Li and Wu，2004）。

FRAGSTATS 3.3 软件中包括 8 大类指数（表 11.3）。各指数的计算公式和详细描述见该软件的用户指南。这里仅论述一些需要注意的方面。

1. 面积和边缘指数（area and edge metrics）

斑块面积（大小）（AREA）和斑块类型的总面积（CA）均是最简单，也是最常用，可能也是最有用的指数。

对同一个景观来说，斑块数（NP）和斑块密度（PD）的含义完全相同，同时使用会造成信息冗余；当比较不同景观的斑块数时，用 PD 可以排除面积的影响。总边缘长度（TE）和边缘密度（ED）之间的关系也类似。

TE 的计算与边缘带的存在与否有关。如果无法获取边缘带中斑块类型的信息，则无法准确地判断紧邻边界的内部斑块与边界外同类或不同类斑块的相邻状况，从而无法判断边界是否是内部斑块真正的边缘。在这种情况下，可以粗略地将所有的边界都作为边缘，或都不作为边缘，也可以定义一个将边界作为边缘的比例。但无论是否存在边缘带，与背景相邻的斑块的边缘都是人为定义的。

与 TE 不同，斑块周长（PERIM）的计算与边缘带的存在与否无关，凡是遇到其他斑块、景观边界、内部或外部背景，都被作为斑块周长的一部分。

2. 形状指数（shape metrics）

形状指数分别从不同的角度强调斑块的形状。

1）强调斑块形状的复杂程度

可反映斑块形状复杂程度的指数包括斑块水平上的 PARA、FRAC 和 SHAPE，以及斑块类型和景观水平上的 LSI 和 PAFRAC。

A. PARA

PARA 用斑块的周长与面积的比值简单地表示斑块的形状，而未用一个标准形状对其标准化，有

$$\mathrm{PARA}=\frac{p_{ij}}{a_{ij}} \tag{11.1}$$

式中，i 和 j 分别表示第 i 类斑块及其中的第 j 个斑块，下同；p_{ij} 和 a_{ij} 为斑块 ij 的周长（m）和面积（m^2），下同。

表 11.3 景观指数的描述（来自 FRAGSTATS 3.3 软件）

指数分类	计算水平	简称（全称）	
面积/密度/边缘指数	斑块水平	AREA（patch area，斑块面积，hm^2） GYRATE（radius of gyration，旋转半径，m）	PERIM（patch perimeter，斑块周长，m）
	斑块类型或景观水平	CA（total class area，斑块类型的总面积，hm^2） NP（number of patches，斑块数） TE（total edge，总边缘长度，m） LPI（largest patch index，最大斑块指数，%）	TA（total area，景观的总面积，hm^2） PD（patch density，斑块密度，个数/100 hm^2） ED（edge density，边缘密度，m/hm^2） PLAND（percentage of landscape，在景观中的面积百分比，%）
形状指数	斑块水平	PARA（perimeter-area ratio，周长-面积比例） FRAC（fractal dimension index，分维数） CIRCULE（related circumscribing circle，相关外接圆）	SHAPE（shape index，形状指数） LSI（landscape shape index，景观形状指数） CONTIG（contiguity index，邻近指数）
	斑块类型或景观水平	PAFRAC（perimeter-area fractal dimension，周长-面积分维数，即双对数分维数）	
核心面积指数	斑块水平	CORE（core area，核心面积，hm^2） CAI（core area index，核心面积指数，%）	NCA（number of core areas，核心面积数量）
	斑块类型或景观水平	TCA（total corea area，总核心面积，hm^2） NDCA（number of disjunct corea area，分离的核心面积数量）	CPLAND（core area percentage of landscape，景观的核心面积百分比，%） DCAD（disjunct core area density，分离的核心面积密度，个数/100 hm^2）
对比度指数	斑块水平	ECON（edge contrast index，边缘对比度指数，%）	
	斑块类型或景观水平	TECI（total edge contrast index，总边缘对比度指数，%）	CWED（contrast-weighted edge density，对比度加权的边缘密度，m/hm^2）
隔离/邻近指数	斑块水平	PROX（proximity index，相邻指数） SIMI（similarity index，相似性指数）	ENN（euclidean nearest-neighbor distance，欧几里得最近邻距离，m） FNN（functional nearest-neighbor distance，功能最近邻距离，m）
聚集/分散指数	斑块类型或景观水平	PLADJ（percentage of like adjacencies，同类相邻比例，%） AI（aggregation index，聚合指数，%） SPLIT（splitting index，分离指数） DIVISION（landscape division index，景观分离指数）	CLUMPY（clumpiness index，聚集度指数） IJI（interspersion and juxtaposition index，分散和并列指数，%） CONTAG（contagion index，景观水平的聚集度指数，%） MESH（effective mesh size，有效网格大小，hm^2）
连接度指数	斑块类型或景观水平	COHESION（patch cohesion index，斑块凝聚指数）	CONNECT（connectance index，连通性指数，%）
多样性指数	景观水平	SHDI（Shannon's diversity index，Shannon 多样性指数） SIDI（Simpson's diversity index，Simpson 多样性指数） SHEI（Shannon's evenness Index，Shannon 均匀度指数） SIEI（Simpson's evenness Index，Simpson 均匀度指数）	MSIDI（modified Simpson's diversity index，修正的 Simpson's 多样性指数） MSIEI（modified Simpson's evenness index，修正的 Simpson's 均匀度指数） PR（patch richness，斑块丰富度） PRD（patch richness density，斑块丰富度密度，个数/100 hm^2） RPR（relative patch richness，相对斑块丰富度，%）

若两个斑块的面积相等，则周长越大，形状越不规则，相应地，PARA 也越大，这时，PARA 与斑块形状之间有很好的对应关系，可用 PARA 很好地反映斑块形状的复杂程度。但若两个斑块的面积不等，则即使形状完全相同，PARA 也不等，且面积越大，PARA 越小，这时，PARA 与斑块形状之间并无对应关系。例如，图 11.8 中 3 个斑块均为正方形，按道理说，反映它们形状的指数应该完全相等，但随着面积从 4 增大到 16，再到 64，PARA 从 2 降低到 1，再到 0.5；3 个斑块 PARA 的差异与其形状的完全相同是矛盾的。可见，由于 PARA 对斑块面积有强烈的依赖性，它并不能很好地反映斑块形状的复杂程度。

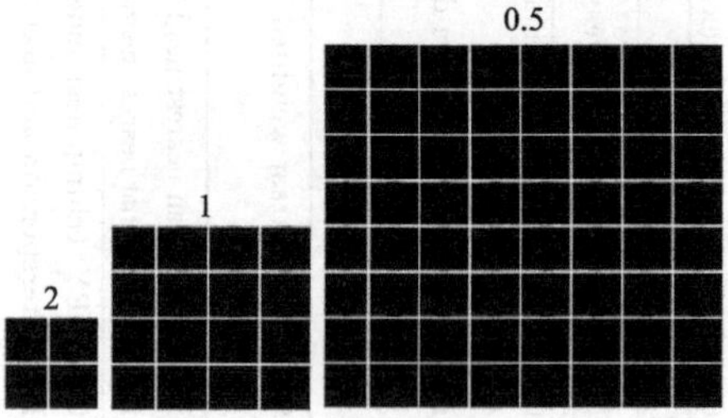

图 11.8　周长-面积比例 PARA 对斑块面积的依赖

对 PARA 进行改进，需对其进行标准化。结构最规则、紧凑、简单的几何形状（如圆或正方形）的周长最小，常被用来标准化斑块的周长与面积之比，从而使其具有可比性。换句话说，标准化的斑块形状指数是通过反映某一斑块形状与等面积的圆或正方形之间的偏离程度来度量其形状复杂程度的。通常有两种形式表示这种形状指数，见式（11.2）和式（11.3）。

B. SHAPE

$$\mathrm{SHAPE}=\frac{p_{ij}}{\min p_{ij}}=\frac{p_{ij}}{2\sqrt{\pi a_{ij}}} \tag{11.2}$$

$$\mathrm{SHAPE}_{2.0/4.1}=\frac{p_{ij}}{\min p_{ij}}=\frac{p_{ij}}{4\sqrt{a_{ij}}} \tag{11.3}$$

式（11.2）和式（11.3）中，SHAPE 分别为实际斑块的周长与等面积的圆形和正方形斑块的周长之比。SHAPE≥1。当斑块形状为圆形时，式（11.2）的取值最小，等于 1；当斑块形状为正方形时，式（11.3）的取值最小，等于 1。斑块的形状越复杂或越扁长，SHAPE 的值就越大。

式（11.3）是 FRAGSTATS 2.0 和 FRAGSTATS 4.1 中计算 SHAPE 的公式。在 FRAGSTATS 3.3 中，SHAPE 的计算原理不变，即

$$\mathrm{SHAPE}_{3.3}=\frac{p_{ij}^{*}}{\min p_{ij}^{*}} \tag{11.4}$$

但式（11.4）中斑块周长 p_{ij} 用组成斑块 ij 的边缘的栅格边数表示（p_{ij}^{*}），斑块面积 a_{ij} 用组成斑块 ij 的栅格总数表示（a_{ij}^{*}）。更重要的区别在于最小周长 $\min p_{ij}^{*}$ 的计算方法。在 FRAGSTATS 2.0 和 FRAGSTATS 4.1 中，计算 $\min p_{ij}$ 的标准斑块是等面积

的正方形斑块，而不论正方形的边长是否为整数（长度单位）。在 FRAGSTATS 3.3 中，计算 min p_{ij}^* 的标准斑块是等面积的、形状最为规则的、高度紧凑的斑块，虽然在形状上不一定为正方形，但每个边长均为整数（栅格边数），而保证边长为整数是将 $SHAPE_{2.0}$ 改进为 $SHAPE_{3.3}$ 的重要原因。如图 11.9（a）和（b）中，斑块的面积为 37 m^2 或 37 个栅格数。在 FRAGSTATS 2.0 和 FRAGSTATS 4.1 中，作为标准的正方形斑块的边长必然不为整数（约为 6.1 m）；而在 FRAGSTATS 3.3 中，虽然标准斑块不为正方形，但每个边长均为整数（为 6、7、5 或 1）。对于较大的斑块（如 $a_{ij}^*>$ 100 个栅格数，1 个栅格的大小为 1 m×1 m），min p_{ij}^* 近似等于 $4\sqrt{a_{ij}^*}$，即 $SHAPE_{2.0/4.1}$ 近似等于 $SHAPE_{3.3}$；但对于很小的斑块，两者的差异不可忽略。

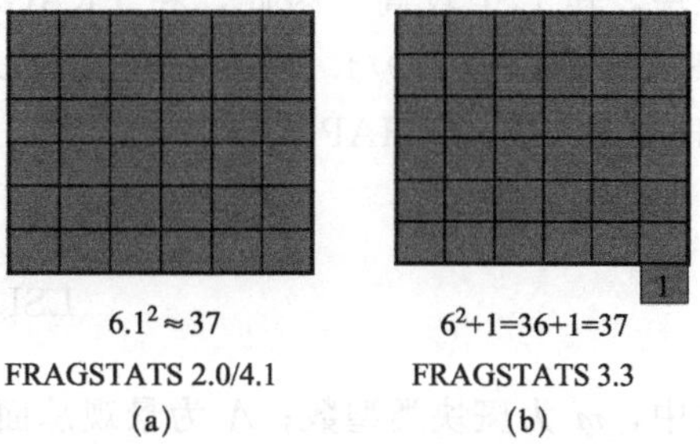

图 11.9　举例说明 FRAGSTATS 2.0/4.1 和 FRAGSTATS 3.3 在计算形状指数 SHAPE 时对最小周长的定义

注：（a）中斑块边长的单位为 m；（b）中斑块边长的单位为栅格边数。这里假设 1 个栅格的大小为 1 m×1 m，因此两个斑块的面积接近相等

设 n 为面积不大于 a_{ij} 的正方形斑块的最大整数边长［即 $n = \text{int}\ (a_{ij}^{0.5})$］，$m = a_{ij} - n^2$，则 min p_{ij}^* 有 3 种形式（Milne，1991b；Bogaert et al.，2000）：

（1）若 $m = 0$［即 $a_{ij} = n^2$］，则 min $p_{ij}^* = 4n$；

（2）若 $0 < m \leqslant n$［即 $n^2 < a_{ij} \leqslant n(1+n)$］，则 min $p_{ij}^* = 4n + 2$；

（3）若 $m > n$［即 $a_{ij} > n\ (1+n)$］，则 min $p_{ij}^* = 4n + 4$。如图 11.10 分别举例说明这 3 种情况下 a_{ij}、n 和 min p_{ij}^* 的计算。

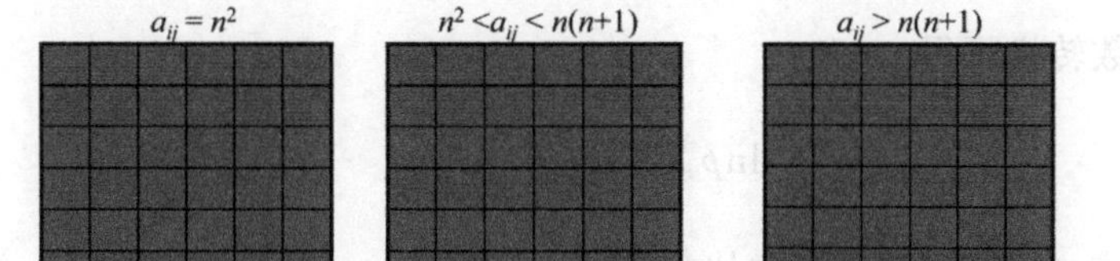

$a_{ij} = 6\times6 = 36$	$a_{ij} = 6\times6+1 = 37$	$a_{ij} = 6\times7+1 = 43$
$n = 6$	$n = \text{int}(a_{ij}^{1/2}) = \text{int}(37^{1/2}) = 6$	$n = \text{int}(a_{ij}^{1/2}) = \text{int}(43^{1/2}) = 6$
min $p_{ij} = 4n = 4\times6 = 24$	$n^2 = 36 < a_{ij} < n(n+1) = 42$	$a_{ij} > n(n+1) = 42$
	min $p_{ij} = 4n+2 = 4\times6+2 = 26$	min $p_{ij} = 4n+4 = 4\times6+4 = 28$

图 11.10　举例说明 FRAGSTATS 3.3 在计算形状指数 SHAPE 时对最小周长的计算

注：图中斑块边长的单位为栅格边数

C. LSI

SHAPE 针对的是单个斑块［图 11.11(a)］，而 LSI 针对的是某个类型或整个景观的所有斑块。斑块类型水平上的 LSI 不仅包含单个斑块的形状信息，也包含不同斑块之间的分散或聚集信息［图 11.11(b) 和（c)］。对于形状不规则，且分散分布的某类

斑块，其 LSI 较高。因此，在 FRAGSTATS 4.1 中将其归为聚集度指数大类。在 FRAGSTATS 2.0/4.1 和 3.3 中，LSI 的计算公式不尽相同，其中的原理同 $SHAPE_{2.0/4.1}$ 和 $SHAPE_{3.3}$。

$$LSI_{2.0/4.1} = \frac{\sum_{k=1}^{m} e_{ik}}{4\sqrt{A}} \tag{11.5}$$

式中，m 为斑块类型数；A 为景观总面积（m^2）；e_{ik} 为类型 i 与 k 的斑块之间相邻的总边缘长度（m）。

$$LSI_{3.3} = \frac{e_i^*}{\min e_i^*} \tag{11.6}$$

式中，e_i^* 为类型 i 的斑块与所有其他类型斑块之间的总边缘长度（用栅格边数表示）。

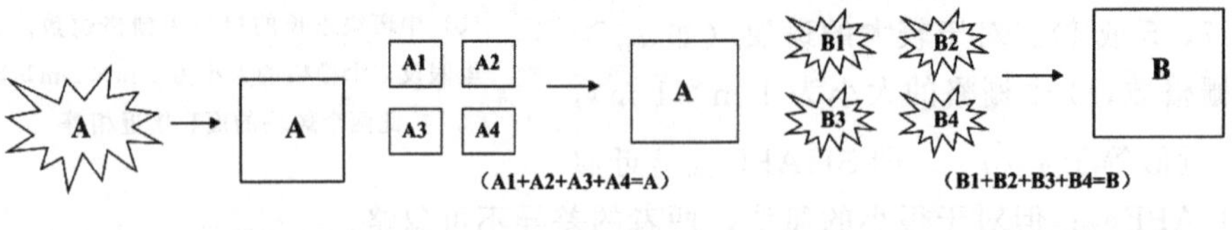

图 11.11　FRAGSTATS 3.3 中形状指数 SHAPE 与景观形状指数 LSI 在反映空间格局上的差别

D. FRAC 和 PAFRAC

FRAC 是斑块水平的分维数，建立在斑块周长与面积的如下关系基础上（Frohn, 1998），即

$$p_{ij} = k a_{ij}^{\frac{D}{2}} \tag{11.7}$$

式（11.7）对数转换可得

$$\ln p_{ij} = \ln k + \frac{D}{2} \ln a_{ij} \tag{11.8}$$

式（11.7）和式（11.8）中，k 为比例常数（constant of proportionality），反映 p_{ij} 与 $\sqrt{a_{ij}}$ 之间的相关关系，依 p_{ij} 的定义和栅格的形状不同而取不同的值：若用斑块一边的长度表示 p_{ij}，则 $k=1$；若用实际周长表示 p_{ij}，则 $k=4$（栅格为正方形），或 $k=1.26$（栅格为圆形），或 $k=3.72$（栅格为六边形）。当 $k=4$ 时，

$$FRAC = D = \frac{2\ln(0.25 p_{ij})}{\ln a_{ij}} \tag{11.9}$$

FRAC 为 1.0～2.0。对于正方形或矩形斑块，FRAC＝1.0；而对于高度起伏而被完全填充的斑块（近似于填实的立方体），FRAC 趋近于 2.0。FRAC 反映与规则的欧几里得几何体的偏离程度。FRAC 越大，斑块的周长随面积增大而增大的速率越快，这表明斑块形状越复杂。可通过计算一系列不同大小斑块的 FRAC，反映其形状复杂性，从而克服了 PARA 的缺陷。

PAFRAC 是斑块类型水平或景观水平上的分维数。其重要意义在于，可以综合反映一系列不同大小斑块的形状复杂性。其含义和取值范围与 FRAC 类似。但它不是对一系列斑块的 FRAC 求平均值（FRAC_MN 或 FRAC_AM），而是通过建立一系列斑块的面积与周长之间的回归关系获得，即

$$a_{ij} = kp_{ij}^{\frac{2}{D}} \tag{11.10}$$

式（11.10）对数转换可得

$$\ln a_{ij} = \ln k + \frac{2}{D}\ln p_{ij} \tag{11.11}$$

$$\text{PAFRAC} = D = \frac{2}{b_1} \tag{11.12}$$

式（11.12）中，b_1 为用最小二乘法估算的式（11.11）的回归系数 $2/D$，即直线的斜率。

在使用 PAFRAC 或 FRAC 时，有几点需要特别注意：

（1）由于是通过回归方程求解获得，PAFRAC 的计算是有条件的，特别是对斑块的样本数有一定的要求。只有在斑块数较大（如大于 20 时）时，PAFRAC 才是可靠和有用的。当斑块数较小（特别是小于 10）时，PAFRAC 的值可能超过其理论范围（1～2）。在 FRAGSTATS 中，当斑块数小于 10 或者斑块面积都相等时，均作为“N/A”而不被计算。

（2）除非所有的斑块都较大（大于 100 倍的空间粒度），否则空间粒度的大小将使回归分析产生偏差。景观的幅度在估算 PAFRAC 时也起着重要的作用，幅度较小的景观有较少的斑块，而且斑块较易受到景观边界截断的影响。但目前，将斑块数量和大小、空间粒度与斑块大小的关系、空间幅度与斑块数量的关系这些问题联系起来，为计算分维数建立一个强有力的取样理论的研究几乎没有（Turner et al.，2001）。

（3）同为分维数，在计算 PAFRAC 和 FRAC 时基于的周长和面积之间的关系式是不同的［注意式（11.10）与式（11.7）的差别］。也可基于式（11.7）来计算 PAFRAC（为了区别，称为 PAFRAC2）。PAFRAC 与 PAFRAC2 之间并无本质区别，值的差别也不大，而且对于同一斑块类型或同一景观，两个关系式的可决系数（R^2）是相等的。但在比较不同斑块类型或不同景观的 PAFRAC 时，应基于相同的关系式。

（4）一般地，PAFRAC 和 FRAC 的理论范围值均在 1.0～2.0 之间。对于相同的分形对象，PAFRAC 和 FRAC 比一般的 Hausdorff 维数在数值上小 1.0。因此，两类分维数不能直接进行比较。

（5）一个 FRAC 或 PAFRAC 值都只可用于一定的斑块大小范围（尺度域）内。若在某个范围内，周长与面积之间的对数关系呈直线，斜率不变，则分维数为定值；在此范围以外，若不再呈直线，斜率变化，则分维数也随之发生变化。

2）强调斑块的延长性

斑块水平的指数 CIRCLE 可从斑块的延长性方面反映斑块的形状（Baker and Cai，1992），即

$$\text{CIRCLE} = 1 - \frac{a_{ij}}{a_{ij}^{S}} \tag{11.13}$$

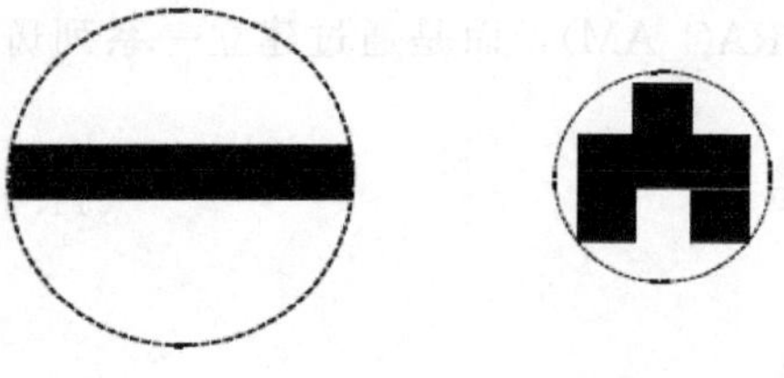

图 11.12　面积相等的两个斑块的外接圆

注：图中黑色区域为斑块

式中，a_{ij}^{S} 是斑块 ij 的最小外接圆的面积，是用几何学方法计算的圆的真实面积。其中，直径是斑块最长轴上两个栅格最外侧边与边之间的最大距离，而不是栅格中心到中心的距离。

CIRCLE 在 0～1 之间变化。CIRCLE 不可能为 0，因为对栅格格式的数据，斑块不可能出现完整的圆形。对于仅有一行宽的狭长形或线形斑块，CIRCLE 趋近于 1。CIRCLE 越大，表明斑块的延长性越强。如图 11.12 中的两个斑块 A 和 B 的面积相等，但斑块 A 为线性延长，而斑块 B 较为紧凑，致使斑块 A 的外接圆面积比斑块 B 大得多，因此，斑块 A 的 CIRCLE 也更大。

3）强调斑块内部栅格的连接或邻接或紧凑

斑块水平的指数 CONTIG 可从斑块内部栅格之间的连接或邻接或紧凑方面反映斑块边界的构型，由此反映斑块的形状（LaGro，1991），即

$$\mathrm{CONTIG}=\frac{\dfrac{\sum_{r=1}^{z} c_{ijr}}{a_{ij}^{*}}-1}{v-1} \tag{11.14}$$

式中，a_{ij}^{*} 为组成斑块 ij 的栅格总数（z）；c_{ijr} 为斑块 ij 中栅格 r 的邻域值（contiguity value）；v 为一个 3×3 栅格模板中各值之和。设中心栅格的值为 1，垂直方向的相邻权重高于对角线方向，上、下、左、右 4 个栅格均被赋值为 2，对角线上的栅格被赋值为 1，由此，$v=13$［图 11.13(a)］。对斑块 ij，将栅格模板的中心放置于左上角第一个栅格，模板所覆盖的斑块 ij 以外的其他类型栅格或背景均被赋值为 0，斑块 ij 以内各栅格按照计算 v 的规则赋值，然后计算模板中各值之和 c_{ijr}，将其赋予第一个栅格；从左至右、从上至下依次移动模板，得到各栅格的 c_{ijr}。只有处于斑块内部的栅格，其 c_{ijr} 才能达到最大值 13；而处于斑块边缘的栅格，总会与其他类型栅格或背景相邻，其 c_{ijr} 必然小于 13。$\sum c_{ijr}/a_{ij}^{*}$ 为斑块 ij 的平均栅格邻域值。因此，CONTIG 为斑块的平均 c_{ijr} 与最大 c_{ijr} 的比。由于 $\sum c_{ijr}/a_{ij}^{*}$ 总是小于 v，CONTIG 不可能等于 1。对于一个仅由

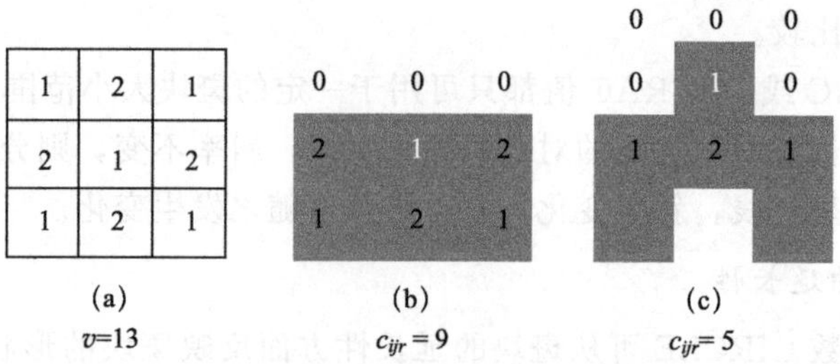

图 11.13　计算邻近指数 CONTIG 时设置的栅格模板及其栅格邻域值 c_{ijr}

注：(a) 显示一个 3×3 栅格模板，其中心栅格的邻域值最大（$v=13$）。

(b) 和 (c) 显示一个以白字栅格为中心的 3×3 模板

单个栅格组成的斑块，$\sum c_{ijr}=1$，CONTIG=0。

在等面积情况下，一个形状规则、分布紧凑或连续（内部较少孔隙）的斑块，其内部区域较多，c_{ijr} 达到13的栅格也较多，因此CONTIG较大［图11.13(b)］；相反，一个形状不规则或扁长、分布松散的斑块有较多的边缘，邻域值小于13的栅格偏多，CONTIG较小［图11.13(c)］。

3. 核心面积指数（core area metrics）

一个斑块有其内部核心区（interori core area）和边缘区（edge area）。计算核心面积指数需要用户事先定义边缘深度（edge depth）（即边缘带的宽度）。它可以作为一个定值被输入，适用于所有的斑块类型；也可以依不同的相邻斑块类型设置不同的值，并以固定格式的文件（如edge_depth.csv）输入（图11.14）。若相邻斑块类型之间的对比度较强，边界明显，过渡少，则边缘深度较小；相反，若相邻斑块类型之间变化和缓，有一个较宽的过渡带，则边缘深度较大。因此，确定边缘深度需要正确认识不同斑块类型之间的交错或过渡关系。

FTABLE	1	2	4	5	6	7	8	9	10	11	12	31	32	9999
1	0	0	0	0	0	1000	0	0	1000	0	0	1000	1000	0
2	0	0	1000	0	2000	1000	0	0	1000	0	0	1000	1000	0
4	0	1000	0	0	3000	1000	0	0	2000	0	0	2000	2000	0
5	0	1000	0	0	0	1000	0	0	1000	0	1000	1000	1000	0
6	0	1000	2000	0	0	1000	0	0	1000	0	0	1000	1000	0
7	1000	0	1000	1000	1000	0	1000	0	1000	0	0	1000	1000	0
8	0	0	0	0	0	0	0	0	0	0	0	1000	1000	0
9	0	0	0	0	0	0	0	0	0	0	0	1000	1000	0
10	0	1000	2000	1000	1000	1000	0	0	0	0	1000	1000	1000	0
11	0	0	0	0	0	0	0	0	0	0	0	1000	1000	0
12	0	0	0	0	0	0	0	0	1000	0	0	1000	1000	0
31	0	1000	2000	0	1000	1000	0	0	1000	0	1000	0	2000	0
32	0	1000	2000	0	1000	1000	0	0	1000	0	1000	2000	0	0
9999	1000	1000	1000	1000	1000	1000	1000	1000	1000	1000	1000	1000	1000	0

图11.14　计算核心面积指数时边缘深度文件的格式举例

注：图中1、2、4……32表示各斑块类型，9999表示景观背景。下同

一个斑块核心面积的大小（CORE）与该斑块的形状和面积都有关。等面积情况下，形状越规则、分布越紧凑的斑块，CORE越大；而形状不规则，特别是狭长形、分散分布的斑块，CORE很小，甚至没有核心区［图11.15(a)］。相同形状的情况下，斑块面积越大，CORE也越大［图11.15(b)］。CORE的大小与边缘深度也有关：在面积和形状均相同的情况下，边缘深度越大，CORE越小［图11.15(c)］。

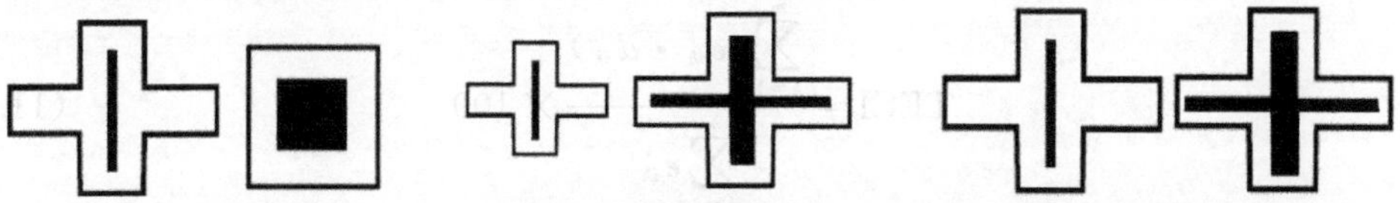

(a) 形状效应　　(b) 面积效应　　(c) 边缘深度效应

图11.15　影响斑块核心面积指数的因素

注：图中斑块内部的黑色区域表示核心区，白色区域表示边缘区

一个斑块内部可能有多个分离的核心区。在斑块的空间划分上，这多个核心区属于同一个斑块；但从生物体的角度来看，这多个核心区可能是功能不同的斑块。表面上核心区之间可通过其间的边缘带连通，但由于这些边缘带较窄，生物体可能无法通过，这时，这些核心区之间实际上是相互隔离的。因此，对于生物体，核心区斑块的面积和数量可能比实际斑块的更有意义。

4. 对比度指数（contrast metrics）

斑块水平上的边缘对比度指数 ECON 可反映相邻斑块之间的对比度，即

$$\mathrm{ECON}=\frac{\sum_{k=1}^{m}(p_{ijk}\cdot d_{ik})}{p_{ij}}\times 100 \tag{11.15}$$

式中，p_{ijk}为斑块ij与类型为k的斑块之间相邻的总边缘长度（m）。对于紧邻边界的内部斑块，边界外通常被作为背景；但若有边缘带，则需根据边界外相邻斑块的类型来确定此边界是否为真正的边缘。与p_{ijk}不同，p_{ij}为斑块ij的实际周长，而不论边缘带是否存在。d_{ik}为类型i与k的斑块之间的边缘对比度权重（edge contrast weight）($0\leqslant d_{ik}\leqslant 1$)，需要用户事先定义，并以固定格式的文件（如 edge_wgt.csv）输入（图 11.16）。p_{ij}实际为不同类型斑块之间的边缘对比度权重均达到最大（即均为 1）时的p_{ijk}，因此，ECON 是一个边缘对比度的相对量度指标。

FTABLE	1	2	4	5	6	7	8	9	10	11	12	31	32	9999
1	0	1	1	1	1	1	1	1	0.9	1	1	1	1	1
2	1	0	0.6	1	1	1	1	1	1	1	1	1	1	0.9
4	1	0.6	0	1	0.7	0.9	1	1	0.9	1	1	0.7	0.6	0.8
5	1	1	1	0	1	1	1	1	1	1	1	1	1	1
6	1	1	0.7	1	0	1	1	1	1	1	1	0.9	0.9	1
7	1	1	0.9	1	1	0	1	1	0.8	1	1	1	1	1
8	1	1	1	1	1	1	0	1	1	1	1	1	1	1
9	1	1	1	1	1	1	1	0	1	1	1	1	1	1
10	0.9	1	0.9	1	1	0.8	1	1	0	1	1	0.9	1	1
11	1	1	1	1	1	1	1	1	1	0	1	0.2	1	1
12	1	1	1	1	1	1	1	1	1	1	0	0.3	0.5	1
31	1	1	0.7	1	0.9	1	1	1	0.9	0.2	0.3	0	0.7	0.8
32	1	1	0.6	1	0.9	1	1	1	1	1	0.5	0.7	0	0.5
9999	1	0.9	0.8	1	1	1	1	1	1	1	1	0.8	0.5	0

图 11.16　计算对比度指数时边缘对比度权重文件的格式举例

斑块类型和景观水平上的边缘对比度指数 TECI 是在 ECON 的基础上扩展而成的，即

$$\mathrm{TECI}=\frac{\sum_{k=1}^{m}(e_{ik}\cdot d_{ik})}{\sum_{k=1}^{m}e_{ik}^{*}}\times 100 \tag{11.16}$$

$$\mathrm{TECI}=\frac{\sum_{i=1}^{m}\sum_{k=i+1}^{m}(e_{ik}\cdot d_{ik})}{E^{*}}\times 100 \tag{11.17}$$

式（11.16）和式（11.17）中，e_{ik}^{*}为类型i与k的斑块之间相邻的总边缘长度（m）；

E^* 为景观中所有斑块之间相邻的总边缘长度（m），其计算均不论边缘带是否存在。

斑块类型和景观水平上另一个边缘对比度指数是对比度加权的边缘密度 CWED，即

$$\mathrm{CWED}=\frac{\sum_{k=1}^{m}(e_{ik}\cdot d_{ik})}{A}\times 10000 \tag{11.18}$$

$$\mathrm{CWED}=\frac{\sum_{i=1}^{m}\sum_{k=i+1}^{m}(e_{ik}\cdot d_{ik})}{A}\times 10000 \tag{11.19}$$

CWED 与边缘密度 ED 的差别在于，CWED 包含了边缘对比度权重，区分不同类型斑块之间的边缘对比度，而 ED 实际上假设所有类型斑块之间的边缘对比度权重均为最大（1）。

5. 隔离/邻近指数（isoloation/proximity metrics）

我们最常用距离来反映某个斑块与其他同类斑块之间的隔离或邻近状况。其中，最简单的是欧几里得最近邻距离 ENN，即

$$\mathrm{ENN}=h_{ij} \tag{11.20}$$

式中，h_{ij} 为斑块 ij 到最近的同类斑块之间的直线距离，用这两个斑块的最近栅格的中心距离表示。ENN 的最小值（$\mathrm{ENN}_{\min}$）受限于栅格大小，也与定义栅格相邻时采用的邻域规则有关：采用八邻规则时，$\mathrm{ENN}_{\min}$ 为两倍的栅格大小［图 11.17(a)］；采用四邻规则时，$\mathrm{ENN}_{\min}$ 为对角线方向上最近栅格之间的距离［图 11.17(b)］。ENN 的最大值受限于景观幅度。

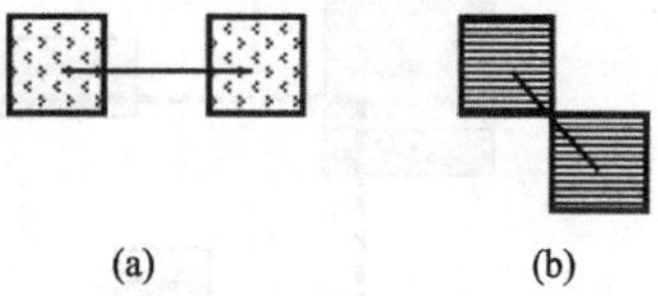

图 11.17　欧几里得最近邻距离 ENN 的最小值

注：(a) 采用八邻规则时，$\mathrm{ENN}_{\min}=2b$（b 为栅格的边长）；(b) 采用四邻规则时，$\mathrm{ENN}_{\min}=\sqrt{2}b$

另一个用距离来表示隔离或邻近的指数是 FNN，即

$$\mathrm{FNN}=h_{ij}^{*} \tag{11.21}$$

式中，h_{ij}^{*} 为斑块 ij 到最近的同类斑块之间的最短生态距离，这是花费时间或能量最少的距离。可见，与结构性指数 ENN 不同，FNN 是一个针对具体生物体或生态过程的功能性指数。在有些情况下，地理空间上的最短距离不一定是生态功能上的最短距离。

实际上，仅用距离来反映某个核心斑块与其他斑块之间的隔离或邻近状况是不完全的，隔离或邻近还与其他斑块的大小有关：在距离一致的情况下，其他斑块越大，则该核心斑块的隔离度越低。基于这种认识的两个指数是相邻指数 PROX 和相似性指数 SIMI，即

$$\mathrm{PROX}=\sum_{s=1}^{n}\frac{a_{ijs}}{h_{ijs}^{2}} \tag{11.22}$$

$$\mathrm{SIMI}=\sum_{s=1}^{n}\frac{a_{ijs}\cdot f_{ik}}{h_{ijs}^{2}} \tag{11.23}$$

PROX 和 SIMI 需要用户事先定义一个以斑块 ij 为中心的搜索半径（search radius）。若搜索范围超过景观的边界，则只有包含在景观内部的斑块才被考虑参与计算其面积。

PROX 的计算基于搜索范围内的所有同类斑块（岛屿生物地理学的视角）。式 (11.22) 中，h_{ijs}为搜索范围内斑块 ij 到同类斑块 s 的距离，用这两个斑块的最近栅格的中心距离表示；a_{ijs}为斑块 s 的面积；n 为搜索范围内其他同类斑块的总数。同类的某个斑块即使只有一个栅格在搜索范围内，也被计数，并认为该斑块包含在此搜索范围内，参与计算 PROX 的面积为整个斑块的面积。

若某个搜索范围内无其他同类斑块，则 PROX＝0。随着搜索范围内同类斑块的数量增多、距离变近、面积增大，PROX 增大，这时该类斑块变得更加连续，破碎化程度降低（图 11.18）。PROX 的最大值同时受搜索半径和斑块间最小距离的影响。

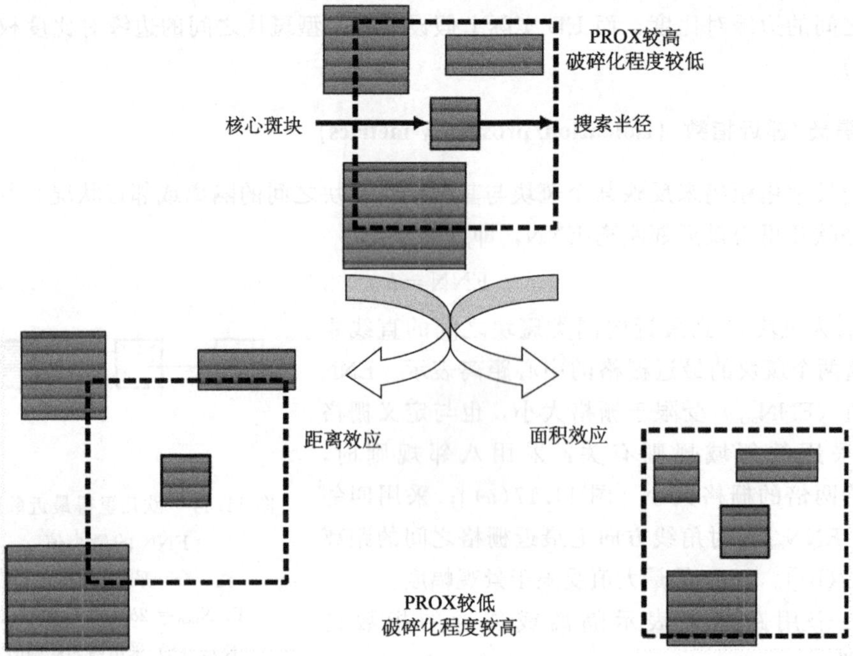

图 11.18　相邻指数 PROX 的距离效应和面积效应

SIMI 在 PROX 的基础上产生，但与 PROX 不同，SIMI 的计算基于搜索范围内的所有斑块，而无论是否同类（景观镶嵌体的视角）。式 (11.23) 中，h_{ijs}为搜索范围内斑块 ij 到斑块 s 的距离。f_{ik}为斑块类型 i 与 k 的相似性系数（similarity coefficient）

FTABLE	1	2	4	5	6	7	8	9	10	11	12	31	32	9999
1	1	0	0	0	0	0	0	0	0.1	0	0	0	0	0
2	0	1	0.4	0	0	0	0	0	0	0	0	0	0	0
4	0	0.4	1	0	0.3	0.1	0	0	0.1	0	0	0.3	0.4	0
5	0	0	0	1	0	0	0	0	0	0	0	0	0	0
6	0	0	0.3	0	1	0	0	0	0	0	0	0.1	0.1	0
7	0	0	0.1	0	0	1	0	0	0.2	0	0	0	0	0
8	0	0	0	0	0	0	1	0	0	0	0	0	0	0
9	0	0	0	0	0	0	0	1	0	0	0	0	0	0
10	0.1	0	0.1	0	0	0.2	0	0	1	0	0	0.1	0	0
11	0	0	0	0	0	0	0	0	0	1	0	0.8	0	0
12	0	0	0	0	0	0	0	0	0	0	1	0.7	0.5	0
31	0	0	0.3	0	0.1	0	0	0	0.1	0.8	0.7	1	0.3	0
32	0	0	0.4	0	0.1	0	0	0	0	0	0.5	0.3	1	0
9999	0	0	0	0	0	0	0	0	0	0	0	0	0	1

图 11.19　计算景观指数 SIMI 时相似性系数文件的格式举例

(0≤f_{ik}≤1)，需要用户事先定义，并以固定格式的文件（如 simi_wgt. csv）输入（图 11.19）。f_{ik}与计算对比度指数时的d_{ik}相对，并可认为 $f_{ik}=1-d_{ik}$。相似性系数的加入使得 SIMI 成为功能性指数。

若某个搜索范围内不同类型斑块之间的相似性系数均为 0，则 SIMI=0。与 PROX 类似，随着搜索范围内相似的同类或不同类斑块的数量增多、距离变近、面积增大，SIMI 增大，这时，这些斑块变得更加连续，破碎化程度降低。

6. 聚集/分散指数（contagion/interspersion metrics）

聚集度是景观最重要的空间特征，常常是破碎化研究的核心问题。聚集度不是一个单纯表示某个独立格局特征的指数，而是一个融合了斑块面积、形状和边缘的综合指数。在 FRAGSTATS 3.3 中，识别斑块聚集度的景观指数包括 4 类：①基于同类相邻（like-adjacencies）栅格的指数，如同类相邻比例 PLADJ、聚集度指数 CLUMPY、聚合指数 AI；②基于不同类型斑块之间分散的指数，如分散和并列指数 IJI；③同时基于同类相邻栅格和不同类型斑块之间分散的指数，如景观水平的聚集度指数 CONTAG；④基于累积斑块面积分布（cumulative patch area distribution）的指数，如景观分离指数 DIVISION、分离指数 SPLIT 和有效网格大小 MESH。由于涉及不同斑块之间的关系，聚集度指数只存在于斑块类型和景观水平上。

1）基于同类相邻栅格的指数

$$\mathrm{PLADJ}=\frac{g_{ii}}{\sum_{k=1}^{m} g_{ik}} \times 100 \tag{11.24}$$

式中，m 为斑块类型数；g_{ii}为斑块类型 i 同类相邻的栅格边数；g_{ik}为斑块类型 i 与 j（包括 i）相邻的栅格边数；$\sum g_{ik}$为斑块类型 i 栅格的总边数。因此，PLADJ 表示斑块类型 i 中同类相邻栅格边数的比例。

相邻栅格边数的计算基于相邻矩阵文件（. adj），采用双数原则（对于景观内部的栅格相邻）。若有边缘带，则在计算 g_{ii}时，景观内部与边缘带之间同类相邻（即外部同类相邻，external like adjacencies）的栅格边数被单向计数 1 次。无论是否有边缘带，内部栅格与背景或边缘的相邻均被包括在总相邻边数的计算中（表 11.4）。

表 11.4　景观聚集度指数计算过程中的一些条件限制

景观指数	PLADJ	CLUMPY	AI	IJI	CONTAG
栅格相邻的单数/双数原则	双数	双数	单数	—	双数
对内部和外部同类相邻栅格边数的统计	统计内部和外部	仅统计内部	仅统计内部	—	统计内部和外部
对背景/边界的考虑	考虑	考虑	不考虑	不考虑	不考虑
对边缘带的考虑（有边缘带情况下）	考虑	不考虑	不考虑	考虑	考虑

PLADJ 为 0～100。如果类型 i 的各个斑块完全分离（每个栅格均为不同的斑块），那么该斑块类型没有同类相邻栅格，PLADJ=0。但这种情况只有在斑块类型 i 占整个

景观的面积比例 $P_i \leqslant 50\%$ 时才会发生。特别地，当 $P_i = 50\%$ 时，各个斑块形成完整的棋盘格局。而当 $P_i > 50\%$ 时，必然会出现同类相邻栅格。随着同类斑块的聚集，同类相邻栅格的比例会增多，PLADJ 随之增大（Wickham and Riitters，1995）。只有当整个景观均由一个斑块构成，且边缘带中的斑块类型与景观内的斑块类型完全相同时，PLADJ 才能达到最大值 100。总之，由面积较大、形状规则、分布连续或聚集的斑块所构成的斑块类型或景观，PLADJ 较大，同时斑块内部的连接度较高，而破碎度较低。

统计上，若类型 i 的斑块在空间上呈随机分布，则 PLADJ 近似等于 P_i。因此，若 PLADJ$<P_i$，则表明分布更加分散；相反，若 PLADJ$>P_i$，则表明分布更加聚集。然而，PLADJ 在反映斑块类型的分散或聚集时，未考虑与 P_i 的这种关系，因此，它对分散或聚集的判断有时会出错。假设斑块类型 i 的 PLADJ $= 40$，$P_i = 50$，比较两者的值，可知这时斑块类型 i 更加分散；格局变化后，PLADJ $= 30$，$P_i = 20$，比较两者的值，可知这时斑块类型 i 更加聚集。然而，若不考虑 P_i，仅从 PLADJ 值上判断，则得出的结论恰恰相反。针对 PLADJ 的这一缺陷，提出了与 P_i 相关的聚集度指数 CLUMPY，即

$$\text{CLUMPY} = \begin{bmatrix} \dfrac{G_i - P_i}{P_i} (G_i \leqslant P_i\text{，且 } P_i < 0.5) \\ \dfrac{G_i - P_i}{1 - P_i} (G_i \leqslant P_i\text{，且 } P_i \geqslant 0.5) \\ \dfrac{G_i - P_i}{1 - P_i} (G_i \geqslant P_i) \end{bmatrix} \tag{11.25}$$

$$G_i = \frac{g_{ii}}{\sum_{k=1}^{m} g_{ik} - \min e_i^*} \tag{11.26}$$

式（11.25）和式（11.26）中，$\min e_i^*$ 为类型 i 的斑块达最大聚集时的最小周长（用栅格边数表示），其计算原理同 LSI 中的 $\min e_i^*$。

G_i 与 PLADJ 含义相同，表达近似，计算过程和要求也近似。但有两点差异：①计算 G_i 时需减去 $\min e_i^*$，这是为了使 G_i 在斑块最聚集时即可达到最大值 1，相比之下，PLADJ 达到最大值的条件要苛刻得多；②即使有边缘带，在计算 g_{ii} 时，外部同类栅格相邻也不被计数（表 11.4）。需要特别说明的是，在 FRACGSTATS 4.1 中，G_i 与 PLADJ无任何差异。

与 PLADJ 或 G_i 不同，CLUMPY 的计算体现了类型 i 的斑块在随机分布情况下 G_i 近似等于 P_i 的事实（Gardner and O'Neill，1991）。CLUMPY 为 $-1 \sim 1$。当 CLUMPY=0时，斑块在空间上呈随机分布；当 CLUMPY$= -1$ 时，分布最分散；当 CLUMPY=1 时，分布最聚集。因此，CLUMPY 是一个与随机分布相比较的相对值。依据 P_i 的取值，G_i 的最小值 $G_{\min}$ 有两种表达形式：当 $P_i < 0.5$ 时，$G_{\min}=0$，这时类型 i 的各个斑块完全分离（每个栅格均为不同的斑块）；当 $P_i \geqslant 0.5$ 时，$G_{\min} = 2P_i - 1$，而不可能为 0（表 11.5）。

表 11.5　计算聚集度指数 CLUMPY 时的三种情况

分散分布		随机分布		聚集分布	条件
−1	←	0	→	1	
$G_{\min}=0$		$G_i=P_i$			$G_i \leqslant P_i$，且 $P_i<0.5$
$G_{\min}=2P_i-1$		$G_i=P_i$			$G_i \leqslant P_i$，且 $P_i \geqslant 0.5$
		$G_i=P_i$		$G_{\max}=1$	$G_i \geqslant P_i$

AI 的计算公式为（He et al.，2000）

$$\mathrm{AI}=\frac{g_{ii}}{\max g_{ii}}\times 100 \tag{11.27}$$

式中，$\max g_{ii}$ 为斑块类型 i 达最大聚集时同类相邻栅格的边数，出现于所有同类栅格聚合为一个紧凑斑块（不一定是正方形）时。设 a_i 为斑块类型 i 的总面积（用栅格数表示），n 为面积不大于 a_i 的正方形斑块的最大整数边长［即 $n=\mathrm{int}(a_i^{0.5})$］，$m=a_i-n^2$；则 $\max g_{ii}$ 有 3 种形式：

（1）若 $m=0$（即 $a_i=n^2$），则 $\max g_{ii}=2n(n-1)$；

（2）若 $0<m\leqslant n$［即 $n^2<a_i\leqslant n(1+n)$］，则 $\max g_{ii}=2n(n-1)+2m-1$；

（3）若 $m>n$［即 $a_i>n(1+n)$］，则 $\max g_{ii}=2n(n-1)+2m-2$。

与 PLADJ 和 CLUMPY 不同，在计算 AI 时无需考虑斑块类型 i 与其他类型的相邻；g_{ii} 的计算是单数的，即两个同类相邻栅格的边数仅被计数 1 次，因此，其值并不等同于相邻矩阵文件（.adj）中的值。与 CLUMPY 相同，但与 PLADJ 不同，即使有边缘带，在计算 g_{ii} 时，外部同类相邻的栅格边数也不被计数（表 11.4）。

与 PLADJ 类似，由形状规则、分布连续或聚集的斑块所构成的斑块类型或景观，AI 较大，同时斑块内部的连接度较高，而破碎度较低。与 PLADJ 不同，AI 与斑块类型的面积无关，对面积很小（仅由单个栅格构成的斑块类型除外），但分布聚集的斑块类型，AI 仍然较大。

2）基于不同类型斑块之间分散的指数

PLADJ、CLUMPY 和 AI 基于栅格，而 IJI 基于斑块，有

$$\mathrm{IJI}=\frac{-\sum_{k=1}^{m}\left[\frac{e_{ik}}{\sum_{k=1}^{m}e_{ik}}\ln\left(\frac{e_{ik}}{\sum_{k=1}^{m}e_{ik}}\right)\right]}{\ln(m-1)}\times 100 \tag{11.28}$$

式中，e_{ik} 为斑块类型 i 与 k 相邻的总边缘长度（m）（非相邻边数）。在计算 e_{ik} 时，边缘带中的斑块类型信息被考虑；但所有的背景边缘被忽略（表 11.4），因为无法确定内部斑块类型与背景类型的相邻关系。

IJI 为斑块类型 i 在其他斑块类型中的平均分散占最大可能分散的比例。设 $e_{ik}/\sum e_{ik}=P$。当斑块类型 i 的聚集性很强，甚至仅有 1 个其他斑块类型与其相邻时，$P=1$，IJI=0（图 11.20a）。随着斑块类型 i 与其他不同斑块类型相邻的比例增大，它在其他不同斑块类型中分布的均匀性增强，P 降低，IJI 增加（图 11.20b）。当斑块类型 i 与

所有其他斑块类型相邻的比例均相等时，它最均匀地分散于所有其他斑块类型中，$P=1/(m-1)$，IJL=100。

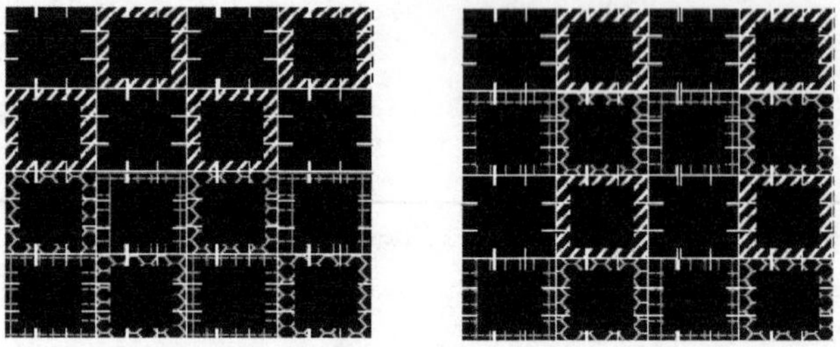
(a) (b)

图 11.20　举例说明某核心斑块类型在其他斑块类型中的分散分布（分散和并列指数 IJI）

注：图中有 4 类斑块，分别由较密和较疏横竖齿线框、弯曲线框和斜线框栅格构成，其中斜线框栅格构成的是核心斑块类型。(a) 分散度低，IJI 很小；(b) 分散度高，IJI 很大

3）同时基于同类相邻栅格和不同类型斑块之间分散的指数

CONTAG 综合了 PLADJ、CLUMPY、AI 和 IJI，其计算式最初来源于 O'Neill (1988a)，Li (1989)① 及 Li 和 Reynolds (1993) 对其进行了改进，有

$$\mathrm{RC}=1-\frac{D}{D_{\max}}=1-\frac{-\sum_{i=1}^{m}\sum_{k=1}^{m}P_{ik}\ln(P_{ik})}{2\ln(m)}=1+\frac{\sum_{i=1}^{m}\sum_{k=1}^{m}P_{ik}\ln(P_{ik})}{2\ln(m)} \tag{11.29}$$

$$P_{ik}=P_iP_{k/i}=P_i\frac{g_{ik}}{\sum_{k=1}^{m}g_{ik}} \tag{11.30}$$

式 (11.29) 和式 (11.30) 中，P_{ik} 为斑块类型 i 与 k 相邻的概率；P_i 为斑块类型 i 占整个景观的面积比例；$P_{k/i}$ 为在给定斑块类型 i 的情况下，斑块类型 k 与其相邻的条件概率；g_{ik} 为斑块类型 i 与 j（包括 i）相邻的栅格边数；$\sum g_{ik}$ 近似于斑块类型 i 栅格的总边数。

式 (11.29) 中，D 表示斑块的分散度，$D_{\max}$ 表示斑块的最大分散度，$D/D_{\max}$ 表示斑块分布的均匀度。RC 为聚集度，与 D 和 $D/D_{\max}$ 呈反比。各斑块类型的面积比例越均等（表现在 P_i 上），不同斑块类型之间的分布越均匀（表现在 $P_{k/i}$ 上），$D/D_{\max}$ 越大，而 RC 越小。

$$\mathrm{CONTAG}=\mathrm{RC}\times 100=\left[1+\frac{\sum_{i=1}^{m}\sum_{k=1}^{m}\left[P_i\left(\frac{g_{ik}}{\sum_{k=1}^{m}g_{ik}}\right)\right]\left[\ln\left(P_i\left(\frac{g_{ik}}{\sum_{k=1}^{m}g_{ik}}\right)\right)\right]}{2\ln(m)}\right]\times 100 \tag{11.31}$$

---

① Li H. 1989. Spatio-temporal pattern analysis of managed forest landscapes: a simulation approach. Dissertation, Oregon State University, Corvallis, Oregon

g_{ik}的计算基于相邻矩阵文件（.adj），采用双数原则（对于景观内部的栅格相邻）。若有边缘带，则景观内部与边缘带之间相邻的栅格边数被单向计数 1 次。所有的背景边缘被忽略（表 11.4）。

CONTAG 可从同类栅格相邻或分散（dispersion）的程度及在其他斑块类型中分散（interspersion）的程度，综合识别景观斑块的聚集状况（Turner et al.，1989c）。CONTAG 既对景观的组成（即斑块类型的数量及其相对比例）敏感，也受斑块空间分布和排列的影响（图 11.21）。当景观中以少数大斑块为主时，同一类型斑块高度紧凑和连续（即同类栅格相邻的比例较高），且不同类型斑块之间的分散度较低（即成对相邻的分布不均等），CONTAG 较大［图 11.22(a)］。特别地，当景观由单个斑块构成时，CONTAG 可达最大值 100。另外，若两类不同栅格之间频繁相邻，则与同类栅格之间的频繁相邻类似，也会使 CONTAG 较大（Riitters et al.，1996）。CONTAG 在以下情况下可能较小：①当各斑块类型所占比例或多或少相等，并且同类栅格相邻的数量与不同类栅格相邻的数量接近相等时（Riitters et al.，1996）；②当景观由许多离散的小斑块组成时［图 11.22(b)］（Li and Reynolds，1993）；③当景观由较大、但曲折性很强（如线形）的斑块组成时；④当景观中有较多的斑块类型时（Li and Reynolds，1993）。特别地，当每个栅格分别代表不同的斑块类型，且所有成对相邻的比例均相等时，CONTAG 可达最小值 0。在一定意义上，CONTAG 与边缘密度 ED 呈负相关关系。

图 11.21　景观斑块空间构型的变化对景观水平的聚集度指数 CONTAG 的影响

注：从左到右，随着景观斑块聚集度的逐渐增强，CONTAG 逐渐增大

CONTAG 常被用来表示景观格局（McGarigal and Marks，1995；Riitters et al.，1995；Wickham et al.，1996），并检测空间格局与生态过程之间的关系（Turner，1989；Turner，1990a）。但在使用和解释 CONTAG 时需要格外的谨慎（Riitters et al.，1996；Ricotta et al.，2002）。尽管 CONTAG 可综合识别景观斑块的聚集状况，但它主要捕捉的是小尺度上的格局信息，而容易忽略大尺度上的信息（O'Neill et al.，1988b）。相比之下，空隙度指数更能捕捉不同尺度上的聚集状况（Plotnick et al.，1993）。

4）基于累积斑块面积分布的指数

Jaeger（2000）提出 3 个基于累积斑块面积分布的指数，即

$$\mathrm{SPLIT} = \frac{A^2}{\sum_{j=1}^{n} a_{ij}^2} \tag{11.32}$$

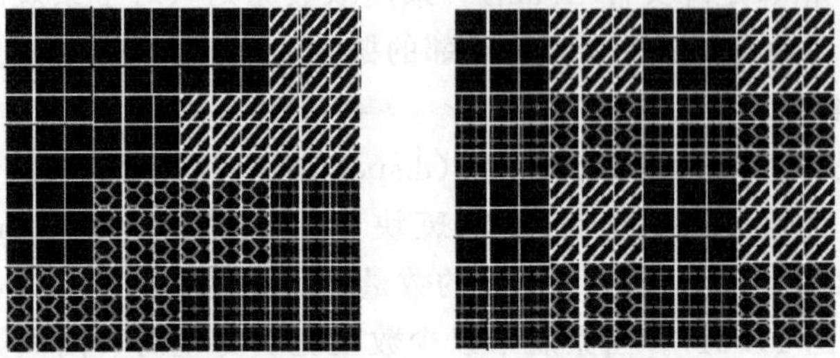

(a)　　　　　　　　　　(b)

图 11.22　举例说明景观水平上各斑块类型的聚集状况

注：图中有 4 类斑块，分别由黑色实心、斜线、渔网线和纵横格线填充。

(a) 聚集度很高，CONTAG 很大；(b) 聚集度很低，CONTAG 很小

$$\text{MESH}=\frac{\sum_{j=1}^{n}a_{ij}^{2}}{A}\times\frac{1}{10000} \tag{11.33}$$

$$\text{DIVISION}=1-\sum_{j=1}^{m}\left(\frac{a_{ij}}{A}\right)^{2} \tag{11.34}$$

式（11.32）至式（11.34）中，A 为整个景观的面积（包括内部背景）(m^2)。数学表达上，它们均是随机变量面积分布函数的二阶矩的不同转换形式，如 $\sum(a_{ij}/A)^2$（Jaeger，2000）。

这类指数均从斑块大小或数量的多少识别斑块被分解或破碎的程度，有时也被统称为分离度指数。它们包含大多相同的信息，但在表达的含义和数学关系上有所差异。SPLIT 表示根据某类斑块在整个景观中的加权平均面积 $[M(a_i)]$ 计算的斑块数（有效网格数，effective mesh nmber），即

$$\text{SPLIT}=\frac{A^{2}}{\sum_{j=1}^{n}a_{ij}^{2}}=\frac{A}{\sum_{j=1}^{n}\left(a_{ij}\times\frac{a_{ij}}{A}\right)}=\frac{A}{M(a_i)} \tag{11.35}$$

MESH 与 SPLIT 相对，表示将某类斑块分为 SPLIT 个时，斑块的平均大小（在整个景观中的加权平均面积）为

$$\text{MESH}=\sum_{j=1}^{n}\left(a_{ij}\times\frac{a_{ij}}{A}\right)\times\frac{1}{10000}=\frac{M(a_i)}{10000} \tag{11.36}$$

当某斑块类型或景观由许多小斑块构成时，SPLIT 较大，MESH 较小，说明该类斑块呈现较强的破碎化，或者该景观具有较小的粒径（细粒景观）。SPLIT 与 MESH 呈完全负相关关系。

DIVISION 表示两次独立随机取样不取同一个斑块的概率。当斑块的数量和面积减小时，DIVISION 增大。DIVISION 与 MESH 在定义和单位上不同，但在数学表达上相似，呈极显著负相关关系。

但这类指数仅与斑块大小或数量有关，而与斑块的形状、位置和空间配置无关。较大而连续的斑块，即使延长性或曲折性很强，其聚集度也较高，与 CONTAG 不同。

然而，用以上侧重点不同的指数比较同一个景观不同斑块类型的聚集度时，可能会

有不同的结果。例如，图 11.23 中类型 1 的面积大于类型 2。若用与斑块面积相关性更强的指数 SPLIT、MESH 和 DIVISION，则类型 1 的聚集度强于类型 2；若用基于同类相邻栅格的指数 PLADJ、AI 和 CLUMPY，则类型 2 的聚集度强于类型 1。因此，比较侧重点不同的指数值需十分慎重。

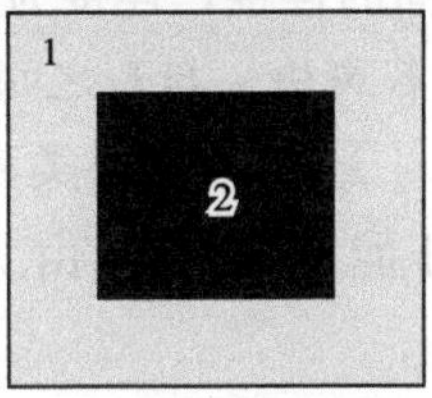

斑块类型	CLUMPY	PLADJ	AI	DIVISION	MESH	SPLIT
1	0.81	87.50	93.33	0.59	14.75	2.44
2	1	91.67	100	0.87	4.67	7.72

图 11.23　举例说明不同侧重点的聚集度指数的差异

注：图中椭圆形外框指示聚集度较大的斑块类型

7. 连接度指数（connectivity metrics）

景观连接度包括结构（物理）连接度［structural（physical）connectedness］（即连通性）和功能连接度（functional connectivity）。Schumaker（1996）提出以下结构连接度指数，用以定量景观中生物体的生境连接状况，即

$$\text{COHESION}=\frac{\left[1-\dfrac{\sum_{j=1}^{n}p_{ij}^{*}}{\sum_{j=1}^{n}p_{ij}^{*}\sqrt{a_{ij}^{*}}}\right]}{\left[1-\dfrac{1}{\sqrt{Z}}\right]}\times 100 \tag{11.37}$$

COHESION 的计算需要斑块面积和周长信息，其中，

$$\frac{\sum_{j=1}^{n}p_{ij}^{*}}{\sum_{j=1}^{n}(p_{ij}^{*}\sqrt{a_{ij}})}=\frac{\sum_{j=1}^{n}\dfrac{p_{ij}^{*}}{a_{ij}^{*}}\times\dfrac{a_{ij}^{*}}{Z}}{\sum_{j=1}^{n}\dfrac{p_{ij}^{*}}{\sqrt{a_{ij}^{*}}}\times\dfrac{a_{ij}^{*}}{Z}}\approx\frac{\text{PARA\_AM}}{4\times\text{SHAPE}_{2.0}\text{\_AM}} \tag{11.38}$$

式中，Z 为栅格总数表示的景观总面积。式（11.38）实际上表示标准化的 PARA。显然，COHESION 与其呈反比。取 $B=1-\frac{1}{\sqrt{a_i}}$的形式是因为 COHESION $\propto B$，且 B 会随着 a_i 的增大而单调增加，并逐渐达到渐近线；当 a_i 小于某个临界值时，B 的增加速率很大，而当 a_i 达到该临界值时，B 的增加速率迅速下降，并接近平稳值。可将 B 随 a_i 变化的这种趋势用于景观连接度研究，反映某类斑块的连接度随其面积增大而发生变化这一临界阈现象。当某类斑块总面积小于临界值时，连接度对斑块大小和聚集很敏感；当斑块总面积增大，且在空间上更为聚集时，其连接度增加迅速；而当斑块总面积超过临界值时，连接度对斑块大小和构型的变化不再敏感（Gustafson，1998）。

$$\text{CONNECT}=\frac{\sum_{j\neq k}^{n} c_{ijk}}{\frac{n_i(n_i-1)}{2}}\times 100 \tag{11.39}$$

式中，n_i为斑块类型i的斑块数；c_{ijk}为斑块类型i中斑块j与k之间的连接，连接为1，不连接为0。用户需事先定义一个临界距离（threshold distance），若斑块j与k之间的距离小于该临界距离，则表明两个斑块之间连接，否则，为不连接。$\sum c_{ijk}$为斑块类型i中所有斑块之间的连接数（单数），$n_i(n_i-1)/2$为最大可能连接数，由此，CONNECT反映的是相对连接度。

临界距离可根据生物体的最大迁移运动范围或生态过程的最大扩散范围设置，因此，所研究生物体或生态过程不同，设置的临界距离可能有较大差异。基于此，CONNECT表示的是功能连接度。

8. 多样性指数（diversity metrics）

景观多样性指数是景观水平上反映景观结构组成的指数，与斑块的空间构型无关。主要包括斑块丰富度指数、多样性指数H和均匀度指数E。

H反映斑块类型的多样性，包括Shannon-Weaver（简称Shannon）多样性指数（SHDI）、Simpson's多样性指数（SIDI）和修正的Simpson's多样性指数（MSIDI）。它们均来源于群落生态学中对物种多样性指数的表达。SHDI的应用最为广泛，基于信息论，表示所有斑块类型的平均信息量（Shannon and Weaver，1949）为

$$\text{SHDI}=-\sum_{i=1}^{m}P_i\ln(P_i) \tag{11.40}$$

式中，P_i为斑块类型i在景观中出现的概率，通常以该类型占整个景观的面积比例来估算。SHDI对稀有类型的有无很敏感。

SIDI的应用也很广泛，但并不基于信息论，而是表示两次独立随机取样取不同斑块类型的概率（Simpson，1949），含义更为直观，即

$$\text{SIDI}=1-\sum_{i=1}^{m}P_i^2 \tag{11.41}$$

由于稀有类型被取到的概率很小，因此，稀有类型的有无对SIDI的影响很小。

MSIDI是Pielou（1975）对SIDI的修正。它基于信息论，在很多方面与SHDI十分相似，即

$$\text{MSIDI}=-\ln\left(\sum_{i=1}^{m}P_i^2\right) \tag{11.42}$$

H的大小取决于两方面信息：一是斑块类型的多少（即丰富度），二是各斑块类型在面积上的均匀程度。对于给定的m，当各类斑块的面积比例均等时（即$P_i=1/m$），H达到最大值$H_{\max}$。通常，随着H的增加，景观结构组成的复杂性也趋于增强。

均匀度指数E反映景观中各斑块类型在面积上的均匀程度。通常以H与$H_{\max}$的比来表示，包括分别基于SHDI、SIDI和MSIDI的SHEI、SIEI和MSIEI。

$$\mathrm{SHEI}=\frac{\mathrm{SHDI}}{\mathrm{SHDI}_{\max}}=\frac{-\sum_{i=1}^{m}P_i\ln(P_i)}{\ln(m)} \tag{11.43}$$

$$\mathrm{SIEI}=\frac{\mathrm{SIDI}}{\mathrm{SIDI}_{\max}}=\frac{1-\sum_{i=1}^{m}P_i^2}{1-\frac{1}{m}} \tag{11.44}$$

$$\mathrm{MSIEI}=\frac{\mathrm{MSIDI}}{\mathrm{MSIDI}_{\max}}=\frac{-\ln(\sum_{i=1}^{m}P_i{}^2)}{\ln(m)} \tag{11.45}$$

显然，$E\leqslant 1$。当 H 趋于 $H_{\max}$ 时，景观各类斑块的面积比例趋于均等，E 趋于最大。

另外，由于均匀度与优势度 D 有互补关系，E 也常用 D 来表示，即

$$E=1-D \tag{11.46}$$

11.2.3 景观指数的尺度效应

在过去 20 年，景观指数在揭示格局的尺度效应（包括粒度效应和幅度效应）和多尺度特征上发挥了巨大作用（Meentemeye and Box，1987；Turner et al.，1989a；Bian and Walsh，1993；Moody and Woodcock，1994；Benson and Mackenzie，1995；Wickham and Riitters，1995；Jelinski and Wu，1996；O'Neill et al.，1996；Qi and Wu，1996；Turner et al.，2001；Wu et al.，2002；Shen et al.，2004；Wu，2004；张娜，2006）。单个景观指数的计算很简单，尽管方法本身也并不是多尺度的，但可通过在较大的尺度范围内连续计算这些指数，获得尺度图，对其进行多尺度分析，并且探寻尺度推绎的规律。

尽管对景观指数的尺度效应问题已经有了很好的认识，但研究的缺陷严重削弱了对景观指数的理解和应用，以至于我们并不清楚景观指数随尺度的变化到底是否会呈现某些一般规律。在较宽的尺度范围内，选择类型更多的指数，比较不同景观及不同斑块类型的景观指数的尺度效应，综合理解景观指数的尺度依赖性，并建立景观指数尺度推绎的一般关系式，是景观指数在尺度问题研究上的主要方向。例如，Wu 等（2002）和 Wu（2004）选取了 4～5 个景观的 17 个斑块类型水平和 19 个景观水平的景观指数，在景观指数的粒度效应和幅度效应方面做了系统的研究和重要的探索。

然而，由于景观指数在实际景观中的行为并不单纯地与指数所能揭示的空间格局有关，也与影响格局的过程有关，或与过程影响的格局有关，而过程会因景观的不同而有很大差异，从而对景观指数的行为产生重要影响。因此，Wu 等（2002）和 Wu（2004）中针对个别实际景观做出的系统总结可能并不具有普适性。例如，不同研究对 CONTAG 随粒度变化趋势的结论不尽相同。Turner 等（1989a）的研究表明，CONTAG 随粒度增大呈下降趋势；He 等（2000）对随机景观的研究表明，CONTAG

随粒度增大呈波动上升趋势，而对实际景观的研究表明，CONTAG 随粒度增大呈下降趋势；Wu 等（2002）的研究表明，CONTAG 随粒度增大可能呈下降趋势，也可能呈上升趋势，并认为这种差异与所使用的数学表达式［包括 O'Neill 等（1988a）的初始表达式，以及 Li 和 Reynolds（1993）的改进表达式］或粒度聚合机制（指基于上次聚合结果的重复聚合或基于初始状态的独立聚合）有关。笔者在研究内蒙古锡林河流域各植被类型时，采用与 Wu 等（2002）相同的 CONTAG 数学表达式和粒度聚合机制，得出以下结论：在较小的粒度范围内，CONTAG 随粒度增大呈有规律的直线下降趋势；而在较大的粒度范围内，表现出无规律的水平波动趋势（图 11.24）。这与 Wu 等（2002）中对 Phoenix 城市景观和 Phoenix 地区过渡景观的研究结论类似，但与北方森林景观（上升趋势）和大盆地 Minden 景观（先升后降）完全不同。可见，CONTAG 随粒度变化的趋势可能与所使用的数学表达式或粒度聚合机制无关，而与具体景观的聚集状况有关。一些研究也显示，对不同景观，CONTAG 随粒度增大的变化趋势通常不规则，因此很难预测（Frohn，1998；Wu et al.，2002）。解决景观指数尺度图在不同景观中的变异问题不仅有赖于对更多实际景观的研究，也更有赖于对一系列已知格局特征的中性模拟景观的研究（Zhang and Li，2013），以便在排除具体过程的情况下提取出指数的纯粹的格局特征。

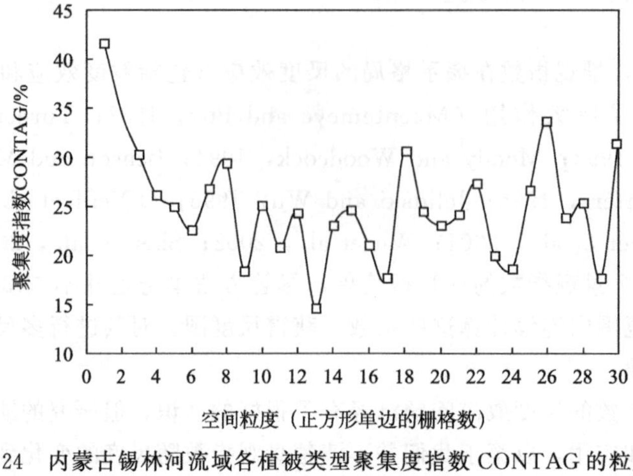

图 11.24　内蒙古锡林河流域各植被类型聚集度指数 CONTAG 的粒度效应

景观指数随尺度的变化是否能表现出一定的规律，并用于尺度推绎？研究发现，一些景观指数随尺度的变化呈现幂函数的形式（Costanza and Maxwell，1994；Wu et al.，2002），即 $y=ax^b$，其中 y 为景观指数，x 为尺度大小，a 为常数，b 为尺度因子，特点是 b 不变。幂律关系是一种非常有趣的现象，可作为一种空间异量关联，仅使用少量的数据、简单的关系即可实现尺度上推或下推。但仍有很多问题值得探讨，其中的机制还不清楚。根据我们对景观格局和过程的了解，这种简单关系的存在并不必然地暗示景观格局特征仅仅由某单个基本过程引起（Jensen，1998；Plotnick and Sepkoski，2001），但多个过程及其相互作用是否能产生这种尺度因子不变的、无特征尺度的格局，仍然是一个令人感兴趣的问题，需要进一步研究。景观格局幂律的存在通常暗示着景观的自相似分形结构，虽然分形结构表现出幂律，但反过来是否一定成立，目前还没有一个确切的答案，这涉及数学上的证明。另外，与分形相同，景观指数的幂律通常仅出现在一个有限的时空范围内，当扩大尺度到一定程度，尺度因子可能发生变化（Wiens，1989；Lam and Quattrochi，1992；Milne，1991a，1992；Wu，2004；张娜，2006）。除幂函数外，景观指数随尺度的增大也可能呈现线性、对数或指数函数；若它们在不同斑块类型之间或景观之间表现较为稳定，则同样可用于尺度推绎。还有一些景观指数随尺度的增大呈现阶梯变化形式，或变化非常不规律，这时尺度推绎较难，需要考虑不同尺度上的特殊信息（Wu，2004）。

11.2.4 景观指数在识别等级结构和特征尺度上的敏感性和有效性

景观指数的尺度图在尺度效应分析上的作用显而易见，那么这些尺度图是否能够用来检测斑块镶嵌体格局的等级结构和特征尺度呢？这是一个非常值得探讨的问题。在某些情况下我们确实观察到，不仅景观指数，而且其方差和相关关系，在整个尺度变化范围内，变化趋势出现阶梯式的突变和转折（O'Neill et al.，1991；Wu et al.，2000，2002；Wu，2004），这似乎暗示着景观的等级结构。但是，Wu（2004）指出，在景观指数的尺度图中，这种突变和转折比较少见，即使有，也不能确定它暗示着等级结构的存在或等级层次水平。首先，不是所有的景观指数都能识别等级结构特征，因为不同的景观指数实际上表示的是景观结构的不同方面，它们随尺度变化的趋势可能完全不同。其次，即使是那些能识别等级结构特征的景观指数，它们识别的等级层次水平也可能并不能精确地吻合。只有当许多景观指数在相近的等级层次水平上均发生突变和转折时，才表明景观可能具有等级结构，并且这些突变和转折可能指示了不同等级水平的特征尺度（张娜，2006）。但对这一推断尚需运用更加准确的空间统计学方法来验证。

为了系统地回答这个一直令人困扰的问题，Zhang 和 Li（2013）设置了 8 个具有不同结构特征的中性模拟景观。每种结构特征的模拟景观有 2 个，其核心斑块类型占景观总面积的比例 P 分别为 30% 和 80%，分别代表低于和高于可能使格局发生质变的临界面积比例 P_c（60%）。对每种结构特征的模拟景观，生成100个重复，选择其中一个模拟景观，其与核心斑块类型的数量、边缘、面积和聚集度有关的指数最接近这 100 个模拟景观的平均值。模拟景观包括 1 个简单随机景观（Random30/80）和 7 个等级中性景观。其中，Bottom30/80、Middle30/80 和 Top30/80 是单尺度等级结构景观，其异质性分别出现在最低水平（最细粒度水平）、中间水平和最高水平（最粗粒度水平）上；Down30/80、Up30/80 和 Top-bot30/80 是两尺度等级结构景观，其异质性分别出现在低-中水平、中-高水平和低-高水平上；Same30/80 是三尺度等级结构景观，其异质性分别出现在低、中和高三个水平上（表 11.6 和图 11.25）。同时，研究也选取了一个实际景观——内蒙古锡林河流域的羊草草原类型（面积占整个流域的 30.3%）。

表 11.6 随机景观和等级中性景观的特性（Zhang and Li，2013）

景观类型	p_1	p_2	p_3	P	特征尺度（栅格细胞×栅格细胞）
Bottom30	1	1	0.3	0.306	1×1
Middle30	1	0.3	1	0.306	6×6
Top30	0.3	1	1	0.306	36×36
Down30	1	0.556	0.556	0.309	6×6 & 1×1
Up30	0.556	0.556	1	0.309	36×36 & 6×6
Top-bot30	0.556	1	0.556	0.309	36×36 & 1×1
Same30	0.667	0.667	0.667	0.296	36×36 & 6×6 & 1×1
Random30	—	—	—	0.306	—
Bottom80	1	1	0.8	0.806	1×1
Middle80	1	0.8	1	0.806	6×6
Top80	0.8	1	1	0.806	36×36
Down80	1	0.889	0.889	0.790	6×6 & 1×1
Up80	0.889	0.889	1	0.790	36×36 & 6×6
Top-bot80	0.889	1	0.889	0.790	36×36 & 1×1
Same80	0.917	0.917	0.917	0.770	36×36 & 6×6 & 1×1
Random80	—	—	—	0.806	—

注：模拟景观包含 216×216 个栅格细胞。p_i指第 i 水平上核心斑块类型所占的面积比例，其中，p_1对应最高水平（最粗粒度水平），p_3对应最低水平（最细粒度水平）。P 指核心斑块类型占景观总面积的比例

对 8 个模拟景观的核心斑块类型和实际景观的羊草草原类型，选择可反映不同格局特征（如面积/密度/边缘、形状、聚集/分散度、隔离/邻近度、连接度、对比度、景观多样性和均匀度）的 26 个主要景观指数；进行了系统的空间粒度分析，最小和最大粒度分别为 1×1 和 50×50 个栅格细胞（对模拟景观）或 1 km×1 km 和 30 km×30 km（对实际景观）。通过尺度图观察指数值随粒度增大的变化趋势，以判别不同景观指数在识别等级结构和特征尺度上的敏感性和有效性。通过尺度图在具有不同等级结构特征的模拟景观之间的变异性来确定敏感性：若变异性强，则表明该指数对等级结构特征的变化较为敏感；反之，若变化较为一致，则表明不敏感。对于模拟景观，通过判别尺度图是否能够准确识别已设置的一个或多个特征尺度来确定其有效性；对于实际景观，通过与平均斑块大小和斑块分形分析的结果相比较来确定。

结果表明，可根据尺度图的变化趋势，将这些指数系统地归为 4 组，而每组指数可指示斑块的某类格局特征：第一组是测定空间质地（细粒或粗粒）和破碎度的指数，多与小尺度格局密切相关，如 NP、ED、GYRATE_MN、AREA_MN、LSI 和 CWED；第二组是测定斑块形状复杂度和延长性的指数，多与小尺度格局密切相关，如 FRAC_MN/AM、SHAPE_MN/AM 和 CIRCULE_MN/AM；第三组是测定斑块幅度和紧密度的指数，与小尺度和大尺度格局均有关，如 LPI、GYRATE_AM、AREA_AM 和 SPLIT；第四组是测定空间聚集度和连接度的指数，多与大尺度格局密切相关，如

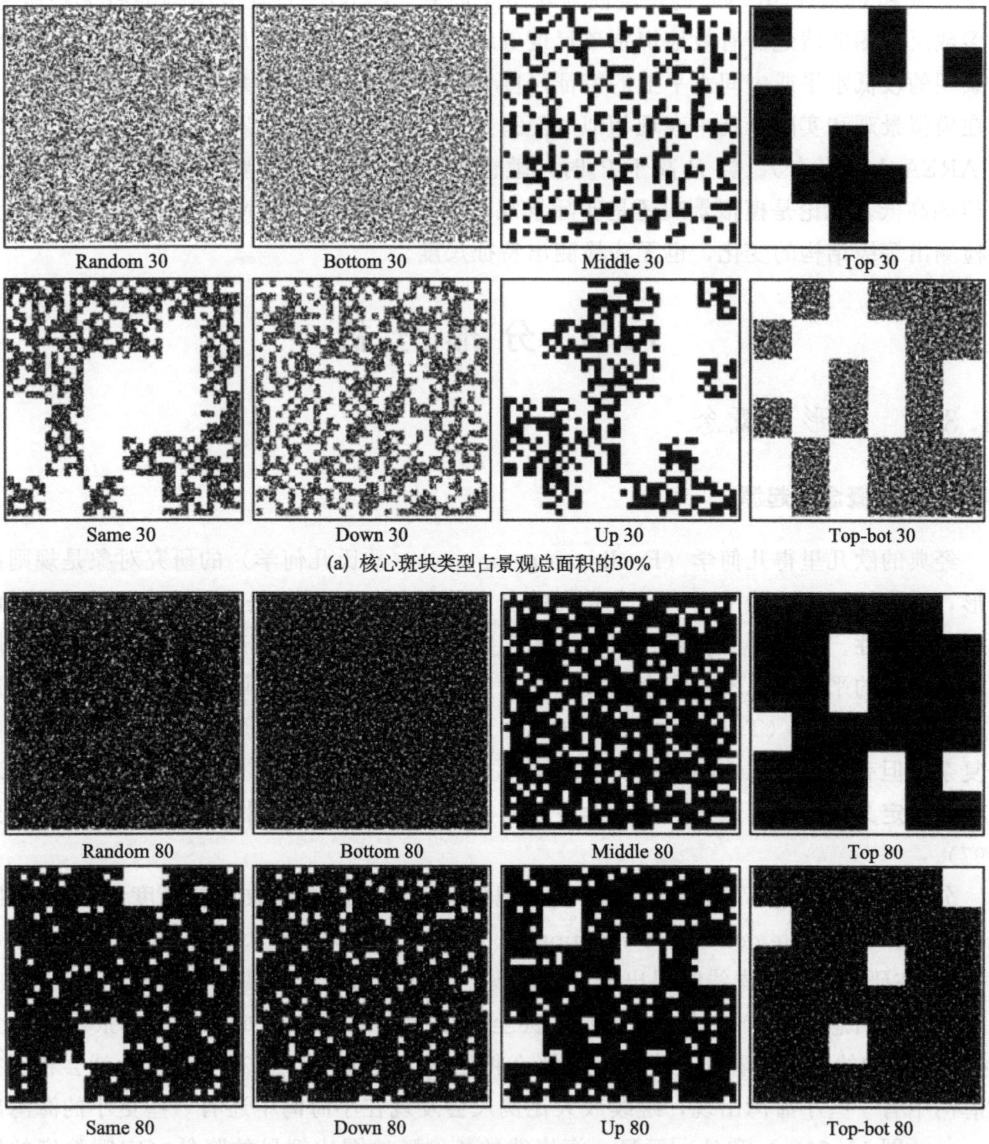

(a) 核心斑块类型占景观总面积的30%

(b) 核心斑块类型占景观总面积的80%

图 11.25　模拟的具有不同结构特征的随机景观和等级中性景观（Zhang and Li，2013）

注：黑色栅格代表核心斑块类型，白色栅格代表背景

PLADJ、CONTIG_MN/AM 和 COHESION。

结果也表明，大多数指数的尺度图可为识别复杂景观的等级结构特征提供有价值的信息。具体地，当 P 低于 P_c 时，大多数指数的尺度图对单尺度等级结构景观特征尺度的变化（如从 Bottom 30 变到 Middle 30 或 Top 30）非常敏感。大多数与斑块形状、幅度、紧密度、空间质地和破碎度等小尺度格局相关的指数的尺度图对较低水平(如 1×1)等级结构的有无很敏感，而对较高水平（如 36×36）等级结构的有无不敏感。只有少数几个与空间聚集度和连接度等大尺度格局相关的指数（如 PLADJ、CONTIG_

MN/AM 和 COHESION）的尺度图才对中间水平（如 6×6）等级结构的有无很敏感。大多数尺度图能清楚而有效地识别单尺度等级结构景观的特征尺度，以及多尺度等级结构景观的较低水平或中间水平上的特征尺度，但却无法识别较高水平上的特征尺度，而且在模拟景观和实际景观中表现相似（但指数 NP、ED、LSI、CWED、GYRATE_MN 和 AREA_MN 除外）。当 P 高于 P_c时，敏感和有效的景观指数要少得多。另外，无论 P 值的高低，无论是模拟景观还是实际景观，指数 CA 和 ENN_MN/AM 的尺度图均无法检测出等级结构的变化，也无法检测出特征尺度。

11.3 分形分析

11.3.1 分形的概念

1. 分形概念的起源

经典的欧几里得几何学（Euclidean geometry）（欧氏几何学）的研究对象是规则的整形，如直线、完整的平面、完全充实的立方体等，但整形只是自然几何对象的特例，不具有普遍性。自然界中普遍存在的绝大多数几何对象是十分复杂和不规则的，如山脉既不是完整的平面，也不是完全充实的立方体。这些不规则的非欧几里得几何形状可通称为分形（fractal）（Turner et al.，2001）。从字面上来说，“分形”是指一类极其零碎而复杂，但有着自相似性的体系。但科学界关于分形的定义还没有取得一致意见，尚未有严密的定义。有学者建议，对分形最好将其看成是具有一系列性质的集合（张济忠，1997）。

分形的提出基于以下思想：对于任何现象，可分解的细节数量是尺度的函数（the amount of resolvable detail is a function of scale）。分形的概念和理论是 Mandelbrot（1967）在研究英国海岸线时提出的。他发现，在测量海岸线时使用的地图比例尺越高，可辨识出的信息越多，海岸线也越长，甚至可以无限地长。例如，若在一张比例尺为 1∶1 000 000的地图上看到一个海湾，那么将比例尺放大为 1∶100 000 时，就会看到在大海湾中有一些小海湾出现，继续放大比例尺会发现在小海湾中还有一些更小的海湾出现…… [图 11.26(a) 和(b)]而且，海岸线的长度随地图比例尺的降低（空间粒度的增

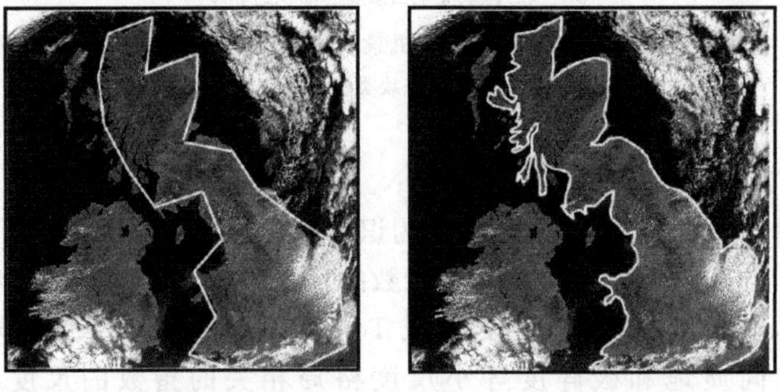

(a) (b)

图 11.26 海岸线长度与测量尺度的关系

大）呈幂函数降低趋势。可见，分形概念的诞生与尺度密不可分（Withers and Meentemeyer，1999；Turner et al.，2001；张娜，2006）。

2. 分形的定义

Mandelbrot（1967）给分形下的原始数学定义是：如果一个集合在欧氏空间中的Hausdorff（豪斯道夫）维数DH恒大于其拓扑维数DT，即DH＞DT，则称该集合为分形集，简称“分形”。该定义很抽象，因此，提出后未被其他学科所认识和广泛使用。Mandelbrot（1985）又提出了一个实用的定义：分形是组成部分以某种方式与整体相似的形体（“a shape made of parts similar to the whole in some way”）。这里的“某种方式”是指“自相似”（self-similarity），即某种结构或过程的特征从不同的空间或时间尺度来看都是相似的，或者某系统的局部性质或结构与整体类似（Turner et al.，2001；马建华和管华，2003）。可见，分形几何对象没有特征尺度，用任何尺度考察都可以得到相同或相似的结果。例如，海岸线就是一种无特征尺度的自相似几何对象，在一定范围内，无论使用什么样的比例尺，都可以看到形状相似的海湾。又如，树枝网络或血管网络在逐级上升的体系中呈现出相似的分枝格局。另外，在整体与整体之间或局部与局部之间，也会存在自相似性。这个定义通俗且直观，突出了分形的自相似性，反映了自然界中广泛存在的一类几何对象的基本属性，因此一经提出即被广泛应用（张济忠，1997）。

分形几何学（fractal geometry）中有一些著名的分形实例（图11.27）。自然界中具有分形结构特征的事物也随处可见（图11.28）。

一般地，如果集F具有下述典型的性质，则它具有分形特征（张济忠，1997；李火根和黄敏仁，2001）：

（1）F通常有某种自相似性，在一个尺度上的变化也会重复发生在其他尺度上。

（2）尺度范围（range of scales或operational range）：数学上的分形可以发生在一个无限大的范围内，但自然界中的分形只存在于一个有限的尺度范围内。该尺度范围也被称为“无标度区间（scaleless range）”。在该尺度范围内，分维数（fractal dimension）具有尺度不变性（scale invariant）。

（3）精细结构（fine structure）：尺度越精细，能观察到的细节越多。

（4）重复定义（recursive definition）：在大多数情形下，F可以用非常简单的方法来定义，可以通过递归和迭代等简单重复的方式产生。

（5）F很不规则，以至于它的整体和局部都不能用传统的数学语言来描述。

（6）尺度越小，F中曲线的周长越大。当尺度无限小时，曲线的周长可以无限大，但面积的增大是有限的。

（7）F的分维数通常大于它的拓扑维数，但小于它所在空间的维数。

数学上构建的许多分形完全符合几何规则，表现出严格的自相似性，常被称为“精确分形（exact fractal）”[图11.29(a)]。然而，自然物体的结构随机性较强，生成的一些曲线或轮廓线都不是规则的图形，大量随机性的叠加可能使自相似性面目全非，而不可能出现数学上那样严格的自相似性，如河网、血管网络、矿床的分布、岩石和断层的破碎、海岸线的分布等。那么它们是否也具有分形特征呢？对于这类几何对象，显然

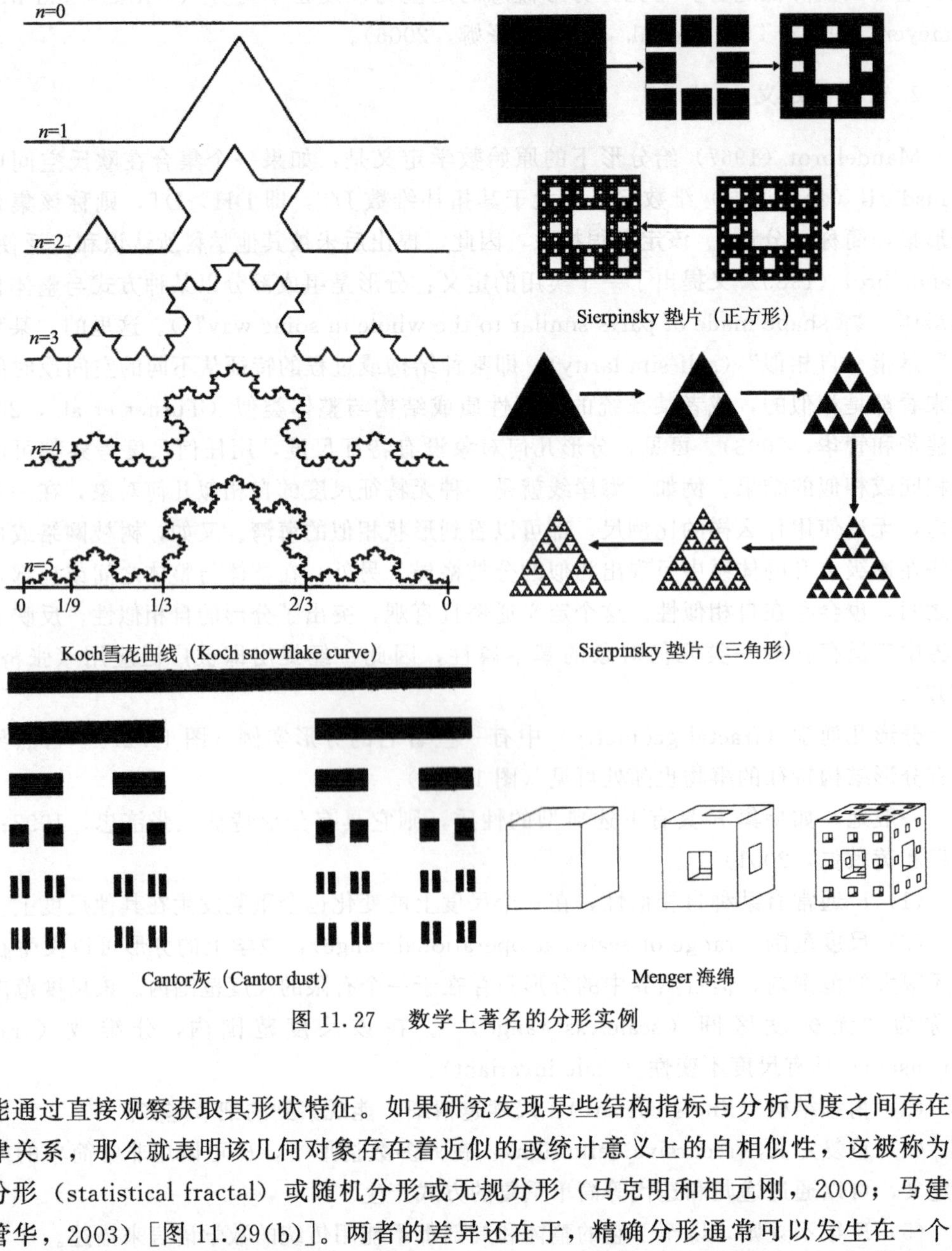

图 11.27　数学上著名的分形实例

不能通过直接观察获取其形状特征。如果研究发现某些结构指标与分析尺度之间存在着幂律关系，那么就表明该几何对象存在着近似的或统计意义上的自相似性，这被称为统计分形（statistical fractal）或随机分形或无规分形（马克明和祖元刚，2000；马建华和管华，2003）[图 11.29(b)]。两者的差异还在于，精确分形通常可以发生在一个无限大的范围内，但自然物体的统计分形只存在于一个有限的尺度范围内，一旦超过该范围其自相似性就不复存在。

3. 分形结构的产生原因

自相似性在数学上可表达为幂律（power law），反映分形对象的某个分布指标与尺度之间的关系，其中分维数对应幂指数，不发生变化。分形的形成机制尚不很清楚，常将其与非线性动态中的混沌过程（chaotic processes）相联系，认为自然界的混沌过程能产生分形结构，一段时间内的混沌过程通常表现出自相似性。一个自组织系统的变量

(a) 花椰菜　　(b) 树木　　(c) 植被

(d) 地貌　　(e) 山脉　　(f) 云彩

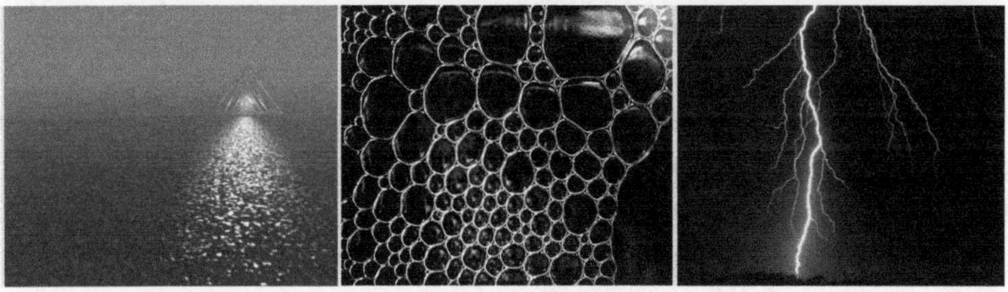

(g) 湖泊的鳞波　　(h) 池塘中的泡泡　　(i) 闪电

图 11.28　自然界中具有分形结构特征的事物举例

注：图 (h) 为 Taylor R. 在悉尼的一个池塘边拍摄的。分维数为 1.3。

引自 http://www.scientificamerican.com/slideshow.cfm? id=livio-the-unreasonable-beauty-of-mathematics

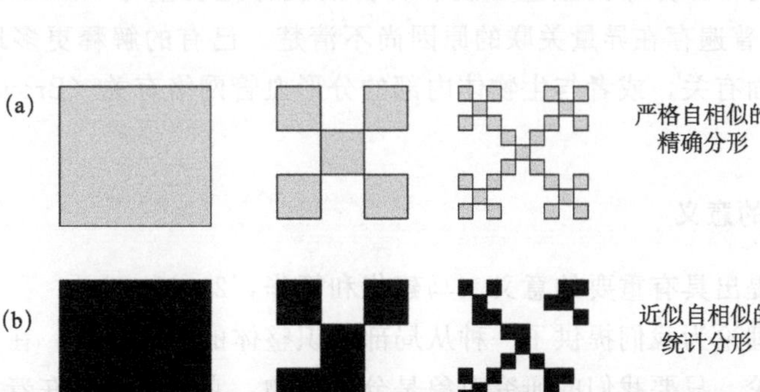

图 11.29　精确分形与统计分形举例

Q 受两个相对（或相反）过程的控制，这两个过程的速率随时间均呈指数变化趋势，但这两个过程的发生有先后时滞。Q 在这两个过程的控制下向一个自组织临界点（self-organized critical point）发展，在此临界点附近，这两个过程速率的数量级相同，绝对数值偶尔相等，但大多数情况下作用相反，数值不等，这时 Q 处于混沌状态。Q 的幂律行为和分形结构是在这种混沌状态下产生的（Schneider，2001a，2001b）。尽管幂律仅是一种数学表达，具有幂律行为的变量不一定具有分形结构，但对于自然对象，分形与幂律在某种程度上是可以互为因果的。

一个生命系统的生长过程可以很好地解释分形结构和幂律行为的产生。在幼年期，以生长过程为主，生长速率随时间呈指数增长，远高于死亡速率。在中老年期，以衰老过程为主，衰老速率随时间呈指数增长，远高于生长速率。在成年期，生长速率与衰老速率的数量级达到相同，有时生长作用强于衰老作用，有时衰老作用又强于生长作用，生命系统在这种混沌的临界状态下表现出幂律行为，这时 Q 可能仍保持增加趋势，但由于受衰老过程的作用，增加速率迅速降低，Q 的增加变缓。

许多生物学变量 Y 与生物个体的大小（或生物量）（表示尺度的大小）M 之间呈幂函数关系（Calder，1983），即

$$Y = Y_0 M^b \tag{11.47}$$

或

$$\lg Y = \lg Y_0 + b \lg M \tag{11.48}$$

生物学上的这种异量关联现象非常普遍，可以发生在单个生物体内、不同大小的生物体之间及种群或群落内等不同生态学组织层次上（Brown et al.，2000）。Y 可指这些组织层次上与空间、时间或速率、能量有关的变量。其中，空间变量包括动物的领域和取食距离等；时间和速率变量包括繁殖成熟期、生长时间、现存生物量的周转时间和周转率、种群数量倍增所需的最少时间、穿越领域的时间、最大的生命期限、种群数量减为起始时刻一半时的生命期望、种群数量变化的时间周期、能量转换的基本新陈代谢速率、心跳速率、呼吸速率、奔跑或行走速率、取食速率和年平均生长速率等。另外还包括种群密度、生物个体分布的重叠程度和种群的现存生物量等（Calder，1983；张娜，2007）。生物学上普遍存在异量关联的原因尚不清楚，已有的解释更多地认为这与生物体体表的分形曲面有关，或者与生物体内部的分形血管网络有关（Brown et al.，2000，2002）。

4. 分形理论的意义

分形理论的提出具有重要的意义（马建华和管华，2003）。

首先，分形理论为我们提供了一种从局部认识整体的科学方法，在一定程度上结合了系统论和还原论。只要我们的研究对象是分形事物，它就必然存在着无特征尺度的自相似性结构，我们就可以从局部推断或映射整体。对于非常复杂的分形对象，如果从整体上认知系统规律有较大困难，那么这种推断或映射整体的方法无疑是一种既科学又简捷的方法。

其次，分形理论的诞生为我们提供了一种从局部到整体的直接联系，并且这种联系

在分形存在的任何尺度上都是成立的，这进一步丰富和深化了事物之间的联系和世界统一性原理。

11.3.2 分维数

在欧氏几何空间中，点、线、面和体分别是零维、一维、二维和三维的，这些维数被统称为拓扑维数。然而，欧氏几何学无法精确确定不规则线和面的维数。实际上，只有直线才是一维的，而曲线介于一维与二维之间；只有完整的平面才是二维的，而曲面介于二维与三维之间。有时维数是一个可变数，依据距离远近（即尺度大小）而变。例如，一个球体从近处观察是三维的，但在一定距离以外观察却是零维的。这些问题都是欧氏几何学无法解决的，需要应用分形几何学。分形几何学的核心概念就是分形维数或分维数。分维数可以直观地理解为描述不规则几何对象的非整数维数（mathematical sets of non-integer dimension）（Turner et al.，2001；马建华和管华，2003）。常用的分维数包括 Hausdorff 维数、信息维数和关联维数。在介绍分维数之前，首先介绍一下拓扑维数。

1. 拓扑维数

一般地，如果用尺度为 r 的小盒子覆盖一个 d 维的几何对象，则覆盖它所需要的小盒子数目 $N(r)$ 与所用尺度 r 的关系为

$$N(r)=\frac{1}{r^d}=(r^{-1})^d \tag{11.49}$$

尺度 r 不同，$N(r)$ 也不同，但它们的负 d 次指数关系保持不变，这个指数 d 正是该几何对象的拓扑维数，其定义为

$$d=\frac{\ln N(r)}{\ln(1/r)} \tag{11.50}$$

例如，对于一条直线，$N(r)=1/r$，$d=1$；对于一个二维几何体，$N(r)=1/r^2$，$d=2$；对于一个三维几何体，$N(r)=1/r^3$，$d=3$。拓扑维数有两个特点：①d 为整数；②虽然盒子数 N 随着测量尺度 r 变小而不断增大，但几何对象的总长度 L（或总面积 A 或总体积 V）保持不变（徐建华，2002）。

2. Hausdorff 维数

对具有不规则几何形状的分形对象，其总长度 L（或总面积 A 或总体积 V）会随着测量尺度 r 的变小而增大；而且随着 r 趋于 0，L 或 A 或 V 会趋于无穷大，而不是保持不变。这时需将式（11.50）推广到分维数。对式（11.50）求极限，可得出 Hausdorff（分形）维数 D_0，即

$$D_0=\lim_{r\to 0}\frac{\ln N(r)}{\ln(1/r)} \tag{11.51}$$

在计算 D_0 时实际上并不需要求极限，式（11.51）中的 $r\to 0$ 更多地表示 r 可以无限地趋于 0。

D_0为非整数。对于一条点线，$0<D_0<1$；对于一条曲线，$1<D_0<2$；对于一个曲面（部分充实），$2<D_0<3$。在无特指的情况下，一般所说的分维数是指 Hausdorff 维数。可见，拓扑维数是分维数的一种特例。Hausdorff 维数大于拓扑维数，而小于分形所在的空间维数（徐建华，2002）。

一条曲线的长度 L 可表示为

$$L(r)=KN(r)\times r=Kr^{1-D_0} \tag{11.52}$$

式中，K 为 r 的实际大小（长度单位），$1<D_0<2$。由此可见，r 越小，L 越大。这解释了为什么测量尺度越小，海岸线越长。与海岸线类似，许多自然物体（如河流和树枝）的长度也取决于测量尺度，且与测量尺度之间也呈幂律关系。类似地，一个曲面的面积 S 可表示为

$$S(r)=K'N(r)\times r^2=K'r^{2-D_0} \tag{11.53}$$

式中，K'为 r^2的实际大小（面积单位），$2<D_0<3$。

计算 Hausdorff 维数的主要方法包括分割法（dividers method）、盒子法（grid method）和周长-面积（或面积-周长）关系法（perimeter-area method）等（Sugihara and May，1990）。

1）分割法

选用不同的地图比例尺来估算海岸线的长度就相当于用不同的测量尺度来分割海岸线。海岸线长度 L 与测量尺度 r 之间呈幂律关系［图 11.30(a)］，因此，在双对数图中两者呈直线关系［图 11.30(b)］，其斜率的相反数为海岸线的分维数（1.407）。

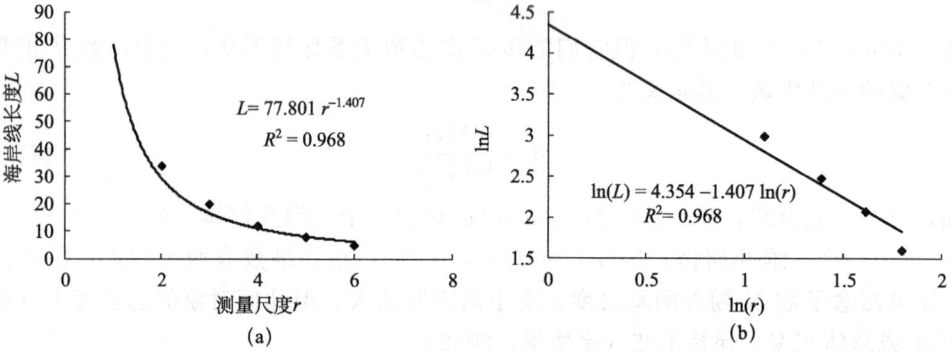

图 11.30　海岸线分维数的估算

在 Koch 雪花曲线的生成过程中，第 n 次分割的线段数（N）是第 $n-1$ 次的 4 倍，而分割后的线段长度（尺度）（r）为第 $n-1$ 次的 1/3。在三角形 Sierpinsky 垫片的生成过程中，第 n 次分割后余下的三角形个数（N）是第 $n-1$ 次的 3 倍，而分割后的三角形边长（尺度）（r）为第 $n-1$ 次的 1/2。在 Cantor 灰的生成过程中，第 n 次分割后余下的线段数（N）是第 $n-1$ 次的 2 倍，而分割后的线段长度（尺度）（r）为第 $n-1$ 次的 1/3（图 11.27）。N 和 r 的双对数回归直线的斜率的相反数即为这些分形的分维数，也可用式（11.51）直接求得当 r 趋于 0 时的分维数，即

$$D_0=\frac{\ln N(r)}{\ln(1/r)}=\frac{\ln 4}{\ln 3}=1.262(\text{对 Koch 雪花曲线}) \tag{11.54}$$

$$D_0=\frac{\ln N(r)}{\ln(1/r)}=\frac{\ln 3}{\ln 2}=1.585(\text{对三角形 Sierpinsky 垫片}) \tag{11.55}$$

$$D_0=\frac{\ln N(r)}{\ln(1/r)}=\frac{\ln 2}{\ln 3}=0.631(\text{对 Cantor 灰}) \tag{11.56}$$

2）盒子法（计盒法）

若用一定大小的盒子覆盖整个分形图形，则有些盒子可覆盖图形的一部分，而有些则为空白。采用不同边长大小（r）的盒子，分形图形中包含有研究对象的盒子数 N 不同。N 和 r 的双对数回归直线的斜率的相反数即为分形图形的计盒维数，也可用式（11.51）直接求得当 r 趋于 0 时的计盒维数。如图 11.31 所示，用边长分别为 1、2 和 3 的盒子覆盖整个图形，其中包含灰色部分的盒子数分别为 34、14 和 10［图 11.31(a)、(b) 和 (c)］，该图形的分维数为 1.132［图 11.31(d)］。

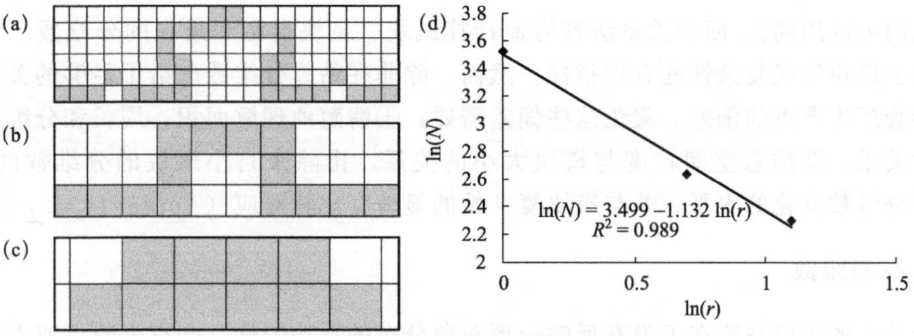

图 11.31　举例说明用盒子法估算分维数

注：图中灰色充填的部分为研究对象

3）周长-面积关系法

对于由各种不规则分布的斑块构成的景观镶嵌体（如植被斑块镶嵌体），周长-面积关系法通常被用来估算某个斑块类型或整个景观的分维数。其原理与 FRAGSTATS 软件中计算 FRAC 和 PAFRAC 的原理相同：斑块的周长 P 随面积 A 的增大而增大，两者呈幂律关系，其变化速率受幂指数控制，幂指数越大，变化越快；而分维数或者等于幂指数，或者与其直接相关。在估算分维数时，可采用不同的周长-面积关系式，即

$$A=(kP)^{D_0} \tag{11.57}$$

$$kP=A^{D_0} \tag{11.58}$$

$$P=kA^{\frac{D_0}{2}} \tag{11.59}$$

$$A=kP^{\frac{2}{D_0}} \tag{11.60}$$

对于单个斑块，常用式（11.59）计算分维数 D_0，等同于 FRAGSTATS 软件中的 FRAC，即

$$D_0=\frac{2\ln(0.25P)}{\ln A}\quad (k=4) \tag{11.61}$$

对于某个斑块类型或整个景观，可用 FRAC 的算术平均值（FRAC_MN）和面积加权平均值（FRAC_AM），即

$$\mathrm{FRAC\_MN}=\frac{\sum_{i=1}^{m}\sum_{j=1}^{n}\left[\frac{2\ln(0.25P_{ij})}{\ln a_{ij}}\right]}{N} \tag{11.62}$$

$$\mathrm{FRAC\_AM}=\sum_{i=1}^{m}\sum_{j=1}^{n}\left[\frac{2\ln(0.25P_{ij})}{\ln a_{ij}}\right]\left[\frac{a_{ij}}{A}\right] \tag{11.63}$$

但更常用斑块周长和面积的双对数回归分维法计算 D_0，可基于式（11.59）或（11.60）。基于式（11.60）计算的 D_0 等同于 FRAGSTATS 软件中的 PAFRAC。这种回归方法考虑不同大小的斑块，由此求得的分维数可反映不同尺度的格局特征（邬建国，2007）。

需要说明的是，在用周长-面积关系法估算分维数时并没有单一正确的（或更好）的形式，用任何一种关系式均可。应该清楚地陈述所用的关系式，而且不同研究的比较应基于相同的关系式（Turner et al.，2001）。

我们可以用周长-面积关系法容易地计算斑块、斑块类型和景观的分维数，它被证明是表示斑块形状复杂性的有用指标。然而，除非在估算分维数上给予足够的关注，否则可能会产生严重的偏差。避免这些偏差需要：①清楚地理解面积、周长和分维数之间的数学关系；②注意空间粒度与斑块大小的关系，排除来自小斑块的分维数的偏差；③规定分维数变化的水平，并与斑块复杂性的显著变化相对应（Turner et al.，2001）。

3. 信息维数

盒子法的主要缺陷在于没有反映分形对象分布的不均匀性，含有少数点或占有较小面积的盒子与含有多个点或占有较大面积的盒子是被同等对待的。如图 11.32 所示，用 $r=2$（虚线）或 $r=3$（粗黑线）的盒子覆盖分形对象时，在盒子法中，只考虑盒子是否被占据，只要盒子中有点或部分被分形对象占据，就认为该盒子整体被占据；而实际上，某个盒子中可能只有部分（甚至很少一部分）被占据，因此，有必要精确地反映落入盒子中的点数或面积。

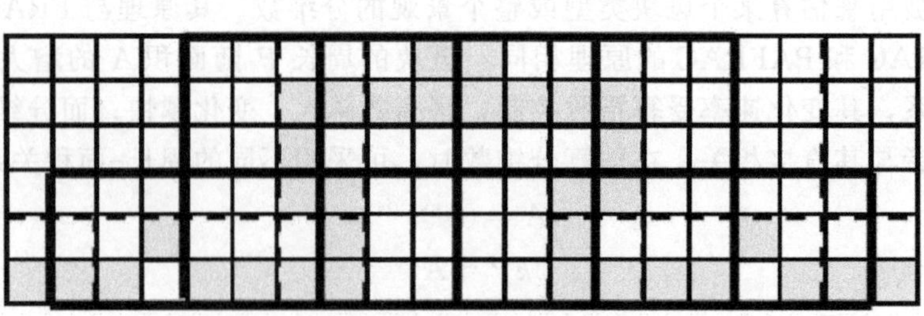

图 11.32 举例说明盒子法估算的分维数与信息维数的区别

注：图中灰色充填的部分为研究对象。虚线表示用 $r=2$ 的盒子覆盖研究对象［同图 11.31(b)］；粗黑线表示用 $r=3$ 的盒子覆盖研究对象［同图 11.31（c)］

如果落入第 i 个盒子的分形图形点数或面积为 $S_i(r)$，则点或面积落入第 i 个盒子的概率为

$$P_i(r)=S_i(r)/S(r) \tag{11.64}$$

式中，$S(r)$ 为分形图形的总点数或总面积。用尺度为 r 的盒子所估算的平均信息量 I 为

$$I=-\sum_{i=1}^{N(r)}P_i\ln P_i \tag{11.65}$$

若用 I 取代式（11.51）中的盒子数 $N(r)$ 的对数，则得到信息维数 D_1 为

$$D_1=\lim_{r\to 0}\frac{-\sum_{i=1}^{N(r)}P_i\ln P_i}{\ln(1/r)} \tag{11.66}$$

对于均匀分布的分形图形，可以假设点或面积落入每个盒子的概率相同，即 $P_i=1/N$，则

$$D_1=\lim_{r\to 0}\frac{-\sum_{i=1}^{N(r)}\frac{1}{N}\ln\frac{1}{N}}{\ln(1/r)}=\lim_{r\to 0}\frac{\ln N}{\ln(1/r)} \tag{11.67}$$

可见，在均匀分布的情况下，信息维数 D_1 与 Hausdorff 维数 D_0 相等；在非均匀分布情形下，$D_1<D_0$。故 D_0 是 D_1 的一种特殊情形，被后者的定义所包括（徐建华，2002）。

4. 关联维数

维数增高时，数盒子的方法计算量非常大，此时可采用关联维数。设系统中有多个点 X_1，X_2，…，X_i，点与点之间的距离越近，它们相互关联的程度越高。给定一个数 r（类似于邻域范围），检查有多少点对 (X_i, X_j) 之间的距离 $|X_i-X_j|$ 小于 r，将距离小于 r 的点对数占总点对数 $N(N-1)$ 的比例记作 $C(r)$，有

$$C(r)=\frac{1}{N(N-1)}\sum_{\substack{i,\ j=1\\ i\neq j}}^{N}\theta(r-|X_i-X_j|) \tag{11.68}$$

式中，$\theta(x)$ 为 Heaviside 阶跃函数，有

$$\theta(x)=\begin{cases}1, & x>0\\ 0, & x<0\end{cases} \tag{11.69}$$

r 不变时，$C(r)$ 越大，表示点与点之间的关联度越高。当 r 取不同值时，$C(r)$ 也不同，因此，在点本身以及点对之间的距离没有发生变化的情况下，只是改变 r，也会改变点与点之间的关联度。由于 $C(r)$ 受 r 的影响，单独的 $C(r)$ 在判断关联度时没有意义，需要与 r 结合。但只有 r 在某个范围内变化时，才能真正反映 $C(r)$ 与关联度的关系。若 r 取得很小，以至于所有点对的距离都超过它，则 $C(r)$ 达到最小值 0，即任何两点都不会发生关联；反之，若 r 取得过大，则所有点对的距离都不会超过它，$C(r)$ 达到最大值 1，任何两点都会发生关联，这两种情况下 $C(r)$ 都无法反映点与点之间的关联度。若 r 选择得适当，则可能在 r 的一段区间内有（徐建华，2002）

$$C(r)\propto r^{D_2} \tag{11.70}$$

式中，D_2 就是关联维数，有

$$D_2 = \lim_{r \to 0} \frac{\ln C(r)}{\ln r} \tag{11.71}$$

D_2可反映空间格局的均匀性，一般在 0～2 之间变化。当 D_2趋于 0 时，说明系统内各点间联系紧密，各点高度聚集；当 D_2趋于 2 时，说明各点间空间作用力小，各点高度分散（徐建华，2002）。

11.3.3 分形分析在景观生态学中的应用

目前，分形已应用到植物形态学、树木冠层结构、系统分类学、植被生态学、植物的根系性状、景观格局和林木材性等方面。以下仅介绍分形在景观生态学中的主要应用。

1. 识别空间分布的分形特征

景观格局或过程分布具有分形特征是基于以下思想：小尺度与大尺度上的格局或过程分布具有相似性，而且这些分布变量（Q）是尺度（s）的幂函数。具体地，通常将 Q 和 s 均转换为对数，以 $X=\ln s$ 为横坐标，以 $Y=\ln Q$ 为纵坐标，作出散点图，并判断是否存在无标度区间（即线性程度较高的区段）。若存在，则说明该变量在该无标度区间上具有分形特征。其分维数 D 就是以 X 为自变量、Y 为因变量的回归直线的斜率或其相反数。例如，在沙漠化研究中发现一些变量的空间分布具有分形特征（徐建华，2002）。

1）沙粒粒度分布的分形特征

研究表明，中国典型沙漠的沙粒粒度分布具有分形特征。用 $N(r>R)$ 表示沙粒中粒径大于 R 的颗粒总数，则

$$N(r > R) = KR^{-D} \tag{11.72}$$

式中，K 为经验常数；D 为沙粒粒度分布的分维数，即

$$D = \lim_{R \to 0} \frac{\ln N(r > R)}{\ln(1/R)} \tag{11.73}$$

2）沙丘分布的分形特征

在风沙地貌中，沙丘高度 H 与沙丘之间的间距 S 之间的关系为

$$H = cS^D \tag{11.74}$$

或

$$S = c_1 H^{-D} \tag{11.75}$$

式（11.74）和式（11.75）中，c 和 c_1均为常数。H 与 S 的幂律关系表明沙丘分布具有分形特征。

另外，还可用盒子法估算沙丘分布的分维数。在实际计算中，对于沙丘的计数 $N(r)$可以借助遥感图像在计算机上进行。当盒子的边长 r 由大到小变化时，可以得到一个系列点［r_i，N（r_i）］。然后在 N 和 r 的双对数坐标下运用回归分析法可以得到沙丘分布的分维数。

3）风沙流的分形特征

研究表明，风沙流结构具有分形特征。设 h 为离开地面的高度，$M(h)$ 为 0～h 高度层内的输沙量，则 $M(h)$ 随 h 变化的关系可表示为

$$M(h)=ch^{-D} \tag{11.76}$$

2. 量度景观空间格局的复杂度和破碎度

近年来，分形分析已被广泛地应用在景观空间格局分析中（Burrough，1981；Krummel et al.，1987；Sugihara and May，1990；Lam and Quattrochi，1992；Leduc et al.，1994；常学礼和邬建国，1996；Milne，1991b，1997；Obeysekera and Rutchey，1997；马克明和祖元刚，2000；辛晓平等，2000）。

对形状复杂的几何对象，当测量尺度变化时，其边界长度的变化更加明显，分维数也会更大（图 11.33）。因此，可用分维数描述景观组分格局（特别是斑块形状）的复杂度和破碎度（Sugihara and May，1990；Turner et al.，2001）。例如，徐建华（2002）对黑河流域荒漠-绿洲景观镶嵌体的研究表明，景观中各组分类型具有分形结构特征，其中，自然绿洲、草原化荒漠、盐漠、固定沙丘、人工绿洲、荒漠草原、居民点、荒漠戈壁、半固定沙丘、流动沙丘的分维数逐渐降低。因此，自然绿洲的复杂度最高，而半固定沙丘和流动沙丘的复杂度最低。

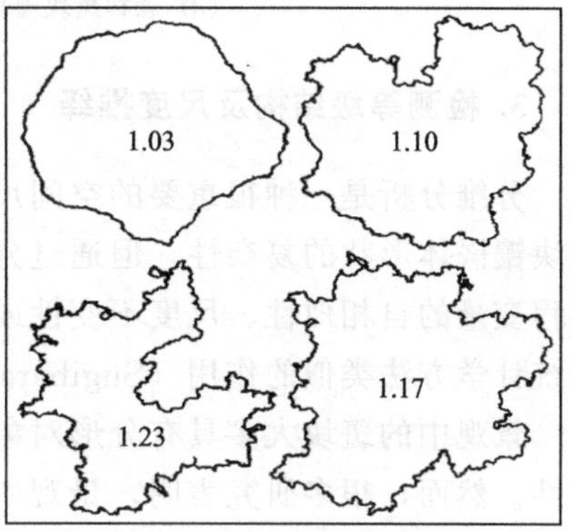

图 11.33　举例说明分维数与斑块形状复杂度的关系

随着人类干扰程度的加重，景观格局的分维数下降，复杂度下降，而破碎度上升。例如，Krummel 等（1987）用周长-面积关系法计算了美国密西西比城纳齐兹(Natchez Quadrangle）附近一个落叶森林景观的分维数 D。结果发现，小斑块多为种植林地，其边界受人类管理的影响，形状十分单一而规则［图 11.34(a)］，$D=1.20\pm0.02$［图 11.34(c)］；而大斑块更多受自然过程（如地质和土壤类型的分布等）的影响，形状较为复杂而不规则［图 11.34(b)］，$D=1.52\pm0.02$［图 11.34(c)］。大量其他研究也发现，对人类主导的景观或土地覆被类型，分维数较低（Turner，1990b；Mladenoff et al.，1993）。又如，马克明（1996）的研究发现，兴安落叶松林景观的计盒维数在 1.8 以上，复杂度较高，破碎度较低；但是居民点周围的兴安落叶松林受人类管理的影响很大，采伐较重的林地的复杂度较低，破碎度较高，分维数较低，而采伐较轻的林地的复杂度较高，破碎度较低，分维数较高。又如，马克明和祖元刚（2000）用周长-面积法对羊草草原自然保护区景观斑块的测定结果表明，核心区斑块的分维数最大（1.436），缓冲区斑块的分维数次之（1.266），过渡区斑块的分维数最小（1.194），与人类干扰程度密切相关。

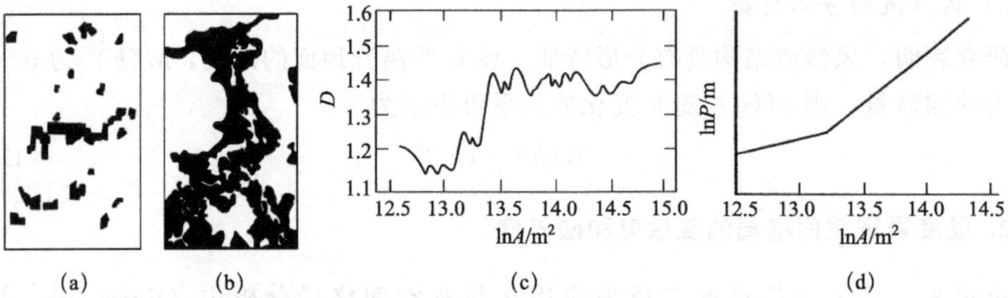

图 11.34　分维数方法应用举例：美国密西西比城纳齐兹附近落叶林森林景观（Krummel et al.，1987）

注：(a) 原始景观图的一部分，显示形状更为简单而规则的小林地斑块；(b) 原始景观图的一部分，显示形状更为复杂而不规则的大森林斑块；(c) 森林斑块的分维数（D）与斑块面积（A）之间的关系；(d) 森林斑块周长（P）与面积（A）的双对数曲线图

3. 检测等级结构及尺度推绎

分维分析是一种很重要的空间尺度分析方法。单个分维数可以反映单个斑块和景观斑块镶嵌体形状的复杂性，但通过分析分维数在不同尺度上的变化，可检测景观格局和过程变量的自相似性、尺度不变性或尺度依赖性、等级结构或分形结构特征，起到与空间统计学方法类似的作用（Sugihara and May，1990；张娜，2006；邬建国，2007）。

景观中的斑块大多具有分形对象的自相似性，即斑块在不同尺度上表现出很大的形似性。然而，很多研究表明，景观中大多数格局和过程变量的自相似特征通常仅仅出现在某个尺度域内。在该尺度域内统计分维数 D 基本不变，具有尺度不变性或尺度独立性（scale independent）；变量的分布特征不变，格局可能更多地受单一过程的影响（也可能是多个过程综合影响的结果）。但若超过该尺度域，D 可能会突然发生明显的变化；变量的分布特征以及主导格局的过程通常也会发生很大变化（张娜，2006）。这种现象与欧氏几何体拓扑维数的变化类似。例如，由远及近观察一个球体时，它的维数会从零维变到三维；由远及近观察一条线时，它的维数会从一维变到三维。

若在某一尺度域内 D 不变，则指示变量在该尺度域内具有分形结构。分形结构的自相似特点暗示，如果某变量的分布呈现真正的分形，那么它的变化应该是可尺度化的。这时已知一个尺度上的格局或过程及分维数，就能用一个简单的幂函数预测其他不同尺度上的格局或过程。此法可用最少的参数简单地实现同一尺度域中不同尺度之间的直接外推（direct extrapolation）。例如，在统计上，几米范围内的地形变化应该与几百或几千米范围内的地形变化相似，因此用一个简单的尺度因子（分维数）即能实现地形特征的上推（Sugihara and May，1990；Turner et al.，2001；张娜，2007）。

若在一定尺度范围内 D 发生较大变化，则指示变量在整个景观可能具有等级结构，D 发生变化的尺度转折点（scale break）对应着变量的特征尺度（Sugihara and May，1990；Lam and Quattrochi，1992；Leduc et al.，1994；邬建国，2000b），而分形结构仅分别出现在各个等级层次上。例如，Krummel 等（1987）的研究发现，当斑块面积为 60～70 hm^2 时，D 的变化出现明显的不连续［图 11.34(c) 和 (d)］，可能指示不同等级层次之间的转折。Bradbury 等（1984）在研究样带中的珊瑚礁时用分割法估算了

D 及其随测量尺度 δ 的变化。结果表明，在最小尺度（即单个珊瑚群的解剖结构尺度，如分枝和卷曲）上，δ =10 cm，D = 1.10；在中等尺度（即整个成年活珊瑚群尺度）上，20 cm< δ <200 cm，D = 1.05；在最大尺度（即主要地貌结构尺度，如植物株丛和桥墩）上，5 m< δ <10 m，D = 1.15。D 在不同尺度上的变化似乎指示珊瑚礁等级系统内部结构上的突变。这时通常不能将小尺度域上的变量特征直接外推到大尺度域，而需要进行不同等级层次之间跨尺度域的上推（如运用基于局域动态模型的尺度上推方法）。也就是说，分维分析法仅适用于同一尺度域中不同尺度之间的外推；对于具有等级结构的多尺度域系统，当涉及跨尺度域上推时，分维分析法不再适用（Sugihara and May，1990；张娜，2007）。

有时肉眼可能无法准确地判断 D 是否发生变化，而需要借助统计检验。例如，Zhang 和 Li（2013）在内蒙古锡林河流域羊草草原（图 11.35）的研究中发现，对所有斑块（不论其大小），斑块面积与周长的双对数曲线接近于一条直线，分维数 PAFRAC 可看为一个常数 1.39［图 11.36(a)］。这似乎暗示羊草草原斑块在整个流域呈分形结构。但如果将斑块按其大小进行区分，则会发现，当斑块面积小于 47 km^2 时，PAFRAC=1.31［图 11.36(b)］；当斑块面积大于 47 km^2 时，PAFRAC=1.80［图 11.36(c)］；而且，Kolmogorov-Smirnov 检验表明，这两组独立斑块的分维数 FRAC 的统计分布有显著差异（P<0.001）［图 11.36(d)］。因此，羊草草原斑块在整个流域并不呈分形结构，而是呈等级结构，其特征尺度约为 47 km^2。该特征尺度也接近于用其他景观指数的尺度图所识别的临界尺度。

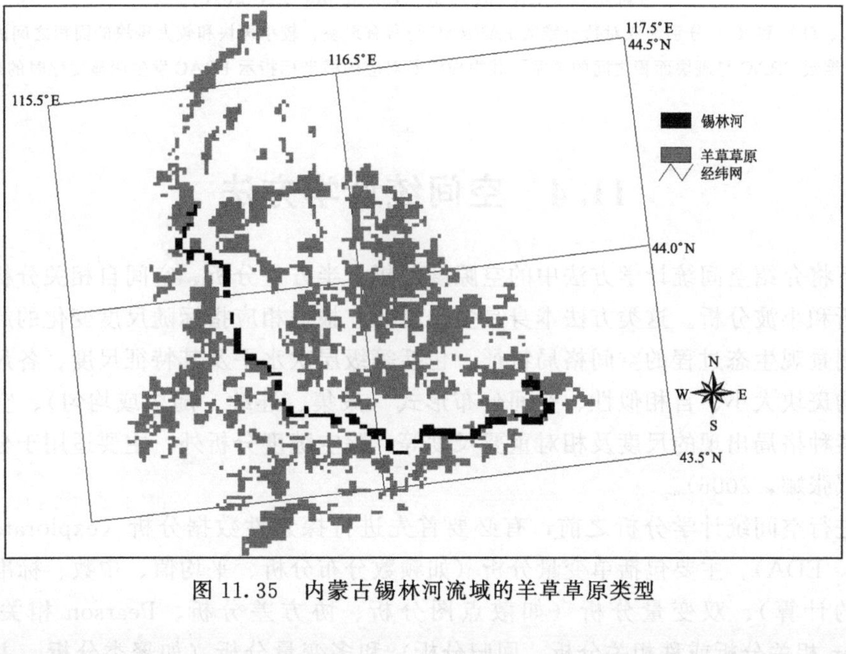

图 11.35　内蒙古锡林河流域的羊草草原类型

分维分析法只适用于同一尺度域，而且通常对自相似结构的形成机制、不同尺度格局或过程之间联系的本质揭示不够。然而，由于这种思想的简捷性和新颖性，作为尺度推绎的一种思路，分维分析有其重要地位。目前已在水文学和土壤学尺度推绎中有较多应用，但在生态学中的应用尚处于初期阶段（Turner et al.，2001）。

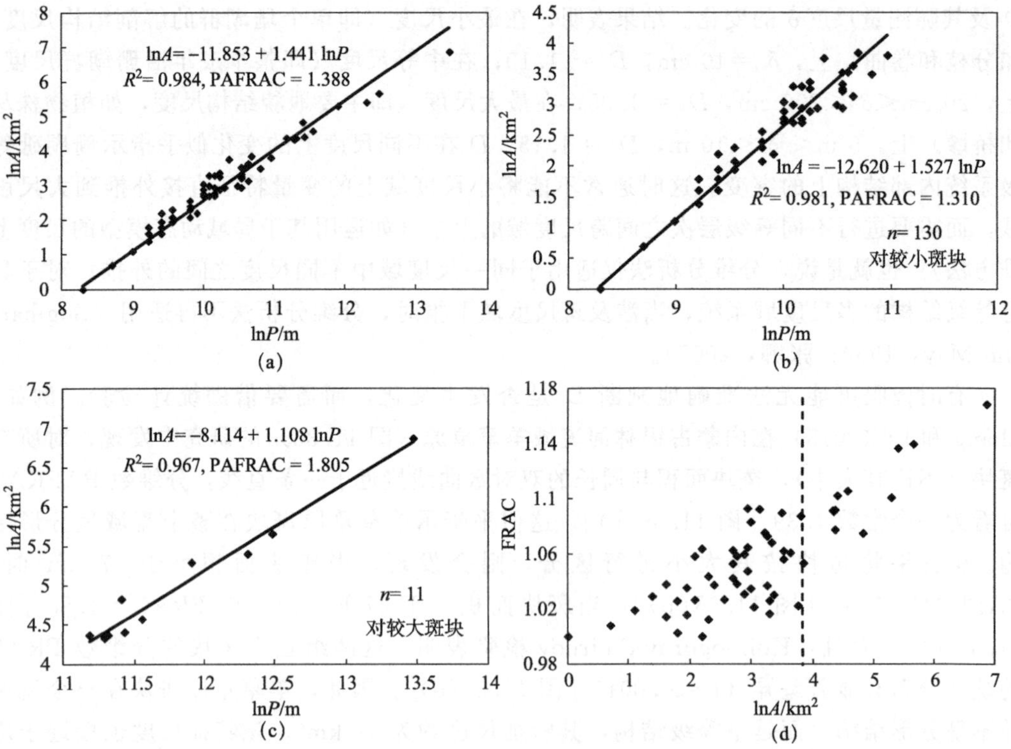

图 11.36　内蒙古锡林河流域羊草草原的景观指数 PAFRAC 和 FRAC 与斑块面积之间的关系（Zhang and Li，2013）

注：(a)、(b) 和 (c) 分别为双对数分维数 PAFRAC 与所有斑块、较小斑块和较大斑块的面积之间的关系；(d) 为分维数 FRAC 与斑块面积之间的关系，其中虚线所对应的横坐标指示 FRAC 发生明显变化时的斑块面积

11.4　空间统计学方法

以下将介绍空间统计学方法中的空隙度分析、半方差分析、空间自相关分析、尺度方差分析和小波分析。这类方法本身是多尺度的，根据相应指标随尺度变化的趋势和转折，检测景观生态过程的空间格局特征，包括等级层次水平及其特征尺度、各尺度域大小、平均斑块大小、自相似性、空间分布形式（聚集、连续、随机或均匀）、空间自相关性、某种格局出现的尺度及相对重要尺度等，除空隙度分析外，主要适用于分析数值型数据（张娜，2006）。

在进行空间统计学分析之前，有必要首先进行探索性数据分析（exploratory data analysis，EDA）。主要包括单变量分析（如频数分布分析、平均值、中数、标准差和变异系数的计算）、双变量分析（如散点图分析、协方差分析、Pearson 相关分析和 Spearman 相关分析或秩相关分析、回归分析）和多变量分析（如聚类分析、主成分分析、方差分析），以了解数据的基本特征，特别是单变量的正态分布性，双变量的线性相关性和单调变化性，以及多变量之间的关系。

11.4.1 空隙度分析

空隙度（lacunarity）概念起源于分形几何学，最初被用来定量固体物质中空隙（lacunae）大小的分布（the distribution of gap sizes）（Mandelbrot，1983）。Gefen 等（1983）给出了一个更精确的定义：空隙度度量一个几何体的空隙偏离均匀分布的程度（deviation of a geometric object from translational invariance）。若一个几何体内所有空隙的大小均相同或相似，则该几何体内部呈同质而均匀地分布，这时空隙度很低；若一个几何体内有许多大小差异显著的空隙，则该几何体内部呈异质而不均匀的分布，这时空隙度很高。Plotnick 等（1993）首次将空隙度引入景观生态学，用以度量景观质地，即所研究景观组分之间空隙的特征和分布。由于该法对判别一些景观格局有显著效果，因此已被广泛应用（Plotnick et al.，1993，1996；常学礼，1997；常学礼等，1999b；曾辉等，1999）。

1. 空隙度的计算

Mandelbrot（1983）、Gefen 等（1984）及 Lin 和 Yang（1986）先后给出了计算空隙度的方法。以下介绍 Allah 和 Cloitre（1991）以及 Plotnick 等（1993，1996）采用的“滑动框”算法（gliding box algorithm）。这种算法的步骤是：

（1）按照某种规则，将景观分成不同类型的组分。对每一类组分，分别考虑。

（2）将边界长度为 M 的研究区划分为栅格网，每个栅格的边长为 1 个单位。

（3）采用一个滑动框（通常为方形）对空间数据进行系统的、最详尽的再取样。具体地，将一个 $r \times r$ 单位的滑动框从研究区的左上角向右或向下滑动，每次移动一框，保证采样点间有部分重叠，直到移动至研究区的最右下角（图 11.37）。

（4）记录每次取样时滑动框内的样方值 S（box mass）。S 为某类景观组分在滑动框中出现的频数（占据的栅格数）。

（5）滑动框滑过整个研究区后，对取样数据进行统计，计算所取样方值 S 的平

图 11.37　计算景观组分空隙度时滑动框的移动（滑动框大小为 1×3）

注：黑实心代表所研究的景观组分类型

均值 $S(r)$ 和方差 $S_s^2(r)$。设 $n(S, r)$ 为某类景观组分占据 S 个栅格的滑动框个数，即频数 S 的频率分布；$N(r)$ 为以 $r \times r$ 大小的滑动框滑动整个研究区采样的总次数，即

$$N(r) = (M - r + 1)^2 \tag{11.77}$$

则该景观组分在滑动框中出现频数 S 的概率分布 $Q(S, r)$ 为

$$Q(S, r) = \frac{n(S, r)}{N(r)} \tag{11.78}$$

$$S(r) = \sum_{i=0}^{r \times r} S_i Q(S, r) \tag{11.79}$$

$$S_s^2(r) = \sum_{i=0}^{r \times r} S_i^2 Q(S, r) - S^2(r) \tag{11.80}$$

1	1	0	1	1	1	0	1	0	1	1	0
0	0	0	0	0	1	0	0	0	1	1	1
0	1	0	1	1	1	1	1	0	1	1	0
1	0	1	1	1	0	0	0	0	0	0	0
1	1	0	1	0	1	0	0	1	1	0	0
0	1	0	1	1	0	0	1	0	0	1	0
0	0	0	0	0	1	1	1	1	1	1	1
0	1	1	0	0	0	1	1	1	1	0	0
0	1	1	1	0	1	1	0	1	0	0	1
0	1	0	0	0	0	0	0	0	1	1	1
0	1	0	1	1	1	0	1	1	0	1	0
0	1	0	0	0	1	0	1	1	1	0	1

图 11.38 一个所研究组分类型呈随机分布的模拟景观（Plotnick et al.，1993）

注：景观大小为 12×12。"1" 代表所研究的组分类型，占整个景观的面积比例为 0.5

将二维数据的空隙度 $\Lambda(r)$ 定义为

$$\Lambda(r) = \frac{S_s^2(r)}{S^2(r)} + 1 = \frac{\displaystyle\sum_{i=1}^{r \times r} S_i^2 \times \frac{n(S, r)}{N(r)}}{S^2(r)} \tag{11.81}$$

以图 11.38 所示景观为例，表 11.7 列出当滑动框大小为 2×2 时空隙度的计算过程，这时 S 最多只可能出现 5 个值：0、1、2、3 和 4。

表 11.7 空隙度的计算过程（Plotnick et al.，1993）

滑动框大小	S	$n(S, r)$	$Q(S, r)$	$SQ(S, r)$	$S^2Q(S, r)$
	0	3	0.025	0	0
	1	35	0.289	0.289	0.289
$r=2$	2	46	0.380	0.760	1.520
	3	29	0.240	0.719	2.157
	4	8	0.066	0.264	1.058
				$S(2)=2.033$	$S_s^2(2)=0.891$
				$\Lambda(2)=1.216$	

注：以图 11.38 所示景观为例

（6）采用一系列大小不同的滑动框反复计算空隙度。滑动框的大小 r 不同，观察尺度不同，计算所得的空隙度也会不同，由此反映空隙度随观察尺度的变化。

（7）以空隙度为纵坐标，以滑动框的大小为横坐标作图（分别取对数）。

2. 影响空隙度的因素

空隙度受滑动框大小、所研究景观组分类型的面积比例及其空间格局的影响。

（1）当所研究组分类型的面积比例 P 趋于 0 时，$S(r)$ 也趋于 0，$\Lambda(r)$ 趋于无穷大。因此，在 r 相同的情况下，数量稀少的组分类型的空隙度更大。

（2）当 r 逐渐增大时，$S(r)$ 趋于增大，而不同滑动框之间 S 值的差异 $[S_s^2(r)]$ 趋于降低，因此，$\Lambda(r)$ 逐渐降低。特别地，当 $r=1$ 时，即滑动框大小与景观的空间粒度相等时，$\Lambda(r)$ 达最大值（$1/P$）。当 r 达到整个景观 M 时，$S_s^2(r)=0$，$\Lambda(r)$ 达最小值（1）。由此，$\Lambda(r)$ 的最大值和最小值分别仅与 P 和 M 有关，而与景观组分类型的空间格局无关。更进一步地，对于同一个景观中具有相等面积比例的不同组分类型，空隙度-滑动框大小曲线在横纵坐标上的截距也完全相等。

（3）当 P 和 r 均一定时，很高的空隙度说明景观组分类型的聚集度很高，或者景观中空隙大小的差异显著；这时，该类组分或者占据滑动框的绝大部分（S 值很大），或者滑动框中完全没有该类组分（S 值为 0），因此，S 的方差和 $\Lambda(r)$ 均很大。相反，很低的空隙度说明景观组分类型分布均匀，且景观中空隙大小的差异不大；这时，S 在不同地方的变化不大，因此，S 的方差和 $\Lambda(r)$ 均很小。

3. 空隙度分析识别的空间格局特征

在某个尺度上计算的单个空隙度值在识别景观异质特征上的用途非常有限，空隙度的用途主要是通过在较大尺度范围内的变化体现出来的。可根据空隙度随尺度变化的对数曲线图识别景观的格局特征［如异质性、等级或分形（自相似）结构］、多尺度格局、景观组分类型的空间分布（如随机、聚集、均匀分布）及其尺度依赖性（Plotnick et al.，1993）（图 11.39）：

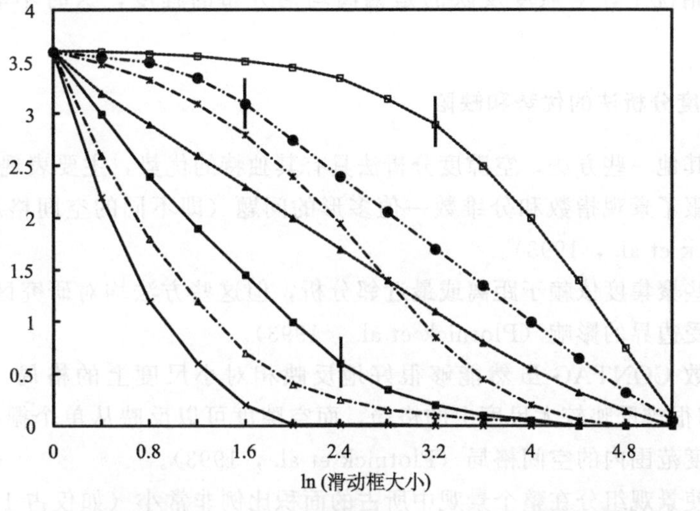

图 11.39　空隙度与滑动框大小的对数图对景观格局的反映（据 Plotnick 等，1993；张娜，2006）

注：图中黑色竖线指示与特征尺度对应的滑动框大小

（1）若对数曲线在除最小滑动框大小之外的任何尺度上均为 0 或趋于 0，则表明景观组分呈完全或近完全的规则分布。空隙度越低，景观组分的分布越规则。

(2) 若对数曲线在尺度较小时就开始迅速下降，呈负对数曲线变化，则表明景观组分呈明显的随机分布。呈随机分布的曲线与呈规则分布的曲线十分近似，仅略高。

(3) 若在尺度较小时空隙度很高，且对数曲线下降得非常缓慢，只有当尺度增大到一定大小 q 时，对数曲线才开始迅速下降，并且快速接近于零，则表明：①当尺度小于 q 时，景观组分呈明显的聚集分布（有少量的大斑块），或者景观中空隙大小的变化范围很大；②曲线在尺度为 q 时出现转折，q 为景观组分的特征尺度（如平均斑块大小），景观组分具有等级结构；③当尺度大于 q 时，景观组分呈随机分布。即对于大于某个特征尺度 q 时呈现随机分布的景观组分，其空隙度取决于研究尺度与特征尺度 q 之间的大小关系。

(4) 若对数曲线随尺度增大始终呈直线下降，则表明景观组分在整个景观中均具有分形结构，分维数 D 为 1－直线的斜率；若曲线仅仅在某个尺度域内呈直线下降，则表明景观组分在该尺度域内具有分形结构，而在整个景观中具有等级结构，曲线转折处所对应的尺度可能为景观组分的特征尺度。

需要特别注意的是，尽管空隙度能够在一定程度上反映景观组分的聚集性，但它本身不是聚集度指数，它表示偏离均匀分布的程度。偏离越大，空隙度指数越高。对具有均匀空隙的景观组分，其空隙度较低；而对具有许多大小差异显著的空隙的景观组分，其空隙度较高。只有在相同面积比例的情况下，空隙度反映的才是聚集度，这时的聚集度差异与指数 PLADJ、AI 和 CLUMPY 的判断结果近似；而在不同面积比例的情况下，空隙度反映的是偏离均匀分布的程度，这时不能直接比较其聚集度。

4. 空隙度分析法的优势和缺陷

相对于其他一些方法，空隙度分析法具有其独特的优势，主要表现在：

(1) 克服了景观指数和分维数一值多形的问题（即不同的空间格局具有相同的指标）(Plotnick et al., 1993)。

(2) 一些聚集度依赖于距离或最近邻分析，但这些方法均对研究区边界十分敏感，而空隙度不受边界的影响（Plotnick et al., 1993）。

(3) 指数 CONTAG 虽然能够很好地反映相对小尺度上的格局（Turner et al., 2001)，但却很难反映较大尺度上的格局，而空隙度可以反映从单个栅格到整个空间幅度的较大尺度范围内的空间格局（Plotnick et al., 1993）。

(4) 即使景观组分在整个景观中所占的面积比例非常小（如仅占 1%～2%），也可用空隙度揭示其格局。空隙度-滑动框大小曲线的变化趋势主要取决于景观组分的空间分布，而与其面积比例无关（Plotnick et al., 1993）。

(5) 对整个景观进行完全取样，不会受到局部特殊分布情况或采样点位的强烈影响，这是信息熵法（样线法）所无法比拟的（曾辉等，1999）。

空隙度分析法的缺陷在于，对全区采样数据进行综合统计的结果会忽略景观组分分布的许多局部细节信息（常学礼等，1999b），而且不能给景观组分的分布特征以统计上的检验。

11.4.2 空间自相关分析

景观格局的最大特征就是空间自相关性（spatial autocorrelation）。空间自相关性被称为地理学第一定律（Tobler's first law）（Tobler，1970）。景观特征或变量在一定范围内的变化往往表现出对空间位置的依赖。一般地，在空间上越靠近的事物或现象就越相似（即所谓的"相近即相似"）。例如，在一个草地斑块内部几步远的地方可能还是这个斑块，但再多走几步，跨过这个斑块，可能就是其他类型的斑块了；不仅斑块，景观中的生态学变量（如土壤温度、植物生物量）在空间上的分布也具有明显的自相关性。时间上和空间上的自相关性是生态系统和景观之所以成为实体，而非做布朗运动的分子的根本原因；也是生态学变量的空间分布以聚集为主，而非随机的根本原因。

然而，空间自相关性的普遍存在可能使得传统统计学方法不宜用来研究变量的空间分布。传统统计学方法（如方差分析、回归分析等）通常需要假设研究变量样本的独立性、随机性和可重复性，而且样本具有相同的分布。而景观斑块及其中生态学变量的空间自相关性明显违背了这些假设条件。首先，样点在空间上的分布不是随机的，而是具有空间自相关性；其次，在自相关范围内的两个样点之间是具有自相关性的，并不是独立的；再次，空间异质性的存在使得重复取样是不可能的（邬建国，2007）。

即使是放宽以上假设条件，用传统的统计学方法可以获得变量的统计分布，也无法获得其空间格局信息。如图 11.40（a）所示，针对夏季一个围垦地中步行虫

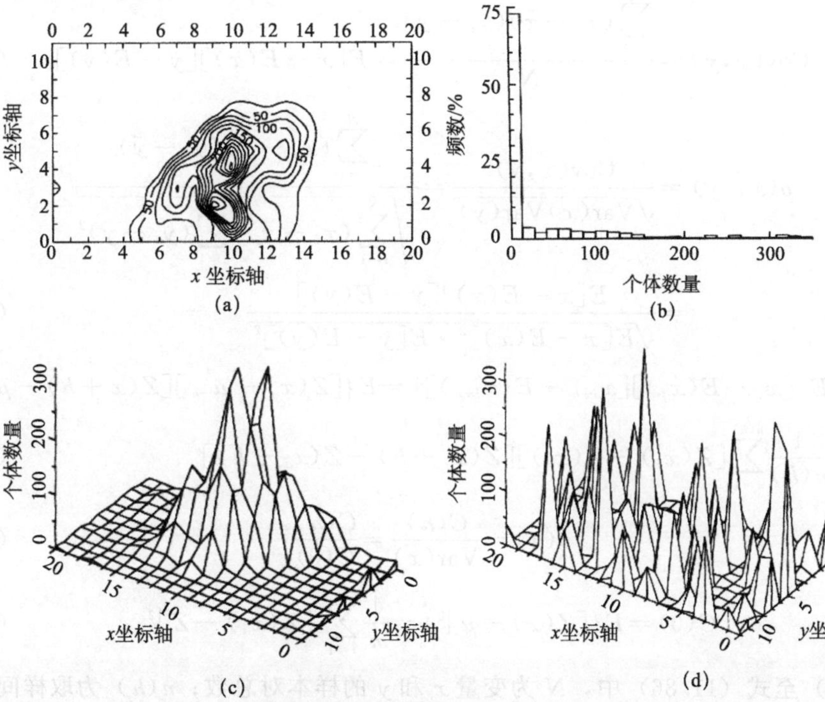

图 11.40 一个夏季围垦地中步行虫的分布（Rossi et al.，1992）

注：(a) 为步行虫数量分布的实际等高线图，数据来源于 Hengeveld（1979）；(b) 为步行虫数量的频数分布；(c) 为步行虫的实际分布格局。网格大小为 40 m×40 m。(d) 与 (c) 的数值完全相同，只是假设步行虫在空间呈随机排列（模拟结果）

(*Dyschirius globosus*)个体数量的两组样本数据完全相同，用传统统计学方法计算的平均值、标准差、变异系数、偏度、最小值、最大值、中数和频数分布是完全相同的[图 11.40(b)]。然而，它们的空间格局却可以是显著不同的，如图 11.40(c) 中个体数量呈现明显的聚集分布，中心值更大，越靠周边，值越小，具有明显的空间正相关；图 11.40 (d) 中个体数量呈现随机分布，与空间位置无关。因此，传统统计学方法不仅受空间依赖性的限制，而且无法明确反映空间依赖性；我们需要能够真正揭示空间依赖性或者不受空间依赖性限制的新方法，而空间统计学正好提供了这样的一系列方法(Rossi et al.，1992；邬建国，2007)。

1. 空间自相关系数的定义

在传统统计学中，协方差（covariance）[Cov(x,y)]通过度量随机变量 x 和 y 与其各自平均值的偏差，反映两个变量之间的线性关系，其值大小与变量的单位有关[式(11.82)]。而 Pearson 相关系数[$\rho(x,y)$]是对 Cov(x,y) 的标准化，在反映两个变量的线性关系时不受其单位的影响[式(11.83)]。空间自协方差（autocovariance）[$C(h)$]基于协方差，但反映的不是两个随机变量的关系，而是同一个随机函数的两个间距为 h 的样点（x_i和 x_{i+h}）之间的关系，即随机变量 $Z(x)$ 和$Z(x+h)$之间的关系[式(11.84)]。同 $\rho(x,y)$，空间自相关系数（spatial autocorrelation coefficient）[$\rho(h)$]是对 $C(h)$ 的标准化[式(11.85)]。$C(h)$ 和 $\rho(h)$ 都被称为相关矩。

$$\mathrm{Cov}(x,y)=\frac{\sum_{i=1}^{N}(x_i-\bar{x})(y_i-\bar{y})}{N}=E[x-E(x)][y-E(y)] \tag{11.82}$$

$$\begin{aligned}\rho(x,y)&=\frac{\mathrm{Cov}(x,y)}{\sqrt{\mathrm{Var}(x)\mathrm{Var}(y)}}=\frac{\sum_{i=1}^{N}(x_i-\bar{x})(y_i-\bar{y})}{\sqrt{\sum_{i=1}^{N}(x_i-\bar{x})^2\sum_{i=1}^{N}(y_i-\bar{y})^2}}\\&=\frac{E[x-E(x)][y-E(y)]}{\sqrt{E[x-E(x)]^2\cdot E[y-E(y)]^2}}\end{aligned} \tag{11.83}$$

$$\begin{aligned}C(h)&=E\{[x_i-E(x_i)][x_{i+h}-E(x_{i+h})]\}=E\{[Z(x)-\mu_{-h}][Z(x+h)-\mu_{+h}]\}\\&=\frac{1}{n(h)}\sum_{i=1}^{n(h)}[Z(x_i)-\bar{Z}(x_i)][Z(x_i+h)-\bar{Z}(x_i+h)]\end{aligned} \tag{11.84}$$

$$\rho(h)=\frac{C(h)}{\mathrm{Var}(x)}=\frac{C(h)}{C(0)} \tag{11.85}$$

$$C(0)=E\{[Z(x)-\mu]^2\}=\frac{1}{n}\sum_{i=1}^{n}[Z(x_i)-\bar{Z}]^2 \tag{11.86}$$

式(11.82)至式(11.86)中，N 为变量 x 和 y 的样本对总数；$n(h)$ 为取样间距为 h 时的样本对总数；n 为随机变量 Z 的样本总数；Var 和 $C(0)$ 为通常所用的方差（即与距离无关）；μ 为随机变量 Z 的数学期望值；$\bar{Z}$ 为随机变量 Z 的平均值。

$C(h)$ 和 $\rho(h)$ 均是全局空间统计值（global spatial statistics），用一个值即可表示

整个研究区变量空间依赖性的总体强度。空间统计学在实际中通常要求随机变量 Z 满足一阶稳态和二阶稳态假定（first order and second order stationarity assumptions）。稳态指的是过程变量或过程模型特性的稳定（或同质），而不是数据本身的稳定。具有相似数据的不同过程是非稳态的。在统计上，要求过程变量的一阶矩（如数学期望）和二阶矩（如协方差或方差）存在，并且在研究区的不同部位和不同方向上相近，不呈梯度变化。空间格局也应该是各向同性的，即在所有不同方向上的格局强度相同。具体地，"一阶稳态假定"是指随机变量 Z 在任意空间位置 x 上的数学期望不变。"二阶稳态假定"是指随机变量 Z 的方差是有限的，且其在任何间距 h 上的自协方差 $C(h)$ 都与样本位置无关，而仅与间距 h 有关，即自协方差函数存在且平稳，满足式（11.84）。如图 11.41(a) 中，不同空间位置上的平均值和方差均相近，满足一阶和二阶稳态假定；图 11.41(b) 中，不同空间位置上的平均值相近，但方差相差较大，满足一阶稳态假定，但不满足二阶稳态假定。严格地说，全局空间统计只适用于稳态过程得以满足的区域或其中的子区域（Fortin and Dale，2005）。

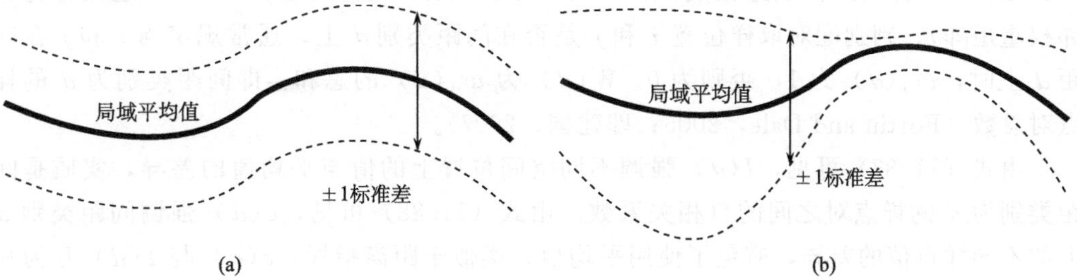

图 11.41　举例说明一阶稳态和二阶稳态假定

空间自相关分析用来检测某一空间变量的取值是否与相邻空间上该变量的取值大小相关，以及相关程度如何。定性地，如果某一变量的值随着距离的缩小而变得更加相似，则该变量呈空间正相关性；若变量值随距离的缩小而更为不同，则该变量呈空间负相关性；若变量值不表现出任何空间依赖关系，则该变量呈空间不相关性或空间随机性。定量地，空间自相关系数在检测一个变量的空间依赖关系时，通常首先限定一个间距范围，考虑在此间距范围内不同样点值的大小关系。若在此间距范围内，不同样点值的大小相近，则变量呈空间正相关性；若在此间距范围内，不同样点值的大小差异很大，则变量呈空间负相关性。

空间自相关分析的变量可以是类型变量（如颜色、土壤类型和植被类型等）、序数变量（如干扰级别）和数值型变量等。变量的取值可以是直接观测值，也可以是样本统计值。样点分布可以是规则的，也可以是不规则的。变量在空间分布上应具有稳态性。变量应满足正态分布，并由随机抽样获得。

Moran's I 系数 [$I(d)$]（Moran，1948）和 Geary's c 系数 [$c(d)$]（Geary，1954）是最早提出的空间自相关系数，目前仍是识别空间自相关性的最常用的标准。它们通常仅适用于数值型变量，而共邻边统计量（Join Count）适用于类型变量。

$$I(d)=\frac{1}{W(d)}\frac{\sum_{\substack{i=1\\i\neq j}}^{n}\sum_{\substack{j=1\\j\neq i}}^{n}w_{ij}(d)(x_i-\bar{x})(x_j-\bar{x})}{\frac{1}{n}\sum_{i=1}^{n}(x_i-\bar{x})^2} \tag{11.87}$$

$$c(d)=\frac{1}{2W(d)}\frac{\sum_{\substack{i=1\\i\neq j}}^{n}\sum_{\substack{j=1\\j\neq i}}^{n}w_{ij}(d)(x_i-x_j)^2}{\frac{1}{n-1}\sum_{i=1}^{n}(x_i-\bar{x})^2} \tag{11.88}$$

式（11.87）和式（11.88）中，n 为变量 x 的样点总数；x_i 和 x_j 分别为变量 x 在取样位置 i 和 j 上的取值；$\bar{x}$ 为变量 x 的平均值。d 为间距类别（lag distance class，简称为 distance class 或 lag distance），可能表示某个间距范围，而不是一个单个的实际距离。例如，$d=1$，可能表示 0＜实际的间距≤2；同理，$d=2$，可能表示 2＜实际的间距≤4。$w_{ij}(d)$ 为间距类别连接度矩阵（distance class connectivity matrix，也被称为相邻权重矩阵），判别配对取样位置 i 和 j 是否在间距类别 d 上。通常规定当 i 和 j 在间距 d 上时，$w_{ij}(d)$ 为 1，否则为 0。$W(d)$ 为 $w_{ij}(d)$ 的总和，即间距类别为 d 的样点对总数（Fortin and Dale，2005；邬建国，2007）。

由式（11.87）可见，$I(d)$ 强调不同空间位置上的值与平均值的差异，实质是间距类别为 d 的样点对之间的自相关系数。由式（11.88）可见，$c(d)$ 强调间距类别 d 上的不同样点值的差异，避免了使用平均值，类似于距离指标。$c(d)$ 与 $I(d)$ 互为相反的关系，x_i 与 x_j 越相似，正相关越强，$I(d)$ 越大，而 $c(d)$ 越小。$I(d)$ 和 $c(d)$ 均是整个研究区内变量 x 在间距类别 d 上的空间自相关性的全局全向平均估计值(global average isotropic estimated value)；但 $I(d)$ 的全局性更强，而 $c(d)$ 对邻域内的差异更加敏感，全局性较弱（Fortin et al.，2002；Fortin and Dale，2005）。

与相关系数类似，$-1\leqslant I(d)\leqslant 1$。在间距类别 d 上，当有较多的 x_i 和 x_j 同时大于或者小于 $\bar{x}$ 时，$0<I(d)\leqslant 1$，变量呈正相关；当出现 x_i 大于 $\bar{x}$，且 x_j 小于 $\bar{x}$ 的情况较多时，$-1\leqslant I(d)<0$，变量呈负相关；当 $I(d)\approx 0$ 时，变量不具有空间自相关性，这时 $E(I)=-1/(n-1)$。与相关系数不同，$0<c(d)\leqslant 2$。$c(d)<1$ 表示变量呈正相关；$c(d)>1$ 表示变量呈负相关；$c(d)=1$ 表示变量不具有空间自相关性，这时，$E(c)=1$（Fortin and Dale，2005）。

在以下几种情况下，$I(d)$ 和 $c(d)$ 的估计值不稳定，可能会出现一些异常值：

（1）在某些间距类别 d 上，能获得的样点对的数量过少。这时，可通过降低 d 的数量，间接地增大每个间距类别上的样点对数（Fortin and Dale，2005）。

（2）变量在空间分布上具有非稳态性（non-stationarity）（Fortin and Dale，2005）。二阶稳态假定在实际应用中常常是不满足的。在很多情况下，变量只需满足二阶弱稳态假定（weakly second order stationarity assumptions）即可，即对于任何间距 h，离差 $[Z(x+h)-Z(x)]$ 具有有限方差，且与空间位置无关，而仅与间距 h 有关。当无法完全满足稳态假定时，$I(d)$ 比 $c(d)$ 在检测空间自相关性上更加敏感和有效（Fortin et al.，1989）。

在一个较大尺度的异质景观中，大多数变量（如果不是所有变量）在空间的分布实际上违背了空间统计学所要求的稳态假定，因为在这种景观中，往往存在多种不同的生态过程和环境条件。解决这一问题需首先识别景观中不同过程发生的范围，然后分别在不同发生范围内进行空间自相关分析，而不是将其应用于整个景观。

(3) 变量的偏度较大，不呈正态分布。偏度较大时，变量的平均值会发生较大偏离，从而高估或低估 $I(d)$；偏度较大时，某个样点值与异常值之差的平方在估算 $c(d)$ 时会占很大比例，从而高估 $c(d)$（Fortin and Dale，2005）。这时需要对变量做数据转换，使其分布接近于正态分布。最常用的数据转换方法是对数转换、平方根转换、统一秩转换（uniform-rank transformation）。转换后偏度的绝对值最好小于 1。例如，内蒙古锡林河流域生长季草冠层截留量的频数分布结果表明，原数据的偏度较大（3.652），低值的频数更高，不呈正态分布［图 11.42(a)］；对数转换数据的偏度很低（仅 0.0165），呈正态分布［图 11.42(b)］。因此，计算 $I(d)$ 和 $c(d)$ 之前，做出变量频数分布的直方图十分必要。

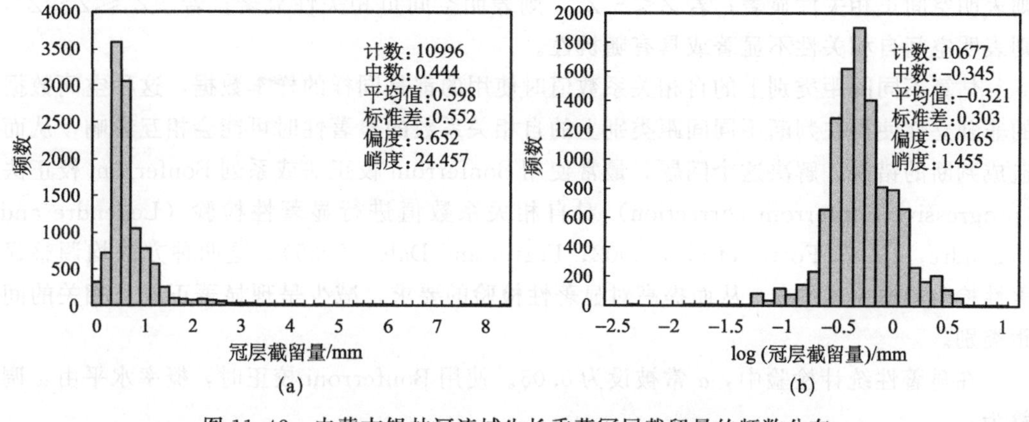

图 11.42　内蒙古锡林河流域生长季草冠层截留量的频数分布

注：(a) 草地生态系统生产力模型 GLPM（Zhang et al.，2009）的模拟结果；(b) 对数转换后的数据

2. 空间自相关性的显著性检验

在所有间距类别 d 上计算的 $I(d)$ 和 $c(d)$ 均需要进行显著性统计检验。通常采用随机分布或正态分布假设检验。在正态分布假设检验中，$I(d)$ 和 $c(d)$ 的期望值和方差计算为

$$E(I) = -1/(n-1) \tag{11.89}$$

$$\mathrm{Var}(I) = \frac{n^2 S_1 - n S_2 + 3 S_0^2}{(n^2-1) S_0^2} \tag{11.90}$$

$$E(c) = 1 \tag{11.91}$$

$$\mathrm{Var}(c) = \frac{(n-1)(2S_1 + S_2) - 4S_0^2}{2(n-1)S_0^2} \tag{11.92}$$

其中，

$$S_0 = \sum_{i=1}^{n}\sum_{j=1}^{n} w_{ij} \tag{11.93}$$

$$S_1 = \sum_{i=1}^{n}\sum_{j=1}^{n} w_{ij}^2 \tag{11.94}$$

$$S_2 = \sum_{i=1}^{n}\left(\sum_{j=1}^{n} w_{ij}\right)^2 \tag{11.95}$$

标准正态统计值 Z 为

$$Z = \frac{I - E(I)}{\sqrt{\mathrm{Var}(I)}} \tag{11.96}$$

$$Z = \frac{c - E(c)}{\sqrt{\mathrm{Var}(c)}} \tag{11.97}$$

将在每个间距类别 d 上计算得到的标准正态统计值 Z 与正态分布双侧分位数表中相应概率水平（如 $\alpha=0.05$）上的标准正态统计值 Z'（约 1.96）进行比较。若 $Z>Z'$，则表明空间正相关性显著；若 $Z<-Z'$，则表明空间负相关性显著；若 $-Z'\leqslant Z\leqslant Z'$，则表明空间自相关性不显著或具有随机性。

估算不同间距类别上的自相关系数值时使用的都是同样的样本数据，这种空间数据的非独立性使得在判断不同间距类别上的自相关系数的显著性时可能会相互影响，从而造成判断的错误。解决这个问题，最常使用 Bonferroni 校正法或系列 Bonferroni 校正法（progressive Bonferroni correction）对自相关系数值进行显著性检验（Legendre and Legendre，1998；Fortin et al.，2002；Fortin and Dale，2005）。这两种方法均调整显著性检验的概率水平 α，从而提高对显著性检验的要求，减少呈现显著正或负相关的间距类别。

在显著性统计检验中，α 常被设为 0.05。使用 Bonferroni 校正时，概率水平由 α 调整为

$$\alpha' = \frac{\alpha}{k} \tag{11.98}$$

式中，k 为间距类别的总数，如 $k=140$，则 $\alpha'=0.05/140=0.000357$。

Bonferroni 校正法与间距类别的总数有关，而间距类别总数的确定多少具有任意性，从而可能影响对空间自相关性显著性的检验。而系列 Bonferroni 校正法则可以减小这种影响。在这种方法中，概率水平需在每个间距类别上分别计算，即

$$\alpha'(d) = \frac{\alpha}{d} \tag{11.99}$$

式中，d 为某个间距类别（如从 1 到 140）。例如，当 $d=1$ 时，$\alpha'=0.05/1=0.05$；当 $d=2$ 时，$\alpha'=0.05/2=0.0025$ 等（图 11.43）。因此，系列 Bonferroni 校正法不是用一个统一的标准来衡量所有间距类别上的空间自相关性；对间距较大的样点对，显著性检验的要求更高。

3. 空间自相关图

如前所述，空间自相关系数在检测一个变量的空间依赖关系时总是基于某个间距。

N	Moran's I	ZNormal I	Geary's c	ZNormal c	$\alpha'(d)$
1	0.57560	84.66017	0.42457	83.47221	0.05
2	0.45748	94.64790	0.54308	90.73896	0.025
3	0.36819	107.08243	0.63171	96.15184	0.016667
4	0.30538	98.67763	0.69327	84.23860	0.0125
……	……	……	……	……	……
42	0.01587	14.04937	0.94442	12.79138	0.00119
43	0.01196	10.49453	0.94536	12.56544	0.001163
44	0.00631	5.77296	0.94883	11.93988	0.001136
45	0.00476	4.29940	0.94811	12.15915	0.001111
46	0.00082	0.76564	0.94949	11.83163	0.001087
47	−0.00127	−1.04616	0.95155	11.55497	0.001064
48	−0.00280	−2.35775	0.95210	11.48506	0.001042
49	−0.00566	−4.96104	0.95606	10.67656	0.00102
50	−0.00612	−5.38032	0.95547	10.91313	0.001
51	−0.00605	−5.32665	0.95650	10.75697	0.00098
52	−0.00531	−4.57996	0.95664	10.80198	0.000962
……	……	……	……	……	……
59	−0.01848	−15.60485	0.97434	6.73307	0.000847
60	−0.02072	−17.77804	0.97580	6.44752	0.000833
61	−0.02031	−17.57326	0.97615	6.41441	0.00082
62	−0.02260	−19.00114	0.97951	5.58995	0.000806
63	−0.02166	−18.25544	0.98167	5.05181	0.000794
64	−0.02164	−18.18121	0.98399	4.47500	0.000781
65	−0.02062	−17.50138	0.98446	4.41788	0.000769
66	−0.01946	−15.88840	0.98897	3.15115	0.000758
67	−0.02139	−17.22911	0.99051	2.75318	0.000746
68	−0.02098	−17.31892	0.99151	2.50868	0.000735
69	−0.02538	−20.93656	0.99757	0.72479	0.000725
70	−0.02785	−22.11228	1.00298	−0.88535	0.000714
71	−0.03315	−26.44078	1.01382	−4.13024	0.000704
72	−0.03595	−27.84103	1.01768	−5.17589	0.000694
73	−0.03778	−30.78599	1.02543	−7.47751	0.000685
……	……	……	……	……	……
138	−0.24549	−32.61439	1.74774	−16.14127	0.000362
139	−0.24374	−29.00082	1.73317	−14.68549	0.00036
140	−0.24606	−26.14055	1.73010	−13.53010	0.000357

图 11.43　举例说明不同间距类别上 Moran's I 和 Geary's c 系数值的显著性检验

注：N 列表示间距类别 d，ZNormal 列表示标准正态统计值 Z，$\alpha'(d)$ 列表示经系列 Bonferroni 校正法校正后的显著性检验的概率水平 [$\alpha'(d)=0.05/d$]。其中灰色区域显示的是空间不相关的自相关系数值及其标准正态统计值。灰色区域以上和以下部分分别为呈现显著正相关和负相关时的自相关系数值及其标准正态统计值。受篇幅限制，没有列出所有的间距类别

变量的自相关程度会随着样点间距的变化而变化。以空间自相关系数值为纵坐标、样点间距（或类别）d 为横坐标所作的图称为空间自相关图（spatial correlogram）。

所取的 d 需适中。当 d 很小或很大时，由于受边缘效应的较大影响，可取的样点对可能很少，从而影响检测空间格局的精度（Fortin et al.，2002）。一个简单的拇指规则是，所取的最大实际间距 ad（不是间距类别）为研究区最小边长的 1/2～2/3（Fortin，1999b）。例如，研究区最小边长为 140 km，则 ad 最大可取到 70～93 km。Cressie（1993）提出几个校正边缘效应的方法，可在空间统计学方法中用于样点对的选取，以及间距的设置。

我们可通过观察空间自相关图的形状来分析变量的空间格局特征，包括空间自相关性的强度、空间格局特征（如斑块化分布还是梯度变化）、空间格局出现的范围（空间特征尺度）、空间格局的各向同性或各向异性（Legendre and Fortin，1989；Fortin，1999a）。以 Moran's I 系数为例说明如下（Fortin and Dale，2005）：

（1）短距离上的正相关：大多数生态学变量在较短的距离上表现出一定程度的正相关。在大多数情况下，最强的空间自相关性发生在最短距离（即第一个间距类别）上。当过程发生的强度随着距离的增大而减弱时，空间自相关性也随着距离的增大而减弱。例如，种子在母树附近分布得较多；超过一定范围，则离母树越远，种子数越少。

（2）梯度变化（gradient）：Moran's I 系数值随着间距的增大逐渐单调降低，经历由正到零到负的变化［图 11.44(a)］。说明变量在较小间距上呈现显著正相关，在较大间距上呈现显著负相关；在由正到负的转折点附近，变量不具有空间自相关性，而具有随机分布特征，转折点对应着一个空间特征尺度，转折的发生暗示了空间格局性质的变化。

（3）随机分布：Moran's I 系数值始终围绕着零轴（近似于自相关不显著时的期望值）小幅上下波动［图 11.44(b)］。说明变量在整个空间上均不具有空间自相关性或具有随机分布特征。

（4）重复斑块化分布（repetative patchiness）：随着间距的增大，Moran's I 系数值经历正→零→负→零→（正）→（负）的单次［图 11.44(c)］或多次重复变化［图 11.44(d)、(e) 和 (f)］。若为单次变化，则暗示变量在空间上形成一个大斑块；若为多次重复变化，则暗示变量形成一系列重复斑块。

（5）空间特征尺度［空间范围（spatial range）或影响区间（zone of influence）或空间尺度域（spatial domain）或斑块大小］的识别：空间特征尺度为 Moran's I 系数值第一次从正值变为负值的间距处，即第一次出现无自相关的间距处，也是空间自相关阈值。如图 11.44(c) 中，当间距约为 7.5 个单元时，Moran's I 系数值第一次从正值变为负值，则变量的特征尺度为 7.5 个单元；同理，图 11.44(a)、(d)、(e) 和 (f) 中变量的特征尺度分别为 12.0、2.5、3.5 和 3.0 个单元；而图 11.44（b）中变量无特征尺度。

（6）各向异性（anisotropy）：基于不同方向上的样点对获得的空间自相关图（'directional' correlogram）可能不尽相同，从其形状和特征尺度可判断空间格局是否具有各向异性（Oden and Sokal，1986；Legendre and Fortin，1989；Rossi et al.，1992）。如图 11.45(a) 和 (b) 分别为整个研究区全向和 4 个不同方向上的 Moran's I 系数值。

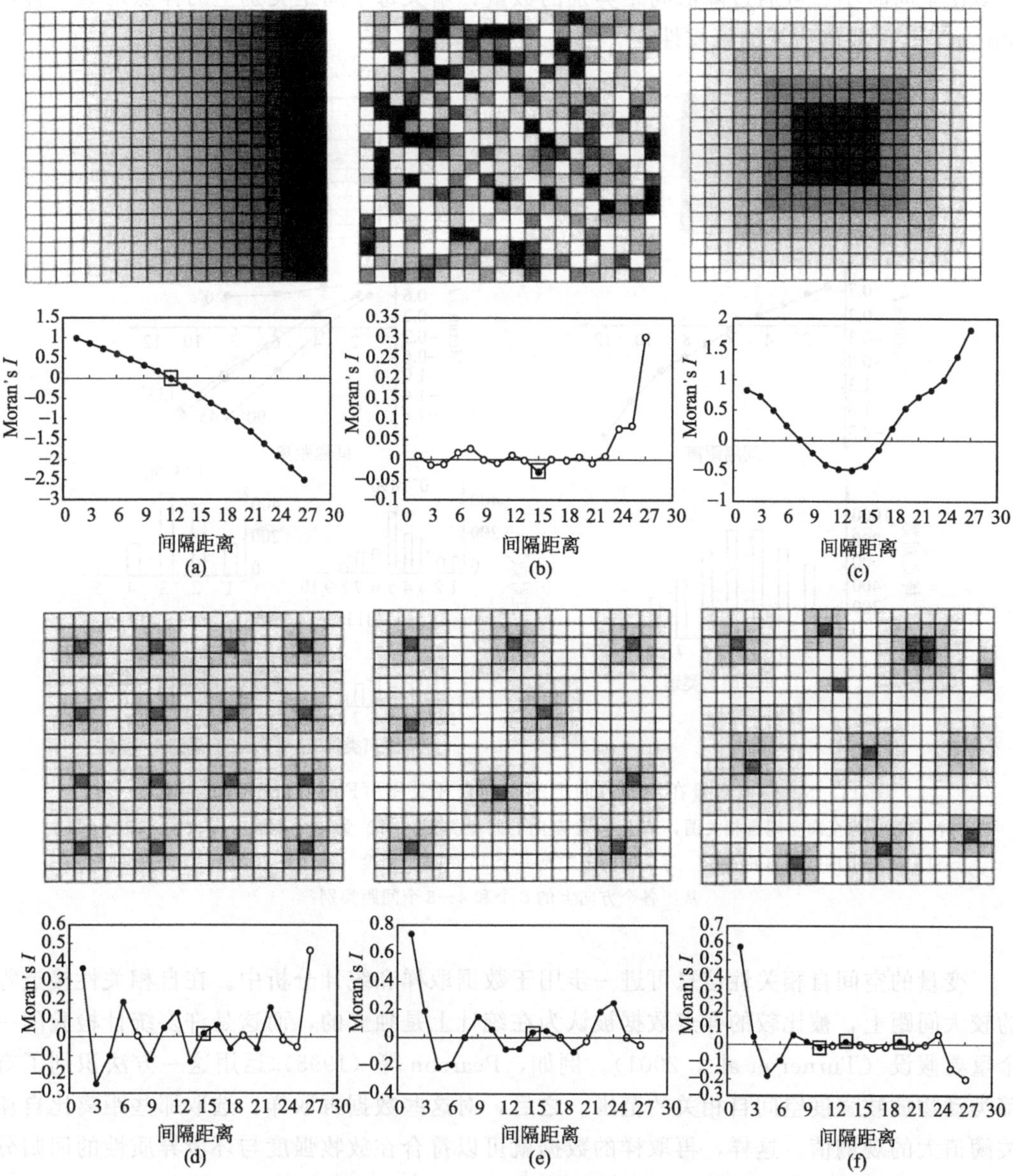

图 11.44 模拟变量的 Moran's *I* 空间自相关图（Fortin and Dale，2005）

注：变量所在的空间大小为 20×20 个栅格细胞。变量值在 0～10 之间变化，相应地，颜色由白色逐渐变到黑色。曲线中的实心圆表示具有显著的空间正或负相关（显著性检验的概率水平为 0.05）；空心圆表示呈现空间不相关；空心方框表示用系列 Bonferroni 法校正前呈现显著空间自相关，但用该法校正后呈现空间不相关，下同。(d) 中包含 16 个斑块，所有斑块的大小相等，且斑块的间距也都相等。(e) 中包含 9 个斑块，所有斑块的大小相等，但斑块的间距不尽相等。(f) 中包含 12 个斑块，斑块的大小和间距都不尽相等

由图 11.45(b) 可见，该变量存在各向异性，除 45°和 135°方向上的 Moran's *I* 系数值几乎重合之外，其他方向上的值并没有相互重合。而且，不同方向上的特征尺度也不尽相同：在 0°方向上没有特征尺度，在 45°和 135°方向上为 5.0 个单元，在 90°方向上为 3.8 个单元。另外，单个方向上的样点对数比全向时要少得多，所能取的最大实际间距

也多比全向时小。可通过降低间距类别的数量，增大每个间距类别上的样点对数，提高 Moran's I 系数值估算的可靠性。

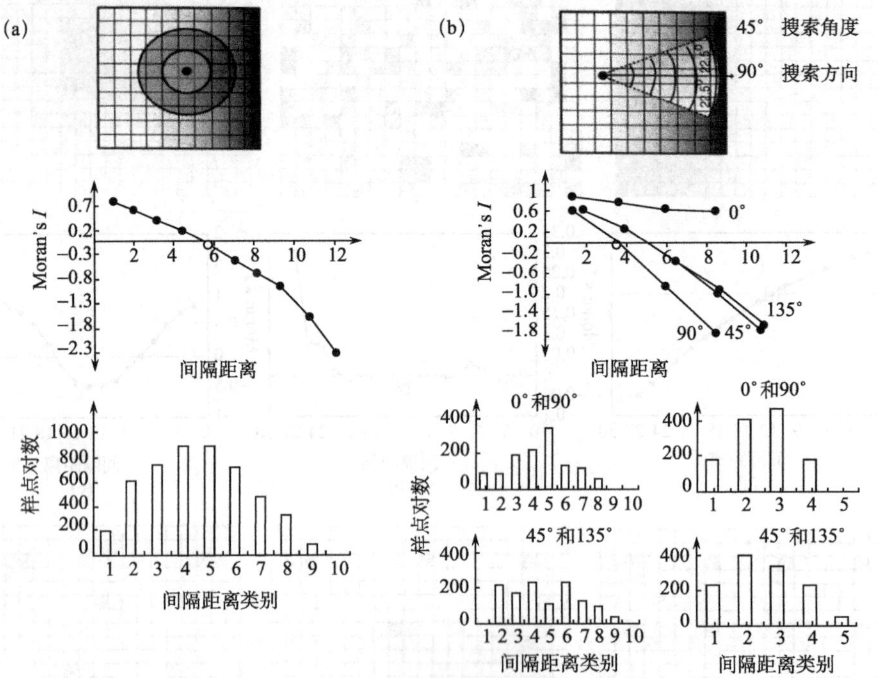

图 11.45　模拟变量在不同方向上的空间自相关图（Fortin and Dale，2005）

注：(a) 为全向空间自相关图，基于 10 个全向的间距类别。(b) 为 4 个不同方向（0°、45°、90° 和 135°）上的空间自相关图。每个方向上包括一个 45°的搜索角度（每边各 22.5°）。自相关图分别基于各个方向上的 8 个和 4～5 个间距类别

变量的空间自相关性信息可进一步用于数据取样和统计分析中。在自相关性接近零的较大间距上，被比较的样点数据被认为在统计上是独立的，而这是许多统计检验的一个重要假设（Turner et al.，2001）。例如，Pearson 等（1995）运用这一方法识别了有蹄类动物放牧强度空间自相关的范围。之后，对这些数据再取样，选取那些距离比自相关阈值大的观测值。这样，再取样的数据就可以符合在放牧强度与环境异质性的回归分析中对观测数据独立性的要求。

尽管 Moran's I 和 Geary's c 的空间自相关图可用来识别变量的空间格局特征，但由于这些空间自相关系数值是全局全向平均估计值，无法反映局域点上的空间格局，因此，在解释变量的空间自相关图时有必要与其景观图相结合（Legendre and Legendre，1998）。

4. 取样设计对识别空间自相关的影响

取样设计会对识别空间格局产生很大影响。取样设计包括研究区的空间幅度，取样单元的数量（sample size）、大小（sampling unit size）、形状和间隔（spatial lag 或 spatial distance among sampling units）（图 11.46），以及取样策略（sampling strategy）（图 11.47）等。

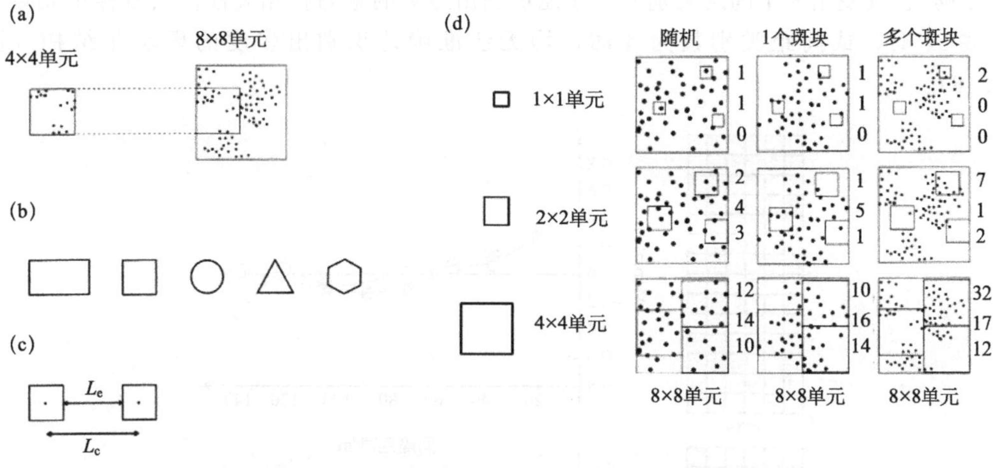

图 11.46　取样设计（Fortin and Dale，2005）

注：(a) 空间幅度；(b) 取样单元的形状；(c) 空间间隔，L_e表示取样单元最近边到边的距离，L_c表示取样单元中心到中心的距离；(d) 取样单元大小，图右边的数字表示每个取样单元中的个体数量

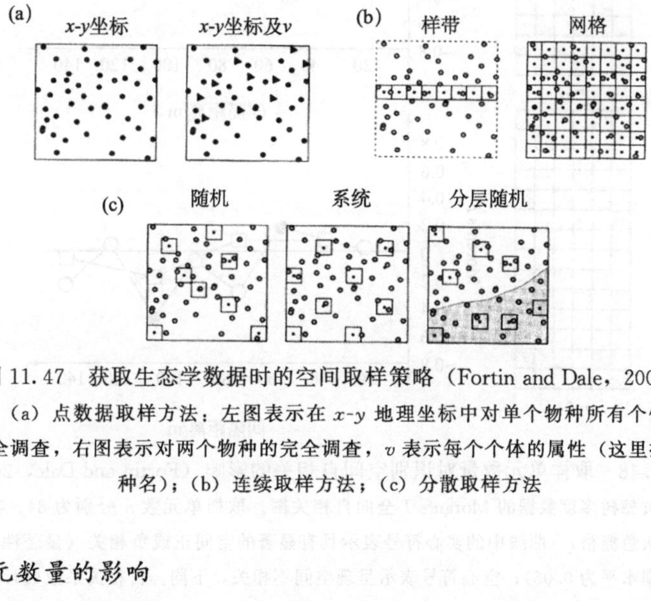

图 11.47　获取生态学数据时的空间取样策略（Fortin and Dale，2005）

注：(a) 点数据取样方法：左图表示在 x-y 地理坐标中对单个物种所有个体的完全调查，右图表示对两个物种的完全调查，v 表示每个个体的属性（这里指物种名）；(b) 连续取样方法；(c) 分散取样方法

1) 取样单元数量的影响

在地统计学中，至少需要 100 个取样点，而在生态学的野外调查和实验中，很难取到这么多的样点。在有些情况下，可以合理地减少样点。例如，如果空间格局很明显，那么只需要较少（约 50 个）样点即可识别格局特征；但如果格局不明显，那么就需要更多的样点。如果样点之间的间距小于格局的空间特征尺度，那么 20～30 个样点即可捕捉到空间格局的精髓（Fortin and Dale，2005）。

无法识别出显著的空间格局特征并不必然地表明不具有格局特征，改变取样设计方案之后也许就能够识别出（Fortin et al.，1989；Fortin，1999a；Fortin and Dale，2005）。例如，在黄樟树（sassafras）多度数据的例子中，只有在完全取样（取样单元数为 84)、且使用 8 个间距类别时，才能识别出显著的空间自相关性；当取样单元数为 42 或 24 时，或间距类别数为 4 时，均无法准确地识别出多度的斑块化结构（图 11.48）。

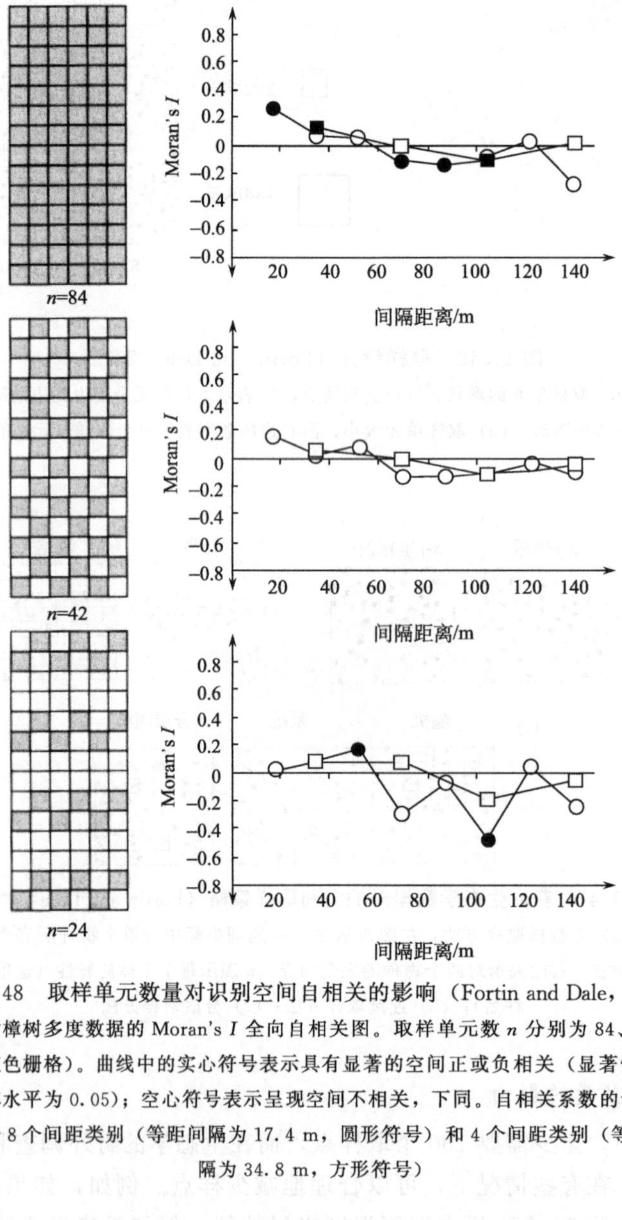

图 11.48 取样单元数量对识别空间自相关的影响（Fortin and Dale，2005）

注：黄樟树多度数据的 Moran's I 全向自相关图。取样单元数 n 分别为 84、42 和 24（灰色栅格）。曲线中的实心符号表示具有显著的空间正或负相关（显著性检验的概率水平为 0.05）；空心符号表示呈现空间不相关，下同。自相关系数的计算分别基于 8 个间距类别（等距间隔为 17.4 m，圆形符号）和 4 个间距类别（等距间隔为 34.8 m，方形符号）

2) 取样单元大小（或取样间距）的影响

取样单元的大小（面积）或间距及形状（如正方形或长方形）都会影响对空间格局的强度、范围、类型及其显著性的精确识别，它们分别被称为尺度效应（scale effect）和划区效应（zoning effect）（Wu and Qi，2000；Dungan et al.，2002；Fortin et al.，2002）。

基于不同取样单元大小的一系列 Moran's I 自相关图可能会有很大差异。然而，只要第一个（最小）间距（类别）上的 Moran's I 系数值为正，则从识别空间格局的角度，其相应的取样单元大小就是可被选的。当取样单元逐渐增大，以至于在第一个间距（类别）上即表现出不相关或显著负相关时，表明取样单元的大小已超过了格局的空间范围或一个单元中包含了不止一种空间格局。由此，通过这样的一系列 Moran's I 自相关图可识别格局存在的空间范围，而可选的取样单元大小的范围应小于该空间范围。取样单元大小在此空间范围内，格局呈显著的正相关，过程单一；而超过该空间范围，格局不再相关或呈负相关，出现多个格局和新的过程（Fortin，1999a）。

通过以上一系列 Moran's I 自相关图也可识别最佳取样单元大小，此为第一个间距（类别）上的 Moran's I 系数值最大时所对应的取样单元大小（Fortin and Dale，2005）。如图 11.49 所示为研究内蒙古锡林河流域生长季 NPP 时的基于不同空间粒度大小的 Moran's I 自相关图。当粒度在 1 km×1 km～10 km×10 km 时，第一个间距上的 Moran's I 系数值均为正［图 11.49(a) 至(e)］，其中当粒度为 1 km×1 km 时，值最大［图 11.49(g)］；而当粒度达到 11 km×11 km 时，第一个间距上的 Moran's I 系数值开始出现不显著相关值［图 11.49(f) 和 (g)］。因此，研究该流域 NPP 的空间格局时，可选的粒度范围为 1 km×1 km～10 km×10 km，而最佳粒度为1 km×1 km。

11.4.3　半方差分析

地统计学（geostatistic）是空间统计学的一个新分支。其理论主要是由 Matheron（1963，1973）归纳和发展的，首先在采矿学和地质学中发展和应用，并由此得名；随后被应用于其他领域，如地理学、地球物理学、水文学、土壤学、林学和种群遗传学，近几年才被应用到生态学研究中。已被证明是研究生态学变量空间异质性的有效方法，主要用于检测和描述空间自相关性、建立预测性模型、空间数据插值、设计抽样方法等（Journel and Huijbregts，1978；Webster，1985；Isaaks and Srivastava，1989；Legendre and Fortin，1989；Goovaerts，1997；王政权，1999）。

1. 地统计学的理论基础

在地统计学中有 3 种二阶距，即方差、协方差（或自协方差）和半方差（semivariance）。半方差是地统计学中最受关注的，也是最重要的部分，又称变异矩、半变异矩或变异函数。

同传统统计学一样，地统计学也是建立在概率论基础上的。一些传统统计学中的概念，如平均值、期望值、方差和概率，在地统计学中仍然有效。然而，两者之间存在着一些根本差异。

1）随机函数

假设在地面上取一系列样本，如某地一个雨天的降水量数据。传统统计学假设所有的样本都是从一个随机变量中随机和独立地被抽取，采样是可重复的，而该随机变量遵循某种概率分布。这种假设没有包括任何有关样本实际位置的信息以及样本之间相关关系的信息。而地统计学以以下思想为基础：地面上的每一个点都代表着具有某种分布的一个变量中的一个样本，但是，在一个点上的随机变量的平均值、方差和分布形式可能

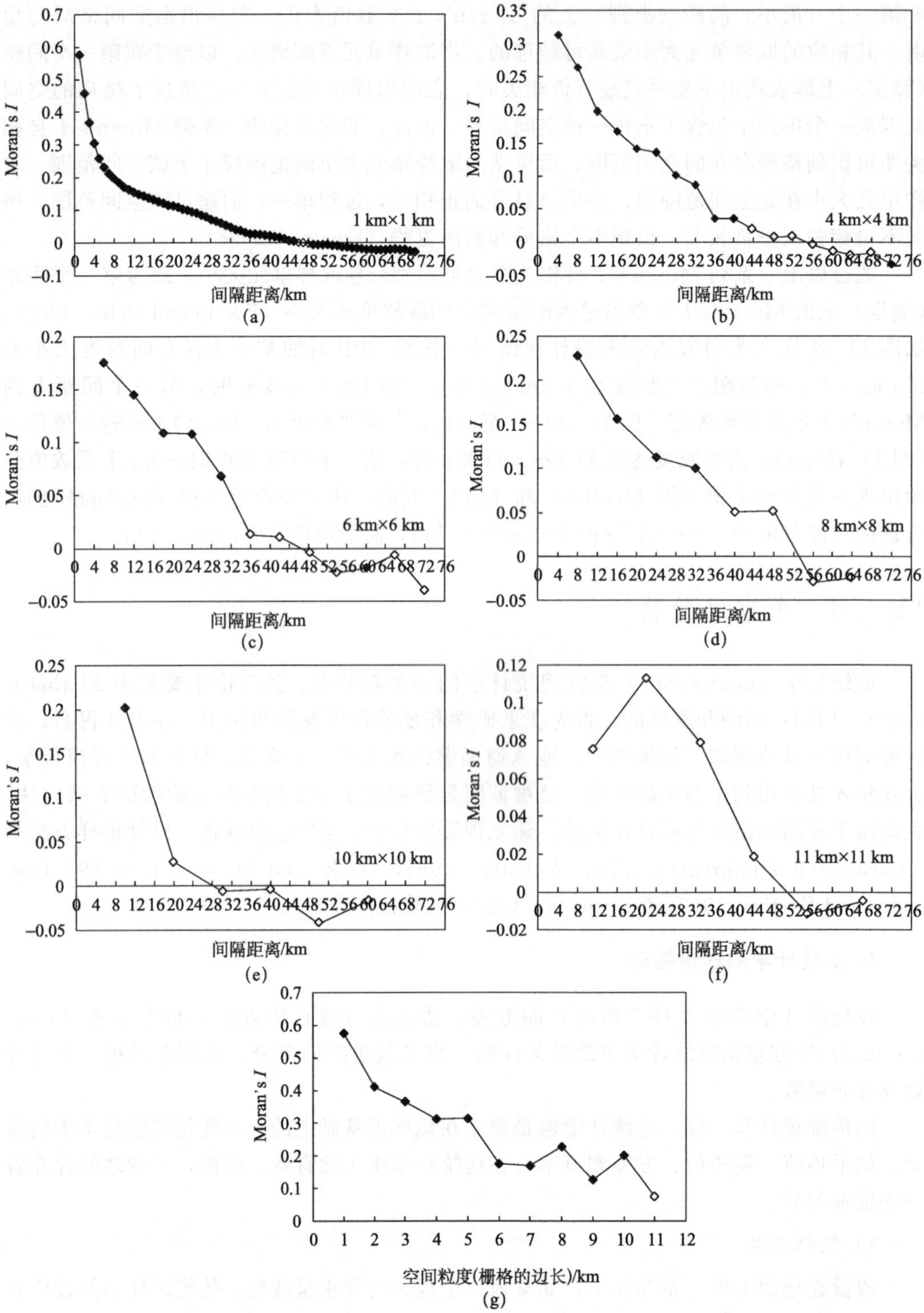

图 11.49　内蒙古锡林河流域生长季净初级生产力（NPP）的 Moran's I 系数值的尺度效应

注：(a) 至 (f) 分别为基于 1 km×1 km、4 km×4 km、6 km×6 km、8 km×8 km、10 km×10 km 和 11 km×11 km 空间粒度的 Moran's I 空间自相关图。(g) 为最小间距上的 Moran's I 系数值的尺度图

与所有其他点完全不同，即样本是不可重复的（Clark，1980）。因此，在地统计学中，样本集并不是来自于一个随机变量，而是来自于具有不同分布的一系列随机变量。基于这种假设，地统计学可以通过解释样本之间的关系来研究空间结构。

在每个点 x_i 上定义的随机变量 $Z(x_i)$ 的集合被称为一个随机函数 $Z(x)$（random function）。在这种定义之下，样本集来自于一个随机函数。随机函数表达了随机变量的随机方面和结构方面。随机方面即从一个地点到另一个地点存在着高度不规则的、不可预测的变化，因为不同地点的随机变量 $Z(x_i)$ 的分布可能不同。结构方面反映了自然现象的结构特征，是地统计学在研究自然现象时所特别关注的，表现在：①某个随机变量受空间位置的控制被区域化；②不同随机变量之间具有一定的空间位置关系。

通常，在传统统计学中，一个随机变量的样本能够被无限地抽取。例如，在掷子时我们能抽取许多样本。每一个样本均可看成是该随机变量的一个实测值。然而，在自然现象中，从每个随机变量中只能抽取一个样本，只能获取某一个特定的实测值。随机变量实测值的集合被称做随机函数的实测值。

2）本征假设

地统计学认为，不同地点的变量的分布可能不同。然而，我们却无法获知和检验一个随机变量的分布形式，因为从一个随机变量中只能获取一个实测值。在这种情况下，对随机函数做一些基本假设就显得十分必要。

以下考虑两个样点上的两个数值。这两个样点之间的间距为 h，并且具有一定的方向性。如果这两个样点值有差异，那么这种差异将遵循这两个样点上的分布。地统计学假设：①两个样点之间变量差值的分布存在；②在整个取样面上，变量差值的分布是相同的；③两个样点之间变量差值的分布仅仅取决于样点与样点之间的距离以及样点的方向。这种假设被称为地统计学中的本征假设（intrinsic hypothesis）。

同传统统计学一样，变量差值的分布可通过均值和方差或标准差来描述。根据本征假设②，对所有 x 和 h，有

$$E[Z(x)-Z(x+h)]=0 \tag{11.100}$$

因此，

$$E[Z(x)]=E[Z(x+h)]=m \tag{11.101}$$

根据本征假设③，变量差值的方差只取决于 h，即

$$\mathrm{Var}[Z(x)-Z(x+h)]=2g(h) \tag{11.102}$$

式中，g 为半方差。

以上是本征假设的数学表达。值得注意的是，本征假设被用于随机变量的差值 $[Z(x)-Z(x+h)]$，而不是被用于随机变量 $Z(x)$本身。

总之，地统计学以区域化随机变量理论（regionalized variable theory）为基础，研究自然现象的空间相关性和依赖性。区域化随机变量与普通随机变量不同，普通随机变量的取值按某种概率分布而变化；而区域化随机变量则根据其在一个区域内的不同位置而取不同的值，是普通随机变量在区域内确定位置上的特定取值，是随机变量与位置有关的随机函数。具体地，区域化随机变量考虑系统变量在相应间距上任意两样点间的差异，并将此差异用其方差来表示。

2. 半方差

在本征假设条件下，一个随机函数的半方差是间距为 h 的随机变量的差的方差的一半，即

$$\begin{aligned}\gamma(h) &= \frac{1}{2}\mathrm{Var}[Z(x)-Z(x+h)] \\ &= \frac{1}{2}E[Z(x)-Z(x+h)]^2-\frac{1}{2}\{E[Z(x)]-E[Z(x+h)]\}^2 \\ &= \frac{1}{2}E[Z(x)-Z(x+h)]^2 \end{aligned} \tag{11.103}$$

式中，h 为配对取样的间距；$\gamma(h)$ 为间距为 h 时的半方差函数；x 为空间上的样点；Z 为代表某一系统属性的随机函数；$Z(x)$ 和 $Z(x+h)$ 分别为随机函数 Z 在空间位置 x 和 $x+h$ 上的取值。半方差的无偏估计可表达为

$$\gamma(h)=\frac{1}{2n(h)}\sum_{i=1}^{n(h)}[Z(x_i)-Z(x_i+h)]^2 \tag{11.104}$$

式中，$n(h)$ 为取样间距为 h 时的样点对总数。

由式（11.104）可见，半方差可被看成是变量差值的平方的平均值的一半，类似于 Geary's c 系数的非标准化形式（Legendre and Legendre，1998）。半方差是取样间距 h 的函数，是随机变量 Z 在某个取样间距上各样本值之间的平均变异程度或相似程度的量度。如果距离为 h 的点有相似的值，那么半方差将会很小，反之亦然。由于这种特征，被较短距离分隔的两个样点的半方差通常比被较长距离分隔的两个样点的半方差小，因为在自然现象中，越靠近的点通常也越相似，相关性通常也越高。据此，可用半方差函数来描述和估测空间数据的自相关关系（Matheron，1963；Rossi et al.，1992；傅伯杰等，2001；邬建国，2007）。

$\gamma(h)$ 与相关矩 $\rho(h)$ 和 $C(h)$ 紧密相关。在满足二阶稳态假定的理想状态下，它们可以相互转换，即

$$\gamma(h)=C(0)-C(h)=C(0)[1-\rho(h)] \tag{11.105}$$

在给定样本条件下，$C(0)$ 是一个已知数，故 $\gamma(h)$ 与 $\rho(h)$ 和 $C(h)$ 呈线性负相关（图 11.50）。

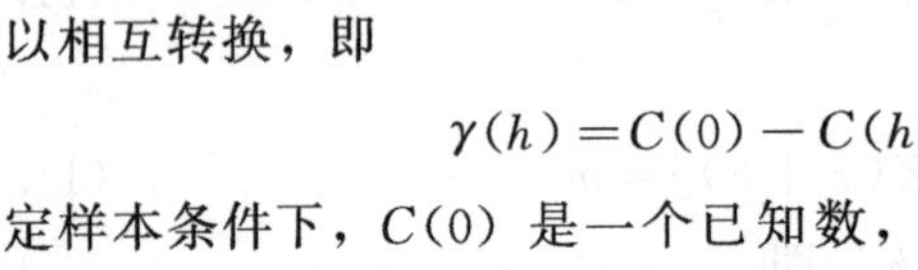

图 11.50　半方差与相关矩的关系
（李哈滨和伍业钢，1992）

$\gamma(h)$ 与相关矩 $\rho(h)$ 和 $C(h)$ 的主要差异是：相关矩分析受一些限制性很强的假设约束，而半方差分析只要求一些松弛了的假设（Journel and Huijbregts，1978；Webster，1985）。首先，相关矩分析要求随机变量 Z 服从正态分布或对数正态分布，而半方差分析则在 Z 不服从正态分布的情况下也能够使用。其次，相关矩分析要求 Z 满足二阶稳态假定，而半方差分析只需要满足二

阶弱稳态假定。虽然在地统计学研究中二阶稳态性并不被要求，但是它常常被提起，因为它暗示了本征假设。如果一个随机函数是二阶稳态的，那么该随机函数的均值和半方差存在，即二阶稳态性是可进行半方差分析的充分条件，而不是必要条件。

3. 实验半方差图

半方差图（semi-variogram，或称变异矩图 variogram）以半方差 $\gamma(h)$ 为纵坐标、取样间距 h 为横坐标。由于半方差通过样点数据计算所得，因此这种半方差图也被称为“实验半方差图（experimental variogram）”。取样单元一定的情况下，半方差图通过样点对的变异程度（即半方差）随样点对间距增加的变化来刻画变量的空间自相关特征（即聚集分布特征）、空间连续性或变异性（Rossi et al.，1992；邬建国，2007）。其中，最重要的部分是靠近起点、间距较小时的曲线形状，因为近处点的权重更高。

根据半方差的拇指规则，一般每一取样间距上至少要有 30～50 个样点对，而且样点对越多，统计可靠性越高（Journel and Huijbregts，1978；Webster，1985）。在整个研究空间的某个取样方向上，h 不超过沿该方向的最大距离的 1/2～2/3；否则，所取样本将趋于研究空间的边缘（Rossi et al.，1992）。

1）半方差图的重要参数

半方差图中包含 4 个重要参数：基台值（或渐近常数）（sill）、块金方差（nugget variance）（又称微域变差 micro-variation）、结构方差（structursl variance）和自相关阈值（range）。

A. 基台值

当变量存在空间依赖性时，其半方差在较小取样间距 h 上的值较小；随着 h 的增大，半方差值也增大，并逐渐趋于平稳，甚至呈现下降趋势。达到平稳时的半方差值称为基台值 b（图 11.51）。基台值大致等于在随机取样条件下的总体样本方差（overall sample variance），因为当半方差达到基台值时，变量的自协方差接近于零。基台值的存在说明变量满足二阶稳态假定（Legendre and Legendre，1998）。

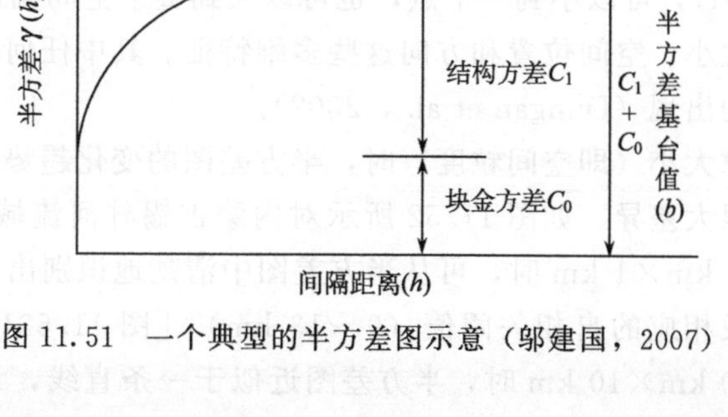

图 11.51　一个典型的半方差图示意（邬建国，2007）

基台值表示某变量在研究系统或区域中总的变异程度，可理解为两个部分的和，即块金方差（C_0）和结构方差（C_1）（图 11.51）。虽然基台值本身的重要性很有限，但是基台值与 C_0 的差值（C_1）却是相当重要的，因为它表示归功于空间相关的方差量。

B. 块金方差

块金方差 C_0 是 h 趋于零时的半方差。采矿工程师们发现在空间上连续的矿层之外的地方有时也有金块的存在，故称“块金方差”（Rossi et al.，1992；邬建国，2007）。

理论上，当 h 趋于零时，样点之间应表现出百分之百的空间自相关性，随机函数的半方差应该接近于零。然而，实际应用中，随机函数在最小取样间距时常常具有非连续性，C_0 往往大于零，即存在着块金效应。其来源可能包括：①样方不可能无限小，随机变量在一个样方内部、小于最小取样间距时仍具有内在变异；②测量和取样误差不可能被完全杜绝，如在分析土壤硝氮含量时，在同一点上连续取样 2 次，所得结果也许会有很大差异。因此，块金效应是小于最小取样间距时的空间异质性和测量误差的综合反映。

块金效应在某种程度上反映了随机函数本身在小尺度上的随机特性（Clark，1980；Rossi et al.，1992；Legendre and Legendre，1998）。这种随机特性不可能用任何方法预测。C_0 占变量总体样本方差（基台值）的比例可用来估计随机因素在所研究的空间异质性中的相对重要性（李哈滨等，1998；邬建国，2007）。

C. 结构方差

结构方差 C_1 表示由于空间非随机因素造成的变异，反映变量空间自相关性的变化特征。C_1 占变量总体样本方差（基台值）的比例，即 $C_1/(C_1+C_0)$，是变量对空间依赖性的一个重要量度（Rossi et al.，1992；Jackson and Caldwell，1993；Robertson and Gross，1994）。

D. 自相关阈值

半方差达到基台值时对应的第一个取样间距称为自相关阈值（a）（图 11.51），表示变量在空间上呈自相关的幅度。在 h 小于 a 的空间尺度上，变量具有空间自相关性；若 h 大于 a，则变量的变化不再依赖于 h，在理论上也不再具有空间自相关性。自相关阈值可被看成是一个变量的特征尺度或影响区间（Legendre and Legendre，1998；邬建国，2007）。

2）半方差的尺度（粒度）效应

同空间自相关系数一样，半方差也存在尺度效应。地统计学中，取样的空间单元也被称为支撑（support），可以小到一个点，也可以大到整个空间幅度。支撑包含样点在空间的几何形状、大小、空间位置和方向这些多维特征。其中任何一个支撑特征的变化都表示一个新变量的出现（Dungan et al.，2002）。

当取不同的支撑大小（即空间粒度）时，半方差图的变化趋势会不同，自相关阈值和基台值可能也有很大差异。如图 11.52 所示对内蒙古锡林河流域生长季 NEP 的研究中，当空间粒度为 1 km×1 km 时，可从半方差图中清楚地识别出在较小间距上逐渐趋于平稳时的基台值及相应的自相关阈值（9～13 km）[图 11.53(a)]；而当空间粒度为 5 km×5 km和 10 km×10 km 时，半方差图近似于一条直线，无基台值和自相关阈值 [图 11.53(b) 和 (c)]。

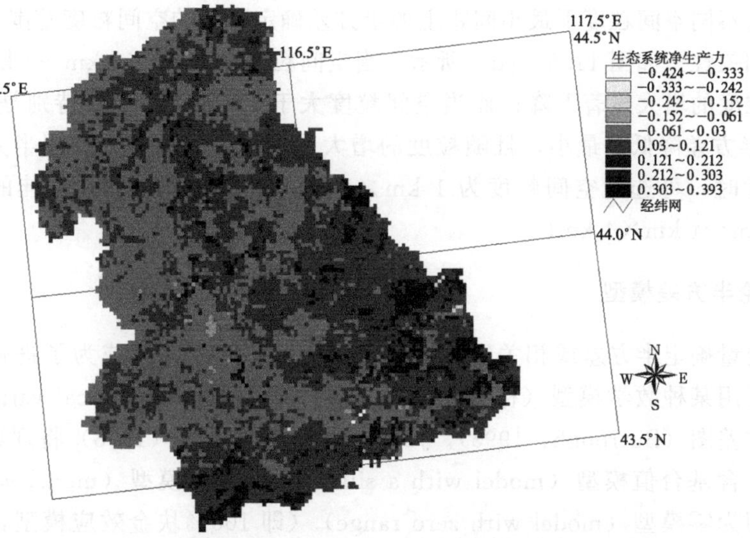

图 11.52　内蒙古锡林河流域生长季生态系统净生产力（NEP）的空间格局（Zhang and Zhang，2011）

注：图中 NEP [kg C/(m² · a)]为草地生态系统生产力模型 GLPM（Zhang et al.，2009）的模拟结果

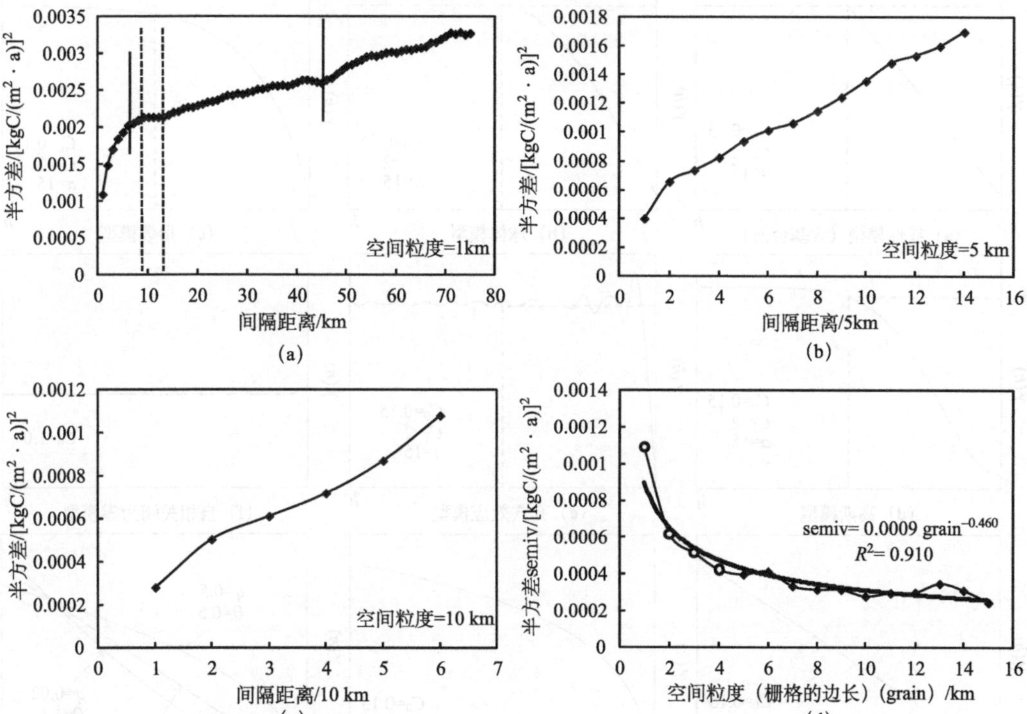

图 11.53　内蒙古锡林河流域生长季生态系统净生产力（NEP）的半方差的尺度效应

注：(a) 至 (c) 分别为基于 1 km、5 km 和 10 km 空间粒度（正方形栅格的边长）的半方差图。(d) 为最小间距上的半方差的尺度图，其中的空心圆符号对应为识别空间自相关性可选的最佳空间粒度大小。(a) 中的 2 条竖实线分别表示第一个和第三个特征尺度，2 条竖虚线所示的范围（9～13 km）表示第二个特征尺度，即自相关阈值，具体见“11.4.3 半方差分析”—“5. 半方差分析的应用”—“1）识别空间格局特征—E. 检测变量的空间等级结构特征”中的说明

可通过不同空间粒度下最小间距上的半方差确定可选的空间粒度范围，以更好地识别空间自相关性。如图 11.53（d）所示，当空间粒度为 1 km×1 km～4 km×4 km 时，半方差随粒度的增大显著下降；而当空间粒度大于 4 km×4 km，特别是大于 6 km×6 km时，半方差降低到最小，且随粒度的增大基本不变。因此，在用半方差图识别空间自相关性时，可选的空间粒度为 1 km×1 km～6 km×6 km，最佳的空间粒度为 1 km×1 km～4 km×4 km。

4. 理论半方差模型

为了定量确定半方差或相关矩的参数，以分析空间结构，或为了进行空间局部插值，有必要用某种数学模型（称为理论半方差图或模型，theoretical variogram）来拟合实验半方差图（Burrough，1995）。Journel 和 Huijbergts（1978）将理论半方差模型分为 3 类：含基台值模型（model with a sill）、无基台值模型（model without a sill）和自相关阈为零模型（model with zero range）（即 100%块金效应模型，pure nugget effect model）。图 11.54 显示了一些最普通的模型。在实际应用中，以球体模型和指数模型最为常见。

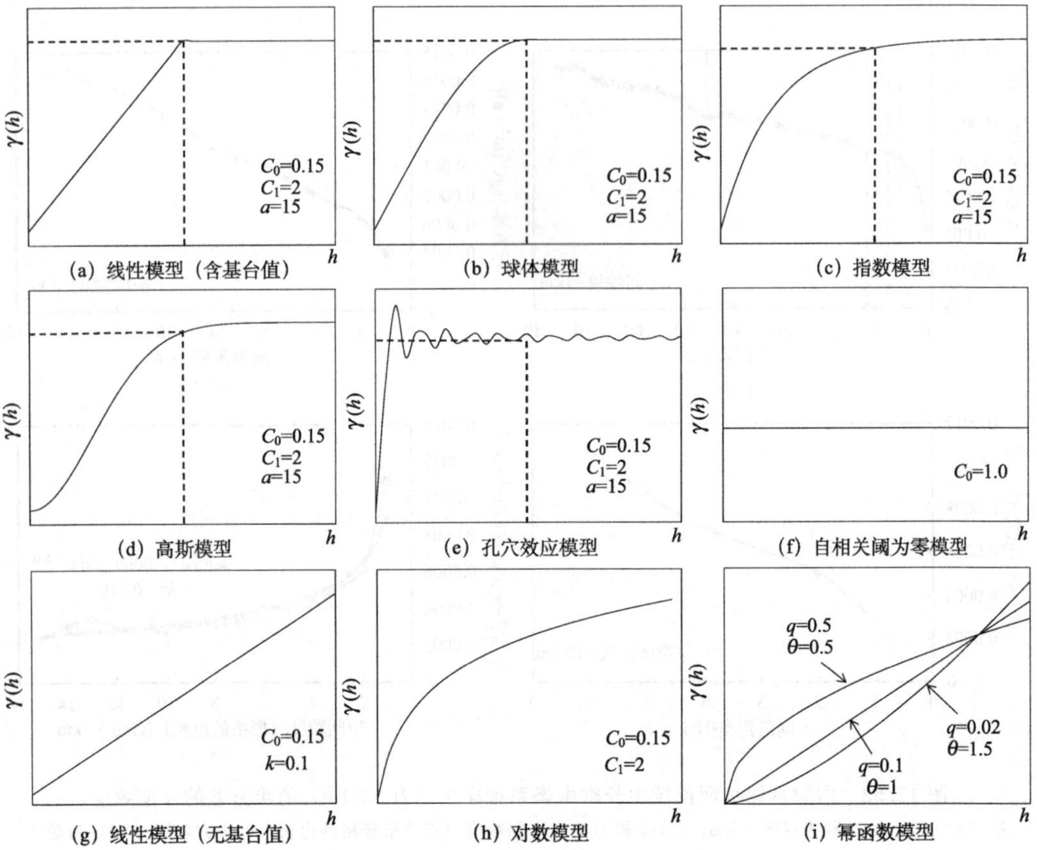

图 11.54　一些普通的理论半方差模型

1）模型的形式

A. 含基台值模型

（1）线性模型（linear model）［图 11.54(a)］

$$\gamma(h)=C_0+C_1\times\frac{h}{a}\quad(0\leqslant h\leqslant a)\tag{11.106}$$

$$\gamma(h)=b=C_0+C_1\quad(h\geqslant a)\tag{11.107}$$

（2）球体模型（spherical model）［图 11.54(b)］

$$\gamma(h)=C_0+C_1\left[\frac{3h}{2a}-\frac{1}{2}\left(\frac{h}{a}\right)^3\right]\quad(0\leqslant h\leqslant a)\tag{11.108}$$

$$\gamma(h)=b=C_0+C_1\quad(h\geqslant a)\tag{11.109}$$

（3）指数模型（exponential model）［图 11.54(c)］

$$\gamma(h)=C_0+C_1[1-\exp(-3h/a)]\tag{11.110}$$

有时，也表示为

$$\gamma(h)=C_0+C_1[1-\exp(-h/a')]\tag{11.111}$$

式中，$a'=a/3$。a'并不是自相关阈值，下同。

球体模型与指数模型的主要差异在于当间距很小时的变量行为。在球体模型中，当间距小于自相关阈值一半时，半方差实际上是线性变化的；而在指数模型中，只有在接近原点时，半方差才是呈线性变化的。

（4）高斯模型（Gaussian model）：呈现“S”形曲线形式［图 11.54(d)］，有

$$\gamma(h)=C_0+C_1[1-\exp(-3h^2/a^2)]\tag{11.112}$$

有时，也表示为

$$\gamma(h)=C_0+C_1[1-\exp(-h^2/a'^2)]\quad(a'=a\sqrt{3})\tag{11.113}$$

（5）孔穴效应模型（hole effect model）：模拟周期性结构的半方差模型（Legendre and Legendre，1998）［图 11.54(e)］，有

$$\gamma(h)=C_0+C_1\left[1-\frac{\sin(ah)}{ah}\right]\quad(h>0)\tag{11.114}$$

有时，也表示为

$$\gamma(h)=C_0+C_1\left[1-\frac{a'\sin(h/a')}{h}\right]\quad(a'=1/a)\tag{11.115}$$

$$\gamma(h)=C_0\quad(h=0)\tag{11.116}$$

B. 无基台值模型

（1）线性模型［图 11.54(g)］

$$\gamma(h)=C_0+kh\tag{11.117}$$

式中，k 为线性方程的斜率，表达 $\gamma(h)$ 的变化程度。线性模型无基台值和自相关阈值，它们在式中无定义。线性模型的出现可能是由于取样的空间幅度小于格局或过程所发生的幅度。若取样的空间幅度足够大，则可以预测半方差也将随着取样间距的增大而趋于平稳（Rossi et al.，1992；Jackson and Caldwell，1993）。

(2) 对数模型（logarithmic model）[图 11.54(h)]

$$\gamma(h) = C_0 + C_1 \ln(h) \quad (h > 0) \tag{11.118}$$

(3) 幂函数模型（power law model）[图 11.54(i)]

$$\gamma(h) = qh^{\theta} \tag{11.119}$$

式中，θ 为幂指数（$0 \leqslant \theta \leqslant 2$）。

C. 自相关阈为零模型（100%块金效应模型）[图 11.54(f)]

$$\gamma(h) = C_0 \tag{11.120}$$

半方差不随 h 的增大而变化，大致在一条水平线上下波动，约为常数，并近似于总体样本方差，即基台值近似于块金方差。因此，仅用总体样本方差就足以反映变量在所有取样间距上的空间连续性（Rossi et al.，1992）。

2）模型的拟合

到目前为止，在选取最好的模型拟合方法上还没有达成一致。初步的视觉拟合加上最小二乘法是常用的拟合方法。尽管视觉拟合简便、快捷，足以产生比较好的结果，但是伴随的问题是选择模型与估计参数都是主观的。因此，常常出现这种现象：对于同样的半方差，不同的人可能拟合出不同的模型，或者用同一类模型估计的参数不尽相同。

在视觉拟合中，所要做的第一件事是寻找一个有效的模型来最好地描述半方差的曲线形式。一旦选择了模型的类型，就要确定模型的参数。这可以通过以下步骤来完成：首先，沿着初始的两个或三个点做一条切线［图 11.55(a)］。这条切线在 Y 轴上的截距是块金方差 C_0 的估计值。其次，得出基台值 b。由于 b 接近于样本数据的方差，因此，可用方差来估计 b。以 Y 轴上对应的基台值为起点，沿 X 轴方向作一条延长线。再次，如果所选择的模型是球体模型，那么切线与延长线的相交点所对应的间距为自相关阈值估计值 a 的 2/3。如图 11.55(a)中，相交点所对应的间距约为 $4h$，因此，a 约为 $6h$［图 11.55(b)］。如果所选择的模型是指数模型或高斯模型，那么并不存在球体模型那样真正的自相关阈值，这时可取对应于半方差达到基台值的 95%的取样间距作为实际的自相关阈值（practical range）（Goovaerts，1997；邬建国，2007）。

可以通过画出拟合曲线，并且将其与样本半方差进行比较来验证拟合效果；也可用

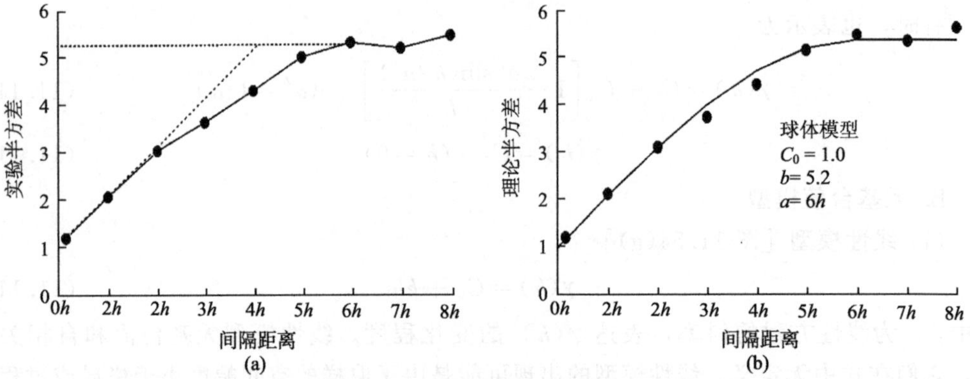

图 11.55　半方差模型的拟合

注：h 为两个样点之间的最小间隔距离

交叉验证法（cross validation）来评价拟合的模型。如果有必要，需要对参数做校正。在半方差模拟中，C_0 应该可以被估计得最准确。由于接近原点的半方差描述了邻近样点之间的相关关系，在所有参数中，C_0 估计值的准确性也是最重要的。

5. 半方差分析的应用

半方差分析主要有两种用途：一是描述和识别变量的空间格局特征，二是用于空间局部最优化插值，即克里金（Kriging）插值。

1）识别空间格局特征

半方差分析可提供许多有关景观变量空间格局的重要信息，如判断变量是否具有斑块性（即变化的连续性）或随机性，检测和定量自相关阈值（或斑块大小）和格局的特征尺度（即影响区间），识别等级结构，以及格局的各向异性等（Legendre and Fortin，1989；Rossi et al.，1992；Bian and Walsh，1993；Robertson and Gross，1994；Meisel and Turner，1998；Dale，1999）。

A. 检测变量的空间依赖性（即空间变异性或连续性）

一方面，可用结构方差与基台值的比例［即 $C_1/(C_1+C_0)$］从总体上表示变量的空间依赖性。另一方面，随着取样间距 h 的增加，半方差增大越缓慢的，表明变量的空间连续性越强，空间依赖性越弱。在不同的理论半方差模型中，空间连续性的变化不同，随着 h 的增加，样点之间的相关关系减弱的方式也不同。一般地说，球体模型和指数模型表示数据具有平均水平的连续性［图 11.54(b) 和 (c)］，高斯模型表示数据具有较高水平的连续性［图 11.54(d)］。幂函数模型表示的连续性水平随着参数 θ 的变化而变化：当 h 较小时，θ 的值越小，连续性水平越低；当 h 较大时，θ 的值越大，连续性水平越低［图 11.54(i)］。

B. 检测变量的各向异性或同性

半方差通常不仅依赖于标量（scalar）距离 h，而且有时还取决于矢量（vector）h 的方向。若空间变异性随方向变化，则表明变量存在各向异性（anisotropy）；若不同方向上的空间变异性相似，则表明变量存在各向同性（isotropy）（Rossi et al.，1992）。确定空间变异是否各向异性对解释空间格局相当重要。通常，在几个不同方向上计算半方差，然后用半方差在两个不同方向上的比值来确定各向异性是否存在，比值显著偏离 1 则表明各向异性存在（Legendre and Fortin，1989；Burrough，1995；Goovaerts，1997）。如图 11.56 所示，计算了某个随机变量沿着 4 个方向（东-西向，东北-西南向，北-南向，西北-东南向）的样本半方差。在不同方向上的空

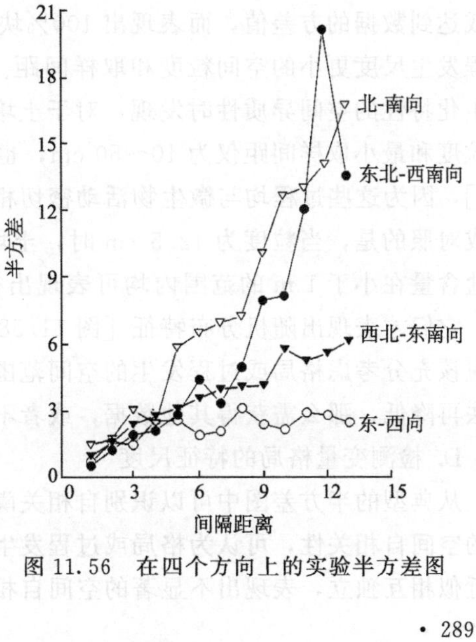

图 11.56　在四个方向上的实验半方差图

间变异性、自相关阈值和基台值有很大差异，因此，该随机变量具有各向异性。

如果变量存在各向异性，那么需进一步确定各向异性在什么尺度上存在。图 11.57 中当取样间距 h 小于 40 km 时，生长季 NEP 具有各向同性；当 h 大于 40 km 时，随着 h 的增大，NEP 的各向异性也越来越明显。因此，NEP 的各向异性只发生在较大尺度上，该尺度与内蒙古锡林河流域气候条件（尤其是降水量）发生梯度变化的特征尺度十分近似（Zhang and Zhang，2011）。

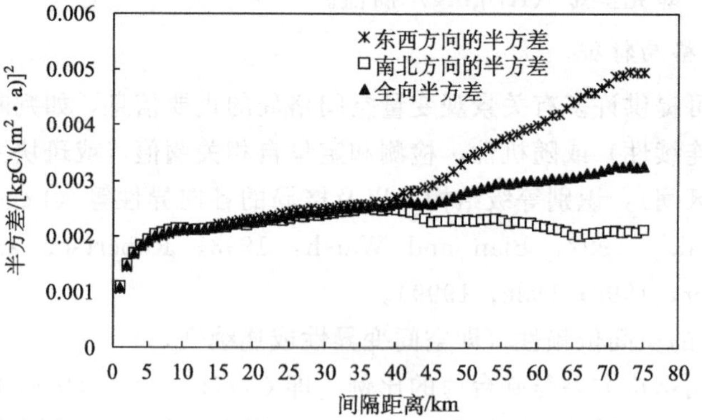

图 11.57　内蒙古锡林河流域不同方向上生长季生态系统净生产力（NEP）的半方差图

C. 检测变量的随机分布特征

若某变量的半方差图为自相关阈为零模型（即 100％块金效应模型），则该变量在空间呈随机分布，而不具有空间依赖性（或自相关性），因此不存在自相关阈值（Rossi et al.，1992；Jackson and Caldwell，1993）。

然而，以上结论可能具有很大的欺骗性。因为半方差图受空间粒度大小或最小取样间距的强烈影响（McBratney，1998）。若过程发生在较小的尺度上，而粒度大小和最小取样间距却较大，则半方差图无法捕捉到数据的空间变异，半方差在最小间距上即接近或达到数据的方差值，而表现出 100％块金效应。当这种现象发生时，应该尝试取比过程发生尺度更小的空间粒度和取样间距。例如，Jackson 和 Caldwell（1993）研究土壤生化特性的空间异质性时发现，对于土壤净氮矿化量、硝化潜力和微生物呼吸量，即使粒度和最小取样间距仅为 10～50 cm，也不能检测出它们的显著自相关性［图 11.58(a)］，因为这些过程均与微生物活动密切相关，发生在远比 10 cm 小的尺度上。而与此形成对照的是，当粒度为 12.5 cm 时，土壤有机质含量，pH，土壤钾、磷、铵盐和硝酸盐含量在小于 1 m 的范围内均可表现出很强的空间自相关性；只有当粒度大于 1 m 时，它们才表现出随机分布特征［图 11.58(b)］。因此，粒度大小和最小取样间距的选取应该充分考虑格局或过程发生的空间范围（张娜，2006）。如果已取到最小取样间距，无法再降低，那么需获得其他数据，或者不使用地统计学方法。

D. 检测变量格局的特征尺度

从典型的半方差图中可以识别自相关阈值。在自相关阈值范围内，样点之间具有较强的空间自相关性，可认为格局或过程发生在同一个尺度域内；而超过该阈值，样点之间近似相互独立，表现出不显著的空间自相关性和较强的随机性，认为格局或过程发生

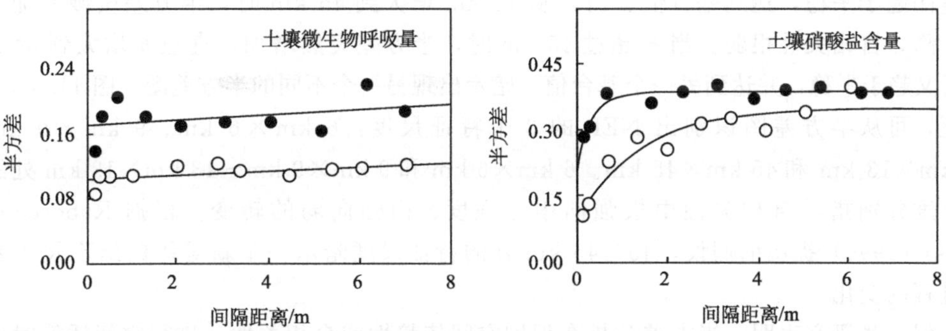

图 11.58 土壤微生物呼吸量和硝酸盐含量的半方差图（Jackson and Caldwell，1993）

注：空心圆符号表示包含有拟鹅观草（*Pseudoroegneria spicata*）草丛的立地，实心圆符号表示包含有蒿属（*Artemisia*）灌丛的立地

在另一个不同的尺度域内。因此，可用自相关阈值近似表示景观的特征尺度（如斑块的平均大小或影响区间）（Gosz and Sharpe，1989）。

E. 检测变量的空间等级结构特征

Robertson 和 Gross（1994）提出巢式半方差图假设：从植物个体、种群、群落到区域（或景观）（以至全球），空间依赖性表现出等级结构，且该特征可在巢式半方差图中反映出来［图 11.59(a)］。根据该假设，若扩大研究区的空间幅度，则有可能观察到半方差值随着取样间距 h 的增加呈阶梯状上升的趋势，这指示变量可能具有巢式等级结构，而半方差发生突变的转折点则指示等级结构的特征尺度。Robertson 和 Gross（1994）对农田土壤 pH 的半方差分析证实了土壤 pH 具有巢式等级结构，即土壤 pH 在两个尺度域上表现出空间依赖性，具有两个基台值和两个自相关阈值［图 11.59(b)］。

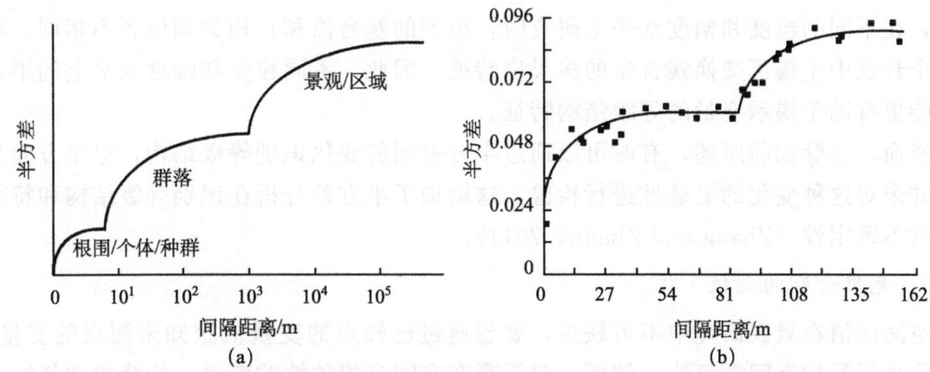

图 11.59 巢式半方差图（Robertson and Gross，1994；邬建国，2007）

注：(a) 巢式半方差图假设；(b) 一块 42 hm^2 的农田中土壤 pH 的巢式半方差图

Zhang 和 Zhang（2011）对内蒙古锡林河流域生长季 NEP 的半方差分析也证实了 NEP 具有巢式等级结构。在空间粒度为 1 km×1 km 的情况下，当间距 h 为 1 km 时，生长季 NEP 具有极强的空间自相关性和可忽略的半方差；当 h 从 1 km 增大到 6 km 时，半方差快速增加，自相关性则快速减弱（尽管仍很强）。当 h 为 9～13 km 时，半

方差图趋于平稳，达到基台值。当 h 从 13 km 增大到 45 km 时，半方差缓慢增加，甚至下降，自相关性很弱。当 h 超过 45 km 时，半方差突然增加，直至 h 增大到 54 km，然后又趋于平稳，并达到另一个基台值，暗示出现另一个不同的半方差图 [图 11.53(a)]。因此，可从半方差图识别出 NEP 的 3 个特征尺度：6 km×6 km、9 km×9 km～13 km×13 km 和 45 km×45 km。6 km×6 km 和 9 km×9 km～13 km×13 km 处的特征尺度分别指示自相关性由极强向中等强度、由强向弱的转变。根据 Robertson 和 Gross (1994) 提出的假设，45×45 km 处的特征尺度暗示一个新等级的出现及主要生态过程的变化。

但一些研究表明，半方差分析在识别空间依赖性或自相关性、进行空间插值时更为有效，而在识别多尺度格局上并不是很有效，其作用尚有待于进一步验证 (Bradshaw and Spies，1992；Wu et al.，2000；邬建国，2007)。半方差图仅能反映变量在整个景观空间格局特征的综合的、平均的信息，而不能清楚地解释局域尺度上平均值和方差的变化这些细节信息，因此，在真实变量的半方差图中，局域尺度上的变化可能被掩盖，以至于不易检测到多尺度格局 (Bradshaw and Spies，1992；Rossi et al.，1992；Wu et al.，2000；Turner et al.，2001；Wu，2004)。Meisel 和 Turner (1998) 指出，尽管半方差分析有时可以检测模拟景观的等级结构特征，但它在检测真实景观的多尺度格局上却存在着很大困难。

支撑水平 (主要是空间粒度的大小)、空间幅度的大小、h 的取值范围都会影响半方差图对多尺度结构的检测 (Dungan et al.，2002；Wu，2004)。我们通常仅在某个粒度水平上计算不同取样间距上的半方差，得出半方差图。尽管当粒度较小时，可以识别出基台值和自相关阈值，以及变量的等级结构特征 [图 11.53(a)]，但当粒度增大时，可能无法识别出 [图 11.53(b) 和 (c)]。当幅度增大时，基台值和自相关阈值可能也随之增大，从而表现出等级结构特征。McBratney (1998) 对土壤可交换镁含量的研究发现，在不同的粒度和幅度水平上研究时，得到的基台值和自相关阈值各不相同，暗示了整个景观中土壤可交换镁含量的多尺度特征。因此，不同粒度和幅度水平上的半方差图可能更有助于揭示变量的等级结构特征。

然而，尽管如前所述，有时可以通过半方差图的变化识别等级结构，但半方差分析本身并未对这种变化的显著性进行检验，这增加了半方差分析在识别等级结构和特征尺度时的不确定性 (Zhang and Zhang，2011)。

2) 克里金空间插值

空间插值在景观研究中不可缺少，要想通过已知点的变量值获知未测点的变量值，就必须采用某种空间插值法。然而，对于存在空间自相关性的变量，传统的插值法大多不能准确地估计出未测点的值 (邬建国，2007)。克里金空间插值法是一种局部加权平均法，利用半方差或相关矩分析所提供的空间自相关程度的信息来进行插值，可以对空间未测点上区域化随机变量的取值给出最优无偏估计，并能同时提供估计值的误差和精确度 (Journel and Huijbregts，1978；Isaaks and Srivastava，1989；Goovaerts，1997)，而且它在已知点上的估计值等于样本值本身 (Webster，1985)。可见，克里金空间插值与半方差和相关矩一样，也以区域化随机变量理论为基础。

克里金空间插值的先决条件是，区域化随机变量 Z 的半方差 (或相关矩) 是确定和已知的，而且半方差（或相关矩）分析的结果表明 Z 存在空间自相关性。Z 在 x_V 点上的估计值 $\hat{Z}(x_V)$ 可由式（11.121）得到，即

$$\hat{Z}(x_V)=\sum_{i=1}^{n}\lambda_i Z(x_i) \tag{11.121}$$

式中，$Z(x_i)$ 为随机变量 Z 在估计点 x_V 的邻近点 x_i（$i=1, 2, 3, \cdots, n$）上的取值，是已知样本值；λ_i 为与 $Z(x_i)$ 相关联的权重系数，是 $Z(x_i)$ 在估计 $\hat{Z}(x_V)$ 时影响大小的系数，估计的效果主要取决于如何计算各点的 λ_i；$\hat{Z}(x_V)$ 就是 $Z(x_i)$ 的克里金估计量，这是线性、无偏、最优估计量（徐建华，2002）。在求 λ_i 时必须满足两个条件：

（1）使 $\hat{Z}(x_V)$ 的估计是无偏的，即使估计值 $\hat{Z}(x_V)$ 与实际值 $Z(x_V)$ 之差的数学期望为零：

$$E[\hat{Z}(x_V)-Z(x_V)]=0 \tag{11.122}$$

（2）使 $\hat{Z}(x_V)$ 的估计是最优的，即使估计值 $\hat{Z}(x_V)$ 与实际值 $Z(x_V)$ 之差的平方和最小：

$$\mathrm{Var}[\hat{Z}(x_V)-Z(x_V)]=E\,[\hat{Z}(x_V)-Z(x_V)]^2\rightarrow \min \tag{11.123}$$

根据拉格朗日乘数原理可得普通克里金方程组，即

$$\begin{cases}\displaystyle\sum_{j=1}^{n}\lambda_j\bar{\gamma}(x_i, x_j)+\mu=\bar{\gamma}(x_i, x_V)\\ \displaystyle\sum_{i=1}^{n}\lambda_i=1\end{cases} \tag{11.124}$$

式中，μ 表示拉格朗日乘数；$\bar{\gamma}(x_i, x_j)$ 为基于已知点 i 和 j 的间距的半方差；$\bar{\gamma}(x_i, x_V)$ 为基于已知点 i 和未知点 x_V 的间距的半方差。式（11.124）可用矩阵表示为

$$\boldsymbol{K\lambda}=\boldsymbol{D} \tag{11.125}$$

其中，

$$\boldsymbol{K}=\begin{bmatrix}\bar{\gamma}_{11} & \bar{\gamma}_{12} & \cdots & \bar{\gamma}_{1n} & 1\\ \bar{\gamma}_{21} & \bar{\gamma}_{22} & \cdots & \bar{\gamma}_{2n} & 1\\ \vdots & \vdots & & \vdots & \vdots\\ \bar{\gamma}_{n1} & \bar{\gamma}_{n1} & \cdots & \bar{\gamma}_{nn} & 1\\ 1 & 1 & \vdots & 1 & 0\end{bmatrix},\ \boldsymbol{\lambda}=\begin{bmatrix}\lambda_1\\ \lambda_2\\ \vdots\\ \lambda_n\\ \mu\end{bmatrix},\ \boldsymbol{D}=\begin{bmatrix}\bar{\gamma}(x_1, x_V)\\ \bar{\gamma}(x_2, x_V)\\ \vdots\\ \bar{\gamma}(x_n, x_V)\\ 1\end{bmatrix} \tag{11.126}$$

式（11.125）的解 λ 为

$$\boldsymbol{\lambda}=\boldsymbol{K}^{-1}\boldsymbol{D} \tag{11.127}$$

克里金估计方差为

$$\sigma_K^2=\boldsymbol{\lambda}^T\boldsymbol{D}-\bar{\gamma}(x_V, x_V) \tag{11.128}$$

因此，克里金空间插值法包括 4 个步骤：①取样，计算得到一系列不同间距 h 上的 $\gamma(h)$ 值；②建立理论半方差模型；③求与 $Z(x_i)$ 相关联的权重系数 λ_i；④求克里金估计量 $\hat{Z}(x_V)$ 及估计方差（$\sigma_K{}^2$）。

克里金空间插值法总的来说可分为 3 大类：点局部插值法（punctual kriging）、块段插值法（小区局部插值法）（block kriging）和通用局部插值法（universal kringing）。点局部插值法用来估计未知点上的值，而小区局部插值法用来估计未测小样区的值。如图 11.60 所示，举例说明用点局部插值法，根据已知点（x_1、x_2、x_3、和 x_4）上的值求未知点 X_0上的估计值 $\hat{Z}(X_0)$。首先计算南北方向上间距 h 分别为 1 km、2 km、3 km、4 km 和 5 km 的半方差 $\gamma(1)$、$\gamma(2)$、$\gamma(3)$、$\gamma(4)$ 和 $\gamma(5)$，并用球体模型拟合半方差图，即

$$\gamma(h)=\begin{cases}0 & h=0\\ 2.048+1.154\left(\dfrac{3}{2}\times\dfrac{h}{8.535}-\dfrac{1}{2}\times\dfrac{h^3}{8.535^3}\right) & 0<h\leqslant 8.535\\ 3.202 & h>8.535\end{cases}\tag{11.129}$$

利用式（11.129）的模型可获得图 11.60 中所有已知点间距上的半方差［如 $\bar{\gamma}(x_1,x_2)$，$\bar{\gamma}(x_2,x_3)$］，以及 X_0与所有已知点间距上的半方差［如 $\bar{\gamma}(x_1,X_0)$，$\bar{\gamma}(x_2,X_0)$］。继而可利用式（11.124）、式（11.125）和式（11.127）求得 λ_i。最后利用式（11.121）求得估计值 $\hat{Z}(X_0)$。

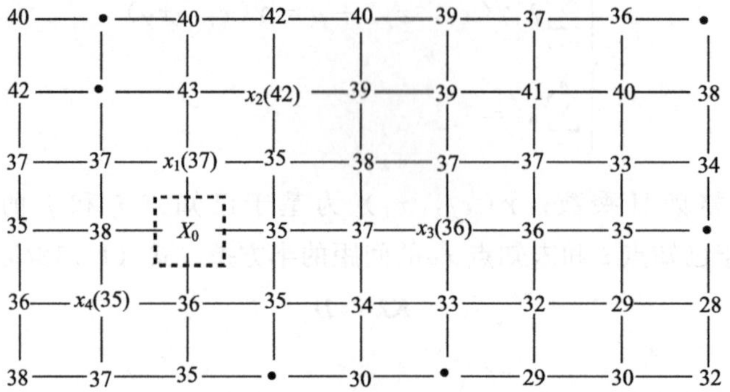

图 11.60　空间正方形网格数据（徐建华，2002）

注：相邻点间距 h=1 km

块段插值法一般可包括两种处理方式：第一种是仅将未知点周围划分为多个小区，第二种是同时将未知点和已知点周围划分为多个小区。

如图 11.61(a) 所示，将未知点 X_0周围划分为 4 个小区：x_{01}、x_{02}、x_{03}和 x_{04}，分别计算这 4 个小区与已知点 x_1、x_2、x_3和 x_4间距上的半方差。其平均值为 X_0与已知点间距上的半方差，有

$$\bar{\gamma}(x_1,X_0)=\frac{1}{4}(\gamma_{01-1}+\gamma_{02-1}+\gamma_{03-1}+\gamma_{04-1})\tag{11.130}$$

$$\bar{\gamma}(x_2,X_0)=\frac{1}{4}(\gamma_{01-2}+\gamma_{02-2}+\gamma_{03-2}+\gamma_{04-2})\tag{11.131}$$

$$\bar{\gamma}(x_3,X_0)=\frac{1}{4}(\gamma_{01-3}+\gamma_{02-3}+\gamma_{03-3}+\gamma_{04-3})\tag{11.132}$$

$$\bar{\gamma}(x_4, X_0) = \frac{1}{4}(\gamma_{01-4} + \gamma_{02-4} + \gamma_{03-4} + \gamma_{04-4}) \tag{11.133}$$

如图 11.61(b) 所示，将未知点 X_0 和已知点 x_1 的周围均划分为 4 个小区，计算 X_0 的 4 个小区与 x_1 的 4 个小区间距上的半方差，其平均值为 X_0 与 x_1 间距上的半方差，即

$$\begin{aligned}\bar{\gamma}(x_1, X_0) = \frac{1}{16}(&\gamma_{01-11} + \gamma_{02-11} + \gamma_{03-11} + \gamma_{04-11} + \gamma_{01-12} + \gamma_{02-12} \\ &+ \gamma_{03-12} + \gamma_{04-12} + \gamma_{01-13} + \gamma_{02-13} + \gamma_{03-13} + \gamma_{04-13} \\ &+ \gamma_{01-14} + \gamma_{02-14} + \gamma_{03-14} + \gamma_{04-14})\end{aligned} \tag{11.134}$$

以此类推，可分别计算 X_0 的 4 个小区与 x_2、x_3 和 x_4 的 4 个小区间距上的半方差。在相同数据情况下，块段插值的估计方差更低，因为未知点上的估计值为多个小区的平均值，这种平均化过程可平滑函数 $Z(x)$ 在整个划分小区上的小尺度波动。

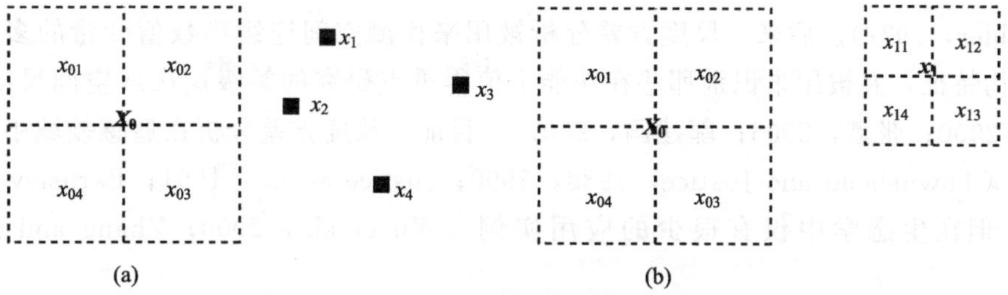

图 11.61　块段插值法的两种处理方式

注：X_0 为未知点，x_1、x_2、x_3 和 x_4 为已知点。将 X_0 周围划分为 4 个小区（x_{01}、x_{02}、x_{03} 和 x_{04}）。(b) 中也同时将已知点 x_1 的周围划分为 4 个小区（x_{11}、x_{12}、x_{13} 和 x_{14}），为简便，图 (b) 中未显示 x_2、x_3 和 x_4 的分区

克里金空间插值法在构建空间自相关变量的景观图时具有很强的优势，即使是半方差图显示变量仅具有较弱的空间自相关性。与空间自相关系数相比，该法受小样本数量的影响似乎更小（Fortin et al.，1989）。另外，该法也可用于对时间数据的插值。

6. 半方差分析的局限

如前所述，半方差图可用于识别变量的一些空间格局特征，并可用于空间插值。然而，在使用半方差图进行格局分析时也存在着一些局限，可归结为以下几个方面。

半方差图比较的是不同位置上样本值之差的平方的平均值，而无法反映局域尺度上平均值和方差的变化（Rossi et al.，1992）。因此，半方差图只可以揭示粗粒度的空间格局，而无法识别细粒度的空间格局（Turner et al.，2001）。

半方差分析要求数据满足稳态假定，即数据的平均值和方差不随空间位置的变化而变化（Turner et al.，2001）。然而，在一个较大尺度的异质景观中，大多数变量在空间的分布实际上并不满足稳态假定的条件（Fortin et al.，2002）。

如果数据的偏度很大，那么使用半方差图识别空间变异性会产生很大的误差。这时，对数据的转换十分必要。

半方差图受取样间距 h 的极大影响。如果某过程发生在很小的尺度上，那么使用

较大的 h 并不能识别该过程的空间变异性。

如果块金方差所解释的随机变化占了变量总体样本方差的很大部分，那么用地统计学方法进行估计就会受到限制。

半方差分析本身并不做任何的统计假设检验，因此，从半方差图判断空间变异是否明显时具有一定的不确定性（Turner et al.，2001）。

11.4.4 尺度方差分析

尺度方差分析（scale variance analysis）是 Moellering 和 Tobler（1972）发展的一种空间等级分析方法。尺度方差分析最初被用来确定一个已知巢式等级系统各层次上的相对变异程度，以及各层次上的空间变异性对整个系统变异性贡献的相对大小，由此确定系统的空间变异性主要发生在哪些等级层次（或对应的空间尺度）上（Moellering and Tobler，1972）。后来，尺度方差分析被用来检测空间连续型数值变量的多尺度和等级结构特征，并被用来识别那些在功能上值得重点研究的等级层次或空间尺度（Wu et al.，2000；张娜，2006；邬建国，2007）。目前，尺度方差分析在遥感领域中已有一些应用（Townshend and Justice，1988，1990；Justice et al.，1991；Barnsley et al.，1997），但在生态学中仅有很少的应用实例（Wu et al.，2000；Zhang and Zhang，2011）。

1. 尺度方差分析法

尺度方差是将整个系统的方差按照等级系统的层次逐渐分解，因此，进行尺度方差分析之前，必须要对空间数据进行重采样，使其具有完全巢式等级结构。例如，使空间粒度的大小按照 2^n 或 2^{2n}（$n=0$，1，2，…）的序列来聚合增加（Moellering and Tobler，1972；邬建国，2007）。粒度越小，单元越多；随着粒度的增大，单元数降低，因此，这种取样方法会产生一个数据金字塔（data pyramid）。

1）统计模型

尺度方差的统计模型可写为

$$X_{ijk\cdots z}=\mu+\alpha_i+\beta_{ij}+\gamma_{ijk}+\cdots+\omega_{ijk\cdots z} \tag{11.135}$$

式中，$X_{ijk\cdots z}$ 表示等级系统最低层次上某组成单元的取值；μ 表示在这一层次上系统的基本组成单元的总体平均值；其余各项分别表示来自各个层次上的影响（$\alpha,\beta,\gamma,\cdots,\omega$ 表示等级系统的不同层次），其中 α_i 和 $\omega_{ijk\cdots z}$ 分别表示系统分解的最高和最低层次的影响。

若以具有 4 个层次的等级系统为例，即系统整体—α 层次—β 层次—γ 层次，则尺度方差的统计模型为

$$X_{ijk}=\mu+\alpha_i+\beta_{ij}+\gamma_{ijk} \tag{11.136}$$

$$\mu=\frac{\sum_{i=1}^{I}\sum_{j=1}^{J_i}\sum_{k=1}^{K_{ij}}X_{ijk}}{N}=\bar{X}_{\cdots} \tag{11.137}$$

式中，I 为 α 层次上的单元数；J_i 为第 i 个 α 层次单元中所包含的 β 层次上的单元数；K_{ij} 为第 ij 个 β 层次单元中所包含的 γ 层次上的单元数。

$$N=\sum_{i=1}^{I}n_i=\sum_{i=1}^{I}\sum_{j=1}^{J_i}n_{ij} \tag{11.138}$$

$$\alpha_i=\bar{X}_{i\cdot\cdot}-\bar{X}_{\cdot\cdot\cdot} \tag{11.139}$$

$$\beta_{ij}=\bar{X}_{ij\cdot}-\bar{X}_{i\cdot\cdot} \tag{11.140}$$

$$\gamma_{ijk}=X_{ijk}-\bar{X}_{ij\cdot} \tag{11.141}$$

其中，

$$\bar{X}_{i\cdot\cdot}=\frac{\sum_{j=1}^{J_i}\sum_{k=1}^{K_{ij}}X_{ijk}}{n_i} \tag{11.142}$$

$$\bar{X}_{ij\cdot}=\frac{\sum_{k=1}^{K_{ij}}X_{ijk}}{n_{ij}} \tag{11.143}$$

由式（11.136）得

$$X_{ijk}-\mu=\alpha_i+\beta_{ij}+\gamma_{ijk} \tag{11.144}$$

即

$$X_{ijk}-\bar{X}_{\cdot\cdot\cdot}=(\bar{X}_{i\cdot\cdot}-\bar{X}_{\cdot\cdot\cdot})+(\bar{X}_{ij\cdot}-\bar{X}_{i\cdot\cdot})+(X_{ijk}-\bar{X}_{ij\cdot}) \tag{11.145}$$

2）*平方和*

根据以上统计模型，Moellering 和 Tobler（1972）导出了求各层次上平方和（sum of squares，SS）的公式。总平方和为

$$SS_{Total}=\sum_{i=1}^{I}\sum_{j=1}^{J_i}\sum_{k=1}^{K_{ij}}(X_{ijk}-\bar{X}_{\cdot\cdot\cdot})^2 \tag{11.146}$$

α 层次平方和为

$$SS_{\alpha}=\sum_{i=1}^{I}\sum_{j=1}^{J_i}\sum_{k=1}^{K_{ij}}(\bar{X}_{i\cdot\cdot}-\bar{X}_{\cdot\cdot\cdot})^2 \tag{11.147}$$

β 层次平方和为

$$SS_{\beta}=\sum_{i=1}^{I}\sum_{j=1}^{J_i}\sum_{k=1}^{K_{ij}}(\bar{X}_{ij\cdot}-\bar{X}_{i\cdot\cdot})^2 \tag{11.148}$$

γ 层次平方和为

$$SS_{\gamma}=\sum_{i=1}^{I}\sum_{j=1}^{J_i}\sum_{k=1}^{K_{ij}}(X_{ijk}-\bar{X}_{ij\cdot})^2 \tag{11.149}$$

以上各式之间的关系为

$$SS_{Total}=SS_{\alpha}+SS_{\beta}+SS_{\gamma} \tag{11.150}$$

3）平均平方和和尺度方差

用自由度去除各层次上的平方和（SS）可得平均平方和（mean squares，MS），而尺度方差（SV）是平方和经由自由度标准化后的结果。对于规则的栅格数据，每个 α 层次单元中所包含的 β 层次上的单元数（J_i）均相等（设为 J），每个 β 层次单元中所包含的 γ 层次上的单元数（K_{ij}）也均相等（设为 K）。如图 11.62 所示，$J=4$，$K=4$。

$$\mathrm{MS}_\alpha=\frac{\mathrm{SS}_\alpha}{I-1}=\frac{JK\sum_{i=1}^{I}(\bar{X}_{i\cdot\cdot}-\bar{X}_{\cdots})^2}{I-1}=\frac{JK\sum_{i=1}^{I}\alpha_i{}^2}{I-1} \tag{11.151}$$

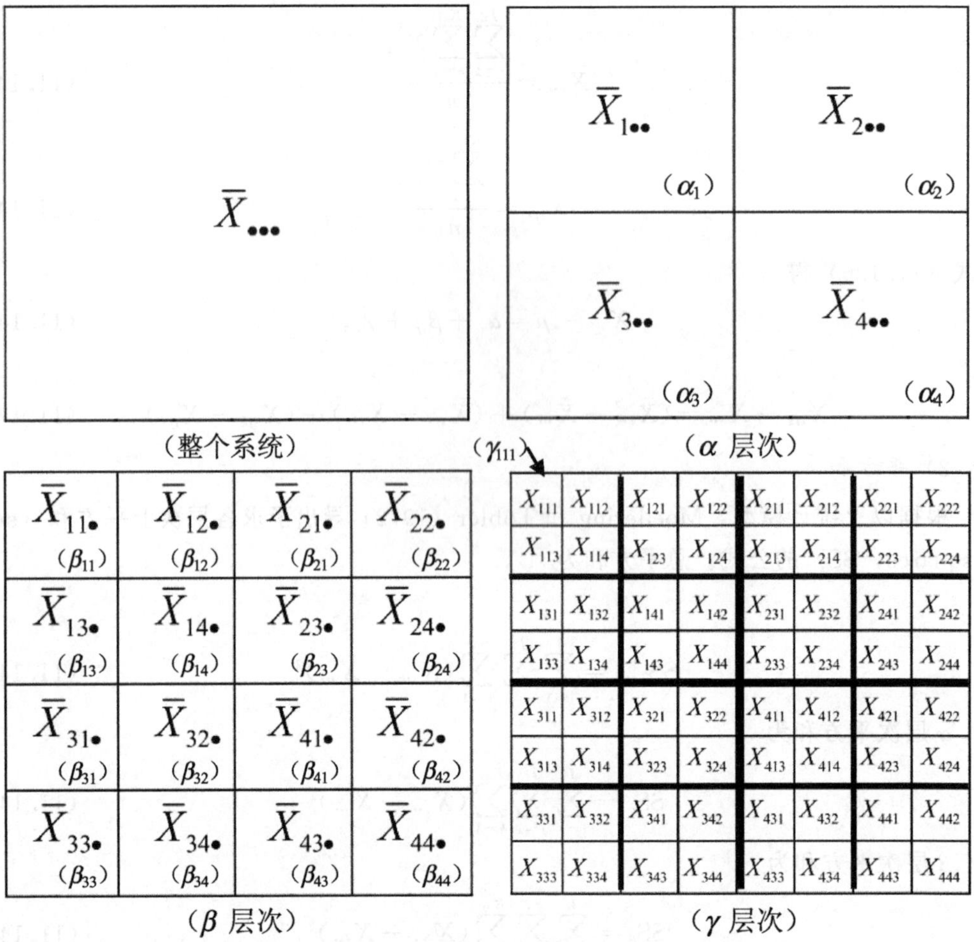

图 11.62 一个规则等级系统的集式分层

注："γ 层次"图中的最粗黑线区分 α 层次上的 4 个单元，

较粗黑线区分每个 α 层次单元中的 β 层次上的 4 个单元

$$\mathrm{SV}_{\alpha}=\frac{\mathrm{MS}_{\alpha}}{JK}=\frac{\sum_{i=1}^{I}\alpha_{i}^{2}}{I-1} \tag{11.152}$$

$$\mathrm{MS}_{\beta}=\frac{\mathrm{SS}_{\beta}}{I(J-1)}=\frac{K\sum_{i=1}^{I}\sum_{j=1}^{J}(\bar{X}_{ij.}-\bar{X}_{i..})^{2}}{I(J-1)}=\frac{K\sum_{i=1}^{I}\sum_{j=1}^{J}\beta_{ij}^{2}}{I(J-1)} \tag{11.153}$$

$$\mathrm{SV}_{\beta}=\frac{\mathrm{MS}_{\beta}}{K}=\frac{\sum_{i=1}^{I}\sum_{j=1}^{J}\beta_{ij}^{2}}{I(J-1)} \tag{11.154}$$

$$\mathrm{MS}_{\gamma}=\frac{\mathrm{SS}_{\gamma}}{IJ(K-1)}=\frac{\sum_{i=1}^{I}\sum_{j=1}^{J}\sum_{k=1}^{K}(X_{ijk}-\bar{X}_{ij.})^{2}}{IJ(K-1)}=\frac{\sum_{i=1}^{I}\sum_{j=1}^{J}\sum_{k=1}^{K}\gamma_{ijk}^{2}}{IJ(K-1)} \tag{11.155}$$

$$\mathrm{SV}_{\gamma}=\mathrm{MS}_{\gamma}=\frac{\sum_{i=1}^{I}\sum_{j=1}^{J}\sum_{k=1}^{K}\gamma_{ijk}^{2}}{IJ(K-1)} \tag{11.156}$$

对于不规则数据，每个 α 层次单元中所包含的 β 层次上的单元数不尽相等，每个 β 层次单元中所含的 γ 层次上的单元数也不尽相等（图 11.63）。

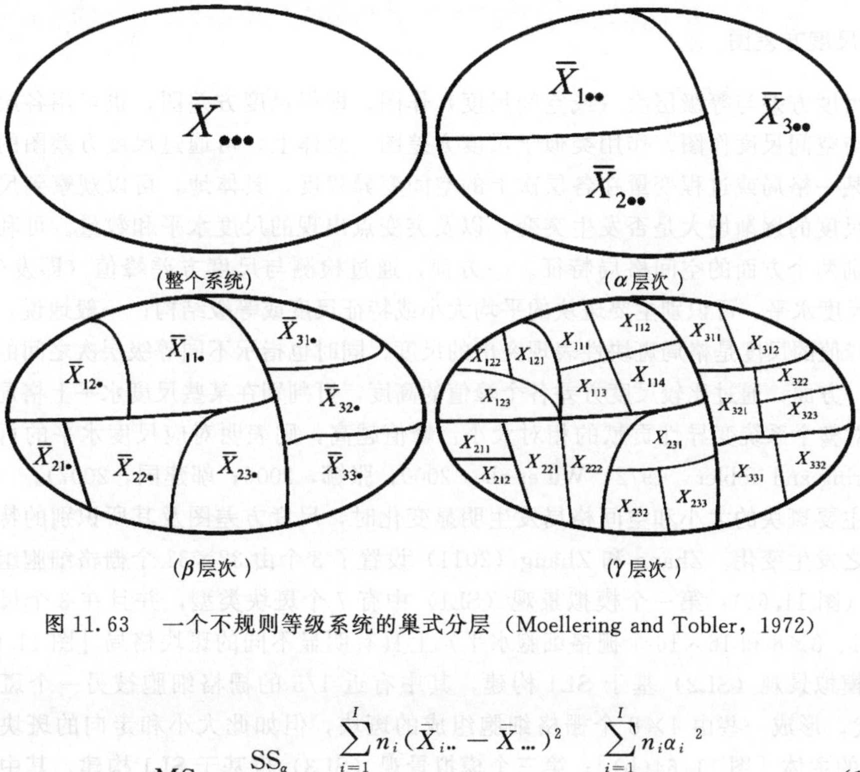

图 11.63　一个不规则等级系统的巢式分层（Moellering and Tobler，1972）

$$\mathrm{MS}_{\alpha}=\frac{\mathrm{SS}_{\alpha}}{I-1}=\frac{\sum_{i=1}^{I}n_{i}(\bar{X}_{i..}-\bar{X}_{...})^{2}}{I-1}=\frac{\sum_{i=1}^{I}n_{i}\alpha_{i}^{2}}{I-1} \tag{11.157}$$

$$\mathrm{SV}_\alpha = \frac{\sum_{i=1}^{I}(\bar{X}_{i\cdot\cdot} - \bar{X}_{\cdot\cdot\cdot})^2}{I-1} = \frac{\sum_{i=1}^{I}\alpha_i{}^2}{I-1} \tag{11.158}$$

$$\mathrm{MS}_\beta = \frac{\mathrm{SS}_\beta}{\sum_{i=1}^{I}(J_i-1)} = \frac{\sum_{i=1}^{I}\sum_{j=1}^{J}n_{ij}(\bar{X}_{ij\cdot} - \bar{X}_{i\cdot\cdot})^2}{\sum_{i=1}^{I}(J_i-1)} = \frac{\sum_{i=1}^{I}\sum_{j=1}^{J}n_{ij}\beta_{ij}{}^2}{\sum_{i=1}^{I}(J_i-1)} \tag{11.159}$$

$$\mathrm{SV}_\beta = \frac{\sum_{i=1}^{I}\sum_{j=1}^{J}(\bar{X}_{ij\cdot} - \bar{X}_{i\cdot\cdot})^2}{\sum_{i=1}^{I}(J_i-1)} = \frac{\sum_{i=1}^{I}\sum_{j=1}^{J}\beta_{ij}{}^2}{\sum_{i=1}^{I}(J_i-1)} \tag{11.160}$$

$$\mathrm{MS}_\gamma = \frac{\mathrm{SS}_\gamma}{\sum_{i=1}^{I}\sum_{j=1}^{J}(K_{ij}-1)} = \frac{\sum_{i=1}^{I}\sum_{j=1}^{J}\sum_{k=1}^{K}n_{ijk}(\bar{X}_{ijk} - \bar{X}_{ij\cdot})^2}{\sum_{i=1}^{I}\sum_{j=1}^{J}(K_{ij}-1)} = \frac{\sum_{i=1}^{I}\sum_{j=1}^{J}\sum_{k=1}^{K}n_{ijk}\gamma_{ijk}{}^2}{\sum_{i=1}^{I}\sum_{j=1}^{J}(K_{ij}-1)} \tag{11.161}$$

$$\mathrm{SV}_\gamma = \frac{\sum_{i=1}^{I}\sum_{j=1}^{J}\sum_{k=1}^{K}(\bar{X}_{ijk} - \bar{X}_{ij\cdot})^2}{\sum_{i=1}^{I}\sum_{j=1}^{J}(K_{ij}-1)} = \frac{\sum_{i=1}^{I}\sum_{j=1}^{J}\sum_{k=1}^{K}\gamma_{ijk}{}^2}{\sum_{i=1}^{I}\sum_{j=1}^{J}(K_{ij}-1)} \tag{11.162}$$

2. 尺度方差图

以尺度方差与等级层次（或空间尺度）作图，即得尺度方差图，也可用各层次上的平方和与空间尺度作图，作用类似于尺度方差图。总体上，可通过尺度方差图的变化趋势反映某一格局或过程变量在各层次上的空间变异程度。具体地，可以观察到尺度方差随分析尺度的逐渐增大是否发生突变，以及突变点出现的尺度水平和数量。可利用这些信息识别两个方面的空间格局特征。一方面，通过检测与尺度方差峰值（即发生突变）对应的尺度水平，可识别主要斑块的平均大小或特征尺度或等级结构；一般地说，尺度方差出现峰值的尺度是格局斑块性表现突出的尺度，同时也指示不同等级层次之间的特征尺度。另一方面，通过比较尺度方差各个峰值的高度，可判别在某些尺度水平上格局或过程的变化对整个系统变异性贡献的相对大小：峰值越高，则表明对应尺度水平的贡献越大（Moellering and Tobler，1972；Wu et al.，2000；张娜，2006；邬建国，2007）。

当主要斑块的大小和空间格局发生明显变化时，尺度方差图及其所识别的特征尺度也会随之发生变化。Zhang 和 Zhang（2011）设置了 3 个由 32×32 个栅格细胞组成的模拟景观（图 11.64）：第一个模拟景观（SL1）中有 7 个斑块类型，并且在 3 个尺度水平（即 1×1、8×8 和 16×16 个栅格细胞水平）上具有明显不同的斑块格局［图 11.64(a)］；第二个模拟景观（SL2）基于 SL1 构建，其中有近 1/5 的栅格细胞被另一个斑块类型 PT 取代，形成一些由 4×8 个栅格细胞组成的斑块，但如此大小和走向的斑块并未构成 SL2 的主体［图 11.64(b)］；第三个模拟景观（SL3）也基于 SL1 构建，其中有超过 1/3 的栅格细胞被斑块类型 PT 取代，形成的由 4×8 个栅格细胞组成的斑块数量是 SL2 的 2 倍，且这些斑块构成了 SL3 的主体［图 11.64(c)］。总之，SL2 与 SL1 的格局差异很小，但它们与 SL3 的格局有很大差异。尺度方差图能揭示格局特征的这种变化吗？尺度方差分析结果表明，SL2 的特征尺度与 SL1 完全相同［图 11.65(a) 和 (b)］。但尺度方差图在变化趋势上有差异：由于 4×8 栅格大小斑块的存在，SL2 在 8×8 尺度水平处的尺度方差峰值不很明显；但由于 4×8 栅格大小斑块的非主导性，SL2 在 4×8 尺度水平处的尺度方差并未出现峰值［图 11.65(b)］。SL3 的特征尺度不再与 SL1 和 SL2 完全相同，由于 4×8 栅格大小斑块变为主要斑块，SL3 在 4×8 尺度水平处的尺度方差出现峰值，其中一个特征尺度由 8×8 变为 4×8 尺度水平［图 11.65(c)］。可见，尺度方差图对格局特征的变化非常敏感，在识别多尺度格局上很有效。

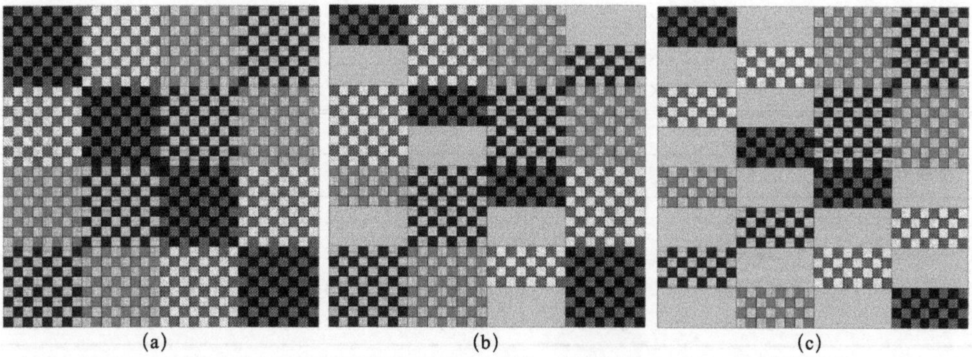

图 11.64　具有多尺度格局的 3 个模拟景观 SL1、SL2 和 SL3（Zhang and Zhang，2011）

注：相同颜色的栅格细胞代表同一类型的斑块，而不同颜色的栅格细胞代表不同类型的斑块

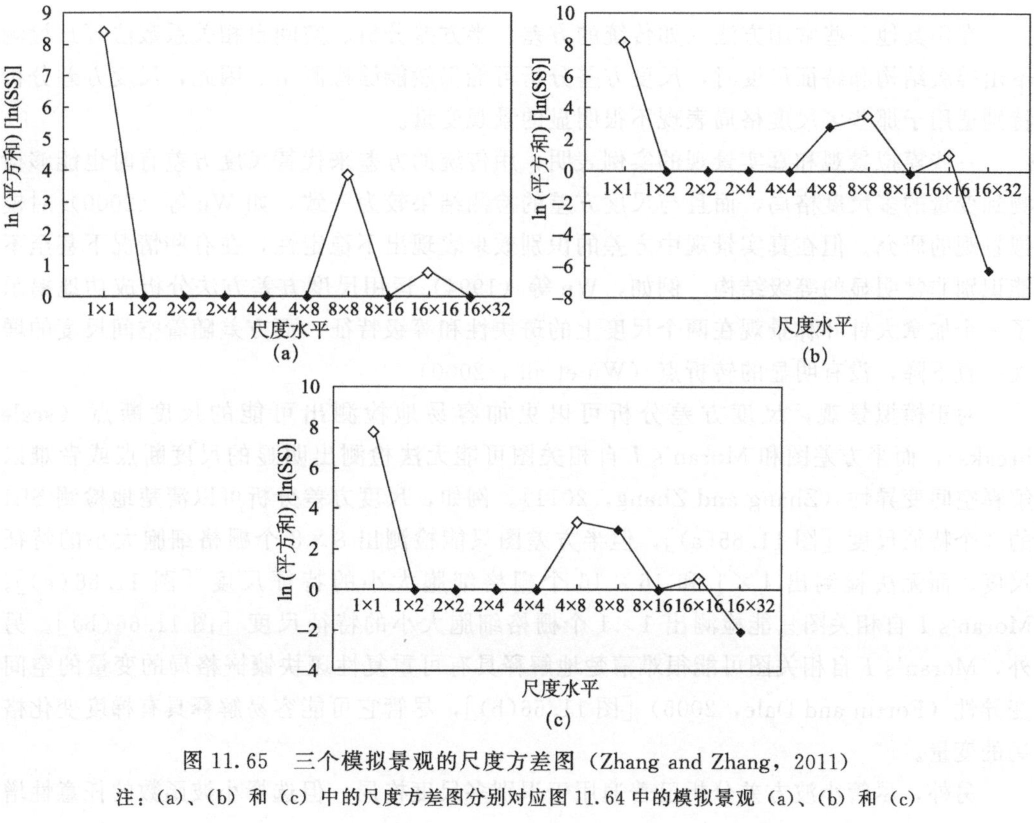

图 11.65　三个模拟景观的尺度方差图（Zhang and Zhang，2011）

注：(a)、(b) 和 (c) 中的尺度方差图分别对应图 11.64 中的模拟景观 (a)、(b) 和 (c)

当选取不同的栅格划区和尺度变换方案（zonging and scaling system，ZSS）时，尺度方差图及其所识别的多尺度和等级结构特征也会不同。Zhang 和 Zhang（2011）设置了 4 种 ZSS（表 11.8）。具体见“尺度方差分析法的改进”中对 3 个模拟景观和 1 个实际景观在这 4 种 ZSS 下的尺度方差分析结果。

表 11.8 划区和尺度变换方案（Zhang and Zhang，2011）

划区和尺度变换方案	空间尺度水平						
	1	2	3	4	5	6	7
ZSS1	1×1	1×2	2×2	2×4	4×4	4×8	8×8
ZSS2	1×1	2×1	2×2	4×2	4×4	8×4	8×8
ZSS3	1×1	1×2	2×2	2×4	2×8	4×8	4×16
ZSS4	1×1	2×1	2×2	4×2	8×2	8×4	16×4

划区和尺度变换方案	空间尺度水平					
	8	9	10	11	12	13
ZSS1	8×16	16×16	16×32	32×32	32×64	64×64
ZSS2	16×8	16×16	32×16	32×32	64×32	64×64
ZSS3	8×16	8×32	16×32	16×64	32×64	64×64
ZSS4	16×8	32×8	32×16	64×16	64×32	64×64

3. 尺度方差分析的评价

在用其他一些常用方法（如传统的方差、半方差分析、空间自相关系数法等）检测不出等级结构和特征尺度时，尺度方差分析可能仍然能够检测出。因此，尺度方差分析特别适用于那些多尺度格局表现不很明显的景观变量。

一些模拟景观和真实景观的实例表明，用传统的方差来代替尺度方差有时也能够检测到变量的多尺度格局，而且与尺度方差的检测结果较为一致，如 Wu 等（2000）对模拟景观的研究。但在真实景观中方差的识别效果表现出不稳定性，在有些情况下甚至不能识别非常明显的等级结构。例如，Wu 等（1994）运用尺度方差方法分析成功地揭示了一个加拿大针叶林景观在两个尺度上的斑块性和等级特征；而方差随着空间尺度的增大一直下降，没有明显的转折点（Wu et al.，2000）。

对于模拟景观，尺度方差分析可以更加容易地检测出可能的尺度断点（scale breaks），而半方差图和 Moran's *I* 自相关图可能无法检测出明显的尺度断点或者难以解释空间变异性（Zhang and Zhang，2011）。例如，尺度方差分析可以清楚地检测 SL1 的 3 个特征尺度［图 11.65(a)］，但半方差图只能检测出 8×8 个栅格细胞大小的特征尺度，而无法检测出 1×1 和 16×16 个栅格细胞大小的特征尺度［图 11.66(a)］；Moran's *I* 自相关图只能检测出 1×1 个栅格细胞大小的特征尺度［图 11.66(b)］。另外，Moran's *I* 自相关图可能很难清楚地解释具有可重复性斑块镶嵌格局的变量的空间变异性（Fortin and Dale，2005）［图 11.66(b)］，尽管它可能容易解释具有梯度变化格局的变量。

另外，尽管小波方差分析已普遍用于识别多尺度格局，但选择小波函数的任意性增

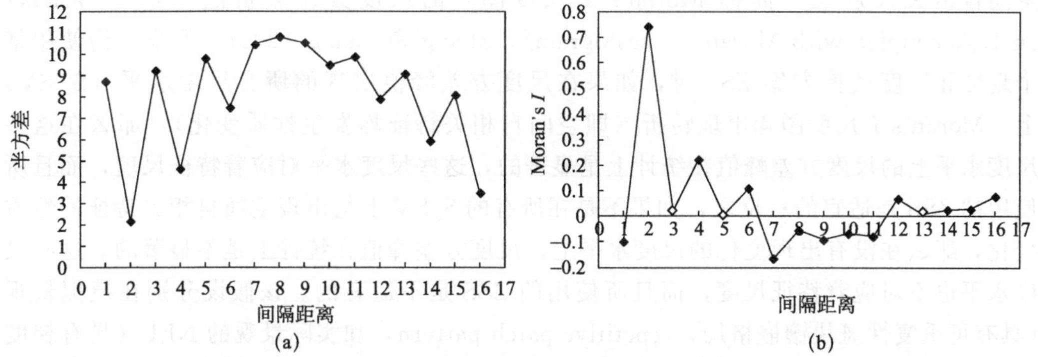

图 11.66　一个模拟景观的全向半方差图和 Moran's *I* 自相关图（Zhang and Zhang，2011）

注：模拟景观来自图 11.64（a）。图（b）曲线中的实心菱形表示用系列 Bonferroni 法校正后呈现显著的空间正或负相关；空心菱形表示呈现空间不相关

加了该法在尺度分析上的不确定性，降低了它的有效性（Zhang and Zhang，2011）。

除了对多尺度格局非常敏感之外，尺度方差分析还考虑其他一般方法并不涉及的划区效应。而且，相对于一些计算较复杂的方法（如谱分析和小波分析），尺度方差分析在运算和解译方面要简单得多，但这并不影响其准确性和有效性（Townshend and Justice，1988；邬建国，2007）。

然而，同其他所有方法，尺度方差分析也有缺陷。首先，尺度方差分析可以识别模拟景观的等级水平，但对于实际景观，可能只对格局性质发生变化、出现新过程的尺度水平敏感，而对格局强度发生变化的尺度水平并不敏感。例如，对内蒙古锡林河流域生长季 NEP 的尺度方差分析仅能识别其中的最重要特征尺度（64 km×32 km）[图 11.70（b）和(d)]，而无法识别半方差图、Moran's *I* 自相关图或小波方差图所能识别的更小或更大的特征尺度。但这一结论仍依赖于大量的模拟和实际景观来印证。

其他缺陷均涉及尺度方差分析的思想和原理，是该法本身无法解决的。例如，

（1）类似方法均基于以下基本假设：过程发生的尺度与尺度方差发生突变的尺度是一致的。然而，该假设是否一定成立呢？答案是不明确的（Cao and Lam，1997）。

（2）对巢式等级数据的需要限制了这种方法在实际景观中的应用。

（3）各层次上尺度方差的计算均基于平均方法。

（4）重采样或栅格聚合的过程会造成不可避免的数据误差。

（5）无法从统计上验证尺度方差峰值的显著性，那么在有不明显峰值的情况下，该如何确定变量的等级结构和特征尺度呢？

（6）在划区方案的选择上有一定的任意性，而划区方案对特征尺度的识别有很大影响，那么哪一种方案更加合理呢？

总之，对尺度方差分析在多尺度格局分析上的优缺点的评判还有待于进一步系统研究（Wu et al.，1997）。

4. 尺度方差分析法的改进

针对以上提到的最后两个缺陷，Zhang 和 Zhang（2011）提出了一种融合 Moran's *I*

空间自相关尺度图（简称 Moran's *I* 尺度图）的尺度方差分析法（scale variance analysis coupled with Moran's *I* scalogram）。Zhang 和 Zhang（2011）假设，当使用某个划区和尺度变换方案 ZSS 时，如果在尺度方差峰值出现的所有尺度水平（S_SV）上，Moran's *I* 尺度图均出现转折（即空间自相关特征均发生性质变化），那么在这些尺度水平上的尺度方差峰值在统计上是显著的，这些尺度水平对应着特征尺度，而且所使用的 ZSS 是适宜的；反之，如果不是在所有的 S_SV 上均出现空间自相关特征的性质变化，那么在没有出现变化的尺度水平上，尺度方差峰值在统计上是不显著的，这些尺度水平也不对应着特征尺度，而且所使用的 ZSS 是不适宜的。该假设分别在模拟景观（具有可重复性斑块镶嵌格局，repetitive patch pattern）和实际景观的 NEP（具有梯度变化，gradient variation）研究中得到验证。

对于图 11.64(a) 的 SL1，当使用表 11.8 中的 ZSS1 或 ZSS2 时，尺度方差的 3 个峰值出现在 1×1、8×8 和 16×16 尺度水平，与 Moran's *I* 尺度图的 3 个转折点（指示从显著负相关变为正相关，或从不相关变为显著负相关）出现的尺度水平完全吻合，也与事先设定的 3 个等级水平完全吻合［图 11.67(a)］。当使用 ZSS3 或 ZSS4 时，尺度方差的 3 个峰值出现在 1×1、4×8（或 8×4）和 8×16（或 16×8）尺度水平。但 Moran's *I* 尺度图在 8×16（或 16×8）尺度水平上并未出现转折［图 11.67(b)］，表明该尺度水平上的尺度方差峰值在统计上不显著，该尺度水平不是特征尺度；而且，所识别的 4×8（或 8×4）和 8×16（或 16×8）尺度水平也与设定的等级水平不符。因此，对于 SL1，ZSS1 和 ZSS2 比 ZSS3 和 ZSS4 更为适宜，且特征尺度为 1×1、8×8 和 16×16 尺度水平。

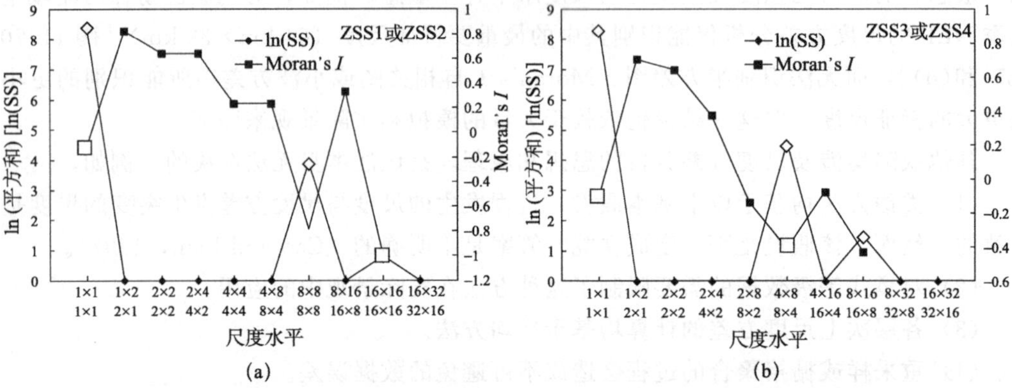

图 11.67 第一个模拟景观（SL1）在不同划区和尺度变换方案下的尺度方差图和 Moran's *I* 尺度图（Zhang and Zhang，2011）

注：模拟景观来自图 11.64(a)。曲线中较大的空心菱形符号指示尺度方差的峰值；较大的空心正方形符号指示呈现显著负相关时的 Moran's *I* 系数值，且空间自相关性在相应的尺度水平上发生正负转换。下同

对于图 11.64(b) 的 SL2，当使用表 11.8 中的 ZSS1 时，同 SL1 一样，尺度方差的 3 个峰值仍出现在 1×1、8×8 和 16×16 尺度水平，与 Moran's *I* 尺度图的 3 个转折点及设定的 3 个等级水平完全吻合［图 11.68(a)］。在 4×8 尺度水平，尺度方差未出现峰值，Moran's *I* 尺度图也未出现转折，因此，它不是特征尺度。当使用 ZSS2、ZSS3

和 ZSS4 时，尺度方差的峰值分别出现在 1×1、4×4、8×8 和 16×16 尺度水平［图 11.68(b)］，1×1、4×8 和 8×16 尺度水平［图 11.68(c)］，以及 1×1、4×2、8×4 和 16×8 尺度水平［图 11.68(d)］。但 Moran's *I* 尺度图在 4×4、8×16 和 4×2 尺度水平上并未出现转折［图 11.68(b)、(c) 和 (d)］，表明这些尺度水平上的尺度方差峰值在统计上不显著，这些尺度水平不是特征尺度。因此，对于 SL2，ZSS1 比 ZSS2、ZSS3 和 ZSS4 更为适宜，且特征尺度为 1×1、8×8 和 16×16 尺度水平。

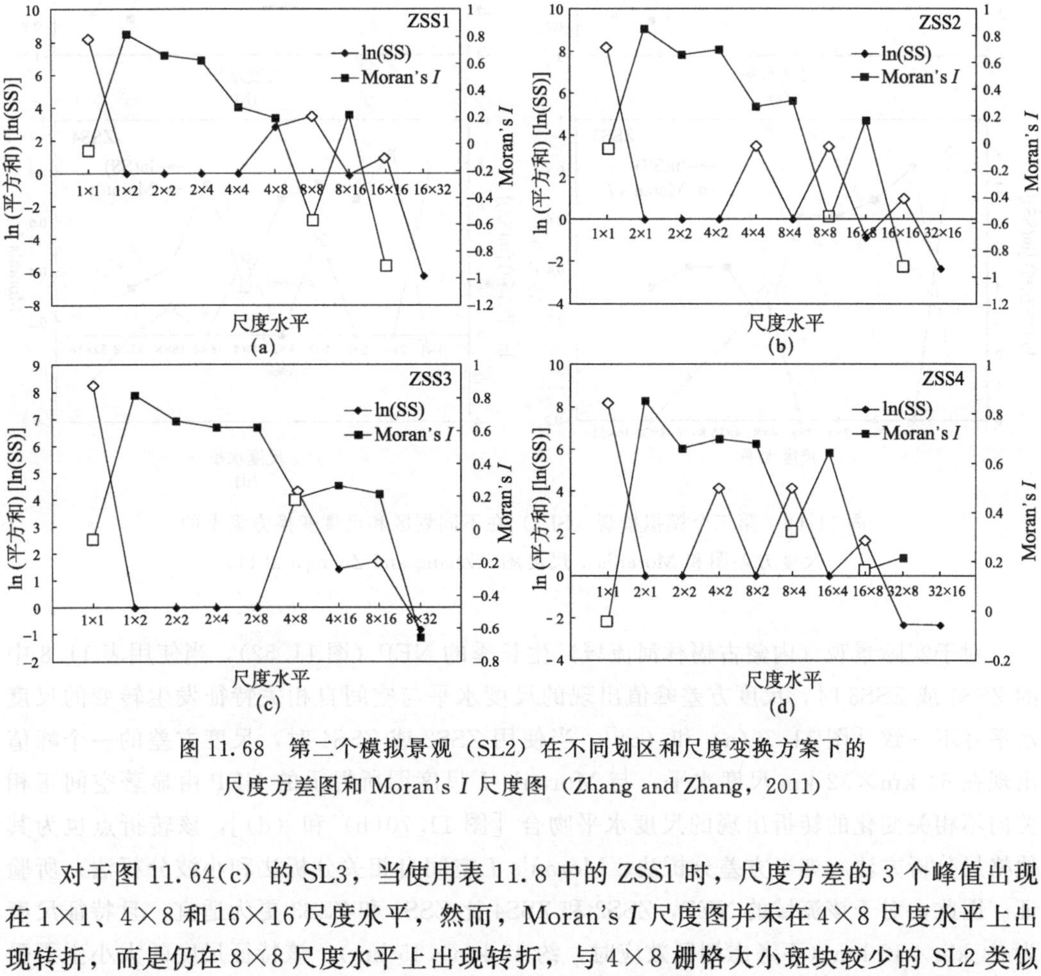

图 11.68　第二个模拟景观（SL2）在不同划区和尺度变换方案下的尺度方差图和 Moran's *I* 尺度图（Zhang and Zhang，2011）

对于图 11.64(c) 的 SL3，当使用表 11.8 中的 ZSS1 时，尺度方差的 3 个峰值出现在 1×1、4×8 和 16×16 尺度水平，然而，Moran's *I* 尺度图并未在 4×8 尺度水平上出现转折，而是仍在 8×8 尺度水平上出现转折，与 4×8 栅格大小斑块较少的 SL2 类似［图 11.68(a) 和 11.69(a)］。这也表明，与 Moran's *I* 相比，尺度方差对主要斑块大小和走向的变化更为敏感。另外，Moran's *I* 尺度图表明，16×16 尺度水平上的尺度方差峰值在统计上不显著［图 11.69(a)］，该尺度水平不是特征尺度。当使用 ZSS2 和 ZSS4 时，尺度方差出现峰值的尺度水平与 SL2 完全相同。但 Moran's *I* 尺度图在 4×4、16×16 和 4×2 尺度水平上并未出现转折［图 11.69(b) 和 (d)］，表明这些尺度水平上的尺度方差峰值在统计上不显著，这些尺度水平不是特征尺度。当使用 ZSS3 时，尺度方差的两个峰值出现在 1×1 和 4×8 尺度水平，与 Moran's *I* 尺度图的两个转折点及设定的主要斑块的大小和走向完全吻合［图 11.69(c)］。因此，对于 SL3，ZSS3 比 ZSS1、ZSS2 和 ZSS4 更为适宜，且特征尺度为 1×1 和 4×8 尺度水平。

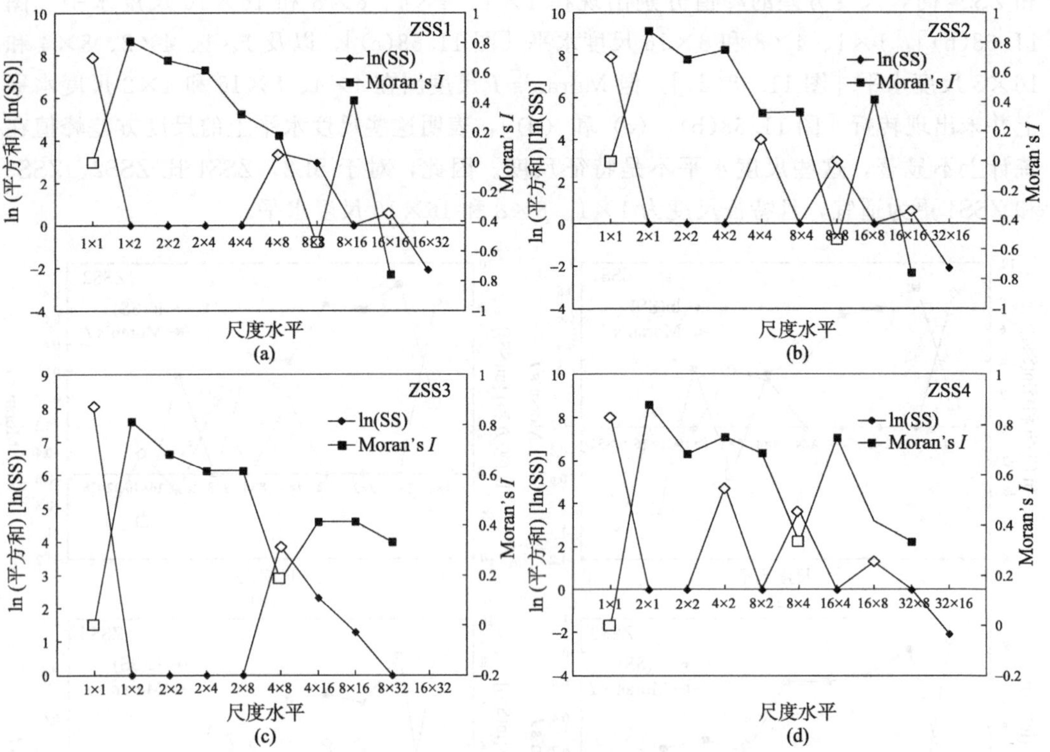

图 11.69　第三个模拟景观（SL3）在不同划区和尺度变换方案下的
尺度方差图和 Moran's *I* 尺度图（Zhang and Zhang，2011）

对于实际景观（内蒙古锡林河流域）生长季的 NEP（图 11.52），当使用表 11.8 中的 ZSS1 或 ZSS3 时，尺度方差峰值出现的尺度水平与空间自相关特征发生转变的尺度水平并不一致［图 11.70(a) 和 (c)］。当使用 ZSS2 或 ZSS4 时，尺度方差的一个峰值出现在 64 km×32 km 尺度水平，与 Moran's *I* 尺度图所揭示的 NEP 由显著空间正相关向不相关变化的转折出现的尺度水平吻合［图 11.70(b) 和 (d)］，该转折点也为其他格局分析方法（如半方差分析法、Moran's *I* 空间自相关分析法和小波分析法）所验证。因此，对于该流域的 NEP，ZSS2 和 ZSS4 比 ZSS1 和 ZSS3 更为适宜，且特征尺度为 64 km×32 km（不考虑划区效应时，约 45 km×45 km）。该特征尺度的大小主要受该流域由东南向西北逐渐降低的降水量控制，因为当两个点的间距增大到约 46 km×46 km（不考虑划区效应）时，降水量的空间自相关性发生显著变化。因此，改进方法所识别的特征尺度暗示 NEP 及其最重要驱动因子发生重大转折的尺度水平，在该尺度水平上 NEP 的变化对整个流域 NEP 总体空间变异的影响最大。

用改进尺度方差分析法所检测的适宜 ZSS 与定性判别结果完全吻合。从定性方面，适宜 ZSS 的选择取决于各尺度水平上空间聚合单元的行列走向是否与主要斑块的走向近似。例如，对于 SL1，ZSS1 和 ZSS2 更为适宜，因为在这两种 ZSS 中，不同尺度水平上的空间单元的行数与列数差异最小，各单元的走向与主要斑块的走向近似。对于增加少许 4×8 栅格大小斑块、仍有很多正方形斑块的 SL2，只有 ZSS1 适宜，因为只有在

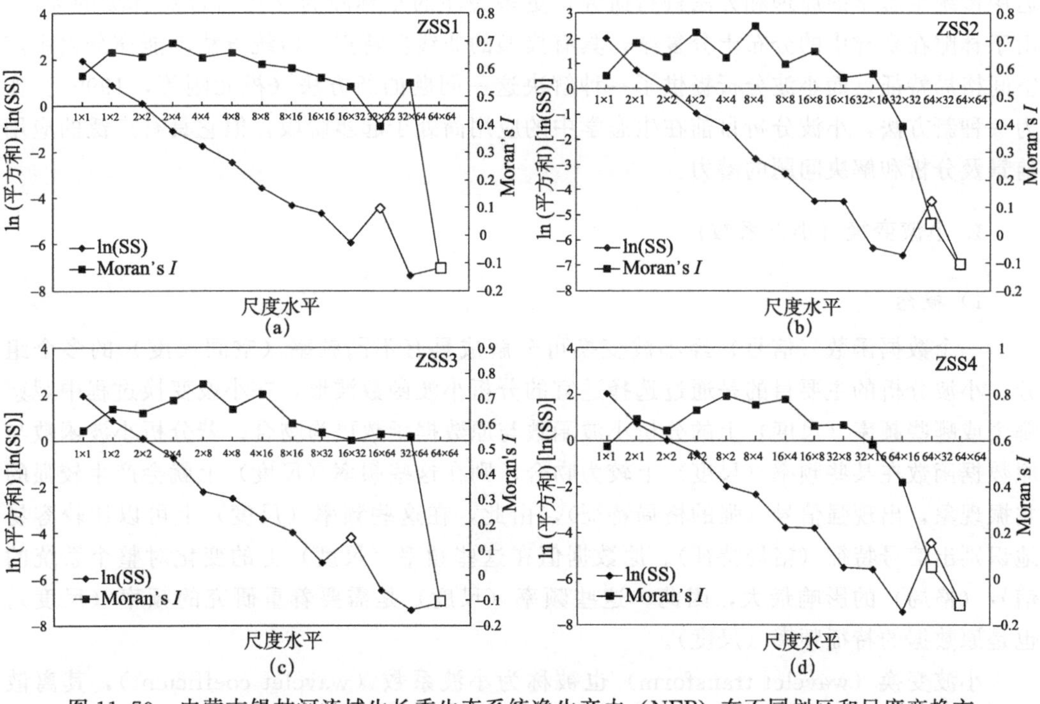

图 11.70　内蒙古锡林河流域生长季生态系统净生产力（NEP）在不同划区和尺度变换方案下的尺度方差图和 Moran's *I* 尺度图（Zhang and Zhang，2011）

ZSS1 中，不同尺度水平上的空间单元的行数不大于列数，且行数与列数差异不是很大。对于增加很多 4×8 栅格大小斑块、正方形斑块少得多的 SL3，只有 ZSS3 适宜，因为只有在 ZSS3 中，不同尺度水平上的空间单元的行数绝大多数小于列数。对于锡林河流域，ZSS2 和 ZSS4 更为适宜，因为在这两种 ZSS 中，不同尺度水平上的空间单元的行数不小于列数，空间单元的这种划区方向与南北宽而东西窄的植被斑块分布走向近似。

总之，改进方法克服了单独使用尺度方差分析或 Moran's *I* 空间自相关分析的缺陷，通过比较尺度方差峰值出现的尺度水平与空间自相关特征发生转变的尺度水平之间的一致性，评价尺度方差峰值的显著性，识别相应的特征尺度，并由此选择更适宜的划区和尺度变换方案。该法具有一定的普适性，既可适用于具有可重复性斑块镶嵌格局的变量，也可适用于具有梯度变化格局的变量。因此，该法完善了对尺度方差分析结果的解释，增强了尺度方差分析的可靠性，为识别空间格局或生态过程的等级结构和特征尺度（或尺度域）提供了一种简单可行的方法。

11.4.5　小波分析

小波分析在信号处理、图像分析、语音分析、模式识别、量子物理、地质勘探、地震探测、大气科学等众多非线性科学领域中均取得了突破性进展，获得了广泛应用，但在生态学中的应用始于 20 世纪 90 年代初，Bradshaw 和 Spies（1992）对森林林隙的研究是植物生态学中最早的应用实例。有关森林林隙的研究已有 50 余年的历史，之前多运用传统生态学的原理和方法进行研究，更多关注的是林隙的存在与否及林隙的大小。由于林隙在森林中的分布十分复杂，具有典型的非线性特点，传统方法不能充分揭示其空间格局特征，而小波分析提供了一种解决这一问题的新方法（祖元刚等，1999）。作为一种新方法，小波分析目前在生态学中的应用尚处于起步阶段，但它具有广泛的应用前景及分析和解决问题的潜力。

1. 小波变换（小波系数）

1）概念

一个数据函数（信号）经小波变换可分解成具有不同频率（空间尺度）的多个组分。小波分析的主要目的是通过选择适宜的分析小波函数波形，在小波变换过程中观察哪个或哪些频率（尺度）上的分析小波函数与原数据函数更为吻合。若分析小波函数与原数据函数在某些频率（尺度）上较为吻合，则在这些频率（尺度）上就会产生较强的共振现象，出现强信号（强的格局特征），由此，在这些频率（尺度）上可以比较容易地识别出信号特征（格局特征）。原数据值在这些频率（尺度）上的变化对整个系统的信号（格局）的影响最大，因此，这些频率（尺度）是需要着重研究的频率（尺度），也是原数据的特征频率（尺度）。

小波变换（wavelet transform）也被称为小波系数（wavelet coefficient），其离散表达形式为

$$W(a,b)=\frac{1}{a}\sum_{i=1}^{n}f(x_i)\cdot g\left(\frac{x_i-b}{a}\right) \tag{11.163}$$

式中，$f(x)$ 为数据序列（即一个样带上的 n 个样点值），是原始信号［图 11.71(a)］。a 为滑过数据序列 $f(x)$ 的一个窗口的长度，即频率参数或尺度参数。a 可反映波形的变化：当 a 取值较小时，可得到用于分析数据高频信号的高而窄的窗口；当 a 取值较大时，可得到用于分析数据低频信号的低而宽的窗口。x_i 为沿着样带的距离（样带位置）。b 为窗口的中心位置，是一个平移参数（shift parameter）。$g\left(\frac{x-b}{a}\right)$ 为尺度范围为 a、中心位置在沿着样带 b 处的小波函数，由母小波（mother wavelet）$g(x)$ 产生。$W(a,b)$ 为在长度为 a 的窗口中心位置 b 处的小波变换。由式（11.163）可见，小波变换 $W(a,b)$ 是小波函数 $g(x)$ 与数据序列 $f(x)$ 的卷积（convolution）（内积，inner product）（Bradshaw and Spies，1992；Gao and Li，1993；Dale and Mah，1998）。

小波变换的连续（积分）表达形式为

$$W(a,b)=\frac{1}{a}\int_{-\infty}^{+\infty}f(x)\cdot g\left(\frac{x-b}{a}\right)dx \tag{11.164}$$

小波变换将原数据分解为不同尺度上的空间组分，从而将空间结构定量为尺度和一维样带位置的函数，并可同时反映数据的多尺度格局特征（Bradshaw and Spies，1992；Graps，1995）。小波变换图以沿样带的距离（或时间）为横坐标，以尺度（或频率）为纵坐标，可用灰度级或色阶表示 $W(a,b)$ 的大小［图 11.71(b)］。颜色最浅的部分表示 $W(a,b)$ 取最大负值，在相应的尺度和位置处，小波（函数）模板（wavelet template）的波形（包括形状和维数）与原数据的波形之间最不吻合，说明在此尺度和位

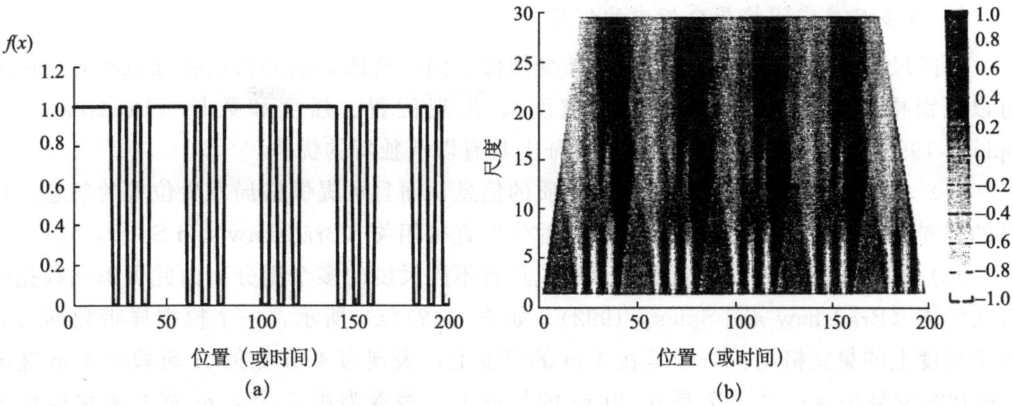

图 11.71 举例说明原数据序列及其小波变换（Bradshaw and Spies，1992）

注：(a) 为一个模拟的两尺度巢式格局样带；(b) 中用灰度级表示小波变换值，颜色越深，值越大

置处的格局最不明显。相反，颜色最深的部分表示 $W(a, b)$ 取最大正值，在相应的尺度和位置处，小波函数的波形与原数据的波形之间能最好地吻合，说明在此尺度和位置处的格局最明显（Bradshaw and Spies，1992；Dale and Mah，1998）。如图 11.72 所示，在有些位置（如左边窗口），小波函数不能与原数据序列很好地吻合，$W(a, b)$ 为负值；而在有些位置（如右边窗口），两者能很好地吻合，$W(a, b)$ 为正值。除用灰度值或色阶值表示 $W(a, b)$ 的大小之外，也可直接用具体数值表示其大小（图 11.73）。

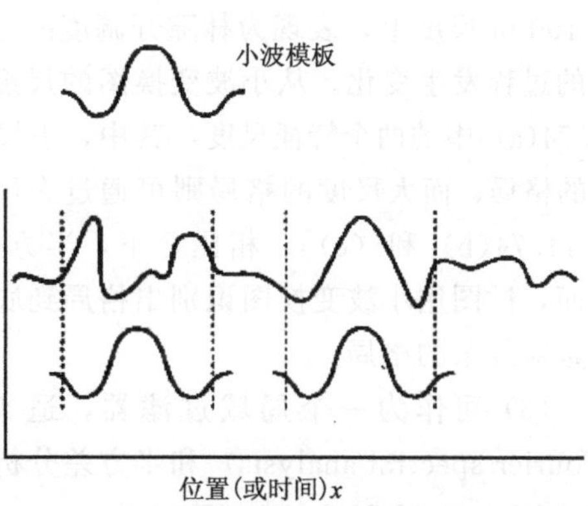

图 11.72 小波函数模板与原数据波形的关系对小波变换的影响（Dale and Mah，1998）

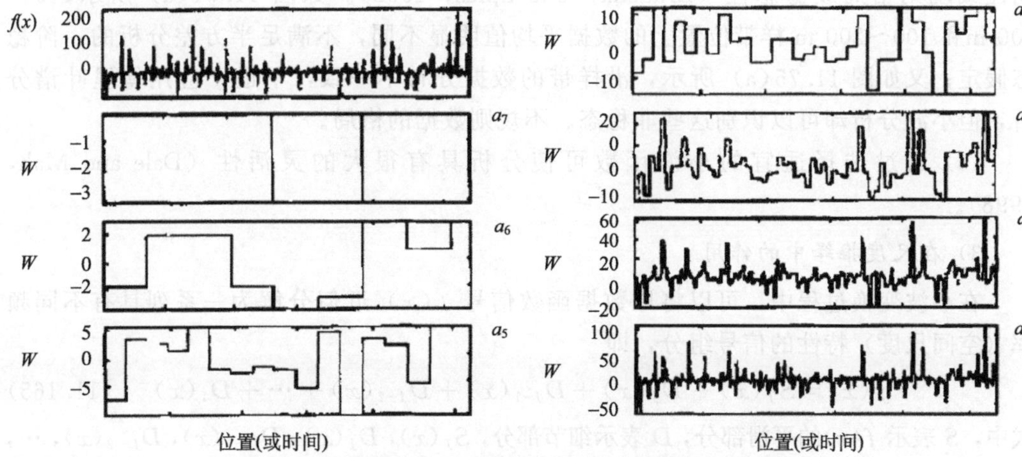

图 11.73 用数值表示的小波变换

注：$f(x)$ 为一个数据序列；W 为小波变换；a_1 至 a_7 为由小到大的尺度

2）在多尺度空间格局分析中的作用

不同尺度、不同样带位置上的小波变换值不同，所能揭示的格局特征也不同，由此可以识别格局的特征尺度、大小（宽度）、出现位置、强度和数量（Bradshaw and Spies，1992）。小波变换在识别格局特征上具有以下独特的优势：

（1）小波变换图不仅可提供格局性质的信息，而且可提供格局发生位置的信息。信号的强弱（格局的明显与否）与沿样带的位置直接相关（Bradshaw and Spies，1992）。

（2）原数据函数经小波变换可分解成具有不同尺度的多个组分，由此可识别数据的等级结构（Bradshaw and Spies，1992）。如图 11.71(a) 所示，一个模拟样带数据具有两个尺度上的巢式格局：一个是在 4 m 的尺度上，表现为 4 m 宽的 A 斑块与 4 m 宽的 B 斑块的交替出现；另一个是在 20 m 的尺度上，表现为由 5 个 4 m 宽的斑块构成的 20 m较大斑块与一个 20 m 宽的单个斑块的交替出现。又如图 11.74(a) 所示，一个森林样带上林隙开阔度的格局主要发生在两个尺度上，一个是在 10 m 的尺度上，表现为 10 m 宽的较为开阔的林隙斑块与 10 m 宽的较为郁闭的林冠斑块的交替出现；另一个是在 100 m 尺度上，表现为林隙开阔度的重大转折，即由 5%转变为 25%，意味着影响格局的过程发生变化。从小波变换图的尺度轴（纵轴）上可大致识别出图 11.71(a) 和图 11.74(a) 中的两个特征尺度，其中，小尺度上小波变换值的变化可揭示小尺度的更为精细的格局，而大尺度的格局则可通过大尺度上小波变换值的变化来揭示［图 11.71(b)、图 11.74(b) 和 (c)］。相比之下，半方差分析在解释数据的多尺度格局上则很困难。然而，试图用小波变换图识别出格局到底在哪个确切的尺度上发生变化却比较困难，尤其是对复杂的格局。

（3）可作为一个局域过滤器，适于检测局域特征。相比之下，傅里叶谱分析（Fourier spectral analysis）和半方差分析忽略局域特征，仅能提供全局的平均结构信息（Bradshaw and Spies，1992）。

（4）傅里叶谱分析更适于具有周期性和规则格局特征的数据，而半方差分析要求数据具有稳态性。然而，用小波分析识别格局时不受这些条件的限制，不要求数据具有周期性或规则格局或稳态性（Bradshaw and Spies，1992）。如图 11.74(a) 所示，0～100 m和 100～200 m 样带位置上的数据平均值明显不同，不满足半方差分析的一阶稳态假定；又如图 11.75(a) 所示，沿样带的数据分布不一致，不适于应用傅里叶谱分析，但小波分析却可以识别这些非稳态、不规则数据的格局。

（5）通过选择适宜的小波函数可使分析具有很大的灵活性（Dale and Mah，1998）。

3）在尺度推绎中的作用

在小波变换过程中，可以将原数据函数信号 $f(x)$ 近似分解为一系列具有不同频率（空间尺度）特性的信号组分，即

$$f(x)=S_J(x)+D_J(x)+D_{J-1}(x)+D_{J-2}(x)+\cdots+D_1(x) \qquad (11.165)$$

式中，S 表示 $f(x)$的平滑部分，D 表示细节部分，$S_J(x)$，$D_J(x)$，$D_{J-1}(x)$，$D_{J-2}(x)$，…，$D_1(x)$分别表示不同频率(尺度)的信号组分。最粗尺度的平滑信号 $S_J(x)$给出 $f(x)$在 2^J尺度上的粗略估计。$S_J(x)+D_J(x)=S_{J-1}(x)$，即 $S_{J-1}(x)$是 $S_J(x)$加入细节信

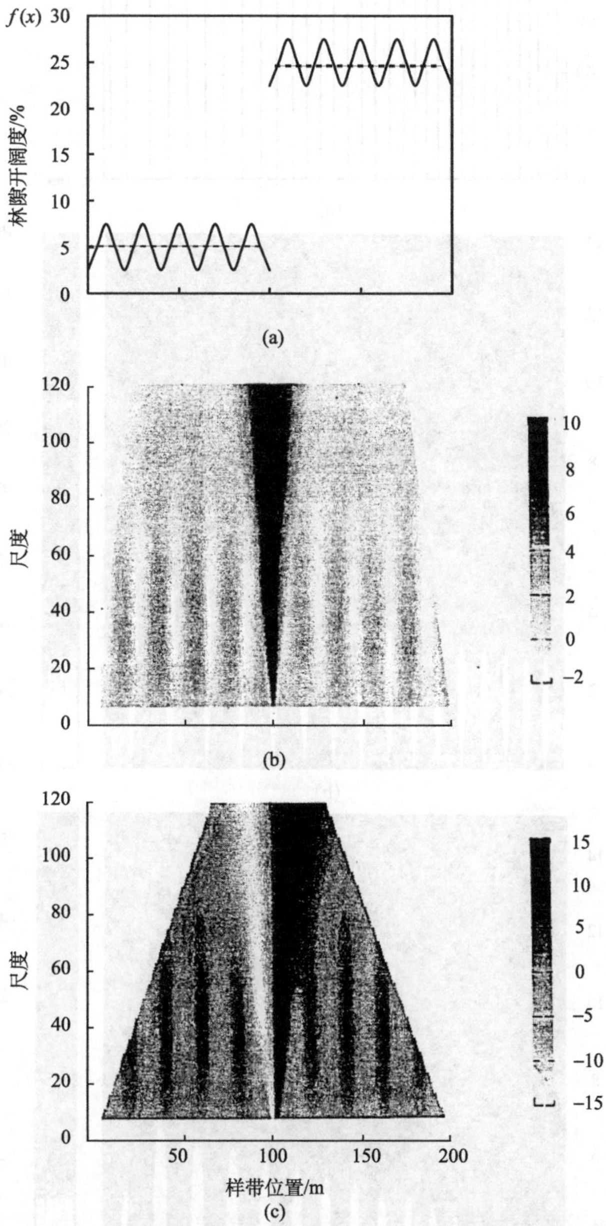

图 11.74　一个森林样带的林隙开阔度的 Haar 和墨西哥帽（Mexican hat）小波变换（Bradshaw and Spies，1992）

注：(a) 为林隙开阔度数据序列；(b) 为 Haar 小波变换；(c) 为 Mexican hat 小波变换

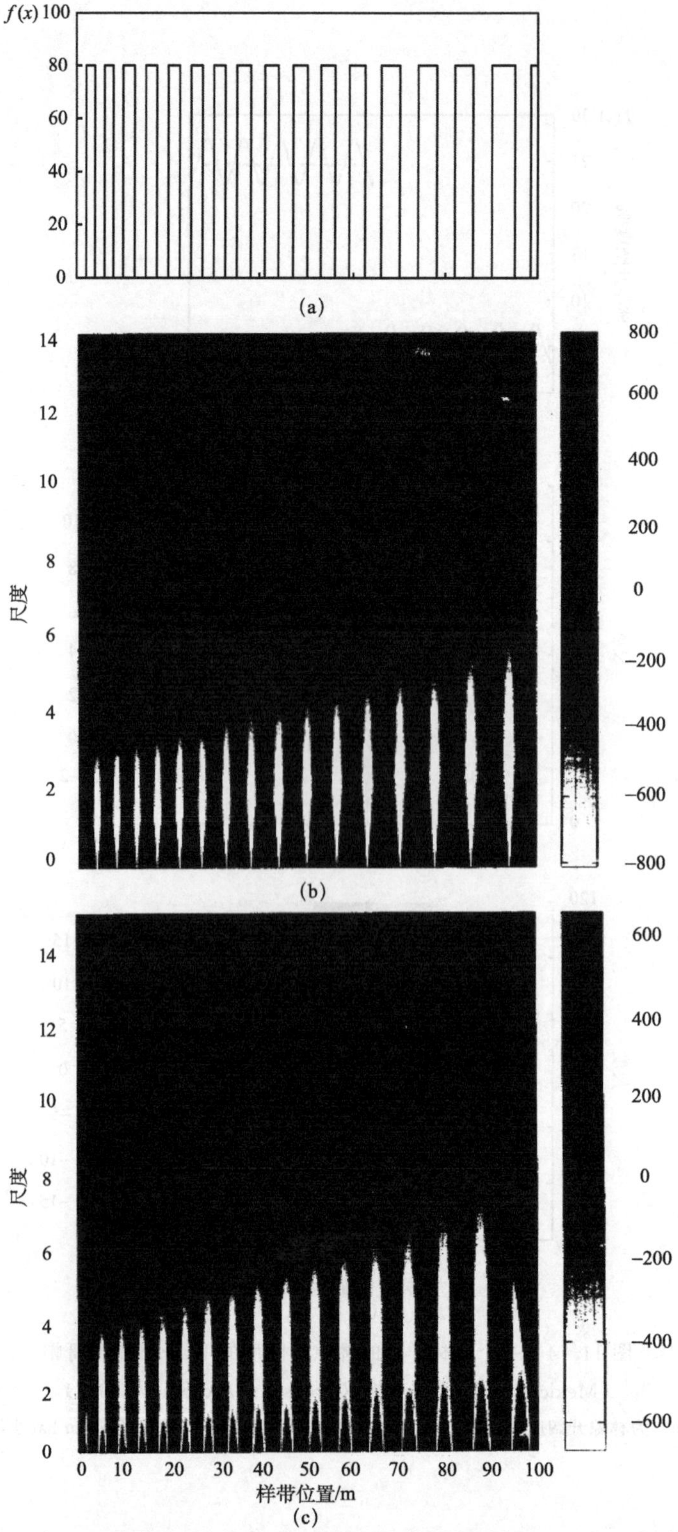

图 11.75　不规则数据的 Haar 和 Mexican hat 小波变换（Dale and Mah，1998）

注：(a) 为模拟的原数据序列；(b) 为 Haar 小波变换；(c) 为 Mexican hat 小波变换

息 $D_J(x)$之后得到的，能给出 $f(x)$在 2^{J-1}尺度上的更加精细的估计。同理，$S_J(x)$、$D_J(x)$和 $D_{J-1}(x)$累加得到的 $S_{J-2}(x)$能给出 $f(x)$在 2^{J-2}尺度上的估计。依此类推，$S_J(x)$，$S_{J-1}(x)$，$S_{J-2}(x)$，…，$S_1(x)$分别给出 $f(x)$在 2^J，2^{J-1}，2^{J-2}，…，2 尺度上的逐渐精细的估计，它们是 $f(x)$从尺度 2^0分别上推到 2^J，2^{J-1}，2^{J-2}，…，2 尺度的结果。因此，利用小波变换中对原数据函数信号 $f(x)$ 的分解，以及小波逆变换中对不同尺度分解信号组分的重构，可实现 $f(x)$ 的多尺度推绎（McBratney，1998）。

此法能有效地将多尺度的分解信号组分融合在一起，并保留原数据信号的结构特征。然而，此法的应用效果受到小波函数和融合算法的极大限制：小波函数对滤波分解效果的影响很大，而信号组分的融合算法将决定重构的效果。因此，合理选择小波函数和融合算法非常关键（张娜，2007）。

2. 小波函数

小波函数（wavelet function）也被称为小波分析函数（wavelet analysis function）、窗口函数（window function）、分析小波（analysing wavelet）、小波（wavelet）或基函数（basic function）。由于不同的小波函数从不同的视角反映数据的信息，因此，选择具有不同波形的小波函数会影响对同一数据序列格局的检测。小波函数的选择取决于数据的结构、分析目的及运算上的考虑。选择与原数据函数波形相近的小波函数更易于识别原数据的格局。

最常用的小波函数为 Haar 小波和 Mexican hat 小波。

（1）Haar 小波 $g_H(x)$

当 $a=1$，$b=0$ 时，$g_H(x)$ 为

$$g_H(x)=\begin{cases}-1 & -1\leqslant x<0\\ 1 & 0\leqslant x<1\\ 0 & \text{其他}\end{cases} \tag{11.166}$$

Haar 小波是一个方波（square wave），类似于一个阶梯函数（step function），非对称（图 11.76），可用于检测非对称数据的边缘（edges）、梯度变化（gradients）或转折（transitions）（Bradshaw and Spies，1992；Dale and Mah，1998）。

（2）Mexican hat 小波 $g_M(x)$

当 $a=1$，$b=0$ 时，$g_M(x)$ 为

$$g_M(x)=\frac{2}{\sqrt{3}}\pi^{-\frac{1}{4}}(1-4x^2)e^{-2x^2} \tag{11.167}$$

Mexican hat 小波的横断面看起来很像墨西哥宽边帽，且左右对称（图 11.76），可用于检测对称数据的波峰和波谷（Bradshaw and Spies，1992；Dale and Mah，1998）。曲线可随 a 和 b 的取值不同而出现

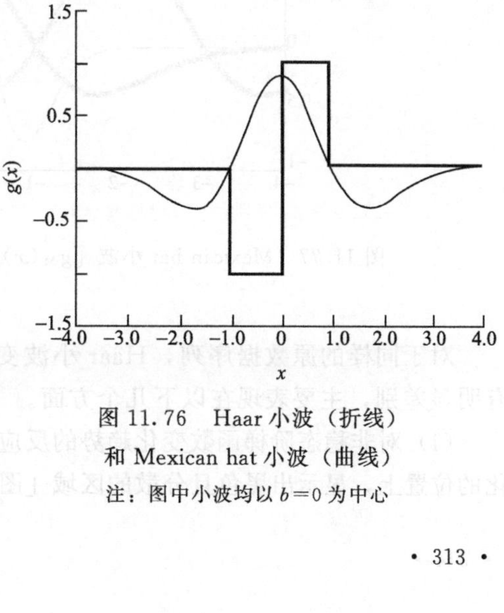

图 11.76　Haar 小波（折线）和 Mexican hat 小波（曲线）

注：图中小波均以 $b=0$ 为中心

波形的变化和相应的平移（图 11.77）。

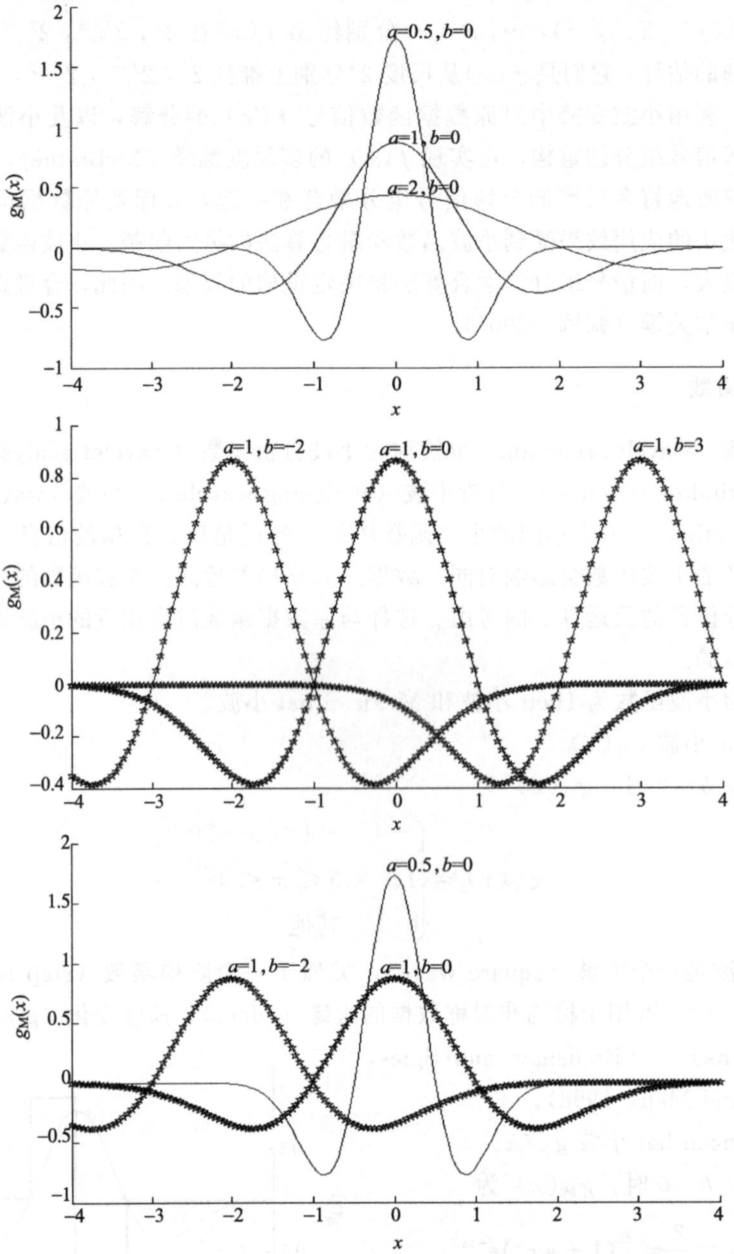

图 11.77　Mexican hat 小波 [$g_M(x)$]曲线随尺度参数 a 和平移参数 b 的变化

对于同样的原数据序列，Haar 小波变换和 Mexican hat 小波变换的形状和显示会有明显差别，主要表现在以下几个方面。

(1) 对非稳态阶梯函数变化趋势的反应不同。用 Haar 小波时，在原数据发生转折变化的位置上，显示出黑色且分散的区域 [图 11.74(b)]；而用 Mexican hat 小波时，在相应的位置上显示出黑白并列的区域［图 11.74（c）］（Bradshaw and Spies，1992）。

（2）对较大尺度上小波变换的计算和显示不同。当 $a=1$ 时，在一个窗口内，Haar 小波可延伸的范围为 4。Haar 小波变换过程中，随着尺度逐渐增大，中心位置逐渐向右平移，每次的位移较少，因此，在大尺度上能计算和显示的小波变换的距离范围仍较大［图 11.74(c)］。当 $a=1$ 时，在一个窗口内，Mexican hat 小波需要更大的延伸范围(8)。相应地，Mexican hat 小波变换过程中，随着尺度逐渐增大，中心位置向右快速平移，因此，在大尺度上无法计算和显示距起点很近或很远位置上的小波变换［图 11.74(c)］。如果大尺度上的信息很重要，那么这个因素会影响对 Mexican hat 小波的选择（Bradshaw and Spies，1992）。

（3）小波函数与原数据函数较好和较差吻合交替出现的格局不同。当尺度较小时，在 Haar 小波变换中，较好和较差吻合的区域之间是中间吻合的区域，即白-灰-黑-灰-白交替出现；在 Mexican hat 小波变换中，黑白对比最强的位置指示着格局的变化，即白-黑-白-黑-白交替出现。如图 11.75 所示，对一个模拟的重复阶梯数据，当尺度较小时，在 Haar 小波变换中，黑色对应峰值数据，而白色对应谷值数据；在 Mexican hat 小波变换中，黑色既对应峰值数据，也对应谷值数据，而白色对应由峰值向谷值或由谷值向峰值转变时（Dale and Mah，1998）。

小波函数众多，除 Haar 小波和 Mexican hat 小波外，还有 biorthogonal（双正交）小波，以及 Daubechies、Symlets、Morlet、Meyer、French top hat 小波等。不同小波函数的波形和变幅不同，因此，使用不同小波函数时，针对同一数据序列的小波变换也各异。其中，Morlet 小波与 Mexican hat 小波的波形很相似，但更为精细［图 11.78(a)］；French top hat 小波可视为 Mexican hat 小波的方形版本［图 11.78(b)］（Dale and Mah，1998）。

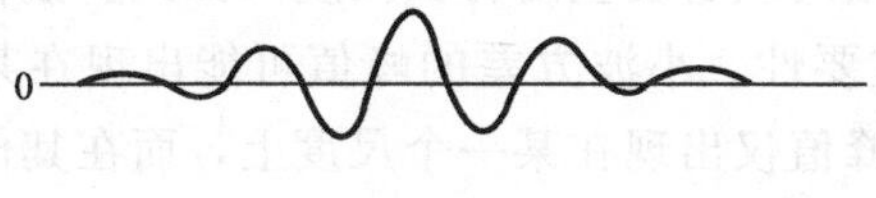

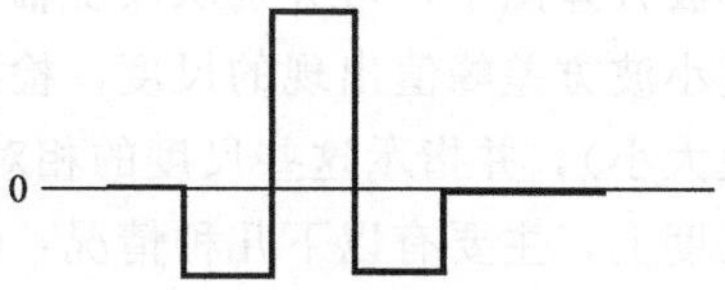

图 11.78 Morlet 小波（a）和 French top hat 小波（b）

3. 小波方差

小波变换值既是尺度的函数，也是位置的函数，因此，用它来解释复杂格局可能相当困难。小波方差的定义基于小波变换，但它仅是尺度的函数，而与位置无关，因此，在识别多尺度格局上更加直观和方便（Bradshaw and Spies，1992）。小波方差 V 是某个空间尺度（窗口尺度）a 上沿样带每个位置 x_j 上的小波变换值 W 的平方的平均值，即

$$V(a)=\frac{1}{n}\sum_{j=1}^{n}W^2(a,\ x_j) \tag{11.168}$$

式中，n 为数据矢量的长度，即某个尺度 a 上沿样带的位置个数。

小波方差随尺度变化的尺度图（scalogram）能够揭示每个尺度上的格局变化及其对整个格局影响的相对贡献。小波方差的尺度图类似于不同波长的谱密度图，或者不同间距的空间自相关图或半方差图，或者不同滑动框大小的空隙度指数图，或者不同尺度水平的尺度方差图。在分析小波方差的同时检测原数据序列和小波变换图将有助于揭示某个尺度上出现较高小波方差的原因（Bradshaw and Spies，1992）。因此，通常组合3个面板图（3-panel graph）（原数据序列图、小波变换图和小波方差图）来共同提供有关数据多尺度结构的综合信息（图11.79）。

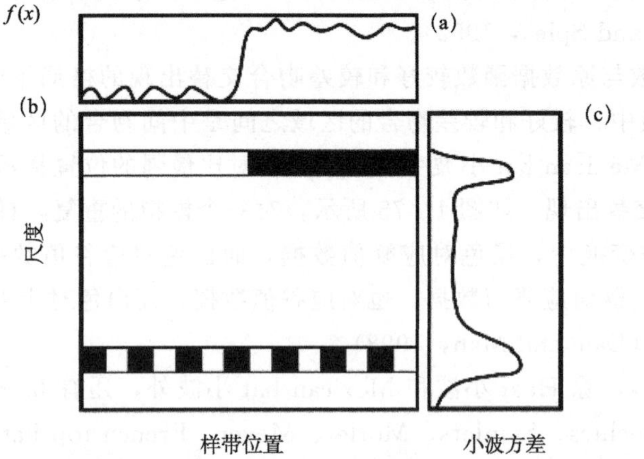

图 11.79 三个面板图（原数据图、小波变换图和小波方差图）的组合

注：(a) 为沿样带分布的原数据序列；(b) 为小波变换图，其中黑色和灰色分别代表较高和较低的小波变换值；(c) 为小波方差图

在小波方差图中，可分别从尺度轴和小波方差轴来分析数据的格局特征。从尺度轴上可通过小波方差峰值出现的尺度，检测格局主要发生的特征尺度（如大多数林隙的大小或斑块大小），并指示这些尺度的相对重要性。小波方差的峰值可能出现在某一个或某几个尺度上，主要有以下几种情况：①峰值仅出现在某一个尺度上，而在其他尺度上均接近于零，这指示景观的单尺度格局［图11.80(a)］。②峰值仅出现在某一个或两个尺度上，但在其他尺度上小波方差也较大，这一方面指示格局主要发生的特征尺度，同时反映其他尺度上的格局对整个格局的描述和解释也有较大贡献［图11.80(b)］。③有两个或多个峰值，这指示景观的多尺度格局［图11.80(c)］。④无明显的峰值，在较大的尺度范围内均具有很高的小波方差，这指示景观的主要格局发生在多个尺度上［图11.80(d)］。⑤无明显的峰值，而且在几乎所有的尺度上均具有很小的小波方差，这指示景观在所有尺度上均不具有明显的格局特征（Bradshaw and Spies，1992；Dale and Mah，1998；张娜，2006）。

从小波方差轴上可通过小波方差的大小（特别是峰值大小）揭示数据的格局特征。某个尺度上出现较高的小波方差值指示具有大量该尺度上的低强度格局（如大量较小的低开阔度林隙）或一些该尺度上的高强度格局（如一些较大的高开阔度林隙），也即小波方差值是格局数量和强度的综合效应（Bradshaw and Spies，1992）。通过比较小波方差各个峰值的高度可判别在某些尺度水平上的格局对整个格局贡献的相对大小。

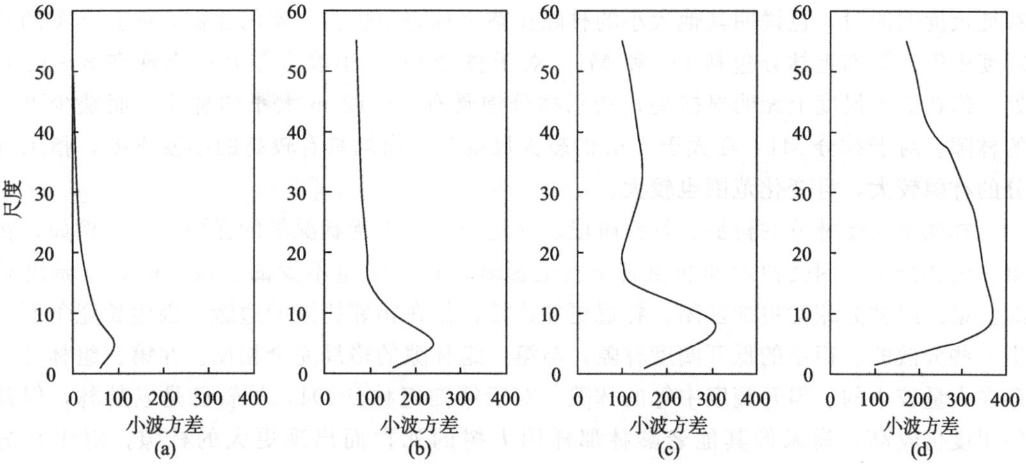

图 11.80　小波方差图对空间格局的反映（张娜，2006）

除单个小波方差图以外，可用多个小波方差图分析和比较不同数据序列的格局特征。例如，Bradshaw 和 Spies（1992）选取了代表 3 个龄级的 12 个 200 m 长的林分样带，包括 4 个幼龄林（Y1、Y2、Y3 和 Y4）、4 个成熟林（M1、M2、M3 和 M4）和 4 个老龄林（O1、O2、O3 和 O4）。每间隔 1 m 测定一次林隙开阔度，并据此计算林隙开阔度的小波方差。根据小波方差图的变化趋势，将林分区分为 4 组（图 11.81）。第一组林分包括 O1、O2、O3 和 M3。小波方差图类似于图 11.80(d)，在5～30 m 这一较大尺度范围内均具有很高的小波方差，指示林分中具有不同大小的高开阔度林隙。第二组林分包括 Y1、Y2、M2 和 M4。小波方差图类似于图 11.80(a)，小波方差的峰值很低，且出现在很小的尺度上（＜8 m），而在其他尺度上接近于零，指示林分的林隙很小，且变化范围不大，呈现单尺度格局，而且林隙的开阔度很低。第三组林分包括 Y3 和 Y4。小波方差图类似于图 11.80(b)，林分 Y3 的单峰值出现在 5 m 处，而林分 Y4 的双峰值出现在 4m 和 12 m 处，但在其他尺度上小波方差也较大。这在指示林隙主要

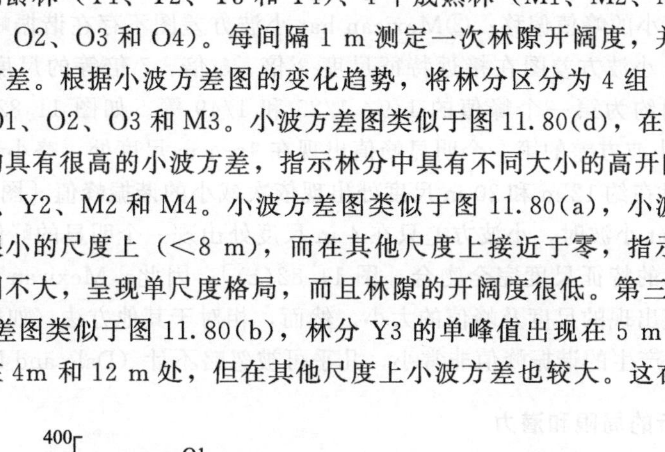

图 11.81　包含 3 个龄级的 12 个森林样带的
小波方差图（Bradshaw and Spies，1992）
注：根据林分结构的相似性，将 12 个小波方差-尺度曲线分为 4 组

特征尺度的同时，也说明其他大小的林隙在整个林分中也占一定的比例，而且林隙的开阔度中等。第四组林分包括 O4 和 M1。对于林分 O4，小波方差峰值出现在 8～12 m 处，但在更大尺度上无明显格局，指示林分中具有 8～12 m 大小的林隙，而缺少更大的林隙。对于林分 M1，在大于 6 m 的较大尺度范围内均具有较高的小波方差，指示林分的林隙较大，且变化范围也较大。

林隙格局受林分的树龄、发育阶段、立地条件、干扰状况等的强烈影响。例如，在第一组林分中，因受树龄和病虫害干扰的影响，存在数量不少的、很大的高开阔度林隙。第二组林分相对更加郁闭，林冠更加连续；仅在相邻树冠的边缘，因生长竞争而产生一些分散的、很小的低开阔度林隙，与第一组林隙的格局完全相反。在第三组林分中存在大量较小的、但开阔度中等的林隙。对于第四组林分 O4，尽管已是老龄林，但其郁闭度仍较高，尚未像其他老龄林那样因大树的死亡而出现更大的林隙；对于林分 M1，在林冠稀疏、林冠间有空隙的地方分布着较大的、开阔度中等的林隙。可见，小波方差图所揭示的林隙格局特征与林隙的实际格局十分吻合。因此，Bradshaw 和 Spies (1992) 用实例证明了基于一维样带数据的小波方差图在识别空间格局特征上十分有用。

对于同样的原数据序列，Haar 和 Mexican hat 小波方差图也会有差别，主要表现在以下两个方面：①Mexican hat 小波方差图不存在峰值偏移（peak drift），而 Haar 小波方差图存在很小的峰值偏移；②Mexican hat 小波方差图不存在谐振峰值（resonance peak），而 Haar 小波方差图在接近特征尺度 3 倍、5 倍、7 倍等的尺度处存在谐振峰值，其大小分别约为第一个峰值的 1/9、1/25 和 1/49 等。如图 11.82 所示，当使用 Haar 小波时，小波方差的第一个明显峰值出现在 3～4 m 尺度处，略小于实际的特征尺度（4 m）；而且在约 12 m 和 20 m 尺度处出现依次减小的谐振峰值［图 11.82(b)］。当使用 Mexican hat 小波时，小波方差只在 4 m 尺度处出现一个明显的峰值，而且峰值对应的尺度与实际的特征尺度完全吻合［图 11.82(c)］。因此，Mexican hat 小波方差图更利于解释峰值出现的尺度及峰值的大小。然而，相对于其他方法（如聚块样方方差分析），Haar 小波产生的谐振峰值非常小，几乎可被忽略不计（Dale and Mah，1998）。

4. 小波分析的局限和潜力

小波分析在多尺度格局分析中的应用价值显而易见，但也有其缺陷（Bradshaw and Spies，1992；Dale and Mah，1998；张娜，2006）。

(1) 用一维样带分析检测复杂的三维格局，显得过于简单（高艳妮等，2010）。

(2) 样带的位置、长度和取样密度将影响小波分析检测格局的能力。

(3) 缺乏对格局特征显著性的统计检验。当直接检验不可行时，可通过与随机格局相比较的途径来检验。

(4) 在选择小波函数上具有任意性。因此，使用不同的小波函数获得的小波变换图和小波方差图不尽相同，识别的格局特征也有或大或小的差别。如图 11.83 所示，对内蒙古锡林河流域生长季的 NPP，选用不同系列以及同一系列不同参数的小波函数，小波方差峰值出现的尺度、峰值大小和数量可能有很大差异。

总之，小波分析在空间格局分析应用上的潜力还未被充分发掘出来，将一维小波分析扩展成二维，或使用一些非对称的小波函数，可能对检测复杂格局更加有利（张娜，2006）。

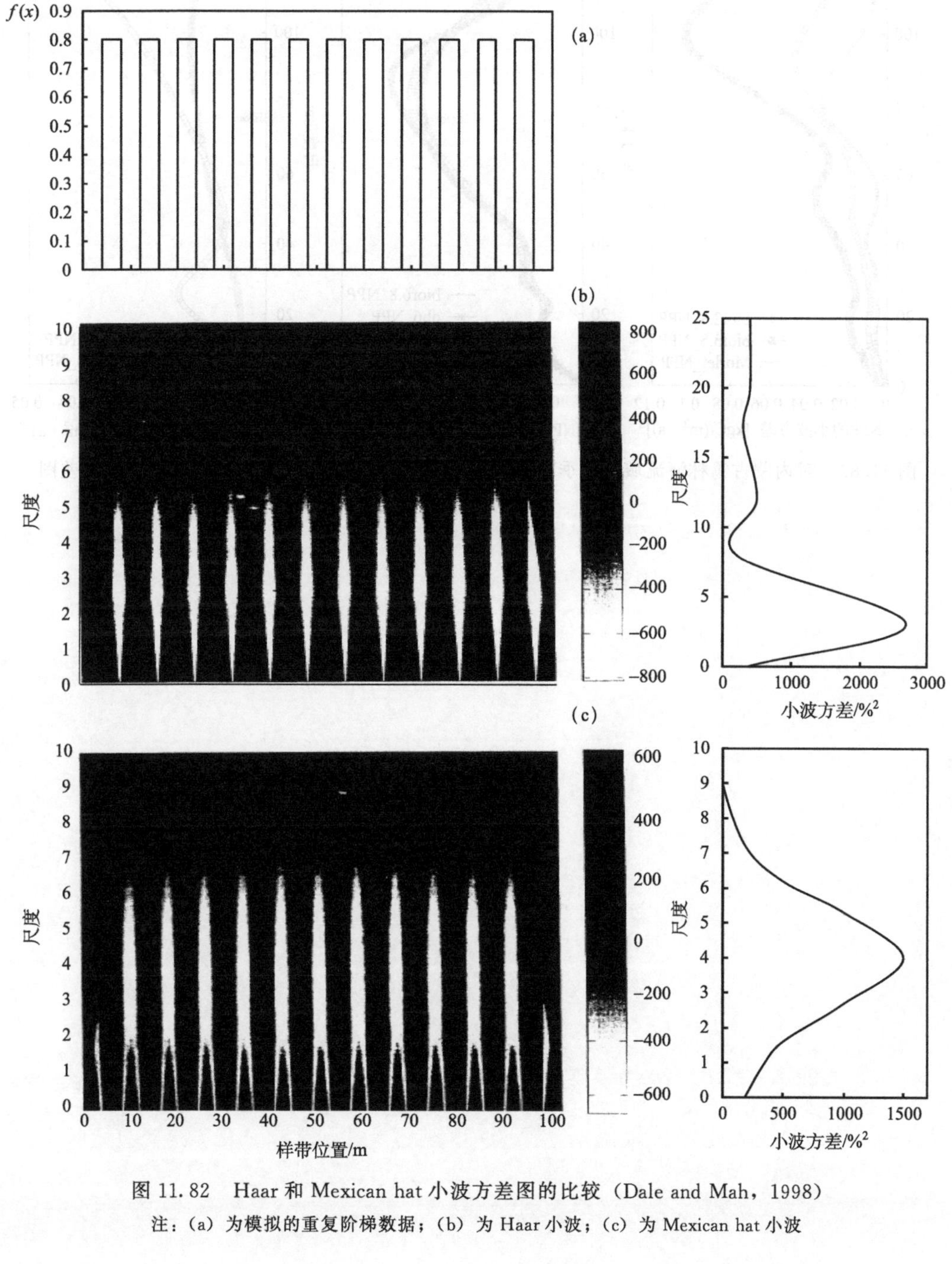

图 11.82　Haar 和 Mexican hat 小波方差图的比较（Dale and Mah，1998）

注：(a) 为模拟的重复阶梯数据；(b) 为 Haar 小波；(c) 为 Mexican hat 小波

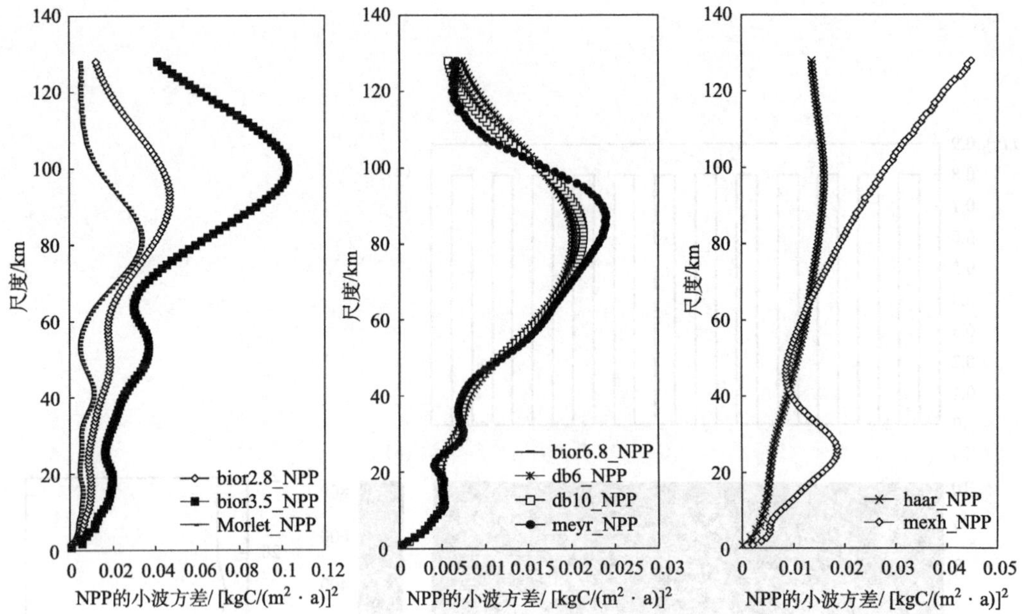

图 11.83 对内蒙古锡林河流域生长季净初级生产力（NPP）使用不同小波函数的小波方差图

第12章 景观模型

模型（尤其是计算机模拟模型）在景观生态学研究中占有十分重要的地位。实际上，对幅度广阔的系统的所有研究可能都需要使用模型及其相应的理论来理解动态(Hartway et al.，1998)。在景观生态学中，多尺度上空间格局与生态过程的相互作用是理论和方法上需要解决的关键问题，也是一个非常困难的任务。这不仅涉及格局和过程本身的定量，更要反映它们之间的定量关系。能够在一定程度上揭示格局-过程关系的景观模型正处于蓬勃发展的阶段，现阶段主要包括中性景观模型（neutral landscape model)、空间概率模型（spatial transition probability model)、元胞自动机模型(cellular automata model)、景观过程模型（process-based landscape model)（如空间生态系统模型 spatial ecosystem mdoel、空间显式斑块动态模型 spatially explicit patch dynamic model）等。中性景观模型是具有不同格局特征的中性景观图，借助于零假设思想检测格局与过程的关系。空间概率模型将空间信息与概率分布相联系。元胞自动机模型是一类由许多相同单元组成的，根据简单的邻域规则即能在系统水平上产生复杂结构和行为的离散型动态模型。景观过程模型则是从机制出发来模拟生态过程的空间动态，从空间上显式地考虑作用于格局的过程，是理解格局与过程关系的最有力工具。

12.1 景观模型概述

12.1.1 模型的定义和作用

模型是对真实系统或现象最重要的组成单元及其相互关系的抽象或简化（邬建国，2007)。在生态学中一般所说的模型是指数学模型。自从20世纪初期，数学模型就在生态学中扮演着重要的角色（Turner et al.，2001)。但广泛使用的中性模型是一种图像模型。此外，还有文字或语言模型、实物模型等。

景观生态学研究通常涉及较大的空间尺度。在较大尺度上进行实验和观测研究往往困难重重，在许多情况下甚至是不可能的。即使可以进行大尺度实验研究（如利用发生面积很大的自然火灾、暴风雪和洪灾)，也是在十分有限的条件下进行的，而且不能进行重复研究或条件控制；对某时不同地点及某地不同时间的系统对比研究也很困难。小尺度上的实验研究可以避免这种困难，如研究昆虫、小型哺乳动物和一些植物对景观格局的反应，但是将小尺度上的研究结果外推到较大的区域上仍然十分困难。模型方法可以有效地解决以上各种问题。模型可以放宽实验限制，可以设置不同的条件，进行一系列系统的对比研究。可用模型进行独立和重复性研究，不受时间和地点的限制。模型可以包含可检验的假设，通过设置不可能在野外实现的条件来指导野外研究。模型研究比野外实验更易于揭示较大范围内或不同因子共同作用下的生态效应。例如，可用景观模型揭示不同大小、强度和频率的火干扰及其空间构型（如随机、规则、聚集）对过冬有蹄类动物的影响，而通常不能在野外开展这些实验（Turner et al.，2001；邬建国，2007）。

模型最本质的作用在于增强对所研究系统或现象的深入而全面的了解（邬建国，2007）。对于比较复杂的景观系统，这种作用尤为突出。景观生态学不仅要考虑较大的时空尺度，定量时空异质性，而且还要定量景观格局和过程在多尺度上的相互作用及其动态变化。这需要将系统的各组分有机地联系起来，将不同学科、不同时空尺度上格局与过程的信息整合到一起。对于这些现象的理解、定量和预测，不得不借助于模型。例如，研究植被蒸腾动态需要考虑3个系统——植物、土壤和大气，不仅涉及植物的解剖结构、生理状况和环境条件，还涉及土壤水分、叶边界层的大气物理条件等，其中包括植物的生理生态过程、大气-植物-土壤系统的生物小循环过程、大气物理过程等，尺度可能涉及气泡和叶片的小尺度、单个冠层的中尺度、一个林分的大尺度、包含多个林分的更大尺度等。只有模型才能整合这种复杂系统的多组分、多尺度、多因子和多过程。因此，模型已成为理解和预测景观复杂动态的最有效工具，并成为环境保护、资源管理和规划决策的有力工具。

然而，模型应该被看成是达到目的的工具或方法，而其本身不应该被作为目标。由于模型中总是存在一些显性或隐性的假设条件，我们实际上是用模型来揭示我们对系统结构和动态所做假设的结果的（Turner et al.，2001）。

12.1.2 景观模型的主要类型

可从不同角度对景观模型进行分类。例如，①根据时间和空间上的连续性，景观模型可分为时间和空间连续型（continuous）和离散型（discrete）模型。②根据采用的数学方法，可分为微分方程（differential equation）模型和差分方程（difference equation）模型。③根据是否含有随机变量或参数，可分为随机（stochastic）或概率（probability）模型和确定型（deterministic）模型。④根据数学表达形式，可分为矩阵（matrix）模型和动态系统（dynamic system）模型。⑤根据计算机在建模中的作用，可分为解析（analystical）模型和模拟（simulation）模型。解析模型仅包含少数几个变量，其数学方程多为线性，易于直接求解，如Logistic生长模型。模拟模型通常考虑多个变量，甚至涉及它们的空间异质性和非线性作用关系，因此，不易或不能直接求解，有必要利用计算机程序建模和计算。⑥根据模型所涉及的生态学过程和机制的多少，可分为经验（empirical）或现象（phenomenological）模型、机制（mechanistic）模型、过程（process-based）模型。过程模型包括经验过程模型和机制过程模型。需要注意的是，许多模型（可能是大多数模型）实际上同时属于两个或更多类型，或者介于不同类型之间（Turner et al.，2001；邬建国，2007）。

根据景观变化的集合程度可将景观模型分为景观整体变化模型、景观分布变化模型和景观空间变化模型。变化的集合程度指景观变化过程中包含的信息量。①景观整体变化模型模拟景观整体的变量值或某一属性（如多样性、连接度等）的变化。它的焦点是把景观作为一个整体，研究某一个值的变化情况。这类模型基本上没有什么发展。②景观分布变化模型是对景观各要素的分布变化进行模拟，如Markov（马尔可夫）链模型。它不提供景观中各要素的实际位置和构型，所包含的信息不全面，但它比景观空间模型简单，易于使用。③景观空间变化模型是最重要的一类模型，不仅可以预测景观要素变化的数量，而且可以预测景观要素空间位置和构型的变化。它的发展与计算机的性能密切相关（傅伯杰等，2001）。

根据模型包含空间异质性的程度或处理空间信息的方式，各个生态学组织层次上的模型均可分为3大类：点模型或非空间模型（point model或non-spatial model）、准空间模型或半空间模型（quasi-spatial model或semi-spatial model）和空间显式模型（spatially explicit model或spatial model，SEM）（Baker，1989；邬建国，2007）。非空间景观模型完全不考虑所研究地区的空间异质性结构，或假定空间均质性或随机性，很少用于景观生态学。非空间景观模型多数是从其他生态学分支借来的，如模拟森林演替的FORET模型（Shugart and West，1981）。准空间景观模型通常考虑空间异质性的统计学特征，在景观生态学中被广泛应用，如Levin-Paine偏微分方程干扰模型，以及许多复合种群模型。SEM明确考虑所研究对象和过程的空间位置以及它们在空间上的相互作用关系。这里的“空间”可以是虚拟的或相对的，即不对应于某一实际地理区域，如许多用于理论研究的空间生态模型；也可以是以真实地理区域为基础的（Turner et al.，2001；邬建国，2007）。

SEM是景观模型最典型的代表，也是区别于其他生态学模型最突出的特点。由于SEM包含空间异质性和非线性生态学关系，它们绝大多数属于计算机模拟模型。为了揭示格局与过程之间的复杂关系，SEM通常将生态过程模型与GIS分析工具结合，系统地运用有关空间信息和生态学知识，并将计算结果予以空间显式表达，从而强化了过程模型的预测能力以及GIS的空间分析功能。与GIS相似，SEM可以根据其处理空间信息的方式分为两大类：栅格型景观模型（grid-based landscape model）和矢量型景观模型（vector-based landscape model）。迄今为止，大多数景观模型属于栅格型景观模型（Turner et al.，2001；邬建国，2007）。

SEM特别适合于景观规划与生态设计的方案研究，如荷兰的景观生态决策支持系统LEDESS应用于湿地，以及美国威斯康星大学的LANDIS模型应用于森林景观均取得了很好的效果。尽管近些年SEM已经受到极大关注，但由于表述空间模型的复杂性和困难，不是解决每一个景观问题都需要用SEM。只有当空间（包括组成类型及空间构型）本身或空间与所研究的过程之间有重要的相互作用时，SEM才是必需的。Turner等（2001）认为，空间模型在以下三种情况下很重要：①预测所研究特征的空间格局及其随时间的变化。这是空间格局本身的变化问题。②研究一些生态响应变量是如何随着景观组分构型的变化而变化的。这是空间格局影响生态过程的问题。例如，在一个水生生态系统中，氮输入是如何随着周边植被或土地覆被类型的布局而变化的？③涉及产生格局的一系列过程或生物相互作用。这是生态过程影响空间格局的问题。例如，如果两个或更多的物种竞争空间，那么它们之间的相互作用如何导致整个景观物种的异质分布？

景观模型涉及最多的主题是单物种问题，包括复合种群动态、栖息地破碎化的影响、廊道、扩散或侵入过程。其次是干扰模型（火是研究最多的干扰类型）和植被动态模型（森林是被模拟最多的植被类型，包括植被演替模型和斑块动态模型）。再次是涉及管理问题的模型，包括林业、耕作及对影响景观的社会经济因素的考虑。其他还包括生物地球化学循环模型和水文模型等涉及物理因素的模型。人类对景观影响的模拟远远低于预期，可能是因为这种模拟需要大量的信息，以及人类对景观影响的多重性和复杂性（Turner et al.，2001；邬建国，2007）。

12.1.3 生态学建模的一般过程

无论是对哪个生态学组织层次上的模型（如种群模型、生态系统模型、景观模型），建模的一般过程都是相似的，只是其模拟的对象和过程不同，且在具体的模型类型、数学方法和模拟途径上也各有特点。根据 Turner 等（2001）和邬建国（2007）的总结，生态学建模一般可包括 5 个阶段（图 12.1）。

1. 定义问题

建模过程中首先需要明确研究问题和建模的目的。问题的定义将影响模型的形式、模型的复杂程度，以及运行的时空尺度。建模目的提供了模型发展的框架、模型评价的标准、解释模拟结果的制约条件，因此，对目的的清晰陈述在整个建模过程中是最重要的第一步（Grant et al.，1997）。对建模目的的忽视将最终导致结果的错误应用或解释。

2. 建立概念模型

建立一个概念或定性模型包括确定系统边界、确定模型的结构和组分、确定组分之间的定性关系、建立因果关系流程图。在确定需要通过建模来解决问题之后，马上要面对的问题是：定义研究系统（Kitching，1983）。例如，整个模型包括哪几个部分？有哪些重要的输入变量和参数？有哪些驱动变量（驱动变量影响模型的行为，但对模型来说是外部变量，即不受模型中变量的影响）？模型输出什么？模型的适宜时空幅度和粒度是什么？确定模型的尺度是非常重要的一步，因为对于同一个模型，时空尺度不同将会产生不同的结果。初始条件（即模型开始运行时的状态变量）是什么？概念模型的建立通常是最富挑战性的一步，可导致对模型的有价值的完善和再定义。

建模者在定义模型系统时通常采用两种不同的途径：第一种是使初始选择的系统组分尽可能地简单，仅包括建模者认为确实是必要的变量；另一种是使初始模型包括所有认为与研究问题有关的变量，之后在模拟过程中删除不必要的变量和组分（Kitching，1983）。

对模型的变量和模拟过程做了初步选择之后，建模者必须考虑系统组分之间是如何相互作用的。在用关系式定量这些相互作用之前，通常使用流程图来表达概念模型中的定性关系（图 8.13 和图 8.14）。

3. 建立定量模型（即定量化概念模型）

1）选择模型类型

在定义问题、确定系统、明确将要模拟的相互作用或过程之后，必须要选择所要建

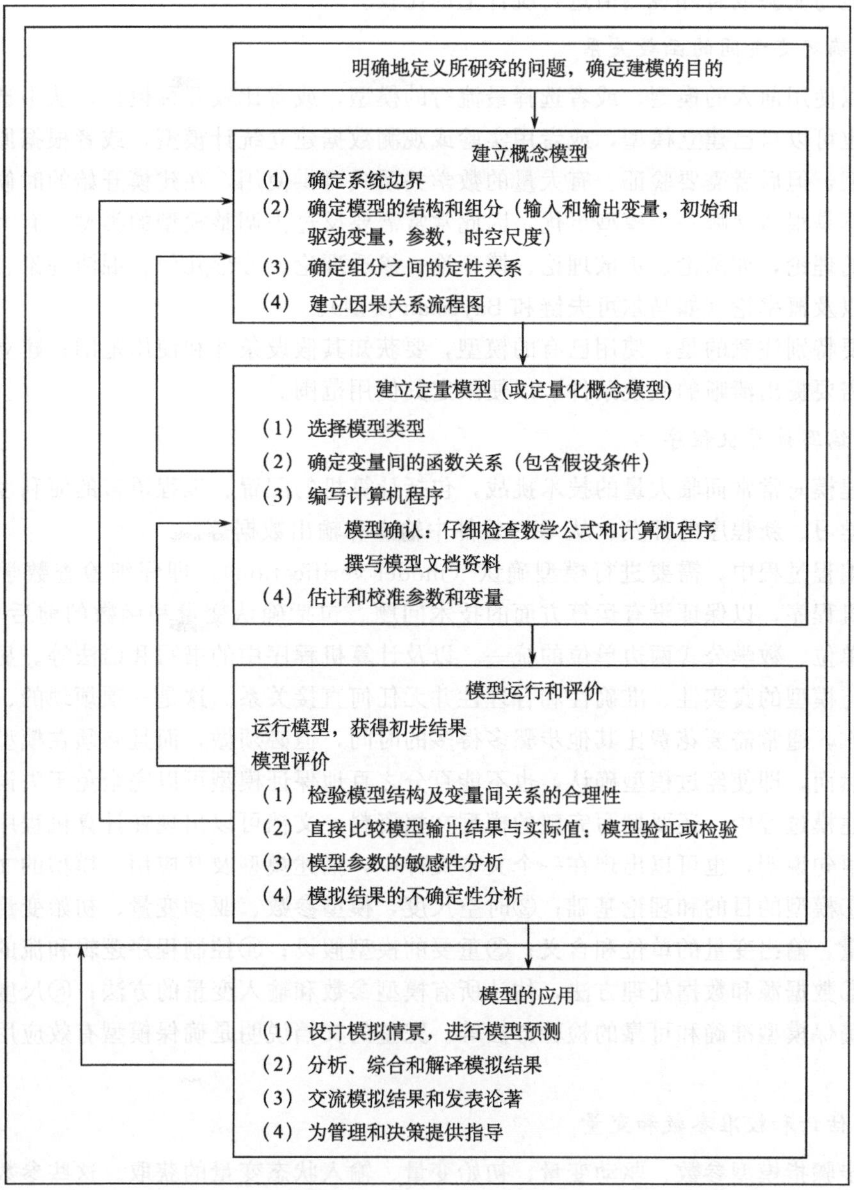

图 12.1　生态学建模的 5 个阶段［根据邬建国（2007）改绘］

立模型的类型。例如，是模拟模型还是解析模型，是随机模型还是确定型模型，是空间模型还是非空间模型等，这很大程度上取决于研究问题和模型的应用。如果问题和系统相对简单，那么建立一个解析模型可能既可行，又适宜，因为这类模型简单而通用。如果问题较复杂，那么需要用计算机模型来模拟较复杂的数量关系。使用随机模型的一个好处是可对同一个模型的多个运行结果做统计分布（如平均值、方差、中数和变幅）。这种模型输出结果可与多次取样的实验或野外观测值进行统计上的比较（Kitching，1983）。而在确定型模型中，使用不同的输入变量和参数可以输出不同的输出变量，但对某时刻某位置上的每个输出变量都只能获得一个确定的值，而无法获得其统计分布，因此不能与实验或野外观测值进行统计上的比较。

2）确定变量间的函数关系

可以使用前人的模型，或者选择最流行的模型，或者比较几种模型，从中选择最适宜的。也可以自己建立模型，或者用实验或观测数据建立统计模型，或者根据原理建立理论模型，但后者需要验证。有大量的数学关系式可供使用，在建模开始的时候，我们可能并不是很清楚哪一个模型更优，因此常常需要反过去调整模型的类型。有大量可用于建模的理论，如图论、扩散理论、博弈论、渗透理论、分形几何、混沌理论、最优化理论，以及概率论（如马尔可夫链和 Bayesian 模型）。

需要特别注意的是，使用已有的模型，要获知其假设条件和使用范围；建立自己的模型，需要提出清晰的假设条件，以便限定其使用范围。

3）编写计算机程序

在建模时常常面临大量的技术挑战，包括计算机的配置、编程语言的便利性、现存模块的学习、新程序的开发、从 GIS 软件中输入和输出数据等。

在编程过程中，需要进行模型确认（model verification），即仔细检查数学关系式和计算机程序，以保证没有运算方面的技术问题。包括确认变量和函数的前后一致性、变量的单位、数学公式两边单位的统一，以及计算机程序中的书写和语法等。显然，模型确认与模型的真实性、准确性和合理性并无任何直接关系。这是一项烦琐的、要求严格的工作，通常需要花费比其他步骤多得多的时间，但必须做，而且必须在模型验证之前做。然而，即使经过模型确认，也不能百分之百地保证模型可以完全免于失误。

在建模过程中，还要撰写完整的模型文档资料。文档可以出现在计算机程序中，使用陈述语句说明，也可以出现在一个文本文件中，描述模型及其应用。模型的文档应该包括：①模型的目的和理论基础；②时空尺度，模型参数、驱动变量、初始变量、输入状态变量、输出变量的单位和含义；③重要的模型假设；④控制程序逻辑和流的方程的原理；⑤数据源和数据处理方法，估计所有模型参数和输入变量的方法；⑥尺度推绎方法；⑦确保模型准确和可靠的检验方法等。完整的文档说明是确保模型有效应用的重要基础。

4）估计和校准参数和变量

该步骤指模型参数、驱动变量、初始变量、输入状态变量的获取。这些参数和变量值典型地通过实测和已知数据估计获取，或从大量已发表的数据中直接或间接地获取。必须特别注意每个值的获取前提（如干扰强度），只有在与模型前提一致情况下获取的值才能被用于模型。

参数估计的过程与模型校准（calibration）（类似于遥感中的反演 inversion）不同。当无法获取参数（如 LAI）的直接估计值，但已有与之相关的净变化实测值（如反射率值）时，参数校准可望获得成功。在这种情况下，反复地调整未被测定的参数，直到预测值与实测值之间的差异最小或误差在设定的允许范围之内。另外，最好能独立地获取第二套数据，以验证被校准的参数。

4. 模型运行和评价

运行模型，并获得初步结果之后，就可以进行模型评价（model evaulation）。这包括检验模型结构及变量间关系的合理性、直接比较模型输出值与实际值、模型参数的敏感性分析（sensitivity analysis）和模拟结果的不确定性分析（uncertainty analysis）等。前两个方面的评价是必需的，而后两个方面的评价是可以选择的。

首先，可在不同条件下获得模拟值，以检验模型结构及变量间关系的合理性，并证实模型的假说和假设条件。

直接比较模型的输出值与实际值也常被称为模型验证（validation）。验证意味着评价真实性；但如果模型从来都不是“真实”的，那么最好使用更有意义的、可定量的词，如模型检验（testing）或模型可靠性分析（reliability abalysis）。模型检验要求用于估计输出变量的数据必须与用于检验模型行为的数据相独立。比较模型输出值与实际值可通过作图（必须包括数据的标准差）、统计（需要对模型输出值做方差估计），或作表（应该包括模型预测值、实际值、变幅、绝对误差或相对误差等）。

模型参数的敏感性分析用来评价模型中特定参数的相对重要性。敏感参数的一个较小变化将会引起模型输出结果的较大变化；相反，不敏感参数即使发生很大变化，其对模型输出结果的影响也不显著。Metzger 等（1998）列出了一些方法，以评价模型输出结果对参数值变化的敏感性。最直接的方法是改变参数值，或者单独改变，或者同时改变，通过改变相同的固定比例，观察模型输出结果的变化。

另外，可使用参数和输入变量的统计分布及变量或参数之间的相关性来估计模型输出结果的不确定性（Gardner and Trabalka，1985；Gardner et al.，1990；Wallach and Genard，1998；Ricotti and Zio，1999）。

5. 模型的应用

模型的应用包括设计模拟情景和进行模型预测，分析、综合和解译模拟结果，交流模拟结果和发表论著，为管理和决策提供指导（如保护规划、景观管理和设计、评价土地开发或气候变化的潜在影响）。

整个建模过程不是一蹴而就的，而是一个循环往复、不断调整和修正的过程（图 12.1）。

12.1.4 使用模型的警讯

模型在景观生态学中是相当重要的工具。但在应用这些工具时，应该意识到模型发展、评价和应用上的缺陷和问题。Turner 等（2001）简要论述了使用景观模型的一些最重要的警讯。

（1）了解模型：应该更多地了解模型的假设和数学关系式。每个模型的行为都是模型所基于的假说和假设条件的必然结果，不同的假说和假设条件会产生显著不同的结果。应该尽可能多地比较模型使用的数学关系式与其他不同的关系式，以便加强对模型关系式的理解。

(2) 误差繁衍：应该在模型预测之前进行参数敏感性分析。对敏感参数的赋值需格外谨慎。另外，由于评价定性和定量空间预测值非常麻烦，对空间显式模型的误差评价仍然是一个挑战。

(3) 所有的模型都是现实的简化：这意味着，没有一个模型能够完全充分地描述现实情况。因此，模型的研究有其应用范畴，只有在此范畴内模型才能够提供可靠而有用的结果。对已有模型的拓展应用也不能背离这一要求。

(4) 数据总是不够：数据的不充分常常使得我们不得不从不同的数据源估计参数值，这种数据收集方法和参数估计方法的不一致可能导致模型偏差，而它又很难被识别。尤其是，实验数据的缺乏使得我们不能充分估计关键参数，这往往是造成模型预测不确定性的最大原因。

(5) 先进技术不能保证一个好的模型：技术上先进的方法，如便于编程的高级语言，并不能够确保结果的准确或可靠。一个模型最重要的是其结构、假设条件、数学关系式和应用上的限制条件（如时空尺度）。

(6) 保持一个开放的头脑：在景观的空间模拟上，没有一个单一的范式。模型的发展和评价需要更加兼容的观点和分析技术。

12.2 中性景观模型

中性景观模型是指不包含地形变化、空间聚集性、干扰历史和其他生态学过程或机理的，只产生数学上或统计学上所期望的时间或空间格局的模型（Gardner et al.，1987）。实际上，在不考虑特定过程的情况下，用于产生景观格局的任何模型均可被称为 NLM。NLM 产生的格局并不代表任何实际景观的格局，而是表示在不考虑特定过程情况下的期望格局。因此，NLM 可作为一种零假设，为检验实际格局的偏离提供一种标准（Turner et al.，2001）。

每个实际景观的格局都是单个或多个过程作用的结果，因此，均具有其特殊性，而不同景观之间缺乏清晰的、一致的格局特征。为了找到格局特征的一般性规律，我们需要剔除实际景观具体过程对格局的影响，单纯地考虑格局本身的变化，而 NLM 正是剔除过程之后的“纯格局”景观。

12.2.1 中性景观模型的生成

在实际应用中，NLM 是指各种中性景观图（一种图像模型）。最简单的是随机图，更加复杂的包括等级随机图［hirearchical (curdled) random map，HRM］和分形随机图（fractal random map，FRM）。Gardner 等（1987）首次将随机图作为 NLM 引入到景观生态学中，并发展了可生成 NLM 的计算机软件 RULE（Gardner，1999），后来扩展成 QRULE。RULE 和 QRULE 可生成以上 3 种 NLM。SIMMAP 软件只能生成随机

NLM（Saura，1998[1]；Saura and Martínez-Millán，2000）。

1. 随机中性模型

通常用两种方法产生随机图。第一种方法产生的是简单随机图（simple random map）。假设栅格网大小为$M \times M$（行数×列数）。设定一个概率值P，表示所研究核心斑块类型i占景观总面积的比例。对每个栅格细胞，选择一个0.0～1.0之间的随机数。若所选择的随机数$\leqslant P$，则该细胞被赋值1，属于核心斑块类型；反之，若所选择的随机数$>P$，则该细胞被赋值0，归为其他斑块类型或背景。如果该栅格网足够大，那么被赋值为1的细胞比例将接近于P，而被赋值为0的细胞比例将接近于$1-P$。因此，整个栅格网中被核心斑块类型占据的细胞数近似于PM^2，而其他类型的细胞数近似于$(1-P)M^2$。综上，生成一个简单随机图需要以下几个主要参数：①随机图的行数（M）和列数（M）；②核心斑块类型i的总数；③每个核心斑块类型的面积比例（P_i）。如图12.2（a）和（b）分别为用此法生成的两个随机图。

在用第一种方法产生的随机图中，核心斑块类型的实际面积比例与设定的概率值P只是在统计上近似相等，而并不能确保两者在数值上的完全相等。这一问题在景观图较小时更为突出（$M<50$），随着景观图的增大而减弱。要使两者完全相等，需用基于重置取样法产生的随机图（random map with replacement）。首先，根据设定的P值和随机图的大小确定核心斑块类型的总细胞数；然后，随机地选择这些细胞的位置，被选择的细胞被赋值1，其他细胞被赋值0。此法需同时搜寻其他类型的细胞，因此比第一种方法更加费时（Gardner，1999）。

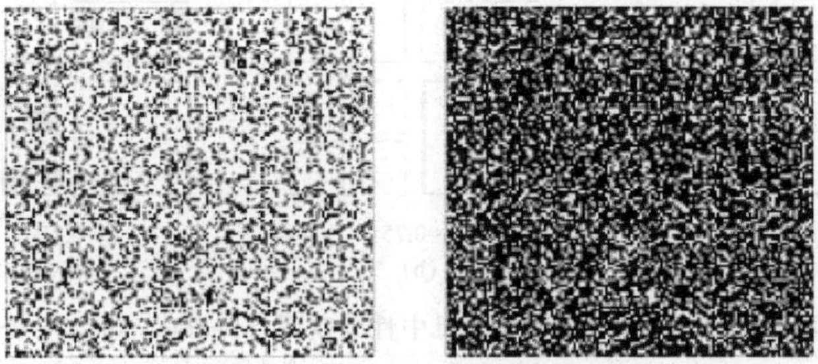

图 12.2　随机中性图的例子

注：每个图的行列数均为128，其中的核心斑块类型（黑色栅格细胞）的面积比例分别为0.3（a）和0.8（b）

2. 等级随机中性模型

等级随机NLM可为识别多尺度格局作用下的过程变化提供一种有用的工具（Lavorel et al.，1993；Lavorel et al.，1995）。在检测景观中格局与过程的关系时，随

---

① Saura S. 1998. Simulation of thematic maps using random clusters. Thesis，School of Engineers，Polytechnic University of Madrid，Madrid，Spain.（In Spanish）

机图只能提供一个最基本的参照系统，比较的是实际格局与完全随机格局。然而，自然界中绝大多数的实际景观是具有一定结构的，并非呈随机分布。因此，一方面，我们通常会发现，实际格局确实与完全随机格局有很大差异；但另一方面，我们又不得不承认，这种差异的几乎必然性使得这种比较的意义不大。我们需要在对格局细化的基础上的更进一步的比较。在这方面，能够反映多尺度格局特征的 HRM 可能更为有用（Turner et al.，2001）。实际景观与 HRM 的比较是等级结构景观之间的格局比较，而不是等级结构景观与随机景观之间的格局比较。

HRM 常通过递归过程（recursive procedures）产生，算法来自分形几何学（Mandelbrot，1983）。在递归算法中，当等级水平由高到低逐渐变化时，按照同样的规则依次在每个水平上产生随机格局（O'Neill et al.，1992b；Lavorel et al.，1993；Plotnick et al.，1993）。生成一个 HRM 至少需要以下几个主要参数：①随机图的行数（M）和列数（M）；②等级水平的数量（L），通常为 2～5；③核心斑块类型（只允许一个）占景观总面积的比例 P；④每个等级水平 L_i 上的单元数（单边）（m_i）；⑤每个等级水平 L_i 上核心斑块类型所占的单元比例（p_i），其中，p_1 对应最高水平（最粗粒度水平），p_L 对应最低水平（最细粒度水平），在每个水平上核心单元的分布都是随机的。产生的随机图的大小（总栅格细胞数）$M^2=(m_1\times m_2\times m_3\cdots\times m_L)^2$，$P=p_1\times p_2\times p_3\cdots\times p_L$。图 12.3 显示了用递归算法生成一个具有 3 个等级水平的景观图的过程，其中，$m_1=m_2=m_3=2$，$p_1=0.50$，$p_2=0.75$，$p_3=0.25$，因此，生成的景观图的大小 $M^2=(m_1\times m_2\times m_3)^2=(2\times 2\times 2)^2=64$，$P=p_1\times p_2\times p_3=0.09375$。

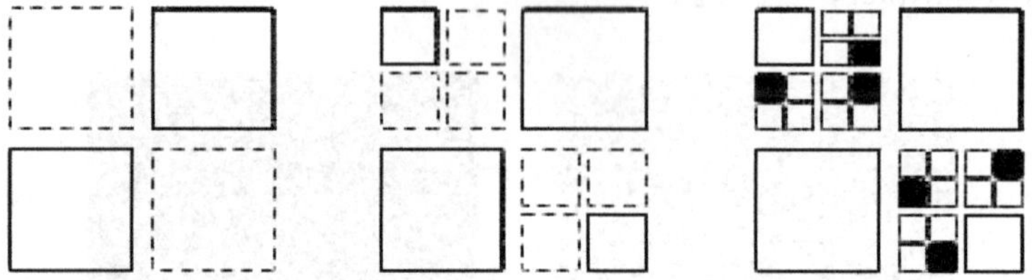

图 12.3　用递归算法生成一个等级随机中性景观图（Pearson and Gardner，1997）

注：(a) 和 (b) 中的虚线框表示在每个等级水平上被随机选择的单元，(c) 中的黑色细胞表示最终被选择的核心斑块细胞

设定不同的 L、m_i 和 P 将会产生一系列具有不同等级结构特征的景观图；在 L、m_i 和 P 相同的情况下，设定不同的 p_i，也会产生一系列具有不同格局的景观图。例如，Zhang 和 Li（2013）中，当设 $L=3$，所有 $m_i=6$，$P=0.3$ 时，通过设定不同的 p_i，产生了 7 个 HRM，包括 3 个单尺度等级结构景观（Bottom30、Middle30 和 Top30）、3 个两尺度等级结构景观（Down30、Up30 和 Top-bot30）和 1 个三尺度等级结构景观（Same30）（图 11.25 和表 11.6）。以 Same30 景观的产生过程为例说明。在 L_1 水平（最粗粒度水平）上，有 6×6 个单元（$m_1=6$），其中有 24 个单元被核心斑块类型占据（$p_1=0.667$），这些单元的分布是随机的。在 L_2 水平上，被占据的每个单元又被分成 6×6 个亚单元（$m_2=6$），其中又有 24 个随机分布的亚单元被核心斑块类型

占据（$p_2=0.667$）。该过程被再次重复，在L_3水平（最细粒度水平）上依然如此，$m_3=6$，$p_3=0.667$。产生的Same30景观图总共有M^2，即（$m_1\times m_2\times m_3$）^{2}，46 656个细胞，核心斑块类型的$P=p_1\times p_2\times p_3=0.296$（≈0.3），3个等级水平的特征尺度分别对应36×36、6×6和1×1尺度（细胞大小）处。对Bottom30、Middle30和Top30景观，核心斑块类型均只在一个水平（分别为L_3、L_2和L_1水平）上随机分布，在其他水平上，p_i均为1，即单元均被核心斑块类型占据；特征尺度分别对应1×1、6×6和36×36尺度处。因此，Bottom30景观中的斑块很小，Top30景观中的斑块很大，而Middle30景观中的斑块大小居中。对Down30、Up30和Top-bot30景观，核心斑块类型分别在L_2和L_3、L_1和L_2、L_1和L_3水平上随机分布，在其他水平上，p_i均为1；特征尺度分别对应6×6和1×1、36×36和6×6、36×36和1×1尺度处。

相对于随机图，HRM中的核心斑块数较少、斑块更加聚集，尤其是当P大于使斑块发生连通的渗透阈值P_c时。当P相同时，HRM能产生更多的变异性更大的格局。由于HRM是具有一定结构的非随机图，其P_c值低于P相同时的随机图。对于一个具有L个等级水平的大景观，使用四邻规则时的P_c值等于0.59275^L（Chayes et al.，1988）。而且，HRM可允许核心斑块在大量不同的条件下发生连通，而完全随机的景观中只有当P超过P_c（60%）时，核心斑块才能发生连通。如图12.4所示，在随机图中，当P超过60%时，斑块发生连通的概率P_p超过50%；之后快速增加，当P达到64%时，P_p已接近100%；P_p-P曲线单调上升，变化形式单一。在HRM中，P_p随P增加而变化的总体趋势与随机图近似，但其变异性要大得多，上下波动剧烈而频繁。当P小于60%时，P_p可能很小（甚至为0），但也有不少达到60%～80%，甚至达到100%；当P大于60%时，大多数情况下，P_p超过80%，但也有少数景观的P_p低于50%。

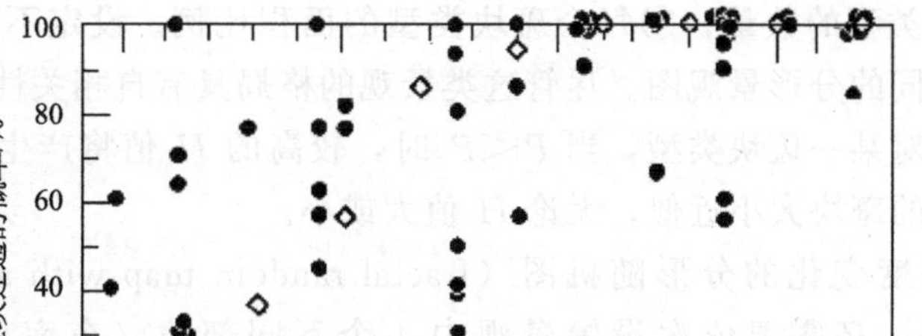

图12.4　不同景观中核心斑块发生连通的概率随斑块面积比例的变化（O'Neill et al.，1992b）

注：空心菱形符号指示完全随机的景观，实心圆形符号指示具有等级随机结构的景观

3. 分形随机中性模型

一个景观内部的某个斑块类型或变量可能具有很强的自相关性、空间依赖性或聚集性，不同斑块类型之间也可能具有很强的自相关性或呈梯度变化，反映这些连续变化的

格局特征可用分形随机图 FRM 表示。基于分形布朗运动（fractal Brownian motion）的中点位移法（midpoint displacement method）已被广泛用于生成具有分形特性的三维景观（Barnsley et al.，1988；Saupe，1988）。生成的 FRM 受两个参数控制：①点位移的方差，通常设为 1.0；②描述点与点之间相关性的参数 H。H 在 0.0～1.0 之间变化。H 的变化可导致景观格局的变化：当 $H=0.5$ 时，连续的点位移之间不相关；当 $H<0.5$ 时，连续的点位移之间呈负相关，景观图的表面较粗糙，斑块较为分散和破碎；当 $H>0.5$ 时，连续的点位移之间呈正相关，景观图的表面较光滑，斑块较为聚集（图 12.5）。特别地，当 H 趋于 0.0 时，斑块高度分散和破碎；而当 H 趋于 1.0 时，斑块高度聚集。

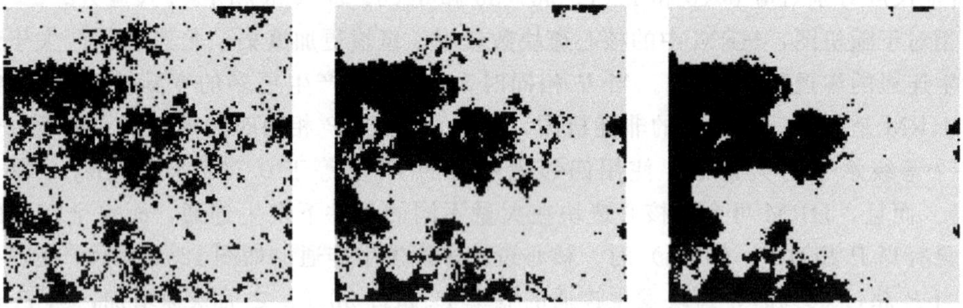

(a)　　(b)　　(c)

图 12.5　分形随机中性景观图的例子

注：(a) $H=0.2$，(b) $H=0.5$，(c) $H=0.8$，其他参数均相同。
每个图的行列数均为 128，其中的核心斑块类型（黑色细胞）的面积比例为 0.3

生成一个分形图至少需要以下几个主要参数：①随机图的大小（行数和列数）；②H 值；③斑块类型的数量；④每个斑块类型的面积比例。设定不同的参数将会产生格局特征明显不同的分形景观图。尽管这类景观的格局具有自相关性，但斑块的空间位置仍是随机的。对某一斑块类型，当 $P<P_c$ 时，较高的 H 值将产生较大的斑块；而当 $P>P_c$ 时，产生的斑块大小近似，无论 H 值大或小。

生成具有梯度变化的分形随机图（fractal random map with a gradient）除需要一般的参数之外，还需要依次设置景观中 4 个不同部位（东南、东北、西北和西南）的梯度值，反映从东（西）到西（东），或从北（南）到南（北），或东北-西南向与东南-西北向的梯度变化。例如，图 12.6(a) 和(b) 中生成的景观图分别具有从东到西逐渐减小和增大的梯度变化；图 12.6(c) 和(d) 中生成的景观图具有从北到南逐渐减小和增大的梯度变化；图 12.6(e) 中生成的景观图具有东南-西北向较大、而东北-西南向较小的梯度变化；图 12.6(f) 中生成的景观图具有东北-西南向较大、而东南-西北向较小的梯度变化。由图 12.6 可见，从一个方位到另一个方位的梯度值差异越大，梯度界线越分明，梯度变化越快，不同部分之间的交错越少，对比度越强。

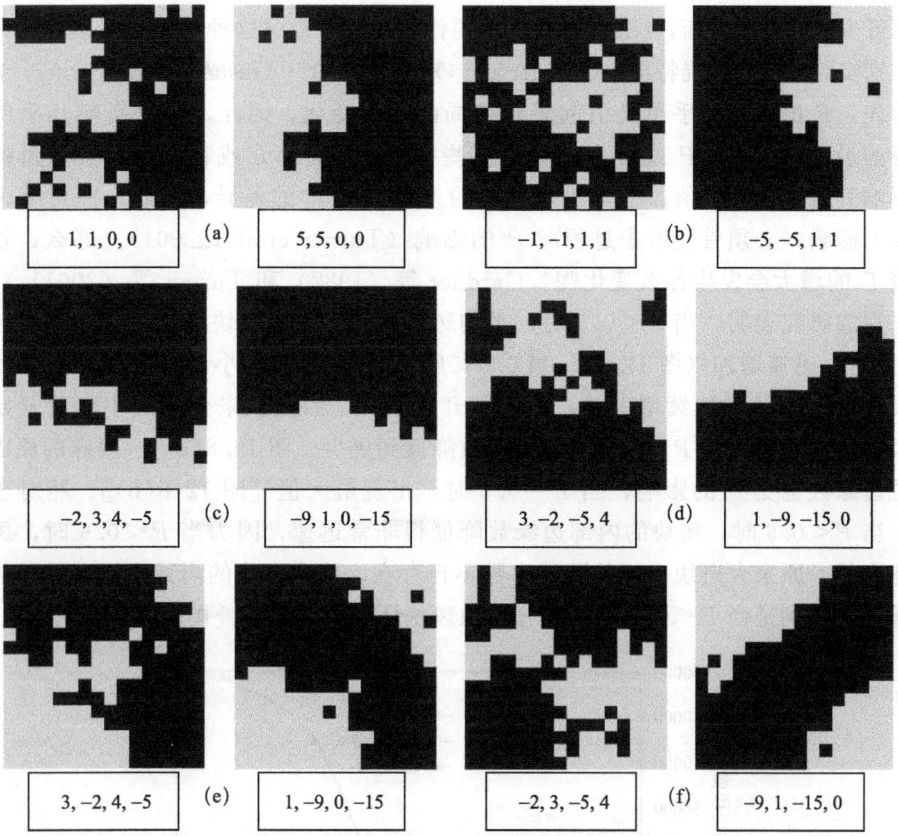

图 12.6　具有梯度变化的分形随机中性景观图

注：方框中的数字依次表示 4 个方位（东南、东北、西北和西南）的梯度值。其中，黑色表示更大的值，而灰色表示更小的值。黑色和灰色细胞的面积比例分别为 0.6 和 0.4。方向为上北下南左西右东

12.2.2　中性景观模型的应用

中性景观模型 NLM 可用于发展和检验景观格局分析的理论和方法，以及检测格局与过程之间的相互作用，因此在理论景观生态学的发展上扮演着十分重要的角色。

1. 检测景观格局特征

NLM 可用来检测景观格局特征，确定格局特征在一系列情景［如斑块类型的数量、核心斑块类型的面积比例 P、景观幅度（行数 M 或列数 M）、空间粒度、斑块结构］下的变化趋势和范围。例如，对于某个 NLM，设置不同的 M 和 P，考察某些指数随 M 或 P 的变化。又如，设置一系列 NLM，M 和 P 均相同，但斑块结构不同，包括简单随机图，或者具有不同等级水平和特征尺度的等级随机图，或者具有不同 H 值或梯度变化的分形随机图，考察某个指数在每个 NLM 中的空间粒度效应，并比较在不同 NLM 之间的差异。无论是简单的还是复杂的景观指数，无论是分析已经发展的指数，还

是引入一个新发展的指数，在理论上对其行为特征的考察，以及对相似指数的系统比较都是必不可少的。在这方面，NLM 可发挥重要作用。只有经过这种检测的景观指数才能被用于识别实际景观的格局特征（Gardner and O'Neill，1991；Gustafson and Parker，1992）。

首先，P 的变化几乎总是引起景观格局的较大变化，因此，P 是影响几乎所有格局特征的最主要因子。P 或者直接参与一些指数值的计算，或者作为斑块数量的指标间接影响其他一些指数值。很多景观格局的差异源于 P 的差异，因此，探讨某个过程对格局的影响，必须首先考虑过程对 P 的影响（Turner et al.，2001）。那么，景观指数随着 P 的增大会发生什么变化呢？Gardner 等（1987）和 Turner 等（2001）对随机中性景观的研究表明，当 $P<0.5$ 时，平均斑块面积和最大斑块面积变化非常小；而当 $P>0.5$ 时，迅速增加（图 12.7）。当 $0.0<P<0.3$ 时，斑块小而分散，斑块数随着 P 的增大而增加；当 P 继续增大时，斑块数开始减少，因为原来分散的小斑块开始聚合成较大的少数斑块；当 $P>0.6$ 时，斑块数降低到更少［图 12.8(a)］。同样的原因，斑块的总边缘数也受 P 的影响，当 $P=0.5$ 时，出现最大值［图 12.8(b)］。相对于总边缘数，当 $P<0.6$ 时，斑块的内部边缘数降低得非常迅速，因为当 $P<0.6$ 时，斑块面积迅速降低，原来大斑块内部的孔隙多数不再存在，许多斑块的内部边缘变成外部边缘的一部分；特别是当 $P<0.4$ 时，仅有少数斑块还有内部边缘［图 12.8(b)］。

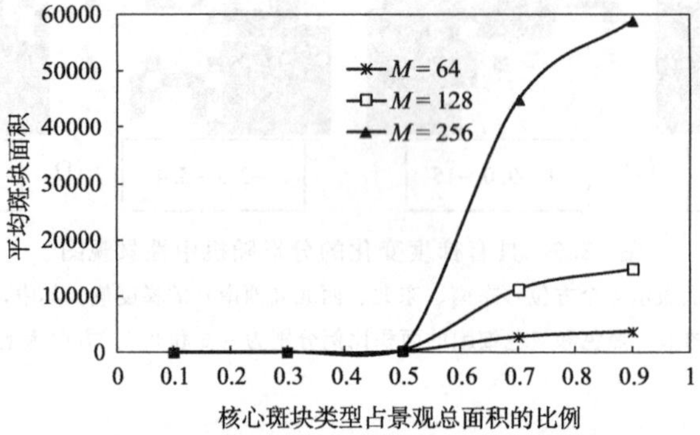

图 12.7　一个随机中性景观图中核心斑块类型的平均斑块面积随景观幅度（M）和面积比例的变化

注：图中数据来自 Turner 等（2001）的表 6.1

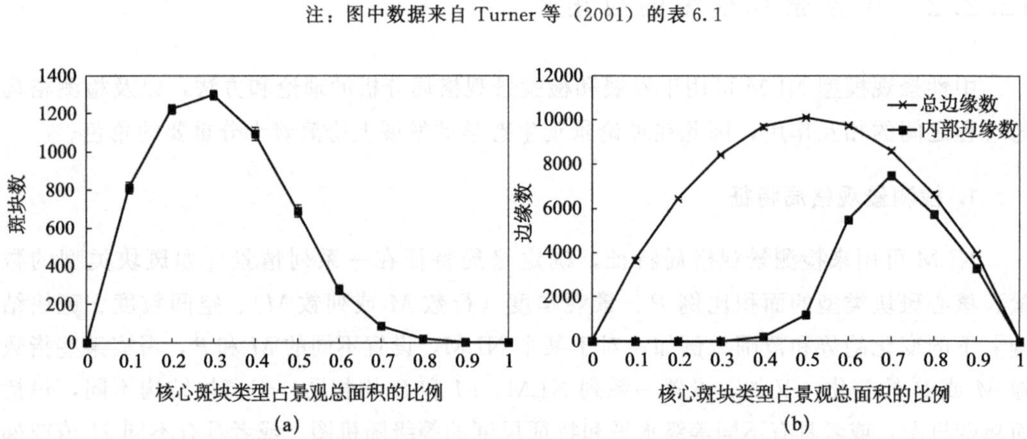

图 12.8　一个随机中性景观图中核心斑块类型的斑块数和边缘数随面积比例的变化

注：随机中性景观图的行列数均为 100。数据来自 Gardner 等（1987）的表 1、表 4 和图 1

一般认为，如果所选取的景观幅度适宜，景观具有一定的代表性，那么，尽管景观幅度发生了变化，但景观的格局特征大多不会随之发生很大变化。但事实果真如此吗？NLM可帮助我们很好地回答这一问题。Garder等（1987）的研究发现，在其他条件相同的情况下，较小的M将会引起较强的景观边界截断效应（truncation effect），而这种截断效应会导致系统偏差，如斑块面积和斑块数的系统偏低。特别地，当$M<100$时，格局会受到截断效应的极大影响。截断效应随着M的增大而减弱。如表12.1所示，当$P=0.7$时，若M从50增大到100，则斑块数的实际值（87）可能比期望值（与面积的增大倍数相同：25×4＝100）低15%；若M从100增大到200，则可能低9%；若M从200增大到400，则可能仅低4%。可见，M越大，实际值与期望值的偏差越小，截断效应的影响越弱。

表12.1　一个随机中性景观图中核心斑块类型的斑块数随景观幅度和面积比例的变化（Garder et al.，1987）

景观幅度（M）	核心斑块类型占景观总面积的比例（P）								
	0.1	0.2	0.3	0.4	0.5	0.6	0.7	0.8	0.9
50	204	310	326	276	180	79	25	6.1	1.4
100	813	1224	1299	1096	691	279	87	19	2.3
200	3211	4903	5181	4300	2653	1021	318	65	4.8
400	12855	19455	20480	17003	10525	4141	1224	237	18

而且，这种截断效应在$P>0.6$时表现得尤为突出。例如，对一个随机中性景观，当$P<0.5$时，较小M时的平均斑块面积约为较大M时的80%；当$P=0.5$时，约为70%；而当$P=0.7\sim0.9$时，仅约为25%。也就是说，当$P<0.6$时，平均斑块面积随M的增大而增加的速率很低；而当$P>0.6$时，平均斑块面积随M的增大迅速增加（图12.7）。可见，$P=0.6$是使格局发生变化的临界阈值P_c。根据渗透理论，对于随机景观，当P不断增加，以至于达到P_c时，景观中突然形成一个特大的连通斑块，斑块从大量相对小而高度离散的分布状态突然转变为少量大而连接良好的分布状态，因此，平均斑块面积和最大斑块面积均迅速增加。若$P>P_c$，则连通斑块的面积会随着M的增大而持续增加，以至于成为所谓的"无穷大斑块"（infinite cluster），这意味着当$P>P_c$时，再大的景观都不足以完全容纳下连通斑块（Turner et al.，2001）。

不仅斑块面积，其他大多数景观指数随着P的变化也存在P_c值。在P_c值以上和以下，指数值有很大差异，如前面对图12.8中斑块数和总边缘数的分析。当P在P_c值附近变化时，P（以至于斑块组成和结构）的微小变化就可能引起景观连接度的极大变化。当$P<P_c$时，斑块小而破碎，同一个指数在不同景观中的差异可能很大；而当$P>P_c$时，斑块大而连续，这种差异变小。在NLM中，对P_c值的识别是检测景观格局行为特征最重要的方面，也是使用NLM最吸引人的地方。

当斑块结构发生变化时，景观格局特征会发生哪些系统变化？景观格局特征随空间粒度的变化呈现什么变化趋势？为了系统地回答这类问题，也可以借助NLM。例如，Zhang和Li（2013）设置了8个具有不同斑块结构特征的NLM，包括1个简单随机景观和 7 个等级中性景观（图 11.25 和表 11.6）。每种结构特征的 NLM 有 2 个，其核心斑块类型的面积比例 P 分别为 0.3 和 0.8。对这 8 个 NLM 的核心斑块类型，选择可反映不同格局特征的 26 个主要景观指数，进行了系统的空间粒度分析。下面以 FRAC_AM 为例来说明它在不同 NLM 中的粒度效应（图 12.9）。在所有 NLM 中，FRAC_AM 均随粒度的增大呈下降趋势，这是因为粒度较大时斑块形状趋于更加规则和简单。然而，等级结构特征不同，FRAC_AM 尺度图的变异性有很大差异。但无论 P 如何变化，Bottom 与 Random 景观的尺度图均非常相似；与 Random 景观的尺度图差异最大的是 Middle、Up 和 Top 景观。在单尺度 Middle 和 Top 景观中，FRAC_AM 在其特征尺度 6×6 和 36×36 个栅格细胞处出现明显转折；在 Up 景观中，FRAC_AM 在较小特征尺度 6×6 个栅格细胞处出现明显转折，但在较大特征尺度 36×36 个栅格细胞处无明显转折；在 Down 和 Same 景观中，FRAC_AM 在特征尺度 1×1 和 6×6 个栅格细胞处出现明显转折；在多尺度 NLM 中，FRAC_AM 在最大特征尺度 36×36 个栅格细胞处均未出现明显转折；在 Bottom 和 Top-bot 景观中，FRAC_AM 在特征尺度 1×1 个栅格细胞处的转折不明显。另外，当 P 为 0.3 和 0.8 时，FRAC_AM 尺度图的变化趋势十分近似，但变异程度明显不同。其中，当 $P=0.3$ 时，曲线的波动更大，而且在不同景观中的差异也较大［图 12.9(a)］；当 $P=0.8$ 时，变化更为平滑，规律性更强，而且在不同景观中的差异较小［图 12.9(b)］。

2. 检测格局与过程的可能关系

NLM 的研究结果有助于检测景观格局与生态过程的可能关系，这可通过比较不同 NLM 的格局特征，也可通过比较实际景观与 NLM 的格局特征来实现。这种检测可为管理决策和保护设计提供重要依据。

1）通过比较不同中性景观的格局特征

NLM 被普遍应用于定量景观连接度或破碎化对种群分布的影响（With et al.，1997）、空间聚集度对种群扩散的影响（With and King，1999）、栖息地的连接度对昆虫运动的影响（With et al.，1999）、景观结构对干扰蔓延的影响（Turner et al.，1989b；Lavorel et al.，1994）、水体污染物空间分布的后果（Pearson and Gardner，1997）等。大多数这类研究或者通过比较 FRM 和随机景观的格局，或者通过比较具有不同 H 参数的 FRM 的格局，来评价格局对过程的影响，以及格局对取样方式的影响。

例如，With 等（1997）在探讨景观结构如何影响运动物种的种群扩散时，生成了具有不同生境斑块类型的数量和面积比例，以及不同空间格局的多个 NLM，其中包括具有不同 H 参数的 FRM。结果表明，尽管种群大小在所有 NLM 中几乎不变，但模拟的种群分布格局却变化很大，说明景观结构对物种分布有很大影响。

Pearson 和 Gardner（1997）在确定田纳西州一个水库中铯污染的空间变异所造成的后果时，使用了具有不同 H 参数的 FRM，以评价在具有不同格局特征的水体中污染物的扩散分布，以及要检测到高浓度污染区所需的沉积物取样数量。结果表明，在空间自相关性很强的 FRM 中，使用较少的样本就能准确地检测出污染物的空间格局；而随着自相关性的减弱，要同样准确地检测出污染物的空间格局需要多得多的样本。

另外，O'Neill 等（1988b）、Gardner 等（1989）、Gardner 和 O'Neill（1991）使用

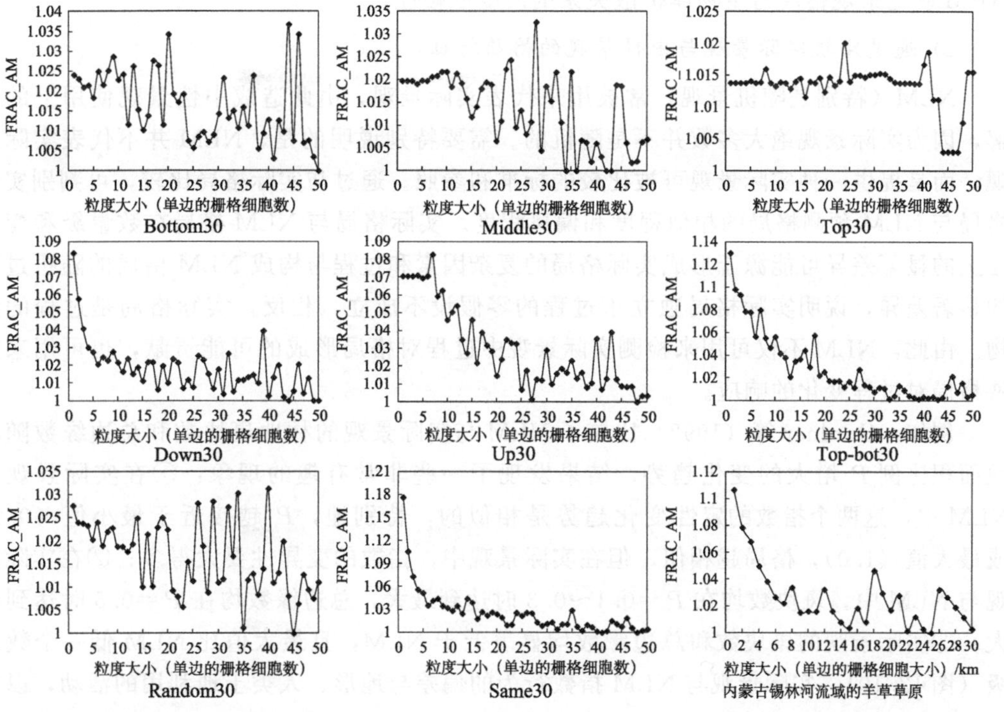

(a)

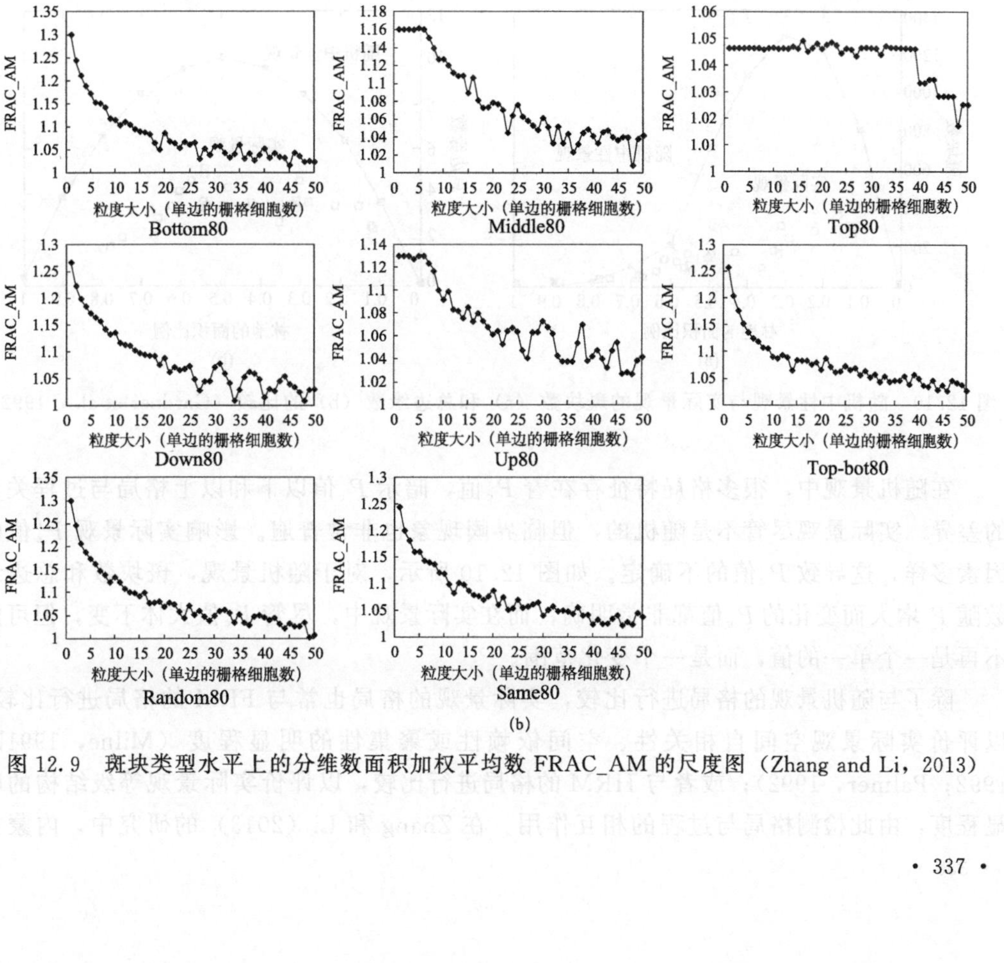

(b)

图 12.9　斑块类型水平上的分维数面积加权平均数 FRAC_AM 的尺度图（Zhang and Li，2013）

HRM 研究景观格局与生物体扩散关系的尺度依赖性。

2）通过比较实际景观与中性景观的格局特征

NLM（特别是随机景观）常被用来代表实际景观，由此造成中性景观使用上的误解，因为实际景观绝大多数并不是随机的。需要特别说明的是，NLM 并不代表实际景观，而是提供一种实际景观可被比较的标准和参照。通过与实际格局比较，可判别实际格局与 NLM 预测格局的相似程度和偏离程度。实际格局与 NLM 格局在数量级和变异性上的显著差异可能源于形成实际格局的复杂因素和过程与构成 NLM 格局的随机过程的显著差异，说明实际格局独立于过程的零假设不成立，相反，实际格局是过程的产物。由此，NLM 不仅可用来检测实际景观中过程对格局形成的可能贡献，也可用来反映格局对过程变化的响应。

例如，Gardner 等（1992）比较了 NLM 与实际景观的林地斑块数和总边缘数随林地面积比例 P 增大的变化趋势，结果发现了一些非常有趣的现象：①在实际景观与 NLM 中，这两个指数的定性变化趋势是相似的，特别地，P 越接近于最小值（0.0）或最大值（1.0），格局越相似，但在实际景观中，指数的变异性要大得多；②在实际景观与 NLM 中，斑块数均在 P＝0.1～0.3 时达到最大，总边缘数均在 P＝0.5 时达到最大；③实际景观的斑块数和总边缘数均显著低于 NLM，且最大值比 NLM 低一个数量级（图 12.10）。实际景观与 NLM 指数行为的偏差与地形、人类土地利用的活动，以及两者的相互作用有关。

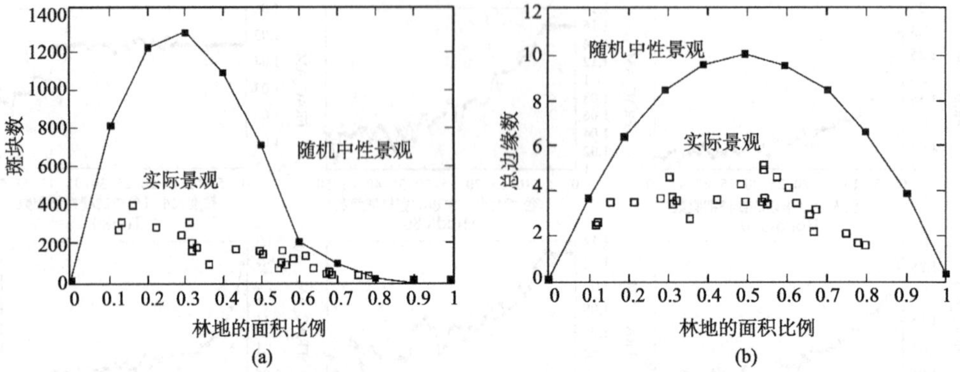

图 12.10 随机中性景观与实际景观的斑块数（a）和总边缘数（b）的比较（Gardner et al.，1992）

在随机景观中，很多格局特征存在着 P_c 值，暗示 P_c 值以下和以上格局与过程关系的差异。实际景观尽管不是随机的，但临界阈现象也非常普遍。影响实际景观 P_c 值的因素多样，这导致 P_c 值的不确定。如图 12.10 所示，对于随机景观，斑块数和总边缘数随 P 增大而变化的 P_c 值都非常明确；而在实际景观中，尽管 P_c 值大体不变，但可能不再是一个单一的值，而是一个变化范围。

除了与随机景观的格局进行比较，实际景观的格局也常与 FRM 的格局进行比较，以评价实际景观空间自相关性、空间依赖性或聚集性的明显程度（Milne，1991b，1992；Palmer，1992）；或者与 HRM 的格局进行比较，以评价实际景观等级结构的明显程度，由此检测格局与过程的相互作用。在 Zhang 和 Li（2013）的研究中，内蒙古锡林河流域的羊草草原斑块的结构特征尺度为 5 km×5 km～7 km×7 km，这可用该类斑块的平均面积指数和分维分析证实。研究比较了 26 个景观指数在实际景观和 NLM 中的斑块特征尺度。结果发现，羊草草原斑块的特征尺度可根据大多数指数的尺度图的转折识别出，表现出明显的等级结构特征；当使用 Middle30、Up30、Down30 和 Same30 这几个包含 6×6 特征尺度的 HRM 时，这些指数的尺度图也在该特征尺度处出现明显转折，并且与随机图 Random30 和不包含 6×6 特征尺度的 Bottom30 差异显著［图 12.11(a)］。实际景观与 Middle30、Up30、Down30 和 Same30 这些 NLM 中斑块特征尺度的相似性暗示，大多数指数所识别的特征尺度和等级结构特征很少受过程的影响。结果也发现，当使用 Middle30 和 Up30 时，反映空间质地和破碎度的指数 NP、ED、LSI 和 CWED 的尺度图在 6×6 特征尺度处出现明显转折，而这在羊草草原斑块的尺度图中是缺失的；相反，后者的整个变化趋势与随机图 Random30 和包含 1×1 特征尺度的 NLM（Bottom30、Down30、Top-bot30 和 Same30）更为相似［图 12.11(b)］。实际景观与 Middle30 和 Up30 中斑块特征尺度的较大偏差暗示指数 NP、ED、LSI 和 CWED 所识别的格局特征受到过程的很大影响。在锡林河流域，决定植被斑块组成和空间构型的主导因子是发生在中等尺度（数量级 10 km^2）上的不同地形因子（包括高程和坡向）的相互作用和综合。不同过程在 5 km×5 km～7 km×7 km 尺度处及其内部的相互作用或综合可能平滑了植被斑块在空间上的突变，因此，在羊草草原斑块的部分指数尺度图中没有出现明显的转折，与相应 NLM 的情形形成鲜明对照。这说明，空间质地和破碎度这些格局特征更易受到过程的影响。但这一结论尚有待进一步验证。

3. 中性景观模型的误用

尽管 NLM 的思想和概念很简单，但 NLM 的使用经常会带来一些误解和混乱。为此，With 和 King（1997）综述了对 NLM 误用的几个方面。

（1）NLM 与实际观测的一致并不一定表明 NLM 是真实的。一致性可能暗示 NLM 中的假设被实验验证是有效的。

（2）NLM 与实际观测不一致并不表明被排除的过程一定会对实际格局产生影响，而只是表明该过程有可能影响格局。格局的变化是否真正由该过程引起，或者由其他过程引起，用这种比较方法本身是无法判断的。

（3）NLM 是理论模型，从中获得的结论可能无法直接应用于实际景观。例如，在保护区设计中将栖息地的面积比例定为 0.60 是对 NLM 的误用。对具有空间自相关性、空间聚集性或尺度依赖性的实际景观，使斑块连通的 P_c 值可能远低于对随机景观的 0.60。

（4）使用 NLM 的目的是为检验实际格局提供一种零假设模型。NLM 并不是一种预测模型，因此不能被用来预测特定景观的生态过程。

尽管有一些误用和混淆，NLM 作为一种工具和思想在景观生态学中的应用仍十分广泛。除了以上所述的两个主要方面的应用之外，NLM 在解决景观问题上的应用范畴远超想象（Turner et al.，2001）。例如，在进行大尺度景观格局对动物运动或种子传播或火干扰的影响等研究时，开展野外实验和观测很困难，不仅受时间、空间、设备、

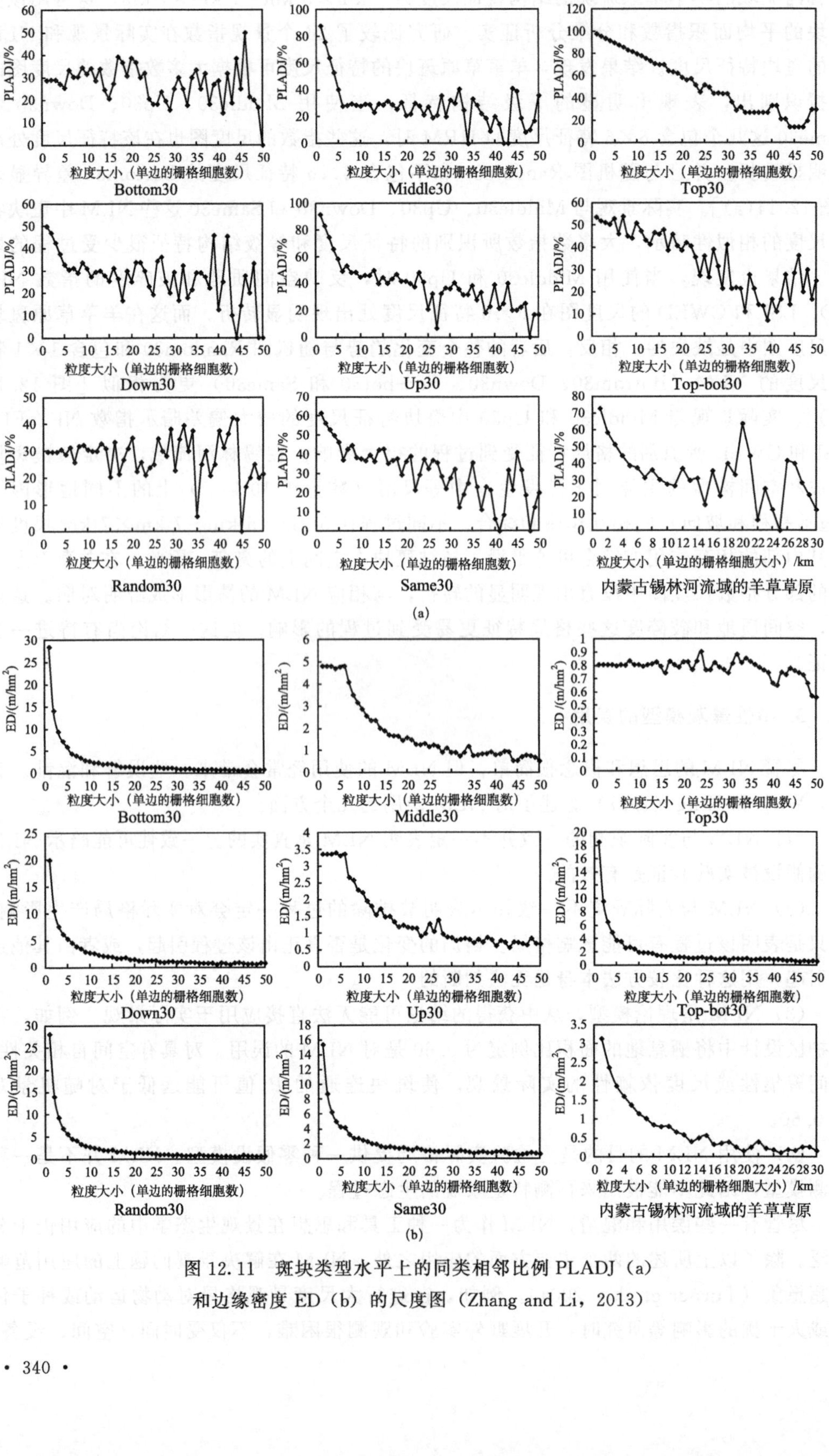

图 12.11　斑块类型水平上的同类相邻比例 PLADJ（a）和边缘密度 ED（b）的尺度图（Zhang and Li，2013）

资金和人力的限制，而且重复取样也几乎不可能，这种情况尤其能发挥 NLM 的优势（Gardner and O'Neill，1991；Pearson and Gardner，1997；With et al.，1999）。另外，在上层机构做决策时往往首先提出功能目标。为了实现这一目标，需要进行景观格局上的设计，因此，首先会遇到选择哪种设计方案的问题。这时，可设计具有不同参数或结构特征的 NLM，根据这些 NLM 的格局指标（如斑块面积、形状和边缘数）评价其功能，由此确定最佳的格局设计方案。

12.3 空间概率模型①

传统的马尔可夫链（Markov chain）模型采用转移概率矩阵来模拟景观斑块从一种类型转变为另一种类型的动态规律，即

$$N_{t+\Delta t}=PN_t \tag{12.1}$$

或

$$\begin{bmatrix} n_{1,\ t+\Delta t} \\ \vdots \\ n_{m,\ t+\Delta t} \end{bmatrix}=\begin{bmatrix} p_{11}\cdots p_{1m} \\ \vdots \\ p_{m1}\cdots p_{mm} \end{bmatrix}\begin{bmatrix} n_{1,\ t} \\ \vdots \\ n_{m,\ t} \end{bmatrix} \tag{12.2}$$

式（12.1）和式（12.2）中，N_t 和 $N_{t+\Delta t}$ 分别为由 m 个状态变量组成的状态向量在 t 和 $t+\Delta t$ 时刻的值；P 为由 $m\times m$ 个单元组成的转移概率矩阵（简称转移矩阵），其中 p_{ij} 表示从时间 t 到 $t+\Delta t$，系统从状态 i 转变为 j 的概率。对景观而言，p_{ij} 为斑块类型 i 转变为 j 的概率，即

$$p_{ij}=n_{ij}/\sum_{j=1}^{m}n_{ij} \tag{12.3}$$

式中，n_{ij} 表示从时间 t 到 $t+\Delta t$，状态（类型）由 i 转变为 j 的数量。p_{ij} 满足以下两个条件：

$$0\leqslant p_{ij}\leqslant 1,\qquad \sum_{j=1}^{m}p_{ij}=1 \tag{12.4}$$

转移矩阵的确定是应用 Markov 模型的关键，一般可根据实际问题的统计资料分析得出。转移矩阵是随机矩阵，反映随机过程的时齐性（关于时间为齐性）和无后效性。时齐性指 p_{ij} 只与状态 i、j 和时间间隔 Δt 有关。无后效性指某一随机过程在 $t+1$ 时刻的状态 j 与 t 时刻状态 i 有关，而与 t 时刻之前的状态无关。这也是运用 Markov 模型的条件。该模型对研究景观斑块的动态变化较为适宜，因为在一定条件下，景观斑块的动态变化具有 Markov 过程的性质：①一定区域内，不同斑块类型之间具有相互可转化性；②斑块类型之间的相互转化过程包含着较多尚难用函数关系准确描述的事件（王良健等，2000）。

徐岚和赵羿（1993）用 Markov 模型预测沈阳市东陵区土地利用类型所占比例的变化。以 1958 年各土地利用类型所占的面积百分比表示初始状态矩阵 A_t。首先，通过 1958～1978 年时间段内各土地利用类型的总转化面积，计算年平均转化率，并确定初始

① 本书 12.3 节、12.4 节和 12.5 节的内容已包含在肖先生等编著的《景观生态学》（第二版）的第五章“景观变化与景观动态模型”（张娜，2010c）中，该章内容由笔者修订。为维持本书整个内容体系的完整性，这三节保留原书的内容，仅略作修改。特此说明

转移概率，获得初始转移矩阵。然后，求出 1958 年后相应年份（n 年后）各土地利用类型的转移概率矩阵 $P^{(n)}$，模拟得到该年各土地利用类型所占比例；并通过与实测值比较，验证模拟结果。最后，若验证表明该模型是可靠的，则可用其预测未来若干年的土地利用变化情况。对于正则马尔可夫链，当模拟时间足够长时，可得到一个近似稳态的矩阵。

传统的 Markov 模型计算转移概率时不考虑空间格局本身的影响，反映的是景观的总概率（邬建国，2007）。然而，景观动态变化并不严格地遵循 Markov 过程，也就是说某种类型的斑块在空间某一点的状态及其变化并不是随机的，它不但受当时该点所处状态的影响，往往也受周围相邻点状态的影响，即景观空间格局的动态变化具有很强的空间依赖性（赵羿和李月辉，1999）。

解决这些问题的办法就是在模型中引入空间邻接效应的影响。在这方面，Turner 和 Ruscher（1988）在美国佐治亚州的土地利用动态变化的模拟研究中作了很好的尝试。另一种简单的改进办法是将景观根据其空间特征区域化，然后再分别计算每个区域的转移概率（图 12.12）（邬建国，2007）。这时的空间概率模型可用式（12.5）表示，即

$$N_{t+\Delta t}^{rc} = P^{rc(k)} N_t^{rc} \tag{12.5}$$

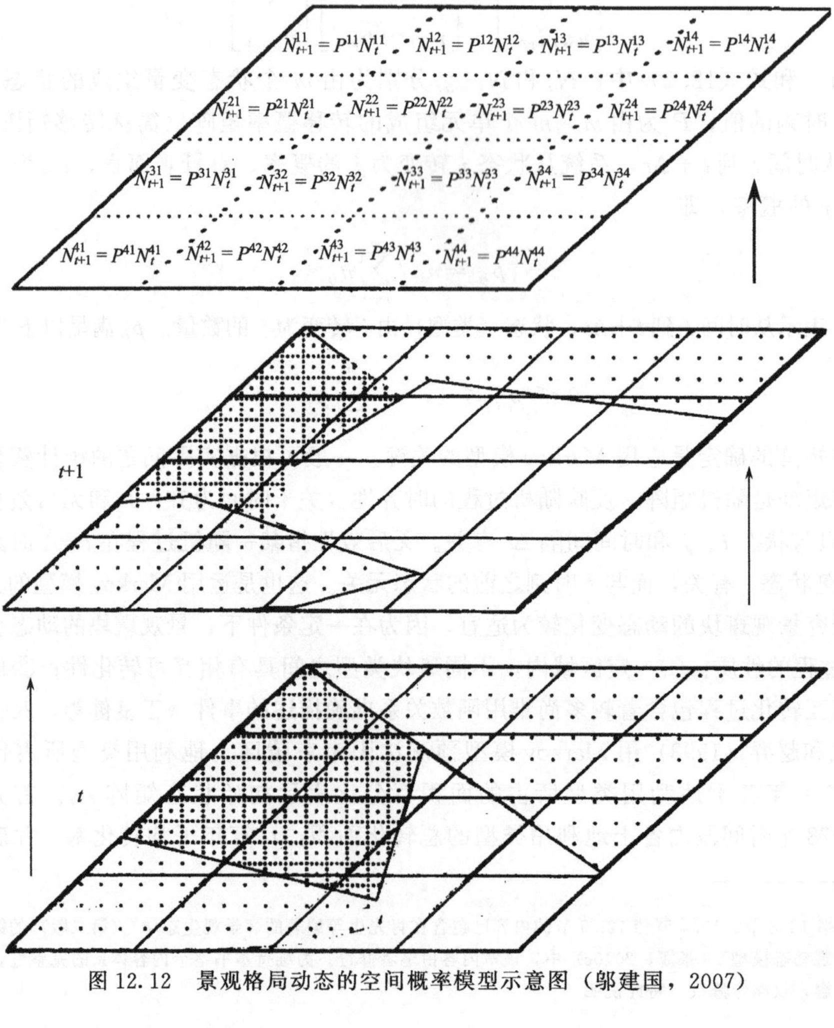

图 12.12　景观格局动态的空间概率模型示意图（邬建国，2007）

或

$$\begin{bmatrix} n^{rc}_{1,\ t+\Delta t} \\ \vdots \\ n^{rc}_{m,\ t+\Delta t} \end{bmatrix} = \begin{bmatrix} p^{rc}_{11} \cdots p^{rc}_{1m} \\ \vdots \\ p^{rc}_{m1} \cdots p^{rc}_{mm} \end{bmatrix}^{(k)} \begin{bmatrix} n^{rc}_{1,\ t} \\ \vdots \\ n^{rc}_{m,\ t} \end{bmatrix} \tag{12.6}$$

式（12.5）和式（12.6）中，N^{rc}_t 和 $N^{rc}_{t+\Delta t}$ 分别是 t 和 $t+\Delta t$ 时刻 r 行 c 列栅格细胞位置上的状态向量；P^{rc} 是反映该空间位置上异质性特点的转移概率矩阵；k 为 t 到 $t+\Delta t$ 时刻的阶段，则步长为 $\Delta t/k$；可见，空间概率模型是 Markov 模型在空间上的扩展。

空间概率模型是目前预测景观空间动态的主要方法之一。然而，同传统的 Markov 模型一样，运用空间概率模型研究土地利用变化、植被演替或植物群落的空间结构变化时也应十分谨慎，因为景观动态变化并不严格遵循 Markov 过程。它们存在以下缺陷（苏文贵和常禹，1999；邬建国，2007）：①忽略景观空间动态的机制，将复杂的变化和控制机制简化为一种概率。②一阶 Markov 过程忽略历史的影响，并假设转移概率不变，这对于大多数景观动态研究来说是不适用的，因为转移概率在其变化过程中不是常量，而是随时间变化的。采用高阶 Markov 过程，从具有时间序列的遥感图像中分别获取不同时段的转移概率，可以帮助克服假设转移概率在模拟过程中保持不变的缺陷。③景观斑块从一种状态向另一种状态的转换还受到自然、经济和社会等诸多因素的综合影响，导致景观动态变化的非马尔可夫过程，尤其是人为景观（如农业景观）类型更是如此。为此，Turner 和 Ruscher（1988）在研究佐治亚州一块 12 698 hm² 景观的格局时，将相邻斑块的性质、经济价值及开发利用可能性包含在模型中，大大增加了模型的复杂程度。

12.4 元胞自动机模型

元胞自动机模型（cellular automata model，CA 模型）是定义在一个由具有离散、有限状态的元胞组成的元胞空间（space of cells）上，并按照一定邻域转换规则（neighborhood transition rule），在离散的时间维上演化、在系统水平上产生复杂结构和行为的动力学系统（周成虎等，1999；邬建国，2007）。标准的 CA 模型是一个四元组（图 12.13），即

$$S=(L_d, A, N, \phi) \tag{12.7}$$

CA 系统 S 中的所有元胞是相互离散的，构成一个元胞空间 L_d（d 是一正整数，表示元胞空间的维数）。在某一时刻，一个元胞只能有一种状态（state），而且该状态取自一个已知的有限集合 A。N 表示一个邻域内所有元胞的组合（包括中心元胞），即一个包含 n 个不同元胞的空间矢量。一个元胞下一时刻的状态是该元胞上一时刻及其邻域状态的函数 ϕ，邻近的元胞按照某些既定规则相互影响，导致局部空间格局的变化；而这些局部变化还可以繁衍、扩展，乃至产生景观水平的复杂空间结构。因此，CA 模型在空间上、时间上、状态上都是离散的（周成虎等，1999；杜宁睿和邓冰，2001；邬建国，2007）。由此可见，CA 模型实质上是一种建模框架，而不是一个具体的模拟模型。

标准的 CA 模型除具有空间性，空间、时间和状态离散性之外，还具有同质性、并

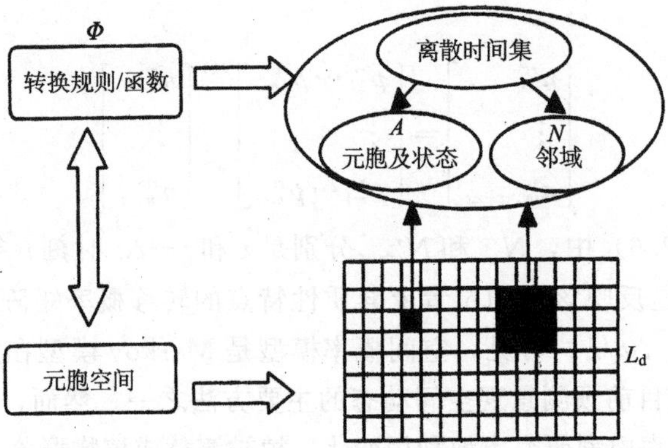

图 12.13　元胞自动机的组成（周成虎等，1999）

行性和时空局部性这些核心特征。同质性指元胞空间内每个元胞的变化都服从相同的规律，即局部性转换规则在整个元胞空间的任何位置上都是一致的。同步性（并行性）指所有元胞的处理是同步进行的，特别适合于并行计算。时空局部性指转换规则在时间和空间上均是局部的（周成虎等，1999；杜宁睿和邓冰，2001；邬建国，2007）。

CA 模型可以是一维、二维或三维的。一维 CA 模型的数学表达式为

$$\alpha_i^{(t+1)}=\phi[\alpha_{i-r}^{(t)},\ \alpha_{i-r+1}^{(t)},\ \cdots,\ \alpha_i^{(t)},\ \cdots,\ \alpha_{i+r}^{(t)}] \tag{12.8}$$

式中，$a_i^{(t)}$ 和 $a_i^{(t+1)}$ 分别为中心元胞 i 在 t 和 $t+1$ 时刻的值；ϕ 函数括号中其他项表示相邻元胞在 t 时刻的取值；ϕ 表示与元胞 i 及其相邻元胞有关的转换规则；r 表示元胞 i 与其相邻元胞之间的最大距离。

若 $r=1$，表示只把紧靠元胞 i 两边的元胞作为相邻者考虑，称初等 CA 模型，可表示为

$$\alpha_i^{(t+1)}=\phi[\alpha_{i-1}^{(t)},\ \alpha_i^{(t)},\ \alpha_{i+1}^{(t)}] \tag{12.9}$$

式中，有 3 个自变量，若每个自变量取状态值 0 或 1，那么就有 8 种组合。只要给出在这 8 个自变量组合上的值，ϕ 就完全确定了。图 12.14 是其中的一个转换规则。类似不同的规则可以有 256 种。对于任何一个一维的 0，1 序列，应用以上规则，可以产生下一时刻的相应序列。尽管初等 CA 模型相当简单，但它们却可以生成各种各样高度复杂的空间形态。例如，经过一段时间，有些 CA 模型可产生空间均质状态；有些可产生稳定状态，或静止，或呈周期性变化；有些则可产生自组织、自相似的分形结构（图 12.15）（Wolfram，1984；周成虎等，1999）。

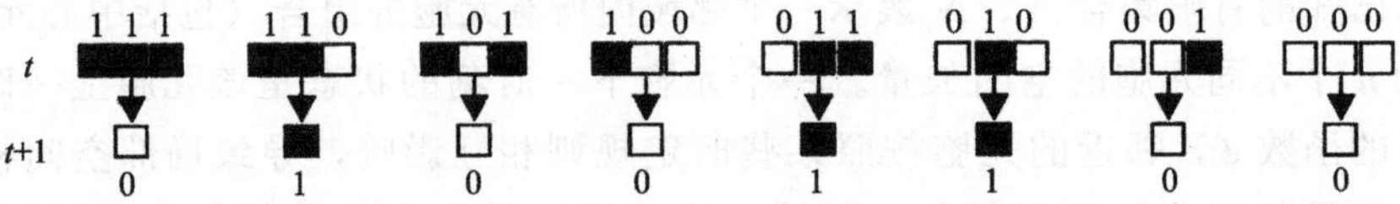

图 12.14　初等元胞自动机模型的一个转换规则举例（周成虎等，1999）

对一维 CA 模型的系统研究最早，也最为深入。目前的理论研究多集中于一维 CA 模型，尤其是初等 CA 模型。S. Wolfram 对此做出了卓越的贡献，奠定了 CA 理论的基石。然而，应用较多的却是二维 CA 模型。最简单的二维 CA 模型是当 $r=1$ 时，式

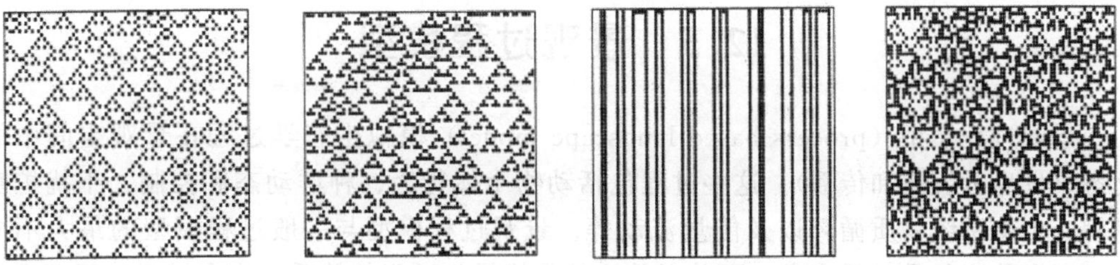

图 12.15　不同转换规则下初等元胞自动机模型的空间模拟结果（周成虎等，1999）

注：图中的纵坐标为时间，反映元胞自动机随时间的演化

(12.9) 在二维空间栅格上的扩展（图 12.16），即

$$\alpha_{i,j}^{(t+1)}=\phi\left[\alpha_{i-1,j}^{(t)},\ \alpha_{i+1,j}^{(t)},\ \alpha_{i,j}^{(t)},\ \alpha_{i,j-1}^{(t)},\ \alpha_{i,j+1}^{(t)}\right] \tag{12.10}$$

式中，i 和 j 表示中心元胞的空间位置；$\alpha_{i,j}^{(t)}$ 和 $\alpha_{i,j}^{(t+1)}$ 分别为中心元胞 (i,j) 在 t 和 $t+1$ 时刻的值；ϕ 函数括号中其他项表示相邻元胞在 t 时刻的取值；ϕ 表示与元胞 (i, j) 及其相邻元胞有关的转换规则。

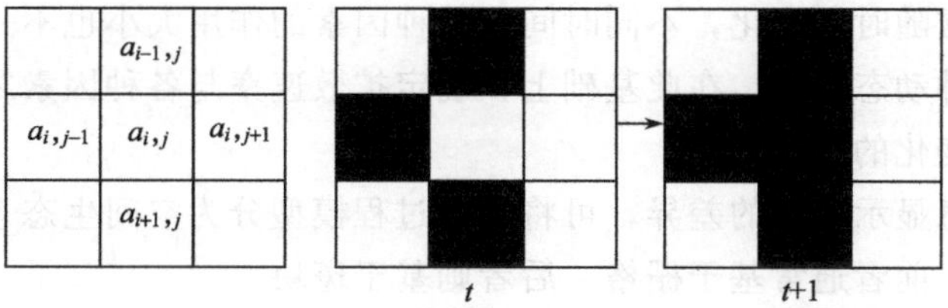

图 12.16　二维元胞自动机模型示意图（邬建国，2007）

CA 模型可以把局部小尺度上观测的数据结合到邻域转换规则中，然后通过计算机模拟来预测大尺度上系统的动态特征，从而成为研究多尺度上空间格局与过程相互作用的一种有效途径（邬建国，2007）。CA 模型简单和开放的建模框架、“自下而上”的研究思路、强大的复杂计算功能、固有的并行计算能力和时空动态特征，使其在模拟空间复杂系统的时空动态演变方面具有自然性、合理性和可行性，使其成为复杂性科学的一个重要研究领域，成为复杂系统研究方法之一（周成虎等，1999；张显峰和崔伟宏，2000；杜宁睿和邓冰，2001）。目前，在国际上，利用 CA 模型研究生态过程和地理过程的复杂行为是生态系统和地理系统建模领域的一个前沿地带。在生态学中，种子传播、生物群落扩散和迁移、干扰扩散、植被变化等的模拟是当前 CA 应用的热点；在地理学中，城市扩张和土地利用变化的模拟是当前 CA 应用的热点。

然而，在实际应用中，有必要对标准的 CA 模型进行一定的扩展，使其对应于实际的、有地理或生态意义的元胞空间、元胞的状态集合、演化中的真实时间。但最关键的是对元胞状态转换规则进行扩展（周成虎等，1999）。例如，空间元胞除受局部元胞间相互作用的影响外，还受各种更大尺度因素的影响。因此，应兼顾微观、区域和宏观现象，建立综合的多层次规则（张显峰和崔伟宏，2000）。这种扩展克服了标准 CA 模型“时空局部性”的局限。又如，转换规则在不同元胞空间和时间上应该是不同的，因此，应随区域差异和时间不同而调整。这种扩展克服了标准 CA 模型“同质性”的局限。

12.5 景观过程模型

景观过程模型（process-based landscape model）模拟生态学过程在景观空间中的动态（发生、发展和传播）。这些过程包括动物个体行为、种群动态和控制、干扰扩散过程、生态系统物质循环以及能量流动等。景观过程模型与一般过程模型的最大不同是，后者关注的是过程本身，而前者关注的是格局与过程的关系。许多景观过程模型是通过将非空间生态学过程模型（常常是基于点或斑块的模型）空间化后发展起来的（邬建国，2007）。

一般地说，建立景观过程模型至少要考虑下列四种因素：①干扰或物质在每一空间单元内向外扩散的能力大小（扩散速率），如碳循环中的光合和呼吸速率、水循环中的蒸腾速率和雪融解量等。②影响扩散的因素，如地理位置（纬度和海拔）、坡度和坡向、地形、土壤类型、风速和风向、降水和温湿度等，常常作为模拟方程中的自变量，在每个空间单元中有其特定的值。③相邻空间单元的性质。不同空间单元具有不同的扩散能力，其大小直接影响扩散的速率和方向，这是由景观的异质性决定的。④时间因素。影响扩散的因素常常随时间变化，不同时间上某种因素的作用大小也不一样，因此，模拟过程本身就是一种动态过程。在此基础上，确定扩散速率与各种因素之间的关系，以及这种关系随时空变化的规律。

根据空间信息显示方式的差异，可将景观过程模型分为空间生态系统模型和空间显式斑块动态模型。前者通常基于栅格，后者则基于斑块。

12.5.1 空间生态系统模型

空间生态系统模型的一般数学公式为

$$\frac{\partial S_i}{\partial t}=f_i(S_i,F)+\nabla\times(D_i\nabla S_i) \tag{12.11}$$

式中，S_i为某一生态学变量（如养分含量、种群密度、干扰面积）；F 为环境因素（如温度、水分、光照）的影响；D_i为所研究过程的空间扩散或传播系数；∇为空间梯度，可以是一维、二维或三维的（Huggett，1993；邬建国，2007）。

大多数景观空间生态系统模型将景观按空间异质性（如斑块类型）分成许多实际的空间单元，或根据数据分辨率和结果的精度要求网格化为栅格细胞，然后将结构上相同或相似的生态系统过程模型运用到所有同类的空间单元中。该模型有两大类，体现了对不同发生方向过程的空间异质性的反映程度。一是以垂直发生为主的过程，只需反映每个空间单元自身在植被、地形、土壤、气象等方面的空间异质性，如对土壤蒸发和植物蒸腾的模拟；二是以水平发生为主的过程，除反映每个空间单元自身的空间异质性外，还需考虑不同空间单元间的格局差异，及其引起的能流和物流，如对地表径流的模拟。无论哪类模型，其结构均适宜与遥感和 GIS 技术相结合，因此，空间生态系统模型成为当前研究大尺度生态学系统格局与过程相互作用的一个重要途径。邬建国（2007）给出了一个结合遥感和 GIS 技术来建立空间生态系统模型的一般途径（图 12.17）。

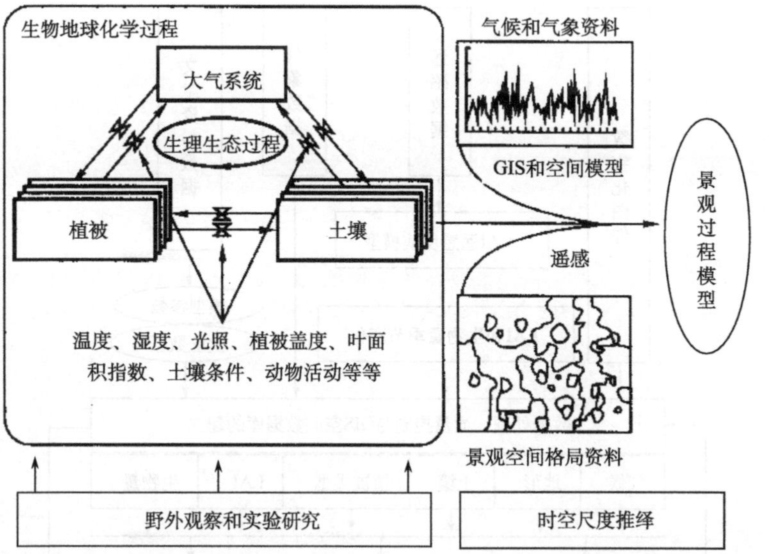

图 12.17　整合遥感、GIS 和计算机模拟为一体建立空间生态系统模型的一般途径（邬建国，2007）

1. EPPML 模型

张娜（2001）整合遥感、GIS 和计算机模型 EPPML 为一体，模拟了长白山自然保护区年碳循环和水循环过程的时空变化（图 12.18），是该类模型的一个应用实例。下面以对水循环过程的模拟为例来说明空间生态系统模型的基本原理。

长白山植被生态系统获得的水分主要来源于大气降水（包括降雨和降雪），雨水到达土壤后即成为土壤水的一部分，而固态的雪并不全部成为土壤水，需在融解之后方能成为土壤水的一部分，其余的雪以升华形式向外散失，故系统水分的来源实际上是降雨和融解雪（扣除雪升华量）。系统水分的自然损失途径主要有蒸发（包括冠层截留蒸发、土壤蒸发、下木和凋落物层截留蒸发）、冠层蒸腾、地表径流、地下径流和壤中流。地下径流、壤中流以及人类活动引起的水分损失不被考虑（张娜和于贵瑞，2006）。图 8.13 是水循环模型结构图，包含不同的水循环状态变量（长方形框）及各个方向的输入流和输出流（带箭头）。

对每个栅格细胞，模型的状态变量之一——土壤含水量随时间变化均可表示为

$$W_{Si} = W_{S(i-1)} + \Delta W_S \tag{12.12}$$

$$\Delta W_S = P_{S1} - P_{S2} \tag{12.13}$$

$$P_{S1} = P + s_{\text{melt}} \tag{12.14}$$

$$P_{S2} = c_{\text{evap}} + s_{\text{evap}} + t_r + r_f + U + L \tag{12.15}$$

式（12.12）至式（12.15）中，W_{Si} 和 $W_{S(i-1)}$ 分别为第 i 天和第 $i-1$ 天的土壤含水量；ΔW_S 为土壤含水量的日变化；P_{S1} 和 P_{S2} 分别为土壤水分的收入量和支出量；P 为降水量；s_{melt} 为融雪量；c_{evap} 为冠层截留降水蒸发量；U 为下层植物截留蒸发量；L 为凋落物层截留蒸发量；s_{evap} 为土壤蒸发量；t_r 为冠层蒸腾量；r_f 为地表径流量。

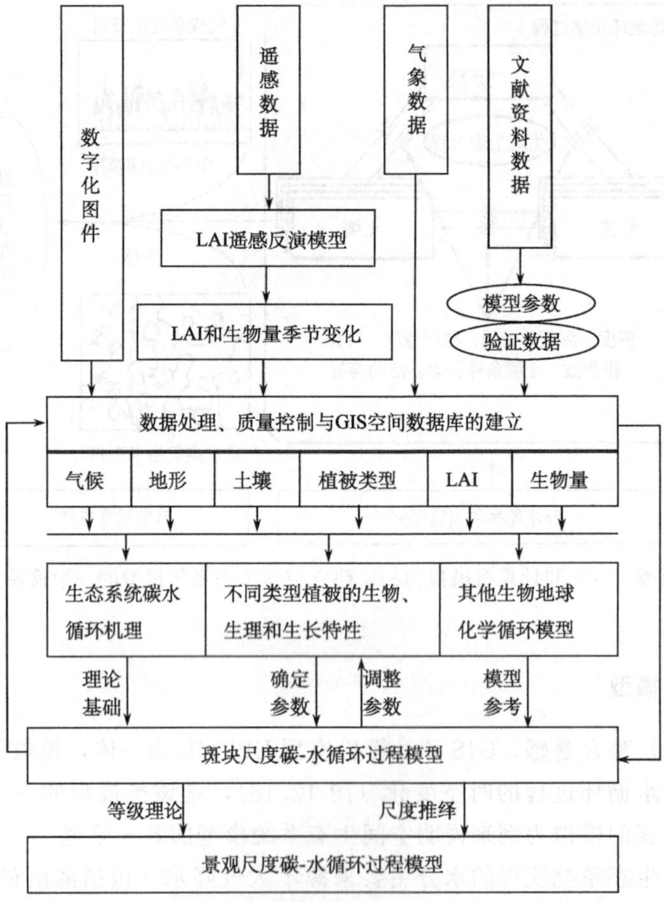

图 12.18　建立空间景观碳-水循环过程模型的一般途径（张娜，2001）

图 12.19 是模型模拟结果的一部分。整个景观尺度上影响水分平衡空间格局的首先是地形因素（主要是海拔）。总的来说，植被生态系统年水分变化量的空间分布随海拔升高呈明显增加的趋势［图 12.19(a)］；年水分收入量的空间分布也随海拔升高呈明显增加的趋势，尤其与年降水量的空间格局更为接近［图 12.19(b)］；年水分支出量的空间分布与年蒸散量更为接近，随海拔升高呈明显降低的趋势，与植被的垂直地带性分布规律一致［图 12.19(c)］。

2. LANDIS 模型

LANDIS 主要用于模拟大时空尺度上森林景观的变化（Mladenoff et al.，1996；He and Mladenoff，1999；He et al.，1999；Mladenoff and He，1999）。它以 1～10 年为时间步长，模拟树种不同年龄级的个数、物种水平的演替、优势群落的扰动，可支持多尺度和多精度的数据。包括 5 个模块：森林演替、种子传播、风干扰、火干扰和森林采伐。它基于栅格数据结构形式，可根据需要改变栅格的大小；用 C^{++} 程序进行设计，具有模块化和面向对象的特点，具有良好的 GIS 接口（图 12.20）。

LANDIS 模型的基本组成过程是演替和种子传播，对象是立地、物种、土地覆被

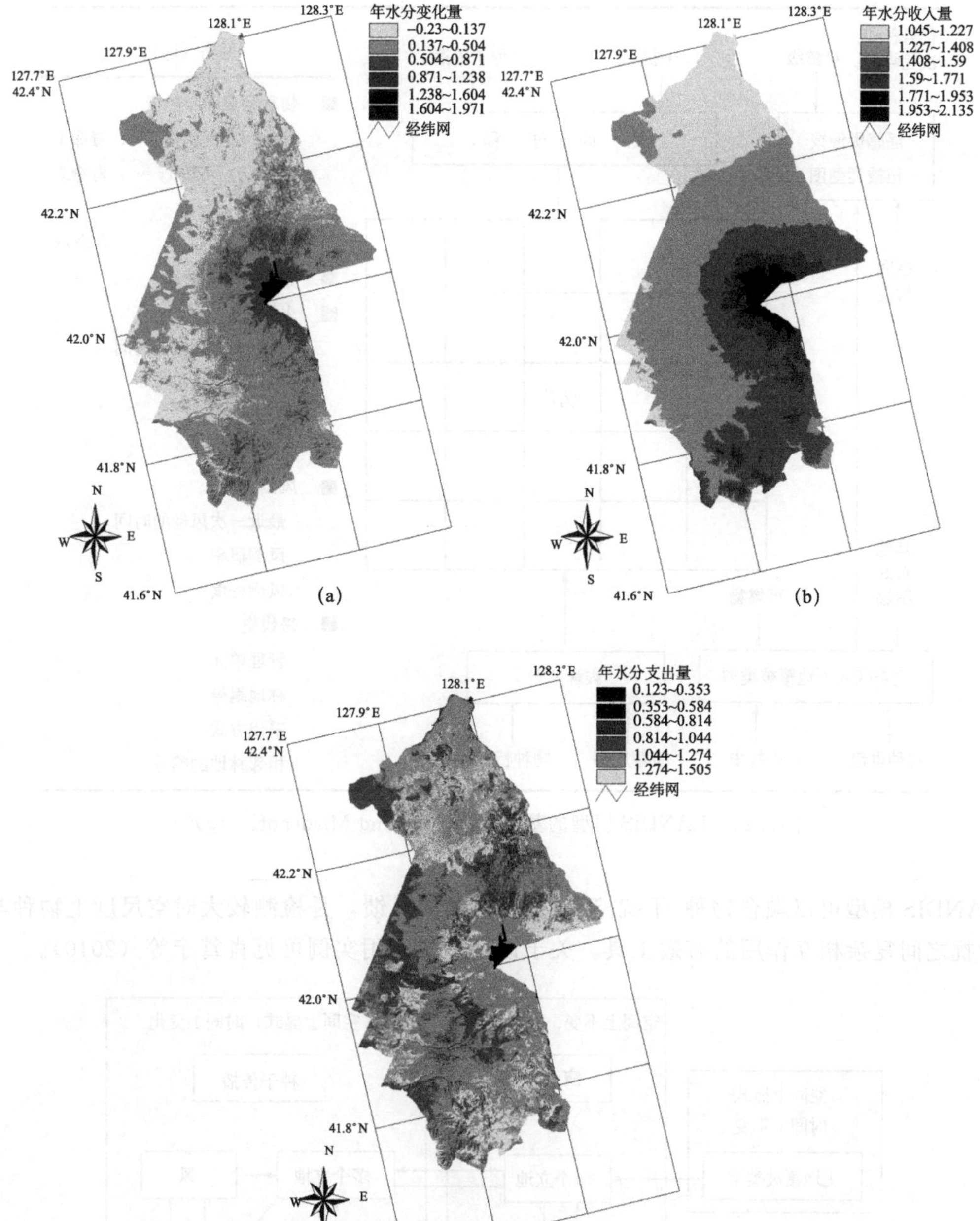

图 12.19　长白山自然保护区年水分收支量的空间分布（张娜和于贵瑞，2006；张娜，2010c）

注：图中水循环变量值（m/a）为景观生态系统生产力过程模型 EPPML 的模拟结果

类型、火烧和风。演替是空间上不变、时间上变化的过程，但它与空间有关。演替是一个综合过程，对单个立地来说，与物种生活史参数（如耐阴性、对干扰的易感性、繁殖力、达到性成熟的时间、生命周期）有关。种子传播是空间上显式、时间上变化的过程，与多个立地有关，也与物种及其属性和年龄、土地覆被类型等有关（图 12.21）。

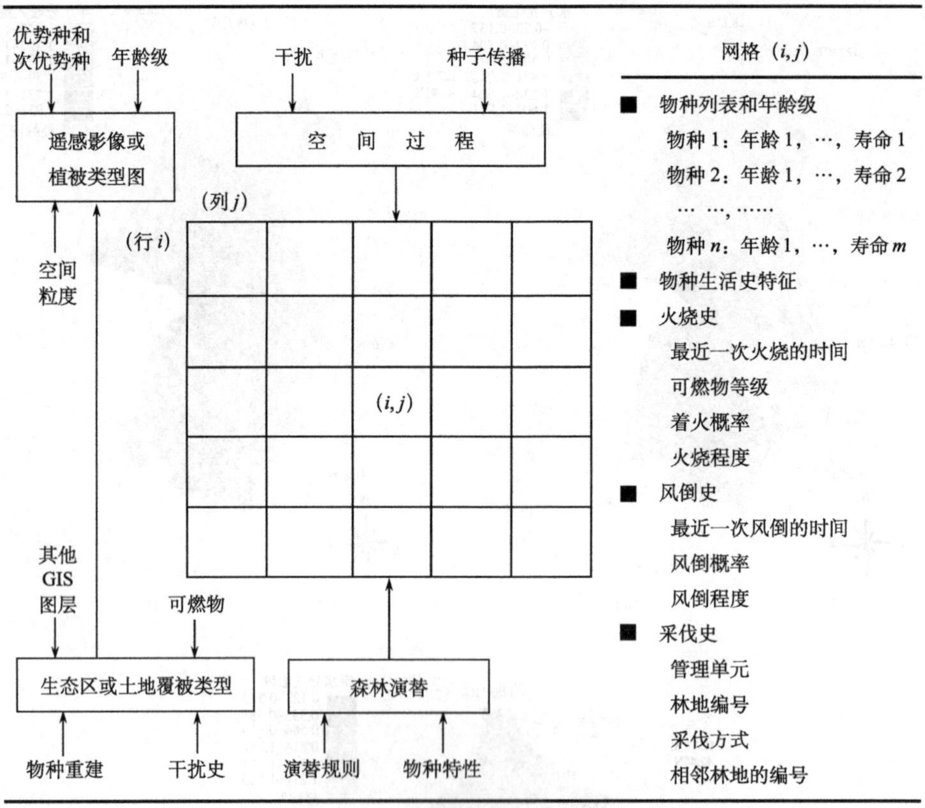

图 12.20　LANDIS 模型的基本结构（He and Mladenoff，1999）

LANDIS 模型可以融合物种-干扰-环境变异之间的反馈，是检测较大时空尺度上物种与干扰之间复杂相互作用的有效工具。关于该模型的应用实例可见肖笃宁等（2010）。

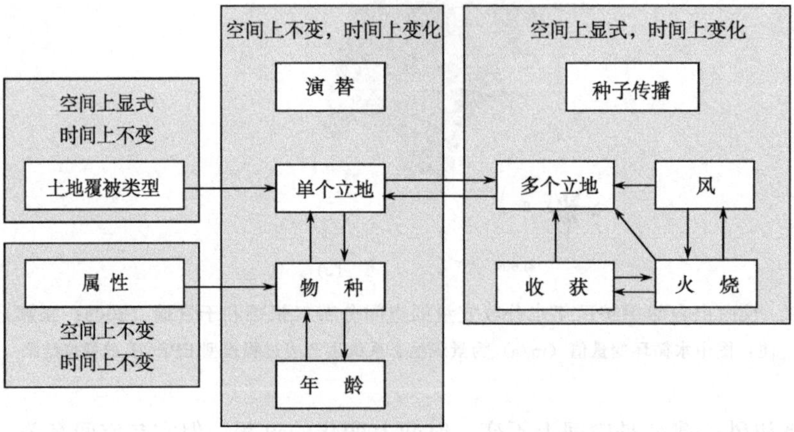

图 12.21　LANDIS 模型模块化的设计（He and Mladenoff，1999）

12.5.2 空间显式斑块动态模型

空间显式斑块动态模型（或简称空间斑块模型）不同于空间生态系统模型之处在于：①空间斑块模型将整个景观视为由大小、形状及内容不同的斑块组成的动态镶嵌体；②明确地将斑块作为模拟单元，研究斑块的空间格局（如大小和间距）、占有情况，及其形成、演化与消亡过程；③研究空间格局与生态学过程之间频繁的相互作用；④斑块动态至少同时涉及斑块和景观两个尺度，空间格局动态与生态学过程在多尺度上直接耦联。空间斑块模型是对斑块动态理论的一种数学表达。该类模型最适于格局与过程作用频繁、斑块周转率快的生态学系统（邬建国，2007）。空间斑块模型主要有以下 4 类。

1. 扩散-反应模型

扩散-反应模型（diffusion-reaction model）通常以种群密度作为状态变量，并间接地考虑斑块的空间特征（如大小和间距）对状态变量的影响，因此属于空间半显式（或准空间）模型。通常的表达式为

$$\frac{dY_i^u}{dt}=f_i^u(Y^u, X^u)+E_{pp}+E_{pm} \tag{12.16}$$

式中，Y^u是由斑块 u 的状态变量组成的矢量（$Y_1{}^u$，$Y_2{}^u$，…，$Y_n{}^u$），X^u是由一组与斑块 u 有关的参数组成的矢量（$X_1{}^u$，$X_2{}^u$，…，$X_n{}^u$），f^u是反应 Y 与 X 关系的一组函数；E_{pp}表示斑块间的净交换；E_{pm}表示斑块与基质间的净交换（Levin，1976；Okubo，1980；Wu and Loucks，1995）。

2. 斑块占有率模型

斑块占有率模型（patch-occupancy model）主要包括最简单的空间隐式复合种群模型（即 Levins 模型）和空间显式复合种群模型（如关联函数模型）。具体见“3.3.4 复合种群模型”。

3. 斑块统计学模型

与复合种群模型不同，斑块统计学模型（patch demographic model）关注的是斑块本身（如大小、年龄和数量）的动态变化。最典型的是 Levin 和 Paine（1974）、Paine 和 Levin（1981）发展的 Levin-Paine 斑块统计模型，用空间半显式偏微分方程来描述复合种群的动态，即

$$\frac{\partial\rho}{\partial t}+\frac{\partial\rho}{\partial\alpha}+\frac{\partial}{\partial\xi}(g\rho)=-\mu(t,\alpha,\xi)\rho(t,\alpha,\xi) \tag{12.17}$$

式（12.17）表示对 ρ 和 g 的偏微分方程，其积分解可表示为 ρ（t，α，ξ）和 g（t，α，ξ）。式中，$\rho(t，\alpha，\xi)$ 为描述不同年龄（α）和不同大小（ξ）的生境斑块在 t 时刻的频率分布的概率密度函数；$\mu(t，\alpha，\xi)$ 为不同年龄（α）和不同大小（ξ）的生境斑块在 t 时刻的平均绝灭率；g（t，α，ξ）为不同年龄（α）和不同大小（ξ）的生境斑块在 t 时刻由于斑块增大或缩小所引起的平均增长率。在任何时刻，大小在 ξ_1 和 ξ_2 之间、年

龄在α_1和α_2之间的斑块数量N为（Levin and Paine，1974）

$$N(t,\xi_1,\xi_2,\alpha_1,\alpha_2)=\int_{\alpha 1}^{\alpha 2}\int_{\xi 1}^{\xi 2}\rho(t,\alpha,\xi)\mathrm{d}\xi\mathrm{d}\alpha \tag{12.18}$$

若将该模型与种群密度模型相连，可得式（12.19）（Levin，1976），即

$$\bar{n}_j(t)=\frac{1}{A(t)}\left\{\left[A(t)-\int_0^{\infty}\int_0^{\infty}\xi\rho(t,\alpha\xi)\mathrm{d}\alpha\mathrm{d}\xi\right]\varphi_j^0(t)+\int_0^{\infty}\int_0^{\infty}\xi\rho(t,\alpha,\xi)\varphi_j(t,\alpha,\xi)\mathrm{d}\alpha\mathrm{d}\xi\right\} \tag{12.19}$$

式中，$\bar{n}_j(t)$为t时刻物种j在整个景观中的平均种群密度，$\varphi_j(t,\alpha,\xi)$为t时刻物种j在年龄为α、大小为ξ的生境斑块中种群密度的期望值，$\varphi_j^0(t)$为t时刻物种j在景观中非生境斑块中的种群密度，而$A(t)$是t时刻景观的总面积（Wu and Loucks，1995）。

4. 空间显式林隙动态模型

林隙动态模型目前已有几百个之多。传统的林隙动态模型属于准空间模型，因为它只在斑块尺度上是空间显式的，而在景观尺度上是非显式的。Smith 和 Urban（1988）将传统的林隙模型在景观空间上展开，发展了空间显式森林林隙动态模型（spatially explicit gap model）——ZELIG 模型。Coffin 和 Lauenroth（1989，1990）将类似思想用于草地研究，发展了空间显式草地斑块动态模型。空间显式林隙动态模型将局部干扰与整个景观的植物种群动态通过多尺度上格局与过程的相互作用有机地耦合在一起。

Wu 和 Levin（1994，1997）建立的 PatchMod 模型是空间显式斑块动态模型的经典例子。该模型包括两个子模型：一是具有年龄结构和大小结构的空间显式干扰斑块（地鼠土丘）统计学模型，模拟地鼠土丘的时空变化；二是包含两个物种的种群动态模型，通过跟踪景观中每一个斑块上植物种群生长和繁殖过程，模拟植被格局动态。基于斑块的多物种植物种群动态模型可用式（12.20）表示为

$$N_{i,t+1}=(N_{i,t}f_{i,t}+I_{i,t}-D_{i,t})\times g_i s_i\times(A_{t+1}/A_t) \tag{12.20}$$

式中，$N_{i,t}$和$N_{i,t+1}$分别为物种i在时刻t和$t+1$的种群大小（仅指成年植株数目）；$f_{i,t}$为植物结实率函数；$I_{i,t}$为斑块获得的种子数目；$D_{i,t}$为散播到斑块外的种子数目；g_i为萌发率；s_i为幼苗成活率；A_t和A_{t+1}分别为t和$t+1$时刻的斑块大小($A_{t+1}\leqslant A_t$)。f，g和s反映微生境条件、斑块内种间和种内竞争对斑块内种群大小的影响；I和D反映斑块间通过植物种子传播的相互作用。可见，多尺度上的过程共同决定了景观整体的复合种群动态。

无论是哪种景观过程模型，其构建和分析都存在着非常重大的挑战。首先，联系空间格局与过程常常十分困难，因为空间格局可能源于一些复杂因素，如个体特征、栖息地的时空变异、目标物种与其他物种的关系等。其次，为了反映空间格局与过程关系的复杂性，空间显式景观过程模型常常需要包含许多参数，而参数的估计会极大地影响基于空间格局的过程模拟。景观过程模型的复杂性使得传统的统计方法（如平方和、最大似然法）通常不再适用于参数估计，而 Bayesian 方法和遗传算法也只适用于少量参数的情形，因此，改进景观过程模型参数估计的方法十分必要（Wiegand et al.，1999）。Vinatier 等（2013）在空间显式模拟模型的参数反演中融合了 Morris 全局敏感性分析

和方差分解技术（variance decomposition technique），试图发展一种通用方法，在改进参数估计法、探讨参数不确定性的同时，研究景观组成和构型的变化是如何影响参数对过程的主要效应的。融合全局敏感性分析的反演模型方法也已成功地用于校准许多不同的空间显式模拟模型（Kramer-Schadt et al.，2004；Wiegand et al.，2004；Beaudouin et al.，2008；Martinez et al.，2011）。然而，空间显式模拟模型的参数敏感性分析具有特别的挑战性，因为需要将景观格局特征融入到分析当中（Vinatier et al.，2013）。

参考文献

白永飞. 2000. 锡林河流域草原群落植物多样性和初级生产力沿水热梯度变化的样带研究. 植物生态学报，24（6）：667～673

常学礼. 1997. 景观空隙度指数在沙漠化研究中的应用. 中国沙漠，17（4）：351～354

常学礼，邬建国. 1996. 分形模型在生态学中的应用. 生态学杂志，15（3）：35～42

常学礼，赵爱芬，李胜功. 1999a. 生态脆弱带的尺度与等级特征. 中国沙漠，19（2）：115～119

常学礼，张德干，杨持. 1999b. 农牧交错区沙地景观空间格局的空隙度分析. 中国沙漠，19（增刊 1）：12～17

陈利顶，傅伯杰. 2000. 农田生态系统管理与非点源污染. 环境科学，21（2）：98～100

陈利顶，傅伯杰，赵文武. 2006. "源""汇"景观理论及其生态学意义. 生态学报，26（5）：1444～1449

陈利顶，刘雪华，傅伯杰. 1999. 卧龙自然保护区大熊猫生境破碎化研究. 生态学报，19（3）：287～291

陈水华，丁平，郑光美，等. 2000. 城市化对杭州市湿地水鸟群落的影响研究. 动物学研究，21（4）：279～285

邓红兵，王青春，王庆礼，等. 2001. 河岸植被缓冲带与河岸带管理. 应用生态学报，12（6）：951～954

邓红兵，王庆礼，蔡庆华. 1998. 流域生态学——新学科、新思想、新途径. 应用生态学报，9（4）：443～449

邓红兵. 2001. 河岸植被缓冲带与河岸带管理. 应用生态学报，12（6）：951～954

邓卓智，冯雁. 2007. 北护城河的生态修复. 水利规划与设计，6：14～16，27

董波. 1997. 美国大沼泽地国家公园的自然保护效益. 世界地理研究，1：71～77

杜宁睿，邓冰. 2001. 细胞自动机及其在模拟城市时空演化过程中的应用. 武汉大学学报（工学版），34（6）：8～11

傅伯杰. 1991. 景观生态学的对象和任务. 见：肖笃宁. 景观生态学：理论、方法及应用. 北京：中国林业出版社：1～5

傅伯杰，王仰麟. 1990. 国际景观生态学的发展动态与趋势. 地球科学进展，5（3）：56～60

傅伯杰，陈利顶，马克明. 1999. 黄土丘陵区小流域土地利用变化对生态环境的影响——以延安市羊圈沟流域为例. 地理学报，54（3）：241～246

傅伯杰，陈利顶，马克明，等. 2001. 景观生态学原理及应用. 北京：科学出版社

高艳妮，陈玮，何兴元，等. 2010. 基于二维小波分析的景观特征尺度识别. 应用生态学报，21（6）：1523～1529

高月英. 1997. 耗散结构简介中的几个要点. 大气化学，12（2）：13～16，12

韩兴国. 1994. 岛屿生物地理学理论与生物多样性保护. 见：马克平，钱迎倩，王晨. 生物多样性研究的原理与方法. 北京：中国科学技术出版社：83～103

胡远满，布仁仓，李团胜，等. 1999. 野生动物生境的行为性破碎化研究. 见：肖笃宁. 景观生态学研究进展. 长沙：湖南科学技术出版社：173～175

黄建辉. 1994. 生态系统内的物种多样性对稳定性的影响. 见：中国科学院生物多样性委员会. 生物多样性研究的原理与方法. 北京：中国科学技术出版社：178～191

黄世能，王伯荪. 2001. 复合种群动态研究进展. 广西植物，21（1）：21～31

贾宝全，杨洁泉. 1999. 景观生态学的起源与发展. 干旱区研究，16（3）：12～18

李博，雍世鹏，李忠厚. 1988. 锡林河流域植被及其利用. 见：中国科学院内蒙古古草原生态系统定位

站. 草原生态系统研究（第三集）. 北京：科学出版社：84～183
李哈滨，伍业钢. 1992. 景观生态学的数量研究方法. 见：刘建国. 当代生态学博论. 北京：中国科学技术出版社：209～233
李哈滨，王政权，王庆成. 1998. 空间异质性定量研究理论与方法. 应用生态学报，9（6）：651～657
李火根，黄敏仁. 2001. 分形及其在植物研究中的应用. 植物学通报，18（6）：684～690
李团胜. 1998. 城市景观异质性及其维持. 生态学杂志，17（1）：70～72
李婉，张娜，吴芳芳. 2011. 北京转河河岸带生态修复对河流水质的影响. 环境科学，32（1）：80～87
李秀珍. 2000. 从第十五届美国景观生态学年会看当前景观生态学发展的热点和前沿. 生态学报，20（6）：1113～1115
李义明，李典谟. 1998. 影响舟山群岛蛙类物种多样性的主要因素分析. 动物学报，44（2）：150～156
刘建国. 1992. 当代生态学博论. 北京：中国科学技术出版社：30～39
刘增文，李素雅. 1997. 生态系统稳定性研究的历史与现状. 生态学杂志，16（2）：58～61
龙毅. 2011. 生物入侵调查：水葫芦治理何去何从. http://tech. sina. com. cn/d/2011-11-30/10126403810. shtml [2011-11-30]
吕一河，傅伯杰. 2001. 生态学中的尺度及尺度转换方法. 生态学报，21（12）：2096～2105
马建华，管华. 2003. 系统科学及其在地理学中的应用. 北京：科学出版社
马克明. 1996. 落叶林空间格局的分形研究. 哈尔滨：东北林业大学博士学位论文
马克明，祖元刚. 2000. 植被格局的分形特征. 植物生态学报，24（1）：111～117
孟庆华，傅伯杰. 2000. 景观格局与土壤养分流动. 水土保持学报，14（3）：116～121
彭科峰. 2013. 寻找江豚的 44 天. http://news. sciencenet. cn/sbhtmlnews/2013/1/ 268333. shtm [2013-1-11]
彭丽，张坚. 2013. 三峡库区消落带现新景观. http://news. sciencenet. cn/sbhtmlnews/2013/4/271818. shtm [2013-4-16]
钱易，唐孝炎. 2010. 环境保护与可持续发展（第二版）. 北京：高等教育出版社
邱扬，张金屯，郑凤英. 2000. 景观生态学的核心：生态学系统的时空异质性. 生态学杂志，19（2）：42～49
沈永昌. 2002-07-29. 为藏羚羊修条“隧道”，如何？人民日报海外版（第十一版）
宋豫秦，张力小，曹淑艳. 2000. 耗散结构理论在我国北方农牧交错带人地系统分析中的应用. 中国沙漠，20（增刊）：15～21
苏文贵，常禹. 1999. 景观动态研究的模型方法. 见：肖笃宁. 景观生态学进展. 长沙：湖南科学技术出版社
唐凤. 2013.“平面国”上演侵蚀秀. http://news. sciencenet. cn/sbhtmlnews/2013/2/269325. shtm. [2013-2-5]
汪久文，蔡蔚祺. 1988. 锡林河流域土壤的发生类型及其性质的研究. 见：中国科学院内蒙古古草原生态系统定位站. 草原生态系统研究（第三集）. 北京：科学出版社：23～83
王良健，包浩生，彭补拙. 2000. 基于遥感与 GIS 的区域土地利用变化的动态监测与预测研究. 经济地理，20（2）：47～51
王媛，张娜. 2010. 千烟洲马尾松人工林生态系统的碳循环模拟及模型参数的敏感性分析. 应用生态学报，21（7）：1656～1666
王政权. 1999. 地统计学及其在生态学中的应用. 北京：科学出版社
王中仁. 2002.“metapopulation”的概念和中文译法建议. 科技术语研究，4（1）：22～23
王准. 2002. 上海河道新型护岸绿化种植设计. 上海交通大学学报（农业科学版），20（l）：53～57
邬建国. 1989. 岛屿生物地理学理论：模型与应用. 生态学杂志，8（6）：34～39

邬建国. 1991. 耗散结构，等级系统理论与生态系统. 应用生态学报，2（2）：181～186
邬建国. 1996. 生态学范式变迁综论. 生态学报，16（5）：449～460
邬建国. 2000a. Metapopulation（复合种群）究竟是什么？植物生态学报，24（1）：123～126
邬建国. 2000b. 景观生态学概念与理论. 生态学杂志，19（1）：42～52
邬建国. 2007. 景观生态学——格局、过程、尺度与等级（第二版）. 北京：高等教育出版社
邬建国，申卫军. 2000. 复杂适应系统（CAS）理论及其在生态学上的应用. 见：邬建国，韩兴国，黄建辉. 现代生态学讲座（II）：从基础科学到环境问题. 北京：科学出版社：6～15
吴芳芳，张娜，陈晓燕. 2013. 北京北护城河河岸带的温湿度调节效应. 生态学报，33（7）：2292～2303
伍业钢，李哈滨. 1992. 景观生态学的理论发展. 见：刘建国. 当代生态学博论. 北京：中国科学技术出版社：30～39
肖笃宁. 1998. 论景观生态建设. 见：沈阳农业大学土地与环境学院，中国农业资源与环境持续发展的探讨. 沈阳：辽宁科学技术出版社：41～50
肖笃宁. 1999a. 景观生态学研究进展. 长沙：湖南科学技术出版社
肖笃宁. 1999b. 国际景观生态学研究的最新进展第五届景观生态世界大会介绍. 生态学杂志，18（6）：75～76
肖笃宁，李秀珍. 1997. 当代景观生态学的进展和展望. 地理科学，17（4）：356～363
肖笃宁，李秀珍，高峻，等. 2010. 景观生态学. 北京：科学出版社
肖笃宁，赵羿，孙中伟，等. 1990. 沈阳西郊景观格局变化的研究. 应用生态学报，1（1）：75～84
辛晓平，徐斌，单保庆，等. 2000. 恢复演替中草地斑块动态及尺度转换分析. 生态学报，20（4）：587～593
邢劭朋. 1988. 吉林森林. 吉林：吉林科学技术出版社；北京：中国林业出版社：76
徐宏发，陆厚基，王小明. 1998. 玛他种群：种群生态学理论应用于保护生物学实践的新范例. 生态学杂志，17（1）：47～53
徐化成. 1996. 景观生态学. 北京：中国林业出版社
徐建华. 2002. 现代地理学中的数学方法. 北京：高等教育出版社
徐岚，赵羿. 1993. 利用马尔可夫过程预测东陵区土地利用格局的变化. 应用生态学报，4（3）：272～277
徐汝梅. 2000. 通过网蛱蝶的例证研究试论集合种群的理论和方法. 昆虫学报，43（增刊）：8～12
徐文铎. 1992. 长白山森林生态系统研究的阶段总结. 见：长白山森林生态系统定位站. 森林生态系统研究（第六集）. 北京：中国林业出版社：7～8
阎水玉，王祥荣. 2001. 流域生态学与太湖流域防洪、治污及可持续发展. 湖泊科学，13（1）：1～8
岳隽，王仰麟. 2005. 国内外河岸带研究的进展与展望. 地理科学进展，24（5）：33～40
岳天祥. 1991. 生态系统的稳定性. 青年生态学者论丛（一）. 北京：中国科学技术出版社：44～50
臧润国，刘静艳，董大方. 1999. 林隙动态与森林生物多样性. 北京：中国林业出版社
曾辉，邵楠，郭庆华. 1999. 珠江三角洲东部常平地区景观异质性研究. 地理学报，54（3）：255～262
张大勇. 2002. 集合种群与生物多样性保护. 生物学通报，37（2）：1～4
张大勇，雷光春，Hanski I. 1999. 集合种群动态：理论与应用. 生物多样性，7（2）：81～90
张红艳，张娜，陈晓燕. 2012. 内蒙古镶黄旗草地蝗虫潜在发生可能性的初步评价. 应用生态学报，23（1）：222～234
张济忠. 1997. 分形. 北京：清华大学出版社：19～23
张娜. 2001. 景观尺度生态系统生产力过程模型研究——以长白山为例. 北京：中国科学院地理科学与资源研究所博士论文
张娜. 2006. 生态学中的尺度问题：内涵与分析方法. 生态学报，26（7）：2340～2355

张娜. 2007. 生态学中的尺度问题：尺度上推. 生态学报，27 (10)：4252～4266
张娜. 2010a. 区域水碳循环过程模型及其模拟分析. 见：于贵瑞，王秋凤，等. 植物光合、蒸腾与水分利用的生理生态学. 北京：科学出版社：521～584
张娜. 2010b. 景观尺度分析. 见：肖笃宁，李秀珍，高峻，等. 景观生态学（第二版）. 北京：科学出版社：164～176
张娜. 2010c. 景观变化与景观动态模型. 见：肖笃宁，李秀珍，高峻，等. 景观生态学（第二版）. 北京：科学出版社：86～135
张娜，梁一民. 1999. 黄土丘陵区两类天然草地群落地上部数量特征及其与土壤水分关系的比较研究. 西北植物学报，19 (3)：494～501
张娜，梁一民. 2000. 干旱气候对白羊草群落土壤水分和地上部生长影响的初步观察. 生态学报，20 (6)：964～970
张娜，于贵瑞. 2006. 景观植被生态系统水平衡模拟与分析. 气候与环境研究，11 (3)：425～440
张娜，于振良，赵士洞. 2001. 长白山植被蒸腾量空间变化特征的模拟. 资源科学，23 (6)：91～96
张娜，于贵瑞，于振良. 2004. 异质景观年蒸发量空间格局的模拟. 生态学报，24 (11)：175～186
张娜，吴芳芳，李婉. 2011. 北京北护城河河岸带结构对地表径流中可溶性氮截留效率影响的模拟研究. *In*：Luo J. Proceedings of 2011 International Conference on Ecological Protection of Lakes-Wetlands-Watershed and Application of 3S Technology Workshop (EPLWW3S2011)（2011 年湖泊湿地流域生态保护与 3S 技术应用国际学术研讨会论文集）. Kowloon：International Industrial Electronic Center：249～257
张娜，于贵瑞，于振良，等. 2003a. 基于 3S 的自然植被光能利用率的时空分布特征的模拟. 植物生态学报，27 (3)：325～336
张娜，于贵瑞，于振良，等. 2003b. 基于景观尺度过程模型的长白山地表径流量时空变化特征的模拟. 应用生态学报，14 (5)：653～658
张娜，于贵瑞，于振良，等. 2003c. 基于景观尺度过程模型的长白山净初级生产力空间分布影响因素分析. 应用生态学报，14 (5)：659～664
张娜，于贵瑞，赵士洞，等. 2003d. 基于遥感与地面数据的景观尺度生态系统生产力的模拟. 应用生态学报，14 (5)：643～652
张娜，于贵瑞，赵士洞，等. 2003e. 长白山自然保护区生态系统碳平衡研究. 环境科学，24 (1)：24～32
张显峰，崔伟宏. 2000. 基于 GIS 和 CA 模型的时空建模方法研究. 中国图像图形学报，5A (12)：1012～1018
赵凛松. 2011. 本报记者目击藏羚羊迁徙记. 西宁晚报. http://www.xnwbw.com/html/2011-06-07/content_10264.htm.［2011-6-7］
赵淑清，方精云，雷光春. 2001. 物种保护的理论基础——从岛屿生物地理学理论到集合种群理论. 生态学报，21 (7)：1171～1179
赵文武，傅伯杰，陈利顶. 2002. 尺度推绎研究中的几点基本问题. 地球科学进展，17 (6)：906～908
赵熙熙. 2013. 切块森林做试验. http://news.sciencenet.cn/sbhtmlnews/2013/5/272777.shtm［2013-5-14］
赵羿，李月辉. 1999. 论景观的稳定性. 见：肖笃宁. 景观生态学研究进展. 长沙：湖南科学技术出版社：106～111
赵羿，李月辉. 2001. 实用景观生态学. 北京：科学出版社
赵羿，吴彦明，孙中伟. 1990. 海岸带的景观生态特征及其管理. 应用生态学报，1 (4)：373～377
周成虎，孙战利，谢一春. 1999. 地理元胞自动机研究. 北京：科学出版社
朱强，俞孔坚，李迪华. 2005. 景观规划中的生态廊道宽度. 生态学报，25 (9)：2406～2412

朱文星，邓卓智. 2012. 简述永定河城市段的生态修复. 水利科技与经济，18（2）：19～21，37

诸葛亦斯，刘德富，黄钰铃. 2006. 生态河流缓冲带构建技术初探. 水资源与水工程学报，17（2）：63～67

祖元刚，赵则海，丛沛桐，等. 1999. 兴安落叶松（*Larix gmelinii*）林林窗分布规律的小波分析研究. 生态学报，19（6）：927～931

Hanski I. 2000. 第 5 章 集合种群动态：理论与应用. 见：张大勇，雷光春，Hanski I，等. 理论生态学研究. 北京：高等教育出版社；Heidelberg：Springer

Acevedo M F，Urban D L，Shugart H H. 1996. Models of forest dynamics based on roles of tree species. Ecological Modeling，87：267～284

Adriaensen F，Chardon. J P，de Blust G，et al. 2003. The application of 'least-cost' modelling as a functional landscape model. Landscape and Urban Planning，64：233～247

Ahl V，Allen T F H. 1996. Hierarchy Theory：a Vision，Vocabulary，and Epistemology. New York：Columbia University Press

Ahmad M A，Teredesai A. 2006. Modeling spread of ideas in online social networks. *In*：Proceedings of the Fifth Australasian Conference on Data Mining and Analystics. Vol 61. Australian Computer Society，Inc.，Sydney：185～190

Allah C，Cloitre M. 1991. Characterizing the lacunarity of random and deterministic fractal sets. Physical Review A，44：3552～3558

Allen T F H，Starr T B. 1982. Hierarchy：Perspectives for Ecological Complexity. Chicago：University of Chicago Press

Andersen B J. 2008. Research in the Journal Landscape Ecology，1987～2005. Landscape Ecology，23：129～134

Anderson K M，Shugart H H. 1977. The effect of transmission-line corridors on bird populations. American Midland Naturalist，97：216～221

Andren H. 1994. Effects of habitat fragmentation on birds and mammals in landscapes with different proportions of suitable habitat. Oikos，71：355～366

Andrewartha H G，Birch L C. 1954. The Distribution and Abundance of Animals. Chicago：University of Chicago Press

Anselin L. 1995. Local indicators of spatial association-LISA. Geographical Analysis，27：93～115

Antrop M. 2007. Reflecting upon 25 years of landscape ecology. Landscape Ecology，22：1441～1443

Arheimer B，Brand M. 2000. Watershed modelling of non-point nitrogen from arable land to the Swedish coast in 1985 and 1994. Ecological Engineering，14：389～404

Arneth A，Harrison S P，Zaehle S，et al. 2010. Terrestrial biogeochemical feedbacks in the climate system RID E-4643-2011. Nature Geoscience，3：525～532

Arnot C，Fisher P F，Wadsworth R，et al. 2004. Landscape metrics with ecotones：pattern under uncertainty. Landscape Ecology，19：181～195

Arp W J，van Mierlo J E M，Berendse F，et al. 1998. Interactions between elevated CO_2 concentration，nitrogen and water：effects on growth and water use of six perennial plant species. Plant，Cell & Environment，21（1）：1～11

Baker M E，Weller D E，Jordan T E. 2006. Improved methods for quantifying potential nutrient interception by riparian buffers. Landscape Ecology，21：1327～1345

Baker W L. 1989. A review of models of landscape change. Landscape Ecology，2：111～133

Baker W L，Cai Y. 1992. The r. le programs for multiscale analysis of landscape structure using the

GRASS geographical information system. Landscape Ecology, 7: 291～302

Band L E, Peterson D L, Running S W, et al. 1991. Forest ecosystem processes at watershed scale: basis for distributed simulation. Ecological Modeling, 56: 171～196

Barnsley M F, Devaney R L, Mandelbrot B, et al. 1988. The Science of Fractal Images. New York: Springer-Verlag

Barnsley M J, Barr S L, Tsang T. 1997. Scaling and generalization in land cover mapping from satellite sensors. *In*: Gardingen P R, Foody G M, Curran P J. Scaling-up: From Cell to Landscape. Cambridge: Cambridge University Press: 173～199

Bastian O. 2001. Landscape ecology-towards a unified discipline? Landscape Ecology, 16: 757～766

Baudry J, Merriam H G. 1988. Connectivity and connectedness: functional versus structural patterns in landscapes. *In*: Schreiber K F. Connectivity in Landscape Ecology. Proceedings of the 2nd International Seminar of the International Association for Landscape Ecology. Münstersche Geographische Arbeiten, 29: 23～28

Baudry J. 1984. Effects of landscape structure on biological communities: the case of hedgerow network landscapes. *In*: Brandt J, Agger P. Methodology in Landscape Ecological Research and Planning. Denmark: Roskilde University Centre: 1: 55～65

Baudry J. 1989. Interaction between agricultural and ecological systems at the landscape level. Agriculture, Ecosystem & Environment, 27: 119～130

Baum K A, Haynes K J, Dillemuth F P, et al. 2004. The matrix enhances the effectiveness of corridors and stepping stones. Ecology, 85: 2671～2676

Beaudouin R, Monod G, Ginot V. 2008. Selecting parameters for calibration via sensitivity analysis: an individual-based model of mosquito fish population dynamics. Ecological Modelling, 218: 29～48

Beier P, Majka D R, Newell S L. 2009. Uncertainty analysis of least-cost modeling for designing wildlife linkages. Ecological Applications, 19: 2067～2077

Belyea L R, Lancaster J. 2002. Inferring landscape dynamics of bog pools from scaling relationships and spatial patterns. Journal of Ecology, 90: 223～234

Benson B J, Mackenzie M D. 1995. Effects of sensor spatial resolution on landscape structure parameters. Landscape Ecology, 10: 113～120

Berggren A, Birath B, Kindvall O. 2002. Effect of corridors and habitat edges on dispersal behaviour, movement rates, and movement angles in Roesel's Bush-Cricket (Metrioptera roeseli). Conservation Biology, 16: 1562～1569

Bian L, Butler R. 1999. Comparing effects of aggregation methods on statistical and spatial properties of simulated spatial data. Photogrammatic Engineering and Remote Sensing, 65: 73～84

Bian L, Walsh S J. 1993. Scale dependencies of vegetation and topography in a mountainous environment of Montana. Professional Geographer, 45: 1～11

Bierkens M F P, Finke P A, de Willigen P. 2000. Upscaling and Downscaling Methods for Environmental Research. The Netherlands: Kluwer Academic Publishers, Dordrecht

Blöschl G, Sivapalan M. 1995. Scale issues in hydrological modelling: a review. Hydrological Processes, 9: 251～290

Bogaert J, Rousseau R, van Hecke P, et al. 2000. Alternative perimeter-area ratios for measurement of 2-D shape compactness of habitats. Applied Mathematics and Computation, 111: 71～85

Bolger D T, Scott T A, Rotenberry J T. 1997. Breeding bird abundance in an urbanizing landscape in coastal southern California. Conservation Biology, 11: 406～421

Borges P A V, Brown V K. 1999. Effect of island geological age on the arthropod species richness of Azorean pastures. Biological Journal of the Linnean Society, 66: 373～410

Bormann F H, Likens G E. 1979. Catastrophic disturbance and the steady state in northern hardwood forests. American Science, 67: 660～669

Botkin D B, Sobel M J. 1975. Stability in time-varying ecosystems. The American Naturalist, 109: 625～646

Botkin D B, Janak J F, Wallis J R. 1972. Rationale, limitations and assumptions of a northeast forest growth simulation. IBM Journal of Research and Development, 16: 10

Bradbury R H, Reichelt R E, Green D G. 1984. Marine ecology progress series, 14: 295～296

Bradshaw G A, Spies T A. Characterizing canopy gap structure in forests using wavelet analysis. Journal of Ecology, 1992, 80: 205～215

Braun M, Bai Y, McConkey B, et al. 2013. Greenhouse gas flux in a temperate grassland as affected by landform and disturbance. Landscape Ecology, 28: 709～723

Bren L J. 1995. Aspects of the geometry of riparian buffer strips and its significance to forestry operations. Forest Ecology and Management, 75 (1-3): 1～10

Brouwers N, Matusick G, Ruthrof K, et al. 2013. Landscape-scale assessment of tree crown dieback following extreme drought and heat in a Mediterranean eucalypt forest ecosystem. Landscape Ecology, 28: 69～80

Brown J H, West G B, Enquist B J. 2000. Scaling in biology: patterns and processes, causes and consequences. *In*: Brown J H, West G B. Scaling in Biology. Oxford: Oxford University Press: 1～24

Brown J H, Gupta V K, Li B L, et al. 2002. The fractal nature of nature: Power laws, ecological complexity and biodiversity. Philosophical Transactions of the Royal Society (London B), 57: 619～626

Burel F, Baudry J, Lefeuvre J C. 1993. Landscape structure and the control of water runoff. *In*: Bunce R G H, Ryszkowski L, Paoletti M G. Landscape Ecology and Agroecosystems. Boca Raton: Lewis Publishers: 41～47

Burgess R L, Sharpe D M. 1981. Forest Island Dynamics in Man-Dominated Landscapes. New York: Springer-Verlag

Burke I C, Elliott E T, Cole C V. 1995. Influence of macroclimate, landscape position, and management on soil organic matter in agroecosystems. Ecological Applications, 5: 124～131

Burke I C, Schimel D S, Parton W J, et al. 1990. Regional modeling of grassland biogeochemistry using GIS. Landscape Ecology, 4: 45～54

Burrough P A. 1981. Fractal dimensions of landscapes and other environmental data. Nature, 294: 240～242

Burrough P A, McDonnell R A. 1998. Principles of Geographical Information Systems. Oxford: Oxford University Press

Burrough P A. 1995. Spatial aspects of ecological data. *In*: Jongman R H G, Ter Braak C J F, van Tongeren O F R. Data Analysis in Community and Landscape Ecology. Cambridge: Cambridge University Press: 213～265

Buyantuyev A, Wu J. 2010. Urban heat islands and landscape heterogeneity: linking spatiotemporal variations in surface temperatures to land-cover and socioeconomic patterns. Landscape Ecology, 25 (1): 17～33

Calder W A. 1983. Ecological scaling: mammals and birds. Annual Review of Ecology and Systematics, 14: 213～230

Cantrell R S, Cosner C. 2003. Spatial ecology via reaction-diffusion equations. Chichester: Wiley
Cao C, Lam N. 1997: Understanding the scale and resolution effects in remote sensing and GIS. *In*: Quattrochi D A, Goodchild M F. Scale in Remote Sensing. Boca Raton: Lewis Publishers
Cao X, Onishi A, Chen J, et al. 2010. Quantifying the cool island intensity of urban parks using ASTER and IKONOS data. Landscape and Urban Planning, 96: 224～231
Cardille J A, Ventura S J, Turner M G. 2001. Environmental and social factors influencing wildfires in the Upper Midwest, USA. Ecological Applications, 11: 111～127
Carpenter S R, Caraco N F, Correll D L, et al. 1998. Nonpoint pollution of surface waters with phosphorus and nitrogen. Ecological Applications, 8: 559～568
Caswell H. 2001. Matrix Population Models: Construction, Analysis, and Interpretation. Sunderland: Sinauer Associates
Caswell H, Etter R J. 1993. Ecological interactions in patchy environments: from patch-occupancy models to cellular automata. *In*: Levin S A, Powell T M, Steel J H. Patch Dynamics. New York: Springer-Verlag: 93～109
Chamberlain D E, Fuller R J, Bunce R G H, et al. 2000. Changes in the abundance of farmland birds in relation to the timing of agricultural intensification in England and Wales. Journal of Applied Ecology, 37: 771～788
Chapin F I, Carpenter S R, Kofinas G P, et al. 2010. Ecosystem stewardship: sustainability strategies for a rapidly changing planet. Trends in Ecology & Evolution, 25: 241～249
Chayes J T, Chayes L, Durret R. 1988. Connectivity properties of Mandelbrot's percolation process. Probability Theory and Related Fields, 77: 307～324
Chiarello A G. 1999. Effects of fragmentation of the Atlantic forest on mammal communities on south-eastern Brazil. Biological Conservation, 89: 71～82
Churkina G, Zaehle S, Hughes J, et al. 2010. Interactions between nitrogen deposition, land cover conversion, and climate change determine the contemporary carbon balance of Europe. Biogeosci Discuss, 7 (2): 2227～2265
Cirmo C P, McDonnell J J. 1997. Linking the hydrologic and biogeochemical controls of nitrogen transport in near-stream zones of temperate forested catchments: a review. Journal of Hydrology, 199: 88～120
Clark I. 1980. Part I: the semivariogram. *In*: Geostatistics. New York: McGraw-Hill, Inc: 17～40
Coffin D P, Lauenroth W K. 1989. Disturbances and gap dynamics in a semiarid grassland: a landscape-level approach. Landscape Ecology, 3: 19～27
Coffin D P, Lauenroth W K. 1990. A gap dynamics simulation model of succession in a semiarid grassland. Ecological Modelling, 49: 229～266
Comeleo R L, Paul J F, August P V, et al. 1996. Relationships between watershed stressors and sediment contamination in Chesapeake Bay estuaries. Landscape Ecology, 11: 307～319
Congalton R G, Green K. 1999. Assessing the Accuracy of Remotely Sensed Data: Principles and Practices. Boca Raton: Lewis Publishers
Connors J, Galletti C, Chow W L. 2013. Landscape configuration and urban heat island effects: assessing the relationship between landscape characteristics and land surface temperature in Phoenix, Arizona. Landscape Ecology, 28: 271～283
Cook E A, van Lier H N. 1994. Landscape Planning and Ecological Networks. Amsterdam: Elsevier
Costanza R. 1989. Model goodness of fit: a multiple resolution procedure. Ecological Modelling, 47:

199～215
Costanza R, Maxwell T. 1994. Resolution and predictability: an approach to the scaling problem. Landscape Ecology, 9: 47～57
Costanza R, Sklar F H, White M L. 1990. Modeling costal landscape dynamics: process-based dynamic spatial ecosystem simulation can examine long-term natural change and human impacts. Bioscience, 40: 91～107
Cotton P A. 2003. Avian migration phenology and global climate change. Proceedings of the National Academy of Sciences, 100: 12219～12222
Cressie N A C. 1993. Statistics for Spatial Data. New York: Wiley
Crooks K R, Sanjayan M. 2006. Connectivity Conservation. Cambridge: Cambridge University Press
Crow T R, Host G E, Mladenoff D J. 1999. Ownership and ecosystem as sources of spatial heterogeneity in a forested landscape, Wisconsin, USA. Landscape Ecology, 14: 449～463
Dale M R T. 1999. Spatial Pattern Analysis in Plant Ecology. Cambridge: Cambridge University Press
Dale M R T, Mah M. 1998. The use of wavelets for spatial pattern analysis in ecology. Journal of Vegetation Science, 9: 805～814
Dale M R T, Dixon P, Fortin M J, et al. 2002. Conceptual and mathematical relationships among methods for spatial analysis. Ecography, 25 (5): 558～577
Davies Z G, Pullin A S. 2007. Are hedgerows effective corridors between fragments of woodland habitat? An evidence-based approach. Landscape Ecology, 22: 333～351
DeAngelis D L, Waterhouse J C. 1987. Equilibrium and nonequilibrium concepts in ecological models. Ecological Monographs, 57: 1～21
de Paula F R, Gerhard P, Wenger S J, et al. 2013. Influence of forest cover on in-stream large wood in an agricultural landscape of southeastern Brazil: a multi-scale analysis. Landscape Ecology, 28: 13～27
Denno R F, Lewis D, Gratton C. 2005. Spatial variation in the relative strength of top-down and bottom-up: causes and consequences for phytophagous insect populations. Annales Zoologici Fennici, 42: 295～311
Detenbeck N, Johnston C A, Niemi G. 1993. Wetland effects on lake water quality in the Minneapolis/St. Paul metropolitan area. Landscape Ecology, 8: 39～61
Doak D F, Marino P, Kareiva P M. 1992. Spatial scale mediates the influence of habitat fragmentation on dispersal success: implications for conservation. Theoretical Population Biology, 41: 315～336
Doerr V A J, Barrett T, Doerr E D. 2011. Connectivity, dispersal behaviour and conservation under climate change: a response to Hodgson et al. Journal of Applied Ecology, 48: 143～147
Donald P F, Green R E, Heath M F. 2001. Agricultural intensification and the collapse of Europe's farmland bird populations. Proceedings of the Royal Society B, 268: 25～29
Dong Y S, Qi Y C, Liu J Y, et al. 2005. Variation characteristics of soil respiration fluxes in four types of grassland communities under different precipitation intensity. Chinese Science Bulletin, 50 (6): 583～591
Douglas D H. 1994. Least-cost path in GIS using an accumulated cost surface and slope lines. Cartographica, 31 (3): 37～51
Drielsma M, Ferrier S. 2009. Rapid evaluation of metapopulation persistence in highly variegated landscapes. Biological Conservation, 142 (3): 529～540
Dungan J L, Perry J N, Dale M R T, et al. 2002. A balance view of scale in spatial statistical analysis.

Ecography, 25: 626～640

Epstein H E, Burke I C, Mosier A R. 1998. Plant effects on spatial and temporal patterns of nitrogen cycling in shortgrass steppe. Ecosystems, 1: 374～385

Ewers R M, Didham R K. 2006. Confounding factors in the detection of species responses to habitat fragmentation. Biological reviews of the Cambridge Philosophical Society, 81: 117～142

Fahrig L. 2007. Non-optimal animal movement in human-altered landscapes. Functional Ecology, 21: 1003～1015

Farina A. 1998. Principles and Methods in Landscape Ecology. London: Chapman & Hall

Fattorini S. 2010. The influence of geographical and ecological factors on island beta diversity patterns. Journal of Biogeography, 37: 1061～1070

Felzer B S T W, Cronin J M, Melillo D W, et al. 2011. Nitrogen effect on carbon-water coupling in forests, grasslands, and shrublands in the arid western United States. Journal of Geophysical Research, 116: G03023

Flather C H, Sauer J R. 1996. Using landscape ecology to test hypotheses about large-scale abundance patterns in migratory birds. Ecology, 77: 28～35

Fletcher R, Maxwell C, Andrews J, et al. 2013. Signal detection theory clarifies the concept of perceptual range and its relevance to landscape connectivity. Landscape Ecology, 28: 57～67

Foody G M. 1998. Sharpening fuzzy classification output to refine the representation of sub-pixel land cover distribution. International Journal of Remote Sensing, 19 (13): 2593～2599

Forman R T T. 1981. Interaction among landscape elements: a core of landscape ecology. *In*: Perspectives in Landscape Ecology. Proceedings of the International Congress of Landscape Ecology, Veldhoven. Wageningen. The Netherlands: Pudoc publishers: 35～48

Forman R T T. 1983a. An ecology of the landscape. BioScience, 33: 535

Forman R T T. 1983b. Corridors in a landscape: their ecological structure and function. Ecology (CSSR), 2: 375～387

Forman R T T. 1995. Land Mosaics: the Ecology of Landscapes and Regions. United Kingdom: Cambridge University Press

Forman R T T. 1996. Some general principles of landscape ecology. Landscape Ecology, 10 (3): 133～142

Forman R T T. 2006. Land Mosaics: the Ecology of Landscapes and Regions (ninth edition). United Kingdom: Cambridge University Press

Forman R T T, Godron M. 1981. Patches and structural components for a landscape ecology. BioScience, 31: 733～740

Forman R T T, Baudry J. 1984. Hedgerows and hedgerow networks in landscape ecology. Environmental Management, 8: 495～510

Forman R T T, Godron M. 1986. Landscape Ecology. New York: John Wiley & Sons

Fortin M J. 1999a. Effects of sampling unit resolution on the estimation of spatial autocorrelation. Ecoscience, 6: 636～641

Fortin M J. 1999b. Spatial statistics in landscape ecology. *In*: Klopatek J M, Gardner R H. Landscape Ecological Analysis: Issues and Applications. New York: Springer-Verlag: 253～279

Fortin M J, Dale M R T. 2005. Spatial Analysis: a Guide for Ecologists. Cambridge: Cambridge University Press

Fortin M J, Drapeau P, Legendre P. 1989. Spatial autocorrelation and sampling design in plant ecology.

Vegetatio, 83: 209～222

Fortin M J, Dale M R T, ver Hoef J. 2002. Spatial analysis in ecology. *In*: El-Shaarawi A H, Piegorsch W W. Encyclopedia of Environmetrics. Chichester: John Wiley & Sons Ltd: 2051～2058

Foster D R. 1988a. Disturbance history, community organization and vegetation dynamics of the old-growth Pisgah Forest, southwestern New Hampshire, USA. Journal of Ecology, 76: 105～134

Foster D R. 1988b. Species and stand response to catastrophic wind in central New England, USA. Journal of Ecology, 76: 135～151

Foster D R, Knight D H, Franklin J F. 1998. Landscape patterns and legacies resulting from large infrequent forest disturbances. Ecosystems, 1: 497～510

Franklin J F. 1993. Preserving biodiversity: species, ecosystems, or landscapes? Ecological Applications, 3: 202～205

Franklin J F, Forman R T T. 1987. Creating landscape patterns by forest cutting: ecological consequences and principles. Landscape Ecology, 1: 5～18.

Franzén M, Schweiger O, Betzholtz P E. 2012. Species-area relationships are controlled by species traits. PLoS One, 7: e37359

Fraterrigo J M, Rusak J A. 2008. Disturbance-driven changes in the variability of ecological patterns and processes. Ecology Letters, 11: 756～770

Frazier A, Wang L. 2013. Modeling landscape structure response across a gradient of land cover intensity. Landscape Ecology, 28: 233～246

Freemark K E, Merriam H G. 1986. Importance of area and habitat heterogeneity to bird assemblages in temperate forest fragments. Biological Conservation, 36: 115～141

Frelich L E, Lorimer C G. 1991. Natural disturbance regimes in hemlock-hardwood forests of the Upper Great Lakes region. Ecological Monographs, 61: 145～164

Freudenberger L, Hobson P, Rupic S, et al. 2013. Spatial road disturbance index (SPROADI) for conservation planning: a novel landscape index, demonstrated for the State of Brandenburg, Germany. Landscape Ecology, 28: 1353～1369

Frohn R C. 1998. Remote Sensing for Landscape Ecology: New Metric Indicators for Monitoring, Modeling, and Assessment of Ecosystems. Boca Raton: Lewis Publishers

Fujiwara M, Anderson K, Neubert M, et al. 2006. On the estimation of dispersal kernels from individual mark-recapture data. Environmental and Ecological Statistics, 13 (2): 183～197

Gao W, Li B L. 1993. Wavelet analysis of coherent structures at the atmosphere-forest interface. Journal of Applied Meteorology, 32: 1717～1725

Gardner R H. 1999. RULE: a program for the generation of random maps and the analysis of spatial patterns. *In*: Klopatek J M, Gardner R H. Landscape ecological analysis: issues and applications, New York: Springer-Verlag

Gardner R H, Trabalka J R. 1985. Methods of Uncertainty Analysis for a Global Carbon Dioxide Model. Department of Energy Technical Report. DOE/OR/21400-4. Washington D C.

Gardner R H, O'Neill R V. 1991. Pattern, process and predictability: the use of neutral models for landscape analysis. *In*: Turner M G, Gardner R H. Quantitative Methods in Landscape Ecology. New York: Springer-Verlag: 289～308

Gardner R H, Dale V H, O'Neill R V. 1990. Error propagation and uncertainty in process modeling. *In*: Dixon R K, Meldahl R S, Ruark G A, et al. Process Modeling of Forest Growth Responses to Environmental Stress. Portland, Oregon: Timber Press: 208～219

Gardner R H, Milne B T, Turner M G, et al. 1987. Neutral models for the analysis of broad-scale landscape pattern. Landscape Ecology, 1: 5～18
Gardner R H, O'Neill R V, Turner M G, et al. 1989. Quantifying scale-dependent effects of animal movement with simple percolation models. Landscape Ecology, 3: 217～227
Gardner R H, Turner M G, O'Neill RV, et al. 1992. Simulation of the scale-dependent effects of landscape boundaries on species persistence and dispersal. *In*: Holland M M, Risser P G, Naiman R J. The Role of Landscape Boundaries in the Management and Restoration of Changing Environments. New York: Chapman and Hall: 76～89
Gardner R H, Kemp W M, Kennedy V S, et al. 2001. Scaling Relations in Experimental Ecology. New York: Columbia University Press
Gardner T A, Barlow J, Chazdon R, et al. 2009. Prospects for tropical forest biodiversity in a human-modified world. Ecology Letters, 12: 561～582
Geary R C. 1954. The contiguity ratio and statistical mapping. Incorporated Statistician, 5: 115-141
Gefen Y, Meir Y, Aharony A. 1983. Geometric implementation of hypercubic lattices with noninteger dimensionality by use of low lacunarity fractal lattices. Physical Review Letters, 50: 145～148.
Gefen Y, Aharony A, Mandelbrot B B. 1984. Phase transitions on fractals: Ⅲ. Infinitely ramified lattices. Journal Physics A: Mathematical and General, 17: 1277～1289
Gerber S, Hedin L O, Oppenheimer M, et al. 2010. Nitrogen cycling and feedbacks in a global dynamic land model. Global Biogeochemical Cycles, 24: GB1001. doi: 10. 1029/2008GB003336
Gergel S E, Turner M G, Miller J R, et al. 2002. Landscape indicators of human impacts to riverine systems. Aquatic Sciences, 64, 118～128
Getis A, Ord J K. 1992. The analysis of spatial association by use of distance statistics. Geographical Analysis, 24 (3): 189～206
Gilbert F S. 1980. The equilibrium theory of island biogeography: fact or fiction? Journal of Biogeography, 7: 209～235
Gilpin M E, Diamond J M. 1976. Calculation of immigration and extinction curves from the species-area-distance relationship. Proceedings of the National Academy of Sciences, 73: 4130～4134
Gilpin M, Hanski I. 1991. Metapopulation Dynamics: Empirical and Theoretical Investigations. London: Academic Press
Gjessing E, Lygren E, Berglind L, et al. 1984. Effect of highway runoff on lake water quality. Science of the Total Environment, 33: 247～257
Godron M, Forman R T T. 1983. Landscape modification and changing ecological characteristics. *In*: Mooney H A, Godron M. Disturbance and Ecosystems: Components of Response. New York: Springer-Verlag: 12～28
González-Megías A, Gómez J M, Sánchez-Piñero F. 2005. Consequences of spatial autocorrelation for the analysis of metapopulation dynamics. Ecology, 86 (12): 3264～3271
Goovaerts P. 1997. Geostatistics for Natural Resources Evaluation. New York: Oxford University Press
Gorsevski P V, Boll J, Gomezdelcampo E, et al. 2008. Dynamic riparian buffer widths from potential non-point source pollution areas in forested watersheds. Forest Ecology and Management, 256: 664～674
Gosz J R, Sharpe P J H. 1989. Broad-scale concepts for interaction of climate, topography, and biota at biome transitions. Landscape Ecology, 3: 229～243
Grant W E, Pedersen E K, Marin S L. 1997. Ecology and Natural Resource Management. Systems

Analysis and Simulation. New York: John Wiley & Sons, Inc.

Graps A. 1995. An introduction to wavelets. Computational Sciences and Engineering, 2: 50～61

Graves T A, Farley S, Goldstein M, et al. 2007. Identification of functional corridors with movement characteristics of brown bears on the Kenai Peninsula, Alaska. Landscape Ecology, 22: 765～772

Grayson R B, Haydon S R, Jayasuriya M D A, et al. 1993. Water quality in mountain ash forests—separating the impacts of roads from those of logging operations. Journal of Hydrology, 150: 459～480

Green D G. 1994. Connectivity and complexity in landscapes and ecosystems. Pacific Conservation Biology, 1: 194～200

Greer D M. 1982. Urban waterfowl population: ecological evaluation of management and planning. Environmental Management, 6: 217～229

Gregory S V, Swanson F J, Mckee W A, et al. 1991. An ecosystem perspective of riparian zones. Bioscience, 41: 540～551

Grimm V, Railsback S F. 2005. Individual-based Modeling and Ecology. Princeton: Princeton University Press

Gripenberg S, Roslin T. 2005. Host plants as islands: resource quality and spatial setting as determinants of insect distribution. Annales Zoologici Fennici, 42: 335～345

Groffman P M, Tiedje J M, Mokma D L, et al. 1992. Regional scale analysis of denitrification in north temperate forest soils. Landscape Ecology, 7: 45～53

Gurney W S C, Nisbet R M. 1978. Single species population fluctuations in patchy environments. The American Naturalist, 112: 1075～1090

Gustafson E J. 1998. Quantifying landscape spatial pattern: what is the state of the art. Ecosystems, 1: 143～156

Gustafson E J, Parker G R. 1992. Relationships between land cover proportion and indices of landscape spatial pattern. Landscape Ecology, 7: 101～110

Gustafson E J, Gardner R H. 1996. The effect of landscape heterogeneity on the probability of patch colonization. Ecology, 77: 94～107

Hanski I. 1991. Single-species metapopulation dynamics: concepts, models and observations. Biological Journal of the Linnean Society, 42: 17～38

Hanski I. 1994. A practical model of metapopulation dynamics. Journal of Animal Ecology, 63: 151～162

Hanski I. 1997a. Habitat destruction and metapopulation dynamics. *In*: Pickett S T, Ostfeld R S, Shachak M, et al. The Ecological Basis of Conservation: Heterogeneity, Ecosystems, and Biodiversity. New York: Chapmann & Hall: 217～226

Hanski I. 1997b. Metapopulation biology: from concepts and observations to predictive models. *In*: Hanski I, Gilpin M. Metapopulation Biology: Ecology, Genetics and Evolution. San Diego: Academic Press: 69～92

Hanski I. 1998. Metapopulation dynamics. Nature, 396: 41～49

Hanski I. 1999. Metapopulation Ecology. New York: Oxford University Press

Hanski I, Gilpin M. 1991. Metapopulation dynamics: brief history and conceptual domain. *In*: Gilpin M, Hanski I. Metapopulation Dynamics: Empirical and Theoretical Investigations. London: Academic Press: 3～16

Hanski I, Gilpin M. 1997. Metapopulation Biology: Ecology, Genetics, and Evolution. San Diego: Academic Press

Hanski I, Simberloff D. 1997. The metapopulation approach, its history, conceptual domain, and application to conservation. *In*: Hanski I, Gilpin M. Metapopulation Biology: Ecology, Genetics, and Evolution. San Diego: Academic Press: 5～26

Hanski I, Meyke E. 2005. Large-scale dynamics of the Glanville fritillary butterfly: landscape structure, population processes, and weather. Annales Zoologici Fennici, 42: 379～395

Hanski I, Moilanen A, Gyllenberg M. 1996. Minimum viable metapopulation size. The American Naturalist, 147: 527～541

Hardt R A, Forman R T T. 1989. Boundayg form effects on woody colonization of reclaimed surface mines. Ecology, 70: 1252～1260

Harris L D. 1984. The Fragmented Forest: Island Biogeography Theory and Preservation of Biotic Diversity. Chicago: University of Chicago Press

Harrison S. 1991. Local extinction in a metapopulation context: an empirical evaluation. Biological Journal of the Linnean Society, 42: 73～88

Harrison S. 1994. Metapopulations and conservation. *In*: Edwards P J, May R M, Webb N R. Large-scale Ecology and Conservation Biology. Oxford: Blackwell Scientific Publications: 111～128

Harrison S, Taylor A D. 1997. Empirical evidence for metapopulation dynamics. *In*: Hanski I, Gilpin M. Metapopulation Biology: Ecology, Genetics and Evolution. San Diego: Academic Press: 27～42

Hartway C, Ruckelshaus M, Kareiva P. 1998. The challenge of applying spatially explicit models to a world of sparse and messy data. *In*: Bascompte J, Sole R V. Modeling Spatiotemporal Dynamics in Ecology. Berlin: Springer-Verlag: 215～223

He H S, Mladenoff D J. 1999. Spatially explicit and stochastic simulation of forest landscape fire disturbance and succession. Ecology, 80: 81～99

He H S, Mladenoff D J, Crow T R. 1999. Linking an ecosystem model and a landscape model to study forest species response to climate warming. Ecological Modelling, 114: 213～233

He H S, DeZonia B E, Mladenoff D J. 2000. An aggregation index (AI) to quantify spatial patterns of landscapes. Landscape Ecology, 15: 591～601

Hedgecock D, Barber P H, Edmands S. 2007. Genetic approaches to measuring connectivity. Oceanography, 20 (3): 70～79

Heller N E, Zavaleta E S. 2009. Biodiversity management in the face of climate change: a review of 22 years of recommendations. Biological Conservation, 142: 14～32

Henderson M T, Merriam G, Wegner J. 1985. Patchy environments and species survival: chipmunks in an agricultural mosaic. Biological Conservation, 31: 95～105

Hengeveld R. 1979. The analysis of spatial patterns of some ground beetles (Col. Carabidae). *In*: Cormack R M, Ord J K. Spatial and Temporal Analysis in Ecology. Fairland, USA: International Cooperative Publishing House: 333～346

Hess G. 1994. Pattern and error in landscape ecology: a commentary. Landscape Ecology, 9: 3～5

Heuvelink G B M. 1998. Uncertainty analysis in environmental modeling under a change of spatial scale. Nutrient Cycling in Agroecosystems, 50: 255～264

Hobbs Richard. 1997. Future landscapes and the future of landscape ecology. Landscape and Urban Planning, 37: 1～9

Hodgson J A, Moilanen A, Thomas C D. 2009. Metapopulation responses to patch connectivity and quality are masked by successional habitat dynamics. Ecology, 90 (6): 1608～1619

Holmes E E, Lewis M A, Banks J E, et al. 1994. Partial differential equations in ecology: spatial interactions and population dynamics. Ecology, 75 (1): 17～29

Holt R D, Lawton J H, Polis G A, et al. 1999. Trophic rank and the species-area relationship. Ecology, 80: 1495～1504

Hood W G. 2002. Application of landscape allometry to restoration of tidal channels. Restoration Ecology, 10: 213～222

Huffman D W, Fulé P Z, Pearson K M, et al. 2008. Fire history of piñon-juniper woodlands at upper ecotones with ponderosa pine forests in Arizona and New Mexico. Can J For Res, 38: 2097～2108

Huggett R J. 1993. Modelling the Human Impact on Nature: Systems Analysis of Environmental Problems. Oxford: Oxford University Press

Hurley J P, Benoit J M, Babiarz C L, et al. 1995. Influence of watershed characteristics on mercury levels in Wisconsin rivers. Environmental Science and Technology, 29: 1867～1875

Huste A, Boulinier T. 2011. Determinants of bird community composition on patches in the suburbs of Paris, France. Biological Conservation, 144: 243～252

Huston M A. 1999. Local processes and regional patterns: appropriate scales for understanding variation in the diversity of plants and animals. Oikos, 86: 393～401

Ibáñez I, Silander J A, Wilson A M, et al. 2009. Multivariate forecasts of potential distributions of invasive plant species. Ecological Applications, 19: 359～375

Ikin K, Beaty R M, Lindenmayer D B, et al. 2013. Pocket parks in a compact city: how do birds respond to increasing residential density? Landscape Ecology, 28: 45～56

Iniguez J, Swetnam T W, Baison C H. 2009. Spatially and temporally variable fire regime on Rincon Peak, Arizona, USA. Fire Ecolology, 5: 3～21

Isaaks E H, Srivastava R M. 1989. An Introduction to Applied Geostatistics. New York: Oxford University Press

Jackson L E, Hilborn E D, Thomas J C. 2006. Towards landscape design guidelines for reducing Lyme disease risk. Internatiaonl Journal of Epidemiology, 35: 315～322

Jackson R B, Caldwell M M. 1993. Geostatistical patterns of soil heterogeneity around individual perennial plants. Journal of Ecology, 81: 683～692

Jaeger J A G. 2000. Landscape division, splitting index, and effective mesh size: new measures of landscape fragmentation. Landscape Ecology, 15: 115～130

Jain A, Yang X, Kheshgi H, et al. 2009. Nitrogen attenuation of terrestrial carbon cycle response to global environmental factors. Glob Biogeochem Cycles, 23: GB4028. doi: 10. 1029/2009GB003519

Jauker B, Krauss J, Jauker F, et al. 2013. Linking life history traits to pollinator loss in fragmented calcareous grasslands. Landscape Ecology, 28: 107～120

Jauker F, Diekötter T, Schwarzbach F, et al. 2009. Pollinator dispersal in an agricultural matrix: opposing responses of wild bees and hoverflies to landscape structure and distance from main habitat. Landscape Ecology, 24: 547～555

Jelinski D E, Wu J. 1996. The modifiable areal unit problem and implications for landscape ecology. Landscape Ecology, 11: 129～140

Jenerette G D, Harlan S L, Brazel A, et al. 2007. Regional relationships between surface temperature, vegetation, and human settlement in a rapidly urbanizing ecosystem. Landscape Ecology, 22: 353～365

Jensen H J. 1998. Self-Organized Criticality: Emergent Complex Behavior in Physical and Biological Systems. New York: Cambridge University Press

Jewett K, Daugharty D, Krause H H, et al. 1995. Watershed responses to clear-cutting: effects on soil solutions and stream water discharge in central New Brunswick. Canadian Journal of Soil Science, 75: 475～490

Johnson A R, Milne B T, Wiens J A. 1992. Diffusion in fractal landscapes—simulations and experimental studies of tenebrionid beetle movements. Ecology, 73: 1968～1983

Johnson L B, Richards C, Host G, et al. 1997. Landscape influences on water chemistry in Midwestern streams. Freshwater Biology, 37: 193～208

Jones H L, Diamond J M. 1976. Short-term-base studies of turnover in breeding bird populations on the California Channel Islands. Condor, 78: 526～549

Jongsomjit D, Stralberg D, Gardali T, et al. 2013. Between a rock and a hard place: the impacts of climate change and housing development on breeding birds in California. Landscape Ecology, 28: 187～200

Journel A G, Huijbregts C G. 1978. Mining Geostatistics. London: Academic Press

Justice C O, Townshend J R G, Kalb V L. 1991. Representation of vegetation by continental data sets derived from NOAA-AVHRR data. International Journal of Remote Sensing, 12: 999～1021

Justice C O, Markham B L, Townshend J R G, et al. 1989. Spatial degradation of satellite data. International Journal of Remote Sensing, 10: 1539～1561

Keane R E, Morgan P, Running S W. 1996a. FIRE-BGC: a mechanistic ecological process model for simulating fire succession on coniferous forest landscapes of the northern Rocky Mountains. USDA Forest Service Research Paper, INT-RP-484

Keane R E, Ryan K C, Running S W. 1996b. Simulating effects of fire on northern Rocky Mountain landscapes with the ecological process model FIRE-BGC. Tree physiology, 16: 319～331

Kent M. 2007. Biogeography and landscape ecology. Progress in Physical Geography, 31 (3): 345～355

Kesner B T, Meentemeyer B. 1989. A regional analysis of total nitrogen in an agricultural landscape. Landscape Ecology, 2: 151～164

Kindlmann P, Burel F. 2008. Connectivity measures: a review. Landscape Ecology, 23 (8): 879～890

King A W. 1991. Translating models across scales in the landscape. *In*: Turner M G, Gardner R H. Quantitative Methods in Landscape Ecology. New York: Springer-Verlag: 479～517

Kitching R L. 1983. Systems Ecology. St. Lucia, Queensland, Australia: University of Queensland Press

Knight D H, Fahey T J, Running S W. 1985. Water and nutrient outflow from contrasting lodgepole pine forests in Wyoming. Ecological Monographs, 55: 29～48

Koestler A. 1967. The Ghost in the Machine. New York: Macmillan

Kool J, Moilanen A, Treml E. 2013. Population connectivity: recent advances and new perspectives. Landscape Ecology, 28: 165～185

Kosmas C, Danalatos N, Cammeraat L H, et al. 1997. The effect of land use on runoff and soil erosion rates under Mediterranean conditions. Catena, 29: 45～59

Kotliar N B, Wiens J A. 1990. Multiple scales of patchiness and patch structure: a hierarchical framework for the study of heterogeneity. Oikos, 59: 253～260

Kramer-Schadt S, Revilla E, Wiegand T, et al. 2004. Fragmented landscapes, road mortality and patch connectivity: modelling influences on the dispersal of Eurasian lynx. Journal of Applied Ecology, 41: 711～723

Krummel J R, Gardner R H, Sugihara G, et al. 1987. Landscape patterns in a disturbed environment. Oikos, 48: 321～324

LaGro J Jr. 1991. Assessing patch shape in landscape mosaics. Photogrammetric Engineering & Remote Sensing, 57: 285～293

Lam N S-N, Quattrochi D A. 1992. On the issues of scale, resolution, and fractal analysis in the mapping sciences. Professional Geographer, 44: 88～98

Latimer A M, Banerjee S, Sang H, et al. 2009. Hierarchical models facilitate spatial analysis of large data sets: a case study on invasive plants in the northeastern United States. Ecology Letters, 12: 144～154

Laudon H, Sjöblom V, Buffam I, et al. 2007. The role of catchment scale and land scape characteristics for runoff generation of boreal streams. J Hydrol, 344: 198～209

Lavorel S, Gardner R H, O'Neill R V. 1993. Analysis of patterns in hierarchically structured landscapes. Oikos, 67: 521～528

Lavorel S, Gardner R H, O'Neill R V. 1995. Dispersal of annual plants in hierarchically structured landscapes. Landscape Ecology, 10: 277～289

Lavorel S, Lepart J, Debussche M, et al. 1994. Small scale disturbances and the maintenance of species diversity in Mediterranean old fields. Oikos, 70: 455～473

Le Mer J, Roger P. 2001. Production, oxidation, emission and consumption of methane by soils: review. European Journal of Soil Biology, 37: 25～50

Leduc A, Prairie Y T, Bergeron Y. 1994. Fractal dimension estimates of a fragmented landscape: sources of variability. Landscape Ecology, 9: 279～286

Lee P, Smyth C, Boutin S. 2004. Quantitative review of riparian buffer width guidelines from Canada and the United States. Journal of Environmental Management, 70: 165～180

Lefkovitch L P, Fahrig L. 1985. Spatial characteristics of habitat patches and population survival. Ecological Modeling, 30: 297～308

Legendre P, Fortin M J. 1989. Spatial pattern and ecological analysis. Vegetatio, 80: 107～138

Legendre P, Legendre L. 1998. Numerical Ecology (2nd). Amsterdam: Elsevier Science B. V.

Lei G, Hanski I. 1998. Spatial dynarmics of two competing specialist parasitoids in a host metapopulation. Journal of Animal Ecology, 67: 422～433

Lertzman K, Fall J. 1998. From forest stands to landscapes: Spatial scales and the roles of disturbances. *In*: Peterson D L, Parker V T. Ecological Scale: Theory and Applications. New York: Columbia University Press: 339～367

Leser H. 1997. Landscape Ecology. Stuttgart, Germany: Ulmer

Levey D J, Bolker B M, Tewksbury J J, et al. 2005. Effects of landscape corridors on seed dispersal by birds. Science, 309: 146～148

Levin S A. 1976. Population dynamic models in heterogeneous environments. Annual Review of Ecology & Systematics, 7: 287～310

Levin S A. 1992. The problem of pattern and scale in ecology. Ecology, 73: 1943～1967

Levin S A. 1999. Fragile Dominion: Complexity and the Commons. Reading, MA: Perseus Books

Levin S A, Paine R T. 1974. Disturbance, patch formation and community structure. Proceedings of the National Academy of Sciences, USA, 71: 2744～2747

Levins R, Culver D. 1971. Regional coexistence of species and competition between rare species. Proceedings of the National Academy of Science, 68: 1246～1248

Levins R. 1969. Some demographic and genetic consequences of environmental heterogeneity for biological control. Bulletin of the Entomological Society of America, 15: 237～240

Levins R. 1970. Extinction. *In*: Gesternhaber M. Some Mathematical Problems in Biology. Lectures on Mathematics in the Life Sciences. American Mathematical Society, Providence, Rhode Island, USA: 77～107

Li H, Reynolds J F. 1993. A new contagion index to quantify spatial patterns of landscapes. Landscape Ecology, 8: 155～162

Li H, Reynolds J F. 1995. On definition and quantification of heterogeneity. Oikos, 73: 280～284

Li H, Wu J. 2004. Use and misuse of landscape indices. Landscape Ecology, 19: 389～399

Li X, Zhou W, Ouyang Z, et al. 2012. Spatial pattern of greenspace affects land surface temperature: evidence from the heavily urbanized Beijing metropolitan area, China. Landscape Ecology, 27: 887～898

Lilly A, Ball B C, McTaggart I P, et al. 2003. Spatial and temporal scaling of nitrous oxide emissions from the field to the regional scale in Scotland. Nutrient Cycling in Agroecosystems, 66: 241～257

Lim H C, Sodhi N S. 2004. Responses of avian guilds to urbanisation in a tropical city. Landscape and Urban Planning, 66: 199～215

Lima S L, Zollner P A. 1996. Towards a behavioral ecology of ecological landscapes. Trendsin Ecology & Evolution, 11: 131～135

Lin B, Yang Z R. 1986. A suggested lacunarity expression for Sierpinski carpets. Journal Physics A: Mathematical and General, 19: L49～L52.

Lindenmayer D B, Nix H A. 1993. Ecological principles for the design of wildlife corridors. Conservation Biology, 7: 627～630

Liu H, Weng Q. 2009. Scaling effect on the relationship between landscape pattern and land surface temperature: a case study of Indianapolis, United States. Photogrammetric Engineering & Remote Sensing, 75 (3): 291～304

Liu J, Chen J M, Cihlar J, et al. 1997. A process-based boreal ecosystem productivity simulator using remote sensing inputs. Remote Sensing of Environment, 62: 158～175

Liu J, Chen J M, Cihlar J, et al. 1999. Net primary productivity distribution in the BOREAS region from a process model using satellite and surface data. Journal of Geophysical Research, 104: 27735～27754

Lloret F, Siscart D, Dalmases C, 2004, Canopy recovery after drought dieback in holm-oak Mediterranean forests of Catalonia (NE Spain). Global Change Biology, 10 (12): 2092～2099

Loss S R, Ruiz M O, Brawn J D. 2009. Relationships between avian diversity, neighborhood age, income, and environmental characteristics of an urban landscape. Biological Conservation, 142: 2578～2585

Lowell K, Jaton A. 1999. Spatial Accuracy Assessment: Land Information Uncertainty in Natural Resources. Chelsea, MI: Ann Arbor Press

Lowrance R, Altier L S, Newbold J D, et al. 1997. Water quality functions of riparian forest buffers in the Chesapeake Bay Watershed. Environmental Management, 21: 687～712

Lowrance R, Altier L S, Williams R G, et al. 2000. REMM: the riparian ecosystem management model. Journal of Soil and Water Conservation Ankeny, 55 (1): 27～34

Ludwig J A, Tongway D J, Marsden S G. 1999. Stripes, strands or stipples: modelling the influence of three landscape banding patterns on resource capture and productivity in semi-arid woodlands, Australia. Catena, 37: 257～273

Ludwig J A, Wilcox B P, Breshears D D, et al. 2005. Vegetation patches and runoff-erosion as interacting ecohydrological processes in semiarid landscapes. Ecology, 86 (2): 288～297

MacArthur R H, Wilson E O. 1967. The Theory of Island Biogeography. Princeton: Princeton University Press

Macdonald C A, Anderson I C, Bardgett R D, et al. 2011. Role of nitrogen in carbon mitigation in forest ecosystems. Current Opinion in Environmental Sustainability, 3: 303～310

Mackenzie D I, Nichols J D, Hines J E, et al. 2003. Estimating site occupancy, colonization, and local extinction when a species is detected imperfectly. Ecology, 84 (8): 2200～2207

Mandelbrot B B. 1967. How long is the coast of Britain? Statistical self-similarity and fractional dimension. Science, 156: 636～638

Mandelbrot B B. 1983. The Fractal Geometry of Nature. New York: W. H. Freeman

Mandelbrot B B. 1985. Self-affine fractals and fractal dimension. Physical Scripts, 32: 257～260

Mander Ü, Li X, Wassen M. 2013. Biogeochemical fluxes in landscapes. Landscape Ecology, 28: 577～581

Mander Ü, Uuemaa E, Kull A, et al. 2010. Assessment of methane and nitrous oxide fluxes in rural landscapes. Landscapeand Urban Planning, 98: 172～181

Marceau D J, Howarth P J, Gratto D J. 1994. Remote Sensing and the measurement of geographical entities in a forested environment. 1. The scale and spatial aggregation problem. Remote Sensing of Environment, 49: 93～104

Marklein A R, Houlton B Z. 2011. Nitrogen inputs accelerate phosphorus cycling rates across a wide variety of terrestrial ecosystems. New Phytologist, 193: 696～704

Martinez I, Wiegand T, Batllori E, et al. 2011. Disentangling the formation of contrasting tree-line physiognomies combining model selection and Bayesian parameterization for simulation models. The American Naturalist, 177 (5): E136～152

Matheron G. 1963. Principles of geostatistics. Economic Geology, 58: 1246～1266

Matheron G. 1973. The intrinsic random functions and their applications. Advanced Applied Probability, 5: 439～468

McBratney A B. 1998. Some considerations on methods for spatially aggregating and disaggregating soil information. Nutrient Cycling in Agroecosystems, 50: 51～62

McCullough D R. 1996. Metapopulations and Wildlife Conservation. Washington D C: Island Press

McGarigal K, Marks B J. 1994. Spatial pattern analysis program for quantifying landscape structure, FRAGSTATS version 2.0. Forest Science Department, Oregon State University, Corvallis, Oregon, USA

McGarigal K, Marks B J. 1995. FRAGSTATS version 2.0: Spatial Pattern Analysis Program for Quantifying Landscape Structure. USDA Forest Service General Technical Report No. PNW-GTR-351, Pacific Northwest Research Station, Portland

McGinnis S, Kerans B. 2013. Land use and host community characteristics as predictors of disease risk. Landscape Ecology, 28: 29～44

McGarigal K, Cushman S A, Ene E. 2012. FRAGSTATS v4: Spatial Pattern Analysis Program for Categorical and Continuous Maps. Computer software program produced by the authors at the University of Massachusetts, Amherst. http://www. umass. edu/landeco/research/fragstats/fragstats. html

McGarigal K, Cushman S A, Neel M C, et al. 2002. FRAGSTATS v3: Spatial Pattern Analysis Program for Categorical Maps. Computer software program produced by the authors at the University of Massachusetts, Amherst. http://www. umass. edu/landeco/research/fragstats/fragstats. html

McRae B H, Dickson B G, Keitt T H, et al. 2008. Using circuit theory to model connectivity in ecology, evolution, and conservation. Ecology, 89: 2712～2724

Meentemeyer V, Box E O. 1987. Scale effects in landscape studies. *In*: Turner M G. Landscape Heterogeneity and Disturbance. New York: Springer-Verlag: 15～34

Meisel J E, Turner M G. 1998. Scale detection in real and artificial landscapes using semivariance analysis. Landscape Ecology, 13: 347～362

Melbourne B A, Cornell H V, Davies K F, et al. 2007. Invasion in a heterogeneous world: resistance, coexistence or hostile takeover. Ecology Letters, 10: 77～94

Merriam G. 1984. Connectivity: a fundamental ecological characteristic of landscape pattern. *In*: Brandt J, Agger P. Proceedings of the First International Seminar on Methodology in Landscape Ecological Research and Planning (Vol I). Roskilde, Denmark: Roskilde Universitetsforlag GeuRuc: 5～15

Metzger J P. 2008. Landscape ecology perspectives based on the 2007 IALE world congress. Landscape Ecology, 23: 501～504

Metzger J N, Fjeld R A, Hammonds J S, et al. 1998. Evaluation of software for propagating uncertainty through risk assessment models. Human and Ecological Risk Assessment, 4: 263～290

Mikk M, Mander U. 1995. Species diversity of forest islands in agricultural landscapes of southern Finland, Estonia and Lithuania. Landscape and Urban Planning, 31: 153～170

Milbau A, Stout J C, Graee B J, et al. 2009. A hierarchical framework for integrating invasibility experiments incorporating different factors and scales. Biological Invasions, 11: 941～950

Milne B T. 1991a. Heterogeneity as a multiscale characteristic of landscapes. *In*: Kolasa J, Pickett S T A. Ecological Heterogeneity. New York: Springer-Verlag: 69～84

Milne B T. 1991b. Lessons from applying fractal models to landscape patterns. *In*: Turner M G, Gardner R H. Quantitative Methods in Landscape Ecology: the Analysis and Interpretation of Landscape Heterogeneity. New York: Springer-Verlag: 199～235

Milne B T. 1992. Spatial aggregation and neutral models in fractal landscapes. The American Naturalist, 139: 32～57

Milne B T. 1997. Applications of fractal geometry in wildlife biology. *In*: Bissonette J A. Wildlife and Landscape Ecology: Effects of Pattern and Scale. New York: Springer: 32～69

Milne B T, Johnston K M, Forman R T T. 1989. Scale-dependent proximity of wildlife habitat in a spatially-neutral Bayesian model. Landscape Ecology, 2: 101～110

Minor E S, Urban D L. 2008. A graph-theory framework for evaluating landscape connectivity and conservation planning. Conservation Biology, 22 (2): 297～307

Mitsch W, Bernal B, Nahlik A, et al. 2013. Wetlands, carbon, and climate change. Landscape Ecology, 28: 583～597

Mladenoff D J, He H S. 1999. Design, behavior and application of LANDIS, an object-oriented model of forest landscape disturbance and succession. *In*: Mladenoff D J, Baker W L. Spatial Modeling of Forest Landscape Change: Approaches and Applications. Cambridge: Cambridge University Press: 125～162

Mladenoff D J, White M A, Pastor J, et al. 1993. Comparing spatial pattern in unaltered old-growth and disturbed forest landscapes. Ecological Applications, 3: 294～306

Mladenoff D J, Host G E, Boeder J, et al. 1996. LANDIS: a spatial model of forest landscape disturbance, succession, and management. *In*: Goodchild M F, Steyaert L T, Parks B O. GIS and Environmental Modeling. Santa Barbara, California: National Center for Geographic Information and Analysis: 175～180

Moellering H, Tobler W. 1972. Geographical variances. Geographical Analysis, 4: 34～64

Moody A, Woodcock C E. 1994. Scale-dependent errors in the estimation of land-cover proportions: implications for global land-cover datasets. Photogrammatic Engineering and Remote Sensing, 60: 585～594

Moran P A P. 1948. The interpretation of statistical maps. Journal of the Royal Statistical Society Series B, 10: 243～251

Morris S J, Boerner R E J. 1998. Landscape patterns of nitrogen mineralization and nitrification in southern Ohio hardwood forests. Landscape Ecology, 13: 215～224

Moss M R. 1999. Fostering academic and institutional activities in landscape ecology. *In*: Wiens J A, Moss M R. Issues in Landscape Ecology. International Association for Landscape Ecology 5th World Congress. Snowmass Village, Colorado: 138～144

Muratet A, Lorrillière R, Clergeau P, et al. 2013. Evaluation of landscape connectivity at community level using satellite-derived NDVI. Landscape Ecology, 28: 95～105

Nagasaka A, Nakamura F. 1999. The influences of land-use changes on hydrology and riparian environment in a northern Japanese landscape. Landscape Ecology, 14: 543～556

Naiman R J, Decamps H. 1997. The ecology of interfaces: riparian zones. Annual Review of Ecology and Systematics, 28: 621～658

Naiman R J, Decamps H, Pollock M. 1993. The role of riparian corridors in maintaining regional biodiversity. Ecological Applications, 3: 209～212

Nakamura F, Yamada H. 2005. Effects of pasture development on the ecological functions of riparian forests in Hokkaido in northern Japan. Ecological Engineering, 24: 539～550

Naveh Z. 1987. Biocybernetic and thermodynamic perspectives of landscape functions and land use patterns. Landscape Ecology, 1: 75～83

Naveh Z. 1988. Biocybernetic perspectives of landscape ecology and management. *In*: Moss M R. Landscape Ecology and Management. Proceedings of the First Symposium of the Canadian Society of Landscape Ecology and Management. Montréal, Québec, Canada: Polyscience Publications: 23～34

Naveh Z. 2000. What is holistic landscape ecology? A conceptual introduction. Landscape and Urban Planning, 50: 7～26

Naveh Z, Lieberman A S. 1984. Landscape Ecology: Theory and Application. New York: Springer-Verlag

Naveh Z, Lieberman A S. 1994. Landscape Ecology: Theory and Application (2nd). New York: Springer-Verlag

Nee S, May R M, Hassell M P. 1997. Two-species metapopulation models. *In*: Hanski I, Gilpin M. Metapopulation Biology: Ecology, Genetics, and Evolution. San Diego: Academic Press: 123～147

Nilsson C, Berggren K. 2000. Alterations of riparian ecosystems caused by river regulation. BioScience, 50: 783～792

Nisbet R M, Gurney W S C. 1982. Modelling Fluctuating Populations. New York: John Wiley & Sons

Nol L, Verburg P H, Moors E J. 2012. Trends in future N_2O emissions due to land use change. Journal of Environmental Management, 94: 78～90

Norris D, Michalski F, Peres C A. 2010. Habitat patch size modulates terrestrial mammal activity pat-

terns in Amazonian forest fragments. Journal of Mammalogy, 91: 551~560
Obeysekera J, Rutchey K. 1997. Selection of scale for Everglades landscape models. Landscape Ecology, 12 (1): 7~18
Oden N L, Sokal R R. 1986. Directional autocorrelation: an extension of spatial correlograms to two dimensions. Systematic Zoology, 35: 608~617
Okubo A. 1980. Diffusion and Ecological Problems: Mathematical Models. Berlin: Springer-Verlag
Olden J D, Schooley R L, Monroe J B, et al. 2004. Context-dependent perceptual ranges and their relevance to animal movements in landscapes. Journal of Animal Ecology, 73: 1190~1194
Oliver A J, Hong-Wa C, Devonshire J, et al. 2011. Avifauna richness enhanced in large, isolated urban parks. Landscape and Urban Planning, 102: 215~225
Openshaw S. 1984. The Modifiable Areal Unit Problem. Norwich: Geo Books
Osborne L L, Wiley M J. 1988. Empirical relationships between land use/land cover and stream water quality in an agricultural watershed. Journal of Environmental Management, 26: 9~27
Osborne L L, Kovacic D A. 1993. Riparian vegetates buffer strips in water quality restoration and stream management. Freshwater Biology, 29: 243~258
Ovaskainen O. 2004. Habitat-specific movement parameters estimated using mark-recapture data and a diffusion model. Ecology, 85 (1): 242~257
Ovaskainen O, Luoto M, Ikonen I, et al. 2008. An empirical test of a diffusion model: predicting clouded apollo movements in a novel environment. The American Naturalist, 171 (5): 610~619
Overton J M. 1975. The ecosystem modeling approach in the coniferous forest biome. *In*: Pattern B C. Systems Analysis and Simulation in Ecology. New York: Academic Press: 117~138
Overton W S. 1972. Toward a general model structure for forest ecosystem. *In*: Franklin J E. Proceedings of the Symposium on Research on Coniferous Forest Ecosystems. Northwest Forest Range Station, Portland, Oregon, USA
O'Neill R V. 1979a. Natural variability as a source of error in model predictions. *In*: Innis G S, O'Neill R V. Systems Analysis of Ecosystems. Fairland, Maryland: International Cooperative Publishing House: 23~32
O'Neill R V. 1979b. Transmutative across hierarchical levels. *In*: Innis G S, O'Neill R V. Systems Analysis of Ecosystems. Fairland, Maryland: International Cooperative Publishing House: 58~78
O'Neill R V. 1996. Recent developments in ecological theory: hierarchy and scale. *In*: Scott J M, Tear T H, Davis F W. GAP Analysis: A Landscape Approach to Biodiversity Planning. American Society of Photogrammetry & Remote Sensing, Bethseda: 7~14
O'Neill R V. 1999. Theory in landscape ecology. *In*: Wiens J A, Moss M R. Issues in Landscape Ecology. International Association for Landscape Ecology 5th World Congress. Snowmass Village, Colorado: 1~5
O'Neill R V, Krummel J R, Gardner R H, et al. 1988a. Indices of landscape pattern. Landscape Ecology, 1: 153~162
O'Neill R V, Milne B T, Turner M G, et al. 1988b. Resource utilization scales and landscape pattern. Landscape Ecology, 2: 63~69
O'Neill R V, DeAngelis D L, Waide J B, et al. 1986. A Hierarchical Concept of Ecosystems. Princeton: Princeton University Press
O'Neill R V, Gardner R H, Milne B T, et al. 1991. Heterogeneity and spatial hierarchies. *In*: Kolasa J, Pickett S T A. Ecological Heterogeneity. New York: Springer-Verlag: 85~96

O'Neill R V, Gardner R H, Turner M G, et al. 1992a. Epidemiology theory and disturbance spread on landscapes. Landscape Ecology, 7: 19~26

O'Neill R V, Gardner R H, Turner M G. 1992b. A hierarchical neutral model for landscape analysis. Landscape Ecology, 7: 55~61

O'Neill R V, Hunsaker C T, Timmins S P, et al. 1996. Scale problems in reporting landscape pattern at the regional scale. Landscape Ecology, 11: 169~180

Öckinger E, Smith H. 2008. Do corridors promote dispersal in grassland butterflies and other insects? Landscape Ecology, 23: 27~40

Paine R T, Levin S A. 1981. Intertidal landscapes: disturbance and the dynamics of pattern. Ecological Monographs, 51: 145~178

Palmer M W. 1992. The coexistence of species in fractal landscapes. The American Naturalist, 139: 375~397

Panzacchi M, Van Moorter B, Jordhøy P, et al. 2013. Learning from the past to predict the future: using archaeological findings and GPS data to quantify reindeer sensitivity to anthropogenic disturbance in Norway. Landscape Ecology, 28: 847~859

Parton W J, Schimel D S, Cole C V, et al. 1987. Analysis of factors controlling soil organic matter levels in Great Plains grasslands. Soil Science Society of America Journal, 51: 1173~1179

Parton W J, Scurlock J M O, Ojima D S, et al. 1993. Observations and modeling of biomass and soil organic matter dynamics for the grassland biome worldwide. Global Biogeochemical Cycles, 7: 785~809

Pascual-Hortal L, Saura S. 2006. Comparison and development of new graph-based landscape connectivity indices: towards the priorization of habitat patches and corridors for conservation. Landscape Ecology, 21: 959~967

Pearce M C. 1992. Pattern analysis of forest cover in southwestern Omtario. The East Lakes Geographer, 27: 65~76

Pearson R G, Dawson T P. 2003. Predicting the impacts of climate change on species distribution: are bioclimate models useful? Global Ecology and Biogeography, 12: 361~371

Pearson R G, Dawson T P, Liu C. 2004. Modelling species distributions in Britain: hierarchical integration of climate and land-cover. Ecography, 27: 285~298

Pearson S M. 1993. The spatial extent and relative influence of landscape-level factors on wintering bird populations. Landscape Ecology, 8: 3~18

Pearson S M, Gardner R H. 1997. Neutral models: useful tools for understanding landscape patterns. *In*: Bisonnette J A. Wildlife and Landscape Ecology: Effects of Pattern and Scale. New York: Springer-Verlag: 215~230

Pearson S M, Turner M G, Wallace L L, et al. 1995. Winter habitat use by large ungulates following fires in northern Yellowstone National Park. Ecological Applications, 5: 744~755

Peterjohn W T, Correll D L. 1984. Nutrient dynamics in an agricultural watershed: observations on the role of a riparian forest. Ecology, 65: 1466~1475

Peterson C J, Pickett S T A. 1995. Forest reorganization: a case study in an old-growth forest catastrophic blowdown. Ecology, 76: 763~774

Peterson C L, Parker V T. 1998. Ecological Scale: Theory and Applications. New York: Columbia University Press

Phoenix G K., Emmett B A, Britton A J, et al. 2012. Impacts of atmospheric nitrogen deposition:

responses of multiple plant and soil parameters across contrasting ecosystems in long-term field experiments. Global Change Biology, 18: 1197~1215

Pickett S T A, White P S. 1985. The Ecology of Natural Disturbance and Patch Dynamics. New York: Academic Press.

Pickett S T A, Cadenasso M L. 1995. Landscape ecology: spatial heterogeneity in ecological systems. Science, 269: 331~334

Pickett S T A, Kolasa A J, Jones C G. 1994. Ecological Understanding: the Nature of Theory and the Theory of Nature. San Diego: Academic Press

Pickett S T A, Wu J, Cadenasso M L. 1999. Patch dynamics and the ecology of disturbed ground: a framework for synthesis. *In*: Walker L R. Ecosystems of Disturbed Ground. New York: Elsevier: 707~722

Pielou E C. 1975. Ecological Diversity. New York: Wiley-Interscience

Plotnick R E, Gardner R H. 1993. Lattices and landscapes. *In*: Gardner R H. Lectures on Mathematics in the Life Sciences: Predicting Spatial Effects in Ecological Systems. American Mathematical Society, Providence, Rhode Island, USAL: 129~157

Plotnick R E, Sepkoski J J. 2001. A multiplicative multifractal model for originations and extinctions. Paleobiology, 27: 126~139

Plotnick R E, Gardner R H, O'Neill R V. 1993. Lacunarity indices as measures of landscape texture. Landscape Ecology, 8: 201~211

Plotnick R E, Gardner R H, Hargrove W W, et al. 1996. Lacunarity analysis: a general technique for the analysis of spatial patterns. Physical Review E, 53 (5): 5461~5468

Polyakov V, Fares A, Ryder M H. 2005. Precision riparian buffers for the control of nonpoint source pollutant loading into surface water: a review. Environmental Review, 13: 129~144

Premo L S. 2004. Local spatial autocorrelation statistics quantify multi-scale patterns in distributional data: an example from the Maya Lowlands. Journal of Archaeological Science, 31, 855~866

Preston F W. 1962. The canonical distribution of commonness and rarity. Ecology, 43: 185~215

Prevedello J A, Vieira M V. 2010. Does the type of matrix matter? A quantitative review of the evidence. Biodiversity and Conservation, 19: 1205~1223

Prigogine I. 1973. Can thermodynamics explain biological order? Impact of Science. Osoc, 23: 159~179

Prigogine I. 1978. Time, structure and fluctuations. Science, 201: 777~785

Prugh L R, Hodges K E, Sinclair A R E, et al. 2008. Effect of habitat area and isolation on fragmented animal populations. Proceedings of the National Academy of Science, 105: 20770~20775

Pärn J, Pinay G, Mander Ü. 2012. Indicators of nutrients transport from agricultural catchments under temperate climate: a review. Ecological Indicators, 22: 4~15

Qi Y, Wu J. 1996. Effects of changing spatial resolution on the results of landscape pattern analysis using spatial autocorrelation indices. Landscape Ecology, 11: 39~49

Raich J W, Pastetter E B, Melillo J M, et al. 1991. Potential net primary productivity in South America: application of a global model. Ecological Applications, 1 (4): 399~429

Rastetter E B, King A W, Cosby B J, et al. 1992. Aggregating fine-scale ecological knowledge to model coarser-scale attributes of ecosystems. Ecological Applications, 2: 55~70

Rey J R. 1981. Ecological biogeography of arthropods on Spartina islands in Northwest Florida. Ecological Monographs, 51: 237~265

Ricotta C, Corona P, Marchetti M. 2002. Beware of contagion! Landscape and Urban Planning, 62:

173～177
Ricotti M E, Zio E. 1999. Neural network approach to sensitivity and uncertainty analysis. Reliability Engineering and System Safety, 64: 59～71
Riitters K H, O'Neill R V, Hunsaker C T, et al. 1995. A factor analysis of landscape pattern and structure metrics. Landscape Ecology, 10: 23～39
Riitters K H, O'Neill R V, Wickham J D, et al. 1996. A note on contagion indices for landscape analysis. Landscape Ecology, 11: 197～202
Ripley B D. 1981. Spatial Processes. New York: Wiley
Risser P G, Iverson L R. 2013. 30 years later: landscape ecology directions and approaches. Landscape Ecology, 28 (3): 367～369
Risser P G. 1995. The Allerton Park workshop revisited: a commentary. Landscape Ecology, 10: 129～132
Risser P G, Karr J R, Forman R T T. 1984. Landscape ecology: directions and approaches. Illinois Natural History Survey, Special Publication Number 2. Champaign, Illinois, USA
Robertson G P, Gross K L. 1994. Assessing the heterogeneity of belowground resources: quantifying pattern and scale. *In*: Caldwell M M, Pearcy R W. Exploitation of Environmental Heterogeneity by Plants: Ecophysiological Processes Above-and-Belowground. San Diego: Academic Press: 237～253
Robillard A, Garant D, Bélisle M. 2013. The Swallow and the sparrow: how agricultural intensification affects abundance, nest site selection and competitive interactions. Landscape Ecology, 28: 201～215
Rockström J, Steffen W, Noone K, et al. 2009. A safe operating space for humanity. Nature, 461: 472～475
Roland J. 1993. Large-scale forest fragmentation increases the duration of tent caterpillar outbreak. Oecologia, 93: 25～30
Rosenberg D K, Noon B R, Meslow E C. 1997. Biological corridors: form, function, and efficacy. BioScience, 47: 677～687
Rosenzweig C, Solecki W, Parshall L, et al. 2005. Characterizing the urban heat island in current and future climates in New Jersey. Global Environmental Change Part B: Environmental Hazards, 6: 51～62
Rosenzweig M L. 1995. Species Diversity in Space and Time. Cambridge: Cambridge University Press
Rossi R, Mulla D, Journel A, et al. 1992. Geostatistical tools for modeling and interpreting ecological spatial dependence. Ecology, 62: 277～314
Rouget M, Richardson D M. 2003. Inferring process from pattern in plant invasions: a semi-mechanistic model incorporating propagule pressure and environmental factors. The American Naturalist, 162: 713～724
Runkle J R. 1985. Disturbance regimes in temperate forests. *In*: Pickett S T A, White P S. The Ecology of Natural Disturbance and Patch Dynamics. New York: Academic Press: 17～34
Running S W, Coughlan J C. 1988. A general model of forest ecosystem processes for regional applications. I. Hydrologic balance, canopy gas exchange and primary production processes. Ecological Modelling, 42: 125～154
Running S W, Hunt E R. 1993. Generalization of a forest ecosystem process model for other biomes, BIOME-BGC, and an application for global-scale models. *In*: Ehleringer J R, Field C B. Scaling Ecological Processes: Leaf to Globe. San Diego, California: Academic Press: 141～157
Running S W, Nemani R R, Peterson D L, et al. 1989. Mapping regional forest evapotranspiration and

photosynthesis by coupling satellite data with ecosystem simulation. Ecology, 70 (4): 1090～1101
Sala O E, Parton W J, Joyce L A, et al. 1988. Primary production of the central grassland region of the United States. Ecology, 69: 40～45
Saupe D. 1988. Algorithms for random fractals. *In*: Peitgen H O, Saupe D. The Science of Fractal Images. New York: Springer-Verlag: 71～133
Saura S, Martínez-Millán J. 2000. Landscape patterns simulation with a modified random clusters method. Landscape Ecology, 15 (7): 661～678
Sawyer S C, Epps C W, Brashares J S. 2011. Placing linkages among fragmented habitats: do least-cost models reflect how animals use landscapes? Journal of Applied Ecology, 48: 668～678
Schelde K, Cellier P, Bertolini T, et al. 2012. Spatial and temporal variability of nitrous oxide emissions in a mixed farming landscape of Denmark. Biogeosciences, 9: 2989～3002
Schisler G L, Bergersen E P, Walker P G. 2000, Effects of multiple stressors on morbidity and mortality of fingerling rainbow trout infected with Myxobolus cerebralis. Transactions of the American Fisheries Society, 129: 859～865
Schneider D C. 2001a. The rise of the concept of scale in ecology. Bioscience, 51: 545～553
Schneider D C. 2001b. Spatial Allometry. *In*: Gardner R H, Kemp W M, Kennedy V S, et al. Scaling Relations in Experimental Ecology. New York: Columbia University Press: 113～153
Schumaker N H. 1996. Using landscape indices to predict habitat connectivity. Ecology, 77: 1210～1225
Schwartz M W. 1997. Conservation in Highly Fragmented Landscapes. New York: Chapman & Hall
Sedell J R, Reeves G H, Hauer F R, et al. 1990. Role of refugia in recovery from disturbances: modern fragmented and disconnected river systems. Environ Manage, 14: 711～724
Settele J. 1996. Species Survival in Fragmented Landscapes. Dordrecht: Kluwer
Shannon C, Weaver, W. 1949. The Mathematical Theory of Communication. Urbana: University of Illinois Press
Shaver G R, Knadelhoffer K J, Giblin A E. 1991. Biogeochemical diversity and element transport in a heterogeneous landscape, the north slope of Alaska. *In*: Turner M G, Gardner R H. Quantitative Methods in Landscape Ecology. New York: Springer-Verlag: 105～125
Shen W, Jenerette G D, Wu J, et al. 2004. Evaluating empirical scaling relations of pattern metrics with simulated landscapes. Ecography, 27: 459～469
Shugart H H. 1998. Terrestrial Ecosystems in Changing Environments. Cambridge: Cambridge University Press
Shugart H H, West D C. 1981. Long-term dynamics of forest ecosystems. American Scientist, 69: 647～652
Simberloff D S, Wilson E O. 1969. Experimental zoogeography of islands: the colonization of empty islands. Ecology, 50: 278～296
Simon H A. 1962. The architecture of complexity. Proceedings of the American Philosophical Society, 106: 467～482
Simpson E H. 1949. Measurement of diversity. Nature, 163: 688
Slone D H. 2011. Increasing accuracy of dispersal kernels in grid-based population models. Ecological Modelling, 222 (3): 573～579
Smith T M, Urban D L. 1988. Scale and resolution of forest structural pattern. Vegetatio, 74: 143～150
Sokolov A P, Kicklighter D W, Melillo J M, et al. 2008. Consequences of considering carbon-nitrogen interactions on the feedbacks between climate and the terrestrial carbon cycle. Journal of Climate, 21:

3776～3796

Sommer M, Fiedler S, Glatzel S, et al. 2004. First estimates of regional (Allgäu, Germany) and global CH_4 fluxes from wet colluvial margins of closed depressions in glacial drift areas. Agriculture, Ecosystem & Environment, 103: 251～257

Soranno P A, Hubler S L, Carpenter S R, et al. 1996. Phosphorus loads to surface waters: a simple model to account for spatial pattern of land use. Ecological Applications, 6: 865～878

Sozanska M, Skiba U, Metcalfe S. 2002. Developing an inventory of N_2O emissions from British soils. Atmospheric Environment, 36: 987～998

Sreekar R, Mohan A, Das S, et al. 2013. Natural windbreaks sustain bird diversity in a tea-dominated landscape. PLoS One, 8: e70379

Starzomski B M, Parker R L, Srivastava D S. 2008. On the relationship between regional and local species richness: a test of saturation theory. Ecology, 89: 1921～1930

Stauffer D, Aharony A. 1992. Introduction to Percolation Theory (2nd). London: Taylor & Francis

Stevens C J, Dise N B, Mountford J O, et al. 2004. Impact of nitrogen deposition on the species richness of grasslands. Science, 303: 1876～1879

Stouffer P C, Bierregaard Jr R O. 1995. Use of Amazonian forest fragments by understory insectivorous birds. Ecology, 76: 2429～2445

Stoy P C, Williams M, Disney M, et al. 2009. Upscaling as ecological information transfer: a simple framework with application to Arctic ecosystem carbon exchange. Landscape Ecology, 24: 971～986

Suarez M L, Ghermandi L, Kitzberger T. 2004, Factors predisposing episodic drought-induced tree mortality in Nothofagus: site, climatic sensitivity and growth trends. Journal of Ecology, 92 (6): 954～966

Sugihara G, May R M. 1990. Applications of fractals in ecology. TREE, 5 (3): 79～86

Swanson F J. 2003. Wood in rivers: a landscape perspective. *In*: Gregory S V, Boyer K L, Gurnell A M. The ecology and management of wood in world rivers. American Fisheries Society Symposium, 37, Bethesda, MD: 299～313

Swanson F J, Johnson S L, Gregory S V, et al. 1998. Flood disturbance in a forested mountain landscape. BioScience, 48: 681～689

Swetnam T W, Lynch A M. 1993. Multicentury, regional-scale patterns of western spruce budworm outbreaks. Ecological Monographs, 63: 399～424

Taylor L R. 1961. Aggregation, variance, and the mean. Nature, 189: 732-735

Taylor P D, Merriam G. 1996. Habitat fragmentation and parasitism of a forest damselfly. Landscape Ecology, 11 (2): 181～189

Taylor P D, Fahrig L, Henein K, et al. 1993. Connectivity is a vital element of landscape structure. Oikos, 68: 571～573

Thabeet A, Vennetier M, Gadbin-Henry C, et al. 2009. Response of *Pinus sylvestris* L. to recent climatic events in the French Mediterranean region. Trees: Structure and Function, 23 (4): 843～853

Thomas M L, Lal R, Logan T, et al. 1992. Land use and management effects on nonpoint loading from Miamian soil. Soil Science Society of America Journal, 56: 1871～1875

Thomas S, Moloney K. 2013. Hierarchical factors impacting the distribution of an invasive species: landscape context and propagule pressure. Landscape Ecology, 28: 81～93

Tischendorf L, Fahrig L. 2000. On the usage and measurement of landscape connectivity. Oikos, 90: 7～19

Tobler W R. 1970. A computer movie simulating urban growth in the Detroit region. Economic Geography, 46: 234～240

Townshend J R G, Justice C O. 1988. Selecting the spatial resolution of satellite sensors required for global monitoring of land transformations. International Journal of Remote Sensing, 9: 187～236

Townshend J R G, Justice C O. 1990. The spatial variation of vegetation changes at very coarse scales. International Journal of Remote Sensing, 11: 149～157

Troll C. 1939. Luftbildplan und okologische Bodenforschung. Berlin: Zeitschrift der Gesellschaft fur Erdkund: 241～298

Turner M G. 1989. Landscape ecology: the effect of pattern on process. Annual Review of Ecology and Systematics, 20: 171～197

Turner M G. 1990a. Landscape changes in nine rural counties of Georgia. Photogrametry Engineering and Remote Sensing 56: 379～386

Turner M G. 1990b. Spatial and temporal analysis of landscape patterns. Landscape Ecology, 4: 21～30

Turner M G. 1998. Landscape ecology: living in a mosaic. *In*: Dodson S I, Allen T F H, Carpenter S R, et al. Ecology. New York: Oxford University Press: 77～122

Turner M G. 2005. Landscape ecology: what is the state of the science? Annual Review of Ecology, Evolution and Systematics, 36: 319～344

Turner M G, Romme W H. 1994. Landscape dynamics in crown fire ecosystems. Landscape Ecology, 9: 59～77

Turner M G, Ruscher C L. 1988. Changes in landscape patterns in Georgia, USA. Landscape Ecology, 1 (4): 241～251

Turner M G, Gardner R H. 1991. Quantitative Methods in Landscape Ecology. New York: Springer-Verlag

Turner M G, Dale V H. 1998. Comparing large, infrequent disturbances: what have we learned? Introduction for special feature. Ecosystems, 1: 493～496

Turner M G, Dale V H, Gardner R H. 1989a. Predicting across scales: theory development and testing. Landscape Ecology, 3: 245～252

Turner M G, Gardner R H, Dale V H, et al. 1989b. Predicting the spread of disturbance across heterogeneous landscapes. Oikos, 55: 121～129

Turner M G, O'Neill R V, Gardner R H, et al. 1989c. Effects of changing spatial scale on the analysis of landscape pattern. Landscape Ecology, 3: 153～162

Turner M G, Gardner R H, O'Neill R V. 2001. Landscape Ecology in Theory and Practice. New York: Springer-Verlag

Turner M G, Romme W H, Gardner R H, et al. 1993. A revised concept of landscape equilibrium: disturbance and stability on scaled landscapes. Landscape Ecology, 8: 213～227

Turner M G, Baker W L, Peterson C, et al. 1998. Factors influencing succession: lessons from large, infrequent natural disturbances. Ecosystems, 1: 511～523

Urban D L, Keitt T H. 2001. Landscape connectivity: a graph-theoretic perspective. Ecology, 82: 1205～1218

Urban D L, O'Neill R V, Shugart H H. 1987. Landscape ecology: a hierarchical perspective can help scientists understand spatial patterns. BioScience, 37: 119～127

Urban D L, Bonan G B, Smith T M, et al. 1991. Spatial applications of gap models. Forest Ecology and Management, 42: 95～110

Urban D L, Minor E S, Treml E A, et al. 2009. Graph models of habitat mosaics. Ecology Letters, 12 (3): 260～273

Uriarte M, Yackulic C, Lim Y, et al. 2011. Influence of land use on water quality in a tropical landscape: a multi-scale analysis. Landscape Ecology, 26: 1151～1164

van der Maarel E. 1993. Some remarks on disturbance and its relations to diversity and stability. Journal of Vegetation Science, 3: 733～736

van Vuuren D P, Edmonds J, Kainuma M, et al. 2011. The representative concentration pathways: an overview. Climatic Change, 109: 5～31

Vergara P M. 2011. Matrix-dependent corridor effectiveness and the abundance of forest birds in fragmented landscapes. Landscape Ecology, 26: 1085～1096

Vergara P M, Pérez-Hernández C G, Hahn I J, et al. 2013. Matrix composition and corridor function for austral thrushes in a fragmented temperate forest. Landscape Ecology, 28: 121～133

Vickery J A, Tallowin J R, Feber R E, et al. 2001. The management of lowland neutral grasslands in Britain: effects of agricultural practices on birds and their food resources. Journal of Applied Ecology, 38: 647～664

Vilain G, Garnier J, Passy P, et al. 2012. Budget of N_2O emissions at the watershed scale: role of land cover and topography (the Orgeval basin, France). Biogeosciences, 9: 1085～1097

Vinatier F, Gosme M, Valantin-Morison M. 2013. Explaining host-parasitoid interactions at the landscape scale: a new approach for calibration and sensitivity analysis of complex spatio-temporal models. Landscape Ecology, 28: 217～231

Vittor A Y, Gilman R H, Tielsch J, et al. 2006. The effect of deforestation on the human-biting rate of Anopheles darlingi, the primary vector of falciparum malaria in the Peruvian Amazon. The American Journal of Tropical Medicine and Hygiene, 74: 3～11

Wahlberg N, Moilanen A, Hanski I. 1996. Predicting the occurrence of endangered species in fragmented landscapes. Science, 273: 1536～1538

Wallach D, Genard M. 1998. Effect of uncertainty in input and parameter values on model prediction error. Ecological Modeling, 105: 337～345

Wang Y P, Law R M, Pak B. 2010. A global model of carbon, nitrogen and phosphorus cycles for the terrestrial biosphere. Biogeosciences, 7 (7): 2261～2282

Wardle D, Nilsson M-C, Zackrisson O. 2008. Fire-derived charcoal causes loss of forest humus. Science, 320: 629

Waring R H, Running S W. 1998. Forest Ecosystems Analysis at Multiple Scales. New York: Academic Press

Wassen M, Boer H, Fleischer K, et al. 2013. Vegetation-mediated feedback in water, carbon, nitrogen and phosphorus cycles. Landscape Ecology, 28: 599～614

Watling J I, Nowakowski A J, Donnelly M A, et al. 2011. Meta-analysis reveals the importance of matrix composition for animals in fragmented habitat. Global Ecology and Biogeography, 20: 209～217

Watras C J, Morrison K A, Host J S. 1995. Concentration of mercury species in relationship to other site-specific factors in the surface waters of northern Wisconsin lakes. Limnology and Oceanography, 40: 556～565

Watt A S. 1947. Pattern and process in the plant community. Journal of Ecology, 35: 1～22

Webster R. 1985. Quantitative spatial analysis of soil in the field. Advances in Soil Science, 3: 1～70

Wegner J, Merriam G. 1979. Movements by birds and small mammals between a wood and adjoining